重金属污染生态与生态修复

Heavy Metal Pollution Ecology and Ecological Remediation

李　元　祖艳群　主编

科 学 出 版 社

北　京

内 容 简 介

本著作把作者近年的科研成果与国内外研究进展有机地结合在一起，在系统分析了土壤重金属环境行为的基础上，全面阐述了植物对重金属的吸收累积、重金属对植物的影响、重金属对植物的毒害作用、植物对重金属的解毒作用，深入探讨了植物与重金属之间的相互作用及机理，创新提出了重金属轻度污染土壤的农业利用、重金属中度污染土壤的植物修复及植物–微生物联合修复、重金属重度污染土壤的生态恢复，指出了土壤重金属污染的生态风险，提出了土壤重金属污染的管理对策。

本书适合生态学、环境科学、环境工程、生物学、土壤学、农业科学、林业科学等专业的科研、教学、技术工作者和研究生、本专科学生参考阅读。

图书在版编目（CIP）数据

重金属污染生态与生态修复/李元，祖艳群主编. —北京：科学出版社，2016.6

ISBN 978-7-03-048487-1

Ⅰ.①重… Ⅱ.①李… ②祖… Ⅲ. ①植物–应用–土壤污染–重金属污染–生态恢复 Ⅳ.①X53

中国版本图书馆 CIP 数据核字(2016)第 121642 号

责任编辑：王海光 夏 梁 / 责任校对：刘亚琦
责任印制：赵 博 / 封面设计：北京铭轩堂广告设计有限公司

科学出版社 出版
北京东黄城根北街 16 号
邮政编码：100717
http://www.sciencep.com

北京科印技术咨询服务有限公司数码印刷分部印刷

科学出版社发行 各地新华书店经销

*

2016 年 6 月第 一 版 开本：787×1092 1/16
2025 年 1 月第三次印刷 印张：26
字数：596 000

定价：158.00 元

(如有印装质量问题，我社负责调换)

《重金属污染生态与生态修复》作者名单

主　编：李　元　祖艳群

副主编：陈建军　湛方栋

编　者（按姓氏笔画排序）：

王吉秀　方其仙　李　元　李明锐

何永美　陈建军　陈海燕　祖艳群

秦　丽　郭先华　湛方栋

主 编 简 介

李元　兰州大学生态学博士、兰州大学化学博士后、澳大利亚悉尼大学访问学者。二级教授、博士生导师。国家百千万人才、国务院政府特殊津贴专家、教育部高等学校自然保护与环境生态教学指导委员会委员、云南省学术带头人。云南农业大学资源与环境学院院长、云南省农业环境污染控制与生态修复工程实验室主任。主要从事重金属污染生态与生态修复、生物多样性控制农业环境污染等方面的研究工作。主持完成国家水体污染防治重大科技专项子课题、国家科技支撑计划课题、国家自然科学基金–云南联合基金项目、国家自然科学基金项目、中法先进研究计划项目等。获省部级科技奖励 8 项。

祖艳群　比利时 Gembloux 农业大学农业与生物工程学博士，法国卡赛里克大学高级农学院访问学者。教授，博士生导师。云南省学术带头人、云南省农业环境保护教学团队负责人、云南省教学名师。主要从事土壤重金属污染植物修复、农业面源污染控制等方面的研究工作。主持完成多项国家自然科学基金项目，参与承担国家水体污染防治重大科技专项子课题、国家科技支撑计划课题、国家自然科学基金–云南联合基金项目、中法先进研究计划项目等。获省科技奖励 6 项。

前　　言

重金属是重要的环境因素，是目前对人类危害最大的污染物之一。重金属污染治理已成为国家重大需求。加强重金属污染生态与生态修复研究，推动土壤重金属污染生态修复迫在眉睫。

重金属污染对生物的影响、生物对重金属污染的适应，以及生物对重金属污染的修复，都充分体现了重金属与生物之间的生态关系。一方面，需要进一步深入研究重金属污染对生物的影响及机理，即重金属污染生态；另一方面，也需要高度关注生物对重金属污染的适应，以及生物对重金属污染的修复，即重金属污染的生态修复。因此，高度关注重金属污染生态与生态恢复的研究，全面系统地分析重金属污染生态与生态修复的研究进展就显得特别重要。

近十多年来，在国家自然科学基金等科研计划的支持下，作者一直进行着重金属污染生态与生态修复方面的研究工作。这些研究工作包括国家自然科学基金–云南联合基金项目“本土植物与作物间作修复铅锌矿周边 Cd、Pb 污染农田的根际特征与机理”（U1202236，2013-2016）、国家自然科学基金项目“四种野生植物对 Pb、Cd 和 Zn 的累积特征、机理及净化效率”(30560034，2006-2008)、“DSE-植物联合体硫素营养代谢特征及其促进镉累积的机理”（41101486，2012-2014）、“云南道地药材三七皂苷和黄酮产量对土壤 As 的响应及其机理研究”（41261096，2013-2015）、“轮作作物与丛枝菌根真菌互作及其影响土壤镉形态的根际过程与机理”（41461093，2015-2018）、“石灰介导下三七对镉胁迫的根部响应特征及机理研究”（31560163，2016-2019）、中法先进研究计划项目“土壤重金属污染的农业利用和植物修复”（PRAE 01 02，2002-2003）。在重金属污染生态与生态修复方面取得了新的进展和突破，建立了重金属污染生态的理论与重金属污染土壤的植物修复的技术。这些成果的取得，为作者编写本著作奠定了扎实的基础。

本著作把作者近年来的科研成果与国内外研究进展有机地结合在一起，并进行了系统深入的分析。书中构建了金属污染生态与生态修复的系统的知识结构、创新的理论体系和新颖的技术框架，在系统分析了土壤重金属环境行为的基础上，全面阐述了植物对重金属的吸收累积、重金属对植物的影响、重金属对植物的毒害作用、植物对重金属的解毒作用，深入探讨了植物与重金属之间的相互作用及机理，创新提出了重金属轻度污染土壤的农业利用、重金属中度污染土壤的植物修复及植物–微生物联合修复、重金属重度污染土壤的生态恢复，指出了土壤重金属污染的生态风险，提出了土壤重金属污染的管理对策。

本著作具有 5 个显著特点：①学术思想明确。充分贯穿和体现了生态学思想，深入分析了重金属与生物之间的相互关系、相互作用。以生态学理论为指导，构建了重金属污染生态与生态修复的理论与技术。②内容全面。突出近期国内外研究成果，既反映作者的研究成果，又包括国内外相关研究进展；既突出重金属污染生态，又体现重金属污染的生态修复，既突出重金属与植物、微生物相互作用的理论及机理，又体现重金属污染生态修复的应用及实践。③体系完善。包括了土壤重金属环境行为、重金属污染生态、重金属污染土壤的生态修复、土壤重金属污染的生态风险及管理等内容。④重点突出。在全面概括了重金属污染生态的理论与机理，系统分析不同程度重金属污染土壤的植物、微生物修复的理论与技术，针对性地提出不同程度重金属污染土壤生态修复的管理措施的基础上，特别突出了重金属污染生态、重金属污染土壤的生态修复等方面的最新研究成果。⑤观点新颖。提出了针对不同的重金属污染程度进行生态修复与治理的观点，主要为重金属轻度污染土壤的农业利用、重金属中度污染土壤的植物–微生物联合修复、重金属重度污染土壤的生态恢复。

多年来，关于土壤重金属与生物关系的专著主要针对重金属对生物的影响，近年来，已有专著探讨土壤重金属污染的植物修复，而系统阐述重金属污染生态与生态修复的专著仍然较少，本著作将填补此项空白。本著作既能丰富我国重金属污染生态与生态修复的理论，进一步阐明生态系统中重金属与植物微生物相互作用机理，又能指导重金属污染生态修复的应用与实践，具有重要的科学意义和学术价值。

《重金属污染生态与生态修复》由李元、祖艳群提出编写提纲，李元、祖艳群、湛方栋、陈建军等共同确定提纲，并组织召开编写会，经全体编写人员讨论通过了编写提纲，然后，由多位学者共同执笔编写。全书共包括 10 章。第一章土壤重金属的环境行为由方其仙编写，第二章植物对重金属的吸收累积由李明锐编写，第三章重金属对植物的影响由陈海燕编写，第四章重金属对植物的毒害作用及机理由何永美编写，第五章植物对重金属的解毒作用及机理由祖艳群编写，第六章重金属轻度污染土壤的农业利用由秦丽编写，第七章重金属中度污染土壤的植物修复由王吉秀编写，第八章重金属中度污染土壤的植物–微生物联合修复由湛方栋编写，第九章重金属重度污染土壤的生态恢复由陈建军编写，第十章土壤重金属污染评价及生态风险管理由郭先华编写。初稿完成后，由李元、祖艳群、湛方栋、陈建军审稿，并对各章提出修改意见和建议，各位编者进行了认真的修改和完善，完成定稿。

本著作从生态学的角度全面分析了重金属与生物的生态关系，深入阐明了土壤重金属污染修复的生态过程，探讨了生物多样性在土壤重金属污染生态修复中的运用，构建了土壤重金属污染生态修复的技术体系，体现了土壤资源合理利用、持续发展的思想。

由于作者水平有限，加之本著作涉及的学科领域较多，书中难免存在疏漏之处，望同行专家和读者批评指正。

编　者

2015 年 6 月

目　　录

第一章　土壤重金属的环境行为

土壤重金属污染是由于人类活动，导致重金属在土壤中累积，含量超过背景值。重金属在土壤中以水溶态、交换态、有机物结合态、铁锰氧化物结合态和残渣态等形态存在，发生吸附、迁移、转化等环境行为，并随着土壤条件的变化，发生相互转化。

本章介绍了土壤重金属及其背景值，土壤重金属的来源、特点、形态特征及影响因素；土壤重金属的空间分布，包括水平分布和垂直分布情况；土壤重金属的化学行为，即土壤重金属的迁移和转化；土壤重金属污染的影响因素等。

第一节　土壤重金属背景值

由于人类活动，土壤中重金属含量明显高于原生背景值，将造成生态环境质量的退化。本节主要介绍土壤重金属的概念、背景值、来源、特点、形态及其影响因素。

一、重金属的概念

重金属是指密度等于或大于 5 $g·cm^{-3}$ 的金属。这类元素的生理功能取决于它们的浓度，低浓度时可能刺激植物生长；高浓度时，对生物产生毒害作用。生物毒性显著的重金属有 Hg、Pb、Cr、Cd 及类金属 As（As 是非金属，因其毒性及某些性质与重金属相似，将其列入重金属污染范围内）。

重金属是农产品中四大化学污染因素之一，毒性随形态而异，不能通过生物降解而消除，容易通过食物链对生物体产生显著影响。有些金属元素（如 Cu、Zn）是人体和其他生物体所必需的微量元素，小于最低阈值生物就会出现缺素症，影响机体的某些生理功能；但如果大于最高阈值，就会对生物体产生某些毒性。重金属元素在环境和生物体中迁移转化的最大特点，是不能或不易被生物体分解转化后排出体外，只能沿食物链逐级传递，在生物体内浓缩放大，当累积到较高含量时，就会对生物体产生毒性效应。要有效地减轻重金属对人体健康的危害，就必须避免或尽量地减少有毒重金属进入食物链（曹心德等，2011）。

二、土壤重金属背景值

（一）土壤重金属背景值概念

土壤重金属背景值是指未受或受人类活动影响较小的土壤中重金属含量。20 世纪 80 年代，我国开展了土壤重金属背景值研究，在全国范围内开展了系统的背景值调查研究，并出版了《中国土壤元素背景值》专著（中国环境监测总站，1990），为我国土壤背景值研究奠定了良好的工作基础。总体来看自然土壤中各重金属元素含量相对比较稳定（表 1-1）。

表 1-1 世界土壤中重金属含量（$mg·kg^{-1}$）

Table 1-1 Heavy metal contents in soils of the world（$mg·kg^{-1}$）

元素	范围值[a]	中值[a]	范围值[b]	中值[b]
As	0.1～40	6	1～50	5
Cd	0.01～2	0.35	0.01～0.7	0.06
Cr	5～1 500	70	1～1 000	100
Cu	2～250	30	2～100	30
Hg	0.01～0.5	0.06	0.01～0.3	0.03
Mn	20～10 000	1 000	20～3 000	600
Ni	2～750	50	5～500	40
Pb	2～300	35	2～200	10
Zn	1～900	90	10～300	50

注：a 表示数据来自 1979 年 Browen 的资料；b 表示数据来自 1979 年 Lindsay 的资料

（许嘉琳等，1996）

不同国家及地区土壤中的重金属含量背景值不尽相同。根据魏复盛等（1991）的研究，我国土壤中 Hg、Cd 的背景值，与日本、英国相比明显偏低，其他重金属背景值和美、日、英等国家土壤的含量基本相当（表 1-2）。另外，不同土壤类型的重金属背景值也不完全相同。王云和贺建群（1986）对长江三峡库区主要土壤类型重金属环境背景值的研究表明，重金属背景值总的水平由低到高的顺序为：黄壤＜潮土＜紫色土＜水稻土＜石灰土。

表 1-2 中国土壤中重金属含量（$mg·kg^{-1}$）

Table 1-2 Heavy metal contents in soils of China（$mg·kg^{-1}$）

元素	范围	算术平均值	几何平均值	95%置信度范围
As	0.01～62.6	11.2	9.2	2.5～33.5
Cd	0.001～13.4	0.097	0.074	0.017～0.33
Cr	2.2～1209	61.0	53.9	19.3～150
Cu	0.33～272	22.6	20.0	7.3～55.1
Hg	0.001～45.9	0.065	0.04	0.006～0.272
Mn	1～5888	583	482	130～1786
Ni	0.06～627	26.9	23.4	7.7～71.0
Pb	0.68～1143	26.0	23.6	10.0～56.1
Zn	2.6～593	74.2	67.7	28.4～161

（魏复盛等，1991）

（二）土壤重金属背景值的意义

土壤背景值的研究具有重要的理论和实践意义，一直以来都是国内外环境科学领域关注的对象，许多国家先后进行了背景值的研究工作（夏增禄等，1987；Ma and Rao，1997；Holmgren et al.，1993）。土壤重金属背景值的确定，可以为合理制定土壤环境质量标准提供科学依据，为评价城市固体废弃物土地利用、农业化学物质投入等人类活动对土壤环境质量的影响提供参考依据，有助于研究和评价不同环境、地质、地理条件下土壤重金属污染程度（Chen et al.，2001b）。因此，土壤背景值是指导土壤重金属污染监测、评价及治理工作的基础。

土壤重金属背景值是制定土壤环境质量标准的重要依据，是判定人为原因导致的土壤中重金属积累的基础，有助于确定土壤重金属的来源，进而制定相应的管理对策。研究重金属在土壤中的化学变化、形态分布及其生物有效性时，在制定土壤利用规划、提高生产水平等方面，土壤重金属背景值作为衡量区域是否污染的参比标准，是重要的参考数据。同时，土壤重金属背景值与岩石、生物相应成分的相关性，也是生态环境状况的一种评价依据。另外，根据土壤重金属背景值水平，可以判断重金属污染水平，追踪污染源。土壤重金属背景值在认识土壤成分、特征，评价施用微量元素肥料的效益及土壤化学地理学等方面都是基础的资料（戴树桂，2010）。土壤重金属背景值的意义主要如下。

1. 土壤重金属背景值是土壤污染评价的基础

土壤容量是土壤污染研究的前提，而土壤背景值则是确定土壤容量的基本依据。在没有土壤重金属背景含量参比情况下，强调某些或某一重金属元素绝对含量的多少没有任何实际意义。以土壤重金属背景值作为参比基础，按一定的统计原则，将高于背景值范围的土壤判定为污染。

2. 土壤重金属背景值是分析多环境介质相互作用的重要依据

土壤来自岩石母质，其发育受气候、水文、植被等条件的影响。在未污染的生态系统中，岩石、土壤与植物的背景值之间存在天然的紧密联系。研究表明，三者之间相关性良好的地方基本上是良性的生态环境，相关性不好的地方其生态平衡往往失调。土壤与大气、水、植物物质组分之间不断地进行着循环交换，土壤重金属背景值对水体及大气中的元素含量有重要影响，若它们中的某一要素或其介质的组分特征发生改变，自然会导致其他介质中的组分发生变化。因此，在研究不同环境介质中重金属元素的存在形态、组成与变化规律时，与之相关的其他要素的组分、特征也需要一并考虑，土壤中的含量（特别是背景含量）是不可缺少的因素和重要依据。

3. 土壤重金属背景值是土壤成因的重要体现

土壤重金属背景值受地质、地理、气候条件等因素制约，是在环境因素长期综合作用下形成的。不同地质单元（如不同岩石类型、构造类型及风化类型）、不同地理单元（如地貌类型）发育的土壤，在成土母质、风化作用类型与程度、组成成分、元素含量等方面都存在显著的差别。具有不同土壤背景值特征（元素含量、元素组成及相关性）的土壤类型，反映着其在上述因素方面存在的差异。因此，依据土壤重金属背景值特征，可以大致推断该土壤的母质、地理条件、气候特征、风化壳类型及风化作用程度等信息。

4. 土壤重金属背景值是环境地球化学研究的基础

土壤重金属背景值是环境生态系统的重要组成部分，由于土壤既继承了成土母质的性质，又受到风化和成土过程中各种环境要素的影响，因此，土壤成为多种多样的极为复杂的自然体，而它的多样性也成为土壤分类的根据。土壤中常量元素如硅、铁、铝、钙等元素的含量，以及其理化性质如酸度、次生矿物组成、腐殖酸组成等的变化规律，都遵从土壤的高级分类系统或地带性分布规律。对微量元素特别是重金属元素的研究，为揭示土壤的成土母质起着重大作用。

开展某一地区土壤环境地球化学研究的一个先决条件，就是必须了解化学元素在该区域内的分布状况。有关化学元素区域分布的研究，是环境地球化学研究的基础工作之一。在地方性疾病研究中，要求尽可能全面分析测试土壤中元素的含量，调查的区域较大，要尽量避开受污染的地区。通过研究土壤化学元素的含量，为研究这些地区人和动物可能的健康异常情况提供了基础资料。

（三）土壤重金属背景值的影响因素

土壤重金属背景值的影响因素有成土母岩、母质、气候、地形等。

1. 成土母岩和成土过程的影响

各种岩石的元素组成和含量不同，是造成土壤重金属背景值差异的根本原因之一。不同的岩石由于其成岩条件及矿物组成和抗风化能力的不同，岩石及风化物中的常量、微量及稀有元素的种类和数量均有很大的差异，这种差异是形成土壤元素背景值空间差异的基础。岩石化学成分在成土过程中重新分配与组合，即使同一矿物组成的母岩，由于风化程度的差别，也会导致同一母质形成的土壤化学元素最初含量不同。而且，母质在成土过程中发生复杂的物理、化学和生物地球化学作用，化学元素在土壤剖面上的迁移、扩散和集中，使土壤剖面中化学元素的形态、数量与分布产生了差异，从而导致土壤重金属背景值不同。

2. 地理、气候条件的影响

地形条件对成土物质、水分、热能等的重新分配有着重要影响，影响土壤中元素的聚集和流失，从而引起土壤重金属元素背景值的空间分异。不同气候条件下发生的各种成土过程中，土壤中矿物及化学元素的组成不断地受风化、组合、淋溶作用的影响，从而导致在不同条件下，土壤重金属背景值也存在差异。

（四）土壤重金属背景值的空间差异特征

由于全球土壤类型繁多、分布地域广阔、成土过程中受各因素的影响程度不同，因此土壤重金属背景值在空间上具有明显的差异性，这种分布差异有以下几个特征。

1. 地质、地层的空间差异特征

地层分布和岩石矿物的化学组成直接控制着土壤元素背景含量。地质构造、岩石、矿物不同，其风化物及其上面发育的土壤化学元素也有不同。

2. 地带性差异特征

土壤在形成过程中受气候和生物等因素的作用，使得土壤重金属背景值具有明显的水平和垂直地带性差异特征。对于 Cu、Zn、Cd、Cr、Mn、Pb、As、Hg、Ni 等 12 种元素，除 Pb、Hg 外的其他元素含量，均以富铝土纲为最低，不饱和硅铝土亚纲次之；除 Mn 以外的其他元素含量，均在岩成土纲中最高，在高山土纲中次之；除 Hg、V 外的其他元素，在饱和硅铝土亚纲、钙成土纲及石膏盐成土纲中较接近，排序居中间位置。

3. 土壤属性的差异特征

土壤本身的诸多性质也会影响土壤元素背景值的高低。例如，土壤的酸碱性会影响土壤中的多种化学反应，进一步影响到一系列化学平衡、元素的活动性及其迁移，因而会影响到土壤背景含量。另外，在各种土壤中，砂质土壤的颗粒粗，结构性和蓄水性差，吸附能力小，其中的元素容易淋失，元素背景含量低。对于黏质土壤，其黏粒含量高，吸附能力强，故元素背景含量高。通常情况下，质地黏重的土壤，其土壤化学元素的含量往往较高；而质地轻的土壤其化学元素的含量较低。

三、土壤重金属的来源

（一）大气沉降

大气中的重金属主要来自于能源、运输、冶金和建筑材料生产过程中产生的气体和粉尘、汽车尾气排放，以及汽车轮胎磨损产生的含重金属的有害气体和粉尘等，以 Pb、Zn、Cd、Cr、Co、Cu 等重金属元素为主，并主要以气溶胶的形态进入大气，再经过自然沉降和降水进入土壤。由于大气沉降和雨淋沉降而进入土壤中的重金属，主要分布在工矿企业的周围，以及公路、铁路的两侧。公路与铁路两侧土壤中的重金属污染，来自于含铅汽油的燃烧和汽车轮胎磨损产生的含锌粉尘等。其中，汽车排放的尾气中 Pb 含量最多，达 20～50 $\mu g \cdot L^{-1}$，它们呈条带状分布，重金属污染强度以公路、铁路为轴向两侧逐渐减弱，受公路、铁路距离中心的远近及交通量的大小影响，有明显的差异，并且，随着时间的推移，公路、铁路土壤重金属污染具有很强的叠加性。此外，大气汞的干湿沉降也可以引起土壤中汞的含量增高。

（二）农药、化肥和塑料薄膜使用

农药、化肥和地膜是重要的农用化学物质，对农业生产的发展起着重大的推动作用。但其长期不合理的施用，也可能导致土壤重金属污染。绝大多数的农药为有机化合物，少数为有机–无机化合物或纯矿物质，个别农药在其组成中含有 Hg、As、Cu、Zn 等重金属，如果长期大量施用含重金属的杀虫剂、杀菌剂、除草剂、杀鼠剂等，就会导致农田土壤重金属累积。重金属元素是肥料中报道最多的污染物质之一，其含量一般是磷肥＞复合肥＞钾肥＞氮肥。一般过磷酸盐中含有较多的重金属 Hg、Cd、As、Zn、Pb，磷肥次之，氮肥和钾肥含量较低，但氮肥中铅含量较高。此外，近年来地膜的大面积推广使用，造成了土壤的白色污染，由于地膜生产过程中加入了含有 Cd、Pb 的热稳定剂，在大量使用塑料大棚和地膜过程中都可能造成土壤重金属的污染。因此，长期和不合理地施用含有 Pb、Hg、Cd 和 As 等重金属的农药、化肥和地膜等农用化学物质，会导致土壤中重金属的污染。

（三）污水灌溉

污水灌溉一般指使用经过一定程序处理的城市污水（包括生活污水、商业污水和工业废水）灌溉农田、森林和草地。近年来污水灌溉已成为农业灌溉用水的重要组成部分，以北方旱作地区污灌最为普遍，占全国污灌面积的 90%以上。南方地区的污灌面积仅占 6%，其余在西北和青藏地区。污灌导致土壤重金属 Hg、Cd、Cr、As、Cu、Zn 和 Pb 等含量的增加。

随着污水灌溉而进入土壤的重金属，以不同的方式被土壤截留固定，其中 95%的 Hg 被土壤矿质胶体和有机质迅速吸附，一般累积在土壤表层，自上而下递减。污水中的 As 多以 As^{3+}或 As^{5+}态存在，进入土壤后被铁、铝氢氧化物及硅酸盐黏土矿物吸附，或与 Fe、Al、Ca、Mg 等生成复杂的难溶性化合物。Cd 很容易被水中的悬浮物吸附，水中 Cd 的含量随着距排污口距离的增加而迅速下降。Pb 很容易被土壤有机质和黏土矿物吸附，Pb 的迁移性弱，污灌区 Pb 的积累分布特点是离污染源近的土壤含量高，距离远的土壤含量低。因此，污水灌溉造成的土壤重金属污染，具有“靠近污染源头和城市工业区土壤污染严重”的特点。

（四）污泥施肥

污泥中含有大量的有机质和氮、磷、钾等营养元素，但同时污泥中也含有大量的重金属，随着市政污泥大量施用进入农田，导致农田中重金属的含量不断增加。污泥施肥导致土壤中 Zn、Hg、Cr、Cu、Zn、Ni 和 Pb 等重金属含量增加，污泥施用越多，土壤重金属污染就越严重，进而导致水稻、小麦、玉米和蔬菜等农作物体内 Cd、Cu、Zn、Hg、Ni、Pb 等重金属含量明显增加。

（五）含重金属废弃物堆积

固体废弃物种类繁多，成分复杂，不同种类固体废弃物的危害方式和污染程度不同。其中，矿业和工业固体废弃物的重金属污染最严重。这类废弃物在堆放或处理过程中，由于日晒、雨淋、水洗等作用，重金属极易移动，以辐射状、漏斗状向周围土壤扩散。

重金属在土壤中的含量和形态分布特征受其在固体废弃物中释放率的影响，随与固体废弃物堆放位置距离的加大，土壤中重金属的含量降低。此外，固体废弃物被直接或经过加工作为肥料施入土壤，造成土壤重金属污染。

（六）金属矿山污染

采矿和冶炼业的迅速发展，给人类带来了巨大的财富。但金属矿山开采和冶炼等生产活动，产生大量的粉尘、污水（矿井废水、酸性废水、洗煤水、生活污水）、废气、固体废弃物等污染物，以及开矿后形成的废弃地，引发了很多环境问题，如土壤基质被污染、生物多样性丧失、生态系统和景观受到破坏。其中，矿山开采过程中 Pb、Cd、Cu、Zn、Cr、Hg、As、Ni 等重金属进入矿区周边土壤环境中，导致日益严重的金属矿区土壤重金属污染问题，受到人们的广泛关注。

四、土壤重金属的特点

大多数重金属是过渡性元素，具有特定的电子层结构，使其在土壤环境中的化学行为具有以下一系列特点。

第一，重金属能在一定的幅度内发生氧化还原反应，具有可变价态。土壤中的重金属一般是过渡元素，具有可变价态，易在土壤中发生氧化还原反应。同时，同一种重金属的价态不同，呈现的活性和毒性差异也很大。土壤组成的复杂性和土壤物理化学性质的可变性，造成重金属在土壤中的形态复杂性和多样性。

第二，重金属易在土壤环境中发生水解反应，生成氢氧化物，可以与土壤中的 H_2S、H_2CO_3、H_3PO_4 等一些无机酸反应，生成硫化物、碳酸盐、磷酸盐等。这些化合物的溶度积都比较小，使得重金属累积于土壤中，不易迁移，污染危害范围扩大的可能性较小，但使污染区域内的危害周期变长。

第三，重金属作为中心离子，能够接受多种阴离子和简单分子的孤对电子，生成配位结合物；还可与一些大分子有机物，如腐殖质、蛋白质等生成螯合物。难溶性重金属盐，在与少量游离重金属离子生成络合物和螯合物以后，其在水中的溶解度可能增大，进而在土壤环境中迁移，增大其污染的范围。

第四，重金属盐的溶解度受土壤性质影响。将含有相同镉含量的 $CdSO_4$、$Cd_3(PO_4)_2$ 和 CdS，加入未污染的土壤中进行水稻生长试验，结果发现土壤性质与镉盐的溶解度有关，土壤 pH、氧化还原电位（Eh）的改变或有机物的分解，都引起镉盐溶解度发生显著的变化，进而改变镉元素向植物体内转移的能力。

第五，迁移转化形式多。重金属在土壤中的迁移转化过程有水合、水解、溶解、中和、沉淀、络合、解离、氧化、还原等；胶体化学过程有离子交换、表面络合、吸附、解吸、吸收、聚合、凝聚、絮凝等；生物过程有生物摄取、生物富集、生物甲基化等；物理过程有分子扩散、湍流扩散、混合、稀释、沉积、底部推移、再悬浮等。

第六，金属离子的物理化学行为大多具有可逆性。土壤重金属离子的物理化学行为多具有可逆性，属于缓冲型污染物。无论是形态转化或物相转化，原则上都是可逆反应，能随环境条件变化而转化，因此，沉积的也可能再溶解，氧化的也可能再还原，吸附的也可能再解吸，但在特定环境条件下，它们又具有相对稳定性。

重金属的这些物理化学特性，决定了它们在土壤环境中溶解特性的多变，进而导致重金属在土壤环境中迁移特性的多变。重金属污染的主要特点，除了污染范围广、持续时间长外，同时污染具有隐蔽性，而且无法被生物降解，并可能通过食物链在生物体内富集，甚至可转化为毒害性更大的甲基化合物，对食物链中某些生物产生毒害，或最终在人体内富集而危害健康，重金属的这些特性决定了其污染和危害环境的特殊作用。

五、土壤重金属的形态

重金属的形态是指重金属的价态、化合态、结合态和结构态 4 个方面，即某一重金属元素在环境中以某种离子或分子存在的实际形式。重金属污染物进入土壤环境以后，与土壤中各种固体物质表面产生复杂的化学反应。经过一系列酸碱反应、氧化还原反应、吸附解吸反应、络合离解反应、沉淀溶解反应、生化反应等物理、化学和生物学过程，最终表现为重金属形态的变化。

对于重金属形态，目前还没有统一的定义及分类方法。常见土壤和沉积层中重金属形态分析方法有以下几种：Tessier（1979）将沉积物或土壤中重金属元素的形态分为可交换态、碳酸盐结合态、铁–锰氧化物结合态、有机物结合态和残渣态 5 种形态；Cambrell（1994）认为土壤和沉积物中的重金属存在 7 种形态，即水溶态、易交换态、无机化合物沉淀态、大分子腐殖质结合态、氢氧化物沉淀吸收态或吸附态、硫化物沉淀态和残渣态；Shuman（1985）在 Tessier 等的基础上将其分为交换态、水溶态、碳酸盐结合态、结合有机态、氧化锰结合态、紧结合有机态、无定形氧化铁结合态和硅酸盐矿物态 8 种形态；Forstner（1989）将重金属形态分为交换态、碳酸盐结合态、无定形氧化锰结合态、有机态、无定形氧化铁结合态、晶型氧化铁结合态和残渣态 7 种形态；为融合各种不同的分类和操作方法，欧洲参考交流局采用 BCR 提取法，将重金属的形态分为酸溶态、可还原态、可氧化态和残渣态这 4 种。

以上土壤重金属的形态分类方法中，比较重要的形态主要有如下几种。

1. 可交换态

可交换态重金属是吸附在黏土、腐殖质及其他成分上的金属，对环境变化敏感，易于迁移转化，能被植物吸收。可交换态重金属反映人类近期排污影响及对生物的毒性作用，该形态重金属通过离子交换和吸附而结合在颗粒表面。可交换态在总量中所占比例较少，均小于 10%。

2. 碳酸盐结合态

碳酸盐结合态重金属是指土壤中重金属元素在碳酸盐矿物上形成的共沉淀结合态。碳酸盐结合态重金属受土壤条件影响，对 pH 敏感，pH 升高会使游离态重金属形成碳酸盐共沉淀；相反，当 pH 下降时易重新释放出来而进入土壤环境中。当土壤的 pH 为 5.33 时，该类重金属易被生物利用。

3. 铁锰氧化物结合态

铁锰氧化物结合态重金属一般是以矿物的外囊物和细粉散颗粒存在，活性的铁锰氧化物比表面积大，通过吸附或共沉淀阴离子而形成。土壤中 pH 和氧化还原条件变化对铁锰氧化物结合态有重要影响，pH 和氧化还原电位较高时，有利于铁锰氧化物的形成。铁锰氧化物结合态反映人类活动对环境的污染，铁锰氧化物具有巨大的比表面积，其对于金属离子有很强的吸附能力，土壤水环境一旦形成某种适于其絮凝沉淀的条件，其中的铁锰氧化物便携带金属离子一同沉淀下来，该沉淀中重金属属于较强的离子键结合的化学形态，因此不易释放。

4. 有机物结合态

有机物结合态重金属是土壤中各种有机物，如动植物残体、腐殖质及矿物颗粒的包裹层等，与土壤中重金属螯合而成。有机物结合态是以重金属离子为中心离子、以有机质活性基团为配位体的结合，或是硫离子与重金属生成难溶于水的物质。在氧化条件下，部分有机物分子会发生降解作用，导致部分金属元素溶出，对环境可能会造成一定的影响。不同元素与有机化合物的结合能力差异较大，导致土壤重金属有机态比例高低分化。

5. 残渣态

残渣态重金属一般存在于硅酸盐、原生和次生矿物等土壤晶格中，是自然地质风化过程的结果，它们来源于土壤矿物，性质稳定，在自然界正常条件下不易释放，能长期稳定在土壤中，不易为植物吸收。例如，重金属 Cd 以铁锰氧化物结合态为主，残渣态最少，Zn 和 Pb 以铁锰氧化物结合态和残渣态为主，Cu 以有机结合态和残渣态为主。

六、土壤中重金属形态的影响因素

土壤重金属形态的影响因素较多，包括重金属自身特性和含量、土质成分（黏土矿物、有机质、铁锰铝氧化物等）和土壤 pH、氧化还原电位（Eh）等环境条件。

（一）土壤重金属总量

土壤重金属形态分布与重金属元素自身特性有关，重金属总量与各形态相关系数的大小能反映土壤重金属负荷水平对重金属形态的影响。通过重金属总量与不同形态的相关关系分析表明，除 Cr 的弱酸溶解态和可还原态含量，其他重金属的形态与重金属总量均呈极显著的正相关。Cd 除残渣态外，其他形态的相关系数与重金属总量均呈显著正相关，Cr、Cu、Ni、Pb、Zn 和 Co 则表现为残渣态与总量正相关（钟晓兰等，2009）。土壤重金属的生物有效性随土壤重金属总量的增加极显著增强。云南省文山壮族苗族自治州三七种植区土壤 Pb、Cd 和 Zn 全量与水溶态、碳酸盐结合态、铁锰氧化物结合态、有机物结合态和残渣态含量，均呈显著的正相关性；土壤 Cu 全量与铁锰氧化物结合态、有机物结合态和残渣态含量，均呈显著的正相关性（表 1-3）。

表 1-3　土壤重金属总量与不同形态含量的相关关系（n=30）

Table 1-3　Relationship between the total concentration of soil heavy metals and different fraction（n=30）

形态	水溶态	碳酸盐结合态	铁锰氧化物结合态	有机物结合态	残渣态
Pb	0.757**	0.803**	0.833**	0.901**	0.893**
Cd	0.919**	0.869**	0.799**	0.897**	0.730**
Cu	0.114	0.344	0.596**	0.580**	0.789**
Zn	0.420*	0.722**	0.559**	0.759**	0.898**

*、**分别表示 $P<0.05$ 和 $P<0.01$ 的差异显著性

（二）土壤 pH

pH 对土壤重金属形态影响较大，可交换态重金属含量随着 pH 变化的原因主要包括 5 个方面：一是随土壤体系 pH 升高，土壤中黏土矿物、水合氧化物和有机质表面的负电荷增加，对重金属离子的吸附力加强，使溶液中重金属离子的浓度降低；二是 Cd、Zn 等重金属在氧化物表面的专性吸附随 pH 的升高而增强，pH 上升时大部分被吸附重金属转变为专性吸附；三是土壤有机质–金属络合物的稳定性随 pH 的升高而增大，从而使溶液中重金属浓度降低；四是随着 pH 升高，土壤溶液中铁、铝、镁离子浓度减小，使土壤有利于吸附 Cd、Zn 等重金属离子；五是 pH 升高后土壤溶液中多价阳离子和氢氧根离子的离子积增大，生成该种重金属元素沉淀物的机会增大。

由于 pH 能改变无机碳含量，同时影响碳酸盐的形成和溶解，因此碳酸盐结合态重金属含量与 pH 和碳酸盐含量成正比。在 pH 足够低时，由于碳酸盐溶解而释放，根际的代谢产物 H_2CO_3 及其他酸性物质又可降低根际的 pH，促进植物对碳酸盐结合态重金属的吸收，因此 Cd、Zn 化学形态在交换态和碳酸盐结合态之间转换。随土壤溶液 pH 升高，各种重金属元素在土壤固相上的吸附量和吸附能力加强。随 pH 的升高，Cd 的吸附量和吸附能力急剧上升，pH 每增加 0.5 个单位 Cd 的吸附就增加 1 倍，最终发生沉淀。

（三）土壤有机质含量

土壤有机质是指存在于土壤中的各种含碳的有机物，包括动植物残体、微生物体及其分解合成的有机物质。有机质是土壤最重要的组成部分之一，土壤中有机质含量的多少不仅决定土壤的营养状况，而且通过与土壤中的重金属元素形成络合物，影响土壤中重金属的移动性及其生物有效性。

有机质是影响重金属各形态的一个重要因素，与重金属元素的多个形态都存在显著的相关性。土壤有机质的主要成分是腐殖质，腐殖质对重金属有强烈的吸附作用或络合作用，腐殖质中包括了水溶性的有机质和难溶性的有机质，不同性质的有机质对重金属形态转化作用不同。土壤中 Fe、Mn 的黏粒氧化物在土壤中部分以胶膜状包被在层状硅酸盐和腐殖质上，随有机质含量的增高，有机结合态和铁锰氧化物结合态（可还原态）重金属的含量逐渐升高。同时，增加有机质可以使弱酸溶解态重金属向有机

结合态转化，而有机质络合的金属在较强的氧化条件下可随有机物质降解而释放到土壤溶液中。

（四）土壤质地及阳离子交换量

阳离子交换量（CEC）主要与土壤表面胶体负电荷有关，而土壤胶体所带负电荷与土壤黏粒含量、有机质含量及土壤 pH 相关，土壤黏粒中含有氧化物和层状黏粒矿物。云南文山三七土壤总 Pb 含量、水溶态、有机物结合态和残渣态含量，均与土壤 CEC 之间具有显著的正相关性；碳酸盐结合态 Cd 和 Zn 含量与土壤 CEC 之间具有显著的正相关性。水溶态 Pb 含量与土壤有机质含量之间具有显著的正相关性。残渣态 Cu 含量和总 Zn 含量与粉粒含量之间具有显著的正相关性；铁锰氧化物结合态 Cd、残渣态 Cu 含量和总 Zn 含量与土壤黏粒含量呈显著的正相关性。

（五）氧化还原电位

重金属是过渡元素，在不同的氧化还原状态下，以不同的形态存在。硫化物是重金属难溶化合物的主要形态，随着 Eh 的降低，硫化物大量形成，土壤溶液中的重金属离子减少。例如，在镉污染区，水稻抽穗一周后，在不同氧化还原电位的条件下，对糙米含镉量的测定结果表明，氧化还原电位为 416 mV 时，糙米含镉量为 165 mV 时的 2.5 倍。湿润条件下水稻根的含镉量为淹水条件下的 2 倍，茎叶是 5 倍，糙米是 6 倍。因为在淹水还原条件下，Fe^{3+}还原成 Fe^{2+}，Mn^{4+}还原成 Mn^{2+}，SO_4^{2-}还原成硫化物，形成难溶的 FeS、MnS 和 CdS（王焕校，2000）。

在不同氧化还原电位条件下，沉积物中重金属的结合形态可互相转化（图 1-1）。在还原条件下，有机结合态镉最稳定；但在氧化条件下，有机结合态镉则被转化为生物可利用的水溶态、可交换态或溶解结合态而释放到水中，并随氧化还原电位增大，释放量增多。

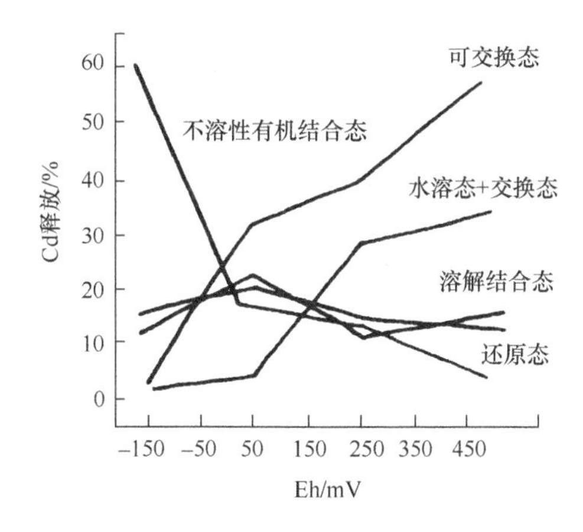

图 1-1　氧化还原电位对镉结合形态转化的影响

Figure 1-1　Redox potential of Cd-binding effect of morphological transformation

（王焕校，2000）

氧化还原电位（Eh）降低，重金属的移动性也随之降低。氧化还原电位的降低还可导致化合价发生变化，如六价铬（铬酸盐）会被转化成三价铬形式，降低铬的移动性。但砷却是例外，三价砷（亚砷酸盐）的移动性要高于五价砷（砷酸盐），这种变化也与pH有关。

（六）螯合剂

常用螯合剂主要有乙二胺四乙酸（EDTA）、氮川三乙酸（NTA）、二乙烯三胺五乙酸（DTPA）和柠檬酸。螯合剂通过螯合作用促进重金属元素从固相土壤中解吸出来，进而与土壤中的重金属形成金属螯合物，促进金属螯合物从根部向茎叶的转移。螯合剂在活化土壤中重金属的同时，使重金属对植物的毒性增强，从而抑制植物的生长，毒害作用随施加的螯合剂量的增加而不断增加。尽管螯合剂可能活化土壤中的微量重金属元素，但是有机酸能否促进植物对重金属的吸收，还要取决于植物的种类。在养分或毒性胁迫下，许多植物能增加有机酸的分泌，从而螯合土壤中的微量重金属元素，减轻重金属的危害。

（七）元素之间的相互作用

土壤溶液中的阴离子和阳离子之间、阳离子和阳离子之间的相互作用，使土壤中微量重金属元素的生物有效性发生改变。重金属元素之间存在加和作用、拮抗作用和协同作用。加和作用和协同作用都是指几种重金属元素对土壤的影响大于每种重金属元素的作用之和。拮抗作用指的是几种重金属元素复合污染的影响小于这几种重金属元素的单独影响之和。

重金属的胁迫通常会导致植物矿质营养的缺乏，引起它们参与代谢和物质组成过程的紊乱失调，产生缺素症状，成为植物氮、磷、钾等大量营养元素缺乏或有效性降低的主要原因（陈怀满，2002）。同时，氮、磷、钾等大量营养的供应能缓解重金属对植物的胁迫作用（黄益宗，2004）。因此，重金属与植物营养元素存在一定的交互作用，在一定条件下，两个或多个元素的结合生理效应小于或超过它们各自效应之和，即主要表现出拮抗作用或协同作用，一直是重金属污染生态学研究的前沿。

N素作为植物生长需要的最重要的大量营养元素之一，对植物的生长、代谢和遗传特征等都具有不可替代的作用。重金属与N素的交互作用表现在植物对元素的吸收、运输、代谢等方面。重金属在土壤中的积累对土壤中N的矿化、脲酶的活性产生影响，从而影响植物对N的吸收。Cd对土壤N的矿化的抑制作用最大，合理施加N肥，可以缓解重金属对脲酶的毒害作用（陈怀满，2002）。重金属胁迫可以导致无机态N吸收的降低，但重金属对植物NO_3^-和NH_4^+吸收影响的机理目前仍然不清楚。

元素P和As同族，化学性质和结构相似，磷和砷竞争土壤胶体上的吸附位点，磷通过离子交换作用置换出土壤中的砷，增加砷的活性和生物有效性。此外，植物主要通过磷酸转运子途径吸收As，且磷酸转运子对磷的亲和力比砷高。所以，在P元素充足的条件下，根吸收累积的As元素不容易迁移到地上部分，增施磷肥还能促进植物生长发育，从而增强植物抵抗砷胁迫的能力（Sasaki et al.，2002；祖艳群等，2009；张秀等，2013）。

第二节　土壤重金属的空间分布

土壤重金属在土壤环境中存在着空间分布的特征。本节主要介绍土壤重金属的水平分布和垂直分布的特点。

一、土壤重金属的水平分布

重金属化学形态在不同地带或同一地带不同土壤类型中呈现出不同的分布变化特征。在我国，交换态的重金属水平分布特点表现为：南高北低，且由南至北趋于降低的分异规律；碳酸盐结合态由东向西序列的土壤中，随着土壤中碳酸盐含量的增加，其碳酸盐态的相对含量亦递增；铁锰氧化物结合态在东西向的土壤序列中，从东部的黑土至西部的灰漠土，其相对百分比含量有逐渐增大的趋势，呈现出东西分异的特征。

祖艳群等（2014a）发现，文山三七种植区土壤总 As 和有效 As 空间分布表现出北高南低，西高东低，特别是西北位置的丘北县 As 含量相对较高，东南位置的广南县土壤 As 含量相对较低（图 1-2）。

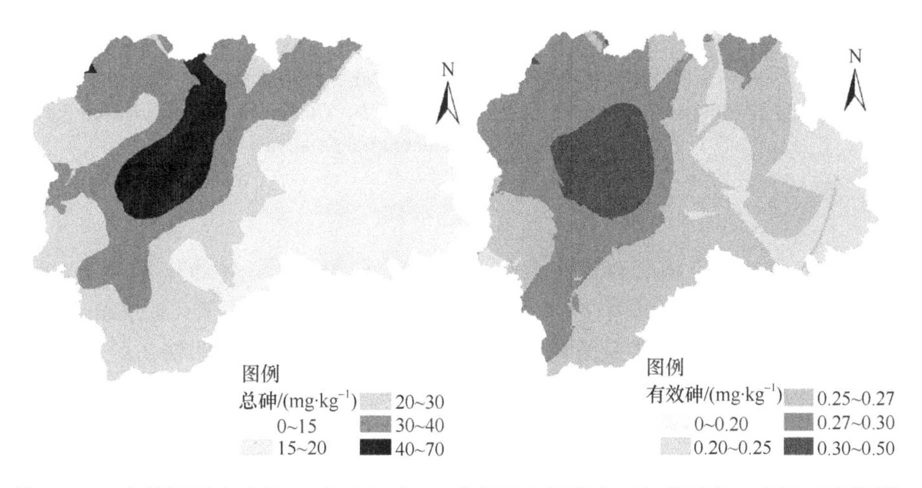

图 1-2　三七种植区土壤总 As 和有效态 As 含量的空间分布（扫描封底二维码可见彩图）

Figure 1-2　Spatial distribution of total As and available As contents of soil in *P. notoginseng* plantation area

（祖艳群等，2014a）

对云南某矿区周边农田土壤 As、Cu、Zn 和 Pb 分布特征的研究表明，受矿渣堆及附近冶炼厂的影响，采样区西南侧靠近矿渣堆附近的农田土壤 As、Pb、Cu 和 Zn 含量明显高于其他区域，其中 As、Zn 尤为明显；而靠近矿山镇附近的农田土壤 As、Pb、Cu 和 Zn 的含量也明显高于周边农田（图 1-3）。Cd 在研究区土壤中的含量均呈现出在铅锌矿区和铅锌冶炼厂两端较高，在中间公路地带及玛色卡村落呈下降趋势，整体呈现出两端大中间小的现象。且对于 Cd 来说，在较开阔的玛色卡村落耕地处，随着沿垂直公路方向公路间距离的加大，Cd 的含量出现明显下降趋势（邹小冷等，2014）。

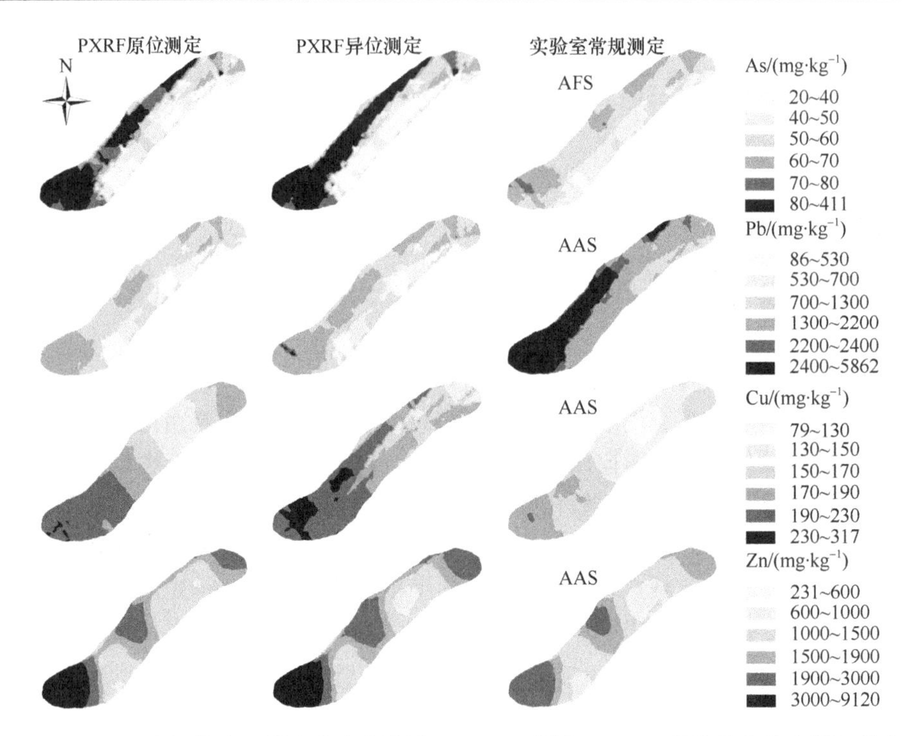

图 1-3　矿区周边土壤便携式 X 射线荧光光谱法（PXRF）原位、PXRF 异位及实验室测定的土壤 As、Pb、Cu 和 Zn 含量的空间分布（扫描封底二维码可见彩图）

Figure 1-3　Spatial distribution of the concentrations of As，Pb，Cu and Zn in soils measured by *in situ* PXRF，*ex situ* PXRF and laboratory analysis

（邝荣禧等，2015）

以铅锌矿区为起始点将所有采样点按等距 2 km 分段分析，土壤中重金属 Cd、Pb 的平均含量随距离的变化趋势见图 1-4。土壤中 Cd 平均含量的最小值（5.92 mg·kg^{-1}）出现在距离铅锌矿区 4 km 处，最大值含量（32.98 mg·kg^{-1}）出现在距离铅锌矿区 12 km 处（即铅锌冶炼厂所在地附近）；其中 2 km 处＜10 km 处＜12 km 处。Pb 平均含量的最小值（1402.79 mg·kg^{-1}）出现在距离铅锌矿区 4 km 处，最大值含量（3474.75 mg·kg^{-1}）出现在距离铅锌矿区 12 km 处，其中 12 km 处含量显著高于其他点位（邹小冷等，2014）。

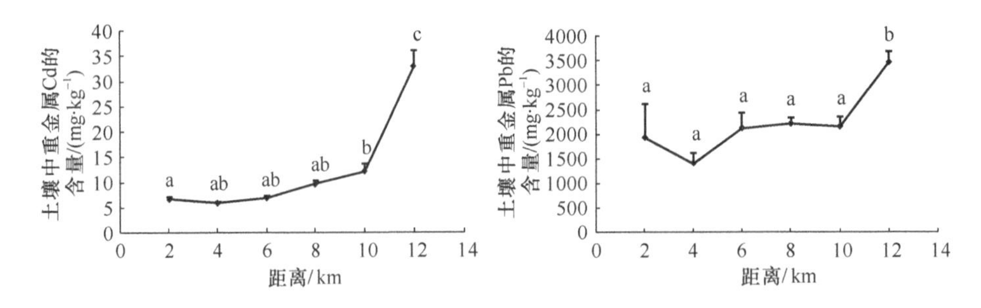

图 1-4　距离铅锌矿区不同距离点位重金属含量

Figure 1-4　Content of heavy metals in different distances from the lead-zinc mining

（邹小冷等，2014）

云南省呈贡县蔬菜地表层土壤 Pb、Cu 和 Zn 的小尺度空间分布特征表现为：湖滨区 Pb 和 Zn 含量的空间分布特点表现出沿古城到江尾村沟渠和道路附近的积累，而且在可乐村附近 Pb 含量相对较高；而 Cu 含量在江尾村和可乐村附近较高，其中 L7 行的 Cu 含量显著高于其他行。从北到南，各行间 Pb、Cu 和 Zn 含量具有一定的差异，而从东到西各列间没有显著的差异（祖艳群等，2010）。

张庆利等（2005）对南京城郊蔬菜地研究表明，有效 Pb 的空间分布主要受交通影响，交通量越大的道路附近土壤中有效 Pb 含量越高；有效 Zn 主要受城市生活废水的影响，城市生活污水灌溉和城市地表径流是土壤中有效 Zn 积累的主要原因；有效 Cu 主要与蔬菜种植过程中有机肥（主要是牛粪）施用关系密切，有机肥施用量越大，土壤中有效 Cu 含量越高；有效 Cd 受地形影响较大，地形低洼处土壤中有效 Cd 含量相对较高。房世波等（2002）研究发现，由于近郊菜地的耕作时间相对于郊区和农区长，近郊菜地表层和次表层土壤中重金属含量均要显著高于郊区和农区。

李亮亮等（2006）对龙港区土壤重金属空间分布分析得出：该城市土壤重金属含量变化幅度大，分布不均匀。就不同功能区来看，As 为工业区＞生活区＞公园绿地区＞主干道路区＞山区，Cd 为工业区＞主干道路区＞生活区＞公园绿地区＞山区，Cr 为生活区＞主干道路区＞工业区＞公园绿地区＞山区，Cu 为工业区＞主干道路区＞生活区＞公园绿地区＞山区，Hg 为工业区＞主干道路区＞公园绿地区＞生活区＞山区（表 1-4）。

表 1-4　不同功能区土壤中重金属含量（$mg \cdot kg^{-1}$）及特征值统计

Table 1-4　Contents of heavy metals（$mg \cdot kg^{-1}$）in soils of different functional areas and eigenvalue statistics

功能区	As	Cd	Cr	Cu	Hg	Ni	Pb	Zn
生活区	6.27	289.96	69.02	49.40	93.04	18.34	69.11	237.01
工业区	7.25	393.11	53.41	127.54	642.36	19.81	93.04	277.93
山区	4.04	152.32	38.96	17.32	40.96	15.45	36.56	73.29
主干道路区	5.71	360.01	58.05	62.21	446.82	17.62	63.53	242.85
公园绿地区	6.26	280.54	43.64	30.19	114.99	15.29	60.71	154.24
平均值	5.68	302.40	53.51	55.02	299.71	17.26	61.74	201.20
背景值	3.6	130	31	13.2	35	12.3	31	69

注：样点数为 322

（李亮亮等，2006）

二、土壤重金属的垂直分布

土壤中的重金属由于受到土壤中的无机及有机胶体对重金属的吸附、代换、配合和生物作用，大部分被固定在耕作层中，通常很少迁移至 46 cm 以下的土层。研究表明，重金属污染物（Hg、As、Pb、Cr 等）主要累积在土壤耕作层，可给态含量分别占全量的 60.1%、30%、38%和 2.2%，Hg、Pb 的可给态含量较高。灌溉污水中的 Hg 呈溶解态和络合态，而当进入土壤后，95%被土壤矿质胶体等迅速吸附或固定，一般累积在土壤表层，在剖面分布上呈自上而下递减的趋势。砷在土壤中的动态行为与铜、铅、镉等有所不同，在含有大量Fe、Al组分的酸性（pH5.3～6.8）红壤中，砷酸根可与之生成难溶盐类，富集于30～40 cm耕作层中（蔡立梅和马瑾，2008；吴文勇和尹世洋，2012）。

土壤重金属元素在土壤剖面中的垂直分布特征，主要受重金属元素的化学性质与土壤理化性质的影响。一般来说，通过各种途径进入土壤环境中的重金属，在土壤无机及有机胶体对阳离子的吸附、代换、络合及生物富集等方面的作用下，重金属元素的迁移能力较差，主要积累在土壤耕作层中，从而使耕作层成为土壤重金属元素的富集层，在土壤剖面中的垂直分布规律明显。北京地区土壤重金属垂直迁移分布的研究表明，重金属污染物进入土壤环境后，由于土壤的固定和吸附作用，不易向土壤下层迁移，多集中分布在土壤表层（夏增禄等，1985）。在旱作农田中，重金属元素一般集中分布在耕作层，向下迁移的深度为20～60 cm。我国菜园土壤重金属元素的分布研究表明，在熟化程度较高的土壤中，重金属元素（Cu、Pb、Zn、Cd、Hg等）在土壤剖面中的分布以表层含量最高，尤以0～10 cm的表层为最高，向下层呈递减趋势（张民和龚子同，1996）。

对福建耕地土壤研究也表明，进入土壤的重金属多集中分布在0～20 cm表层，在40～60 cm土层重金属含量出现中间低两头高的现象（王玉等，1996），反映了成土过程和土壤环境化学条件对重金属在土壤中迁移、富集的影响。重金属Hg、Cd淋溶深度为40 cm，Pb为20 cm，这三种重金属元素下移的深度都没有超过40 cm，重金属的纵向迁移距离短，在土壤剖面中未出现明显淋溶淀积的环境化学特征。但不论在土壤表层（0～20 cm）或亚表层（20～40 cm），多表现出以残渣态的含量最高。

采用田间深度间隔采样法，分析苏南6个处于不同环境影响下的水稻土剖面中Cu、Pb、As和Hg全量深度分布，结果表明，这4种元素在土壤剖面中的移动能力均较差；在工业环境下田块土壤中的Hg、Cu、Pb的表层富集和垂直分异较为明显；而在非工业环境下，重金属纵向分异不明显；个别田块存在较严重的As污染，耕层As达56.93 $mg \cdot kg^{-1}$，超出国家土壤环境质量二级标准（刘洪莲等，2006）。

第三节　土壤重金属的化学行为

土壤重金属的化学行为主要是指重金属在土壤中的迁移和转化。重金属在土壤中的迁移、转化及其植物效应，与重金属形态的关系密切。土壤的酸碱度、胶体含量组成、水文、生物组成、温度、有机质含量、植物根系及微生物活力等环境因素，都显著影响重金属在土壤系统中的分布和形态。

一、重金属在土壤中的迁移转化

（一）物理迁移

土壤中重金属的物理迁移是指土壤中的重金属不改变自身的化学性质和总量而进行的迁移方式。土壤溶液中的重金属离子或者其可溶于水中的螯合物，以溶解态的形式，随水流迁移到地面和地下水体中；或包裹在土壤颗粒中和吸附在土壤胶体表面上，以颗粒态的形式，随土壤中的水流迁移。

许多重金属进入土壤后具有很强的移动性，容易被植物的根系吸收积累，并向更深的土层移动，甚至造成地下水受到重金属的污染。重金属在土壤中的移动性不仅与重金属特性、土壤质地和土壤性质有关，而且受土地利用方式及降雨、灌溉等外界环境条件的影响。吴燕玉等（1998）通过室内土柱试验研究得出，重金属迁移能力大小的顺序为Cd＞Cu＞Pb。马智宏等（2007）通过对京郊不同剖面土壤重金属元素的调查分析发现，在90 cm以上的土层中Pb、Cu、Cd和Cr含量的垂直分布表现均随土层的加深而减少，随着农药、化肥等投放量的增加和时间的推移，重金属有向更深土层迁移的可能；而且不同土地利用方式下，重金属元素含量的分布特征也存在一定的差异。

田间土壤具有高度的非均一性，在发生降雨或者灌溉时，大量的水分可通过大孔隙（包括裂隙、植物根孔及动物孔穴等）形成优势流，迅速向深层土壤迁移，因而能够促进重金属等污染物进入土壤后迅速向下迁移（Garrido and Helmhart，2012）；土壤中可移动胶体和溶解性有机质（DOM）等也可作为重金属迁移载体，促进重金属向深层土壤迁移，增加地下水污染的可能性。

（二）物理化学迁移

物理化学迁移主要是指土壤胶体对土壤中重金属的吸附。土壤颗粒，特别是有机腐殖质胶体，可吸附土壤中的重金属，在很大程度上决定着土壤重金属的分布与富集。通常状况下，胶体吸附可分为非专性吸附和专性吸附。

非专性吸附是指土壤胶体微粒由于所带电荷与重金属离子不同，因此会对重金属离子产生吸附作用。非专性吸附发生在胶体的扩散层与氧化物的配位壳之间，被水分子层隔离，故其键合很弱，易于解吸或被水洗出，这种交换服从离子交换的一般法则。因为土壤胶体微粒所带电荷性质及电荷数量各不相同，吸附重金属离子的类型及吸附紧密程度也不相同。对于带负电荷的土壤胶体微粒，其对土壤重金属阳离子的吸附顺序有以下规律：①土壤重金属阳离子的价数越高，其对土壤胶体离子的代换能力越强，这是由于价数越高，阳离子的电荷量越高，其电性越强；②等价离子的代换能力随原子序数的增大而增大，等价离子原子序数越大，其半径越大，离子表面电荷密度越小，故离子的水化度小，水膜薄，即水化后的有效半径小，则离子交换能力越小；③土壤重金属阳离子的运动速率越大，交换能力越强。而土壤胶体上会吸附哪种金属离子，主要由土壤胶体的性质及金属离子之间的吸附能力决定。

专性吸附，即胶体表面不一定带有正电荷，或者正电荷已为阴离子所中和，甚至带有负电荷，被吸附的阴离子不是在扩散层，而是进入胶体双层的内层，并交换金属离子氧化物表面的配位阴离子。因此，专性吸附又称配位体交换。

土壤质地是影响土壤入渗能力的重要因素，能够直接影响重金属在土壤中的迁移。重金属离子迁移速率为砂土＞砂壤土＞粉质黏土。此外，土壤的氧化还原电位影响重金属的存在形态，从而影响重金属化学行为、迁移能力及对生物的有效性。一般来说，在还原条件下，很多重金属易产生难溶性的硫化物，而在氧化条件下$CdSO_4$的溶解态和交换态含量增加。以Cd为例，CdS是难溶物质，但在氧化条件下$CdSO_4$的溶解度要大很多。但主要以阴离子状态存在的砷的情况正好相反，对砷而言，在还原条件下，As^{5+}被还原为As^{3+}，而亚砷酸盐的溶解度大于砷酸盐，从而增加了土壤中溶解的砷浓度，使砷的迁移能力增强。

二、土壤重金属转化

重金属进入土壤后受土壤吸附特性的影响，各形态就会在土壤固相之间进行重新分配（Lock et al.，2009；Jalali and Khanlari，2008），进而影响重金属的移动性。不同重金属由于本身性质的差异，导致其在土壤中的环境行为不同，在重金属污染土壤中，一般是可交换态所占比例较低，残渣态为主要存在形态（雷鸣等，2007a；杨维等，2011）。

pH 是土壤化学性质的综合反映，随着土壤溶液 pH 升高，土壤中黏土矿物、水合氧化物和有机质表面的负电荷增加，因此对重金属离子的吸附力增强，降低了交换态重金属离子的浓度。土壤中有机质–金属络合物的稳定性和重金属在氧化物表面的专性吸附均随 pH 升高而增强。土壤中 Fe、Mg、Al 离子浓度随 pH 升高而减小，更加有利于土壤对重金属的吸附，降低土壤溶液中重金属离子的浓度。

重金属的化合价、形态及离子浓度都会随土壤 Eh 的变化而发生改变。土壤的氧化还原条件还能够调节重金属化合物在土壤中的溶解度，进而影响土壤中重金属的形态分布（Miao et al.，2006）。

土壤有机质具有很强的表面络合能力，能够直接改变土壤中重金属的形态分布。陈建斌（2002）研究认为，有机质对土壤中不同重金属元素形态转化的影响存在着差异，当在潮土中添加有机物料稻草和紫云英时，可促进外源 Cu 和不定形铁结合态 Cu 转化，降低了 Cu 的生物有效性；而添加同样的有机物料，对 Cd 的影响刚好相反，使 Cd 的生物活性增加。

Bonten 等（2008）研究表明，可交换态和有机结合态重金属均与土壤中有机质含量呈正相关。秸秆还田、污泥农用及施加有机肥是土壤中有机质的重要来源，能够改善土壤物理性状，增加土壤肥力。但是这些利用方式也会引起土壤中溶解性有机质的增加，DOM 中含有大量的功能基因，比固相有机质的活泼点位更多，可以与土壤中重金属络合和螯合形成有机–金属配合物，充当“配位体”和“有机载体”，提高重金属的可溶性。

水分条件的改变、碳酸盐含量、颗粒组成等其他因素也会对重金属形态产生一定的影响。肖思思等（2006）研究了持续水淹和干湿交替对水稻土中 Cd 形态的影响，结果表明：与干湿交替相比，持续水淹培养后黄泥土中 $MgCl_2$ 提取态 Cd 下降，盐酸羟胺提取态 Cd 提高，红壤性水稻土 NaAc 提取态 Cd 下降。土壤中碳酸盐的含量也会对重金属形态产生影响，碳酸盐含量的增加能够提高 pH，降低交换态重金属的含量，使非交换态含量增加，反之碳酸盐含量的降低会引起交换态含量的增加（Ni et al.，2001）。

第四节　土壤重金属污染影响因素

土壤重金属污染是指由于人类活动将重金属带入土壤中，致使土壤中重金属含量明显高于背景含量，并可能造成现存或潜在的土壤质量退化、生态与环境恶化的现象（陈怀满，2005）。其污染源主要是由采矿、冶炼、电镀、化工、电子和制革染料等工业生产的“三废”，以及污灌、农药、化肥等在农业上的不合理施用等引起的（Adriano，2001）。

土壤中的重金属污染往往是以某一重金属元素为主，并伴随有其他元素的存在，即多重金属并存的复合污染（两种或两种以上的污染物在土壤中同时存在，并且每种污染物的浓度均超过国家土壤环境质量标准或已经达到影响土壤环境质量水平的土壤污染）。

一、土壤重金属污染的现状

重金属作为一种持久有毒性的污染物，进入土壤环境后不能被微生物分解。重金属可以通过吮食、吸入和皮肤接触等途径进入人体，在人体内积累，直接对人体特别是儿童的健康造成危害。如汞、砷含量超标，会引起人体中毒、肝炎及致畸、致癌、致死，铅超标会引发呼吸道、肾疾病及儿童痴呆，镉超标会带来生殖、神经方面的疾病等。

土壤重金属污染现已成为我国主要的环境污染问题之一。随着矿山开采、金属冶炼、化工、电池制造等涉及重金属排放行业的不断快速发展，重金属的污染物排放量也逐年增加，加之一些违规违法企业超标排污等问题突出，使得我国重金属污染呈现一个高发的态势（董彬，2012）。

我国遭受不同程度重金属污染的耕地面积已接近 0.1 亿 hm^2。污水灌溉污染耕地约 216.7 万 hm^2，受重金属污染的土地面积占 64.8%。固体废弃物堆存和毁田约 13.3 万 hm^2，合计约占耕地总面积的 1/5。每年因重金属污染导致的粮食减产超过 1000 万 t，被重金属污染的粮食多达 1200 万 t，合计经济损失至少 200 亿元。其中，Cd 污染最普遍，面积达 1.3×10^4 hm^2，涉及 11 个省市的 25 个地区；约有 3.2×10^4 hm^2 的耕地受到 Hg 的污染，涉及 15 个省市的 21 个地区；有许多地方粮食、蔬菜、水果等食物中 Cd、Cr、As、Pb 等重金属含量超标或接近临界值。我国的一些主要水域如淮河、长江流域、太湖流域、胶州湾等，也发现了重金属污染（邢艳帅等，2014）。

2014 年 4 月全国土壤污染状况调查公报报道，全国土壤环境状况总体不容乐观，部分地区土壤污染较重，耕地土壤环境质量堪忧，工矿业废弃地土壤环境问题突出。工矿业、农业等人为活动及土壤环境背景值高是造成土壤污染或超标的主要原因。全国土壤总的超标率为 16.1%，其中轻微、轻度、中度和重度污染点位比例分别为 11.2%、2.3%、1.5%和 1.1%。污染类型以无机型为主，有机型次之，复合型污染比例较小，无机污染物超标点位数占全部超标点位的 82.8%。

从污染分布情况看，南方土壤污染重于北方；长江三角洲、珠江三角洲、东北老工业基地等部分区域土壤污染问题较为突出，西南、中南地区土壤重金属超标范围较大；镉、汞、砷、铅 4 种无机污染物含量分布呈现从西北到东南、从东北到西南方向逐渐升高的态势。无机污染物镉、汞、砷、铜、铅、铬、锌、镍 8 种无机污染物点位超标率分别为 7.0%、1.6%、2.7%、2.1%、1.5%、1.1%、0.9%和 4.8%（表 1-5）。

二、土壤重金属污染的特点

（一）隐蔽性、滞后性

土壤重金属污染不像大气和水体污染那样比较明显。江河湖海的水体污染、工厂排

表 1-5 无机污染物超标情况
Table 1-5 Exceeding standards of inorganic contaminants

污染物类型	点位超标率/%	不同程度污染点位比例/%			
		轻微	轻度	中度	重度
镉	7.0	5.2	0.8	0.5	0.5
汞	1.6	1.2	0.2	0.1	0.1
砷	2.7	2.0	0.4	0.2	0.1
铜	2.1	1.6	0.3	0.15	0.05
铅	1.5	1.1	0.2	0.1	0.1
铬	1.1	0.9	0.15	0.04	0.01
锌	0.9	0.75	0.08	0.05	0.02
镍	4.8	3.9	0.5	0.3	0.1

（2014 年 4 月全国土壤污染状况调查公报）

出的滚滚浓烟、固体垃圾任意堆放等污染，人们通过感官就很容易辨识和发觉。但土壤重金属污染却没有那么容易被发觉，往往需要通过对土壤样品的分析化验才能确认。土壤中的重金属首先被一些粮食、蔬菜和水果等作物吸收，然后再通过食物链输入到人体，积累到一定程度才能反映出生物毒害作用。如日本“骨痛病”事件，人们经过长期饮用受镉污染的河水，并食用此水灌溉的含镉稻米，致使镉在人体内蓄积，经过了 10～20 年蓄积后才被人们所发觉。由于土壤重金属污染具有的隐蔽性和滞后性特点，土壤重金属污染在初期一般都不容易被发现和受到重视。

（二）形态多样性

重金属中很大部分是过渡元素，存在多样性，且随环境配位体、pH 和 Eh 的不同，呈现不同的化合态、结合态和价态，有的具有较高的化学活性，能参与多种复杂的反应。重金属随着其价态的不同，其呈现的毒性也不同，例如，六价铬的氧化物毒性为三价铬的 100 倍，二价铜和二价汞的毒性要大于一价铜和一价汞的毒性。在砷的化合物中，三价砷的毒性要高于五价砷的毒性。

（三）累积性

聚集在土壤中的重金属污染物不像在水体和大气中，会随着大气的扩散和水体的流动而进行稀释。重金属与土壤有机质或者矿物质相结合，并长久地保存在土壤中，很难从土壤中彻底去除，导致重金属在土壤环境中的浓度随着时间的推移不断累积，使土壤环境污染具有很强的地域性特点。植物从土壤中除了吸收必需的营养物质之外，同时也被动地吸收一些土壤中重金属元素，使其在植物的根、茎、叶和果内积累，再通过食物链的传递作用，最终危害到人类健康。

（四）难消除性

重金属污染最主要的特点是不能被微生物降解，在自然界的净化过程中，只能从一个介质转移到另一个介质，从一种价态转变为另一种价态，从一种形态转化为另一种形态。所以，靠自然本身的净化过程很难被消除，必须人为采取各种行之有效的措施，才能实现重金属的彻底治理。

展　望

第一，土壤重金属背景值是制定土壤环境质量标准的重要依据，是判定人为原因导致的土壤中重金属积累的基础，有助于确定土壤重金属的来源以制定管理对策。因此，系统、完善而准确的背景值研究工作尤为必要，不仅包括整体的背景值研究，还应区分不同土地类型、不同母质等因素的影响。根据各地的不同土壤重金属含量背景值情况，加强土壤背景值研究，建立完整的背景数据，为土壤污染评价奠定基础。

第二，由于土壤生态系统的复杂性、多样性及不稳定性，研究重金属在土壤–作物体系向作物的迁移、传输和分布及其随时间变化的动态过程还存在很多不完善之处，还需要从多个方面进行深入的探讨，以便更深入地了解土壤重金属污染的发生和生态效应机理。

第三，土壤重金属污染是一个长期逐步积累的动态过程，受土壤母质和人为活动等因素的影响，如何能够较准确地探明土壤重金属的含量状况、分布特征及污染来源，预测其富集趋势，成为了土壤重金属污染研究亟待解决的关键问题。我国在土壤重金属污染及评价方面已经做了大量的研究，但从对土壤重金属的空间分布规律、来源特征及累积趋势的研究来看，总体上还较为薄弱，将是今后研究的重点。

第二章 植物对重金属的吸收累积

植物在吸收土壤中营养元素的同时，不可避免地会吸收和累积一些重金属元素。敏感植物会受重金属的毒害而被抑制生长，甚至枯萎、死亡，不敏感的植物不受重金属的影响，甚至可以在体内聚集重金属。

本章主要阐明了植物对重金属的吸收和重金属进入植物体的过程，重金属在植物体内的移动、积累、分布和化学形态，以及衡量植物对重金属吸收和富集能力的主要指标。经过对重金属的适应，有些植物可以耐受较高浓度的重金属并且不影响其正常的生理生化过程，这些植物就是超累积植物或先锋植物，本章也进一步解释了超累积植物和先锋植物吸收或拒绝吸收重金属的机理，以及影响植物对重金属吸收和累积的主要因素。

第一节 植物对重金属的吸收

植物吸收累积重金属的过程和机制主要涉及三个过程，植物根系对重金属的吸收，重金属从根系向地上部的转运，以及重金属在植物地上部的累积过程，其中根际土壤中的重金属离子进入植物体内的第一步就是根系吸收。

植物对重金属的吸收，是指重金属离子从土壤环境进入到植物根系内部的过程。由于植物–土壤之间的相互作用非常复杂，植物对重金属的吸收依赖于土壤中重金属的化学形态和生物可利用性。

一、土壤中重金属的生物可利用性

重金属的生物可利用性（bioavailability）是指重金属能被生物吸收或对生物产生毒性的性状，可由间接的毒性数据或生物体浓度数据评价（雷鸣等，2007b）。

植物吸收土壤中的重金属并不是吸收重金属的全量，而只是吸收重金属的某一形态，特别是重金属的有效态。土壤中重金属元素在介质中的存在形态是衡量其环境效应的关键参数。近年来，人们清楚地认识到重金属的环境行为和生态效应与重金属在土壤中存在的有效态密不可分，因此其引起世界各国的广泛重视。

重金属进入土壤后，通过沉淀、溶解、络合、螯合、吸附、凝聚等各类反应过程，形成不同的化学形态，并表现出不同的活性，影响对植物的有效性。土壤重金属的形态分析方法中共有的或是比较重要的形态有：可交换态、碳酸盐结合态、铁锰氧化物结合态、有机结合态和残渣态。可交换态重金属是指吸附在黏土、腐殖质及其他成分上的金属，可用一价或二价的盐浸提，它们是引起土壤重金属污染和危害生物体的主要来源。此外，由于水溶态重金属的含量较低，又不易与交换态区分，人们常将水溶态合并到可交换态中（雷鸣等，2007b）。

重金属的生物可利用态包括水溶态和交换态。这部分重金属的含量很小，却具有很大的迁移性，最容易被生物吸收利用。植物直接吸收的部分是溶解于土壤溶液中的水溶性部分。虽然这部分重金属浓度一般较低，但植物体能够“高功率”地将其吸收到体内，并在体内浓缩。

也有研究表明，植物吸收的离子形态主要是非复合的自由离子。植物对金属离子的吸收与离子在溶液中的游离活度大小有关。在含离子–螯合剂的溶液中，只有自由离子才能被根系吸收；当游离态离子活度下降时，金属离子从离子–螯合剂中释放出来，维持溶液中金属游离态离子活度的稳定（罗春玲和沈振国，2003）。螯合剂如乙二胺四乙酸（ethylene diamine tetraacetic acid，EDTA）和二乙基三胺五乙酸（diethylene triamine pentacetate acid，DTPA）等可以降低金属游离态离子的活度，减少植物对金属离子的吸收。但也有一些研究显示，与 Cl^- 及有机配位体复合的离子也能为根系吸收。对于铁，禾本科植物吸收的是 Fe(Ⅲ)–有机物螯合态，而非禾本科植物细胞跨质膜运输的是 Fe(Ⅱ)。EDTA 或 DTPA 处理均可增加天蓝遏蓝菜（*Thlaspi caerulescens*）植株地上部 Fe 含量（罗春玲和沈振国，2003）。

二、植物根部吸收重金属的主要过程

植物吸收重金属的主要器官是根。重金属被植物的根系吸收需要经过两个步骤，第一个步骤是重金属从土壤环境到达根的表面，第二个步骤是重金属从根的表面转移到根细胞内部。

（一）重金属到达植物根表面

水溶性重金属到达根表面主要有两条途径：一条途径称质体流（mass flow）途径，即重金属随植物蒸腾作用，在植物吸收水分时，所引起的土壤溶液向根系流动而到达植物根部；另一条途径称扩散途径，即重金属通过扩散移动到根表面，这是由于根表面吸收离子，而降低了土壤溶液的浓度所引起的离子向根部的扩散。在根圈土壤中，元素的迁移受这两个过程的制约。当根系对离子的需求大于质流和扩散所提供的量，则随着根系吸收的进行，在根表面形成一个耗竭区。反之需求小于供应，离子将在根表面形成一个“聚集区”，从而调节植物对离子的吸收。

在土壤中，重金属的扩散一般遵循 Fick 的第二法则，它的平均扩散距离为

$$\sqrt{x^2}=\sqrt{2DT}$$

式中，D 为扩散系数，$cm^2 \cdot s^{-1}$；

T 为时间。

例如，Zn^{2+}、Mn^{2+}在土壤中的扩散系数分别为 3×10^{-10} $cm^2 \cdot s^{-1}$、3×10^{-10} $cm^2 \cdot s^{-1}$，根据上式可以计算出 100 d 内 Zn^{2+}、Mn^{2+}移动的平均距离分别为 0.72 mm、7.2 mm，结果证明两种重金属移动速度（扩散）是很慢的，只有靠近根部的重金属才能通过扩散作用到达根表面。可见，重金属主要通过质体流途径到达根表面（王焕校，2012）。

到达根表面的污染物不一定被植物根所吸收。植物吸收土壤中污染物的种类和数量除取决于土壤特性、污染物的种类和数量外，还取决于植物的特性。

（二）重金属跨根细胞膜运输

重金属从根表面进入植物根细胞内部有两种方式：一种是细胞壁等质外空间的吸收；另一种是重金属透过细胞质膜进入细胞的生物过程。

1. 细胞壁等质外空间对重金属的吸收

植物根部对重金属的吸收可以通过非共质体（质外体）和共质体途径进行。大多数植物根系通过摄取土壤溶液中溶解态的金属离子吸收重金属（Punamiya et al.，2010）。豇豆、莴苣、玉米及印度芥菜的根系对 Pb 的吸收机理都被研究过，Pb 一旦被植物根表吸附，就有可能借助非共质体途径向根内转运，即 Pb 通过细胞壁和细胞间隙等质外体空间以横向流形式迁移，穿过皮层并在内皮层组织中积累。内皮层组织中的凯氏带作为植物非必需元素由植物根系向地上部分转运的屏障能阻挡 Pb 的进一步输送（Seregin et al.，2004）。但对于组织结构尚未分化成熟（包括凯氏带）的幼嫩根系，某些非必需元素仍有可能穿过凯氏带进入植物的维管组织。

除了质外体途径，根系对 Pb 的吸收也可通过共质体途径进行（Sahi et al.，2002），这其中包括 Ca 离子通道（Wang et al.，2007；Pourrut et al.，2008）、胞吞作用（Krzeslowska et al.，2010）、钙调蛋白（Arazi et al.，1999），以及一些低亲和力的阳离子转运蛋白（Wojas et al.，2007）的转运等。研究表明，钙离子能够抑制植物对 Pb 的吸收，Pb 也能抑制植物根细胞原生质膜钙离子通道的活性，这种抑制作用可能是 Pb 与钙离子竞争通过钙离子通道的结果（Huang and Cunningham，1996）。Arazi 等（1999）在植物中发现了一种特殊的质膜通道钙调蛋白 $NtCBP_4$，它是最早发现的能够调节植物对 Pb 耐性和累积能力的一种植物蛋白，类似于哺乳动物的环状核苷酸非选择性阳离子通道蛋白，能够携带 Pb 离子通过质膜进入植物细胞内部。通过转基因技术将这一蛋白质在烟草中过量表达后，能够促进植物对 Pb 的吸收。除了通过离子通道转运 Pb 离子外，植物还可以直接通过胞吞作用将 Pb 转运至细胞内。利用 X 射线微分析技术发现，浮萍（*Lemna minor* L.）根分生组织液泡内存在许多含 Pb 的囊泡而细胞质中没有检测到 Pb，推测内吞作用参与了 Pb 向胞内的转运（Samardakiewicz and Woźny，2000）。

2. 重金属透过细胞质膜进入植物根细胞

重金属除了以细胞壁吸附、非共质体沉积的方式被吸收外，其他可以透过质膜在细胞内积累，这已被很多实验所证实。Wu 等（2005）研究发现，Cd 敏感大麦品种细胞器中 Cd 含量比 Cd 耐性品种高，而耐 Cd 品种细胞壁中的 Cd 含量较高。杨居荣和鲍子平（1993）研究了 Cd、Pb 在植物细胞内的分布，也得到了类似结果。Cd 以可溶性成分所占比例最大，为 45%～69%，而 Pb 则以沉积于细胞壁成分占绝大比例，可达 77%～89%，可溶性成分仅占 0.2%～3.8%（表 2-1，表 2-2）。

表 2-1 黄瓜、菠菜细胞各组分 Cd 的含量及分配率

Table 2-1 Content and distribution of Cd in cells of cucumber and spinach

植物	部位	各组分含 Cd 量/（$\mu g \cdot g^{-1}$ 鲜组织）						Cd 的分配率/%				
		F1	F2	F3	F4	F5	合计	F1	F2	F3	F4	F5
黄瓜	茎叶	5.52	0.97	1.05	1.00	7.21	15.74	35.0	6.1	6.7	6.3	45.8
	根	107.30	13.71	11.22	0.21	152.81	285.25	37.6	4.8	3.9	0.1	53.6
菠菜	茎叶	0.28	0.03	0.02	0.03	0.79	1.13	23.9	2.5	2.0	2.2	69.4
	根	44.36	40.63	18.52	4.55	85.43	193.48	22.9	21.0	9.6	2.2	45.2

注：F1 为细胞壁及未破碎残渣，F2 为细胞核为主的成分，F3 为线粒体成分，F4 为核蛋白成分，F5 为可溶性组分

（杨居荣和鲍子平，1993）

表 2-2 黄瓜、菠菜细胞各组分 Pb 的含量与分配率

Table 2-2 Content and distribution of Pb in cells of cucumber and spinach

植物	部位	各组分含 Pb 量/（$\mu g \cdot g^{-1}$ 鲜组织）						Pb 的分配率/%				
		F1	F2	F3	F4	F5	合计	F1	F2	F3	F4	F5
黄瓜	茎叶	210.9	29.9	21.0	1.8	10.4	274.0	77.0	10.9	7.7	0.7	3.8
	根	2481.5	200.7	124.3	16.1	19.3	2842.0	87.3	7.1	4.4	0.6	0.7
菠菜	茎叶	151.5	28.0	8.4	1.5	5.0	194.4	77.9	14.4	4.3	0.8	2.5
	根	4636.0	235.5	304.1	29.7	12.0	5217.3	88.9	4.5	5.8	0.6	0.2

注：F1 为细胞壁及未破碎残渣，F2 为细胞核为主的成分，F3 为线粒体成分，F4 为核蛋白成分，F5 为可溶性组分

（杨居荣和鲍子平，1993）

细胞膜调节物质进出细胞的过程，并与细胞壁一起构成了细胞的防卫体系。污染物通过植物细胞膜进入细胞的过程，目前认为有两种方式：一种是被动的扩散，物质顺着本身的浓度梯度或细胞膜的电化学势流动；另一种是物质的主动传递过程，这种传递需要能量。这两种过程都与细胞膜的结构有关。

重金属透过细胞膜的过程，可以用物理化学的原理进行解释。

（1）不带电荷分子的跨膜扩散

假设分子从膜一侧通过膜进入另一侧的速度为 V，则：

$$V=PA(c_1-c_2)$$

式中，P 为膜的扩散系数；

A 为脂质区域的面积；

c_1、c_2 分别为膜外侧与膜内侧的溶质浓度。

另有研究表明，溶质分子在有机相的溶解度与膜对溶质分子的透性相关；溶质分子的大小也是一个非常重要的因素，它影响溶质的扩散系数 D，即

$$D=D_0M^{-1.22}$$

式中，D_0 为单位分子质量的溶质扩散系数；

M 为相对分子质量。

溶质分子进入细胞的速度受水–生物膜之间的分配系数和相对分子质量制约，具有相

同分配系数而又有较小分子质量的溶质则通透较快。

（2）带电离子的跨膜扩散

金属离子（或水合离子）从膜的外侧进入膜时，要从介电常数较高的水溶液进入介电常数较低的类脂双层膜，这要克服很高的位垒。根据两相（水相和脂质相）中吉布斯（Gibbs）自由能的变化，可得到金属离子在水溶液中和磷脂双分子层间的分配系数：

$$k=\frac{C_{\mathrm{mem}}}{C_{\mathrm{water}}}=\exp\left\{\left[\mu_i^0(w)-\mu_i^0(m)\right]/RT\right\}$$

式中，C_{mem} 为膜相中金属离子浓度；

C_{water} 为水相中金属离子浓度；

μ_i^0（w）为水溶液中的标准化学势；

μ_i^0（m）为磷脂膜表面的标准化学势；

R 为气体常数；

T 为热力学温度。

在 1.01×10^5 Pa、298 K 时，K^+的分配系数为 $10^{-44.6}$，其他金属离子的分配系数更小。离子的电荷与半径是决定分配系数的重要因素。仅仅靠扩散，金属离子是很难进入和通过生物膜的。一般说来，金属离子的跨膜运输是需要能量的。跨膜运输有两种方式：其一是顺电化学梯度的被动运输；其二是逆电化学梯度的主动运输。离子运输的驱动力是电化学势、电位差及具有电特性的力如摩擦力等。

1）被动运输

污染物被动运输与膜两侧建立的电化学梯度和膜的通透性紧密相关。

ⅰ. 离子运输

通过膜的金属离子的流量可以根据 Nernst-Planck 方程求取，即

$$J_i(x)=-D_i\left(\frac{\mathrm{d}C_i}{\mathrm{d}x}+\frac{Z_iC_iF}{RT}\times\frac{\mathrm{d}\Phi}{\mathrm{d}x}\right)$$

式中，J_i（x）为物质 i 在距离膜表面 x 处的流量；

C_i 为离子 i 的浓度；

Z_i 为离子 i 的电荷；

D_i 为离子 i 的扩散系数；

Φ 为电位；

F 为法拉第常数；

T 为热力学温度；

R 为气体常数。

过膜的扩散电位为

$$\Delta\Phi=(-2.3RT/ZF)\times\lg(C_i/C_\omega)$$

式中，Φ、T、F、R 同上式；

Z 为离子所带的电荷数；

C_i 为膜内离子的浓度；

C_ω 为膜外离子的浓度。

根据实验结果可知，在低浓度状态下，金属离子（或水合离子）也很难进入细胞。

细胞膜对金属离子运输存在两种观点（Bonting and de Pont，1981）。一种认为膜上存在着载体，包括载动载体和扩散载体，离子与载体的结合方式有两种：①金属离子与载体在膜表面结合（不同相反应），复合物通过膜，金属离子在膜另一侧被释放；②金属离子与载体在同一水相中结合，复合物进入膜，然后在膜另一侧水相中分离。另一种认为膜上存在着通道，膜上不仅存在着允许水分子通过的小孔，而且存在着直径等于或超过离子直径的较大的孔（王焕校，2012）。

ii. 促进运输

环境中的配体及生物大分子与重金属离子结合对其迁移能力有很大影响。金属离子所带电荷越小，亲脂性越大，就越容易透过生物膜，如 CH_3Hg^+在细胞上的通透性大于 Hg^{2+}，$(CH_3)_2Hg$ 的通透性又大于 CH_3Hg^+。此外，重金属离子与膜的配体的亲和力也有很大影响。

Chapel 等研究膜对离子选择性转运后发现，在溶液中没有缬氨霉素的情况下，类脂双分子层的电阻率是 $10^4 \sim 10^7\ \Omega \cdot cm^{-2}$，它比典型生物膜的电阻率（$10 \sim 10^4\ \Omega \cdot cm^{-2}$）要高几个数量级。一旦加入少量缬氨霉素（约 $10^{-7}\ g \cdot mol^{-1}$），脂质双分子层的电阻率下降 5 个数量级。对于其他一些抗生素的研究也得到类似的结果。

2）主动运输

主动运输就是指离子或分子发生一定距离的转运或相当大量的转运，而这种转运又是不服从扩散定律或电化学平衡定律的。这种过程只有从外部输入能量才能发生。利用前面介绍的 Nernst 公式，可以判断一个转运过程究竟是主动还是被动。Nernst 公式表示膜两侧电势差与膜内外同一种物质的化学势的关系，只要在膜的两侧某种离子能够建立真正的平衡（如不形成沉淀或衍生物），而且这种离子能自由地透过膜（在两个方向的透过情况相同），就可以利用上述公式来判断是否发生了离子的积累或排出（即主动转运）。用超微型的电极和灵敏的电位计测定膜两侧的电位差，同时用微量化学方法测定细胞内外某离子的浓度。假设这些数据不符合 Nernst 公式，那就必定是发生了主动运输，或是离子的积累，或是排出（陈玉成，2003）。

三、植物叶片吸附与吸收重金属

植物叶片能够吸收累积大气环境中的重金属气溶胶（Uzu et al.，2010），利用植物进行大气重金属污染监测也已被广泛研究（González-Miqueo et al.，2010）。由于 Pb 在土壤中的移动性较差（Li and Shuman，1997），仅有少部分 Pb 在土壤中是以可交换态存在的，因此，在某些大气 Pb 浓度较高的地区，叶片的吸附与吸收对植物累积 Pb 的贡献要比植物经根系吸收再向地上部转运大得多。研究发现，和同时期的对照区域相比，大气 Pb 浓度较高地区的莴苣（*Lactuca sativa*）等蔬菜 Pb 超标率要高很多（de Temmerman and Hoenig，2004）。Hu 等（2011）利用 Pb 同位素示踪技术发现，大气总悬浮颗粒物对钻叶紫菀（*Aster subulatus*）叶片中总 Pb 的贡献率超过了 70%。叶片对 Pb 的吸附是造成植物叶片 Pb 含量升高的一个重要因素。于明革（2010）研究发现，不同品种茶叶表面吸附态 Pb 占总 Pb 的 30%～50%。叶片面积、气孔密度、叶片表面理化性质、叶片生长姿态等方面的不同是造成不同品种茶树叶片 Pb 吸附能力差异的原因。

Pb 从大气环境向植物叶片内部的迁移与叶表面形貌及其内部结构均存在密切关系（Tomašević et al.，2005）。植物叶表皮的角质层小孔、气孔器（由保卫细胞围合而成，两个保卫细胞之间的裂生胞间隙称为气孔）和排水器（是植物将体内过多的水分排出体外的结构，由水孔和通水组织构成）是大气 Pb 颗粒物进入植物叶片的主要通道，但通过气孔进入叶片的效率更高（Schreck et al.，2012；Uzu et al.，2010）。大多数植物气孔的尺寸都在微米级，因此纳米态 Pb 污染物更容易在植物叶片累积。据 Birbaum 等（2010）报道，粒径较小的纳米金属颗粒物能够直接进入植物叶片，而较大的团聚体则被阻隔在叶片表面的蜡质层之外。利用微 X 射线荧光光谱分析技术、扫描电镜–能量色散 X 射线微分析技术及拉曼微光谱分析技术，研究者证实生菜叶片张开的气孔内存在纳米级的含 Pb 颗粒，其中某些活性高、容易氧化和风化的含 Pb 颗粒物如 PbS 等最终会以亲水或亲脂的方式通过叶片角质层的水孔和气孔，并转化为 PbO、$PbSO_4$ 或 $PbCO_3$ 等形态储存在叶片内部（Uzu et al.，2010）。

第二节　重金属在植物体内的迁移

重金属在植物体内的迁移，是指重金属进入植物根细胞后，在植物根部的移动，以及从植物的根部向其他地上部器官，如叶片、花和果实等的转移。重金属从根部进入植物体后，是被固定在植物的根部，还是向地上部进行迁移，受植物种类和重金属种类的影响，表现不尽相同。

一、从根向地上部的移动

进入根细胞内的重金属，被吸收到液泡的“袋”内，或与细胞中的蛋白质相结合贮存起来。一部分可随原生质的流动通过胞间联系运送给邻近的细胞，并通过细胞间的运输，横穿过根的中柱输送到导管中，再在导管里随蒸腾流向地上部移动，这是重金属自根部向地上部运输的简单过程。一般认为穿过根表面的无机离子，通过韧皮细胞到达内皮层的流通机制有两条途径：一是非共质体途径，即无机离子和水通过细胞壁、自由孔隙和细胞间隙等质外空间而横向移动；二是共质体途径，即通过细胞内的原生质与胞间联系的通道。

彭鸣等（1989）用扫描电子显微镜与 X 射线显微分析的结果证明（表 2-3），不同重金属在玉米根内的横向迁移方式不同。Cd 主要是以共质体方式在玉米根内横向迁移，Pb 主要以非共质体方式在玉米根内移动。在根的横切面不同组织中，Pb 的分布有差别。根的皮层组织中 Pb 的积累最高，进入中柱后，Pb 的净积累和相对含量明显降低。在中柱内部，木质部薄壁组织积累了较多的 Pb，而导管中较少。对根的横切面进行 Pb 峰线扫描时得到进一步证实（图 2-1）。从图 2-1 可知，皮层和内皮层外侧 Pb 的积累最高，进入内皮层之后，Pb 峰突然降低。因此，可以认为 Pb 主要以非共质体方式在玉米根内横向移动。因为从皮层到中柱，Pb 浓度存在明显的梯度，即沿表皮到中柱浓度下降，能表明扩散是限制共质体运输的主要因子。同时从 Pb 定位的电镜图像上也可看到，Pb 主要沉积在细胞壁。这充分说明 Pb 进入根表面后，由于凯氏带的阻挡，只能通过胞间连丝进入中柱，因而进入中柱的量大大减少。通过胞间连丝进入中柱的 Pb，在中柱共质体内运动。Pb 在导管中相对较少，在木质部薄壁组织中较多，这说明木质部薄壁组织具有主动吸收、积累 Pb 离子的能力。

表 2-3　不同浓度 Pb^{2+}处理玉米 5 d 后 X 射线显微分析结果

Table 2-3　X-ray analysis results of corn treated with different concentrations of Pb^{2+} after 5 days

处理浓度/（$mg\cdot L^{-1}$）	组织	计数净积分①	相对含量/%
对照	根	0	0
100	皮层	57	24.5
	中柱	56	11.43
	导管	13	4.08
	木质部薄壁组织	24	6.83
500	皮层	272	31.51
	中柱	48	13.49
	导管	4	11.93
	木质部薄壁组织	140	31.88
1000	皮层	541	53.46
	中柱	228	40.61
	导管	580	39.79
	木质部薄壁组织	580	39.79

① Pb 的含量除去背景值的 X 射线强度得净积分

（彭鸣等，1989）

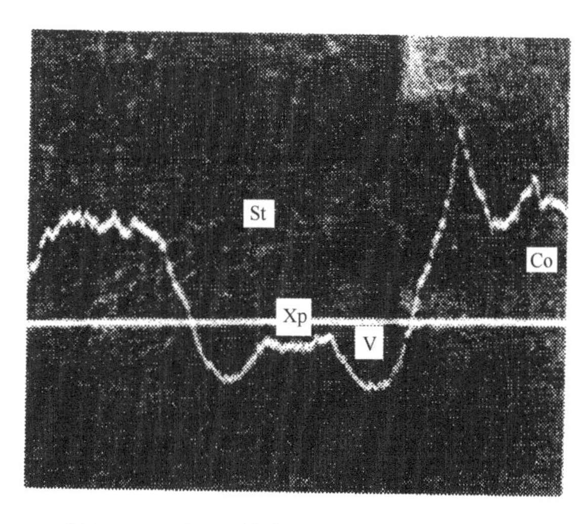

图 2-1　1000 $mg\cdot L^{-1}$ 处理 5 d 后，X 射线显微分析对玉米根横切面的 Pb 线扫描图像

Figure 2-1　Pb ray microscopy analysis of the maize root cross section after 1000 $mg\cdot L^{-1}$ Pb treatment

Co 表示皮层；St 表示中柱；V 表示导管；Xp 表示木质部薄壁组织

（彭鸣等，1989）

Cd 的迁移有不同于 Pb 的特点。从表 2-4 看，在 10 mg·L^{-1} 和 25 mg·L^{-1}Cd^{2+}处理的玉米幼苗根内，皮层中 Cd 的积累远小于中柱；在中柱内部，导管中 Cd 的积累远大于木质部薄壁组织。从表中还可看出从根表皮到根中柱内离子浓度上升，这表明主动运输过程是主要的。在外界浓度不高时，Cd 通过质膜进入细胞，在细胞质流的帮助下，逐个细胞迁移直至进入导管。此时根的皮层细胞起着原始积累作用，而中柱在 Cd 的径向运输中起着主动吸收、积累的作用；在较高浓度区，Cd 可以非共质体形式迁移，也可以通过质膜大量被动渗透，在细胞内扩散。

表 2-4 不同浓度 Cd^{2+}处理 5 d 后，X 射线显微分析玉米根中含 Cd 量

Table 2-4 X-ray analysis results of Cd content in corn root treated with different concentrations of Cd^{2+} after 5 days

浓度/（mg·L^{-1}）	组织	净积分①	相对含量/%
对照	根	0	0
10	皮层	18	7.02
	中柱	30	15.03
	导管	17	8.12
	木质部薄壁组织	4	1.82
	叶	3	0.86
25	皮层	18	4.24
	中柱	45	13.92
	导管	21	12.58
	木质部薄壁组织	24	7.69
	叶	8	2.28
50	皮层	78	12.64
	中柱	36	6.04
	导管	30	14.50
	木质部薄壁组织	61	9.75
	叶	50	2.8

① Cd 的含量除去背景值的 X 射线强度得净积分

（彭鸣等，1989）

在玉米根的中柱内部，Cd 的积累分布也不同于 Pb：在导管中较多而木质部薄壁组织中较少。因为 Cd 是通过共质体方式进入中柱，而中柱积累的速率较快，因而能在中柱与导管之间形成扩散梯度，沿着这个梯度，Cd 不断进入导管。这也可能是 Cd 比 Pb 更易迁移的原因之一。

进入植物导管中的重金属，并非以游离的阳离子态移动。用电泳法研究了 ^{65}Zn、^{63}Ni、^{59}Fe 的泳动状态，通常这些离子处于游离状态时是以二价阳离子态存在，估计应向阴极泳动。而实验结果则相反，却向阳极方向移动，这说明这些离子是以一种有机络合离子或螯合离子状态移动的。同样的试验证明，水稻导管内，Cd、Zn 也是以

聚合物形态移动的，即当重金属被水稻吸收的时候，虽然仍呈游离离子状态，然而，当它在根内移动到达导管的时候，却变成了有机聚合物状态，因为这里有生物作用或代谢作用参与。总之，重金属向地上部移动的过程，是被根的代谢机能控制着的。此外，这种移动过程还受重金属浓度的影响，在低浓度时，金属元素能充分地转换成有机聚合物，以非代谢方式（非共质体途径）移动，在有内皮层的中柱周围沉淀下来从而降低了移动速率。实验证实，用低温或遮蔽处理以降低根的活性时，重金属向地上部的移动速率就会迅速减小。但当重金属浓度较高时，除了以有机聚合物形态移动之外，有的则以游离离子的形态移动，这是由于根内代谢不尽的金属直接进入导管所致。若进一步提高浓度，根部组织受到破坏，反而促进了游离离子形态的移动，提高了移动比例。

根吸收重金属的部位不同，向地上部移动的速率也有差异。如小麦根尖端 1～4 cm 区域吸收的离子最易向地上部转移；由更成熟的部位吸收的离子，移动速度就慢得多。向地上部移动还和植物的发育阶段有关，禾谷类在抽穗前 10 d 左右吸收的离子最易向地上部转移。

此外，土壤或培养液中离子浓度的高低，能直接影响离子的运输速率。浓度过高时，离子向地上部运输的速率相应变小。土壤中离子浓度高低还影响离子的形态。导管分泌液的电泳实验证明，在高浓度的 Ni 影响下，分泌液中除含有众多的有机复合物外，还存在离子态 Ni。这是因为在根部没有足够多的有机物和重金属离子结合而使部分 Ni 保持离子态进入导管。若浓度更高，根的组织被破坏，以离子态进行移动的比例就更高。简言之，环境中重金属元素浓度低时，则络合成有机络合物的形态迁移，并按第二种通路进行高效移动；在高浓度情况下，是以游离的离子态形式存在，主要是按非代谢的第一种通路移动。当离子进入内皮层中柱周围的细胞内，就会在这里沉积，使移动速度变慢。

根是植物吸收重金属的主要器官，大量的重金属分布在根部。流动性大的元素则可向上运输到茎、叶、果实中。杨居荣等（1995b）对农作物耐 Cd 性的种间差异研究结果表明，粮食作物对 Cd 的耐性普遍高于蔬菜类，在一般情况下，作物吸收 Cd 量及自根部向地上部的转运比例是决定其耐受性的重要因素。吸收量相对较低，并且大部分累积在根部，较少向地上部移动的作物，耐受性相对较强；反之，易向地上部输送的作物，耐受性差（表 2-5）。Cd 在几种蔬菜中的分配规律：小白菜根＞地上部分；萝卜地上部分（叶）＞直根；莴苣根＞叶＞茎，辣椒和豇豆的食用部分（果实）Cd 含量较营养器官低；萝卜和莴苣的食用部分分别为肉质根和肉质茎，在植株中含 Cd 量相对较低，较少受到污染的影响。植物对 Cr 的吸收和迁移能力比 Hg、Cd 弱得多，作物中各部位的含量一般是根＞茎叶＞籽粒（陈英旭等，1994）；水稻根部吸收的 Pb 分布于根部的占 90%～98%，分布于糙米的仅占 0.05%～0.5%；不同元素在水稻体内迁移、积累特性不同，Zn、Cd 迁移能力强，Pb、As 大部分积累在根部，难以向地上部迁移。

重金属的物理形态不同，植物对其吸收、迁移的方式也不同。有研究表明，植物可吸收大气汞，也可吸收土壤汞。当植物汞源于大气汞时，其地上部汞含量高于根部；源于土壤汞时，则根汞高于地上部汞（王定勇等，1998）。

表 2-5 不同种作物对 Cd 的吸收和累积能力

Table 2-5 Absorption and accumulation of Cd by different crops

作物	植株各部位含量/（$\mu g \cdot g^{-1}$）			单位组织吸收量/（$\mu g \cdot g^{-1}$）	地上部吸收量所占比例/%
	根	茎	叶		
早稻	335.590	196.327	168.587	204.670	54.10
大豆	657.491	21.801	15.336	61.280	27.69
冬小麦	270.761	46.173	27.900	55.065	49.77
小黑麦	424.658	112.442	54.693	105.117	53.94
玉米	217.704	50.430	36.891	73.389	58.50
水稻	396.447	212.708	182.782	219.836	64.52
油菜	947.907	56.902	92.307	114.431	69.05
菜豆	510.664	65.447	33.191	68.689	54.46
笋	260.660	163.184	78.603	111.248	77.23
黄瓜	883.893	53.808	82.796	93.165	67.41
番茄	458.753	80.294	121.548	112.850	71.01
韭菜	234.503	94.279（茎和叶）		135.754	48.91

（杨居荣等，1995b）

二、向叶片的移动

尽管很多实验表明重金属主要分布在植物根部，但其还可以通过导管向上迁移到叶片。到达叶片的元素经一定时间的贮存之后，随着叶片进行光合作用生成的同化产物（碳水化合物、氨基酸）一起经由叶脉的筛管运移，被送到根和茎的尖端生长点上和幼叶、籽实及其他贮藏器官，并在那里贮存，用于生长。筛管和导管充满细胞质，而且在细胞间残存有筛板状物质，元素溶于水后与水一起通过筛板上的筛孔而移动。这种向新生长部分的移动是由于其间的膨压差所造成的“输送泵”的作用。

在较低浓度 Pb 处理时（100 $mg \cdot L^{-1}$ 处理玉米 5 d），玉米叶肉细胞内只沉积少量 Pb；而经高浓度 Pb 处理（1000 $mg \cdot L^{-1}$ 时），在叶片维管束内的导管中有大量 Pb 沉积。在透射电镜下，发现 Pb 主要沉积在导管壁上，导管内沉积 Pb 量较少。还发现从导管向外直到周围的叶肉细胞，Pb 的沉积量大为减少（彭鸣等，1989）。叶肉细胞壁的部分 Pb 进入细胞后，沿叶绿体外膜沉积，少数进入叶绿体，沉积在类囊体上。因此，Pb 主要通过木质部导管到达叶片。进入叶导管的 Pb 跨过维管束鞘，进入叶肉细胞；在叶肉细胞中沉积的 Pb，有一部分通过筛管进入可食部分。有实验证明，豆科植物根吸收的 Zn 经导管输送到成熟叶片，经沉淀后，有一部分进入筛管而运到可食部分。而水稻的 Zn 经根的导管上升似乎是通过茎节直接转移到筛管，再转移到幼嫩器官。

叶片吸收的重金属也能向下移动。王焕校等（1983）模拟大气污染（Pb）的试验，用不同浓度的硝酸铅涂在蔬菜（白菜、萝卜、莴苣）叶片上，证明叶片中的 Pb 能向下移动。以莴苣为例，设对照组的土壤、根、肉质茎和叶片中含 Pb 量为 100%，则在施加不同浓度的硝酸铅后，各部位 Pb 增加量见表 2-6。

表 2-6　用硝酸铅涂叶片各部位 Pb 增加量（%）

Table 2-6　Increasing amount of Pb（%）of various parts by leafs coated with lead nitrate

莴苣	土	根	肉质茎（可食部分）	叶片
对照	100	100	100	100
500 $mg \cdot L^{-1}$	12.1	12.6	59.5	2 814
2 000 $mg \cdot L^{-1}$	9.5	34.2	826.5	13 663
3 000 $mg \cdot L^{-1}$	2.6	102	939.4	17 664

（王焕校，2012）

第三节　植物体内重金属的分布和化学形态

植物吸收土壤中的重金属，因植物种类和重金属种类的不同，一般认为重金属在植物根系中的含量要高于地上部组织中的含量。但是也有些植物可以把重金属转移并且富集到植物地上部分的各器官中。重金属在植物体内的分布总是尽可能避免损伤功能相对重要的组织、细胞和细胞器，而表现出选择性的分配。重金属的这种选择性分布是植物对重金属的重要解毒机制之一，通常也因植物种类和重金属类型的不同而表现出一定的差异。还有些植物不在体内任何部位积累重金属，这也是植物对重金属毒害的一种解毒机制。

一、重金属在植物各器官中的含量和分布

不同基因型作物对重金属的吸收、累积水平差别较大，甚至同一种作物的不同品种间重金属吸收、累积能力也可能有较大差异。

1. 重金属在作物各器官中的含量和分布

作物吸收重金属是一个十分复杂的过程，要受到土壤性质、复合污染、环境因素等的影响。目前，关于重金属在植物根、茎、叶组织中的分布研究比较多。因植物种类和重金属种类的不同，重金属在植物各器官中的含量、分布及化学形态不同。

对大多数非耐性或非超富集植物而言，根系所吸收的 Pb 大部分被局限于根系组织（比例大约为 95%或更高），仅有少部分 Pb 可借助共质体途径向地上部输送并累积。这些植物包括蚕豆、豌豆（Malecka et al.，2008；Shahid et al.，2011）、山黧豆（Brunet et al.，2009）、大蒜（Jiang and Liu，2010）、玉米（Gupta et al.，2009）、海榄雌（Yan et al.，2010）、非超积累型东南景天（Gupta et al.，2010）。Pb 之外其他很多金属也具有向地上部转运受限的情况，但是对于 Pb 来说，这种现象尤其特别和强烈。

在土壤重金属重度、中度、轻度污染和无污染的矿区农田中，玉米不同器官中 Cd 和 Pb 的浓度大小整体趋势为：叶＞根＞茎＞籽粒。其中玉米叶中 Cd 和 Pb 的浓度远高于其他器官中 Cd 和 Pb 的浓度，说明玉米叶最易吸收富集土壤中的 Cd 和 Pb。由于矿区土壤重金属污染程度不同，玉米根中 Cd 的含量为 0.51～21.03 $mg \cdot kg^{-1}$，茎中 Cd 的含量为 0.32～22.08 $mg \cdot kg^{-1}$，叶中 Cd 的含量为 0.86～64.30 $mg \cdot kg^{-1}$，籽粒中 Cd 的含量为 0.02～

0.44 mg·kg^{-1}。玉米根中 Pb 的含量为 2.49～30.19 mg·kg^{-1}，茎中 Pb 的含量为 0.75～61.53 mg·kg^{-1}，叶中 Pb 的含量为 7.24～67.96 mg·kg^{-1}，籽粒中 Pb 的含量为 0.01～6.85 mg·kg^{-1}（李静等，2006）。

陈新红等（2014）研究了杂交水稻不同器官重金属 Pb 浓度与累积量（表 2-7），不同基因型水稻植株对 Pb 吸收与积累存在差异。例如，抽穗期根中 Pb 的累积量，最小为 32.68 mg·盆$^{-1}$，最大是 69.96 mg·盆$^{-1}$。水稻植株不同器官 Pb 的浓度和累积量的大小顺序为根＞茎鞘＞叶片。籽粒不同部位 Pb 的浓度大小顺序为糠层＞颖壳＞精米，精米中 Pb 累积量仅为谷粒的 25%左右。在抽穗期和成熟期，同一器官 Pb 浓度与累积量呈显著或极显著正相关，但不同器官之间的相关不显著。

表 2-7　Pb 处理后水稻不同器官 Pb 浓度及累积量

Table 2-7　Pb concentration and accumulation in different organs of rice plants under Pb treatment

时期和组合	根		茎		叶		穗		Pb 累积总量/（mg·盆$^{-1}$）
	浓度/（μg·g^{-1}）	累积量/（mg·盆$^{-1}$）	浓度/（μg·g^{-1}）	累积量/（mg·盆$^{-1}$）	浓度/（μg·g^{-1}）	累积量/（mg·盆$^{-1}$）	浓度/（μg·g^{-1}）	累积量/（mg·盆$^{-1}$）	
抽穗期									
两优培九	3452.77a	65.81a	57.16b	4.79a	17.82b	0.51b	1.27b	0.026c	71.14a
扬两优 6 号	2653.51c	49.45b	46.60c	3.62b	12.58b	0.39d	1.09bc	0.024b	53.48b
103S/郑梗 2 号	3596.83a	69.96a	39.62d	3.22b	10.39d	0.26e	1.48a	0.032b	73.47a
丰优香占	3055.61b	51.71b	42.27c	1.80c	14.73c	0.46c	1.66a	0.041a	54.01b
K 优 818	1536.87d	32.68d	25.14e	1.51c	13.24c	0.42b	0.81c	0.015e	34.63d
汕优	2491.66c	43.78c	66.35a	3.43b	30.52a	0.65a	0.95c	0.020de	47.88c
成熟期									
两优培九	3512.64a	68.24a	96.81a	5.17a	30.17b	0.63b	0.39c	0.036bc	74.08a
扬两优 6 号	2834.26c	53.38b	62.76c	3.98b	18.02d	0.45c	0.38c	0.035c	57.85b
103S/郑梗 2 号	3641.13a	71.56a	50.96d	3.53b	15.63d	0.31e	0.44b	0.041b	75.44a
丰优香占	3250.05b	55.61b	46.52e	2.09c	22.57c	0.44c	0.56a	0.050a	58.19b
K 优 818	1863.11d	34.89d	29.65f	1.74d	21.09c	0.38d	0.19e	0.015e	37.03d
汕优	2568.76c	48.13c	76.55b	4.10b	39.87a	0.72a	0.25d	0.024d	52.97c

注：同一品种数据后跟相同字母者表示对照处理和 Pb 处理间在 0.05 水平上差异不显著

（陈新红等，2014）

在无污染的试验田中添加重金属，小麦不同器官对不同重金属的累积量有显著差别（邵云等，2005）。小麦在腊熟期，不同器官 Cd 浓度从大到小依次为：废弃物＞叶＞根＞叶鞘＞颖片＞穗轴＞茎＞籽粒。Cd 累积量大小依次为：废弃物＞叶＞颖片＞叶鞘＞籽粒＞茎＞穗轴。可见，小麦植株中较易富集 Cd 的器官是根、叶及废弃物。不同器官 Pb 浓度大小依次为：根＞废弃物＞叶＞茎＞叶鞘＞颖片＞穗轴＞籽粒。Pb 累积量依次为：废弃物＞茎＞叶鞘＞颖片＞叶＞籽粒＞穗轴。可见，小麦植株中较易富集 Pb 的器官是根、茎及废弃物。不同器官 As 浓度从大到小为：根＞废弃物＞叶＞茎＞叶鞘＞穗轴＞颖片＞籽粒。As 累积量依次为：废弃物＞茎＞叶＞籽粒＞叶鞘＞颖片＞穗轴。可见，小麦植株中较易富集 As 的器官是根、茎及废弃物。

2. 重金属在超富集植物中的含量和分布

超富集植物是一类能对土壤中的重金属超量富集的植物，其体内的重金属含量与一般的农作物又有不同。重金属矿区植物长期生长在重金属污染的环境中，对重金属产生了一定的适应和耐性，具有其独特的吸收和富集特征。云南省兰坪铅锌矿是中国第一、亚洲第二的铅锌矿，其铅锌矿储量为 1547.6 万 t。矿区植物的重金属含量及其对重金属的富集能力差异较大，植物地上部分的 Pb 含量为 2.28～369.49 $mg \cdot kg^{-1}$，Cd、Cu、Zn 含量分别为 0.144～25.18 $mg \cdot kg^{-1}$、4.67～61.68 $mg \cdot kg^{-1}$ 和 29.96～1140.98 $mg \cdot kg^{-1}$（祖艳群等，2003a）。

云南省会泽铅锌矿具有悠久的开采历史，矿区面积为 5 km^2。对矿区植物的重金属含量及其对重金属的富集能力进行分析表明：植物地上部分的 Pb 含量为 68.66～2193.73 $mg \cdot kg^{-1}$，Cd 和 Zn 含量分别为 4.36～94.5 $mg \cdot kg^{-1}$ 和 18.92～5632.97 $mg \cdot kg^{-1}$（秦丽等，2013a）。

在会泽矿渣堆周边采集到的 7 种植物对重金属 Pb、Zn 和 Cd 吸收存在较大的差异（图 2-2，图 2-3）。就 Pb 在植物体内积累量而言，茇茇草含量最高，为 2045 $mg \cdot kg^{-1}$，含量最低的是龙葵，为 346 $mg \cdot kg^{-1}$；植物体内 Zn 积量最高的是莎草，达到 5778 $mg \cdot kg^{-1}$，含量最低的是龙葵，仅为 708.5 $mg \cdot kg^{-1}$；Cd 在土荆芥体内积累量最多，达到 112 $mg \cdot kg^{-1}$，在狗牙根中含量最低，为 56.5 $mg \cdot kg^{-1}$。7 种植物体内的 Pb、Zn 和 Cd 含量均高于一般植物。7 种植物体内金属的平均含量最高的为 Zn（2972 $mg \cdot kg^{-1}$），其次为 Pb（940 $mg \cdot kg^{-1}$）和 Cd（87.4 $mg \cdot kg^{-1}$）。比一般植物的 Pb 含量大 34～204 倍（一般植物的正常 Pb 含量为 10 $mg \cdot kg^{-1}$，Zn 含量为 50～100 $mg \cdot kg^{-1}$，Cd 含量为 1.0 $mg \cdot kg^{-1}$），比其 Zn 含量大 14～116 倍，比其 Cd 含量大 56～112 倍。7 种植物地上部和根部 Pb、Zn 及 Cd 之间均存在显著性差异（$P<0.05$）（秦丽，2013a）。

圆叶无心菜是实验室从云南铅锌矿区筛选到的重金属超富集植物。圆叶无心菜地上部分 Pb 含量为 1244.03～2090.02 $mg \cdot kg^{-1}$（表 2-8），为常见的植物 Pb 含量的 124～209 倍（常规植物 Pb 含量为 10 $mg \cdot kg^{-1}$），地下部含量为 831.89～1808.03 $mg \cdot kg^{-1}$，并且圆叶无心菜生长良好，表现出极强的耐性（方其仙等，2012）。

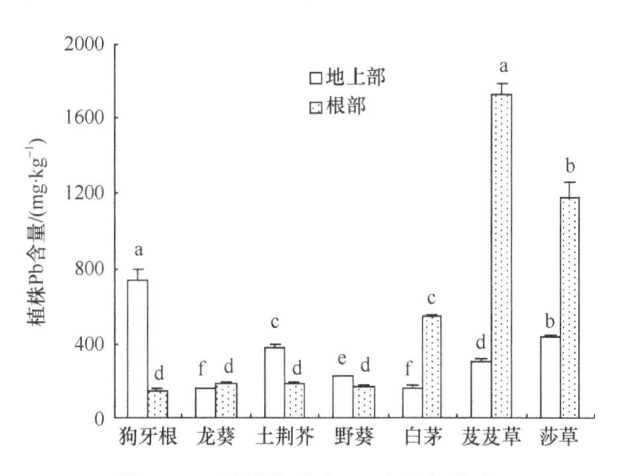

图 2-2　7 种植物体内 Pb 含量与分布

Figure 2-2　Concentrations and distributions of Pb in seven different plants

（秦丽等，2013a）

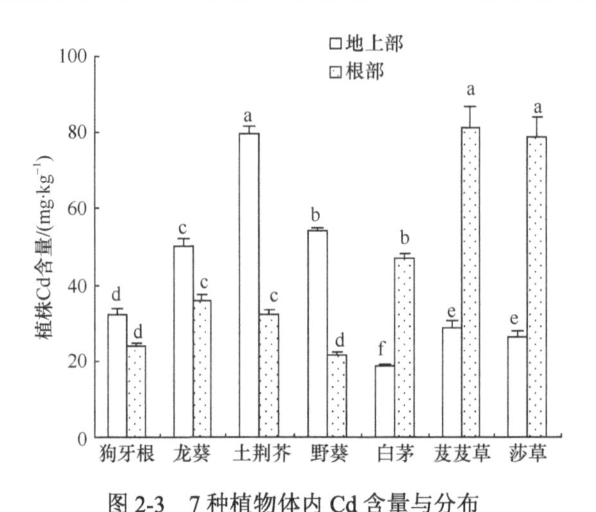

图 2-3　7 种植物体内 Cd 含量与分布

Figure 2-3　Concentrations and distributions of Cd in seven different plants

（秦丽等，2013a）

表 2-8　铅锌矿区圆叶无心菜对 Pb 的累积特征

Table 2-8　The accumulation characteristics of Pb of *Arenaria orbiculata* in lead-zinc mining area

样品编号	土壤 Pb 含量/（$mg\cdot kg^{-1}$）	植株 Pb 含量/（$mg\cdot kg^{-1}$）		富集系数	位移系数
		地上部	地下部		
1	3524.30	1395.88	831.89	0.40	1.68
2	2797.61	1244.03	1016.27	0.44	1.22
3	2368.11	1797.18	1135.57	0.76	1.58
4	2674.84	1374.19	1099.35	0.52	1.24
5	2728.20	1395.88	875.27	0.51	1.59
6	2476.57	2090.02	1688.72	0.84	1.23
7	2064.43	1862.26	1808.03	0.90	1.03

（方其仙等，2012）

随着生长时期的延长和 Pb 处理浓度的增加，小花南芥地上部和根中 Pb 含量不断增加。20 d、40 d 和 60 d 时，各处理都是根的 Pb 浓度大于地上部（图 2-4）。60 d 时，1000 $mg\cdot kg^{-1}$ Pb 处理后，其地上部和根中 Pb 含量均为最大值，分别为对照的 24.86 倍和 33.29 倍（方其仙等，2009）。

蜈蚣草（*Pteris vittata* L.）（陈同斌等，2002）对砷具有很强的富集作用，砷在其体内的分布规律与普通植物也明显不同。野外调查结果表明，蜈蚣草羽片、叶柄和根的含砷量分别为 120～1540 $mg\cdot kg^{-1}$，70～900 $mg\cdot kg^{-1}$ 和 80～900 $mg\cdot kg^{-1}$（干物量）。蜈蚣草不同部位的含砷量为：羽片＞叶柄＞根系。从矿区采集砷污染土壤进行室内栽培实验发现，室内栽培时蜈蚣草羽片的含砷量比野外条件下（同一种土壤）增加 1 倍多，其羽片含砷量可高达 5070 $mg\cdot kg^{-1}$，随着种植时间的延长，蜈蚣草羽片含砷量不断增加。

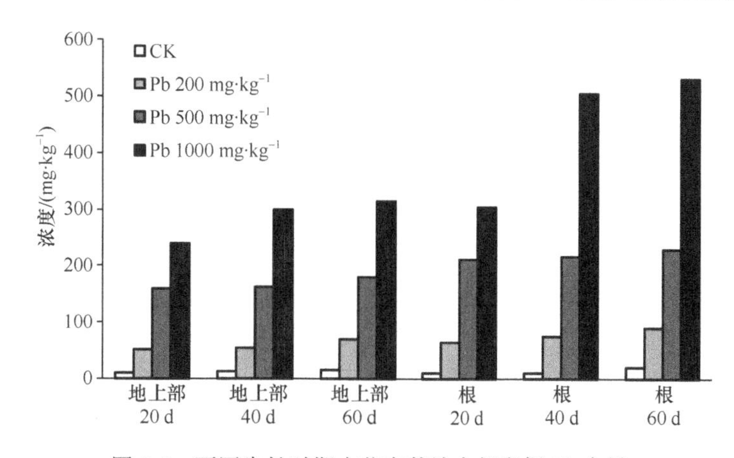

图 2-4　不同生长时期小花南芥地上部和根 Pb 含量

Figure 2-4　Pb contents in shoot and root of *Arabis alpinal* var. *parviflora* Franch in different growth stage

（方其仙等，2009）

二、重金属在植物细胞器中的含量和分布

重金属在植物细胞中主要分布在细胞壁中，或者可溶组分，也就是液泡当中，较少分布在细胞器中。许多研究通过分析植物组织中重金属的亚细胞分布特征来揭示植物对重金属的耐性机制，这一类植物一般是超富集植物。

三色堇是一种 Cd 超富集植物，Cd 在三色堇地下部和地上部亚细胞各组分中的分布均表现为可溶组分＞细胞壁＞细胞器。地上部 Cd 主要分布在以液泡为主的可溶组分中，占总量的 49.5%～65.9%，其次为细胞壁中，占总量的 29.6%～42.9%，细胞器中 Cd 含量不到 8%。地下部细胞壁和可溶组分的 Cd 含量占 87.8%～96.2%，可见，在三色堇体内 Cd 主要分布在可溶组分和细胞壁中，细胞器中的含量较少，因此对植株的生命活动影响较小（白雪等，2014）。

同三叶堇类似，Cd 在蓖麻细胞器中的分布也出现了类似的情况。通过营养液栽培试验，随着营养液中 Cd 含量的增加，蓖麻根、茎、叶中的 Cd 含量均有上升趋势，各器官的 Cd 含量呈现出根＞茎＞叶的分配特征，根系对 Cd 有较强的积累能力和滞留作用。Cd 在蓖麻根系和叶片各亚细胞组分的含量均为可溶组分＞细胞壁＞细胞器，随着 Cd 胁迫的增加，蓖麻根系细胞壁中 Cd 的相对含量呈增加趋势（陈亚慧等，2014）。

蒌蒿（*Artemisia selengensis*）是在洞庭湖湿地筛选到的对 Cd 具有较强富集作用的草本植物。当处于 30 $mg \cdot kg^{-1}$ Cd 胁迫下，Cd 在蒌蒿叶片中的浓度是根和茎的 2～3 倍，但是因为叶片所占植株的生物量比例较小，其对 Cd 的积累量远小于茎和根。Cd 在蒌蒿叶片细胞壁、胞液和细胞器中含量比为 16∶5∶1，细胞壁是固定重金属 Cd 的主要部位（董萌等，2013）。

东南景天（*Sedum alfredii*）是一种新的 Cd 超富集植物，当 Cd 处理浓度较低时，Cd 在东南景天细胞内的主要分布位点是可溶组分。当 Cd 处理浓度增高时，Cd 在根中主要分布在细胞壁，在茎中主要分布在细胞壁和可溶组分，叶中超过 90%的 Cd 分布在可溶组分。高 Cd 处理时，东南景天根、茎和叶的细胞壁中 Cd 分布比例增加，而可溶组分

Cd分布比例相对减少（周守标等，2008）。

Pb在芥菜和小白菜中的亚细胞分布，遵循根>叶>茎的累积次序。在根中73.4%～78.6%的Pb，茎中74.9%～79.8%的Pb，叶中86.6%～93.2%的Pb积累在细胞壁和可溶性组分中。随着Pb处理浓度的增加，根和叶中的Pb更多累积在细胞壁中，茎中的Pb在可溶性组分中增加，在细胞器中减少（Hou et al.，2013）。

在不同浓度的Pb处理下，圆叶无心菜的亚细胞分布及各组分所占比例如图2-5。随着Pb浓度的升高，植物组分中的Pb含量也逐渐上升。在对照中（图2-5A），地上部分和地下部分的Pb均主要贮存在含核糖体的可溶组分（以液泡为主），占地上部分的65.8%，占地下部分的50.4%；由图2-5中的B、C、D可以看出，在Pb处理浓度为50～200 mg·L^{-1}时，Pb在圆叶无心菜地上部分的贮藏顺序为：可溶组分（F4）>细胞壁（F1）>细胞核

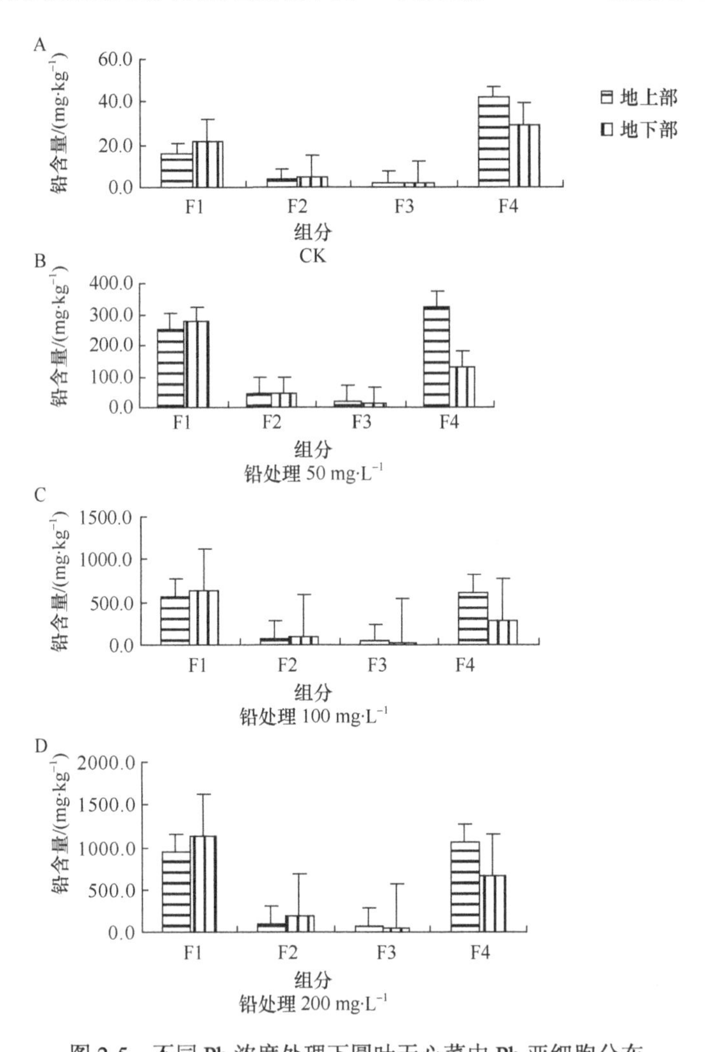

图2-5　不同Pb浓度处理下圆叶无心菜中Pb亚细胞分布

Figure 2-5　Subcellular distribution of Pb in *Arenaria orbiculata* at different Pb treatments

F1为细胞壁组分；F2为细胞核和叶绿体组分；F3为线粒体组分；F4为可溶组分

（方其仙等，2012）

和叶绿体组分（F2）>线粒体组分（F3）。Pb在圆叶无心菜地上部的累积主要集中在F4和F1组分中，其中Pb在F4中的比例占47.4%～50.3%，F1所占比例为39.7%～43.8%；在Pb处理浓度为50～200 $mg \cdot L^{-1}$时，Pb在圆叶无心菜地下部分的分布顺序为：细胞壁组分（F1）>可溶组分（F4）>细胞核和叶绿体组分（F2）>线粒体组分（F3）。由此可见，Pb在圆叶无心菜中地下部的累积主要集中在F1和F4组分中，其中Pb在F1中所占比例为55.6%～61.2%，F4所占比例为26.6%～32.4%（方其仙等，2012）。

从图2-5中还可以看出，提高Pb的处理水平，Pb向地上部分F4含核糖体的可溶组分的分配比例减少，向F1细胞壁组分的分配比例明显增加，Pb浓度为200 $mg \cdot L^{-1}$除外；在低浓度下Pb向F2细胞核和叶绿体组分的分配比例增加，高浓度下向F2细胞核和叶绿体组分分配比例降低。Pb在F3的分配比例基本保持不变。

三、重金属在植物体内的超微结构分析

重金属在细胞中的定位，可以利用透射电子显微镜（transmission electron microscopy，TEM）和X射线能谱（energy-dispersive X-ray，EDX）显微分析。何佳丽（2014）用Cd处理灰杨，在韧皮部细胞中有明显的黑色颗粒物沉积，而在对照细胞中并未发现颗粒物。除皮外，在Cd处理灰杨的根表皮细胞的液泡膜、皮层细胞的细胞壁和液泡，以及叶肉细胞的液泡中，也有大量的黑色颗粒物沉积（图2-6）。

四、重金属在植物体内的化学形态

化学形态直接关系到元素的活性、迁移能力、毒性及与基质分离的难易。在植物不同部位重金属都有其主要存在形态，含量较多的化学形态的性质、活性对于重金属在体内毒性有显著影响，甚至会影响到其在植株体内的迁移和累积特性（杨居荣等，1995b）。不同的化学形态对植物的毒害也不相同，有的化学形态几乎没有毒害功能，而有的化学形态则严重影响植物的正常生长和生理。

Cd是对植物具有明显毒害作用的金属元素，其对植物的毒害不仅表现在Cd易累积于可食部位，使农产品质量下降，而且过量的Cd还会影响植物的正常生长发育，使农作物的产量下降。Cd最主要的生物化学性质是对蛋白质或其他有机化合物中的巯基有很强的亲和力，对蛋白质中其他侧链也有亲和力，因此在作物体内，Cd常与蛋白质结合。许嘉琳等（1991）对农作物中重金属的化学形态进行了研究，结果表明，Cd在植物中的化学形态与Cd在植物体内的迁移大小有联系，其中以乙醇可提取态和水溶态Cd迁移活性最强，氯化钠提取态次之，乙酸和盐酸提取态迁移活性最弱。在植物根中，Cd主要以氯化钠提取态存在，而Pb以乙酸提取态占优势，所以Cd更容易由根向地上部迁移，毒性也比Pb大，因氯化钠可提取态为果胶酸盐与蛋白质结合态或呈吸着态，所以植物体内的Cd多集中于蛋白质部分。

随着Cd处理浓度的增加，续断菊叶片中和根系中各种化学形态Cd的含量均增加（表2-9）。与对照相比，20 $mg \cdot L^{-1}$处理下各种化学形态Cd的含量均显著增加（$P<0.05$）。在

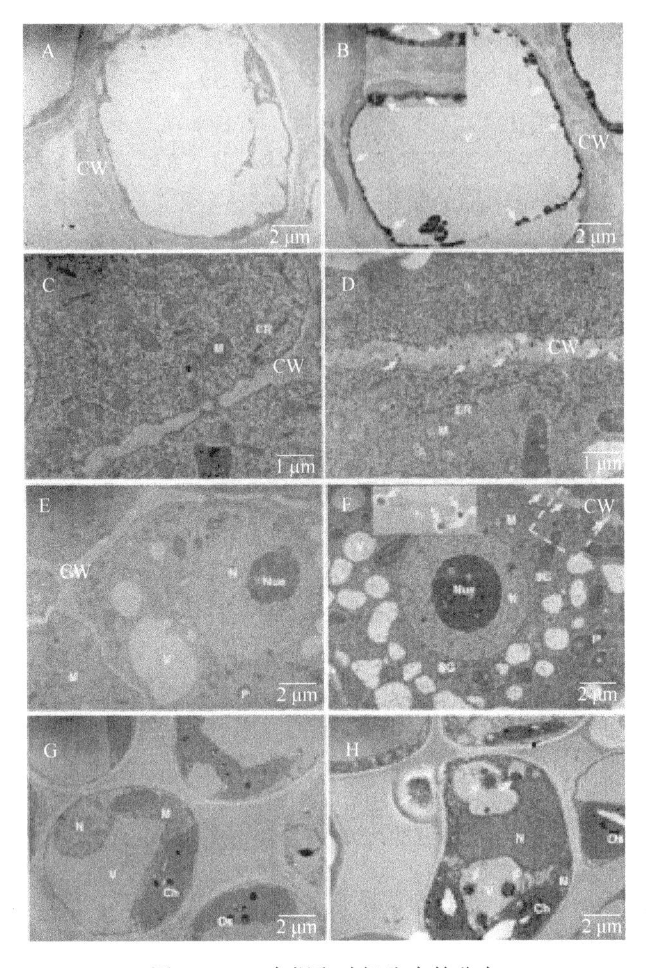

图 2-6　Cd 在根和叶细胞中的分布

Figure 2-6　Distribution of Cd in root and leaf cells

根表皮细胞透射电镜显微照片（A，B）、根皮层细胞（C～F）、200 μmol·L^{-1} $CdSO_4$ 作用于灰杨 20 d 的叶肉细胞（G，H）。图 D 是图 F 的虚线框部分。插入部分分别重点说明液泡膜内（B）和液泡（F）中沉积的 Cd 颗粒物。箭头指出 Cd 沉积的位置。CW 表示细胞壁；M 表示线粒体；ER 表示内质网；V 表示液泡；N 表示原子核；Nue 表示核仁；SG 表示淀粉粒；Ch 表示叶绿体；O 表示耐高渗的质体

（何佳丽，2014）

Cd 处理浓度为 0 mg·L^{-1} 时，续断菊叶中的化学形态分布比较均匀，以残渣态最多，为 17.61 mg·kg^{-1}；根系中 NaCl 提取态的 Cd 含量较高，达到 37.69 mg·kg^{-1}，占总 Cd 的 34.2%，比最低的乙醇提取态高 3.4 倍；在 Cd 浓度为 5 mg·L^{-1} 时，续断菊叶片和根系中各化学形态的 Cd 的含量均有所增加，其中叶片中 HCl 提取态的 Cd 含量增加较为明显，增加了 67%，且达到总 Cd 的 21.5%，在根系中乙酸提取态的 Cd 的含量增加较为明显，增加了 91%，各种形态所占比例分别为 9.9%、12.9%、29.4%、22.3%、11.3%和 14.2%。当 Cd 处理浓度为 20 mg·L^{-1} 时，叶片中 NaCl 提取态和 HCl 提取态含量显著增加（$P<0.05$），分别比对照增长了 2.5 倍和 4.1 倍；根中以 NaCl 提取态和乙酸提取态的 Cd 的含量增加较为明显（$P<0.05$），分别比对照增长了 3.0 倍和 3.7 倍（图 2-7）（秦丽，2009）。

表 2-9　不同 Cd 处理下续断菊中 Cd 的化学形态

Table 2-9　Cd fractions in *Sonchus asper* L. Hill. at different Cd treatments

Cd/ （$mg·L^{-1}$）	部位	Cd 含量/（$mg·kg^{-1}$）					
		乙醇	水	氯化钠	乙酸	盐酸	残渣态
0	叶	16.85±0.28bB	15.79±0.31bC	14.70±0.36bD	14.50±0.30bD	13.59±0.31bE	17.61±0.56bA
5		17.13±0.09abB	16.50±0.45bB	15.85±1.22bB	15.55±0.97bB	22.75±3.79bA	18.2±0.48abB
20		17.43±0.20aC	17.53±0.30aC	37.28±2.96aB	21.24±1.70aC	55.79±7.49aA	18.94±0.46aC
0	根	11.10±0.72bD	14.38±0.17cC	37.69±1.13bA	15.13±0.96cC	13.91±0.16aC	18.00±0.27aB
5		12.88±1.84bE	16.70±0.17b	38.17±1.24bA	28.88±2.03bB	14.71±0.88aDE	18.36±0.35aC
20		17.60±0.20aC	18.18±0.94aC	111.78+6.54aA	56.34±7.36aB	15.00±1.63aC	18.73±0.54aC

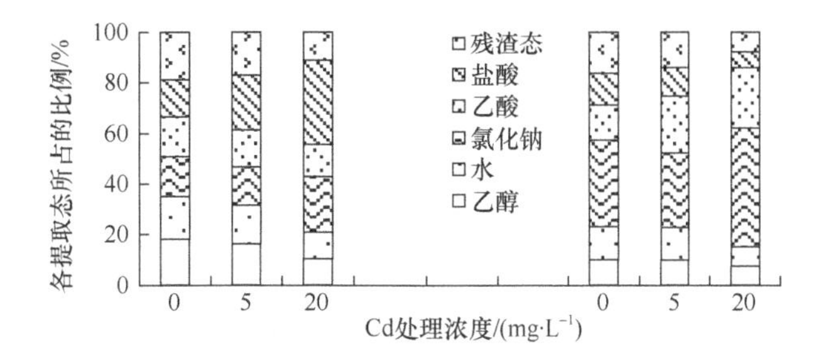

图 2-7　不同 Cd 处理下续断菊中 Cd 的形态分配比例

Figure 2-7　Percentage of Cd fractions in *Sonchus asper* L. Hill. at different Cd treatments

（秦丽，2009）

Pb 在圆叶无心菜中各部位的化学形态含量见表 2-10。从表中可以看出，植物各部位主要以乙酸提取态和盐酸提取态存在，在对照中，地上部分和地下部分的各种 Pb 形态中，乙醇提取态含量最高，分别为 20.43 $mg·kg^{-1}$、28.17 $mg·kg^{-1}$，残渣态含量最低，分别为 0.23 $mg·kg^{-1}$ 和 0.37 $mg·kg^{-1}$。随着 Pb 处理水平的提高，各化学形态 Pb 含量均显著升高，Pb 的比例分配也有明显的变化。在 Pb 浓度处理为 50～200 $mg·L^{-1}$ 时，地上部分中，乙酸提取态含量最高，含量由 205.73 $mg·kg^{-1}$ 提高到 679.64 $mg·kg^{-1}$，其次为盐酸提取态，含量由 146 $mg·kg^{-1}$ 提高到 460.12 $mg·kg^{-1}$，NaCl 提取态含量居中，为 100.13～321.17 $mg·kg^{-1}$，乙醇提取态、水提取态含量较少，残渣态含量最少，含量为 17.39～78.05 $mg·kg^{-1}$。地下部分中同地上部分相似，也是乙酸提取态含量最高，最高浓度处理下达到 713.10 $mg·kg^{-1}$，其次为盐酸提取态，最高含量达 570.17 $mg·kg^{-1}$，NaCl 提取态居中，残渣态含量最少，为 11.06～91.36 $mg·kg^{-1}$。

Pb 在圆叶无心菜中各部位的化学形态分配比例见图 2-8 和图 2-9。从图中可以看出，随着 Pb 浓度的提高，乙酸提取态分配比例比对照也显著升高并且占优势，地上部分中乙酸提取态 Pb 所占全量的比例从对照中的 18.6%上升到 37.6%，地下部分中所占比例从对照中 8.7%上升至 39.6%；同时，随着 Pb 处理浓度的提高，盐酸提取态和 NaCl 提取态分配比例也明显上升，地上部分盐酸提取态所占比例从 16.85%上升至 29.6%，NaCl 提取态从 11.1%上升到 20.8%，地下部分盐酸提取态所占比例从 20.78%上升到 26.78%，NaCl 提取态比例从 10.3%上升到 18.7%；由此可见，圆叶无心菜中主要的 Pb 化学形态为乙酸提取态、盐酸提取态和 NaCl 提取态，这三者所占比例可达地上部分总量的 46.56%～87.43%，占地下部分总量的 39.77%～85.17%。另外，乙醇提取态和水溶态所占的分配比例随着 Pb 浓度的升高所占比例有所下降。其中，地上部分乙醇提取态比例从对照的 28.5%下降到 5.53%，水溶态比例从 24.7%下降到 3.7%，地下部分乙醇提取态比例从 38.1%下降到 5.91%，水溶态比例从 21.6%下降到 4.4%；残渣态在植株中所占比例最少，对照中，圆叶无心菜植株残渣态 Pb 含量不足 1%，圆叶无心菜植株在 Pb 处理条件下，比例有所上升，但所占总量比例不足 5%。

对于三色堇来说，在不同浓度 Cd 胁迫下，三色堇地下部和地上部中 Cd 的化学形态基本均表现为乙醇提取态和去离子水提取态 Cd 含量较大，而残渣态含量很小，表明三色堇地下部和地上部中 Cd 主要以无机盐和氨基酸盐及水溶性有机酸盐形式存在，而以其他几种形态存在的 Cd 含量则相对较低。相对而言，水提取态和乙醇提取态的重金属活性相对较高，毒性较大，通常称之为“活性态”，而以乙酸提取态、盐酸提取态和残渣态存在

表 2-10 Pb 对圆叶无心菜各部位化学形态分布影响

Table 2-10 Effects of Pb stress on Pb chemical form in the different parts of *Arenaria orbiculata*

Pb 处理/（$mg \cdot L^{-1}$）	部位	乙醇提取态（F_E）	水溶态（F_W）	氯化钠提取态（F_{NaCl}）	乙酸提取态（F_{HAc}）	盐酸提取态（F_{HCl}）	残渣态（F_R）
0	地上部	20.43a±1.11	17.70a±1.87	7.99c±1.73	13.33b±1.00	12.10b±2.21	0.23d±0.15
50		63.83d±11.13	44.84de±1.34	100.13c±8.29	205.73a±21.99	146.00b±34.43	17.39e±2.21
100		79.45d±3.26	50.93e±1.40	200.33c±9.80	393.90a±5.94	284.73b±34.11	37.32e±2.77
200		101.31d±7.84	78.05d±6.22	321.17c±23.40	679.64a±36.85	460.12b±44.07	78.05d±6.39
0	地下部	28.17a±1.67	16.00b±2.82	7.63c±1.38	6.40c±1.65	15.37b±3.82	0.37d±0.06
50		51.10cd±1.95	22.22de±1.59	81.47c±17.40	189.83a±45.08	135.83b±14.35	11.06e±0.53
100		84.10d±4.71	29.05e±2.13	150.13c±35.53	323.03a±16.75	238.50b±49.42	25.59e±2.99
200		109.80d±11.36	71.07d±3.63	401.27c±4.06	713.10a±19.50	570.167b±65.67	91.36d±4.12

（闵焕，2010）

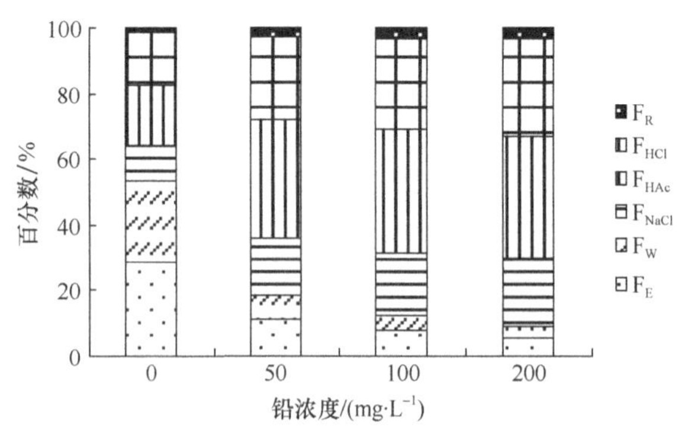

图 2-8 地上部分 Pb 化学形态分配比例

Figure 2-8 The distribution ratio of Pb chemical form in aboveground part

F_E 表示乙醇提取态，F_W 表示水提取态，F_{NaCl} 表示氯化钠提取态，F_{HAc} 表示乙酸提取态，F_{HCl} 表示盐酸提取态，F_R 表示残渣态

（闵焕，2010）

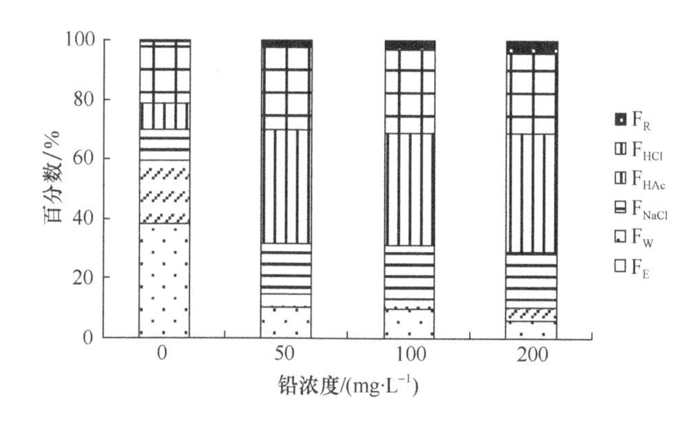

图 2-9　地下部分 Pb 化学形态分配比例

Figure 2-9　The distribution ratio of Pb chemical form in underground part

F_E 表示乙醇提取态，F_W 表示水提取态，F_{NaCl} 表示氯化钠提取态，F_{HAc} 表示乙酸提取态，F_{HCl} 表示盐酸提取态，F_R 表示残渣态

（闵焕，2010）

的重金属其活性较低、毒性较小，通常称之为“惰性态”。三色堇地下部和地上部中的 Cd 在不同胁迫水平下大多以活性态存在，因此对三色堇生长活动存在较大的潜在影响（白雪等，2014）。

随着营养液 Cd 浓度的不断增加，三色堇地下部乙醇提取态 Cd 和水提取态 Cd 的分配比例之和总体上逐渐减少，而 NaCl 提取态的分配比例则不断增加，最高达到 29.6%；在三色堇地上部，随着 Cd 浓度的增加，乙醇提取态 Cd 和水提取态 Cd 的分配比例之和不断减小，NaCl 提取态 Cd 和乙酸提取态 Cd 分配比例之和不断增加，最高达到 43.0%。其原因可能是随着营养液 Cd 的增加，地下部 Cd 由移动性较强的无机盐和水溶性有机酸盐形态向迁移性较弱的果胶酸盐和与蛋白质结合态 Cd 转化，从而减轻活性较强的 Cd 对三色堇生命活动的干扰和损害（白雪等，2014）。

皖景天（*Sedum jinianum*）在 Cd 处理浓度为 10 $\mu mol \cdot L^{-1}$ 时，细胞内的 Cd 主要分布在可溶组分，在高浓度处理时，皖景天根、茎和叶的细胞壁中 Cd 分布比例增加，而可溶组分 Cd 分布比例相对减少（周守标等，2008）；长柔毛委陵菜体内的 Cd 主要分布在细胞壁和可溶组分中，且叶片中 90%以上原生质体中的 Cd 富集在液泡中（周小勇等，2008；Qiu et al.，2011）；美洲商陆中 53.7%～68.3%的 Cd 储存在细胞可溶组分中，其次是细胞壁（Fu et al.，2011）。

第四节　植物对重金属的累积特征

一、植物累积重金属的指标

植物对重金属的吸收和累积各有不同，有些是对重金属拒绝吸收，有些是低吸收，还有些是过量吸收，但是应该按照怎样的标准去衡量植物对重金属的吸收和富集能力，到目前为止已经有了一些指标或参数。

1. 植物重金属含量

植物对重金属元素的吸收和累积，最直观的表示方法是用该种重金属元素在植物体中的含量来表达。不同类型的植物中重金属的含量是不同的，同一类植物的不同植株的重金属含量也会有所差异，同一植株的不同部位的重金属也不是均匀分布的，所以提到植株重金属含量应说明哪一类植物的什么部位的含量。要讨论植物对重金属元素的吸收或富集能力，植株重金属含量通常有两个量，即地上部含量和地下部含量，这是研究植物对重金属元素吸收能力的两个重要指标（郑九华等，2010）。

植物体中重金属元素的含量一般都与植物生长的土壤中的重金属元素含量密切相关，一般来说，植物体中重金属元素的含量会随着土壤中含量的升高而升高，因此植物体中重金属元素含量的多少并不能反映植物对土壤中重金属元素的富集情况。

鉴于以上情况，人们把土壤中的重金属元素引入进来，构成新的指标。植物对重金属的吸收和累积，一般用富集系数和转移系数两个指标来表示。

2. 富集系数和转移系数

生物富集系数也称吸收系数，是指植物中某元素浓度与土壤中该元素浓度之比，即

生物富集系数=植物体内元素浓度/该元素在土壤中的浓度

生物富集系数被用来反映土壤–植物体系中元素迁移的难易程度，这是植物将重金属吸收转移到体内能力大小的评价指标。生物富集系数高，表明植物地上部分重金属富集数量大。例如，通常用富集系数来说明某种植物对 Cd 的吸收、累积能力。根据植物体内 Cd 的积累量可分为：低积累型——豆科（大豆、豌豆）；中等积累型——禾本科（水稻、大麦、小麦、玉米、高粱）、百合科（洋葱、韭）、葫芦科（黄瓜、南瓜）、伞形科（胡萝卜、欧芹）；高积累型——十字花科（油菜、萝卜、芜菁）、黎科（唐葛芭、糖甜菜）、茄科（番茄、茄子）、菊科（莴苣）（秦丽，2009）。

转移系数，又称转运系数，或转移因子，是指地上部吸收的某种重金属含量与地下部中重金属含量之比。用来评价植物将重金属从地下部向地上部的运输和富集能力。计算公式为

转运系数=植物地上部中重金属含量/地下部植物中重金属含量

吸收系数和转移系数仅从元素含量角度考虑植物对重金属的吸收能力和转运能力，忽略了植物吸收的重金属总量与植物生物量的关系。设给定植物的吸收系数和转移系数较大，但若在给定生长期内其地上部生物量小，则它自土壤带走的重金属元素量少；相对来说，生物吸收系数和转移系数均小的植物，只要其生物量足够大，以至该植物对重金属元素的吸收总量比其他植物大，则该植物修复重金属的能力就强（聂发辉，2005）。

3. 吸收量系数和转移量系数

聂发辉在考虑植物生物量的基础上提出吸收量系数（absorption volume coefficient）和转移量系数（transfer volume coefficient）的概念，其计算公式分别为

$$\text{吸收量系数}=\frac{\text{地上部重金属含量}\times\text{地上部干重生物量}}{\text{基质中重金属含量}}$$

$$转移量系数=\frac{地上部重金属含量\times地上部干重生物量}{根部重金属含量\times根部干重生物量}$$

植物吸收量系数的定义为：给定生长期内，单位面积上植物地上部分吸收的重金属元素总量与基质（或土壤）中该种重金属含量之比，它不仅能够较好地指示重金属元素富集能力，同时也能反映植物对重金属污染环境的适应性。

植物转移量系数定义为：给定生长期内，单位面积上植物地上部分吸收总量与根部吸收总量之比，它能够较好地反映植物生长量和吸收量在地上和地下器官分布的规律。

与吸收系数和转移系数相比，尽管吸收量系数和转移量系数考虑了生物量的影响，但它们仍然没有涉及基质（或土壤）中重金属总量、植株从基质（或土壤）中吸收的重金属总量、各种重金属的环境标准值等对修复能力有着重要影响的因素，而且也难以根据吸收量系数和转移量系数用一个统一的标准来衡量植物对重金属吸收的难易程度。因此有必要综合考虑影响植物修复能力的各种因素，提出新的指标来评价植物对重金属的修复效果。

4. 耐性指数和根系对重金属的滞留率

还有些研究提到了耐性指数（tolerance index）（Witkins et al.，1978）和根系对重金属的滞留率（retention rate）（夏汉平和束文圣，2001）两个指标，其计算公式分别为

$$耐性指数（\%）=\frac{重金属处理的植物干重生物量}{对照的植物干重生物量}\times100$$

$$根系对重金属的滞留率（\%）=\frac{根部重金属含量-地上部重金属含量}{根部重金属含量}\times100$$

显然，耐性指数只是反映了植物在重金属胁迫下的生长情况，而根系对重金属的滞留率与转移系数一样，反映了植物将重金属从地下部向地上部的运输和富集能力。这两个指标也不能很好地反映植物对重金属的吸收能力，不是评价植物对重金属的修复能力的理想指标。

要提出反映植物对重金属元素的吸收能力的理想指标，必须研究各种影响因素。影响植物对重金属的吸收能力的因素有很多，如植物的种类、生活习性和生物量，基质的理化性质、重金属的种类和形态、生产和生活需要所允许的重金属环境标准值，甚至还有气候、地形和社会经济条件等。要想简单地用一个或几个指标来反映所有这些因素对重金属的植物修复效果的影响是很困难的。只需考虑其中的主要因素即可，那就是植物、基质、重金属和修复目标。具体说来，就是植株中的重金属含量、植物生物量、植物生长期长短、基质中重金属初始含量和修复目标要求（重金属环境标准值和计划修复层深度）、基质的容重。因此，有必要在上述参数的基础上，探讨评价重金属污染的植物修复能力的新指标，建立重金属污染的植物修复能力评价体系。

二、植物对重金属的积累特征

1. 农作物对重金属的累积特征

不同种类作物对同一重金属元素，同种作物对不同重金属元素，以及同种作物对同种

重金属元素在不同地区的吸收富集均存在着差异。作物植株内重金属的含量一方面与土壤重金属的污染程度和污染元素的性质有关，另一方面还与作物本身对重金属的选择性吸收有关。土壤重金属的含量及有效性还受到土壤重金属元素种类和形态、土壤质地、有机质和 pH 等理化性质的影响。例如，玉米（*Zea mays*）对 Pb 的吸收累积大于小麦（*Triticum aestivum*）。比较三叶草（*Trifolium subterraneum*）、甜菜（*Beta vulgaris*）、萝卜（*Raphanus sativus*）这三种植物 Pb 吸收特性的差异，地上部分 Pb 的累积量依次为：三叶草＞甜菜＞萝卜，但萝卜地下部分 Pb 含量很高。不同的蔬菜种类富集重金属能力不同，叶菜类易吸收富集 Cd 和 Hg，豆类易吸收富集 Zn、Cu、Pb 和 As，瓜类则易吸收富集 Cr。吸收富集重金属的能力以叶菜类最强，豆类、瓜类、葱蒜类、茄果类、根茎类次之，取决于蔬菜的遗传特性。汪雅谷和张四荣（2001）用富集系数（蔬菜中某污染物含量占土壤中该污染物含量的百分率）来评价蔬菜对重金属 Cd 的吸收能力，把蔬菜对 Cd 的富集分为三类：第一类，低富集蔬菜，富集系数＜1.5%，包括黄瓜、豇豆、花椰菜、甘蓝、冬瓜等；第二类，中富集蔬菜，1.5%≤富集系数＜4.5%，包括莴苣、马铃薯、萝卜、葱、洋葱和番茄等；第三类，高富集蔬菜，富集系数≥4.5%，包括菠菜、芹菜和小白菜等（朱有勇和李元，2012）。

按照蔬菜对土壤中重金属的富集系数，将蔬菜对重金属的吸收富集能力分为强、中、弱、抗 4 个等级。叶菜类中的芥菜对 Cd、Cu 和 Pb 有较强的吸收富集能力；芹菜对 Cd、Hg、As 和 Cr 吸收富集能力较强；而蒿菜、菠菜吸收富集 Cd 和 Zn；四季豆和马铃薯吸收富集 Pb；包菜、莴笋等则对重金属的吸收富集能力较弱。叶菜类中的芥菜、芹菜、蒿菜和菠菜对重金属污染物有较强的吸收富集能力，包菜、莴笋等则较弱。陈同斌等（2006）对北京菜地土壤和蔬菜重金属含量及其健康风险分析显示：裸地蔬菜 Cd 含量显著高于设施蔬菜，小白菜、大白菜、辣椒、茄子、萝卜等 Cd 的富集系数高，抗污染能力较弱，而冬瓜、黄瓜、甘蓝、番茄等富集系数低，抗污染能力较强。

同一类蔬菜在不同地区也有区别，同一种类蔬菜的不同蔬菜品种对土壤中重金属元素的吸收富集能力各有不同，存在较大差异。不同的大白菜品种对重金属具有不同的累积能力。戴亨林等（2006）研究了 4 种大白菜品种对 Zn 的累积差异，表明‘丰抗 78’和‘丰园高抗 1 号’对 Zn 具有较高的积累和转移能力，可以作为富 Zn 蔬菜进行栽培，而在重金属 Zn 污染的地区，应选择 Zn 转运率低、积累量低的‘丰抗 80’和‘丰抗 90’作为大白菜的栽培品种，减少重金属进入食物链的危险。

重金属的类型、土壤类型及土壤中的有机质含量和 pH 等能够影响重金属在大白菜中的积累。Zu 等（2009）研究认为大白菜 Cd 和 Zn 含量与土壤 CEC 之间呈显著的正相关关系，土壤有效态 Cd、Zn 含量和 CEC 能够解释大白菜 77%Cd 和 69%Zn 含量的变异。张树清等（2006）选择了石英砂、褐潮土和红壤三种基质培养条件下不同浓度重金属 Cu 和 Zn 对大白菜叶绿素和脯氨酸含量的影响，表明砂培条件下，大白菜幼苗叶绿素含量随重金属含量的增加而急剧下降，脯氨酸含量急速上升，而褐潮土和红壤条件下，大白菜幼苗叶绿素含量随重金属含量的增加而先增后降，脯氨酸含量平缓上升。这可能与褐潮土和红壤的有机质含量、pH 和 CEC 等，以及有机质对重金属元素的吸附和转化有关，减缓了重金属的毒性作用。大白菜在重金属胁迫条件下，本身具有一定的应激反应。大白菜幼苗中脯氨酸含量随培养基质中重金属含量的增加而表现出上升的趋势。脯氨酸增加作为一种植物对重金属胁迫的适应性反应，减少了植物细胞膜脂过氧化程度，对植物起到一定的保护作用。

由于各种蔬菜对重金属的吸收和富集的能力不同，因此在重金属污染的菜地上安排种植计划时，要充分考虑不同蔬菜对各种重金属吸收富集能力的差异，种植一些不富集或少富集重金属的蔬菜品种，合理安排种植计划，以尽量减轻重金属对蔬菜的污染，避免重金属进入食物链。以富集系数为依据，在重污染区配置低富集蔬菜；中污染区，以配置低富集蔬菜为主，适当搭配一些中富集蔬菜及食用量小的蔬菜（葱等）；轻污染区，以中、低富集蔬菜为主，适当进行品种搭配。如在重污染区，春季以甘蓝、花椰菜为主；夏季以番茄、黄瓜、豇豆为主；秋季为甘蓝、花椰菜、黄瓜和豇豆，使蔬菜中 Cd 含量大幅度降低，比习惯法种植的蔬菜（春季以青菜、菠菜为主；夏季以番茄、黄瓜、豇豆、青菜、马铃薯为主；秋季为萝卜、甘蓝、菠菜、黄瓜和青椒）平均含 Cd 量降低了 68%（汪雅谷和张四荣，2001）。同时有选择地食用蔬菜，尽量少食用对重金属富集能力强的蔬菜，多食用对重金属富集能力弱的蔬菜，最大限度地降低健康风险。

植物对重金属的富集、转运能力主要用富集系数（BF）和转运系数（TF）来反映。富集系数用来评价植物将重金属吸收到其体内能力的大小，转运系数则用来评价植物将重金属从根部向地上部运输的能力。由表 2-11 可看出，25 个玉米品种对 Pb 的富集系数为 0.005～0.018，转运系数为 0.013～0.084，富集系数、转运系数均小于 1，说明不同品种地上部对 Pb 的吸收能力较弱，且地下部向地上部转运能力也较弱。富集 Pb 能力最强的品种是‘旭玉 1446’，最弱的是‘路单 7 号’；而对 Pb 转运能力最强的品种是‘云优 167’，最弱的品种是‘曲辰 11 号’（于蔚等，2014）。

表 2-11 不同玉米品种对 Pb 的富集系数和转运系数

Table 2-11 Transference coefficient of Pb in *Zea mays* of 25 cultivars

品种名称	BF	TF	品种名称	BF	TF
旭玉 1446	0.018	0.059	云瑞 88	0.011	0.045
桂单 160	0.013	0.029	靖丰 8 号	0.009	0.018
曲辰 11 号	0.006	0.013	会单 4 号	0.007	0.054
美嘉玉 1 号	0.010	0.033	京滇 8 号（一代）	0.009	0.021
中金 368	0.008	0.038	寻单 7 号	0.011	0.049
曲辰 3 号	0.013	0.027	靖单 13 号	0.009	0.038
宁玉 507	0.008	0.072	京滇 8 号（二代）	0.010	0.043
金紫糯	0.013	0.057	路单 8 号	0.014	0.059
晴三	0.007	0.063	路单 7 号	0.005	0.067
云瑞 8 号	0.011	0.026	宜黄平 4 号	0.007	0.060
汕珍	0.008	0.066	云瑞 68	0.016	0.053
云优 167	0.006	0.084	云瑞 6	0.007	0.083
云瑞 21	0.008	0.037			

注：BF 为富集系数；TF 为转运系数

（于蔚等，2014）

2. 重金属富集植物对重金属的累积特征

云南省兰坪铅锌矿矿区的植物中，冬青（*Ilex* sp.）和杜鹃对 Pb、Cd 和 Zn 具有较高的富集能力，冬青对 Pb、Cd、Zn 富集系数分别为 1.32、6.10、2.84，杜鹃（*Rhododendron* sp.）对 Pb、Cd、Zn 富集系数分别为 6.67、6.02、10.39；而杨（*Populus* sp.）对 Pb、Cd、Cu、Zn 富集系数分别为 1.19、1.82、2.07、1.19；禾本科植物 *Gramimeae* sp.对 Cd 和 Zn 也具有高富集能力，富集系数分别为 1.41 和 3.48。从杜鹃花科与禾本科植物的重金属含量比较来看，杜鹃花科植物含 Pb、Cd、Zn 的含量是禾本科植物的 2 倍以上。同样，灌木对 Pb、Cd、Zn 的富集是草本植物的 2～7 倍，乔木对重金属的富集系数也比草本植物高。这可能与植物生长周期和年龄、富集时间的长短有关（祖艳群等，2003c）。

对云南省会泽铅锌矿矿区植物的重金属含量及其对重金属的富集能力进行分析表明，植物对 Pb、Cd 和 Zn 富集系数分别为 0.01～0.76、0.01～1.88 和 0.001～4.94。其中，石竹科的圆叶无心菜、十字花科的小花南芥和菊科的续断菊等对重金属具有极强的吸收和累积能力。

秦丽等（2013a）在云南会泽铅锌矿采集植物样品：狗牙根 *Cynodon dactylon* L. Pers.、莎草 *Cyperus microiria*、野葵 *Malva verticillata* L.、龙葵 *Solanum nigrum* L.、白茅 *Imperata cylindrica* L. Beauv.、芨芨草 *Achnatherum splendens*、土荆芥 *Chenopodium ambrosioides* L.，共 7 种植物，隶属 7 属 5 科。通过分析测试，芨芨草和莎草两种植物体内 Pb 含量均大于 1000 mg·kg^{-1}，超过了超富集植物的临界标准，但吸收的 Pb 主要富集在根部，富集系数和转运系数都小于 1（表 2-12）。7 种植物中 Zn 含量最高的是莎草，达到 5778 mg·kg^{-1}，且富集系数＞1，具备了对 Zn 元素生物修复的巨大潜力，值得进一步的研究。土荆芥、芨芨草和莎草体内 Cd 含量均大于 100 mg·kg^{-1}，土荆芥的转运系数较大（2.48），芨芨草和莎草的富集系数都大于 1。

表 2-12 不同植物对铅、锌、镉的富集系数和转运系数

Table 2-12 Bioconcentration coefficient and transfer coefficient of Pb/Zn and Cd in different plants

植物名称	Pb		Zn		Cd	
	富集系数	转运系数	富集系数	转运系数	富集系数	转运系数
狗牙根	0.45	4.91	0.46	1.49	0.99	1.33
龙葵	0.10	0.82	0.06	0.10	0.54	1.40
土荆芥	0.13	1.95	0.15	2.57	0.53	2.48
野葵	0.12	1.30	0.11	4.12	0.78	2.50
白茅	0.28	0.29	0.65	0.09	1.16	0.40
芨芨草	0.45	0.18	0.60	0.43	1.71	0.36
莎草	0.68	0.37	1.02	0.40	1.58	0.34

（秦丽等，2013a）

蜈蚣草（*Pteris vittata* L.）（陈同斌等，2002）对砷具有很强的富集作用，蜈蚣草地上部的生物富集系数随着土壤含砷量的增加而呈幂函数下降。在含砷 9 mg·kg^{-1} 的正常土壤中，蜈蚣草地下部和地上部对砷的生物富集系数分别高达 71 和 80。从矿区采集砷污染土壤进行室内栽培试验发现，室内栽培时蜈蚣草羽片的含砷量比野外生长条件下（同一种土壤）增加一倍多。随着种植时间的延长，蜈蚣草羽片含砷量不断增加，蜈蚣草对砷有很强的耐受能力和富集能力，而且生长快、生物量大、地理分布广、适应性强。

杨肖娥等（2001）发现生长在古老铅锌矿的东南景天（*Sedum alfredii*）是一种Zn、Cd超富集植物，对Zn的富集系数为1.25～1.94，对土壤高浓度Cd具有很强的耐受能力，植株地上部Cd含量随着土壤Cd含量的增加而显著增加，地上部Cd含量总是远远大于根系，地上部的Cd含量随土壤Cd添加量的增加能达到3000 $mg \cdot kg^{-1}$，根部的Cd含量最多能达到400 $mg \cdot kg^{-1}$，富集系数可以达到5.44～42.98（龙新宪等，2008）。

第五节　植物对重金属的耐性特征与种间差异

重金属污染给植物带来了新的环境，有的植物不能适应，伴随着繁殖能力的降低，逐渐退出污染地带。但有些植物仍能生存、繁衍，并且产生了不同程度的抗性。这样，植物种群便经历了自然选择和种群重建的过程，最后种群在生理生化和遗传特性等方面同原来的种群发生了很大的改变，演化出了新的生态型或过渡性的渐变群，久而久之，抗性基因也就产生了。当同种植物的不同种群分布和生长在不同环境里，由于长期受到不同环境条件的影响，在植物生态适应的过程中，就发生了不同种群之间的变异和分化，形成了一些在生态学上互有差异的、异地性的个体群，它们具有稳定的形态、生理和生态特征，并且这些变异在遗传上被固定下来，这样就在一个种内分化成为不同的生态型。因此不少种类的植物仍能在重金属含量很高的土壤中生长、繁殖，表现出较高的耐受性，从而形成耐性群落；或者一些原本不具耐性的植物群落，在污染土壤中生长后，经过长期的进化而产生适应，形成了耐受生态型，如十字花科庭芥属植物*Alyssum bertolonii*叶片Ni含量可达7900 $mg \cdot kg^{-1}$；蕨属植物*Pteridium scop*的叶片可富集高达1000 $mg \cdot kg^{-1}$的Cd或2000 $mg \cdot kg^{-1}$的Zn，且生长良好，对重金属表现出很强的耐受性。

一、植物对重金属的超富集

Baker（1981）根据植物对重金属的吸收、转运和积累特性将植物分为三类：积累型、指示型（敏感型）和排斥型（耐受型）。重金属污染土壤上的乡土物种促进了耐金属植物的研究，同时某些能够富集重金属的植物也相继被发现。

（一）重金属超富集植物

重金属超富集植物（hyperaccumulator）是指能够超量吸收和积累重金属的植物。宏观上要求超富集植物在重金属含量高的土壤及在重金属含量低的非污染或弱污染土壤上，都要有很强的吸收富集能力，能将所吸收的重金属元素大量迁移至地上部，其可收割的地上部必须能耐受和积累高含量的污染物。它们大多生长在重金属含量较高的土壤上，同时具有重金属耐性的特征。

（二）超富集植物在空间上和科属内分布特点

从空间上看，超富集植物一般只生长在矿山区、成矿作用带或者由富含某种或某些化学元素的岩石风化而成的地表土壤上，它们常常构成一个孤立的“生态学岛屿”，种类组成明显不同于岛外的植被。在正常土壤环境与重金属超常土壤环境相邻区，常常可以见到两者之间存在截然不同的植被类型分界线，这些生长在重金属超常环境中的植物通常是一些特有种，其中某些植物可能就是重金属超富集植物或富集植物。

超富集植物不仅在时空上有一定的分布特点，而且在植物科属内同样也有一定的分布特点。以镍超富集植物为例，据不完全统计，已发现的 230 余种镍超富集植物主要分布于“五科、十属”内（唐世荣，2001）。“五科”是指大戟科、大风子科、十字花科、堇菜科和苦脑尼亚科；“十属”是指庭芥属、油柑属、白巴豆属、黄杨属、遏蓝菜属、柞木属、天料木属、*Geissois* 属、*Bornmuellera* 属和鼠鞭草属（表 2-13 和表 2-14）。

表 2-13　目前已发现的部分超富集植物

Table 2-13　Hyperaccumulator that have been found

金属	金属浓度标准/%	种数	科数
As	＞0.1	2	2
Cd	＞0.01	1	1
Co	＞0.1	28	12
Cu	＞0.1	37	15
Pb	＞0.1	15	6
Mn	＞1.0	9	5
Ni	＞0.1	317	37
Zn	＞1.0	11	5
Sb	＞0.1	2	2
Se	＞0.1	17	7
Ti	＞0.1	1	1

（朱有勇和李元，2012）

表 2-14　已知植物地上部分超量积累的金属含量

Table 2-14　The metal content of known plants that could high accumulate heavy metal

金属	植物种	含量/（$mg \cdot kg^{-1}$）
As	*Pteris vittata* L.（蜈蚣草）	5 000
Cd	*Thlaspi caerulescens*（天蓝遏蓝菜）	1 800
Co	*Haumaniastrum robertii*（蒿莽草属植物）	10 200
Cu	*Ipomoea alpina*（高山甘薯）	12 300
Pb	*Thlaspi rotundifolium*（圆叶遏蓝菜）	8 200
Mn	*Macadamia neurophylla*（粗脉叶澳洲坚果）	51 800
Ni	*Psychotria dovarrei*（九节属植物）	47 500
Zn	*Thlaspi caerulescens*（天蓝遏蓝菜）	51 600

（朱有勇和李元，2012）

（三）重金属超富集植物的研究状况

目前已经发现的超富集植物有700多种，广泛分布于植物界的50个科（邢艳帅等，2014），并主要集中在十字花科。研究最多的植物主要为遏蓝菜属（*Thlaspi*）、庭荠属（*Alyssum*）、芸薹属（*Brassica*）、九节属（*Psychotria*）、蓝云英属，但绝大多数属于Ni的超富集植物，如庭荠属（*Alyssum*）植物的叶片含镍量可以高达3%。已报道的Zn超富集植物，如十字花科遏蓝菜属的天蓝遏蓝菜（*Thlaspi caerulescens*）等。蕨类植物、苎麻和苋能有效地清除土壤中的Cd（Wang and Gong，1998）。Pichtel等（2000）发现*Tarax acum officinale*和*Ambrosia artemisifolia*能超累积土壤中的Pb，岩兰草（*Vetiveria zizanioides* Nash）和巴伊亚雀稗（*Paspalum notatum* Flugge）可用来修复Pb/Zn矿区的尾料。近期，又发现*Thlaspi rotundifolium*可超累积Pb，*Cardaminopsis halleri*可超累积Zn和Cd。

在所有污染环境的重金属中，Pb是最常见的一种，目前有关Pb的植物修复研究最多，并且已有公司预计可对Pb植物修复商业化。很多研究表明，植物可大量吸收并在体内积累Pb，如*Thlaspi rotundifolium*的茎可吸收Pb达8500 $mg·kg^{-1}$。但是这种植物生物量较小且生长慢，不适于植物修复。因此，人们又在不断寻找其他植物及能增加植物吸收Pb能力的方法。将芥子草*Brassica juncea*培养在含有高浓度可溶性Pb的营养液中时，可使茎中Pb含量达到1.5%。Blaylock等（1997）通过研究也发现在土壤中加入螯合剂可增加芥子草对Pb的吸收；一些农作物如玉米和豌豆亦可大量吸收Pb，但达不到植物修复的要求。他们在后来的研究中发现在土壤中加入人工合成的螯合剂可促进农作物对Pb的吸收，并能促进Pb从根向茎的转移。国外一些学者，如Comu（2015）报道了Zn/Cd超富集植物*Arabidopsis halleri*，Wei等（2014）报道了多种重金属超富集植物龙葵（*Solanum nigrum*）。由于印度芥菜生物量大，并可同时累积相当浓度的Pb、Cr、Cd、Ni、Zn、Cu和Se，因此，国外一些学者选取印度芥菜作为超富集植物进行了研究。在理论研究的同时，他们在植物修复技术的开发与推广方面也做了大量的开创性工作。在英国，已开发出多种耐重金属污染的草本植物用于污染土壤中的重金属和其他污染物的治理，并已将这些开发出来的草本植物推向商业化进程。

我国对植物富集重金属Cd的研究较多。魏树和等（2003）采用野外采样系统分析方法，对青城子铅锌矿各主要坑口周围17科31种杂草植物进行积累特性的研究。全叶马兰、蒲公英和鬼针草三种植物地上部对Cd的富集系数均大于1，且地上部Cd含量大于根部Cd含量。狼尾草、龙葵地上部Cd和Zn的富集系数均大于1，地上部Cd和Zn的含量也大于根部Cd和Zn的含量，还首次发现了龙葵是Cd超富集植物。苏德纯和黄焕忠（2002）对收集到的40多个芥菜型油菜品种进行了耐Cd毒和累积Cd能力的试验，初步筛选出了两个具有较高吸收Cd能力的品种：溪口花籽和朱苍花籽。另外，通过野外调查与温室实验发现宝山堇菜是一种新的Cd超富集植物，在自然条件下地上部Cd平均含量为1168 $mg·kg^{-1}$，最大为2310 $mg·kg^{-1}$，而在温室条件下平均可达4825 $mg·kg^{-1}$（刘威等，2003）。宝山堇菜不仅可以超量吸收Cd，而且可以从地下往地上部有效输送。

1997年，有人提出世界上存在砷超富集植物的可能性，并开始进行砷超富集植物的筛选研究。通过野外调查和栽培实验，在中国境内首次发现了As的超富集植物蜈蚣草

(*Pteris vittata* L.)，其叶片含 As 高达 5070 mg·kg^{-1}（陈同斌等，2002）。另一种 As 的超富集植物大叶井边草，其地上部分平均含 As 量为 418 mg·kg^{-1}，最大含 As 量可达 694 mg·kg^{-1}，其生物富集系数为 1.3～4.8（韦朝阳，2002）。Ma 等（2001）也报道发现了砷超富集植物蜈蚣草。其中叶片含 As 高达 5000 mg·kg^{-1}。室内栽培研究发现，蜈蚣草羽片中最大含 As 量可达 5070 mg·kg^{-1}。这些研究表明蜈蚣草具有特殊的耐 As 毒能力。

在温室砂培盆栽条件下，对铅锌尾矿区附近生长的 6 种植物（山野豌豆、草木樨、披碱草、酸模、紫苜蓿和羽叶鬼针草）体内 Pb 的含量与分布、重金属 Pb 的迁移总量、根系的耐性指数做了研究，认为羽叶鬼针草和酸模能够富集重金属 Pb，对 Pb 有很好的耐性，二者可以作为先锋植物去修复被 Pb 污染的土壤（刘秀梅等，2002）。在温室砂培盆栽条件下，对十字花科芸薹属 5 种植物芥菜、芥蓝、鲁白 15 号、竹芥、甘蓝进行 Pb 吸收和耐性的研究，认为鲁白、芥菜不仅生长快、生物量高，且其地上 Pb 的含量超过 1000 mg·kg^{-1}，迁移总量和迁移率都很高，是很好的潜在修复 Pb 污染的材料（柯文山等，2004）。土荆芥是一种 Pb 超富集植物，其茎叶 Pb 质量分数高达 3888 mg·kg^{-1}（吴双桃等，2004）。采用温室盆栽试验研究了黑麦草对土壤中 Zn、Cu 污染的耐受和积累能力，实验结果表明，黑麦草对 Zn、Cu 有较好积累能力（钱海燕等，2004）。

通过野外调查和温室栽培发现了一种新的 Zn 的超富集植物东南景天（*Sedum alfredii*），天然条件下东南景天的地上部分 Zn 平均含量为 4515 mg·kg^{-1}（杨肖娥等，2002）。目前已发现镍富集植物约 320 种，这些植物在国内分布较少，我国目前对 Ni 富集植物的筛选研究也不多。陆引罡等（2004）研究了不同肥力土壤上镍对车前草生长及生物量的影响，认为土壤肥力较低时，车前草对土壤镍的富集率较高（6.17%），车前草适合于镍中等污染土壤的修复。

Zu 等（2004）对云南兰坪铅锌矿矿区及废弃地的土壤进行了研究，筛选出了 6 种植物，如 *Salix cathayana*、*Ilex polyneura*、*Lithocarpus dealbatus*、*Fargesia dura*、*Arundinella yunnanensis* 和 *Rhododendron annae*，其重金属含量很高，富集系数较大。另外，在重金属含量很高的土壤上生长的 *Achnatherrum chingii* 富集系数很低，对 Pb、Zn、Cd 有极强的耐受性，可作为一种先锋植物。Zu 等（2005）对云南会泽 Pb/Zn 矿区植物的研究发现：一些植物对某种重金属（Pb、Zn、Cd）具有较高的累积能力。其中续断菊[*Sonchus asper*(L.)Hill]中 Pb、Zn、Cd 含量分别为：428.02 mg·kg^{-1}、2265.36 mg·kg^{-1}、28.44 mg·kg^{-1}；圆叶无心菜（*Arenaria rotumdifolia* Bieberstein）中 Pb、Zn、Cd 含量分别为：687.64 mg·kg^{-1}、2722.5 mg·kg^{-1}、25.72 mg·kg^{-1}；中华山蓼（*Oxyria sinensis* Hemsl）中 Pb、Zn、Cd 含量分别为：274.04 mg·kg^{-1}、1577.37 mg·kg^{-1}、18.53 mg·kg^{-1}；小花南芥（*Arabis alpinal* var. *parviflora* Franch）中 Pb、Zn、Cd 含量分别为：1094.4 mg·kg^{-1}、4905.06 mg·kg^{-1}、64.99 mg·kg^{-1}。

利用重金属超富集植物修复土壤污染具有极大的潜力，已引起广泛关注，必将得到广泛、深入的研究和大量的示范、推广和应用。不幸的是，现已发现的大多数超富集植物地上部生物量相对较小，生长缓慢，目前还缺乏大规模的栽培技术；与一般的农作物相比，超富集植物每年的生物产量较低，为一般农作物的 1/2，甚至更低。因此，寻找和筛选生物量大、生长快、易繁殖和易栽培的新的重金属超富集植物是非常重要的。

（四）超富集植物累积重金属的机理

一般情况下，多数植物对金属元素需要的量很少，其在植物体内的含量也很低。还有些重金属如 Cd、Pb、Hg 等是对植物具有较大毒性的非必需元素。污染压力的选择作用，使在富含重金属土壤上生长的植物形成了不同的重金属耐性机制。多数重金属耐性植物具有外排的机制，能够把重金属限制在根部，减少向地上部运输。而少数植物则形成了与外排机制相反的积累机制，能够在其地上部积累大量重金属，并且能正常地生长和繁殖。植物对重金属的超量积累是很稀有的现象，自然界中只有很少植物种类能在其地上部积累异常多的重金属。由于超量积累植物在植物修复实践中具有较大的应用潜力，因此超积累现象引起了科学家浓厚的研究兴趣，并且对植物超积累重金属机制的研究取得了很大的进展。

1. 重金属离子在根际的活化吸收

超富集植物根系分泌的有机物，以及根际微生物可促进金属的溶解和释放，提高金属的植物有效性，从而增加植物对重金属的吸收。

在重金属耐受胁迫过程中，根系分泌物通过与重金属络合、螯合、沉淀或者改变根系环境影响重金属的有效性，可以使进入细胞原生质内的重金属减少，从而降低重金属对植物体的伤害。例如，根系分泌的有机酸可以缓解重金属的毒性，有报道指出，当玉米受到Cd和Cu的处理时能够在根中累积更多的低分子质量有机酸(Dresler et al.,2014)，具抗性的番茄品种也可以通过根尖分泌更多的草酸从而减少其把 Cd 吸收进入体内（Zhu et al.，2011）。

根际微生物的作用也有助于植物躲避重金属的伤害。有研究指出，通过菌根可以改善重金属对宿主植物的毒性作用，如 Ni 和 Cd 等（Sousa et al.，2012）。菌根在宿主植物对重金属耐受机制中所起的作用主要是通过各种排他过程从而限制重金属到植物根组织的移动，这些过程包括：菌丝鞘对重金属的吸收、真菌分泌物与重金属的螯合、外部菌丝体对重金属的吸收（Jentschke et al.，1999）。由于不同的植物体与真菌相互作用不同，这些机制在耐性过程中发挥着不同的作用（Hall，2002）。

2. 细胞壁和质膜的作用

在土壤环境中，植物根系是最初与 Cd 接触的部位，细胞壁是根的关键组分之一，也是植物抵抗重金属的第一道屏障（Baxter et al.，2009)。植物细胞壁中含有大量带负电荷的羧基、羟基和氨基的多聚物（纤维素、半纤维素和胶质）等，植物通过细胞壁与重金属结合可以减少重金属进入细胞质内的量，从而降低对细胞的伤害，这可能是植物具有耐性的原因之一（Bais et al.，2006）。

质膜是一种选择透过性膜，是重金属毒性的第一个具有生存结构的靶标，限制重金属通过细胞膜进入细胞质也是植物耐 Cd 机制之一。例如，Cd 进入细胞主要是通过质膜上的钙离子通道（Wojas et al.，2007)，Cd 的一个直接的毒性反应是改变了膜的脂质构成（Quartacci et al.，2001）。

3. 重金属的螯合作用及液泡的区室化

在某些情况下，金属与配基螯合后可以在体内发生区室化，从而使毒性降低。在植物体中已经识别出几种与重金属结合的配基，这些配基主要包括有机酸、氨基酸、多肽和缩氨酸。

植物细胞液中的成分主要是糖、蛋白质、有机酸或有机碱等，这些成分与重金属结合减少了游离重金属的量，从而使毒性降低，因此植物液泡是植物体对重金属进行解毒的主要场所之一。液泡中含有许多蛋白质、糖、有机酸等，能够与重金属结合缓解毒性，其中两种重要的与重金属结合有关的多肽是金属巯基蛋白MT和植物螯合肽PC。

二、植物对重金属的适应性和耐性

重金属耐性植物是指能在重金属含量较高的基质中正常生长和繁殖的一类植物。这类植物能够耐受金属毒性，也能够适应干旱和极贫瘠的土壤条件，特别适用于稳定和改良矿业废弃地。在一定管理条件和水肥条件下，耐性植物能在废弃地上较好生长。随着耐性植物对基质的逐渐改善，其他野生植物也逐渐侵入，最终形成一个稳定的生态系统。重金属耐性植物能够在含不同重金属的基质上正常生长，改善和美化环境，减少水土流失，也能抑制土壤中的重金属元素向地下水或河流、大气中的转移。Zu等（2004）对兰坪铅锌矿区的调查发现，生长在重金属含量较高的土壤中的*Achnatherum chingii*有很低的富集系数，*Achnatherum chingii*对Pb、Zn、Cd和Cu有极强的耐受性，在矿区植被覆盖中*Achnatherum chingii*被看作一种先锋植物。杜鹃既可作为重金属的净化植物，也可作为美化环境的先锋植物。在会泽铅锌矿发现的中华山蓼也具有极强的耐性和适应能力，作为一种先锋植物具有广阔的前景。

岩兰草（*Vetiveria zizanioides*）由于其特殊的形态上和生理上的特征，在侵蚀和沉淀中具有很好的有效性，它对土壤状况包括长期干旱、洪灾、淹没、异常温度、土壤酸碱性等都具有较高的耐受性，对土壤盐度、溶度、酸度和重金属（如As、Cd、Cr、Ni、Pb、Zn、Hg、Se、Cu）毒性也有很强的耐性。岩兰草适用于对重金属污染土壤的修复和垃圾填筑地沥出物的治理。在非洲，一年生豆科植物*Sesbania rostrata*的茎和根瘤菌被用来鉴别矿区掠夺物的特性，可以为植物提供充足的氮和有机物。这种植物在裸露的铅锌矿区4个月内就能完成它的生命周期并结出籽粒来，具有很快的生长速度，也能忍受有毒重金属和贫瘠的土壤，可以作为一种先锋植物来加速土壤的生态演替。

不同生态型的植物是自然选择尤其是生长地环境条件选择的结果，也是植物对环境胁迫的一种适应表现。在重金属污染介质上，同种植物，来自污染地比来自未污染地的生态型生长好，而在未污染介质上，来自未污染地的生态型较来自污染地生态型生长良好，在毒性离子增加的情况下，耐性生态型植物比非耐性生态型受到的影响较小（李元等，2008；龙新宪等，2008；杨肖娥等，2001）。从Zn冶炼厂收集的香蒲属*Typha latifolia*比从未污染地区收集的其他生态型的同种植物有较高的耐Zn能力（Zhao et al.，2002）。在污染环境中，植物种群可以形成共存耐性生态型。Shu等（2002）认为乐昌和凡口铅锌矿的两个草本种群雀稗属*Paspalum distichum*和绊根草属*Cynodon dactylon*比未污染地区相同种对 Cu、Zn、Pb 这三种金属具有较强耐性，并认为二者已经进化成共存耐性生态型。

1. 先锋植物的概念

先锋植物是指能够最先在某种环境中生长的植物。重金属矿区先锋植物是指在重金属含量高的土壤环境中能够正常生长，能耐受高含量重金属，并且植物地上部分积累较少量的重金属，地上部重金属的含量低于根部和根际环境，植物表现出特殊避开吸收、积累、转移重金属到地上部的能力（Zu et al.，2015）。对矿区来说，废弃地一般要经过40～60 年，甚至上百年的时间才能重新被一些植物所覆盖。为了更快地让废弃地植被得以恢复，进行先锋植物种植是最好的办法。

2. 先锋植物的筛选

先锋植物的筛选，是废弃地植被恢复的首要任务。筛选的先锋植物应具有如下特征：①植物体内重金属含量低（Cd＜100 $mg·kg^{-1}$，Pb＜1000 $mg·kg^{-1}$，Zn＜10 000 $mg·kg^{-1}$）；②植物地上部重金属含量低于在同一环境中生长的正常植物；③富集系数＜1；④转移系数＜1；⑤易定殖，生长快，生物量大，覆盖度大。

上述特征可作为筛选先锋植物品种的衡量标准（Zu et al.，2004）。在筛选先锋植物时，以植物具有在高含量重金属环境中生存的能力指标最为重要，需要优先考虑，目前发现的先锋植物一般是以此为标准界定的。如果一个植物不能同时满足上述条件，就很难判断这株植物是否是先锋植物。在实际筛选先锋植物的研究中，具体的筛选目标并非涵盖了理想植物的所有特征，而是有针对性。为增加植被覆盖度，应特别关注野外的生长快、适应性强、根系发达、生物量大的植物。在金属矿区已经筛选到的先锋植物，可引种到同类地区，但需充分考虑两地的生物气候条件差异，逐步驯化、筛选出较快适应新气候环境的植物种类，实现先锋植物的成功引入。

矿区先锋植物的筛选一般先对矿区进行植被调查，了解矿区废弃地上生长的植物种及不同植物生长的环境条件，从矿区采集已成功定居的植物，分析各种植物体内重金属含量，确定候选先锋植物，对候选先锋植物进行进一步的研究，最终确定先锋植物种类。在选择植物时，应考虑植物的耐寒性、抗旱性、耐贫瘠、生长快和具有一定的土壤改良作用。那些在矿区废弃地上自然定居的植物，能适应废弃地上的极端条件，应作为优先考虑的植物。大量资料表明，固氮植物能适应严酷的立地条件，特别是刺槐等豆科植物，因此，它们常作为先锋植物。豆科植物能生长于污染土壤并进行有效的固氮作用，使土壤中氮的含量大幅度提高（赵娜等，2008）。

3. 先锋植物的种类

不同矿区废弃地生长着不同的植物，不同植物对不同重金属的耐性也不同，因此，针对不同的金属矿区废弃地有不同的先锋植物。例如，银合欢可作为锡矿尾矿植被恢复的先锋植物，双穗雀稗可作为铅锌矿尾矿植被恢复的先锋植物（束文圣和张志权，2000），而鸭跖草则可作为铜矿尾矿植被恢复的先锋植物（束文圣等，2001）。刘秀梅等（2002）筛选某铅锌矿区附近生长的 6 种植物，发现羽叶鬼针草和酸模对 Pb 有很好的耐性。

4. 先锋植物对重金属的耐性机制

先锋植物能耐受较高浓度的重金属并且正常生长，其地上部分却积累较少的重金属，这一点区别于重金属超富集植物。先锋植物的这种积累重金属的特点主要是植物的逃避策略，从而使植物避开对重金属的吸收和转移。

（1）限制离子的跨膜吸收

在重金属胁迫下，植物可反馈分泌一些物质，如柠檬酸、苹果酸、乙酸、乳酸等。这些物质与Pb离子可形成可溶性络合物抑制Pb的跨膜运输，增加Pb在根际土壤的移动性，降低植物周围环境中Pb离子的有效含量，减少植物对Pb的吸收，从而避免植物受害（伍钧等，2005）。杨仁斌等（2000）指出有机酸和氨基酸对土壤中重金属Pb具有较强的活化效应，其中柠檬酸、酒石酸和草酸的活化能力最强。何冰等（2003）对两种不同生态型的东南景天（*Sedumal alfredii*）进行对比研究，发现非生态富集型品种能抑制Pb离子的跨膜运输，使其体内Pb离子含量较生态富集型要低。Chardonnens等（1998）在*Euglena gracilis*和*Silene vulgaris*中观察到，Cd耐性生态型的叶片中，Cd浓度低于敏感生态型，可能的机制是耐性生态型通过限制Cd的吸收而解毒。

（2）区域化分布

植物细胞壁是重金属离子进入的第一道屏障，它的金属沉淀作用是植物耐重金属的原因，这种作用能阻止重金属离子进入细胞原生质，而使其免受危害。已有研究发现（罗春玲和沈振国，2003；杨居荣等，1993），重金属尤其是Pb大量沉积在植物细胞壁上，以此来阻止重金属对细胞内容物的伤害。由于金属离子被局限于细胞壁上，不能进入细胞质影响细胞内的代谢活动，植物对重金属表现出耐性。只有当重金属与细胞壁结合达到饱和时，多余的金属离子才会进入细胞质。植物还可以利用液泡的区域化作用将重金属与细胞内其他物质隔离开来，并且液泡里含有的各种有机酸、蛋白质、有机碱等都与重金属结合而使其生物活性钝化。植物将重金属离子区隔化入液泡是降低细胞中重金属离子水平、提高植物对重金属耐受性的重要机制。研究表明，液泡是包括Zn和Cd等在内的许多重金属的积累场所，经Zn处理的紫羊茅（*Festuca rubra*）分生组织细胞中液泡大量增加，天蓝遏蓝菜（*Thlaspi caerulescens*）表皮细胞中Zn相对含量与细胞长度线性正相关，显示表皮细胞的液泡化促进了Zn的积累（Kupper et al.，2000）。黄瓜茎叶可溶性组分的凝胶层析及HPLC的分析结果表明，Pb大量沉积在细胞壁上（杨居荣等，1993）。以10 mmol·L^{-1}的$Pb(NO_3)_2$处理紫花苜蓿幼苗10 d，X射线微区分析显示，胞间隙是紫花苜蓿积累Pb浓度最高的部位，细胞壁和液泡次之，胞质中最低（叶春和，2002）。发草（*Deschampsia caespitosa*）对Zn有敏感型和抗性型，后者比前者在根中能累积更多Zn，抗性型能将更多的Zn结合到细胞壁上，细胞内的Zn多储存在液泡中（陈景明，2006）。Cd^{2+}储存在液泡中可以减少Cd^{2+}对细胞质基质及细胞器中各种生理代谢活动的伤害（Whiting et al.，2000）。

（3）形成螯合物

Pb在植物中的运输主要通过木质部导管来完成，所以Pb在共质体中的运输将影响到其转移到地上部的效率（王英辉等，2007）。在内皮层共质体的细胞质中，过多的游离状态的Pb离子将使细胞质中毒，干扰植物正常代谢功能，存在于细胞质中的大量有机酸能够与Pb离子结合形成螯合物，减小重金属对细胞的毒害，螯合作用在植物对Pb的耐性方面起了重要作用。植物对Cd的抗性与植物体内含有硫醇基（—SH）多肽植物螯合肽（PC）密切相关。Margoshes和vallee（1957）在马肾中提取一种重金属结合蛋白，并命名为金属硫蛋白（metallothionein，MT）。PC是一种由非核糖体合成的多肽，广泛存在于植物体和某些微生物中。MT是由核基因编码、相对分子质量低、富含半胱氨酸(Cys)、能与金属结合的一类多肽物质的总称，它广泛存在于动物、植物和原核生物中。

Figueroa等（2008）对蓖麻（*Ricinus communis*）和肿柄菊（*Tithonia diversifolia*）进行研究，结果表明蓖麻根部的Cd和Pb的含量和PC-2呈显著的正相关，说明两种重金属胁迫下蓖麻根部分泌更多的PC。同时，Cd处理下，土壤中Cd的含量和蓖麻体中PC-2存在显著性。PC和MT中具有的硫醇基（—SH）能与Pb等重金属离子结合形成硫态复合物（peptide-thiolcomplex），在一些转运蛋白的作用下，这些复合物被运输到细胞外或被储存在液泡等细胞器内，从而避免重金属以自由离子的形式在细胞内循环，减少了重金属对细胞的伤害，使植物能吸收和富集更多的重金属。目前在藻类、动物和高等植物中都发现了MT（Ma and Rao，1997），但在高等植物中分离得到最多的是植物螯合肽。

第六节 影响植物吸收、累积重金属的因素

对土壤重金属污染的植物效应已经有了较为细致的研究，从化学角度看，进入土壤的重金属可以溶解于土壤中、吸附于胶体的表面、闭蓄于土壤矿物之内、与土壤中其他化合物产生沉淀，这些过程都能影响植物对重金属的吸收。土壤不同组分之间重金属的分配，即重金属形态，是决定重金属对植物有效性的基础，一种离子由固相形态转移到土壤溶液中，是提高该离子对植物有效性的前提。控制土壤固液相间平衡的因子十分复杂，而且至今尚未完全清楚；但研究表明，土壤体系的离子平衡，受pH、温度、有机质含量、氧化还原电位、矿物成分和类型及其他可溶性成分的浓度所影响。植物对重金属的吸收与积累，同样与这些影响平衡的因素有关，包括环境因素、生物因素、重金属的性质和农艺措施等方面。

经植物根系吸收后，重金属通过木质部向地上部运输，在一些转运体或螯合剂的作用下，完成其在植物体内的积累和分布定位过程。不同植物对重金属的吸收和转运能力有不同，同一植物对不同重金属的吸收和转运也存在差异。

一、植物种特性

不同植物种对重金属的吸收、积累量差异很大。例如，同等污染浓度下，小麦、大豆易吸收土壤中的重金属，并向地上部迁移，玉米则吸收重金属的能力较低。不同的生态型作物，其吸收迁移重金属的能力差异也很大，同时同一植物在不同生长期对重金属吸收量也存在差异。例如，水稻对Cd的吸收大部分是在抽穗期、开花期和灌浆期。

不同植物种对污染物的吸收、积累量差异很大。例如，蕨类植物吸收Cd的量特别多，

体内含 Cd 量可高达 1200 mg·kg^{-1}；双子叶植物吸 Cd 量也相当高，如向日葵、菊花体内含 Cd 量可高达 400 mg·kg^{-1}和 180 mg·kg^{-1}；单子叶植物含 Cd 量比双子叶植物少。在酸性土壤，石松科植物的铺地蜈蚣（*Lycopodium cernum*）、石松（*L. claratum*）、地刷子（*L. coniplanatum*）、野牡丹科的野牡丹（*Melastoma candidum*）、铺地锦（*M. dodecandrum*）能富集大量的铝，有的竟高达 1%以上（占干重），而酸性土上生长的其他植物只有 0.05%。

生长在含硒土壤上的黄芪（*Astragalus* sp.）灰分中硒的含量可高达 15 000 mg·kg^{-1}，而伴生的牧草却小于 0.01 mg·kg^{-1}，两者相差高达百万倍；生长在汞矿山上的纸皮桦（*Betula papyrifera*）含有 1150 mg·kg^{-1}的汞；蛇纹岩土壤上的十字花科植物 *Alyssumbertonii* 灰分中含有高达 5%～10%的镍；在含钴的土壤上生长的野百合（*Crotalaria cobalticola*）灰分中含有 1.8%的钴，被认为是至今含钴量最高的植物（王焕校，2012）。

生态型之间的差异也很明显。把生长在冶炼厂的 *Hisbiscus* 的种和生长在非污染区的种同时栽种在含 Pb 量相同的土壤上，结果前者比后者的吸 Pb 量要少得多。这是因为生长在污染区的生态型在生理、生化和遗传上发生相应的变化，形成与环境相适应的抗 Pb 生态型。

生态类型之间对污染物吸收的差异比较复杂。例如，水生维管束植物吸收、富集 Pb 的能力与植物的生态习性有关（吴玉树等，1983）。沉水植物整个植株都是吸收面，相对吸收量就比浮水、挺水植物高。湿生、沼生植物吸收重金属量比中生、旱生植物少，是因为它们生长在终年淹水的还原性土壤环境中，重金属多与硫化物等结合、沉淀，植物不易吸收；中生、旱生植物的土壤处于氧化状态，重金属多呈离子态，容易被吸收。

植物吸收重金属的速度因受胁迫的时间长短而异。稻苗吸收培养液中 Cd 的速度经测定随培养时间的延长，吸 Cd 总量增加，但单位时间吸 Cd 量有减少的趋势（图 2-10）。

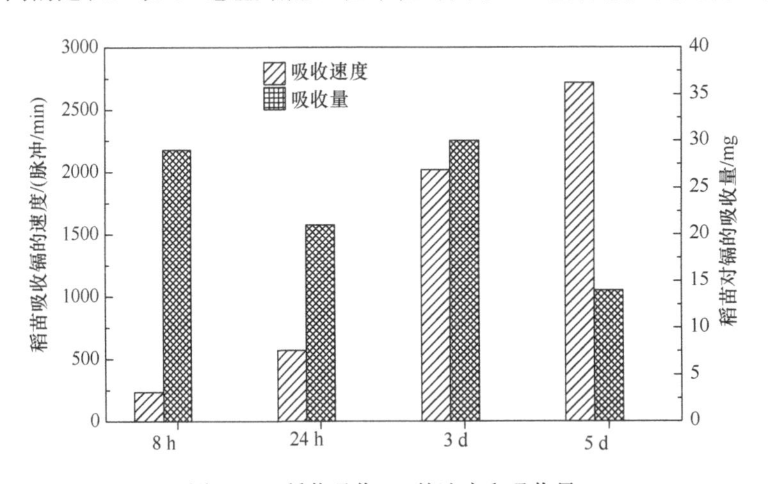

图 2-10 稻苗吸收 Cd 的速度和吸收量

Figure 2-10 The speed and amount of absorption Cd by rice

（王焕校，2012）

植物不同生育期吸收重金属的量也发生变化。水稻不同生育期对土壤中的 Cd 的吸收量差别很大，水稻对 Cd 的吸收大部分是在抽穗、开花期和灌浆期内（图 2-11）。

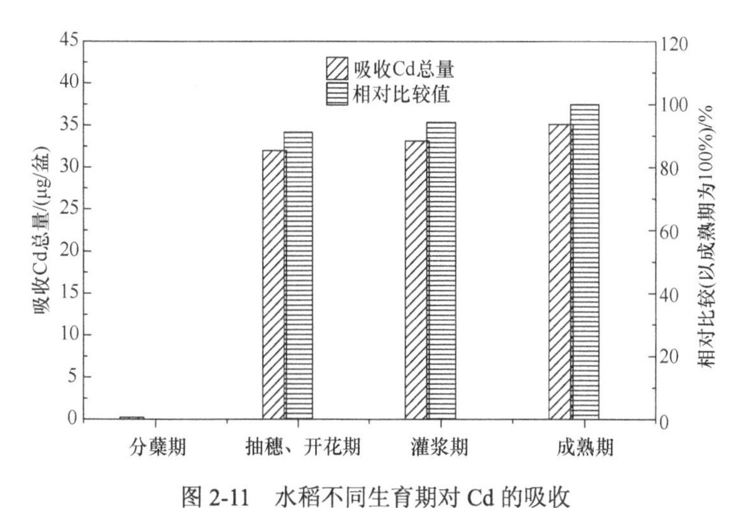

图 2-11　水稻不同生育期对 Cd 的吸收

Figure 2-11　The absorption of Cd in different growth stages of rice

（王焕校，2012）

祖艳群等（2003b）测定了昆明市蔬菜中重金属的含量，不同蔬菜可食部分的 Cd 含量有较大的差异，大白菜最高，为 0.0496 $mg\cdot kg^{-1}$，番茄最低，为 0.0063 $mg\cdot kg^{-1}$。

不同 Pb 污染胁迫下，玉米不同基因型的生长及 Pb 吸收量达到极显著差异($P<0.01$)，Pb 在不同器官之间的分布形式也存在显著的基因型差异。轻度 Pb 污染胁迫不同程度地促进玉米所有供试基因型的生长，而中度污染胁迫下糯玉米基因型生物量最大。与正常土壤对照条件下的表现相比，不同程度 Pb 污染胁迫下申甜 1 号的生物量增幅最大，表现出较强的 Pb 耐受能力。不同基因型的玉米体内 Pb 积累量随着污染水平的提高而增加，各器官内 Pb 积累浓度差异规律为根＞叶＞茎＞穗。掖单 13 号具有较强的 Pb 转运能力（TF=0.6628），申甜 1 号的生物富集能力最强（BCF=0.0264），掖单 13 号和申甜 1 号均具有较强的 Pb 吸收和积累能力，属于潜在的高积累基因型。但掖单 13 号根部富集量少而穗部积累多，申甜 1 号根中 Pb 积累较多而果穗中较少。两个甜玉米基因型果穗内 Pb 积累量较少，其含量符合国家规定的食品生产相应的安全标准（李月芳等，2010）。

龙葵具有很强的从根部向地上部运输 Cd 的能力，在不同浓度胁迫下，根中的 Cd 含量均低于茎和叶中的含量。尤其在 $CdCl_2$ 浓度为 25 $\mu g\cdot g^{-1}$ 时，根部的 Cd 含量仅为 59.9 $\mu g\cdot g^{-1}$，而茎和叶中的 Cd 含量分别为 103.8 $\mu g\cdot g^{-1}$、124.6 $\mu g\cdot g^{-1}$（魏树和等，2005）。

土壤添加重金属 Cd 后，矿山生态型东南景天生长正常，地上部和根系 Cd 含量随着土壤中 Cd 含量的增加而增加，在 400 $mg\cdot kg^{-1}$Cd 处理下含量分别高达 2900 $mg\cdot kg^{-1}$ 和 500 $mg\cdot kg^{-1}$，其地上部显著大于根部；然而，土壤添加 Cd 后，非矿山生态型东南景天的生长受到抑制，地上部和根部的生物量显著降低。在同一 Cd 处理水平下，矿山生态型东南景天地上部 Cd 含量总是高于非矿山生态型（龙新宪等，2008）。

二、污染物的种类和形态

植物对有些元素容易吸收而对另一些元素很难吸收，如植物对 Cr、Hg、As、Cd 的吸收就说明这一点。同一元素的不同价态吸收系数差别很大。例如，水稻对 Cr^{3+}的吸收系数平均值为 0.032，而对 Cr^{6+}则为 0.056，可见对 Cr^{6+}的吸收系数大于 Cr^{3+}。用同样浓度的 CdS、$CdSO_4$、CdI_2和 $CdCl_2$灌溉水稻，这些化合物在糙米中积累率之比为 1∶1.9∶3.7∶3.9，因为上述化合物在水中的解离常数是 CdS＜$CdSO_4$＜CdI_2＜$CdCl_2$（王焕校，2012）。

三、土壤性质

进入土壤的大部分重金属，或与土壤中的有机和无机成分结合形成不溶性沉淀，或被吸附在土壤颗粒表面，而以可溶态存在的量很少。Kumar 等（1995）研究发现，在中毒临界值内，超富集植物体内重金属含量与土壤溶液中重金属含量呈显著正相关性。因此，土壤中重金属的生物有效性是影响植物吸收并累积更多的重金属的重要因素，而重金属的生物有效性往往跟土壤 pH、氧化还原电位、有机质含量、水分状况、土壤质地和氧化物等因素有关。

1. 土壤类型

土壤类型和特性不同，能影响植物根系对重金属的吸收，从而影响其迁移。不同土壤类型上的超累积植物吸收 Ni 能力不同，发育于砂岩、花岗岩土壤上的植物吸收能力低，而发育于超基性岩土壤上的植物吸收能力高。植物根系周围土壤溶液中的重金属含量是影响重金属生物有效性的重要因素之一，金属离子被土壤胶体吸附是它们从液相转入固相的重要途径之一。例如，黏土矿物、蒙脱石、高岭石对重金属离子的吸附存在差异。金属元素被吸附在黏土矿物表面交换点上，则较易被交换；如被吸附在晶格中，则很难被释放。复合污染土壤经石灰和 Ca、Mg、P 肥改性后，结果是减少重金属向作物及作物籽实的迁移。

2. 土壤 pH

土壤酸碱度是影响土壤重金属化学行为及其有效性的主要因子之一，许多重金属的溶解度都随 pH 变化而变化。土壤中重金属的有效性通常随 pH 降低而升高，强酸性土壤易出现植物重金属中毒现象，而碱性土壤易诱发植物重金属缺乏。如降低根际土壤 pH 可以增加土壤重金属的溶解和释放，提高重金属 Cd、Zn、Ni、Mn、Pb、Cu 的生物有效性，而碱化作用则能提高 As、Cr、Mo、Se 等的移动性。重金属化合物在不同 pH 处理的受 Zn、Cd 污染的花园和山地盆栽试验中，*T. caerulescens* 吸收的 Zn、Cd 含量随土壤 pH 下降而增加（蔡保松，2004），表明土壤 pH 变化能影响植物对重金属的吸收，这是因为当 pH 降低时，H^+增多，大量的重金属离子从胶体上或黏土矿物颗粒表面解析出来而进入土壤溶液。同时，pH 降低可以破坏重金属离子的溶解–沉淀平衡，促进重金属离子的释放。

但也有一些重金属则相反，如重金属 As 在土壤中以阴离子形式存在，提高 pH 将使土壤颗粒表面的负电荷增多，从而减弱 As 在土壤颗粒上的吸附作用，增大土壤溶液中的 As 含量，植物对 As 的吸收增加。

根系分泌物能调节根际 pH，从而影响根际重金属的形态。因此可以采取一些具体措施，改变根际土壤的酸碱状况，从而可以降低 Cd 的生物有效性，减小 Cd 对植物的毒害。有机酸是根系分泌物中重要的组成成分，由于其能够溶解和络合重金属，从而使根际重金属得以活化或钝化，因而，其在影响根际重金属化学行为方面的作用日益引起人们的重视。模拟植物根系分泌物对重金属的活化作用的试验表明，有机酸对重金属都具有一定的活化能力。通过对纤细剪股颖（*Agrostis capillaris*）的盆栽试验发现，植物生长可使土壤 pH 显著增加，土壤溶液有机碳和钙含量上升，并导致土壤有效态 Cu 含量下降，降低 Cu 的生物毒性。Loosemore 等（2004）在研究中指出，根际交换态 Zn 较非根际土体显著上升，植物根际微环境对交换态 Zn 含量和生物有效性产生显著影响。

在土壤中施入石灰能提高土壤的 pH，促进重金属生成碳酸盐、氢氧化物沉淀，降低土壤中 Cd、Zn 等重金属的有效性，从而抑制作物对它们的吸收。杜彩艳等（2007）在土壤中添加石灰后，土壤中碳酸盐结合态 Pb、Cd 和 Zn 的含量均随石灰用量的增加，呈逐渐下降趋势，这是因为在土壤中施入石灰能提高土壤的 pH，一方面增加了土壤表面可变负电荷而增加对 Cd^{2+}、Zn^{2+}的吸附，另一方面使 Cd^{2+}、Zn^{2+}水解为 $Cd(OH)^+$、$Zn(OH)^+$，同时生成 $CdCO_3$、$ZnCO_3$沉淀，减少了植物对 Cd、Zn 的吸收；有效降低了土壤中碳酸盐结合态 Pb 含量，这主要是因为石灰中的 Ca 与土壤中 Pb 之间存在离子拮抗作用。随着石灰用量的增加，土壤中 Fe、Mn 氧化物结合态 Pb、Cd 和 Zn 含量呈逐渐上升趋势，这是因为当 pH 升高时土壤中 Fe^{2+}、Mn^{2+}开始水解为 $Fe(OH)_2$、$Mn(OH)_2$，从而增加了 Fe、Mn 氧化物的结合，使 Fe、Mn 氧化物结合态的 Cd、Pb 和 Zn 含量增加。石灰均不同程度增加了土壤中有机物结合态 Pb、Cd 和 Zn 的含量，分别比对照增加了 7.18%、11.68% 和 15.04%，这主要是 Pb、Zn 与土壤中的有机质形成难溶性的络合（螯合）物，显著增加了土壤中有机物结合态 Pb、Zn 的含量，从而有效地降低了重金属的生物有效性。

3. 土壤氧化还原电位

氧化还原电位（Eh）的改变会使土壤重金属的化学价态发生变化，重金属的生物有效性也随之产生改变。当 Eh 提高时，土壤中一般重金属的溶解度会有不同程度的增加。

在土壤介质中，重金属元素可与硫化物形成沉淀、与有机质络合、被铁锰氧化物吸附，这些行为受土壤氧化还原状况的调节。研究表明，水稻含 Cd 量与其生育后期的水分状况关系密切，此时期排水晒田则可使水稻含 Cd 量增加好几倍。此外，由于重金属常与硫形成难溶物，当 Eh 提高时，硫化物易发生氧化而使重金属释放出来，导致土壤溶液中重金属含量提高。

植物根部有释放有机酸和还原剂来还原 Fe、Mn 氧化物的能力，当这些氧化物还原时，则导致被吸附金属的释放。其原因曾被认为是土壤中原来形成的 CdS 重新溶解，但从根际观点看，水稻根际 Eh 可使 FeS 发生氧化，因此根际也能氧化 CdS，Cd 在氧化条件下（Eh 值高）比在还原条件下（Eh 值低）更容易由无效态转化为水溶态和交换态。研究表明，这种转化在酸性条件下尤为明显。当 pH 为 4.5 时，处于氧化状态的植物 Cd 含量是还原条件下的几十倍，当 pH 为 7.5 时，处于两种状态下的植物 Cd 含量几乎没有显著变化。

4. 土壤有机质

土壤有机质具有胶体特性，能吸附较多的阳离子，在土壤营养和环境功能保持等方面具有重要作用。土壤有机质对土壤重金属转化和有效性的影响一般包括两个方面，即影响重金属的氧化还原过程和通过螯合作用促使重金属的溶解。

施入土壤中的有机质，通过土壤微生物的作用，形成土壤腐殖质，这些新形成的腐殖质大部分以有机颗粒或以有机膜被覆的形式和土壤中的黏土矿物、氧化物等无机颗粒相结合形成有机胶体和有机–无机复合胶体，由此增加土壤的表面积和表面活性，使得土壤的吸附能力随有机质的增加而增加。由于土壤腐殖质属于一类高分子有机化合物，含有多种含氧功能团，如羧基、酚羟基和醇羟基等，它们容易和重金属元素发生络合或螯合反应。例如，有机胶体和有机–无机复合胶体吸附 Pb 的重要反应机制是发生在腐殖质中含氧功能团和重金属 Pb 离子之间的络合及螯合反应。同时，腐殖质中的含氧功能团也是制约土壤阳离子交换量的重要因素，所以施入土壤中的有机质通过改变阳离子交换量来影响土壤的吸附能力。

腐殖质在土壤中可以呈游离的腐殖酸和腐殖酸盐类，这些腐殖酸与重金属存在络合作用，而络合作用对重金属在土壤中的吸附的影响是一个复杂过程，往往受到配位体种类、配位体含量、重金属含量和介质 pH 的影响。如当溶液中乙酸和重金属共存时，由于竞争吸附，黏土对重金属吸附能力普遍有较小幅度的下降；当溶液中腐殖酸和重金属共存时，由于酸性条件下富里酸发生解离后与重金属络合，其络合物与黏土颗粒有一定的结合能力，因此，黏土对重金属的吸附能力增强。

土壤中的有机质属于有机胶体，有机胶体属于无定形胶体，比表面积大，其吸附容量比矿质胶体大，为 150～700 mg（当量）·100 g^{-1}（土），平均为 300～400 mg（当量）·100 g^{-1}（土）。有机胶体对金属离子吸附顺序是 Pb^{2+}＞Cu^{2+}＞Cd^{2+}、Zn^{2+}、Ca^{2+}＞Hg^{2+}。在 Cd 的各种形态中，有机态占有一定的比例。Cd 进入土壤后，可与其中的一部分有机质络合，以有机络合物的形态存在。土壤中腐殖质的含量、形态、性质不同，对 Cd 的形态、含量的影响也不同。有人研究外源添加有机物对水稻吸收 Cd 的影响，结果表明，向有机质含量低的土壤中添加稻草粉（10 g·kg^{-1}）和蔗糖（5 g·kg^{-1}），水稻植株吸 Cd 量分别减少了 73.0%、62.9%，吸 Cd 总量由对照的 22.78 μg·盆$^{-1}$ 分别下降到 5.48 μg·盆$^{-1}$、7.78 μg·盆$^{-1}$。

5. 土壤阳离子交换量（CEC）

植物根表面能与根际环境的重金属发生离子交换吸附，根表面与土壤溶液的离子交换量越大，重金属离子进入根部的概率也越大。例如，作物根系对土壤中 Cd 的吸收与根系 CEC 呈显著正相关，根系附近 CEC 大的豆科植物对 Cd 最敏感，而根系 CEC 小的禾本科作物耐受 Cd 的能力较强。

6. 土壤水分状况

一般认为，土壤湿度不同导致氧化还原条件的差异是影响有效态重金属含量的主要原因。通过调节土壤水分，可以控制重金属在土壤–植物系统中的迁移，降低重金属的活性，减少对植物的危害。在土壤湿度较高的情况下还原性增强，通常使有效态重金属含量增加，但频繁的干湿交替反而容易加剧重金属的还原。另外，水旱轮作条件下，由于耕层有效态重金属被大量淋溶，往往导致作物营养缺乏，而中下部土层重金属相对富集。有研究表明，在水旱轮作条件下犁底层较高的 Mn 含量对改善小麦的 Mn 营养状况有重要作用。

7. 元素的交互作用

现实环境中单一污染比较少见，大多数情况下是多种重金属共存产生复合污染。复合污染物的联合作用方式有 4 种类型：相加作用、协同作用、拮抗作用、独立作用。例如，Zn 能拮抗土壤 Cd 向植物迁移，同时 Cd 也能抑制 Zn 的迁移。而 As 与 Cd 存在协同作用，使两者的迁移性都增强。

8. 土壤微生物

土壤中微生物的种类和数量都是相当大的，它在重金属的归宿中也起着不可忽视的作用。重金属污染的生物效应随生物受体及环境条件的变化而不断波动，推测在长期重金属环境驯化下微生物对不同种类的超富集植物可能产生不同的效应。

微生物自身的生命代谢活动或者产物会影响土壤性质，从而影响土壤中重金属的生物有效性。室内试验结果表明，土壤微生物的死细胞和活细胞都能吸附土壤介质及溶液中的 Cd。在厌气和好气条件下，无菌土壤中没有 Cd 释放出来，而有菌土壤中大量的固定态和结合态 Cd 被活化，使土壤中 Cd 的有效性增强。因为微生物的群体大小、种类、活力受土壤深度、通气状况、土壤类型的影响，所以微生物对 Cd 的活化速度和范围也受以上几个因素的影响。此外，大量活跃的根际微生物一方面可把大分子分泌物转化为小分子化合物，这些转化产物对根际的重金属有显著活化作用；另一方面也可分泌质子、有机酸、铁载体等物质，增加根际 Cd 等重金属元素的活化能力。

另外，微生物和植物根系形成的共生体系——菌根，也影响到植物对重金属的吸收。受重金属污染的土壤，往往积累多种耐重金属的真菌和细菌，微生物通过多种方式影响土壤重金属的毒性和生物可利用性，目前报道较多的是菌根。通常认为在自然状态下大多数植物都能形成菌根，菌根真菌寄生在植物根系，增加植物根系的表面积，并且菌根能伸展到植物根系无法接触到的空间，增加植物对水和矿质元素（包括重金属元素）的吸收。外生菌根作为高等植物营养体系与真菌形成的共生体，能够促进重金属胁迫条件下寄生植物的生长，增强其重金属耐受性。同时，有研究证明外生菌根菌的菌丝对金属有强大的螯合能力（黄伟，2011）。

9. 共存物质

在土壤–植物系统中，有许多重金属元素与 Cd 同时存在。这些元素或与 Cd 有一定程度的联系，或化学性质相似，当处于同一条件时，可能会导致它们与 Cd 在植物吸收及由根向地上部转移或在植物组织中积累等方面发生相互作用。在土壤中 Cd 与 Fe、Mn、Cu、Zn 等元素同时存在，这些元素对植物吸收 Cd 都有一定的抑制作用。这种抑制作用可能是由于它们之间对根表吸附位点的竞争，或者是与土壤溶液中螯合剂形成难溶性物质时对螯合剂的竞争。因而，过量 Cd 处理的植株失绿症，可能是由于直接或间接缺 Fe、缺 Zn 造成的。然而这种相互作用并不总是表现为抑制作用，在一定的条件下也可促进 Cd 的吸收。例如，在土壤处于氧化状态时，Zn^{2+}的存在可以促进植物对 Cd 的吸收；但当土壤处于还原状态时，Zn^{2+}的存在则抑制植物对 Cd 的吸收。这种促进植物对某种重金属离子的吸收并增强重金属离子对作物危害的效应称为协同作用；把减小植物对某种重金属离子的吸收并减弱重金属离子对作物危害的效应称为拮抗作用。

由于磷肥的大量使用，尤其是含Cd磷肥的施用导致了作物中Cd的积累，土壤及作物体内P水平与作物对Cd的吸收积累的关系问题引起了人们的关注。一方面，商业磷肥中通常含有不同水平的Cd，随着磷肥的施用其被带进了土壤，从而提高了作物中Cd的水平；另一方面，磷肥还可能通过影响土壤pH、离子强度、Zn的有效性及植物生长等进而影响土壤中Cd的生物有效性（黄伟，2011）。

四、环境因素对重金属在植物体内积累的影响

1. 大气沉降

除根系外，植物的地上部（特别是叶片）也可以吸收积累重金属元素。大气沉降对植物体内重金属积累具有直接和间接作用，直接作用是指大气污染物直接与叶片接触、交换而影响重金属的积累；间接作用是指通过对土壤化学、微生物特性等的影响，间接地对植物体内积累重金属产生影响（钟哲科，2000）。苔藓和地衣对重金属元素的吸附特征表明，特征元素与当地的大气悬浮颗粒物质的对应元素含量具有显著的相关性。瑞典的Ruhling和Tyler（1968）首先利用苔藓属植物*Hylocomium splendens*吸收大气金属元素的性质来监测斯堪的纳维亚半岛大气的重金属沉降，同时根据苔藓中重金属元素的含量绘制了反映芬兰、挪威和瑞典等国大气沉降中Cd、Cu、Fe、Hg、Ni、Pb和Zn元素的区域分布图。研究表明，大气沉降是茶树体内Pb含量升高的重要原因（石元值等，2014）。

2. 风、温度、湿度和光照

风和湿度会影响植物的蒸腾作用，改变重金属在植物体内的迁移转化速率，从而影响其在植物体内的积累。

温度的季节性变化会影响盐沼植物根际的氧化还原反应，这种影响在温带环境中尤为显著。目前，对重金属在植物体内季节性浓度变化的研究日益增多。Haritonidis和Malea（1999）指出，Cd、Pb、Cu、Zn等元素在石莼属植物*Ulva rigida*内的平均含量秋季高一些，春季则较低；而从春季到秋季，Zn、Ni等元素在植物体内的含量有上升趋势。温度对植物积累重金属的影响主要表现在影响土壤中重金属的挥发；影响植物气孔开合程度，从而影响其对重金属的叶面吸收作用；影响土壤和植物对重金属的吸附和分配能力，因为重金属的土壤吸附和植物角质层分配过程均属放热反应。

不同植物对光照强度的要求不同，弱光胁迫下，植物光合降低，生长下降，不仅影响其对大量元素如N、P、K等的吸收利用，同时也会影响到重金属元素的吸收和积累。杨延杰等（2004）考察了温室弱光对番茄茎叶Mn含量的影响，发现弱光抑制番茄对Mn的吸收，处理时间越长，抑制程度越重。实验发现，弱光导致番茄下部叶片Mn含量高，而上部Mn含量降低，说明Mn在植物体内转运困难，影响了Mn在植物体内的转运和再分配过程（陈英旭，2008）。

展　望

植物在面对重金属污染压力时，敏感的物种受到严重的危害，甚至死亡，而耐性物种和抗性物种逐渐进化出抵御重金属污染的机制，如排斥、沉淀、钝化和螯合等作用，以达到通过避开或耐受重金属污染而继续生存的目的。在植物吸收和富集重金属的问题上，深入研究植物对重金属的吸收、转运、累积、分布和解毒的分子机理，显得尤为迫切和重要：一方面，明确农作物吸收重金属的关键过程，可以阻控重金属在粮食、蔬菜等植物体内的积累，降低重金属进入食物链的风险；另一方面，阐明某些超富集植物的耐性与解毒机制，可以分离并克隆超富集植物的功能基因，培育高效的修复植物，为重金属污染土壤的修复提供理想材料。

第三章　重金属对植物的影响

重金属污染对植物产生危害。植物生长在被重金属污染的土壤上，根系吸收土壤中的重金属离子，转运到植物体的各个部位，在植物体内积累。当植株体内的重金属浓度超过了植物可以忍耐的最大限度（污染生态学上将其称为效应浓度）时，对植物的形态结构、生理代谢、信号转导、遗传等方面产生毒害作用，严重影响植物的生长发育，当重金属浓度继续增加到致死浓度时就会导致植物开始出现死亡。

本章首先阐述重金属对植物细胞分裂、种子萌发、营养生长和生殖生长的影响，进而介绍重金属对植物茎叶的解剖结构、细胞（细胞核、细胞壁、细胞膜、叶绿体、线粒体、液泡等）超微结构的影响，阐述植物光合作用、丙二醛、脯氨酸、细胞膜透性、保护酶系统、物质吸收与代谢等生理生化活动对重金属的响应，最后阐述重金属对植物生物量、作物产量与品质的影响。

第一节　重金属对植物细胞分裂与植物生长发育的影响

重金属在植物体内积累达到一定量时，会影响植物细胞的有丝分裂，出现根、茎生长缓慢，叶片泛黄、卷曲、出现斑点，植株矮小等生长发育不良的症状。重金属对植物的生殖生长、种子萌发和幼苗生长也有显著影响。

一、重金属对植物细胞分裂的影响

重金属影响细胞分裂的异常现象有以下 5 种：C-有丝分裂和多倍化、染色体桥产生、染色体断裂、染色体粘连和液化、微核形成和核解体。蒜小鳞茎随着 Cd 浓度的递增或培养时间的延长，根尖细胞有丝分裂指数下降，分裂细胞异常率增高（表 3-1）。蒜根尖细胞 C-有丝分裂在不同浓度不同处理时间可分别观察到染色体桥、染色体断裂、染色体粘连和液化、微核和核解体（图 3-1）。

表 3-1　不同浓度 Cd 溶液处理对蒜根尖细胞分裂的影响

Table 3-1　Effect of Cd on cell division of root tip of *Allium sativum*

蒜根尖细胞	24 h Cd 处理				48 h Cd 处理			
	0	100 $mg\cdot L^{-1}$	200 $mg\cdot L^{-1}$	300 $mg\cdot L^{-1}$	0	100 $mg\cdot L^{-1}$	200 $mg\cdot L^{-1}$	300 $mg\cdot L^{-1}$
观察细胞数/个	3270	3875	3960	3630	3682	4016	4110	3650
分裂细胞数/个	367	361	287	166	481	248	218	97
有丝分裂指数/%	11.22	9.32	7.25	4.57	15.06	6.18	5.30	2.66
分裂异常细胞数/个	3	88	130	108	4	144	182	91
分裂异常细胞比例/%	0.82	24.4	45.3	65.1	0.83	58.1	83.5	93.8

（赵博生，1996）

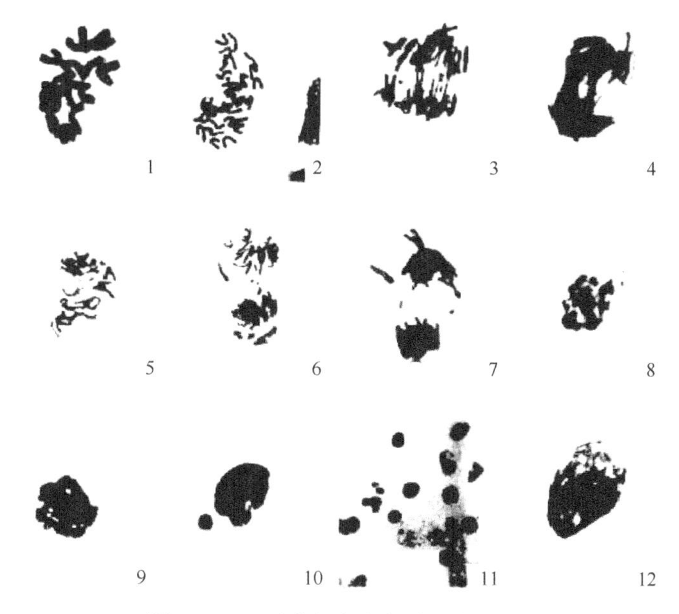

图 3-1　Cd 对蒜根尖染色体形态的影响

Figure 3-1　Effect of Cd on chromosome morphology of root tip of *Allium sativum*

1. C-有丝分裂，200 mg·L^{-1}，24 h；2. 多倍化细胞，100 mg·L^{-1}，48 h；3. 染色体桥，200 mg·L^{-1}，48 h；4. 染色体桥，300 mg·L^{-1}，24 h；5. 染色体断裂，200 mg·L^{-1}，48 h；6. 染色体断裂，300 mg·L^{-1}，24 h；7，8. 染色体断裂，300 mg·L^{-1}，48 h；9. 染色体粘连，200 mg·L^{-1}，48 h；10. 微核，300 mg·L^{-1}，48 h；11，12. 核解体，300 mg·L^{-1}，48 h

（赵博生，1996）

Pb、Zn 干扰或阻碍了蒜根尖间期中 G_1 期内蛋白质合成，无足够的触发蛋白进入 S 期，导致细胞在 G_1 期停滞，甚至不能进入分裂状态，阻碍了细胞分裂，使参与分裂的细胞数目减少，导致根尖生长缓慢以至停滞（赵凤云，1999）。

用 Cd 和 Al 分别处理蚕豆，低剂量时，细胞分裂加快，细胞分裂指数增高；在高剂量时，金属离子抑制细胞分裂活动，细胞分裂指数降低；染色体畸变率随着剂量的升高而增高；当 Cd 处理剂量升高或处理时间延长，可观察到染色体异常的现象是从轻度受害的 C-有丝分裂、染色体桥向不可逆的受害症状——微核逐渐过渡的，说明重金属对细胞分裂的影响有剂量效应和累积效应（常学秀等，1999）。

Cr^{3+}处理使染色体出现染色体桥和 C-有丝分裂现象；Cr^{6+}处理则导致染色体粘连、染色体断裂和微核产生，可见 Cr^{6+}比 Cr^{3+}有更强的毒性。当重金属剂量较高时，进行畸变分裂的细胞会死亡或细胞分裂完全被抑制，因此观察不到染色体的畸变现象。大麦根尖经高浓度的 Hg^{2+}、Pb^{2+}和 Cd^{2+}处理 48 h 时分裂指数已降为零，说明重金属对根生长的抑制主要是由于抑制了细胞的有丝分裂（张义贤，1997）。

Pb 处理［$Pb(NO_3)_2$］使大豆根尖细胞染色体畸变率和微核率极显著增加（表 3-2）。

二、重金属对植物营养生长及形态的影响

重金属离子首先通过植物根系的吸收进入植物体内，当达到一定量时，就会抑制植

表 3-2　不同浓度 Pb 处理对大豆根尖细胞有丝分裂的影响

Table 3-2　Effect of different Pb treatments on soybean root tip cell mitotic

$Pb(NO_3)_2$/（$mg·L^{-1}$）	有丝分裂指数/%	染色体畸变率/%	微核率/‰
0	15.91±0.13	3.67±1.20	2.00±0.58
10	12.59±0.85*	9.00±0.58*	6.00±1.15
30	12.57±0.47*	9.67±0.67**	12.67±0.67*
50	10.97±0.52**	13.33±1.76**	15.67±0.89**
80	10.75±0.57**	16.33±1.76**	17.00±1.00**
100	8.47±0.58**	18.00±1.52**	18.00±1.15**

*表示与对照相比，在 $P<0.05$ 水平上差异显著；**表示在 $P<0.01$ 水平上差异极显著

（杨丽娟等，2014）

物根尖细胞的伸长并使细胞的木质化速度加快，导致根部变短变粗。重金属造成根系生理代谢失调，生长受到抑制，反过来受害根系的吸收能力可能减弱，导致植物体营养亏缺。

大豆幼苗在 Cd 胁迫下，株高、叶片数、叶面积、根系长度、侧根数目、根体积等形态指标均明显低于对照植株，长势趋劣（周青等，1998）。用 0～200 $mg·kg^{-1}$ 的 Cd 处理印度芥菜，印度芥菜都能够顺利发芽生长，印度芥菜对 Cd 胁迫表现了极强的忍耐特征（杨卓等，2011）。当土壤中的 Cd^{2+}浓度≥25 $mg·L^{-1}$ 时草莓的根生长受抑制，根变短，由白变褐直至变黑。Cd 对草莓叶的影响表现在叶褪绿、黄化、提前衰老，受 Cd 污染后的草莓植株矮小、长势弱（张金彪，2001）。在高浓度 Cd^{2+}（400 $mg·L^{-1}$、500 $mg·L^{-1}$）条件下处理至 72 h 时，油菜根完全坏死（张义贤，2004）。随着溶液中 Cd^{2+}浓度的增加，甘蓝型油菜（*Brassica napus* L.）幼苗出叶数显著减少，单株叶面积显著下降，根长显著缩短（表 3-3）。随着 Cd 浓度的增加及处理时间的加长，Cd 对续断菊的株高、叶面积和根长抑制作用增强（表 3-4）。

表 3-3　Cd 对甘蓝型油菜幼苗形态指标的影响

Table 3-3　Effect of Cd on modality indexe of *Brassica napus* seedling

Cd/（$mg·L^{-1}$）	根长/cm	叶片数/片	叶面积/cm^2
0	6.02a	4a	40.28a
2.5	5.35a	3b	12.26b
5.0	4.7ab	3b	6.57b
7.5	5.27a	3b	5.26b
10.0	4.18bc	2c	2.14b
20.0	4.02c	2c	2.23b

注：同一列的不同字母表示差异达到显著水平（$P<0.05$）

（江海东等，2006）

表 3-4　Cd 对续断菊不同时期生长形态的影响

Table 3-4　Effect of Cd on the growth morphology of *Sonchus asper*（L.）Hill in different stages

Cd^{2+}/（$mg·L^{-1}$）	株高/cm			叶面积/cm^2			根长/cm		
	10 d	20 d	30 d	10 d	20 d	30 d	10 d	20 d	30 d
0	12.7±1.1c	13.9±0.9bc	14.4±1.2b	12.1±1.9c	23.6±4.0a	31.4±2.1b	14.8±0.4b	14.0±0.8c	13.0±0.7b
5	13.5±0.7b	14.3±1.1b	14.8±0.9b	17.3±9.6b	26.0±3.6a	35.5±2.8b	11.0±1.0c	13.7±0.4c	11.7±0.5c
10	14.7±0.7a	17.4±0.9a	16.4±0.8a	21.6±9.0a	27.7±7.0a	52.2±2.7a	17.7±0.6a	24.4±0.6a	15.4±0.5a
20	14.4±0.7a	13.0±0.9c	12.8±1.3c	9.3±2.3c	20.5±4.6a	22.1±5.4c	12.2±0.4c	16.6±1.2b	13.1±0.7b

注：表中的结果为平均值±标准差，同一列的不同字母表示差异达到显著水平（$P<0.05$）

（秦丽等，2010）

Hg 胁迫下，金银莲花（*Nymphoides indica* L.）根部受害程度随 Hg 离子浓度升高和处理时间的延长而加重（尤文鹏等，1999）。高浓度的 Hg^{2+}通过降低营养利用能力而强烈抑制大豆幼苗的生长发育，对大豆根系发育抑制作用明显（马成仓和洪法水，1999）。蒜鳞茎在不同浓度 Hg^{2+}水溶液中培养，随着 Hg^{2+}浓度升高或处理时间的延长，根的生长速率递减，300 $mg·L^{-1}$ 处理 4 d 后几乎停止生长（尤文鹏等，2000）。芡实在 Hg^{2+}培养液中培养 24 h 后，开始出现不同程度的受害症状（解凯彬等，2000）。$HgCl_2$ 浓度超过 150 $μg·mL^{-1}$ 时，草莓植株死亡（邓明净等，2013）。Hg 影响了云杉根系的伸长，抑制了根吸收 Ca、K、Mn 和 Mg 等元素，从而影响植物生长（Godbold，1991）。

Pb 引起草坪植物根量减少，根冠膨大变黑、腐烂，导致植物地上部分生物量随后下降，叶片失绿明显，严重时逐渐枯萎，植物死亡（王慧忠等，2003）。用 Pb 处理番茄，植株老叶出现网状失绿症状，随着处理时间的延长，失绿症状加剧（宋勤飞和樊卫国，2004）。Pb 浓度高于 200 $mg·L^{-1}$ 开始抑制黄瓜幼苗的生长（刘素纯等，2005a）。

低浓度的 As 往往表现出对植物生长的促进作用，高浓度的 As 则表现为对植物的抑制作用。As 可直接抑制根系生长，甚至使其腐烂，影响根系对营养元素的吸收（王友保和刘登义，2001）。As 浓度≤50 $μmol·L^{-1}$ 时，能够促进水花生的生长（詹杰等，2008）。

微量元素 Cr 是植物生长发育所必需的，缺乏 Cr 元素会影响作物的正常发育，但 Cr 在体内积累过量又会引起毒害作用，抑制植物生长发育，甚至与植物体内细胞原生质中蛋白质结合，导致细胞死亡。用 Cr^{6+}处理叶类蔬菜（菜薹、芥菜、叶用莴苣、蕹菜、苋菜），几种蔬菜生长严重受阻，表现为叶片失绿发白，根系短小，侧根少，根变褐，浓度高时受害更严重（杜应琼等，2003）。

在酸性土壤条件下（pH＜5）铝的溶解度会大大增加，产生对植物有毒性的离子形态 Al^{3+}，在微摩尔浓度级水平下就可对植物产生毒害（杨建立等，2005）。

不同重金属离子的抑制作用有差异，抑制作用 Cd＞Hg＞Pb。Zn、Cd 及其复合污染均降低翅碱蓬的苗高和苗重，Zn 和 Cd 共同胁迫对翅碱蓬生长的影响更大（何洁等，2013）。

当重金属离子达到一定浓度就会使植物死亡。Hg^{2+}对水稻、油菜产生毒害的致死浓度为 50 $mg·L^{-1}$（瞿爱权等，1980），对小麦的致死浓度为 0.001 $mol·L^{-1}$（马成仓和洪法水，1998），Cd^{2+}的致死浓度蚕豆为 1.0 $mg·L^{-1}$（莫文红和李懋学，1992），洋葱为 20 $mg·L^{-1}$（刘东华，1992），黄瓜为 50 $mg·L^{-1}$（陈桂珠，1990），蒜为 400 $mg·L^{-1}$（赵博生，1997）。

三、重金属对植物生殖生长的影响

1. 重金属对植物花芽分化及开花的影响

黄瓜子叶在不供应 Cu 或全程供应高浓度 Cu 条件下均不能分化花芽，这一方面表明 Cu 是花芽分化所必需的因子之一，另一方面也表明长期供应高浓度 Cu 会抑制花芽分化（祝沛平等，2000）。水稻在 Cr 胁迫下，其抽穗期延迟，每穗颖花数减少（徐加宽等，2005）。大量的 Cd 使印度芥菜延迟进入生育期（杨卓等，2011）。在细脉浮萍（*Lemna paucicostate*）培养液中，将 $CuSO_4$ 浓度由 2 $\mu mol \cdot L^{-1}$ 提高到 4 $\mu mol \cdot L^{-1}$，其成花率可由 0 提高到 45%～62%，这和 Cu 能抑制培养基中硝酸还原酶的活性、降低 NO_3^- 水平相关，因为高浓度的 NO_3^- 可能抑制植物开花（Tanaka et al.，1986）。Cu 污染可导致欧洲女贞（*Ligustrum vulgare*）和欧洲丁香（*Syringa vulgari*）开花延迟（Bessonova，1993）。Cu 处理可以增加非洲凤仙花（Arnold et al.，1993）和万寿菊（Bandyopadhayay et al.，1994）的花数，提高水稻的结实率（Zhou et al.，1996）。Cu 处理推迟凤仙花和天竺葵的开花期（Armitage and Gross，1996）。

来源于非污染区及经历短期重金属污染胁迫的玉米种群开花时间较迟，开花较整齐，生活史较长；而经历较长时间重金属污染胁迫的玉米种群开花提前，开花不一致，生活史明显缩短。各种群间开花时间的差异，说明种群逐渐向生殖隔离的方向发展（张太平等，1999）。

重金属对植物成花和开花的影响，可能是由于重金属影响了植物体水分的吸收、营养物质含量、激素水平、矿质养分及一些酶的活性，从而间接影响了植物成花与开花。如在重金属胁迫下，植物水分运输受阻，植物失水；植物体内碳水化合物代谢紊乱，可溶性糖和淀粉含量降低；植物激素合成受到抑制；重金属还可能通过拮抗或协同作用，造成植物体内营养元素失调等，所有这些都可能会影响植物成花与开花（江行玉和赵可夫，2001）。

2. 重金属对植物花粉萌发和花粉管生长的影响

Cd、Cu 和 Cr 抑制了凤仙花（*Impatiens balsamina*）的花粉萌发和花粉管生长（Neelam et al.，1997）。Pb 和 Cu 提高了麝香百合花粉的萌芽率，Cu 增加了花粉管生长的平均长度；但花粉管表现出畸形生长（Sawidis，1997）。Hg、Pb 和 Cd 引起森林苹果（*Malus sylvestris* Miller cv. Godlen）花粉发芽率降低和花粉管生长减慢，在高浓度时，Pb 比 Cd 的抑制作用更强（Munzuroglu and Gur，2000）。Cd 会抑制四籽野豌豆（*Vicia tetrasperma*）花粉萌发和花粉管生长（Xiong and Peng，2001）。用 $CdCl_2$（1～20 $mg \cdot mL^{-1}$）处理长春花（*Catharanthus roseus*），结果所有浓度的 Cd 都刺激花粉管生长（Salgare et al.，2001）。Pb、Cd、Hg 和 Cu 对烟草花粉萌发和花粉管生长也有抑制作用（Tuna et al.，2002）。Cu 对番茄和豌豆花粉的萌发有强烈的抑制作用，Cd 对番茄花粉萌发的抑制比对豌豆花粉萌发的抑制要强得多（Ramaskeviciene et al.，2004）。Cd、Cu、Hg 和 Pb 4 种重金属都抑制了榅桲（*Cydonia oblonga* M.）和欧洲李（*Prunus domestica* L.）的花粉萌发和花粉管伸长，其中 Cd 对欧洲李的抑制作用最强，Cu 对欧洲李和榅桲的花粉萌发和花粉管伸长影响都较小（Gur et al.，2005）。

Pb、Hg、Co、Cu 对山桃花粉萌发和花粉管的伸长都有显著抑制作用。浓度越高，抑制作用越大。在 4 种重金属中，Hg 的抑制作用最大，25 μmol·L^{-1} 花粉就不能萌发（表 3-5）。

表 3-5　4 种重金属溶液对山桃花粉萌发和花粉管伸长的影响

Table 3-5　Effect of four heavy metals on pollen germination and tube growth of *Prunus davidinan*

重金属/（μmol·L^{-1}）		花粉萌发率/%	花粉管长度/μm
对照		79.46a	137.70a
Pb	25	0b	0b
	50	0b	0b
	100	0b	0b
Hg	25	15.01b	68.94b
	50	8.31c	27.35c
	100	5.80c	24.83c
Cu	25	3.47b	14.93b
	50	4.02b	8.54b
	100	0.47c	0c
Co	25	18.46c	49.83c
	50	32.12c	54.90c
	100	62.27b	104.70a

注：同一列的不同字母表示差异达到显著水平（$P<0.05$）

（陈虹和沈市委，2014）

四、重金属对种子萌发的影响

重金属在低浓度时对某些种子的萌发有促进作用，但超过一定浓度范围后都抑制种子的萌发。重金属抑制植物种子萌发的原因是抑制了淀粉酶、蛋白酶活性，抑制了种子内储藏淀粉和蛋白质的分解，影响种子萌发所需的物质和能量。

种子的种皮能阻止重金属侵入。重金属对植物种子萌发的影响与种间差异及种子的自身结构有很大的关系，特别是种皮结构，对于不同重金属在不同种子萌发过程中所起的作用的差异，作用机理不同，Hg 的毒性最强（Wierzbicka and Obidzinska，1998）。

种子活力属于复合概念，包括发芽率、发芽势、发芽指数和活力指数等，能反映出种子对外界不良环境的耐受力和生产潜力等（傅家瑞，1985）。低浓度 Cd^{2+}对生菜种子萌发具有显著的刺激作用，随着营养液中 Cd^{2+}浓度的继续升高，生菜种子的萌发表现出明显的抑制作用（表 3-6）。

Hg 通过抑制小麦的营养代谢，降低营养利用能力，抑制小麦的种子萌发。但在小麦种子萌发初期，低浓度的 Hg 对种子萌发有短暂的促进作用，其原因可能是低浓度的 Hg 能暂时提高种子萌发初期的淀粉酶、蛋白酶和脂肪酶的活力，加快胚乳的分解，提高种子的呼吸速率，加快萌发代谢。但这种作用是暂时的，随着幼苗的生长，Hg 在植物体内积累，促进作用消失，表现出抑制作用（马成仓和洪法水，1998）。种子萌发率随着 Hg

表 3-6 Cd^{2+}胁迫对生菜种子萌发的影响

Table 3-6 Effect of Cd^{2+} stress on germination of lettuce seed

Cd^{2+}浓度/（mg·L^{-1}）	发芽率/%	发芽势/（mg·kg^{-1}）	发芽指数	活力指数
0	95.35±4.17a	25.58±1.46c	30.45±1.72b	79.47±4.26b
5	93.02±4.61a	41.86±2.19a	40.30±2.21a	119.29±5.98a
10	90.70±4.83a	34.88±2.73b	26.37±1.39c	43.24±2.46c
20	79.07±3.98b	11.63±0.78d	25.47±1.37c	28.52±1.53d
40	72.09±2.82c	9.95±0.69d	19.48±1.25d	15.20±1.23e

注：同一列的不同字母表示差异达到显著水平（$P<0.05$）。发芽势＝发芽初期正常发芽粒数（本试验为 3 d）/供试种子数×100%；发芽率=发芽终期全部正常发芽粒数（本试验为 5 d）/供试种子数×100%；发芽指数（Gi）=Σ（Gt /Dt），式中，Gt 为与 Dt 相对应的每天的发芽种子数，Dt 为发芽时间；活力指数（Vi）=发芽指数（Gi）×*S*，式中，*S* 为发芽终期幼苗根的长度加上芽的长度

（徐劼等，2014）

浓度升高总体呈下降趋势，但在低浓度时（Hg^{2+}≤20 mg·L^{-1}）种子萌发率还略有上升（靳萍等，2002）。Hg 抑制小白菜的萌发（张杏辉和曹铭寻，2004）。Hg 浓度达 4 mg·L^{-1} 以上时对烟草种子的发芽存在着明显的抑制作用（王树会，2007）。

低浓度的 Cr^{6+}对青菜种子的萌发起促进作用，而随着浓度的升高则表现出抑制作用（任安芝和高玉葆，2000）。Cu、As 污染明显抑制黄豆种子萌发（王友保和刘登义，2001）。Hg、Cr 和 Pb 均抑制了绿豆种子的萌发，处理浓度越高，抑制作用越明显。4 种复合污染均抑制了绿豆种子的萌发，其中 Hg^{2+}+Cd^{2+}影响程度最大（郭锋和樊文华，2008）。Zn 和 Cd 及复合污染都降低翅碱蓬（*Suaeda heteroptera* Kitagawa）的发芽率（何洁等，2013）。

6 种重金属离子（Hg^{2+}、Cd^{2+}、Pb^{2+}、Ni^{2+}、Cu^{2+}、Zn^{2+}）均能抑制油菜种子萌发，并且浓度越大，作用时间越长，抑制效应越强，其中 Hg 的抑制作用是最强的（图 3-2）。

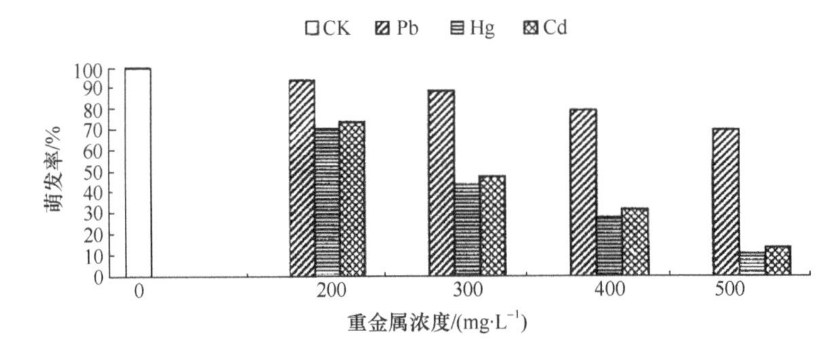

图 3-2 不同浓度重金属处理后油菜种子的萌发率

Figure 3-2 Seed germination rate under different concentrations of heavy metals treatment

（张义贤，1997）

第二节 重金属对植物解剖结构和超微结构的影响

植物遭受重金属胁迫后可观察到其超微结构会发生不同程度的损伤，主要表现在高

尔基体、内质网、细胞核、叶绿体、线粒体、液泡、质膜等的异常变化，植物受胁迫的时间越长，重金属离子浓度越高，超微结构的损伤越严重。重金属污染给植物超微结构带来的伤害表现在6个方面：①使植物细胞发生质壁分离；②叶绿体、类囊体肿胀，片层结构不清楚或消失，这些变化直接影响植物的光合作用，对其生长发育带来不良影响；叶绿体膜被破坏，嗜锇小体增多；③微管束鞘内叶绿体中淀粉粒大量堆积；④在细胞壁、液泡膜上有重金属沉淀；⑤线粒体嵴减少或消失；⑥正常叶肉细胞叶绿体排列于近胞壁，含少量淀粉粒，基粒排列整齐且由不同数量的类囊体垛叠而成（吴凯和周晓阳，2007）。

一、重金属对植物茎叶解剖结构的影响

叶片是植物进化过程中对环境变化较敏感且可塑性较大的器官，在不同选择压力下已经形成各种适应类型，其结构特征最能体现环境因子的影响或植物对环境的适应。了解植物叶片形态解剖结构对环境变化的响应与适应是探索植物对环境变化的适应机制和制定相应对策的基础。

非矿区密毛白莲蒿茎在Pb胁迫下组织结构变化较小，矿区密毛白莲蒿茎表现出对Pb的适应性，茎表皮加厚，细胞壁加厚，木质部导管壁出现加厚现象，导管中有黑色物质。非矿区密毛白莲蒿叶在Pb胁迫下整个组织结构极其松散，组织内部的细胞形状不规则，细胞大小不规律，且排列混乱，部分细胞出现了解体的现象，完整的细胞中叶绿体含量明显减少。而矿区密毛白莲蒿叶解剖结构变化较小，其组织结构较完整而且内部细胞排列很紧密，细胞形状较规则，大小均一（图3-3）。

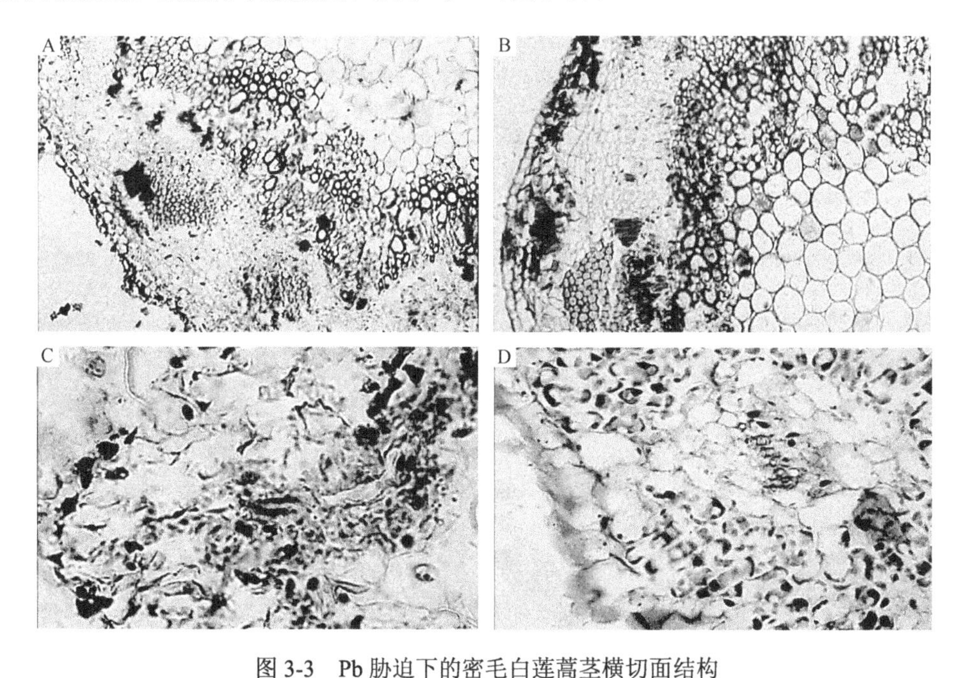

图3-3　Pb胁迫下的密毛白莲蒿茎横切面结构

Figure 3-3　Transverse section of stem structure of *Artemisia sacrorum* under Pb stress

A. 非矿区品种，×10；B. 矿区品种，×10；C. 非矿区品种，×40；D. 矿区品种，×40

（罗于洋等，2010）

受 Hg 影响的芡实叶片中栅栏组织细胞液泡化程度变大，通气道隔膜细胞收缩明显，而对照组植物的栅栏组织细胞排列较紧密，细胞质较浓，通气道隔膜细胞无明显变形（解凯彬等，2000）。

在重金属 Pb、Cu、Zn、Cd、Cr 和 Hg 的胁迫下，8 种观赏树木的栅栏组织厚度、海绵组织厚度、栅栏组织/海绵组织、上表皮厚度、下表皮厚度、角质层厚度及叶片总厚度均发生了不同程度的变化。栅栏薄壁细胞组织厚度逐渐增加，海绵薄壁细胞组织逐渐分化，栅栏组织/海绵组织的比值越来越大，角质层越来越厚（纪楠楠，2012）。随着 Zn、Cu、Pb、Hg、Cr、Cd 6 种重金属质量分数的升高，小叶丁香栅栏组织的厚度在逐渐增加，海绵组织的厚度逐渐减小，栅栏组织与海绵组织的比值也随之增加，上下表皮厚度、角质层厚度及叶片总厚度变化不大（表 3-7，图 3-4 和图 3-5）。

表 3-7　6 种重金属对小叶丁香叶片解剖结构的影响

Table 3-7　Effect of six heavy metal on leaf anatomical structure of *Syringa microphylla*

重金属/($mg \cdot kg^{-1}$)		栅栏组织厚度/μm	海绵组织厚度/μm	栅栏组织与海绵组织之比/%	上表皮厚度/μm	下表皮厚度/μm	角质层厚度/μm	叶片总厚度/μm
CK		85.11±1.32	77.55±1.08	1.09±0.02	27.14±0.50	18.81±0.13	1.37±0.01	217.32±3.72
Zn	100	86.71±1.32	75.62±0.65**	1.14±0.02**	27.49±0.38	17.87±0.37	1.31±0.06*	219.11±5.06
	150	88.50±1.03*	75.95±0.71*	1.16±0.01**	27.18±0.73	18.18±0.50	1.34±0.02	222.87±2.44
	200	89.99±0.93**	73.66±0.52**	1.22±0.01**	28.64±0.54**	16.54±1.73**	1.33±0.03	225.38±3.87
Pb	50	86.47±0.81**	75.00±0.61**	1.15±0.07**	26.83±0.36	18.60±0.45	1.35±0.05	221.26±0.73
	100	89.10±0.34**	75.50±0.48**	1.18±0.01**	27.98±0.12**	18.23±0.23*	1.36±0.03	222.92±0.43*
	150	93.03±0.54**	75.37±0.86**	1.23±0.02**	28.06±0.33**	17.85±0.42**	1.38±0.05	227.27±4.84**
Cu	100	84.51±0.55	73.89±0.48**	1.14±0.01**	27.21±0.19	18.12±0.15	1.31±0.04*	222.26±0.77
	200	86.73±0.47**	73.09+0.75**	1.18±0.01**	27.15±0.55	17.96±0.48	1.33±0.01	223.57±0.97
	300	90.46±0.89**	72.57±0.41**	1.24±0.01**	27.09±1.03	17.43±0.41	1.37±0.05	234.68±20.14*
Cd	0.25	85.28±0.31*	74.99±0.42**	1.13±0.01**	27.00±0.35	17.57±0.37**	1.34±0.05	221.32±0.90*
	1.00	89.49±0.68**	75.09±0.73**	1.19±0.16**	27.08±0.40	17.18±0.72**	1.42±0.07	225.20±1.69**
	1.75	92.80±0.64**	74.05±1.24**	1.25±0.02**	27.09±0.54	17.51±0.47**	1.48±0.12	225.31±3.83**
Cr	100	85.47±0.60	75.22±0.80**	1.13±0.02**	27.22±0.50	17.77±0.44	1.37±0.05	224.32±10.95
	150	89.95±0.85**	73.67±0.45**	1.22±0.02**	27.71±1.01	16.95±0.86	1.38±0.07	224.90±1.17
	200	94.22±0.82**	72.06±0.91**	1.30±0.08**	27.37±0.63	17.94±0.41	1.38±0.42	235.41±4.40**
Hg	0.20	86.70±0.40	73.41±0.55**	1.18±0.01**	27.16±0.60	17.95±0.47	1.36±0.04	224.14±0.88**
	1.10	85.47±0.40	71.82±1.07**	1.18±0.10**	28.22±0.79	18.19±0.17	1.38±0.04	224.98±1.68**
	2.00	92.88±0.86	70.19±0.45**	1.32±0.01**	26.91±0.31	18.00±0.01	1.31±0.04	224.46±1.05**

*表示与对照相比，在 $P<0.05$ 水平上差异显著；**表示在 $P<0.01$ 水平上差异极显著

（孙龙等，2012）

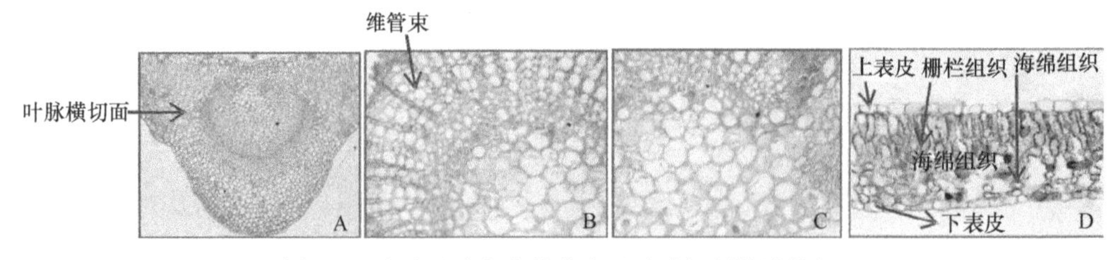

图 3-4　小叶丁香在自然状态下叶片解剖构造特征

Figure 3-4　Characteristics of leaf snatomical structure of *Syringa microphylla* under natural condition

放大倍数为 200 倍

（孙龙等，2012）

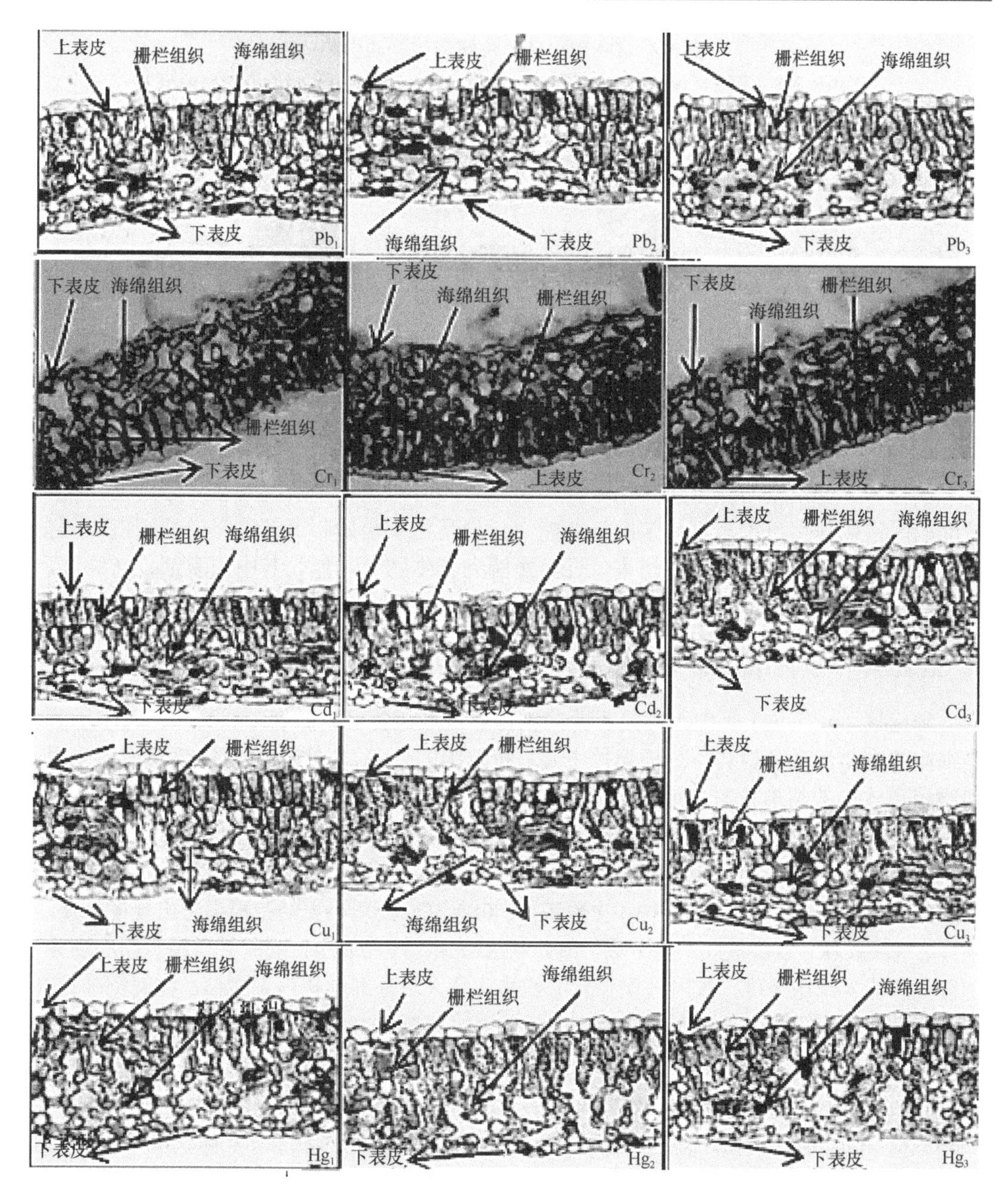

图 3-5　小叶丁香在 6 种重金属胁迫下叶片解剖构造特征

Figure 3-5　Characteristics of leaf anatomical structure of *Syringa microphylla* under six heavy metal stress

Zn_1、Zn_2、Zn_3 分别为 100、150、200 $mg \cdot kg^{-1}$；Pb_1、Pb_2、Pb_3 分别为 50、100、150 $mg \cdot kg^{-1}$；Cu_1、Cu_2、Cu_3 分别为 100、200、300 $mg \cdot kg^{-1}$；Cd_1、Cd_2、Cd_3 分别为 0.25、1.00、1.75 $mg \cdot kg^{-1}$；Cr_1、Cr_2、Cr_3 分别为 100、150、200 $mg \cdot kg^{-1}$；Hg_1、Hg_2、Hg_3 分别为 0.20、1.10、2.00 $mg \cdot kg^{-1}$，放大倍数 200 倍

（孙龙等，2012）

Cd 胁迫下，秋茄叶片上角质层厚度加大，栅栏组织厚度加大，而海绵组织厚度减小（表 3-8）。

表 3-8　Cd 对秋茄叶片解剖结构的影响

Table 3-8　Effect of Cd on leaf anatomical structure of *Kandelia obovata*

Cd / ($mg·L^{-1}$)	上角质层厚度 /μm	上表皮厚度 /μm	上内皮层厚度 /μm	栅栏组织厚度 /μm	海绵组织厚度 /μm
0	3.84±0.98b	16.89±5.02a	25.68±13.10a	93.84±0.98b	152.51±0.46b
0.5	4.52±0.86b	15.27±4.78b	21.39±7.62c	84.52±0.86b	163.83±0.61a
5	6.63±0.65a	16.45±5.08a	22.82±9.98b	106.63±0.65a	134.45±1.41c

注：同一列的不同字母表示差异达到显著水平（$P<0.05$）。数值=平均值±标准差

（赵素贞等，2014）

二、重金属对植物细胞超微结构的影响

植物对于低浓度的重金属胁迫通过其细胞壁的固定作用、质膜的选择透过性作用和液泡的区室化作用可以产生一定的抵御能力，但是当重金属胁迫超过一定的阈值，就会对植物体的细胞超微结构产生伤害，进而影响到其生物学功能。其中细胞壁、叶绿体和液泡等部位最容易受重金属影响（周宏和项斯端，1998）。

1. 重金属对植物细胞核超微结构的影响

细胞核（nucleus）是细胞内最重要的细胞器，是遗传信息贮存、复制和表达的场所，是细胞的生命活动和遗传特征的调控中心，在细胞的代谢、生长、分化中起着重要作用。细胞核和核仁的结构状态与细胞的代谢活性密切相关，一旦被破坏将会导致遗传信息无法正确地表达，核糖体不能正常地合成，严重影响细胞内蛋白质的合成及细胞分化，最终影响细胞的生命活动（翟中和，2000）。

Cd 使水稻细胞核核膜不清晰（史静等，2008）。Cd 处理小麦幼苗根尖时出现了核质浓缩，形成凝胶状，双层核膜结构分离，部分核膜破损；叶片细胞也观测到核膜破损的现象，部分核质流入细胞质中，核内发现少量沉积物，且大部分细胞核内无核仁，在观测叶片细胞衰亡过程中发现，细胞核是最早消亡的细胞器（肖昕，2009）。Cd 处理水车前，发现其细胞核核周腔膨胀，染色质凝集成染色质块，分布于核边缘，而中央部分则有一些黑色颗粒存在，并且有部分核膜断裂，较为特别的是，在一个细胞中同时存在两个大小相差无几的细胞核，核仁清晰，最后核膜破裂，凝胶状的染色质块进入细胞质中（徐勤松等，2001）。

用 Pb 处理菹草后发现其叶片细胞核中的核仁分散，染色质凝集，核膜遭到了严重的破坏（Hu et al.，2007）。用 Pb 处理小麦根尖细胞时发现其细胞核内的核仁变小，并且出现了肿块状的结构，Pb 浓度高时细胞核解体（Kaur et al.，2013）。Pb 使中华水韭下部叶细胞部分核仁裂解（李春烨，2014）。

较低浓度的乙酸铅和氯化汞能极显著地诱发蚕豆根尖微核的形成，且随着乙酸铅和氯化汞剂量的增大，使得蚕豆根尖细胞微核率也增加。细胞质中的微核来源于在细胞分裂后期遗留在细胞质中的断片或不能定向移动的无着丝粒染色体环。可以看出重金属对细胞核超微结构的损害主要表现为：双层核膜结构分离、结构受损，染色质凝集，核仁解体，出现微核（孔令芳等，2011）。

用 Cu 处理竹叶眼子菜时，叶片细胞中的核仁解体成数小核仁，小核仁多贴近核膜分布，核仁边缘似有核仁物质与核质混合现象，核基质分布不均匀，染色质凝聚成较高电子密度的块状物质，核膜清晰度降低（计汪栋等，2007）。

Pb 和 Hg 均能诱发蚕豆根尖细胞产生较多的微核，且微核率随溶液浓度升高而增加，但当高于一定浓度后，微核率反而有下降的趋势（图 3-6）。

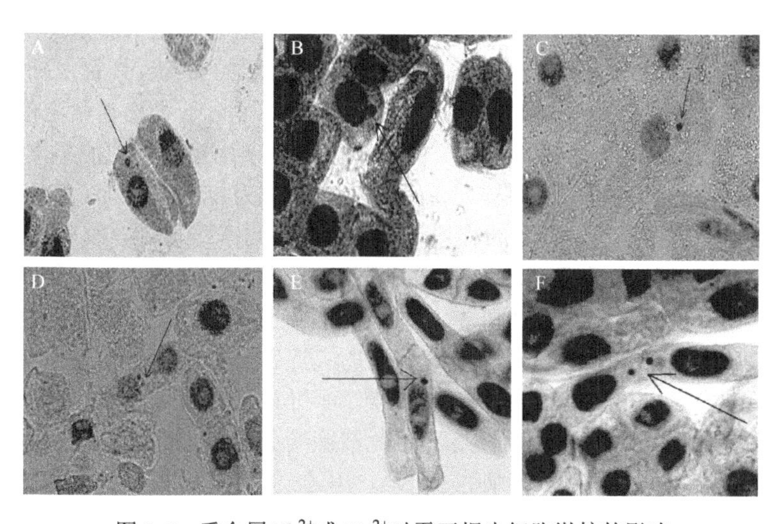

图 3-6　重金属 Pb^{2+}或 Hg^{2+}对蚕豆根尖细胞微核的影响

Figure 3-6　Effect of Pb^{2+} or Hg^{2+} on micronucleus of *Vicia faba* root tip cell

A. 0.1 mg·L^{-1} Pb^{2+}处理后产生单微核；B. 10.0 mg·L^{-1} Pb^{2+}处理后产生双微核；C. 50.0 mg·L^{-1} Pb^{2+}处理后产生单微核；D. 500.0 mg·L^{-1} Pb^{2+}处理后产生双微核；E. 0.01 mg·L^{-1} Hg^{2+}处理后产生单微核；F. 1.00 mg·L^{-1} Hg^{2+}处理后产生单微核

（孔令芳等，2011）

DAPI 即 4′，6-二脒基-2-苯基吲哚（4′，6-diamidino-2-phenylindole），是一种能够与 DNA 强力结合的荧光染料，常用于荧光显微镜观测。因为 DAPI 可以透过完整的细胞膜，它可以用于活细胞和固定细胞的染色。李金金等（2014）研究了铝胁迫对丹波黑大豆根尖细胞的影响。由于 DAPI 可以与细胞内 DNA 非嵌入式结合，可以产生比 DAPI 自身强 20 多倍的荧光，在紫外光激发下产生蓝色荧光。荧光显微镜下观察结果表明，未经铝处理的细胞核形态呈圆形，染色均匀（图 3.7A）；随着铝处理浓度的增加，细胞核出现细胞凋亡的明显特征，即细胞核在细胞边缘聚集，核内的染色质凝聚呈新月状分布于核内周边，呈致密浓染（图 3-7B、C）。50 μmol·L^{-1} 铝处理 48 h 后极少的一部分大豆根尖细胞

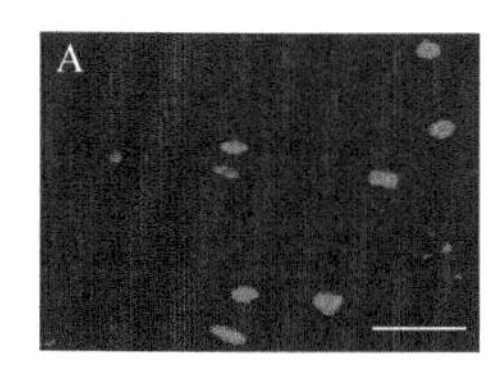

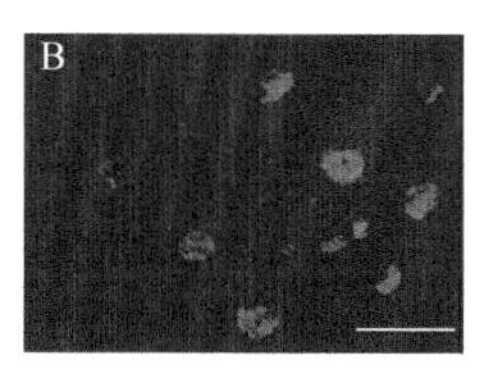

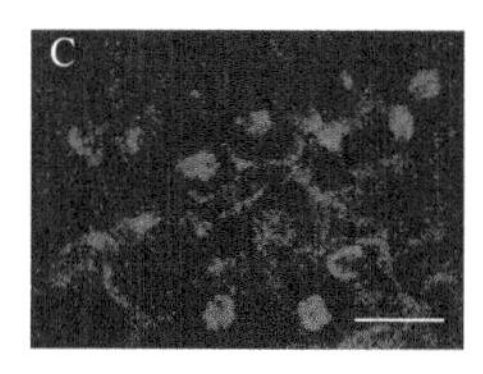

图 3-7　DAPI 染色检测不同浓度铝对大豆根尖细胞的影响（扫描封底二维码可见彩图）

Figure 3-7　DAPI stained soybean root tip cells exposed to different Al concentrations

A. 0 μmol·L^{-1}；B. 50 μmol·L^{-1}；C. 200 μmol·L^{-1}

（李金金等，2014）

发生凋亡，随着铝胁迫浓度的增加，会有更多的细胞发生凋亡，当铝浓度达到 200 μmol·L^{-1} 时，大部分细胞发生了凋亡或坏死。说明铝处理浓度越高，大豆根尖细胞的凋亡现象越明显。

2. 重金属对植物细胞壁超微结构的影响

植物细胞壁（cell wall）是细胞的外层，在细胞膜的外面，主要是由多糖、蛋白质和木质素等组成的一个复合体，广泛参与植物生长发育及对各种逆境胁迫的响应，是重金属离子进入细胞质的第一道屏障。细胞壁是植物细胞重要的结构，具有保护和支持作用，并且与植物的蒸腾作用、物质的运输、水势的调节和化学信号、物理信号的传递有关。正常植物的细胞壁结构疏松，薄厚均匀。细胞壁之厚薄常因组织、功能不同而异。植物、真菌、藻类和原核生物（除了支原体与 L 形细菌）都具有细胞壁，而动物细胞不具有细胞壁。细胞壁本身结构疏松，外界的物质可通过细胞壁进入细胞中，细胞壁具有全透性。

用 0.5 mg·L^{-1} 的 Cd^{2+}处理小麦幼苗根尖细胞，使得根尖细胞产生了较严重的变形，出现轻微的质壁分离现象，细胞内外壁及细胞内部都存在一定量的黑色沉积物，细胞壁变薄且表现出犬齿状的变形。重金属在细胞壁的沉淀是植物内部解毒的一个重要途径，这与细胞壁的成分有关。细胞壁主要由纤维素、半纤维素和果胶组成，其中的果胶可以为重金属结合提供大量的离子交换位点，因此细胞壁具有很强的阳离子积累的能力，是重金属进入细胞的第一道屏障（肖昕，2009）。用 Cd 处理桃树根尖，使得细胞壁变薄，间隙变大，出现质壁分离现象，随着处理浓度的增大、处理时间的延长最终导致细胞壁断裂（关伟等，2010）。用不同浓度的 Cd^{2+}处理 *Hypnea musciformis* 时也发现了细胞壁加厚的现象，这是由于细胞壁中含有的硫酸酯化多糖与 Cd^{2+}形成了小囊泡，然后合并到细胞壁上所导致的。由此可见，重金属对植物细胞壁的影响主要表现在其形态结构上，或加厚，或变薄，或呈现出无规则的变化（Bouzon et al.，2012）。用 Cr^{3+}处理黄菖蒲，其根表皮细胞的细胞壁的厚度呈现波浪状杂乱无章的变化（Caldelas et al.，2012）。Pb 使中华水韭下部叶细胞壁有小颗粒物质吸附（李春烨，2014）。

3. 重金属对植物质膜超微结构的影响

质膜（plasma membrane）包在细胞外面，所以又称细胞膜（cell membrane）。它不仅是区分细胞内部与周围环境的动态屏障，更是细胞物质交换和信息传递的通道。质膜和内膜在起源、结构和化学组成等方面具有相似性，故总称为生物膜（biomembrane）。质膜是原生质体与其周围环境的屏障，当植物受到重金属伤害时，质膜是率先受到影响的细胞结构。植物细胞膜系统（包括液泡膜、质膜和细胞器膜）是植物细胞和外界环境进行物质交换和信息传递的界面和屏障，是细胞的门户，控制着细胞内外的信号转导与物质交换，维持细胞内相对稳定的生活环境，从而使细胞成为生物有机体的一个基本的结构和功能单位，其稳定性是细胞进行正常生理功能的基础。重金属胁迫可导致植物细胞膜透性的严重破坏，使细胞膜透性增加。重金属的浓度越高，胁迫时间越长，对植物细胞质膜的选择透性、组成、结构和生理生化等的伤害就越大。细胞膜的损伤必然导致膜上结合酶和细胞内酶的失调，大量物质外渗，有毒物质自由进入细胞，导致细胞一系列生理生化过程紊乱，严重时导致植株死亡。在重金属污染条件下，植物可产生过量的自由基，这些自由基能损伤细胞膜中的不饱和脂肪酸和蛋白质，使细胞膜结构松散，细胞内的一些物质外流，细胞失水干燥，从而导致细胞功能的减弱甚至丧失，并使重金属更易进入细胞内，引起更严重的毒害作用。目前，细胞膜透性被广泛地用作评定植物对重金属反应的方法之一。

用 Cd 胁迫玉米根尖，细胞质膜内陷，内陷的质膜中包裹着高电子密度的颗粒，开口处的膜融合封闭并且脱离质膜。随着 Cd^{2+}浓度的增高或处理时间的延长，出现质膜的膜结构模糊不清，膜功能丧失，细胞解体（宇克莉等，2010）。Pb 使中华水韭下部叶膜结构被破坏，整体膨大、裂解，部分细胞膜解体（李春烨，2014）。Liu 和 Kottket（2003）利用电子能量损耗光谱法（EELS）已证实这些高电子密度颗粒中含有 Cd^{2+}，说明 Cd^{2+}可以通过细胞质膜包裹的形式进入细胞，以减少细胞质中游离 Cd^{2+}的数量，从而降低其对细胞的伤害。

4. 重金属对植物叶绿体超微结构的影响

叶绿体（chloroplast）是存在于藻类和绿色植物中由双层膜围成，含有叶绿素，能进行光合作用的细胞器。大部分高等植物和藻类的叶绿体内类囊体紧密堆积。主要含有叶绿素（叶绿素 a 和叶绿素 b）、类胡萝卜素（胡萝卜素和叶黄素），叶绿素 a 和叶绿素 b 主要吸收蓝紫光和红光，胡萝卜素和叶黄素主要吸收蓝紫光。叶绿体是植物细胞所特有的能量转换器，其超微结构与光合功能密切相关。叶绿体超微结构对重金属比较敏感，它的损害通常是引起植物死亡的原因之一。正常的叶绿体呈长椭球形或梭形，被膜和类囊体结构清晰，基粒或基质片层平行排列于叶绿体的长轴方向，它的内部含少量的高电子密度的小球形脂质球，一旦受到重金属胁迫，叶绿体结构则发生明显改变。

用 Cd 处理番茄，观察其叶片超微结构时发现由于类囊体膜的膨胀而导致了叶绿体形状的扭曲变形（Djebali et al.，2005）。用 Cd 处理水稻发现其叶片细胞叶绿体的淀粉粒中淀粉降解，淀粉粒消失，叶绿体片层出现空泡现象，基质变淡（史静等，2008）。用 Cd 处理 *Gracilaria domingensis* 后观察到其叶绿体的类囊体遭到破坏，在叶绿体中出现了质粒小球，当 Cd^{2+}浓度增加后，类囊体的破坏更加严重，质粒小球不仅在数量上增加，并且呈现出各种形状（Rodrigo et al.，2013）。

Hg 对菱（*Trapa bispinosa* Roxb.）体细胞叶绿体的毒性明显，对类囊体系统的破坏更严重。用一定浓度的 Hg^{2+}溶液处理菱后，叶肉细胞中的叶绿体首先出现肿胀，体积膨大，基粒垛叠松散，然后发生被膜断裂，叶绿体基质和质体小球外流（李大辉和施国新，1999）。用 20 $mg \cdot L^{-1}$ Hg 处理芡实叶绿体 24 h 后，叶绿体肿胀，叶绿体类囊体膜结构受到破坏，在电镜下已很难看清基粒类囊体的圆盘状结构和基质片层结构，类囊体皱缩折叠在一起，呈波浪状，叶绿体中的嗜锇颗粒逐渐增多，且体积增大，叶绿体外被的双层膜出现破裂的现象，细胞中其他细胞器已完全破坏消失（解凯彬等，2000）。

Pb 使中华水韭叶绿体基粒片层减少，基质片层松散，叶绿体是中华水韭细胞中受害最明显的细胞器（李春烨，2014）。

随着 Mn 处理水平的升高，垂序商陆叶绿体开始皱缩，外膜发生部分解体，类囊体发生膨胀，空泡化加剧，基质片层扭曲，基粒排列紊乱甚至模糊成絮状，嗜锇颗粒增多，淀粉颗粒变小、减少。叶绿体膜系统受损，可以使分解叶绿素的酶活性增强，从而导致叶绿素的降解。类囊体的破坏还会使合成叶绿素的酶因失去骨架而不能发挥正常的功能，使得叶绿素的含量下降。叶绿素含量的下降会直接导致植物光合作用的效率降低，从而对植物的生理生化代谢产生巨大的毒害作用（梁文斌等，2011）。

5. 重金属对植物线粒体超微结构的影响

线粒体（mitochondrion）是一种存在于大多数细胞中的由两层膜包被的细胞器，是细胞中制造能量的结构，是细胞进行有氧呼吸的主要场所，被称为“生物体内的能量工厂”（power house）。线粒体是植物体内产生 ATP 的细胞器，通过其氧化磷酸化作用，可以将糖类等有机物转变成 ATP。正常情况下，线粒体呈比较规则的球形或椭球形，双层被膜结构完整，嵴清晰可见，呈随机排列，在细胞质基质中少量分布。

Cd 使水稻线粒体损伤严重，其间质消失，濒临解体（史静等，2008）。用 Cd^{2+}处理黄瓜叶片发现其细胞内的线粒体嵴的数量明显变少，并且出现了球状的嵴（Jaroslaw et al.，2009）。用 Cd^{2+}处理桃树的根尖细胞，短时间内部分线粒体嵴突凌乱，呈破坏状态，有的线粒体膨胀，变为哑铃型，有的嵴突数量较少，大多膨大成囊泡状，随着时间的延长，线粒体的双层膜消失，有的嵴突膨胀，充满线粒体腔，这种膨胀的管状嵴突，其膜在电镜下观察，似成双层结构。线粒体结构的损伤，会导致其内部的电子传递体系和氧化磷酸化循环受阻，从而导致细胞呼吸作用减弱，有氧糖代谢受阻，最终影响植物的呼吸作用（关伟等，2010）。

线粒体对重金属污染较叶绿体更为敏感。Hg^{2+}对茨实体细胞毒害过程中，线粒体出现受害反应总是先于叶绿体。5 $mg{\cdot}L^{-1}$ 组处理 24 h 后，线粒体嵴开始解体，嵴的数目减少。10 $mg{\cdot}L^{-1}$ 组处理 24 h 后，线粒体的嵴已大部分解体，中央呈空泡状（解凯彬等，2000）。用 4 $mg{\cdot}L^{-1}$ 的 Cu^{2+}处理竹叶眼子菜时，线粒体嵴突膨胀，有致密的线状结构，部分线粒体膜结构开始破裂（计汪栋等，2007）。Pb 使中华水韭下部叶线粒体聚集，膜结构模糊，内部空泡化（李春烨，2014）。

用 50 $mg{\cdot}L^{-1}$ 的 Cr^{3+}处理 *Borreria scabiosoides* 时发现其根尖细胞的线粒体中嵴的形态发生了明显的变化（Mangabeira et al.，2011）。

6. 重金属对植物液泡超微结构的影响

液泡（vacuole）是细胞质中的泡状结构。幼小的植物细胞（分生组织细胞），具有许多小而分散的液泡，随着细胞的生长，液泡也长大，互相合并，最后在细胞中央形成一个大的中央液泡，它可占据细胞体积的 90%以上。这时，细胞质的其余部分，连同细胞核一起，被挤成为紧贴细胞壁的一个薄层。有些细胞成熟时，也可以同时保留几个较大的液泡，这样，细胞核就被液泡所分割成的细胞质索悬挂于细胞的中央。具有一个大的中央液泡是成熟的植物生活细胞的显著特征。液泡的内部是一个水溶体系，含有大量的离子和代谢物质，是植物细胞的一个自我调解体系和内部环境。液泡是植物细胞代谢副产品及废物囤积场所，其内部含有的多种有机酸、有机碱、蛋白质等物质都能与重金属结合而使重金属离子在细胞内被区隔化，将重金属分隔在特定区域，减少对细胞的破坏。

用 Cd^{2+}处理玉米，根尖细胞中有许多大小不等的囊泡，在这些囊泡所形成的液泡中可见到高电子密度颗粒，随着 Cd^{2+}密度增高，液泡膜被破坏，胞浆中可见大量高电子密度颗粒，细胞解体（宇克莉等，2010）。用 Cd^{2+}处理白杨树根分生组织时发现在其细胞质内出现了大量的含有致密电子颗粒的小囊泡，这些小囊泡逐渐融合到一起，形成了大液泡（Ge et al.，2012）。

用 Hg^{2+}处理芡实后发现，根尖分生细胞中的液泡有明显的中毒症状出现，先是细胞的液泡化程度明显增加，液泡数量急剧增多；而后是液泡体积逐渐变大，成为较大的液泡；进而互相融合，变成体积更大的中央液泡，并将原来位于细胞中央的细胞核挤到细胞壁附近，这些液泡的液泡膜有时有损伤现象（解凯彬等，2000）。Pb 使中华水韭下部叶细胞液泡裂解（李春烨，2014）。

7. 重金属对植物其他细胞器超微结构的影响

重金属胁迫除了对上述的细胞器有影响外，对内质网、高尔基体、核糖体等细胞器也存在着影响。内质网（endoplasmic reticulum）是指细胞质中一系列囊腔和细管彼此相通，形成一个隔离于细胞质基质的管道系统。它是细胞质的膜系统，外与细胞膜相连，内与核膜的外膜相通，将细胞中的各种结构连成一个整体，具有承担细胞内物质运输的作用。高尔基体（Golgi apparatus，Golgi complex）又称高尔基器或高尔基复合体，在高等植物细胞中称分散高尔基体，是由数个扁平囊泡堆在一起形成的有高度极性的细胞器，常分布于内质网与细胞膜之间，呈弓形或半球形，凸出的一面对着内质网，称为形成面或顺面，凹进的一面对着质膜，称为成熟面或反面。核糖体（ribosome），旧称“核糖核蛋白体”或“核蛋白体”，是细胞中的一种细胞器。在正常的植物细胞中，核糖体遍布于细胞基质中，内质网多而整齐，高尔基体表面光滑，囊泡多集中于其形成面附近。内质网和高尔基体是细胞中对重金属很敏感的两类细胞器。

用 2.0 $mg·L^{-1}$ 的 Cr^{3+}胁迫苦草，发现其叶片细胞中的高尔基体囊泡松散、部分解体，内质网呈现出膨胀、游离的状态（王小平等，2007）。用 4 $mg·kg^{-1}$ 的 Cd^{2+}处理桃树根尖细胞，发现细胞内的核糖体逐渐消失，内质网混浊，并且已开始膨胀或解体（关伟等，2010）。用一定浓度的 Cd^{2+}处理大蒜根尖细胞后，观察到其细胞内部的高尔基体和内质网发生解体（Jiang et al.，2009）。用 Cd^{2+}处理白杨树根分生组织时发现其细胞内的内质网和高尔基体的数量大量减少，内质网呈现出膨胀的状态（Ge et al.，2012）。Pb 使中华水韭下部叶淀粉粒减少（李春烨，2014）。

第三节　重金属对植物生理生化的影响

生理生化活动是生命体基本的过程，污染物对作物生长发育的影响，主要是通过生理生化过程实现的。本节论述重金属对植物光合色素、丙二醛、脯氨酸、细胞膜透性、保护酶系统、物质吸收与代谢的影响。

一、重金属对植物光合色素的影响

叶绿素是一类与光合作用有关的最重要的色素。高等植物叶绿体中的叶绿素主要有叶绿素 a（Chla）和叶绿素 b（Chlb）两种。重金属胁迫可引起植物叶片褪绿及叶绿素含量的下降，其原因可能是重金属影响了叶绿素生物合成的相关酶活性和抑制了叶绿素的合成，也可能是重金属胁迫下活性氧自由基作用，使叶绿体结构功能遭破坏或叶绿素分解。叶绿素含量高低将直接影响光合作用的强弱及物质合成速率的高低。叶绿素是植物光合作用的基础物质，叶绿素 a、叶绿素 b 含量及其比值是衡量叶片衰老的重要指标，如叶绿素 a 比叶绿素 b 下降得更快，即叶绿素 a/b 变小，表示叶片在加速老化（徐勤松等，2008）。类胡萝卜素主要吸收蓝紫光，是对叶绿素捕获光能的补充。

Cd 能通过降低叶绿素的含量、改变叶绿体的超微结构、抑制与光合作用有关的酶活性等途径影响光合作用（李元等，1992）。Cd^{2+}≥10 $mg·kg^{-1}$时，香椿叶绿素 a 和叶绿素 b 含量均呈下降趋势，叶绿素 a/b 呈先上升后下降趋势（孟丽等，2013）。随着 Cd^{2+}胁迫浓度的增大，云南樟幼苗叶绿素 a 及叶绿素 b 含量都显著下降（唐探等，2015）。Cd 浓度的增加，使续断菊叶片中叶绿素 a、叶绿素 b 和总叶绿素含量均呈下降的趋势；随着时间的加长，总叶绿素含量呈先增加后减小的变化趋势（表 3-9）。

表 3-9　Cd 处理对续断菊不同时期叶绿素含量的影响

Table 3-9　Effects of Cd on the chlorophyll of the *Sonchus asper* L. Hill in different growth period

时间/d	Cd 浓度/（$mg·kg^{-1}$）	叶绿素 a/（$mg·g^{-1}$）	叶绿素 b/（$mg·g^{-1}$）	总叶绿素/（$mg·g^{-1}$）	叶绿素 a/b 值	胡萝卜素/（$mg·g^{-1}$）
10	0	0.30±0.010a	0.10±0.008a	0.39±0.007a	3.13±0.17b	0.16±0.013a
	50	0.26±0.004b	0.08±0.003b	0.35±0.002b	3.12±0.15b	0.10±0.006a
	100	0.25±0.010b	0.08±0.003b	0.34±0.012b	3.26±0.11ab	0.09±0.005a
	200	0.22±0.005c	0.05±0.002c	0.27±0.012c	3.99±0.52a	0.08±0.060a
20	0	1.08±0.007a	0.33±0.021a	1.41±0.014a	3.28±0.22b	0.52±0.042a
	50	0.94±0.056b	0.24±0.018b	1.18±0.063b	3.97±0.32b	0.44±0.025b
	100	0.86±0.019c	0.22±0.020b	1.09±0.036b	3.87±0.31b	0.39±0.013b
	200	0.76±0.007d	0.15±0.003c	0.91±0.006c	4.88±0.12a	0.28±0.002c
30	0	0.93±0.058a	0.27±0.027a	1.20±0.035a	3.48±0.52a	0.38±0.009a
	50	0.64±0.025b	0.23±0.018ab	0.87±0.034b	2.78±0.21ab	0.34±0.002b
	100	0.56±0.030b	0.19±0.006bc	0.75±0.036c	2.97±0.08ab	0.25±0.010c
	200	0.35±0.023c	0.15±0.013c	0.50±0.031d	2.45±0.20b	0.14±0.014d

注：同一列的不同字母表示差异达到显著水平（P＜0.05）

（秦丽等，2010）

Cd^{2+}浓度＞10 $mg·L^{-1}$ 时，生菜幼苗叶片中叶绿素 a、叶绿素 b 及叶绿素总量的水平均显著降低（徐劼等，2014）。对白三叶进行不同浓度 Cd^{2+}胁迫，7 d 后发现白三叶叶片的叶绿素 a、叶绿素 b 和总叶绿素的含量逐渐降低。随着 Cd^{2+}浓度的增加，差异显著性在增大，叶绿素 a 的反应比叶绿素 b 要更加敏感，出现差异显著性的浓度更低（表 3-10）。

Pb、Cr 单一及复合污染均能降低小麦苗中叶绿素的含量（杨文玲等，2014）。香蒲叶片中的叶绿素 a 和叶绿素 b 含量随着外源 Pb^{2+}浓度的增加呈先升后降趋势，均在处理浓度为 0.50 $mmol·L^{-1}$ 时达到峰值（徐义昆等，2015）。随着 Pb 胁迫水平的提高，青葙、加拿大蓬和鳢肠三种植物的叶绿素含量不断下降，而苘麻和空心莲子草的叶绿素含量则呈现先增后降的趋势（李信申等，2015）。Hg^{2+}≥2 $mg·kg^{-1}$时，香椿叶绿素 a 和叶绿素 b 含量均呈下降趋势，叶绿素 a/b 呈上升趋势（孟丽等，2013）。

表 3-10　Cd^{2+}胁迫对白三叶叶片光合色素含量的影响

Table 3-10　Influence of Cd^{2+} stress on photosynthetic pigment content in *Trifolium repens* leaves

Cd^{2+}浓度 /（$\mu mol \cdot L^{-1}$）	叶绿素 a /（$mg \cdot g^{-1}$）	叶绿素 b /（$mg \cdot g^{-1}$）	叶绿素 a/b	总叶绿素 /（$mg \cdot g^{-1}$）
0	1.101±0.018a	0.481±0.0306a	2.298±0.175a	1.582±0.040a
100	1.033±0.013b	0.492±0.0340a	2.100±0.157bc	1.526±0.028b
200	0.941±0.004c	0.490±0.0290a	1.925±0.112c	1.431±0.026c
300	0.918±0.016c	0.461±0.0280a	1.998±0.134bc	1.379±0.027c
400	0.877±0.015d	0.403±0.0360b	2.188±0.187bc	1.279±0.039d
500	0.814±0.017e	0.277±0.0190c	2.951±0.266b	1.091±0.005e

注：同一列的不同字母表示差异达到显著水平（$P<0.05$）

（韩宝贺和朱宏，2014）

二、重金属对植物丙二醛的影响

植物器官衰老或在逆境下遭受伤害，往往发生膜脂过氧化作用，丙二醛（MDA）是膜脂过氧化的最终分解产物，从膜上产生的位置释放出后，与蛋白质、核酸起反应修饰其特征；使纤维素分子间的桥键松弛，或抑制蛋白质的合成。MDA 的积累可能对膜和细胞造成一定的伤害，它在一定程度上也反映了植物受环境胁迫的情况。

用不同浓度的 Cd 处理玉米幼苗，其叶片电导度和丙二醛（MDA）含量随 Cd 浓度的增大而增大（孔祥生等，1999）。随着 Pb^{2+}、Cd^{2+}浓度的提高，棉花叶片内 MDA 含量逐渐上升，当离子浓度为 0～50 $mol \cdot L^{-1}$ 时，MDA 含量急剧升高，当离子浓度大于 50 $mol \cdot L^{-1}$ 时，MDA 含量缓慢升高（郑世英等，2007c）。随着 Cd^{2+}处理浓度的提高，栽培大豆和野生大豆品种叶片内 MDA 含量逐渐升高，栽培大豆 MDA 含量一直高于野生大豆（郑世英等，2007b）。随着 Cd^{2+}处理浓度的提高，玉米叶片内 MDA 含量逐渐升高（郑世英等，2007a）。Cd 胁迫使 6 个花生品种 MDA 含量升高（张廷婷等，2013）。

Cd 胁迫下，水生美人蕉（*Canna glauca*）、红蛋（*Echinodorus osiris*）、风车草（*Cyperus alternifolius*）、彩叶草（*Coleus blumei* Benth.）等湿地植物叶片丙二醛的含量均增加。对于同种植物来说，Cd 浓度增加，丙二醛含量升高。不同种植物中丙二醛的含量存在显著差异，丙二醛含量彩叶草＞风车草＞红蛋＞美人蕉（图 3-8）。

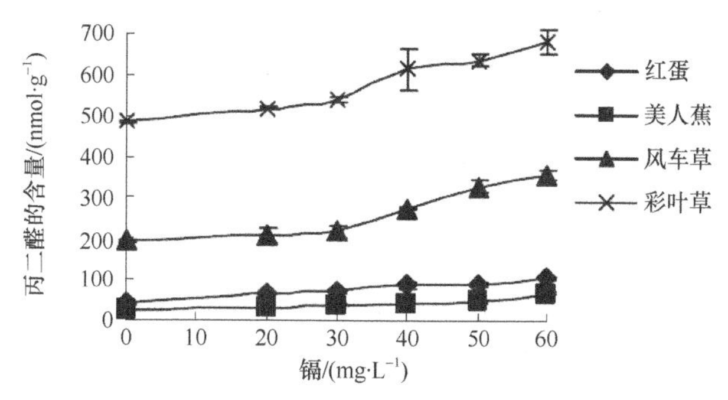

图 3-8　Cd 胁迫对植物叶片丙二醛含量的影响

Figure 3-8　Influence of Cd on contents of malondialdehyde in leaves

（张超兰等，2008）

随着Cd浓度的增加，续断菊丙二醛含量有显著性的增加，并且随着处理时间的增加，丙二醛含量增加（图3-9）。Pb和Pb+Zn复合胁迫使花菖蒲幼苗丙二醛含量上升（付佳佳等，2013）。随着Pb和Cd处理时间的延长，草地早熟禾丙二醛含量呈上升趋势（刘大林等，2015）。

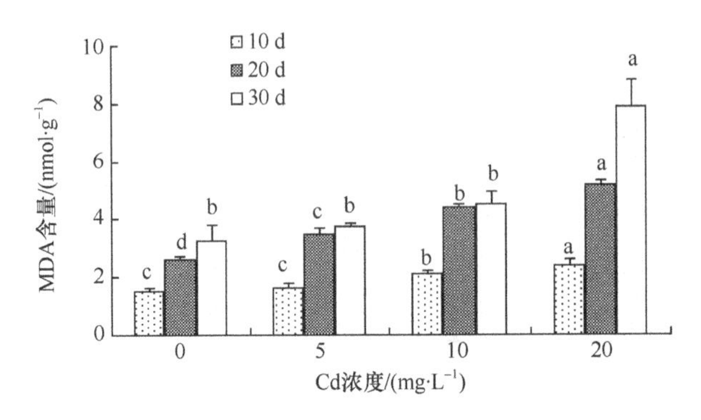

图3-9 Cd对续断菊丙二醛含量的影响
Figure 3-9 Effects of Cd on MDA of *Sonchus asper* L. Hill

（秦丽等，2010）

三、重金属对植物脯氨酸的影响

脯氨酸是水溶性最大的氨基酸，具有很强的水合能力，其水溶液具有很高的水势。脯氨酸的疏水端可和蛋白质结合，亲水端可与水分子结合，蛋白质可借助脯氨酸束缚更多的水，从而防止渗透胁迫条件下蛋白质的脱水变性。因此脯氨酸在植物的渗透调节中起重要作用，而且即使在含水量很低的细胞内，脯氨酸溶液仍能提供足够的自由水，以维持正常的生命活动。正常情况下，植物体内脯氨酸含量并不高，但遭受环境胁迫时体内的脯氨酸含量明显增加，它在一定程度上反映植物受环境胁迫的情况。

小白菜根内游离脯氨酸的含量随培养液中 Cd^{2+}浓度的升高而增加。青菜对 Cd^{2+}、Cr^{6+}、Pb^{2+}也有类似的效应。Cu^{2+}、Zn^{2+}能诱导小麦体内产生并积累脯氨酸，Cu^{2+}表现出更强的诱导脯氨酸产生的能力，二者都还表现出剂量依赖效应（秦天才等，1994）。随着Cd质量浓度的增加，小麦幼苗叶片内游离脯氨酸质量分数增加（李子芳等，2005）。

Cd浓度越高，水生美人蕉（*Canna glauca*）、红蛋（*Echinodorus osiris*）、风车草（*Cyperus alternifolius*）、彩叶草（*Coleus blumei* Benth.）等湿地植物的脯氨酸质量分数越大，Cd浓度高于40 $mg\cdot L^{-1}$后脯氨酸质量分数随着Cd质量浓度升高反而下降，表明在40 $mg\cdot L^{-1}$时，4种植物抗性强度达到极限。在Cd胁迫下，不同植物叶片脯氨酸的响应明显不同，脯氨酸质量分数美人蕉＞红蛋＞风车草＞彩叶草（图3-10）。

重金属胁迫下，脯氨酸的积累取决于重金属诱导植物体内水分缺失的情况，脯氨酸积累意义之一是作为渗透调节物质，以使细胞和组织持水平衡，稳定生物大分子结构，保持膜结构的完整性，使细胞免受伤害（Schat et al.，1997a）。Cu、Zn胁迫下植物体内产生并积累脯氨酸与植物体内活性氧自由基的清除，以及膜脂过氧化作用的减轻有密切关系（Metha and Gaur，1999）。

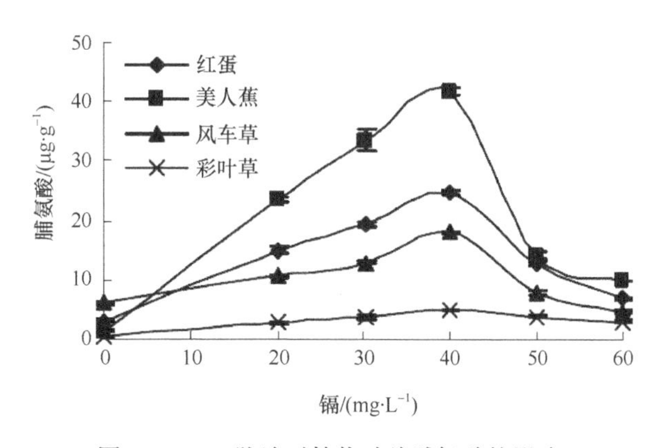

图 3-10　Cd 胁迫对植物叶片脯氨酸的影响
Figure 3-10　Influence of Cd on the contents of proline in leaves

（张超兰等，2008）

四、重金属对植物细胞膜透性的影响

细胞膜是防止细胞外物质自由进入细胞的屏障，它保证了细胞内环境的相对稳定，使各种生化反应能够有序运行。它最重要的特性是半透性，或称选择透过性，对进出细胞的物质有很强的选择透过性。用电导仪率法测定植物质膜透性的变化，可作为植物抗逆性的生理指标之一。

随着 Cd 质量浓度的增加，水生美人蕉（*Canna glauca*）、红蛋（*Echinodorus osiris*）、风车草（*Cyperus alternifolius*）、彩叶草（*Coleus blumei* Benth.）等湿地植物叶片的电导率升高，细胞膜受伤的程度也就加大。不同种植物中叶片的相对电导率大小为：彩叶草＞风车草＞红蛋＞美人蕉（图 3-11）。

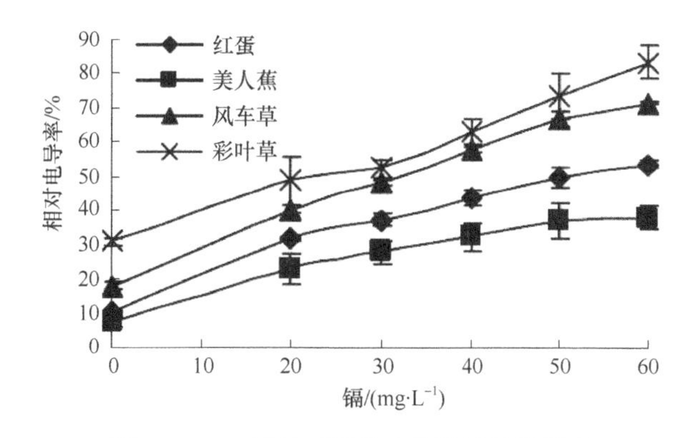

图 3-11　Cd 胁迫对植物叶片膜透性的影响
Figure 3-11　Influenceof Cd on cell-membrane permeability

（张超兰等，2008）

随着 Cd 浓度的提高，三个生长期续断菊（*Sonchus asper* L.）叶片细胞膜透性均增加（图 3-12）。

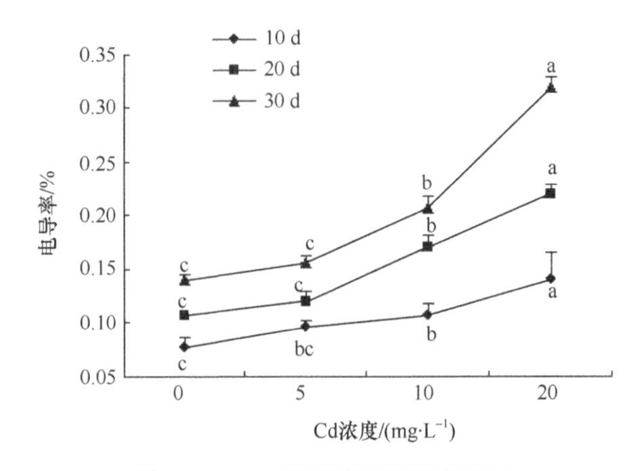

图 3-12 Cd 对续断菊膜透性的影响
Figure 3-12 Effects of Cd on membrane permeability of *Sonchus asper* L. Hill.

（秦丽等，2010）

测定外渗液电导度和外渗液钾含量，可证明 Cd^{2+}对植物的细胞膜有严重的伤害作用（孙赛初等，1985）。在重金属胁迫下，植物叶片细胞质膜的组成和完整性遭到破坏。细胞膜受到伤害后，细胞内的离子和有机物大量外渗，外界有毒物质进入细胞，结果导致植物体内一系列生理生化过程失调。玉米幼苗叶片电导度随 Cd 浓度的增大而增大（孔祥生等，1999）。水生植物叶组织外渗液的电导度和钾离子浓度与水中的 Cd 浓度呈非常显著的正相关（王焕校，1999）。随着 Cr^{6+}、Cd^{2+}、Pb^{2+}处理时间的延长和处理浓度的增加，青菜叶片细胞膜透性显著增大，Cr^{6+}对青菜的毒害最大（任安芝和高玉葆，2000）。Cd、Zn 和 Pb 对芦苇幼苗根系和叶片的电解质渗漏影响显著，且随处理浓度的增加和处理时间的延长而加剧，其中 Cd 和 Zn 的作用更明显（王正秋等，2002）。Cd 胁迫使 6 个花生品种电解质渗透率升高（张廷婷等，2013）。

五、重金属对植物保护酶系统的影响

重金属对植物细胞膜的毒害，主要是由于重金属胁迫下植物产生了过多的自由基。自由基是生物体的正常代谢产物，由于生物体存在防御系统，因此正常情况下危害不大。活性氧（reactive oxygen species，ROS）是许多毒物引起中毒和基因突变的活性小分子，也是机体氧化应激的主要因素。氧气等在各种因素作用下，发生共价键均裂形成自由基，是自由基产生的基本形式。自由基是指含有未配对电子的原子、原子团或特殊状态的分子，其中以氧自由基（oxygen free radical，OFR）对生物体的危害最大。OFR 包括超氧物阴离子自由基（$O_2^{-}\cdot$）、H_2O_2、羟基自由基（·OH）和单线态氧（$^1O_2$）及具有生理能量的分子氧。

重金属不仅通过产生氧自由基导致对植物的毒害，还通过重金属离子替代酶蛋白反应活性中心的金属离子或与酶蛋白中的—SH 基结合，使酶蛋白变性失活；如果作用于与清除氧自由基有关的酶系统，并使其失活，将导致氧化胁迫的强化（Richard and Robert，1996）。当重金属污染时，产生大量自由基，引起膜组分不饱和脂肪酸的过氧化，从而影响细胞膜的结构和功能，进而引起DNA损伤，改变RNA从细胞核向细胞质的运输。此外，重金属的积累直接破坏了防御系统中酶的活性，降低了防御酶清除自由基的功能，加剧了膜脂过氧化作用，造成细胞器不可逆损伤，破坏了植物正常生命活动的结构基础。

植物细胞在长期进化过程中形成了两套清除ROS系统，即由超氧化物歧化酶（superoxide dismutase，SOD）、过氧化物酶（peroxidase，POD）、抗坏血酸过氧化物酶（APX）和过氧化氢酶（catalase，CAT）等抗氧化酶组成的酶系统，以及谷胱甘肽（GSH）和抗坏血酸等抗氧化剂组成的非酶系统（周长芳等，2001）。此外，一些抗氧化剂，如维生素E、维生素C、β-胡萝卜素、CoQ10等也在自由基损伤防御系统中起作用。

SOD、POD和CAT是植物适应多种逆境胁迫的重要酶类，统称为植物保护酶系统。SOD在植物体内是清除O_2^-的有效酶，可将其转变为氧化作用相对较弱的H_2O_2；而CAT和POD是把H_2O_2转化为H_2O和O_2的有效酶。SOD、CAT、POD协同作用，排除自由基对植物细胞结构潜在氧伤害的可能性。植物体内氧自由基的产生和清除是两个相反的过程，只有当这两个过程达到平衡时，体内的氧自由基才能保持在较低的水平，细胞才不受其毒害。

有关重金属胁迫下植物体内SOD活性的变化，目前的文献报道中有两种情况：一是SOD活性随着重金属浓度的增大而增大（Cakmak and Horst，1991）；二是随着重金属浓度的增加，SOD活性先升后降或持续下降（严重玲等，1997）。

用Cd处理不同5个小麦品种，不同小麦品种间的SOD、POD和CAT活性差异显著，但同一品种的三种酶活性变化有所不同，CAT活性基本保持稳定，POD活性明显升高，相反SOD活性一直下降；Hg对油菜这三种酶活性的影响是一致的，低剂量下酶活性升高，高剂量下酶活性则下降（王宏镔等，2002）。在Cd胁迫下芦苇叶片内SOD活性随时间的延长先升高后下降，同时POD活性随胁迫时间的延长先升高、再下降然后又升高，保护酶系统SOD和POD活性的升高可能是芦苇抗过氧化的主要机理之一（王正秋等，2002）。在不同浓度Cd^{2+}污染下，水花生根中SOD和CAT的活性呈现先升后降的变化，POD的活性呈现持续下降的变化趋势（周红卫，2003）。

在重金属Cd胁迫下板蓝根种子萌发时CAT和POD的活性随重金属Cd浓度增大，酶的活性先降低再升高，然后再降低，但SOD的活性变化随重金属Cd浓度的升高而降低（付世景等，2007）。随着Cd浓度的升高，木榄幼苗的POD和SOD活性先增强后减弱，而低浓度Cd胁迫就能显著抑制CAT活性（陶毅明等，2008）。高Cd积累番茄品种的POD和CAT在Cd胁迫后显著增加，而低Cd积累品种的POD没有显著变化，CAT则显著降低，SOD都是先增加后降低（赵首萍等，2011）。印度芥菜（*Brassica juncea*）在Cd胁迫下，SOD、POD、CAT总活性先升后降（表3-11）。Cd胁迫降低了6个花生品种三种抗氧化酶的活性（张廷婷等，2013）。

当Pb^{2+}浓度较低时，辣椒幼苗的防御酶（POD、SOD）活性有所升高，但超过一定量时（Pb^{2+}浓度≥40 mg·L^{-1}），酶活性降低，且处理时间越长作用越明显。这可能是由于自由基引起的伤害积累超过了防御酶系统的清除能力，抑制了活性。同时也说明防御酶系统只能在低浓度重金属和短时间内起保护作用（唐咏，2001）。

在水稻幼苗期喷施Zn溶液均能提高水稻幼苗根和叶片中的SOD、POD活性，且随Zn浓度的增高，一直维持在一个较高水平（徐建明等，2008）。重金属Zn和Cd均不同

表 3-11 Cd 对印度芥菜保护酶系统的影响

Table 3-11 Effect of Cd on protective enzyme system of *Brassica juncea*

Cd 添加量 / (mg·kg^{-1})	SOD 总活性 / (U·g^{-1}FW)	SOD 比活力 / (IU·mg^{-1})	POD 活性 / (Δ470nm·min^{-1}·g^{-1}FW)	CAT 活性 / (U·g^{-1}FW)
0	46.03±2.18b	11.75	1045±32.9d	564±17.5d
40	57.41±3.20e	8.93	1055±25.1e	597±23.0e
80	70.64±3.76f	14.21	1150±37.8f	620±16.9f
120	54.50±2.95d	9.40	995±29.6c	525±17.2c
160	50.27±3.07c	8.14	910±25.1b	518±19.4b
200	43.39±3.56a	8.36	895±30.2a	476±23.4a

注：同一列的不同字母表示差异达到显著水平（P<0.05）

（杨卓等，2011）

程度地加快了翅碱蓬超氧阴离子自由基的产生速率，重金属 Zn 含量高于 100 mg·kg^{-1} 时，翅碱蓬生长及体内酶活性机制受到不同程度抑制，SOD、POD 反应迅速，CAT 相对缓慢。翅碱蓬对 Cd 污染抵御能力差，含量高于 0.4 mg·kg^{-1} 即可造成严重伤害，降低抗氧化酶活性。Zn 和 Cd 共同作用（200 mg·kg^{-1}+0.2 mg·kg^{-1}）时，表现为协同作用，50 d 后，SOD、CAT 均失活，影响极显著（何洁等，2013）。

在幼苗期，0.5 mmol·L^{-1} Cd^{2+}和 1 mmol·L^{-1} 的 Ni^{2+}分别使 *Cajanus cajan* L.光合率降低 50%和 30%，对不同酶活性的抑制程度不等（2%～61%），RuBP 羧化酶对离子的作用较为敏感，Ni^{2+}对 3-PGA 激酶的影响最小。在植物生长晚期，Cd^{2+}、Ni^{2+}浓度增加至 10 mmol·L^{-1} 时才表现抑制作用，10 mmol·L^{-1} Cd^{2+}使光合率降低 86%，只使酶活性降低约 40%；10 mmol·L^{-1} Ni^{2+}使光合速率降低 65%，而对酶活性则几乎无影响；表明重金属使酶活性的降低不是导致光合速率降低的直接原因（Sheoran et al.，1990）。Cu、Fe 对植物的影响是直接参与反应，产生自由基，而 Cd 是通过产生自由基这样间接的方式。如果用自由基清除剂和这些重金属离子一起作用于植物，则对各种酶活性的影响及氧化胁迫都会减轻（Gallego et al.，1996）。重金属 Cu 和 Fe 对植物的影响是直接参与反应产生氧自由基，而 Cd 则是通过间接的方式产生的；如果用自由基清除剂与这些重金属离子一起作用于植物，则对各种酶活性抑制及氧化胁迫影响都会减轻，三者产生氧自由基的能力是 Cu＞Fe＞Cd（Gallego et al.，1996）。Cd 对植物的毒害可能是通过产生 H_2O_2 的方式造成的，即在重金属的胁迫下植物体内积累 H_2O_2，H_2O_2 的过量积累又会使植物体内的抗氧化酶系统和非酶系统发生紊乱，导致植物对重金属的抗性机制不再起作用，植物表现出毒害症状或死亡（Schutzendubel et al.，2002）。

六、重金属对植物物质吸收与代谢的影响

1. 重金属对植物水分代谢的影响

植物一方面通过根系不断地从环境中吸收水分，经过根、茎的运输分配到植物体的各部分，以满足正常生命活动的需要；另一方面植物体通过蒸腾作用使水分大量散失到环境中。当植物吸水量补偿不了失水量时，常发生萎蔫现象，严重时可引起叶、花、果的脱落，

甚至死亡。植物的伤流和蒸腾作用是反映植物水分代谢的重要指标。伤流是植物根压引起的溢泌现象。蒸腾作用（transpiration）是水分从活的植物体表面（主要是叶子）以水蒸气状态散失到大气中的过程。蒸腾作用不仅受外界环境条件的影响，而且受植物本身的调节和控制。重金属对植物蒸腾作用的影响也十分明显。在低浓度重金属的刺激下，细胞膨胀，气孔阻力减小，蒸腾加速。当污染浓度超过一定值后，气孔阻力增加或气孔关闭。

张素芹和杨居荣（1992）研究了 Cd、Pb、As 对黄瓜和玉米伤流和蒸腾作用的影响，发现 Cd、Pb 具有导致导管周围细胞代谢增强，向导管分泌增加的现象，对蒸腾速率也有刺激。与 Cd、Pb 不同，As 对伤流和蒸腾的速度均有明显的抑制。王焕校（1990）认为蒸腾下降可能与重金属诱导的植物体内脱落酸（ABA）浓度增加有关。来自矿区两个海州香薷种群的蒸腾速率受 Cu 的胁迫影响较小，而来自非矿区的两个海州香薷种群蒸腾速率随处理浓度的加大而明显降低（柯文山等，2007）。桐花树幼苗叶片蒸腾作用在 Cd 低于 6 $mmol \cdot L^{-1}$ 时增强，高于 6 $mmol \cdot L^{-1}$ 时减弱（段文芳等，2008）。As 对作物的毒害，在于阻碍作物中水分输送，从根部向地上部分的水分供给受到抑制，Cr 可引起永久性的质壁分离并使植物组织失水（江行玉和赵可夫，2001）。

2. 重金属对植物激素代谢的影响

植物激素是由植物自身代谢产生的一类有机物质，自产生部位移动到作用部位，是在极低浓度下就有明显生理效应的微量物质，也被称为植物天然激素或植物内源激素。它们在细胞分裂与伸长、组织与器官分化、开花与结实、成熟与衰老、休眠与萌发及离体组织培养等方面，分别或相互协调地调控植物的生长、发育与分化。已知的植物激素主要有以下 5 类：生长素（IAA）、赤霉素（GA）、细胞分裂素（CTK）、脱落酸（ABA）和乙烯（ETH）。而油菜素甾醇（BR）也逐渐被公认为第六大类植物激素。最近新确认的植物激素有多胺、水杨酸类、茉莉酸（酯）等。它们都是些简单的小分子有机化合物，但它们的生理效应却非常复杂、多样，对植物的生长发育有重要的调节控制作用。玉米素是从甜玉米灌浆期的籽粒中提取并结晶出的第一个天然细胞分裂素，简称 ZR。植物激素也参与植物对重金属污染的反应。

Cd 胁迫可刺激玉米体内 ZR 含量的增加，缓解 Cd 对玉米的伤害（徐莉莉等，2010；李萍等，2011）。Zn 或 Cd 胁迫下 12 h 内东南景天（*Sedum alfredii*）IAA、GA、CTK 和 ABA 快速增加至最大值，东南景天这 4 种内源激素对重金属胁迫具有快速响应的特征。重金属胁迫下 IAA 和 GA 大量增加，表明 IAA 和 GA 对东南景天耐受和积累 Zn 或 Cd 的能力有重要作用（邓金群，2013）。

黄瓜根中 ABA 的含量随着 Pb^{2+}浓度的增加而呈增加趋势，叶与根中玉米素的含量则随 Pb 胁迫浓度的增加而呈下降趋势（刘素纯等，2006）。Pb 胁迫处理下，黄瓜 GA、ABA 含量升高，IAA、ZR 含量先升高后下降，表明植物抗重金属的能力与内源激素水平和内源激素平衡相关（林伟等，2007）。

Zn 能抑制吲哚乙酸的合成，刺激吲哚乙酸氧化酶的活性，使吲哚乙酸快速分解，从而使生长素的含量下降（高圣义等，1992）。重金属 Zn 处理能促进茶树 GA 和 IAA 含量的增加，并且可影响 IAA 和 ABA 在植物不同器官中的分配情况，还有利于植物体内自由态 ABA 向结合态 ABA 的转化（吴彩和方兴汉，1993）。Zn 处理极显著改变棚栽香椿的内源激素含量，促使自由态 ABA 向结合态 ABA 转化，促进 IAA、GA 含量增加，从而有效打破棚栽香椿的休眠（张传林，1997）。重金属 Zn 能提高玉米穗叶 IAA 的含量，从而延缓叶片的衰老，有利于提高春玉米叶中 GA 的含量（高质等，2001）。

幼苗和成年植株中酶对 Cu 的敏感性不一样。幼苗在所有 Cu 水平下，IAA-氧化酶活性受到激发，但对生长了三周的植物而言，在高 Cu 水平下暴露 1～4 d 后，IAA-氧化酶活性慢慢降低，IAA-氧化酶活性的变化可能是植物 Cu 害的机制之一（Coombes，1976）。玉米中 Zn 与由色胺形成生长素的步骤有关（Takaki and Arita，1986）。

3. 重金属对植物营养元素吸收的影响

重金属进入土壤后除了本身有可能产生毒性外，还可以通过拮抗或协同作用，造成植物体中元素失调，相应的代谢活动不能正常进行，致使植物的生长发育间接受到影响。植物生长在重金属污染的环境中，氮素的吸收和同化受抑制，蛋白质代谢失调，植物体内氨基酸水平发生明显的改变。氮是许多植物体中所必需的矿物元素，占植物体干重的 1.5%～2.0%。氮素代谢对重金属毒性的响应是很重要的，用 Cd 对植物进行处理后，植物会通过氮素代谢合成一组含 N 的代谢产物，氮素代谢影响了植物功能的所有水平，从代谢到资源分配，以及植物的生长和发育。

重金属污染对植物氮素代谢的干扰是通过降低氮素的吸收和硝酸还原酶活性，改变氨基酸组成，阻碍蛋白质合成，以及加速蛋白质分解来实现的。硝酸还原酶是植物氮同化和吸收的关键酶，对重金属污染特别敏感。陈愚等（1998）研究了 Cd 对 4 种沉水植物（红线草、金鱼藻、黑藻和菹草）硝酸还原酶的影响，发现一定浓度的 Cd 能提高沉水植物的硝酸还原酶活性，抑制 SOD 酶的活性，从而破坏其抗氧化防御系统。Mathys（1973）提出耐性较强的 *Silene cucublus* 品种，体内硝酸还原酶可被重金属激活，说明不同植物对重金属胁迫的反应不同，相应地耐性也有差异。重金属对蛋白质的影响是十分复杂的，蛋白质合成的启动阶段需要 Mg 离子的参与，在重金属污染的情况下，Mg 离子可能与重金属离子进行交换，蛋白质的合成无法启动，导致蛋白质的合成受阻。另外，受重金属胁迫的影响，蛋白酶活性的变化也可能和蛋白质的代谢紊乱有关。

生长在 Cd 污染环境中的蚕豆，其种子中的谷氨酸、甘氨酸、组氨酸和精氨酸对 Cd 的积累最敏感，其含量从种子中一开始积累 Cd 就受到抑制；然而，甲硫氨酸、苯丙氨酸等含量的变化似乎与种子中 Cd 的积累量没有显著关系。其中，脯氨酸的变化很特别，随 Cd 的积累，先明显增加，然后又逐渐减少。在重金属污染下，脯氨酸含量的这种变化可能具有某种生理意义（张云孙和王焕校，1986）。在含 Pb 营养液中，豌豆苗对 Zn、Mn、Fe 的吸收明显地受到抑制，并且不同铅化合物对植物吸收的影响不同，同时也与植物的部位有关。Cu 和其他微量元素之间也存在交互作用，Cu 的存在可以降低大豆幼苗对 Cd 和 Ni 的吸收，高浓度 Cr 的存在可以降低玉米和黑麦的吸 Cu 量（Koeppe，1981）。

重金属可危害植物根系，造成根系生理代谢失调，生长受到抑制，受害根系的吸收能力可能减弱，导致植物体营养亏缺。Cd 对根系透根电位和根系 H^+ 分泌存在抑制作用，并能使质子泵受抑 60%（Kennedy and Gonsalves，1987）。而根系质子的原初分泌为细胞质膜上的 ATP 酶所催化，是阴阳离子透过质膜的次级转运的动力来源（Haynes，1990），因而 Cd 等重金属还可通过影响根系对阴阳离子的吸收平衡来影响根系代谢。As 可直接毒害根系，抑制根系生长，甚至使其腐烂，影响根系对营养元素的吸收，阻碍水分运输，干扰酶促反应，直接影响植物的生长和产量（王友保和刘登义，2001）。

重金属能影响植物根系对土壤中营养元素的吸收，其主要原因是影响了土壤微生物的活性，影响了酶活性。盆栽水稻分蘖期土壤酶（蛋白酶、蔗糖酶、β-葡萄糖苷酶、淀粉酶等）活性与添加 Pb 浓度呈显著负相关。由于土壤微生物、酶活性的降低，影响土壤中某些元素的释放和有效态的数量。Cd 能明显影响玉米对 N、P、K、Ca、Mg、Fe、Mn、Zn 和 Cu 的吸收（王焕校等，1999）。Cd 污染通过降低植物对硝酸盐的吸收及氮代谢关键酶硝酸还原酶（nitrate reductase，NR）（Hernandez et al.，1997）、谷氨酰胺合成酶（glutamine synthetase，GS）、谷氨酸合酶（glutamate synthase，GOGAT）（Boussama et al.，1999；Chugh et al.，1992）及谷氨酸脱氢酶（glutamate dehydrogenase，GDH）（Gouia et al.，2000）等酶的活性来破坏植物的氮素代谢过程，其相关规律在玉米（Boussama et al.，1999）、豌豆（Chugh et al.，1992）、小白菜（孙光闻等，2005）等农作物中得到证实。

在大多数的农业土壤中，硝酸盐是植物最重要的 N 来源，氮素代谢受到各种植物中存在的重金属的影响。Ni 不仅抑制了小麦叶片木质部中 NO_3^-的吸收和运输所致 NH_4^+的大量累积，而且抑制了 NR 和 NiR 的活性，从而对硝酸盐的同化产生了很大的影响。NR 是氮同化的限速酶，对重金属的胁迫很敏感。在植物中，从硝酸盐同化为氨基酸涉及以下的反应：硝酸盐首先通过 NR 和 NiR 还原为 NH_4^+，这一步是 N-NO_3^-转化为有机 N 的关键。铵的累积对细胞具有较大的毒性，需被快速同化（Ewa et al.，2009）。

通常 NH_4^+的同化过程有两种高效的调控途径：铵与 α-酮戊二酸在谷氨酸脱氢酶（GDH）的作用下合成谷氨酸，然后 NH_4^+通过 GS/GOGTA 循环结合成谷氨酰胺和谷氨酸，在 GS 的催化作用下，铵与谷氨酸结合生成谷氨酰胺，而 GOGAT 催化谷氨酰胺与 α-酮戊二酸结合，形成两分子谷氨酸。谷氨酰胺和谷氨酸是主要的含 N 化合物（氨基酸、核酸、蛋白质、叶绿素、生物碱等）生物合成的供体，在植物面对重金属的胁迫过程中起着重要的作用。谷氨酸也是游离脯氨酸的产物，游离脯氨酸可以保护植物免受 Ni 的胁迫。经过 Ni 处理的水稻叶片中，伴随着谷氨酸含量的减少，游离脯氨酸含量增加。GS 是高等植物体内氨同化的关键酶之一。因此，在植物体铵同化的初级阶段，GDH 所起的作用相对较小或不起作用（李燕和路艳艳，2010）。

此外，重金属与某些元素之间有拮抗作用，也可能会影响植物对某些元素的吸收。例如，Zn、Ni 和 Co 等元素能严重妨碍植物对 P 的吸收；As 影响植物对 K 的吸收；Pb 使 P 难以溶解，所以 Pb 在根表面或培养基会影响 P 的吸收。由于 As 的化学行为与 P 相似，因此能妨碍 ADP 的磷酸化，抑制 ATP 的生成，从而使 K 的吸收也受到抑制。Cd 明显抑制玉米苗对 N、P、Zn 的吸收，增加 Ca 的吸收（王焕校，1990）。Cd 还抑制小白菜根系对 Mn、Zn 的吸收（秦天才等，1994）。100 $mg \cdot L^{-1}$ Cd 降低燕麦对 K 的吸收，随 Cd 浓度增加，悬浮培养的细胞对 K、Mg 的吸收下降，对 Ca、Fe、Zn 的吸收则增加，但过高浓度的 Cd 将使 Zn 的吸收量下降（许嘉琳和杨居荣，1995）。随着 Cd 浓度的增加，圆锥南芥植物体中的 NH_4^+含量明显增加，Cd 处理降低了小白菜对 Cu、Ca、Fe、Mg 的吸收，但促进了对 P 的吸收（于方明等，2008），促进了黄瓜对 K、Ca、Fe 的吸收（Burzynski，1987），促进了番茄对 P、K、Fe、Mn 的吸收（Moral et al.，1994），并促进了黑麦草、玉米、白三叶草和卷心菜对 Fe、Mn、Cu、Zn、Ca、Mg 的吸收，增加了黑麦草等对 P、

S 的吸收，卷心菜对 S 的吸收则减小（杨明杰等，1998）。

第四节 重金属对植物生物量和产量的影响

一、重金属对植物生物量的影响

重金属对植物效应的表观现象之一是阻止生长。生长在重金属污染环境中的植物，敏感性类型很容易受害，体内生理生化过程紊乱，光合作用降低，吸收受到抑制，导致供给植物生长的物质和能量减少，相应地生长受到抑制；即使能完成生活史的耐性较强的品种，为了保持细胞正常功能，适应逆境，必然要消耗植物生长过程中的有效能量。

随着溶液中 Cd^{2+}浓度的增加，油菜生长受到抑制，根系和地上部干物质积累迅速下降（江海东等，2006）。随着重金属 Cr^{6+}和 Cr^{3+}浓度的增加，水稻（石贵玉，2004）、玉米（周希琴和吉前华，2005）、金凤花（Iqbal et al.，2001）等鲜物质重、干物质量均逐渐降低。Cd、Zn 胁迫下，互花米草地上部和根部生物量均显著低于对照组（潘秀等，2012）。不同浓度的 Cd 处理下，续断菊地上部分、地下部分的生物量均随 Cd 浓度的增加而减小（图 3-13）。高浓度的 Pb 降低夏玉米的生物量，低浓度的反而增加了其生物量（表 3-12）。

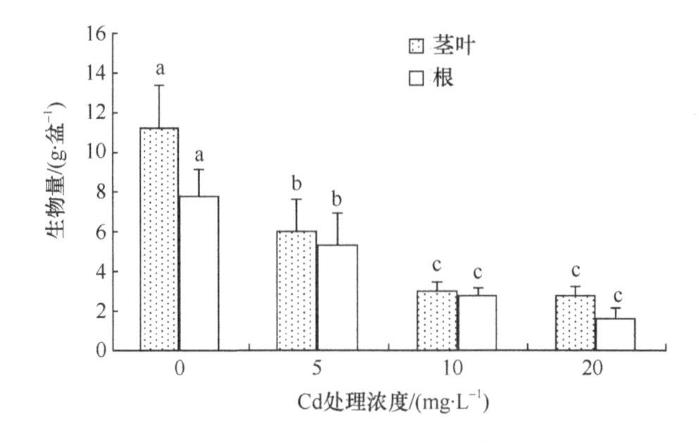

图 3-13 Cd 对续断菊生物量的影响

Figure 3-13 Effects of Cd on the biomass of *Sonchus asper* L. Hill

（秦丽等，2010）

表 3-12 Pb 胁迫对夏玉米生物量和产量及其构成的影响

Table 3-12 Effects of Pb on biomass，yield and yield components of summer maize

处理	生物量/g	单株产量/（g·株$^{-1}$）	穗行数/（行·穗$^{-1}$）	行粒数/（粒·行$^{-1}$）	千粒重/g	穗长/cm	穗粗/cm
CK	289.16c	131.84c	14.00a	29.00a	306.37c	15.50ab	4.77b
Pb300 mg·kg^{-1}	312.46b	137.62b	14.00a	31.00a	317.41b	16.63a	4.70b
Pb600 mg·kg^{-1}	333.02a	143.15a	14.67a	31.67a	323.57a	15.67ab	5.00a
Pb900 mg·kg^{-1}	288.53c	131.15c	13.33a	29.67a	296.64d	14.83ab	4.77b
Pb1200 mg·kg^{-1}	258.23d	121.22d	12.67a	28.33a	286.51e	14.33b	4.47c

注：同一列的不同字母表示差异达到显著水平（$P<0.05$）

（石德杨等，2013）

二、重金属对作物产量的影响

经济产量（简称产量）是生物量中所要收获的部分。不同作物其经济产品器官不同，禾谷类作物（水稻、小麦、玉米等）、豆类和油料作物（大豆、花生、油菜等）的产品器官是种子；棉花为籽棉或皮棉，主要利用种子上的纤维；薯类作物（甘薯、马铃薯、木薯等）为块根或块茎；麻类作物为茎纤维或叶纤维；甘蔗为茎秆；甜菜为根；烟草为叶片；绿肥作物（苜蓿、三叶草等）为茎和叶等。同一作物，因栽培目的不同，其经济产量的概念也不同。例如，玉米作为粮食和精饲料作物栽培时，经济产量是指籽粒收获量，而作为青贮饲料时，经济产量则包括茎、叶和果穗的全部收获量。

低浓度的重金属往往对植物有一定的刺激，从而有一定的增产作用，但随着浓度的增加受害程度加重，最终造成植物减产，甚至绝产。

在重金属 Cd 胁迫下，玉米在低剂量有增产趋势，高剂量则出现减产（汪洪等，2001）。土壤 Cd 浓度为 120 $mg·kg^{-1}$ 时，扬稻 6 号的产量开始显著下降，Cd 浓度为 180 $mg·kg^{-1}$ 时扬粳 9538 的产量开始显著下降。在 Cd 胁迫下产量降低的原因主要在于穗数或每穗颖花数的减少，Cd 对结实率和千粒重无显著影响（黄冬芬，2010）。朱志勇等（2011）研究了大田栽培条件下 Cd 对两个小麦品种的影响。发现 Cd 胁迫下，洛旱 6 号受毒害程度小于豫麦 18。土壤 Cd 处理使草莓结果数减少，但在 Cd 浓度较低时，影响较小，结果数反而有一定的增加；草莓的平均果重也有类似的变化趋势；对总果重而言，当浓度达到 2.5 $mg·L^{-1}$ 时，总果重增加 17.42%，当 Cd 浓度＞5 $mg·L^{-1}$ 时，结果数和总果重均随 Cd 浓度的增大而降低（张金彪，2001）。

Cd 胁迫降低了两花生品种荚果和籽仁产量。豫花 15 在中度 Cd 胁迫（2.5 $mg·kg^{-1}$）下产量即开始明显降低，而 XB023 在重度 Cd 胁迫（7.5 $mg·kg^{-1}$）时产量才开始显著下降，产量下降的原因主要是 Cd 胁迫降低了两品种的出仁率和单株结果数（表 3-13）。

表 3-13　Cd 胁迫对花生产量的影响

Table 3-13　Effect of Cd concentrations on peanut yield

品种	Cd/（$mg·kg^{-1}$）	每盆果重/g	每盆仁重/g	出仁率/%	单株结果数/个
豫花 15	0（CK）	63.6a	43.4a	68.3a	13.5b
	1.0	63.9a	41.7b	65.3b	15.4a
	2.5	60.7b	38.8c	63.9c	14.6b
	7.5	58.4c	37.6c	64.3c	12.2c
	15.0	52.8d	34.0d	68.3a	10.0c
XB023	0（CK）	42.4b	27.8b	65.6ab	12.5b
	1.0	46.1a	30.5a	66.2a	13.5a
	2.5	43.2b	28.1b	64.9b	11.0c
	7.5	39.9c	25.0c	62.8c	9.4d
	15.0	33.2d	20.9d	62.9c	9.5d

注：同一列的不同字母表示差异达到显著水平（$P<0.05$）

（高芳等，2011）

Cd 处理明显降低了 6 个花生品种的荚果产量、籽仁产量和出仁率（张廷婷等，2013）。随着 Cd 浓度的增加，花生的荚果和籽粒重均呈现先增加后降低的趋势，这两个指标值均在 Cd 浓度为 3.24 mg·kg^{-1} 时达到峰值，而 Cd 浓度达到 18.80 mg·kg^{-1} 时显著低于对照(图 3-14)。

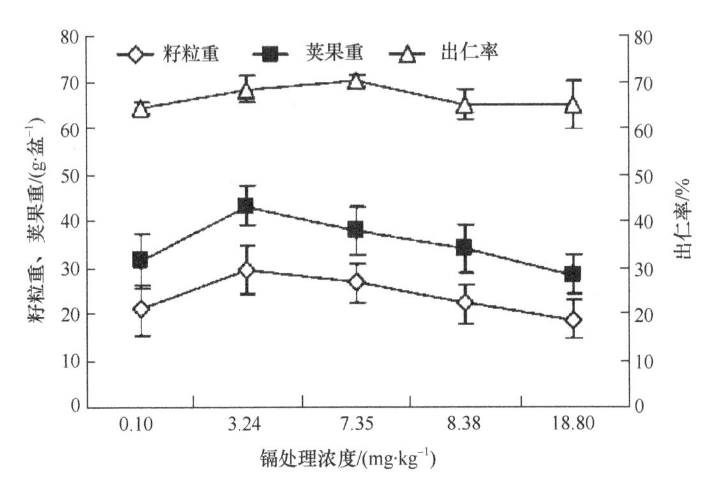

图 3-14　Cd 对花生产量与出仁率的影响

Figure 3-14　Effect of cadmium on grain yield and natality of peanut

（王丽香等，2013）

小白菜在低浓度 Cd、Zn 处理条件下呈增产趋势，在高浓度处理条件下呈减产趋势（谢建治等，2004）。当 Pb、Cd 浓度较低时，小白菜植株的干物重有增加趋势。浓度达到 1000 mg·kg^{-1} 时小白菜植株干物重开始减少，Cd 对小白菜干物重的影响远远大于 Pb（郭晓燕和袁玲，2006）。

Pb、Cd 胁迫影响了玉米籽粒产量形成，其原因可能是玉米生长期遭遇逆境条件造成了籽粒大量败育，使最终粒数减少。当 Pb 污染达到使玉米子实内 Pb 含量超标的程度时，大部分玉米品种的生长发育、结实都比较正常（代全林，2005）。600 mg·kg^{-1} 以下的 Pb 没有降低夏玉米的产量，反而显著增加了其产量（表 3-12）。Cd、As、Cr 胁迫使水稻籽粒产量呈下降趋势（张秀芝等，2015）。

Pb 胁迫对雌穗穗行数及行粒数的影响未达到显著水平，但能够显著影响籽粒千粒重，且对穗长与穗粗有一定影响。说明低浓度 Pb 胁迫能够刺激玉米生长，使生物量提高，同时获得较高的籽粒产量；而高含量 Pb 引起玉米植株中毒，导致干物质积累量下降，穗粒数及千粒重下降，进而显著降低籽粒产量（石德杨等，2013）。水稻受 Pb 影响后，其成熟期推迟，空秕率增加，从而使产量大幅度下降（陈怀满，1996）。Pb 处理浓度为 100 mg·L^{-1} 时，对大豆具有一定的刺激作用；但在 300 mg·L^{-1} 处理时，大豆的千粒重减少了 7% ，产量下降了 34%；处理浓度为 2000 mg·L^{-1} 时，大豆的千粒重减少了 20%，产量下降了 68%（周毅等，1986）。

土壤 Cr 处理后水稻因每穗颖花数减少和千粒重下降而导致减产，而且土壤 Cr 含量越高生物产量越低。用 Cr^{6+} 处理叶类蔬菜（菜薹、芥菜、叶用莴苣、蕹菜、苋菜），结果发现 5 种蔬菜平均减产 67.3%（杜应琼等，2003）。Cr 显著降低了郑麦 9023、小偃 22

的籽粒产量（聂胜委等，2012）。铝毒害严重影响着酸性土壤中作物的产量（Kochian，1995；Matsumoto，2000）。

微量元素 Cu^{2+}如果过量使用将抑制玉米的生长和发育（黄丽华，2006）。过量的 Cu 可使柑橘树的果数减少（Alva et al.，1999）。在 10 月的第一周菠萝杧杧果（*Mangifera indicn* L. cv. Langra）花芽分化前叶面分别喷施 0 $mg \cdot L^{-1}$、250 $mg \cdot L^{-1}$、500 $mg \cdot L^{-1}$、1000 $mg \cdot L^{-1}$ 和 1500 $mg \cdot L^{-1}$ $CoSO_4$ 和 $CdSO_4$，1000 $mg \cdot L^{-1}$ $CoSO_4$ 或 1500 $mg \cdot L^{-1}$ $CdSO_4$ 可使菠萝杧畸形花减少 65%～71%，增产 35%～37%（Singh et al.，1994）。土壤 Cu 含量越高，水稻每盆穗数越少，每穗颖花数越少，每盆产量越低（表 3-14）。

表 3-14　土壤 Cu 含量对‘武香粳 14’产量及其构成因素的影响

Table 3-14　Effect of soil Cu concentration on rice yield and its components of Wuxiangjing 14

Cu 含量/（$mg \cdot kg^{-1}$）	每盆穗数/个	每穗颖花数/个	结实率/%	千粒重/g	每盆产量/g
74.4（CK）	21.6a	162.5a	91.4a	27.4a	87.1a
100	22.0a	142.5b	89.0a	28.0a	78.3b
200	21.5a	137.6b	88.2a	27.9a	73.7b
400	16.0a	118.8c	89.2a	26.5b	54.9c
600	6.0c	83.3d	92.3a	26.6b	14.9d
800	4.7cd	81.0d	94.6a	26.4b	9.3d
1000	2.0d	79.5d	85.5a	24.0b	3.3e

注：同一列的不同字母表示差异达到显著水平（$P<0.05$）

（徐加宽等，2005）

第五节　重金属对作物品质的影响

作物品质包括化学品质、营养品质、蒸煮品质、外观品质、加工品质、保鲜品质等。作物营养品质主要包括以下几个方面：①粮食作物籽粒中蛋白质及必需氨基酸含量；②油料作物的含油量及脂肪酸组成；③蔬菜、果品的糖分及维生素含量；④饲料作物的营养成分含量、各种营养成分的消化率、利用率；⑤中药的品质取决于有效成分含量的高低，一般来说，生物碱、挥发油，以及微量元素等化学成分，具有较明显的医疗作用。

一、重金属对植物蛋白质和氨基酸含量的影响

蛋白质（protein）是生命的物质基础，是有机大分子，是构成细胞的基本有机物，是生命活动的主要承担者。没有蛋白质就没有生命。氨基酸是蛋白质的基本组成单位。

重金属污染可明显改变植物体内的蛋白质水平，但是这种影响是十分复杂的。在高浓度重金属环境中，作物根系生长受阻，根系吸收土壤中氮化物量减少，这就使作物体内缺乏蛋白质合成原料。植物生长在重金属污染的环境中，氮素的吸收和同化受抑制，蛋白质代谢失调，结果导致植物体内氨基酸水平发生改变。

低浓度的 Cd 能使烟叶蛋白质含量下降，随 Cd 浓度增加，蛋白质含量反而上升；Pb 污染的结果恰恰相反。小白菜粗蛋白在土壤 Cd 浓度小于 25 $mg \cdot L^{-1}$ 时呈下降趋势，但当

浓度大于 25 mg·L^{-1} 时则呈逐渐增加的趋势（谢建治等，2004）。Cd 和 Pb 处理下玉米蛋白质含量随重金属浓度增加均呈现先升高后下降趋势，Cd 处理对玉米籽粒蛋白质的影响要大于 Pb（曹莹等，2005）。

莲藕可溶性蛋白含量在 Cd 胁迫下持续降低（李铭心，2005）。在土壤中加入 28 mg·L^{-1} Cd，糙米粗蛋白下降 14.0%～36.9%（郑文娟和邓波儿，1993）。受到重金属污染的蔬菜的粗蛋白含量明显低于清灌区的（谢建治等，2002）。Cd 胁迫让两个花生品种锦花 5 号和阜花 13 号蛋白质含量都显著下降（表 3-15）。

表 3-15　Cd 胁迫下花生主要营养成分含量的变化

Table 3-15　Changes of principal nutrient components in *Arachis hypogaea* seeds under Cd stress

Cd /（mg·kg^{-1}）	蛋白质含量/%		脂肪含量/%	
	锦花 5 号	阜花 13 号	锦花 5 号	阜花 13 号
0（CK）	22.2a	27.3a	44.6a	45.7a
0.3	23.1b	28.1b	43.9b	47.1b
1	24.0c	28.6b	44.8c	46.8b
5	24.6d	29.0c	43.6d	45.7a
10	25.4e	29.4c	45.0e	46.2c

注：同一列的不同字母表示差异达到显著水平（$P<0.05$）

（王珊珊等，2007）

受 Cd 胁迫的影响，两个花生品种‘豫花 15’和‘XB023’的蛋白质含量下降（表 3-16）。Cd 胁迫对高蛋白品种‘XB023’籽仁中的 8 种氨基酸均有不同程度的增加作用。尤其对含量相对不足的赖氨酸和苏氨酸增加作用明显；Cd 胁迫对高脂肪品种‘豫花 15’籽仁的谷氨酸、甲硫氨酸、异亮氨酸和亮氨酸的含量有一定增加作用，对赖氨酸、苏氨酸、缬氨酸和苯丙氨酸的影响不大（表 3-17）。说明 Cd 胁迫可提高高蛋白质品种的氨基酸含量、改善蛋白质品质，而对高脂肪品种的氨基酸组分影响不大（高芳等，2011）。

表 3-16　Cd 胁迫对花生籽仁品质的影响

Table 3-16　Effect of Cd concentrations on kernel quality in peanut

品种	Cd/（mg·kg^{-1}）	可溶性糖含量/%	蛋白质含量/%	脂肪含量/%	总量/%
豫花 15	0（CK）	6.15c	23.12a	53.09a	82.35a
	1.0	6.02c	22.33b	52.18b	80.53b
	2.5	7.19a	20.91c	51.21c	79.31c
	7.5	6.66b	20.76c	51.47c	78.89d
	15.0	6.54b	20.65c	51.81c	79.00cd
XB023	0（CK）	6.83a	26.53c	50.50a	83.86a
	1.0	5.46bc	28.13a	50.44a	84.03a
	2.5	5.69b	27.01b	49.76b	82.46b
	7.5	5.21cd	26.54c	50.01b	81.76c
	15.0	5.04d	26.33c	49.21b	80.58d

注：总量为可溶性糖、蛋白质和粗脂肪三者含量之和。同一列的不同字母表示差异达到显著水平（$P<0.05$）

（高芳等，2011）

表 3-17 Cd 胁迫对花生籽仁氨基酸含量的影响

Table 3-17 Effect of Cd concentrations on the contents of amino acids in peanut kernels

品种	Cd /（$mg\cdot kg^{-1}$）	赖氨酸 Lys	苏氨酸 Thr	谷氨酸 Glu	缬氨酸 Val	甲硫氨酸 Met	异亮氨酸 Ile	亮氨酸 Leu	苯丙氨酸 Phe
豫花 15	0（CK）	0.41a	0.36ab	2.27c	0.86b	0.58d	0.74b	1.06b	0.68b
	1.0	0.41a	0.35b	2.24c	0.85bc	0.63c	0.76b	1.08b	0.61bc
	2.5	0.42a	0.36ab	2.32b	0.84bc	0.57d	0.71c	1.06b	0.70a
	7.5	0.42a	0.38a	2.50a	0.90a	0.83a	0.87a	1.22a	0.70a
	15.0	0.42a	0.37a	2.36b	0.87b	0.73b	0.81ab	1.07b	0.67b
XB023	0（CK）	0.46bc	0.38c	2.57d	0.92c	0.64b	0.81c	1.23c	0.76c
	1.0	0.49a	0.43b	2.86c	1.03b	0.77a	0.94b	1.26c	0.84bc
	2.5	0.59a	0.55a	3.48a	1.24a	0.65b	1.15a	1.59a	1.10a
	7.5	0.48a	0.45b	3.05b	1.09b	0.77a	0.99b	1.33b	0.87b
	15.0	0.47a	0.42bc	2.88c	0.98c	0.62bc	0.89c	1.30b	0.84bc

注：同一列的不同字母表示差异达到显著水平（$P<0.05$）

（高芳等，2011）

生长在 Cd 污染环境中的蚕豆，其种子中的谷氨酸、甘氨酸、组氨酸和精氨酸对 Cd 的积累最敏感，其含量从种子中一开始积累 Cd 就受到抑制；然而，甲硫氨酸、苯丙氨酸等含量的变化似乎与种子中 Cd 的积累量没有显著关系。其中，脯氨酸的变化很特别，随 Cd 的积累，先明显增加，然后又逐渐减少（谢建治等，2004）。秦天才等（1994）用小白菜作材料，也证实 Cd 可引起脯氨酸累积。脯氨酸作为重要的渗透调节物质，它的积累有着对逆境适应的意义。土壤添加 Cd 能显著降低糙米中赖氨酸的含量及赖氨酸和组氨酸占总量的百分数，提高天冬氨酸等的含量（王凯荣和郭炎，1993）。Pb 能显著降低缬氨酸占总量的百分数，提高苯丙氨酸含量及苯丙氨酸和天冬氨酸占总量的百分数。Cd 胁迫对游离氨基酸含量的影响与氨基酸种类和品种有关。谷氨酸和半胱氨酸等含硫氨基酸的合成受 Cd 胁迫的抑制，且耐性较弱的品种受抑制程度明显大于 Cd 耐性较强的品种。同时，耐性较强的品种此类氨基酸的含量均高于耐性较弱的品种，说明这些氨基酸的代谢可能与水稻品种的 Cd 耐性反应有关（程旺大等，2005）。Pb 污染显著提高糙米中苯丙氨酸的含量，还使天冬氨酸和苯丙氨酸占总量的百分比上升，而缬氨酸占总量的百分比下降。Pb 胁迫下玉米籽粒蛋白质含量随重金属浓度增加均呈现先升高后下降的趋势（曹莹等，2005）。

小白菜在 Cd、Zn 单因素处理条件下，粗蛋白含量表现出低浓度处理降低、高浓度处理升高的趋势（表 3-18，表 3-19）。当小白菜在 Cd、Zn 复合处理条件下时，重金属 Cd、Zn 对粗蛋白的影响表现出协同正效应（表 3-20）。

低浓度 Cd 胁迫下植物可溶蛋白质含量提高，可能是植物对 Cd 污染的一种适应表现。例如，通过体内合成一类能与 Cd 特异结合的蛋白质或多肽，从而减轻重金属离子对植物的伤害。可溶蛋白质含量的提高，还会增加细胞渗透浓度和功能蛋白的数量，有助于维持细胞正常代谢。高浓度下植物可溶蛋白质含量的下降，则可能是 Cd 通过破坏蛋白质的合成系统而降低蛋白质的含量。也可能是因为蛋白质合成的启动阶段需要 Mg^{2+} 参与，可

表 3-18 重金属 Cd 单因素处理条件下小白菜各营养品质指标含量

Table 3-18 The variety of the content of cabbage nutritional quality with cadmium treatment

Cd /（$mg·kg^{-1}$）	粗蛋白 /（$g·kg^{-1}$）	还原糖 /（$g·kg^{-1}$）	粗纤维 /（$g·kg^{-1}$）	叶绿素 /（$g·kg^{-1}$）	维生素 C /（$g·kg^{-1}$）
0	86.36	149.32	85.88	14.74	45.61
1	87.14	156.15	87.98	15.97	46.32
5	88.82	142.22	87.86	14.03	45.93
10	82.62	133.27	88.27	12.40	42.57
25	73.80	118.40	89.90	11.84	31.40
50	104.43	108.62	96.90	9.85	27.88

（谢建治等，2005）

表 3-19 重金属 Zn 单因素处理条件下小白菜各营养品质指标含量

Table 3-19 The variety of the content of cabbage nutritional quality with zinc treatment

Zn /（$mg·kg^{-1}$）	粗蛋白 /（$g·kg^{-1}$）	还原糖 /（$g·kg^{-1}$）	粗纤维 /（$g·kg^{-1}$）	叶绿素 /（$g·kg^{-1}$）	维生素 C /（$g·kg^{-1}$）
0	86.36	149.32	85.88	14.74	45.61
100	97.09	164.51	88.08	13.15	53.17
300	78.16	142.58	80.75	11.52	47.46
600	77.88	137.74	79.59	10.53	33.58
900	92.23	112.09	90.04	9.95	30.45
1200	131.62	106.51	91.50	8.58	28.45

（谢建治等，2005）

是在重金属污染的情况下，Mg^{2+}离子可能与重金属离子进行交换，故蛋白质的合成可能无法启动，导致蛋白质的合成受阻。另外，受重金属胁迫的影响，蛋白酶活性的变化也可能和蛋白质的代谢紊乱有关。

高于 1200 $mg·kg^{-1}$ 的 Pb 处理下，玉米籽粒粗蛋白才显著下降，低浓度的 Pb 处理下，玉米的粗蛋白有显著升高，游离氨基酸的规律基本相同（表 3-21）。

中低量添加 Cr^{3+}可提高盐藻蛋白质含量（张学颖等，2003）。随 Cr^{3+}浓度的升高 6 个玉米品种幼苗可溶性蛋白质含量均升高（周希琴和吉前华，2005）。5 $\mu g·g^{-1}$ 的 Cu 可使葡萄根、梢和叶的蛋白质含量上升（Romeu et al.，1999）。低用量的 Cu 提高了大豆蛋白质含量，而在高用量时，蛋白质含量有所下降（张玉先等，2005）。

二、重金属对植物脂肪含量的影响

脂肪是细胞内良好的储能物质，主要提供热能。脂肪是由甘油和脂肪酸组成的三酰甘油酯，其中甘油的分子比较简单，而脂肪酸的种类和长短却不相同。因此脂肪的性质和特点主要取决于脂肪酸，不同食物中的脂肪所含有的脂肪酸种类和含量不一样。自然界有 40 多种脂肪酸，因此可形成多种脂肪酸甘油三酯。

表 3-20 重金属 Cd、Zn 复合处理条件下小白菜各营养品质指标含量

Table 3-20 The variety of the content of cabbage nutritional quality with cadmium and zinc complex pollution

Cd /（$mg·kg^{-1}$）	Zn /（$mg·kg^{-1}$）	粗蛋白 /（$g·kg^{-1}$）	还原糖 /（$g·kg^{-1}$）	粗纤维 /（$g·kg^{-1}$）	叶绿素 /（$g·kg^{-1}$）	维生素 C /（$g·kg^{-1}$）
1	100	90.82	84.17	166.31	14.99	48.95
	300	78.50	88.67	146.40	11.90	52.98
	600	72.86	85.46	153.49	10.39	48.57
	900	85.07	90.35	123.32	11.22	43.55
	1200	98.34	92.84	119.13	10.45	45.15
5	100	74.45	76.95	134.59	11.10	47.90
	300	75.86	87.62	193.59	10.50	44.40
	600	84.18	77.26	163.01	10.21	37.34
	900	81.95	78.13	160.50	9.38	45.84
	1200	97.63	88.62	132.00	10.76	41.01
10	100	78.16	84.89	168.68	11.30	38.13
	300	81.24	80.28	184.58	9.87	40.46
	600	68.96	77.05	143.35	10.80	45.17
	900	79.02	79.67	138.02	10.39	36.68
	1200	95.70	84.31	124.83	6.46	33.76
25	100	82.37	77.69	124.08	12.10	39.66
	300	89.57	87.69	145.65	11.04	46.23
	600	86.88	79.54	126.31	11.58	36.12
	900	98.42	87.03	113.54	8.35	36.49
	1200	128.36	81.59	113.65	8.89	33.70
50	100	113.21	80.17	115.91	13.74	40.49
	300	89.78	74.84	143.35	11.69	45.78
	600	87.84	78.56	120.05	10.08	27.30
	900	107.10	85.63	105.98	9.59	34.69
	1200	96.82	87.38	105.32	7.89	27.53

（谢建治等，2005）

表 3-21 玉米籽粒中可溶性总糖、粗蛋白、粗脂肪及游离氨基酸含量

Table 3-21 The contents of total soluble sugar，crude protein，crude fat and free amino acids in maize grains

处理	可溶性总糖/%	粗蛋白/%	粗脂肪/%	游离氨基酸/（$\mu g·g^{-1}$）
CK	4.66d	8.30d	4.27cd	68.44c
P300	5.07b	8.86b	4.76b	69.78b
P600	5.25a	9.27a	5.16a	70.33a
P900	4.92c	8.57c	4.38c	68.43c
P1200	4.36e	7.58e	4.16d	66.55d

注：同一列的不同字母表示差异达到显著水平（$P<0.05$）；P300、P600、P900 和 P1200 分别表示 300、600、900 和 1200 $mg·kg^{-1}$ 的 Pb 处理

（石德杨等，2013）

Cd 胁迫使‘豫花 15’和‘XB023’两个花生品种的脂肪含量在下降（表 3-16）。花生油脂的脂肪酸含量超过总量 1%的有 8 种，即棕榈酸（C16∶0）、硬脂酸（C18∶0）、油酸（C18∶1）、亚油酸（C18∶2）、花生酸（C20∶0）、花生烯酸（C20∶1）、山嵛酸（C20∶0）和二十四烷酸（C24∶0），共占总量的 99%以上，其中仅油酸、亚油酸、棕榈酸即占 90%以上。油酸和亚油酸在植物油中营养价值较高，且花生油脂脂肪酸中的油酸/亚油酸（$O·L^{-1}$）的值是花生制品的耐储藏指标，较高的 $O·L^{-1}$ 值可以延长储藏时间，提高花生制品货架寿命。Cd 胁迫明显增加了两个品种亚油酸含量，降低了硬脂酸和油酸含量及 $O·L^{-1}$ 值，对其他脂肪酸的影响不明显。说明花生受 Cd 胁迫后，影响了主要脂肪酸的组分，其花生制品货架寿命变短（表 3-22）。

表 3-22　Cd 胁迫对花生籽仁主要脂肪酸含量的影响

Table 3-22　Effect of Cd concentrations on the main fatty acid content in peanut kernels

品种	Cd /（$mg·kg^{-1}$）	棕榈酸 /%	硬脂酸 /%	油酸 /%	亚油酸 /%	花生酸 /%	山嵛酸 /%	油酸/亚油酸/%
豫花 15	0（CK）	10.848b	5.445a	41.364a	37.568c	1.530a	1.839b	1.10a
	1.0	11.592a	4.930c	40.055c	38.662b	1.456b	1.894a	1.06b
	2.5	11.339a	4.785d	40.858b	38.526b	1.438b	1.754c	1.06b
	7.5	10.871b	4.974c	41.014b	38.670b	1.506a	1.681d	1.04c
	15.0	11.476a	5.206b	39.010d	38.990a	1.521a	1.608d	1.00d
XB023	0（CK）	10.418a	5.402a	40.929a	36.863d	1.876a	2.902a	1.11a
	1.0	10.528a	4.557c	40.448b	38.270b	1.726ab	2.736ab	1.07c
	2.5	10.753a	4.652c	39.349c	38.947a	1.697ab	2.899a	1.09b
	7.5	10.471a	4.520c	41.270a	37.854c	1.595b	2.614ab	1.06c
	15.0	10.882a	4.940b	40.375b	37.767c	1.793a	2.326c	1.01d

注：同一列的不同字母表示差异达到显著水平（$P<0.05$）

（高芳等，2011）

Pb 胁迫下玉米籽粒脂肪含量随重金属浓度增加均呈现先升高后下降的趋势（曹莹等，2005）。玉米对 Pb 的忍耐力很强，高于 1200 $mg·kg^{-1}$ 的 Pb 处理下，玉米籽粒粗脂肪才显著下降，低浓度的 Pb 处理下，玉米的粗脂肪有显著升高（表 3-21）。施 Cu 降低了大豆的脂肪含量（张玉先等，2005）。

三、重金属对植物碳水化合物含量的影响

碳水化合物（carbohydrate）是自然界存在最多、具有广谱化学结构和生物功能的有机化合物。有单糖、寡糖、淀粉、半纤维素、纤维素、复合多糖，以及糖的衍生物。碳水化合物是由碳、氢和氧三种元素组成，由于它所含的氢氧的比例为 2∶1，和水一样，故称为碳水化合物。它是为人体提供热能的三种主要的营养素中最廉价的营养素。食物中的碳水化合物分成两类：人可以吸收利用的有效碳水化合物如单糖、双糖、多糖，以及人不能消化的无效碳水化合物，如纤维素。

植物被污染后最显著的反应是可溶性碳水化合物的改变，Cd 污染使植物叶内可溶性

糖含量急剧（敏感性）或缓慢（抗性）上升，且可溶性糖含量随 Cd^{2+}浓度升高而增加；Cd 含量高，可能阻碍种子中蔗糖向腺二磷葡萄糖或尿二磷葡萄糖的转化，使淀粉的合成因缺少葡萄糖供体而受到抑制（Youngner et al.，1981）。高浓度 Cd、Cr 处理可使水稻幼苗叶片可溶性糖和淀粉含量降低，低浓度对它们有促进作用（周建华和王永锐，1999）。随 Cd^{2+}浓度升高，高等水生植物凤眼莲和紫背萍可溶性糖含量增加，总糖减少（孙赛初等，1985）。Cd 污染可使玉米、大豆、黄瓜等植物体内可溶性糖含量降低，蚕豆种子和莲藕中的可溶性糖则是随 Cd 浓度增大，先增加后降低（杨居荣等，1995）。受到重金属污染的蔬菜的还原糖含量明显低于清灌区的（谢建治等，2002）。

过量的 Cu 降低了莴苣中水溶性糖含量（涂丛和青长乐，1990）。高浓度 Cu、Cr 处理可使水稻幼苗叶片可溶性糖含量降低；低浓度则对它们稍有促进作用，因此植物体内可溶性糖变化可能与重金属的污染程度有关，即低浓度重金属能增加植物的可溶性糖含量，在高浓度条件下，可溶性糖含量则降低。另外，糖代谢的紊乱也可能与葡萄糖酶、蔗糖酶等的活性变化有关（周建华和王永锐，1999）。受到重金属污染的蔬菜的粗纤维含量明显低于清灌区的（谢建治等，2002）。小白菜在 Cd、Zn 单因素处理条件下，粗纤维含量随土壤中 Cd 添加浓度的增加呈逐渐增加之势，随土壤中 Zn 添加浓度的增加呈先降后升的趋势（表 3-18，表 3-19）。当小白菜在 Cd、Zn 复合处理条件下时，重金属 Cd、Zn 对还原糖的影响表现出协同负效应，对粗纤维的影响表现为拮抗作用（表 3-20）。

糙米直链淀粉含量与 Pb 添加量呈显著负相关；Pb 污染还影响糙米淀粉的组成，提高糙米还原糖的含量（王凯荣和郭炎，1993）。高浓度 Cd、Cr 处理可使水稻幼苗叶片可溶性糖和淀粉含量降低，低浓度则对它们有促进作用（周建华和王永锐，1999）。对番茄喷施 Cu，可溶性糖及糖酸比均有明显的提高（任军等，1990）。中低量添加 Cr^{3+}可提高盐藻可溶性糖含量（张学颖等，2003）。

豫花 15 可溶性糖含量在 Cd 为 2.5 $mg·kg^{-1}$ 时达到最大值，而 XB023 的在 Cd 为 15 $mg·kg^{-1}$ 时达到最大值，表现出品种差异性（表 3-16）。低浓度的 Pb 处理下，玉米可溶性总糖升高，Pb 高于 1200 $mg·kg^{-1}$ 才下降（表 3-21）。

四、重金属对植物维生素 C 含量的影响

维生素 C 又称为抗坏血酸（vitamin C，VC），是植物细胞的组成成分，并参与调节植物生长发育的有关过程，它作为植物防御系统的一种抗氧化剂，能清除损伤膜和酶分子结构的自由基，抑制膜脂过氧化作用，对植物起重要的保护作用。同时维生素 C 含量的高低也是衡量果蔬等作物品质的一个重要指标。植物受到重金属污染后，细胞膜受到伤害，正常的防御系统受到破坏，膜脂发生过氧化作用，体内积累大量的自由基，这些自由基一部分被 SOD 清除，一部分则被抗坏血酸等清除，抗坏血酸与自由基发生反应，来保护细胞膜结构的完整性，从而使植物体内抗坏血酸含量降低。

过量的 Cu 降低了莴苣中维生素 C 含量（涂丛和青长乐，1990）。对番茄喷施 Cu，维生素 C 含量有明显的提高（任军等，1990）。小白菜在经过 Cd、Pb 单一和复合污染后，植物体内维生素 C 含量随培养液中 Cd、Pb 浓度增加而降低，而 Cd 引起植物体内抗坏血酸含量下降的幅度比 Pb 大得多（秦天才等，1997）。Cd 处理使草莓果实维生素 C 含量减

少（张金彪，2001）。莲藕在高浓度 Cd（Cd＞0.8 mg·L^{-1}）胁迫下，其维生素 C 的含量急速降低（李铭心，2005）。小白菜在 Cd、Zn 单因素处理条件下，维生素 C 随添加重金属浓度的增加呈逐渐下降之势（表 3-18，表 3-19）。

五、重金属对中草药品质的影响

中药材中含有多种微量元素，对人体所缺乏的各种微量元素起到重要的补充与调节作用，同时也能对各种微量元素在人体新陈代谢中的吸收、排泄产生影响，并通过络合、螯合作用间接起到解毒作用，从而达到治病的目的（张俊清等，2002）。中药材制品在维持人类健康方面有着十分重要的作用，而中药材中重金属限量是其进入国际草药市场的基本保证。重金属在中药材体内积累不仅会大大影响中药材的药性与质量，甚至食用后在人体内积累，引发疾病。我国中草药资源极其丰富，目前国家保护的中药品种就有 1000 多种，我国在中药开发和中药制品走向世界方面具有很好前景。由于农业污水灌溉、施用污泥和磷肥、采矿及工业三废等影响，一些地方的耕地土壤重金属污染日益严重，从而导致部分中药材产品中重金属含量超标。土壤重金属污染，一方面会导致中药材产品中重金属含量超标；另一方面，重金属可能对中药材生长发育及次生代谢产物的积累产生影响，进而影响药材质量。

普查了 100 种中药材中 Pb、Cd、As 的含量，绝大部分中药材中都含有一定量的重金属，部分药材中含量还很高（冯江等，2001）。测定常用 6 种中草药（板蓝根、黄芪、当归、党参、羌活、地黄）中重金属 Pb、Cd 含量，发现 6 种中草药中都含有一定的重金属 Pb、Cd，板蓝根重金属含量最高，其次是地黄和黄芪，其余几种均在国家允许范围内（雷泞菲等，2008）。

青蒿（*Artemisia carvifolia*）是菊科的一年生草本植物。青蒿为我国传统中药，民间用作消暑、泻热、凉血、消肿、止汗等。青蒿素是抗疟的有效成分。中国是青蒿的原产地，是全球青蒿素市场的最大原料供应国，也是青蒿素提取的首创国。青蒿对重金属的抗性非常强，大多数的试验剂量未对青蒿的生长造成显著性伤害，对青蒿素的含量也没有显著影响，相反，Pb、Cu 和复合污染还刺激了青蒿的生长，但是 Cu 600 mg·kg^{-1} 和 Cu+Pb+Cd 复合污染显著降低了青蒿素的含量（表 3-23）。

人参（*Panax ginseng* C. A. Mey）是五加科多年生草本植物。人参皂苷（ginsenoside）是一种固醇类化合物，三萜皂苷，主要存在于人参属药材中。人参皂苷被视为人参中的活性成分。Pb 胁迫浓度为 100 mg·kg^{-1} 时，人参根部总皂苷含量的变化并不显著，而当 Pb 质量分数达到 250 mg·kg^{-1} 时，总皂苷含量显著增加，并在 Pb 质量分数为 1000 mg·kg^{-1} 时达到最高。其他单体皂苷多数也有类似规律，其中 Rd 的响应是最敏感的（表 3-24）。

三萜人参皂苷是人参的重要次生代谢产物，当生长环境的光照、温度、水分和营养等条件发生变化或者受到外来侵害时，人参和西洋参等植物会调节体内的皂苷含量来应答这些环境胁迫（贾光林等，2012；高明等，2012）。最佳防御假说从植物生理学的角度很好地解释了 Pb 胁迫对人参次生代谢的促进作用，即植物在胁迫环境下生长缓慢，植物受损的补偿能力较差，而产生次生代谢产物的成本相对较低，次生代谢产物的防御收益增加，因此，植物在环境胁迫下将产生较多的次生代谢产物（Barto and Cipollini，2005）。

表 3-23　重金属对青蒿青蒿素的影响

Table 3-23　Effect of heavy metal stress on *Artemisia carvifolia* and artemisinin

处理/（$mg \cdot kg^{-1}$）	青蒿素含量/%
CK	0.52±0.04ab
Pb 200	0.56±0.01a
Pb 500	0.51±0.03ab
Pb 1250	0.45±0.06b
CK	0.52±0.04a
Cd 0.5	0.63±0.01b
Cd 1.5	0.56±0.02ab
Cd 4.5	0.53±0.01a
CK	0.52±0.04ab
Cu 100	0.54±0.05a
Cu 300	0.46±0.03b
Cu 600	0.31±0.03c
CK	0.52±0.04a
Cu+Pb	0.41±0.03b
Cu+Cd	0.51±0.01a
Pb+Cd	0.51±0.02a
Cu+Pb+Cd	0.24±0.03c

注：同一列的不同字母表示差异达到显著水平（$P<0.05$）。复合污染 Cu 用 300 $mg \cdot kg^{-1}$，Pb 用 500 $mg \cdot kg^{-1}$，Cd 用 1.5 $mg \cdot kg^{-1}$，处理 140 d 后测定

（韩小丽，2008）

夏枯草（*Prunella vulgaris* L.）为唇形科多年生草本植物，以其干燥果穗入药。熊果酸是存在于天然植物中的一种三萜类化合物，具有镇静、抗炎、抗菌、抗糖尿病、抗溃疡、降低血糖等多种生物学效应，熊果酸还具有明显的抗氧化功能，因而被广泛地用作医药和化妆品原料。低浓度的重金属胁迫对夏枯草毒害作用较低，同时能一定程度上增加夏枯草对熊果酸的积累，高浓度水平对夏枯草的毒害作用明显，三种重金属胁迫使植株各部位相应重金属含量增加的趋势大致相同。栽培夏枯草土壤中的重金属 Pb、Cu、Cd 临界值分别可以确定为 400 $mg \cdot kg^{-1}$、100 $mg \cdot kg^{-1}$、1.0 $mg \cdot kg^{-1}$（武征等，2010）。

三七为五加科植物[*Panax notoginseng*（Burk.）F.H. Chen]，以干燥根和根茎入药。黄酮广泛存在于自然界的某些植物和浆果中，总数有 4000 多种，其分子结构不尽相同，不同分子结构的黄酮可作用于身体不同的器官。黄酮的功效是多方面的，它是一种很强的抗氧化剂，可有效清除体内的氧自由基，黄酮可以改善血液循环，可以降低胆固醇，可以抑制炎性生物酶的渗出，可以促进伤口愈合和止痛。土壤 As 污染显著降低三七中单体皂苷 R_1、Rg_1、Rb_1 的含量，对三七质量的影响有机砷大于无机砷（曾鸿超，2011）。祖艳群等（2014b）通过大田模拟试验，发现低浓度的 As 对三七黄酮无显著影响，而当 As 含量超过 140 $mg \cdot kg^{-1}$ 时，黄酮的含量显著下降（表 3-25）。

表 3-24 Pb 胁迫对人参根单体皂苷与总皂苷含量的影响

Table 3-24 Effect of lead stress on contents of monomer and total ginsenoside

Pb/（$mg \cdot kg^{-1}$）	Rg_1	Re	Rf	Rb_1	Rc	Rb_2	Rb_3	Rd	总皂苷
0	4.20±0.19b（11.6）	5.52±0.68b（15.2）	2.00±0.24bc（5.50）	9.33±0.51b（25.7）	5.94±0.25b（16.3）	5.04±0.30a（13.9）	0.76±0.01a（2.10）	3.56±0.64b（9.78）	36.3±1.34b
100	5.61±0.98ab（13.5）	5.54±0.25b（13.3）	1.98±0.31c（4.80）	10.37±0.71b（25.0）	6.79±0.33ab（16.3）	5.81±0.07a（14.0）	0.87±0.01a（2.09）	4.59±0.34a（11.1）	41.6±0.59ab
250	5.79±1.15ab（12.6）	6.72±0.10ab（14.7）	2.67±0.40a（5.82）	12.26±1.14a（26.8）	7.09±0.67ab（15.5）	6.02±1.01a（13.2）	0.91±0.15a（1.99）	4.33±0.49ab（9.45）	45.80±3.52a
500	6.66±0.78a（14.2）	7.26±0.21a（15.5）	2.42±0.32ab（5.18）	13.43±2.08a（28.7）	6.35±1.14ab（13.6）	4.78±1.56a（10.2）	0.76±0.25a（1.63）	5.08±0.48a（10.9）	46.74±7.72a
1000	5.94±0.53a（12.7）	6.64±1.17ab（14.6）	2.22±0.28abc（4.75）	11.52±0.89ab（24.6）	7.64±41.47a（16.3）	6.61±2.02a（14.1）	1.08±0.37a（2.30）	5.14±0.60a（11.0）	46.80±3.73a

注：括号内数值为各单体皂苷占总皂苷的百分比，同一列的不同字母表示差异达到显著水平（$P<0.05$）。Rg_1、Re、Rf、Rb_1、Rc、Rb_2、Rb_3、Rd 为单体皂苷

（梁尧等，2014）

表 3-25 As 胁迫条件下二年生三七各部位黄酮含量

Table 3-25 Flavonoid contents in different parts of two-year old *P. notoginseng* in vegetative growth and flowering stages under As stress

As /（$mg \cdot kg^{-1}$）	营养生长期/（$mg \cdot g^{-1}$）			开花旺盛期/（$mg \cdot g^{-1}$）			成熟期/（$mg \cdot g^{-1}$）		
	剪口	主根	须根	剪口	主根	须根	剪口	主根	须根
0	4.78±0.90a	2.32±0.30ab	5.18±0.20ab	6.98±0.20a	3.09±0.20a	7.39±0.30a	6.91±0.26a	3.74±0.53a	7.31±0.43ab
20	4.43±0.20ab	2.47±0.20a	4.82±0.10ab	7.25±1.00a	3.01±0.10a	7.85±0.20a	7.09±0.16ab	4.21±0.70a	7.09±0.92ab
80	4.45±0.40ab	2.34±0.20ab	5.40±0.40a	7.04±0.20a	2.87±0.10ab	7.63±0.20a	6.75±0.16ab	3.81±0.17a	7.18±0.13a
140	4.32±0.30b	2.26±0.20b	4.76±0.90b	6.84±0.80ab	2.80±0.10b	7.17±0.30b	6.66±0.27b	3.72±0.20a	6.93±0.31b
200	4.38±0.20b	2.04±0.20ab	4.61±0.20bc	6.69±0.70b	2.80±0.10b	7.11±0.20b	6.53±0.24b	3.55±0.26a	6.80±0.06bc
260	4.23±0.10b	2.02±0.20b	4.54±0.30c	6.61±0.10b	2.79±0.20b	7.07±0.30b	6.38±0.12b	3.50±0.11a	6.50±0.07c

注：表中数据为平均值±标准差。数字后的不同小写字母表示在 $P<0.05$ 水平上差异显著水平

（祖艳群等，2014b）

展　望

第一，随着现代分子生物学技术在污染生态学中的应用，采用转录组学、蛋白质组学、代谢组学等组学研究方法，有助于更深入全面地了解重金属对植物的影响，为研究重金属胁迫下植物的分子响应提供了新的方法。

第二，植物细胞代谢及细胞器结构的变化和基因表达水平的变化具有明显的相关性，建立重金属对植物细胞结构、生理生化和分子等不同水平上的影响与网络关系，有助于系统全面深入理解重金属对植物的毒害效应。

第三，当前重金属对植物的影响研究，主要集中在短期、人工室内条件下的个体水平上，需要向长期、自然野外条件下的植物种群、群落和生态系统水平上深入，有助于真实准确评估重金属对植物的影响。

第四章　重金属对植物的毒害作用及机理

重金属可以通过干扰细胞正常的代谢途径及物质在细胞中的运输过程，抑制植物的生长发育，从而对植物造成明显的伤害。植物根系吸收的重金属超过其毒性阈值时，一系列细胞/分子水平的相互作用导致植物体内显著的毒害症状。

本章首先就重金属对植物的毒害作用、评价标准、评价方法、毒害临界值作了简要介绍，并根据作物的表观毒害响应端点，评价作物对 Cd、Pb、As、Hg、Cr 等重金属的敏感性，进行敏感、较敏感、较不敏感和不敏感的分类。然后论述了植物受重金属毒害的条件，包括重金属的性质、存在形态、土壤理化与生物性质、环境温度、重金属元素之间的相互作用、重金属元素与营养元素间的相互作用等。最后阐述了植物受重金属毒害的机理，包括重金属离子对植物活性位点的竞争，损伤植物细胞结构、重要生物大分子及遗传物质等，涉及细胞、生理生化及分子等不同水平上的机理。

第一节　重金属对植物的毒害作用

植物根系吸收的重金属超过其毒性阈值时，一系列细胞/分子水平的相互作用，就会导致植物体内显著的毒害症状。细胞内的重金属离子能与酶活性中心或蛋白质的巯基结合，从而抑制蛋白质的活性或导致细胞结构破坏；重金属也可以通过置换生物体中必要元素，导致酶活性丧失及必要元素缺乏，进而影响生物体生长发育；另外，过量重金属也会刺激自由基和活性氧的产生而导致细胞氧化损伤。不同种类的植物对同一种重金属的反应差别很大，而不同重金属对同一种植物常常有不同的毒害作用，不同的环境条件又影响着植物与重金属之间的相互作用，即使是同一种重金属元素、同一浓度，在不同的环境条件下，对植物的危害也可能表现出明显的差异。

一、重金属毒害作用的定义

毒害作用，指环境中的重金属被植物吸收，在植物体内的累积量达到一定限值，对植物的生长发育、形态结构、生理代谢、遗传物质等产生有害的生物学变化。重金属毒害作用的常见症状有：植物光合生理、呼吸代谢、矿质营养等生理代谢作用减弱，叶片和植株形态改变，细胞器显微、亚显微和超微结构受损，叶片出现黄化或坏死，导致植物株高、生物量和产量下降，生长发育受到抑制，DNA、RNA 等遗传物质数量与结构也可能受损。

根据毒害作用性质的不同，可分为一般毒害作用和特殊毒害作用。一般毒害作用是与特殊毒害作用相对而言的，主要包括急性毒害、亚慢性毒害和慢性毒害、蓄积毒害及局部毒害等。特殊毒害作用则主要指致癌作用、致突变作用、生殖和发育毒害作用等。

重金属对植物的毒害作用与持续时间密切相关。毒理学通常依据作用期限的不同将一般毒害试验分为急性、亚慢性和慢性毒害试验等。急性毒害通常是指植物体短时间接触高剂量的某一重金属所引起的毒害效应，包括死亡效应。急性毒害试验是毒理学研究中最基础的工作，一般是重金属毒害评价的基础工作。亚慢性毒害是指机体连续多日接触外源重金属所引起的毒害效应。毒理学亚慢性毒害试验中一般是持续1～3个月。慢性毒害是指植物体长期接触外源重金属所引起的毒害效应。毒理学慢性毒害试验中一般是连续一个月至两年，甚至更长的时间。

二、重金属毒害作用的评价标准

重金属对植物的毒害作用可以通过其对植物产生损害的性质和程度而表现出来，这可用具体的毒理学试验来检测。在具体的毒理学试验中，质量浓度是决定重金属对机体造成损害程度的最主要因素，同一种重金属在不同质量浓度时对植物作用的性质和程度不同。

半数致死质量浓度和半数效应质量浓度是毒理学研究中最常用的毒害效应强弱评价标准。半数致死质量浓度（half lethal concentration，LC_{50}），也称半数致死剂量（half lethal dose，LD_{50}），是指能引起一群个体50%死亡所需的质量浓度。在试验当中，是指使一群特定的植物接触重金属，在一定观察期限内（如72 h或96 h）死亡50%所需的质量浓度。半数效应质量浓度（median effective concentration，EC_{50}），也称为半数抑制浓度（median inhibition concentration，IC_{50}），是指重金属引起植物体某项生物效应发生50%改变所需的质量浓度。如以某种酶的活性作为效应指标，整体实验可测得抑制酶活性50%时的质量浓度，离体实验可测得抑制该酶活性50%时的质量浓度。

目前国际上对外源化学物急性毒害作用的分级主要是依据LC_{50}，但各国际组织与各国制定的分级标准还没有统一，世界卫生组织的毒性分级标准见表4-1。

表4-1　外来化学物质急性毒性分级（LD_{50}或LC_{50}值）

Table 4-1　Acute toxicity classification of exotic chemicals（LD_{50} or LC_{50}）

接触途径		第1类（极毒）	第2类（剧毒）	第3类（中等毒）	第4类（低毒）	第5类（实际无毒）
经口LD_{50}/（$mg \cdot kg^{-1}$）		5	50	300	2000	
经皮LD_{50}/（$mg \cdot kg^{-1}$）		50	200	1000	2000	5000
吸入	气体/10^6（体积分数）	100	500	2500	5000	
	蒸气/（$mg \cdot kg^{-1}$）	0.5	2.0	10	20	
	粉尘与烟雾/（$mg \cdot kg^{-1}$）	0.05	0.5	1.0	5	

（孟紫强，2010）

以LC_{50}为基础的急性毒性分级标准虽然有一定价值，但应当认识到LC_{50}仅是实验动物50%存活与50%死亡的点剂量，一方面，它不能反映化合物的全面急性毒性特征，如致死剂量范围、引起死亡的时间长短、引起急性非死亡毒害的剂量、毒害作用的可恢复性等。另一方面，植物与动物差别巨大，植物对重金属毒害的耐受性远高于动物，且植物种间和种内耐受重金属毒害作用的差异极大，且受环境条件的显著影响。因此，评价重金属对植物的急性毒害作用时，除考虑其 LC_{50} 外，还应结合其他的毒害作用参数，如急性毒害作用带或剂量–死亡曲线的斜率，并应详细描述毒害作用的特征。

三、重金属毒害作用的评价方法

（一）经典的急性致死性毒害评价

经典的急性毒害作用试验一般是设一定数量的剂量组，组间有适当的浓度间距，通过试验得到化合物引起动物或植物死亡的剂量–反应关系，并求得 LC_{50} 或 LD_{50}。求 LC_{50} 或 LD_{50} 的计算方法很多，可用任何一种公认的统计学方法计算 LC_{50} 或 LD_{50} 的值及其95%的可信限范围，如霍恩氏（Horn）法、寇氏（Karber）法、概率单位–对数图解法、直接回归法、Bliss 法等（孟紫强，2010）。

1. 霍恩氏法

霍恩氏法是一种非参数统计（normal population assumption-free）方法，又称平均移动内插法（moving average interpolation）。该方法限定使用 4 个剂量组，每个剂量组的浓度递增公比固定，每组试验对象数量相等，根据试验对象的死亡情况直接查表求出 LD_{50} 及其 95%可信限。此方法简便，使用的试验材料数量相对较少，但是其 95%可信限的范围较大。

2. 简化寇氏法

简化寇氏法是利用剂量对数与死亡率呈 S 形曲线而设计的方法，又称平均致死量法。要求每个染毒剂量组试验对象数量要相同，各剂量组组距呈等比级数，死亡率呈正态分布，最低剂量组死亡率＜20%，最高剂量组死亡率＞80%，中间剂量接近 LD_{50} 剂量。计算公式如下：

$$m = X - i\left(\sum p - 0.5\right)$$

$$S_m = i\sqrt{\sum \frac{pq}{n}}$$

式中，m 为 $\lg LD_{50}$；

i 为相邻两剂量组之对数剂量差值；

X 为最大剂量的对数值；

q 为存活率（$q=1-p$）；

$\sum p$ 为各剂量组死亡率之和；

S_m 为 $\lg LD_{50}$ 的标准误差；

n 为每组动物数。

由上述公式求得 $\lg LD_{50}$ 及其 95%可信限（$m \pm 1.96\,S_m$），则 $LD_{50} = 10^m\ mg \cdot kg^{-1}$（体重），其 95%可信区间范围为：（$10^m - 10^{1.96S_m}$）～（$10^m + 10^{1.96S_m}$）。

3. 直接回归法

假定不同剂量下死亡频率呈正态分布，如果以剂量的对数为横坐标，死亡频率为纵坐标，随剂量增加，死亡率的增加曲线为典型的“钟罩”形；当频率转化成累积频率时，则反应曲线呈 S 形；将累积死亡率转换为概率单位时，反应曲线呈直线。与概率单位 5（反应率 50%）对应的对数剂量即为 $\lg LD_{50}$。直接回归法就是将剂量对数值与死亡率（概率单位）的关系，进行直线回归，用最小二乘法求得回归方程：$Y=a+bX$。进而求得受试化学物的 LD_{50} 及其 95%可信区间。计算式如下：

$$\lg LD_{50} = \bar{X} + \frac{5-\bar{Y}}{b}$$

$$\sigma_m = \sqrt{n^2(\lg LD_{50} - \bar{X})^2 + D \div (nb^2 D)}$$

式中，$\bar{X}$ 为对数剂量的平均值，$\bar{X} = \frac{1}{n}\sum X$ ；

$\bar{Y}$ 为各剂量组动物死亡概率单位平均值，$\bar{Y} = \frac{1}{n}\sum Y$；

b 为 Y 依 X 的回归系数，$b = (n\sum XY - \sum X \sum Y)/D$；

σ_m 为标准误差；

n 为剂量组数；

$D = n\sum X - (\sum X)^2$。

回归法求 LD_{50} 较为准确，不要求每个剂量组动物数相等，剂量组距可设计为等差级数。

（二）急性毒害试验的其他方法

急性毒性研究是化学品安全性评价中最基本的工作，急性毒性研究的结果对于化学物毒性的分级、其他毒性研究中染毒剂量及观察指标的选择等起到不可或缺的作用。但经典的急性毒性试验（LD_{50}测定）消耗的试验对象数量巨大，以动物为例，一个化学品一种染毒途径的急性毒性试验一般需要 100 只动物（含预试验）。另外，通过经典的急性毒性试验获得的信息是有限的，LD_{50} 值所表征的仅是实验动物 50%存活与 50%死亡的点剂量，它不能等同于急性毒性，死亡仅仅是评价急性毒性的许多观察终点之一。此外，测得的 LD_{50} 值实际上也仅是个近似值，1977 年欧洲共同体（现为欧洲联盟）组织了 13 个国家的 100 个实验室，统一主要的实验条件对 5 种化学物的 LD_{50} 进行测定。根据收集到的 80 个实验室的数据分析，结果仍然存在相当大的差异，可达 2.44～8.38 倍。所以，有人认为在化学品安全性评价中，不必准确地测定 LD_{50}，只需了解其近似致死量和详细观察记录中毒表现即可。为此，发展经典急性毒性研究方法的替代法是毒理学研究者所关注的问题。近几年来经济合作与发展组织（OECD）等组织的科学家对此进行了专门的研究，并已提出了多种替代的方法。

1. 固定剂量法

固定剂量法（fixed dose procedure）由英国毒理学会 1984 年提出，OECD 于 1992 年

正式采用。利用一系列固定的剂量（5 mg·kg^{-1}、50 mg·kg^{-1}和 500 mg·kg^{-1}，最高限 2000 mg·kg^{-1}）染毒，观察染毒动物的死亡情况及毒性反应，并依此对化学物的毒性进行分类和分级。首先以 50 mg·kg^{-1}的剂量给 10 只实验动物（雌、雄各半）染毒，如果存活率低于 100%，再选择一组动物以 5 mg·kg^{-1}的剂量染毒；如存活率仍低于 100%，将该受试物归于“高毒”类，反之归于“有毒”类。如果 50 mg·kg^{-1}染毒动物存活率为 100%，但有毒性表现，则不需进一步试验，将其归于“有害”类。如果 50 mg·kg^{-1}的剂量染毒后存活率为 100%，而且动物没有中毒表现，继续以 500 mg·kg^{-1}的剂量给另外一组动物染毒；如果存活率仍为 100%，而且没有中毒表现，则以 2000 mg·kg^{-1}的剂量染毒；如果仍然 100% 存活，将受试物归于“无严重急性中毒的危险性”类。

2. 急性毒性分级法

OECD 在 1996 年提出的急性毒性分级法（acute toxic class method）采用分阶段试验，每阶段 3 只动物，根据动物的死亡情况，平均经 2～4 阶段即可对急性毒性做出判定。一般利用 25 mg·kg^{-1}、200 mg·kg^{-1}和 2000 mg·kg^{-1}三个固定剂量之一开始进行试验，根据动物死亡情况决定是对受试物急性毒性进行分级，还是需选择另一种性别，以相同染毒剂量进行下一阶段试验，或以较高或较低的剂量水平进行下一阶段试验。

3. 上、下移动法

上、下移动法（up/down method）亦称阶梯法。先选一个剂量对第一只动物染毒，如果动物死亡，则以下一个较小剂量对下一只动物染毒，如果动物存活则以较大的上一个剂量染毒，依此类推。实验需要选择一个比较合适的剂量范围，使大部分动物的染毒剂量在 LD_{50} 的上下。用下式求得 LD_{50} 及其标准误差：

$$LD_{50}=\frac{1}{n}\sum xf$$

$$S=\left[\frac{D}{n^2(n-1)}\right]^{\frac{1}{2}}$$

式中，n 为使用动物总数；

x 为每个剂量组的剂量；

f 为每个剂量组使用动物数；

$D=n\sum x^2f-(\sum xf)^2$。

此方法节省实验动物，一般 12～14 只动物即可，但只适用于快速发生中毒反应及死亡的化学物。

（三）重金属对植物急性毒害的评价

目前，重金属毒害作用评价的定量试验研究主要关注了鱼类、小白鼠等动物，关于重金属对植物的毒害效应的试验相对较少。关于重金属对植物毒害作用评价的定量试验，试验数据应建立在能够反映待测重金属对受试物种总的不利影响的终点之上。

常用的标准植物毒性试验包括种子发芽、根伸长和早期幼苗的生长试验，此外也有用光合抑制试验及酶活性、抗氧化物变化来检测生物毒害作用。植物土培或水培，由于土壤理化性质复杂，不同区域和类型的土壤差异很大，对植物生长、重金属耐性、重金属化学行为等方面影响差异极大。因此，重金属对植物毒害作用评价的标准试验，通常以水培为主，其选择依据为：当受试物种为藻类时，试验结果应以对藻类生长繁殖的短期的致死效应 72 h-LC_{50} 或 96 h-LC_{50}，或短期的生长抑制效应（72 h-EC_{50} 或 96 h-EC_{50}）表示。当受试物种为水生维管束植物时，试验结果应用长期的 LC_{50} 或 EC_{50} 表示（吴丰昌等，2011）。

1. 对生长毒害作用的评价方法

藻类是研究重金属毒害作用常采用的研究对象，传统的方法是通过测定不同时间（通常为 96 h）的藻细胞密度的半数抑制质量浓度（EC_{50} 或 IC_{50}）或半数致死质量浓度（LC_{50}）等指标来评价重金属对藻类的毒害作用。

直接测定藻类的生物量是一种简单易行的评价方法。从 1000 mL 的斜生栅藻培养液中，取藻液 10 mL，利用真空泵抽滤至预先烘干至恒重（M_0）的 0.45 μm 孔径的微孔滤膜上，滤膜放入 105℃烘箱烘至恒重（M_1），生物量（DW，g·L^{-1}）等于（M_1–M_0）×100。取第 4 天的生物量计算 96 h 的半数抑制浓度（IC_{50}），通过拟合胁迫浓度与抑制率之间的关系建立线性方程，计算得到重金属 Pb^{2+}、Cr^{3+}和 Cr^{6+}对斜生栅藻的半数抑制浓度（IC_{50}）分别为 17.17、6.30 和 1.23 mg·L^{-1}（杨国远等，2014）。

通过测定不同吸光度下藻类的生物量，获得藻类生物量与吸光度之间的相关性，做出吸光度与生物量的线性回归方程；在培养过程中，采用分光光度计测定培养液的吸光度，并依据吸光度与生物量的线性回归方程计算出藻类的生物量，是另一种简便的评价方法。在螺旋藻生长周期内，每天同一时间用紫外可见分光光度计于 560 nm 处测定螺旋藻藻液的吸光度（A_{560}），以时间为横坐标，A_{560} 为纵坐标，绘制螺旋藻的生长曲线，并通过测定不同光密度下螺旋藻的生物量，用概率单位法计算 Pb 对藻株 A 和藻株 B 生长抑制的 96 h-EC_{50}，得到线性回归方程，计算得到 Pb 对藻株 A 和藻株 B 生长抑制的 96 h-EC_{50} 分别为 61.66 和 72.44 mg·L^{-1}。可见，重金属 Pb 对螺旋藻藻株 A 的毒害作用比藻株 B 强（李勇勇等，2013）。

此外，还可以采用流式细胞仪等特定仪器设备，直接测定藻类的生物量或数量，评价重金属对藻类的急性毒害作用。在定量评价重金属离子 Cd^{2+}对赤潮海藻（米氏凯伦藻和微小原甲藻）急性毒性试验中，采用基于流式细胞仪（Cytomics FC 500 MPL Bechman Coulter）检测活的赤潮海藻数量。具体为取 1 mL 胁迫 48 h 和 96 h 的藻液，用 200 目筛绢过滤，取藻细胞，采用碘化吡啶（propidium iodide，PI）染色。根据前向角散射光强度（FSC）和侧向角散射光强度（SSC）设置米氏凯伦藻 R1 门，在此基础上，根据 FL3 通道内 PI 荧光强度设置 R2 门；通过 R1 和 R2 门的联合设定，确定海藻的活细胞类群。结果发现，Cd 对微小原甲藻的 48 h-EC_{50} 和 96 h-EC_{50} 分别为 0.835 mg·L^{-1} 和 1.215 mg·L^{-1}，对米氏凯伦藻的 48 h-EC_{50} 和 96 h-EC_{50} 分别为 5.405 mg·L^{-1} 和 6.268 mg·L^{-1}（于小娣等，2012）。

除藻类的生长外，通过植物种子的萌发率和根的生长等指标，计算重金属离子的半数抑制浓度（IC_{50}），也常用于评价重金属毒害作用。如土壤培养条件下，铬污染对小白菜种子的萌发影响不大，但对根长影响明显，小白菜根的受抑制程度可作为评价重金属毒害作用较为理想的指标，通过回归方程得出铬对小白菜根伸长的 IC_{50} 为 9.78 mg·kg^{-1}（王丹等，2011）。采用急性毒性试验方法，Cd 对小麦、白菜和水稻幼苗的根伸长 IC_{50} 分别为 118.27、23.32、22.21 mg·L^{-1}（恽烨等，2014）。

2. 对生理毒害作用的评价方法

光合生理参数常被用作重金属对植物毒害作用的评价指标。叶绿素荧光技术是一种以光合作用理论为基础，利用体内叶绿素作为天然探针，研究和探测植物光合生理状况及各种外界因子对其细微影响的新型植物活体测定和诊断技术，具有快速、准确、不破坏细胞、需要样品少、测量方法简单等优点，其测定参数包括 PSⅡ的原初光能转化效率（Fv/Fm）、PSⅡ的潜在活性（Fv/Fo）、PSII 的实际光能转化效率（Yield）、相对表观电子传递效率（rETR）、光化学淬灭（qP）、非光化学淬灭（NPQ）和叶绿素相对含量等（梁英等，2008，2009；王帅等，2009，2010；王帅和梁英，2011）。具体参见表 4-2，除绿色巴夫藻 96 h-EC_{50} 值比 72 h-EC_{50} 值高外，其他藻类 96 h-EC_{50} 值均低于 72h-EC_{50} 值。叶绿素荧光是光合作用的良好指标和探针，在荧光分析中最常用的参数是 Fv/Fm，它表示

表 4-2　Cd 处理不同时间后藻类叶绿素荧光参数的 EC_{50} 值（μmg·L^{-1}）

Table 4-2　EC_{50} for the parameters（Fv/Fm，Fv/Fo，Yield，Relative chlorophyll content）of algal strains after 72 h and 96 h of Cd^{2+} treatment

藻类名称	胁迫时间/h	Fv/Fm	Fv/Fo	Yield	叶绿素相对含量
杜氏盐藻	24	—	648.3	—	875.0
	48	767.0	427.8	637.1	24.6
	72	—	550.7	875.4	76.2
	96	—	605.1	918.3	25.3
纤细角毛藻	24	360.2	110.7	73.3	111.4
	48	186.9	21.4	58.2	85.6
	72	25.0	14.7	19.1	70.6
	96	17.7	9.4	11.5	14.6
三角褐指藻	24	—	—	171.2	—
	48	375.9	129.2	70.0	67.8
	72	99.8	68.6	71.9	17.4
	96	25.9	85.0	69.3	11.9
塔胞藻	72	692.6	490.2	680.6	37.1
	96	662.5	551.1	669.1	32.7
绿色巴夫藻	72	317.3	188.9	330.4	131.3
	96	335.6	198.3	412.6	134.6
等鞭金藻塔溪堤品系	72	78.8	43.7	67.0	10.6
	96	55.84	39.7	71.6	9.1
小球藻	72	26.8	20.3	20.6	78.6
	96	31.1	21.4	25.6	19.0
微绿球藻	72	16.8	10.5	15.3	8.5
	96	16.1	10.0	14.4	7.7
雨生红球藻	72	28.8	20.2	29.5	16.0
	96	25.5	19.2	23.4	14.4

注："—"表示数据未能得出

（梁英等，2008，2009；王帅等，2009，2010；王帅和梁英，2011）

PSⅡ的最大光化学量子产量，即PSⅡ的最大光能转化效率。在非胁迫条件下此参数变化很小，但在胁迫条件下，此参数变化较大，它是反映藻类生长良好与否的一个重要指标。因此，可以通过测定重金属胁迫条件下藻类叶绿素荧光参数的变化，来评价重金属对不同种类藻类重金属的生理毒害作用。

重金属离子对植物毒害作用的EC_{50}值与重金属种类、胁迫时间及测定的参数有关。如胁迫时间对Cd对纤细角毛藻的EC_{50}值的影响比较明显，胁迫时间为24 h和48 h时，Cd的EC_{50}值显著高于胁迫时间为72 h和96 h时的EC_{50}值，说明Cd的毒性随着胁迫时间的延长而逐步增大（梁英等，2008）。

四、重金属毒害作用的临界值

在实际的农业生产中，我国通常以农作物产量降低到一定程度的土壤重金属浓度作为土壤中该重金属的毒害临界值（最大允许浓度）。毒害临界值，也称毒害阈值，是指能引起超出机体平衡限度生物变化的重金属最小暴露水平或剂量。土壤重金属污染对作物生产的危害主要体现在两方面：一是使农产品重金属含量超标；二是对作物产生毒害作用致使作物减产，甚至绝收。建立农业土壤重金属环境质量基准需要先建立两个安全临界值：保障农产品中污染物不超标的土壤安全临界值和保障农作物不受重金属毒害的土壤安全临界值（罗丹等，2010）。当植物受到重金属毒害而导致生长状况发生改变时，应以生物量减少5%～15%时的土壤重金属有效浓度为临界指标。

1. 镉对植物的毒害及症状

通过Cd对芥菜生长的影响，采用回归方程对土壤镉的毒害临界值进行推算，得出土壤有效Cd的毒害临界值为0.15 $mg·kg^{-1}$（陈春乐等，2012）。青菜和白菜最大Cd富集浓度为300 $mg·kg^{-1}$（宗良纲等，2007）。三叶鬼针草的Cd毒害临界值是32 $mg·kg^{-1}$（孙约兵等，2009），花生幼苗的Cd毒害浓度是0.50 $mg·L^{-1}$（牛常青，2009）。丁枫华等（2011）通过水培苗期毒性试验，研究了9个科23种常见作物幼苗对Cd毒害敏感性的差异表明，大部分供试植物在0.1～0.25 $mg·L^{-1}$ Cd浓度条件下开始出现表观毒害症状，不同种类作物所表现的毒害症状有较大的差异。作物地上部鲜重对较低浓度Cd（0.1～0.5 $mg·L^{-1}$）胁迫的响应比其他生长性状指标更加敏感和稳定，可作为植物对Cd敏感性的筛选指标。不同种类作物 EC_{20}值（地上部生物量降低 20%时培养液中 Cd 的浓度）的变化范围为0.03～24.67 $mg·L^{-1}$。

根据表观毒性响应端点和抑制效应浓度（effective concentration，EC），对作物Cd毒害敏感性分别进行分类，敏感性不同的作物对不同浓度镉的表观响应差异很大。Cd敏感、较敏感、较不敏感和不敏感的作物，分别在 0.1 $mg·L^{-1}$、0.25 $mg·L^{-1}$、0.25 $mg·L^{-1}$ 和5.0 $mg·L^{-1}$Cd处理下，培养7 d出现新叶失绿黄化的毒害症状；分别在0.25 $mg·L^{-1}$、0.5 $mg·L^{-1}$、1.0 $mg·L^{-1}$和10.0 $mg·L^{-1}$ Cd处理下，培养7 d或4 d，作物长势开始受抑制（表4-3）。

土培条件下，0.5 $mg·L^{-1}$ Cd处理，荠菜和油白菜出现新叶稍黄化、长势受抑的受害症状，而蕹菜在5.0 $mg·L^{-1}$ Cd处理，出现新叶稍黄化、长势受抑制的症状；随着Cd处理浓度增加，芥菜、油白菜和蕹菜受害症状加重，但蕹菜的受害症状相对较轻。根据芥

表 4-3 根据表观毒害响应端点对作物镉敏感性的分类

Table 4-3 Classification of Cd sensitivity to crops according to the response endpoint of toxicity symptoms

分类	作物种类	表观毒害响应端点
敏感作物	大白菜、油白菜、蕹菜、油麦菜、芥菜、小白菜	毒害响应的最低浓度为 0.1 $mg·L^{-1}$，处理 7 d 新叶失绿黄化，0.25 $mg·L^{-1}$ 镉处理 7 d 长势开始受抑制，侧根须根增多
较敏感作物	番茄、茄子、生菜、菜心、花椰菜、早稻、中稻、晚稻 1、晚稻 2、红豇豆	毒害响应的最低浓度为 0.25 $mg·L^{-1}$，处理 7 d 新叶开始黄化，侧根须根增多，0.5 $mg·L^{-1}$ 镉处理 4 d 长势开始受抑制
较不敏感作物	结球甘蓝、萝卜、红萝卜、辣椒、苋菜	毒害响应的最低浓度为 0.25 $mg·L^{-1}$，处理 7 d 新叶开始黄化，1.0 $mg·L^{-1}$ 处理 7 d 长势开始受抑制，20 $mg·L^{-1}$ 以上处理 10 d 下部叶枯萎或整株死亡
不敏感作物	芹菜、黄瓜	毒害响应的最低浓度为 5.0 $mg·L^{-1}$，处理 7 d 新叶开始黄化，侧根须根增多，10.0 $mg·L^{-1}$ 镉处理 4 d 长势开始受抑制

（丁枫华等，2011）

菜、油白菜和蕹菜三种蔬菜对 Cd 毒害的响应时间、响应浓度及其表观症状，判断对 Cd 毒害的敏感程度为：芥菜＞油白菜＞蕹菜。

2. 铅对植物的毒害及症状

土壤 Pb 的植物毒害临界值是保证大多数作物不受土壤 Pb 毒害的土壤 Pb 浓度。土培条件下，通过 Pb 对高敏感作物的毒害效应来推算，以 Pb 高敏感蔬菜减产 10%时的土壤 Pb 阈值作为土壤 Pb 的植物毒害临界值，按照蔬菜出现毒害症状的时间、最低浓度和表观毒害症状的轻重等综合因素来衡量蔬菜对 Pb 的敏感性，分为敏感、较敏感和较不敏感三个水平（表 4-4）。

表 4-4 依据表观症状的蔬菜铅毒害敏感性分类

Table 4-4 Classification of Pb sensitivity to crops according to the response of toxicity symptoms

类别	品种	毒害症状
敏感品种	茄子、苋菜	茄子表现为全株叶片开始萎蔫，濒临死亡；苋菜表现为上部扩展叶叶片黄化，根系呈微褐色
较敏感品种	芹菜、空心菜、油麦菜、生菜、青菜、莴笋	芹菜表现为心叶轻微黄化，根系呈黄褐色；空心菜表现为上部叶片轻微黄化；油麦菜、生菜、青菜表现为老叶枯死，植株随 Pb 处理浓度的增加而不断变矮小，新生根短，根数和须根变少，根系呈褐色，茎细，叶片数变少，叶面积变小
较不敏感品种	茼蒿、玉米、荷兰豆、菜心、清江白、黄瓜、番茄、胡萝卜	Pb 浓度为 32.0 $mg·L^{-1}$ 植株无明显症状

（郭成士，2011）

石爽等（2009）以水培法研究了 Pb 污染对黄瓜种子萌发、种苗生长发育及幼苗根系多酚氧化酶（PPO）、过氧化物酶（POD）、苯丙氨酸解氨酶（PAL）、过氧化氢酶（CAT）4 种防御酶活性的影响，测定计算发芽抑制率、根长抑制率及简化活力指数，将根长抑制率处于正负数之间的重金属浓度确定为重金属污染的有害临界浓度范围，Pb 的毒害临界浓度为 10～20 $mg·L^{-1}$（石爽等，2009）。研究南京和北京土壤中 Pb 污染对青菜生长的影响，土壤 Pb 含量低的处理水平下，对青菜的生长有一定影响，低含量范围内，青菜中 Pb 含量随土壤 Pb 处理含量的增加出现先升后降的变化趋势；在 100 $mg \cdot kg^{-1}$ 时，青菜的生长受到抑制，植株中 Pb 的含量高于对照组和 200 $mg \cdot kg^{-1}$ Pb 处理，因此认为 100 $mg \cdot kg^{-1}$ Pb 污染是青菜生长的抑制作用的临界值（汤莉莉等，2008）。在土壤 Pb 含量低于 400 $mg \cdot kg^{-1}$ 时，对烟草产量无影响，根据土壤中 Pb 处理浓度对株高、植株的生物量及在植株体各个部位残留量的影响，得出 Pb 对烟草苗期及营养生长期的毒性临界点在 1500 $mg \cdot kg^{-1}$ 左右（王学锋等，2006）。

程文伟和夏会龙（2008）研究甘蔗对 Pb 胁迫的生理响应，表明土壤中 Pb 浓度超过 250 $mg \cdot kg^{-1}$ 后，甘蔗的生理代谢和生长受阻，Pb 胁迫的临界点浓度为 250 $mg \cdot kg^{-1}$ 左右（程文伟和夏会龙，2008）。李仁英等（2010）利用污染的南京城郊菜地土壤，研究了 Pb 在小白菜体内的富集作用，以国家食品卫生标准（GB14935—1994）中蔬菜 Pb 限量标准为依据，根据小白菜可食用部分 Pb 含量，得出土壤 Pb 的临界浓度为 201.54 $mg \cdot kg^{-1}$。以黑杨木为原料，根据其细根的生长形态和抗氧化酶状态变化来确定 Pb 毒害临界值，得出了当土壤中 Pb 浓度＜30 ppm[①]时，对黑杨木为无毒害临界浓度；30～70 ppm 为适应临界浓度；70～200 ppm 为限制临界浓度；＞200 ppm 为破坏临界浓度（Stobrawa and Lorenc, 2008）。东南景天在生长速度上对不同浓度的 Pb 处理反应差异显著，东南景天对 Pb 耐受的临界浓度为 1000 $\mu mol \cdot L^{-1}$（熊愈辉等，2004）。

3. 砷对植物的毒害及症状

由于各种植物的生长明显受 As 的影响，各种反映生长状况的生物效应指标与 As 的处理浓度之间都表现出了显著或极显著的负相关，可以通过这些效应指标来判断植物对 As 毒性的敏感程度。丁枫华（2010）比较 23 种作物地上部鲜重的 EC_{20} 和 EC_{50}，EC_{50} 的阈值变化区间为 9.41～126.12 $mg \cdot L^{-1}$，多数作物地上部生物量减少 50%时，As 的受害已经十分严重。而 As 低浓度胁迫时，水稻、辣椒、红豇豆等较敏感的作物幼苗已经受毒害非常明显，生物量减少就可达 10%以上，地上部鲜重的 EC_{20} 值作为筛选 As 敏感作物的指标较为合理。

根据水培期间各种蔬菜出现毒害的时间、出现毒害的最低浓度及毒害表观症状的轻重程度将蔬菜 As 敏感性进行了分类，把蔬菜大致分为 4 类：砷敏感、较敏感、较不敏感和不敏感类型蔬菜。敏感和较敏感蔬菜出现毒害的最低 As 浓度为 5.0 $mg \cdot L^{-1}$，50.0 $mg \cdot L^{-1}$ 以上 As 处理 10 d 植物死亡或生长停滞。较不敏感和不敏感蔬菜出现毒害的最低 As 浓度为 10.0 $mg \cdot L^{-1}$，50.0 $mg \cdot L^{-1}$ 处理 4 d 长势稍受抑制（表 4-5）。

4. 汞对植物的毒害及症状

当植物体内的 Hg 积累到一定程度时，植物就会表现毒害症状，其毒害表现症状通常为生长迟缓、植株矮小，褪绿、产量下降等。64 $mg \cdot kg^{-1}$ 的土壤 Hg 可使大麦幼苗高度减少 19%，103 $mg \cdot kg^{-1}$ 土壤 Hg 可使大麦发芽率减少 20%，并提出以 0.3 $mg \cdot kg^{-1}$ 作为土培介质中植物发生 Hg 毒害的临界值可能偏低（唐世荣，2006）。不同性质土壤的土壤

---

① 1 ppm=1×10^{-6}

表 4-5 根据症状表现的蔬菜砷敏感性分类

Table 4-5 Classification of arsenic sensitivity to vegetables according to the response of toxicity symptoms

分类	蔬菜种类	症状表现
敏感	蕹菜、黄瓜、红豇豆、苋菜、辣椒、茄子	出现毒害的最低浓度为 5.0 mg·L^{-1}，黄瓜新叶脉间失绿黄化，侧根丛生，苋菜、红豇豆、蕹菜根量稀少发褐，50.0 mg·L^{-1} 以上砷处理 10 d 枯萎或死亡
较敏感	甘蓝、油白菜、大白菜、番茄	出现毒害的最低浓度为 5.0 mg·L^{-1} 侧根须根增多；20.0 mg·L^{-1} 砷处理 10 d 根量稀少，长势严重受抑；50.0 mg·L^{-1} 生长停滞
较不敏感	生菜、油麦菜、小白菜、芹菜	出现毒害的最低浓度为 10.0 mg·L^{-1}，处理 7 d 生菜、油麦菜根系发褐
不敏感	花椰菜、菜心、萝卜、红萝卜、芥菜	出现毒害的最低浓度为 10.0 mg·L^{-1}，处理 10 d 侧根须根增多，其余可见症状不明显，50.0 mg·L^{-1} 处理 4 d 长势稍受抑制

（丁枫华等，2010）

Hg 临界值有所不同。草甸褐土的土壤 Hg 临界含量为 0.4 mg·kg^{-1}，草甸棕壤的土壤 Hg 临界含量为 0.2 mg·kg^{-1}。在种植水稻时，不同土壤中 Hg 的最大允许量是有差别的，如酸性土壤为 0.5 mg·kg^{-1}，石灰性土壤为 1.5 mg·kg^{-1}。以 0.005 mg·L^{-1} 作为 Hg 毒害的临界值比较合适，0.2 mg·L^{-1} 的浓度是玉米对 Hg 的耐性下限阀值。水培条件下 Hg 浓度阈值 ≤0.025 mg·L^{-1} 时，才能保证樱桃萝卜 Hg 的含量不超出食品卫生标准（刘相甫，2009）。

水培试验中，根据蔬菜 Hg 毒害症状的出现时间、最低浓度及表观症状的轻重程度，将蔬菜对 Hg 毒害的敏感性进行分类，分为 Hg 敏感、较敏感、较不敏感和不敏感蔬菜四大类（表 4-6）。

表 4-6 根据症状表现的蔬菜汞毒害敏感性分类

Table 4-6 Classification of mercury sensitivity to vegetables according to the response of toxicity symptoms

类别	蔬菜名称	症状表现
敏感	大白菜、黄瓜	毒害出现最低浓度为 0.25 mg·L^{-1}，黄瓜在该浓度下根系微褐，基部第 1、2 叶片叶缘微黄化，大白菜基部第 1、2 叶片略黄化。大白菜处理 15 d 时高浓度（32 mg·L^{-1}）下幼苗死亡或近于死亡
较敏感	茄子、蕹菜、上海青、莴笋、茼蒿	莴笋、上海青毒害出现最低浓度为 0.5 mg·L^{-1}，长势弱于对照，根系微褐。茄子、茼蒿、蕹菜毒害出现最低浓度为 1.0 mg·L^{-1} 植株长势受抑，基部叶片黄化，根系主根较短、须根减少，呈褐色。高汞（32.0 mg·L^{-1}）处理时，茄子严重矮化，根发黑坏死，植株接近死亡
较不敏感	早熟 5 号、芹菜、苋菜、小白菜、西红柿	早熟 5 号、芹菜、苋菜、小白菜、西红柿毒害出现最低浓度为 1.0 mg·L^{-1}。0.25 mg·L^{-1} 处理下，蔬菜长势良好或优于对照，根系须根明显增多。高汞（32.0 mg·L^{-1}）处理，早熟 5 号、芹菜基部第 1、2 叶片干枯、心叶浓绿，苋菜基部第 1、2、3 叶片已脱落，小白菜基部第 1、2、3、4 叶片黄化加剧，有枯斑。西红柿基部第 1、2 叶片黄化、出现枯斑，其根系呈褐色，植株高汞处理未见死亡
不敏感	豇豆、荷兰豆、白萝卜、胡萝卜	豇豆、胡萝卜、白萝卜毒害出现最低浓度为 1.0 mg·L^{-1}，荷兰豆毒害出现最低浓度为 2.0 mg·L^{-1}。该类蔬菜在 0.5 mg·L^{-1} 处理下，长势良好或优于对照，根系须根明显增多。高汞（16.0～32.0 mg·L^{-1}）处理下植株长势弱、萎蔫失水，根系短、少，呈褐色，植株未见死亡。其中豇豆高汞处理时出现心叶黄化，荷兰豆茎秆出现黑斑，胡萝卜基部第 1、2、3、4 叶黄化，白萝卜基部叶片枯萎、黄化、有枯斑，心叶浓绿，出现茎基部腐烂症状

（黄玉芬，2011）

5. 铬对植物的毒害

铬在植物中的存在具有普遍性，适量的Cr有促进植物生长的作用，能增强光合作用并提高产量；但过量的Cr会引起花叶症，引起黄瓜癌、菠萝瘤，还会抑制水稻、玉米、棉花、油菜、萝卜等作物的生长。Cr对植物的毒害作用机制可能涉及三个方面：使植物中的过氧化氢酶等酶的活性发生明显变化；减少植物中的叶绿素含量、希尔反应活性、蛋白质含量、干物质量，增加细胞组织的通透性，促进植物衰老；植物体在将O_2还原为H_2O的过程中会产生带有单个电子的氧自由基（O^{-2}），它本身具有毒性并能诱生其他毒物，如过氧化氢和羧基自由基（OH·）等，积累的自由基将对植物细胞造成伤害。

空心菜地上部减产10%时，土壤Cr的有效量（0.1 mol·L^{-1} HCl提取）毒害临界值为3.36 mg·kg^{-1}。根据福建省菜地土壤全Cr与有效Cr之间的回归方程，推得相应的土壤Cr的全量毒害临界值为91.7 mg·kg^{-1}（沈红，2010）。按蔬菜的表观毒害症状来界定蔬菜对Cr的敏感性，供试蔬菜中，按照蔬菜出现毒害症状的时间、最低浓度和表观毒害症状的轻重等综合因素来宏观衡量蔬菜对Cr的敏感性，可将培育蔬菜大体分为敏感蔬菜、较敏感蔬菜和不敏感蔬菜三类，其中空心菜和芥菜为敏感品种（表4-7）。

表4-7　依据表观症状的蔬菜铬毒害敏感性分类

Table 4-7　Classification of chromium sensitivity to vegetables according to the response of toxicity symptoms

类别	品种	毒害疑症
敏感品种	空心菜、芥菜	空心菜表现为上部叶片黄化；芥菜表现为新叶失绿，根系呈微褐色
较敏感品种	甘蓝、生菜、大白菜、快白菜、上海青、甜油麦、芹菜、黄瓜、白萝卜、菜心、菜豆	甘蓝、生菜、大白菜、快白菜、上海青、甜油麦表现为外层叶片枯死，新叶卷曲抽缩，根系呈褐色；芹菜、菜心、白萝卜表现为老叶枯死，新叶黄化，植株随Cr处理浓度的增加而不断变矮小，根系呈褐色；黄瓜、菜豆表现为下部叶片黄化，新叶深绿，根系褐色
较不敏感品种	番茄、苋菜	Cr浓度为8.0 mg·L^{-1}前植株无明显症状

（沈红，2010）

第二节　植物受重金属毒害的条件

影响重金属对植物毒害作用的主要因素中，除植物种类本身耐受重金属的遗传特性以外，还受重金属的性质和形态、外界条件、各种重金属之间的相互作用、重金属元素与营养元素间的相互作用及土壤理化性质等方面的影响。

一、重金属离子的性质

重金属离子的毒害性质与不同种类重金属的特性、在环境中的存在形态、化合价态、氧化还原、溶解沉淀等有关。

1. 重金属特性

呈离子态的各种金属特性差别很大，主要是由于各种金属的属性不同。例如，金属对水生生物的毒性大小依次为：Hg＞Ag＞Cu＞Cd＞Zn＞Pb＞Cr＞Ni＞Co。金属对生物的影响，还取决于金属的特性。按照 Tranton 的法则，以蒸发潜热表示化合物的凝聚力，即越是沸点低的金属，其凝聚力越小，每个分子和原子都易于分离。为了使金属进入机体或与机体发生反应，首先要使分子或原子进行弥散。所以，越是沸点低的金属越易发生弥散；同时金属沸点越低，与一般有机物的沸点差就越小，它们相互间作用的可能性就越大（王焕校，2012）。

金属对生物的毒害还和离子化电压有关。因为离子化电压的值是以物质在神经调节的作用下，能否通过细胞膜作为标准。例如，碱性金属为 4～5 V 低电压，在进入细胞的过程中，受到细胞膜的严密调节和控制；铝、镓、铟等三价金属是 5 V 电压，也极难进入机体；重金属中的汞、镉、锌之所以容易进入机体是由于有 9～10 V 的高电压；贵金属气体则有 11～24 V 高压，它不受任何调节，能自由出入机体。因此可认为离子化电压越高，对生物潜在的毒性就越大（表 4-8）。

表 4-8 金属潜在毒性的顺序

Table 4-8 Sequence of potential toxicity of metals

顺序	沸点		离子化电压		K/V	结果	变更的主要理由
	元素	K	元素	V			
1	Hg	630	Hg	10.44	Hg	Hg	
2	Cd	1038	Zn	9.39	Cd	Cd	
3	Zn	1180	Au	9.23	Zn	Pb	Pb 的挥发性↑
4	Yb	1467	Ir	9.1	Sb	Cr	CrO_3 的挥发性
5	Tl	1730	Pt	9.0	Yb	Tl	Tl^{+}安定↑
6	Bi	1833	Cd	8.99	Bi	Sb	
7	Eu	1870	Os	8.7	Pb	Os	OsO_4 的沸点↑
8	Pb	2013	Sb	8.64	Tl	Zn	生命元素活性↓
9	Sb	2023	Pd	8.34	Mn	Mn	
10	Sml	2064	W	7.98	Ag	Ag	
11	Tm	2220	Ge	7.90	Eu	Ni	平面四配位↑
12	Mn	2235	Tn	7.89	Au	Au	
13	In	2354	Re	7.88	Sn	Sn	
14	Ag	2485	Fe	7.87	Tm	Bi	Bi^{3+}↓
15	Sn	2543	Co	7.86	Sn	Cu	
16	Gu	2676	Cu	7.72	Bu	Fe	平面四配位↑
17	Dy	2835	Ni	7.64	Fe	Pd	
18	Cu	2840	Ag	7.58	Ge	V	V_2O_5 的挥发性↑
19	Cr	2945	Rh	7.46	Ni	Ge	
20	Ho	2968	Mn	7.44	Co	Co	
21	Ni	3005	Pb	7.42	In	Pt	平面四配位↑
22	Fe	3023	Ru	7.37	Pb	In	
23	Au	3080	Sn	7.34	Cr	Yb	Yb^{3+}↓
24	Ge	3103	Bi	7.29	Ga	Mo	MoO_3 的挥发性
25	Er	3136	Mo	7.10	Pt	U	
26	Co	3143	Hf	7.0	Dy	Fu	Fu^{3+}↓
27	Nd	3341	Th	6.95	Ir	Ir	Ir^{2+}↑
28	Tb	3396	Nb	6.88	Ho	Tm	Tm^{3+}↓
29	Pd	3413	Er	6.84	Er	Sm	Sm^{3+}↓
30	Gd	3539	Ti	6.82	Gr	Ti	
31	Ti	3560	Gr	6.77	Rh	Re	Re_2O_7 的挥发性↑
32	Y	3611	V	6.74	V	Rh	
33	V	3653	Y	6.38	Y	Ga	Ga^{3+}↓
34	Lu	3668	Yb	6.25	Ru	Ru	
35	Ce	3699	Tm	6.18	Ga	Ce	Ce^{4+}↑
36	Ln	3730	Gd	6.14	Tb	Zr	ZrO_2^{2+}

（王焕校，2012）

2. 存在形态

对金属而言，离子态要比络合态毒性大，特别是形成金属硫蛋白以后，金属就失去毒性。例如，Cd^{2+}对草虾半致死剂量为 4×10^{-7} mol/L，如增加氯或加入含氮三乙酸（NTA）形成螯合物时，其毒性明显降低（王焕校，2012）。Cd 在环境中存在的形式很多，大致可分为水溶性、吸附性和难溶性 Cd。Cd 在水中可以简单离子或络离子形态存在，Cd 能和氨、氰化物、硫酸根形成多种络离子而溶于水，在岩石风化成土的过程中，Cd 易以硫酸盐和氯化物形式存在于土壤溶液中。然而水中的 Cd 离子在天然水的 pH 范围内都可发生逐级水解而生成羟基络合物与氢氧化物沉淀，同时在水淹条件下，土壤中的硫酸根可被还原成二价硫离子，Cd 易成硫化镉形式存在。此外，各种胶体对 Cd 有吸附作用，其中黏土矿物表面由于离子吸附交换而强烈吸附镉，积蓄在黏土矿物表面。在自然环境中，Cd 主要以 Cd^{2+}形式存在，最常见的有氧化镉、硫化镉、卤化镉、氢氧化镉、硝酸镉、硫酸镉、碳酸镉。其中硝酸镉、卤化镉（除氟化镉外）、硫酸镉均溶于水。不同形式的 Cd 的毒性不同，硝酸镉和氯化镉易溶于水，对动植物和人体的毒性较高（任继平等，2003）。

金属的毒性还和其他很多因素有关。在一般情况下，有机络合物的毒性下降，但脂溶性有机络合物和有机金属化合物的毒性却明显增加。根据金属毒性效应，金属可以分为三类不同形态：①形成无机和有机配位体络合物；②形成有机金属化合物；③参与氧化还原反应。形成金属络合物的电子供体有简单的无机配位体，以及复杂的有机大分子中的氨基、羧基、磷酸基、巯基等。以水体为例，金属总浓度相近，但由于形态不同，因而对水生生物的毒性有很大差别。以 Cu 对硅藻毒性为例（表 4-9），Cu 的碳酸络合物基本上是无毒的，Cu 的阴离子羟基络合物对毒性的贡献为 15%～18%；游离的 Cu 离子与 Cu 的阳离子羟基络合物对毒性的贡献为 60%～70%。有机配位体的络合物对毒性的贡献更大。Cu 对鱼的早期致死浓度（MT，$mol\cdot L^{-1}$）与水中腐殖酸浓度（NT，$mg\cdot L^{-1}$）呈线性关系，$MT=2.20\times10^{-7}\ NT+3.93\times10^{-7}$。腐殖酸对 Cu 的络合可大大提高对鱼的致死浓度，金属在颗粒物上的吸附也能减少对水生生物的毒性。

表 4-9　铜的不同形式对硅藻毒性的影响

Table 4-9　Toxic effect on the diatom with different forms of copper

形态	Cu-富里酸	Cu-丹宁酸	Cu-羟羧基喹啉	CH_3HgCl	n-C_3H_7HgCl	n-$C_5H_{11}HgCl$
毒性因子 a*	0.36	＞0.60	＞10	7	20	300

*表示以氯化物的毒性因子定为 1.0，其他形态、毒性与之相比（其他形态/氯化物）

（Florence et al.，1983）

3. 化合价

重金属的价态影响重金属的毒性。如三价 As 的毒性远比五价 As 高，前者约为后者的 5 倍。这是因为无论是有机或无机三价 As 对—SH 基都有很强的亲和力，并能阻断大多数—SH 基酶及酯酸类，特别是有机态三价 As 的阻断能力比无机态的强；而五价 As 同 SH 基不起反应，这是由于它的化学特性类似于磷酸，在体内能和磷酸拮抗，形成不稳定的 As 化合物，然后分解。例如，淹水田块中，在腐殖质等有机物的作用下，还原性加强，As 易变成三价的亚砷酸；旱地呈氧化状态，As 就可能变成五价的形态，因而水田易受 As 的危害（王焕校，2012）。

不同价态 Cr 化合物的毒害强弱不相同。金属 Cr 很不活泼，是无毒的。一般认为二价 Cr 化合物也是无毒的，三价 Cr 化合物由消化道吸收少，毒性不大，六价 Cr 化合物（铬酸盐）毒性大，比三价 Cr 大 100 倍。用六价 Cr 和三价 Cr 化合物分别处理动物 24 h，染色体畸变发生率高低依次为：$K_2Cr_2O_7$＞K_2CrO_4＞$Cr(CH_3COO)_3$＞$Cr(NO_3)_3$＞$CrCl_3$。六价 Cr 的诱变率也大于三价 Cr，能普遍引起染色体畸变。

总之，离子的毒性和离子的价数有关。金属阳离子的偶数价离子对机体的亲和性高，奇数价的亲和性则相对较低，尤其是三价阳离子在正常的生理状态下易被排出体外；阴离子正相反，奇数价的离子亲和性高，偶数价的则低。从空间结构看，以正四面体为结构的元素其亲和力就高。即使同样是四配位的，形成平面结构的镍、铂等却有致癌、致畸作用。

二、环境条件

（一）土壤理化性质

1. pH

重金属所处的环境中 pH 高低直接影响重金属的毒性，主要是因为环境中 pH 不同，则重金属的溶解度也不同。在中性环境中，在 Cd 污染条件下生物体内含有可溶性 Cd 量最低（约 30%），随着环境中酸度增加，生物体内含 Cd 量相应增加。在酸性条件下大多为无机盐游离态，在碱性条件下则和蛋白质结合。游离态 Cd 对生物的毒性较大，如果 Cd 与蛋白质结合形成 Cd-硫蛋白，毒性明显降低。在食物加工过程中 pH 也影响食物的含 Cd 量。如大米颗粒及面粉中的 Cd 在中性时几乎不溶出，在酸性时 Cd 溶出效率高而呈游离态；在碱性中则以蛋白质结合态溶出。

pH 对重金属存在的形态和毒性的影响，可通过三种不同的机制来影响重金属的形态分布。首先酸度改变金属的水解平衡，从而改变游离金属离子的浓度；其次 H^+与金属离子对有机或无机试剂的竞争，改变络合平衡。此外，酸度还是影响吸附过程（金属氢氧化物的共沉淀、生物表面吸附等）的主要因素，生物试验观测到重金属的生物毒性会随 pH 的降低而降低，是由于 H^+和金属离子在吸附位点上的竞争引起，有时会随 pH 的降低而增加，可能是由于形态和生物有效性的改变。

以 pH 对溶液中的 Ni 离子为例，溶液中 Ni 的主要形态有自由镍离子（Ni^{2+}）、碳酸镍（$NiCO_3$）、碳酸氢镍（$NiHCO_3^+$）和羟基镍（$NiOH^+$），这 4 种形态 Ni 含量随 pH 的变化而变化。pH 为 4.5～6.5，Ni^{2+}含量占溶液中总 Ni 的 90%左右，为溶液中 Ni 的主要形态，随着 pH 的升高（pH＞7.0），Ni^{2+}的含量逐渐降低，$NiCO_3$ 在总 Ni 中所占比例显著增加，含量从几乎为 0 升高到 70%左右，而 $NiHCO_3^+$的含量仅维持在 0.02%～15%，$NiOH^+$的含量一直处于较低水平，最高仅占总 Ni 的 0.2%（图 4-1）（张璇等，2008）。

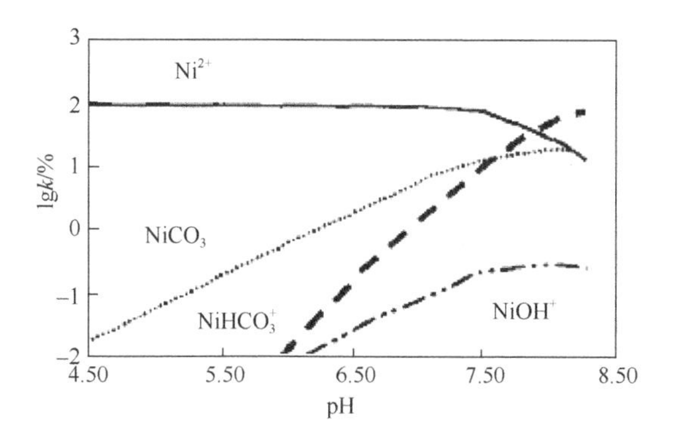

图 4-1　不同 pH 下溶液中镍的形态
Figure 4-1　Calculated speciation of Ni in solution

（张璇等，2008）

2. 有机质

重金属污染土壤上施入有机肥，可显著降低重金属对作物的毒害程度，这与重金属存在的形态关系密切。形态分析显示，天然有机质是一种有效的吸附剂，能极大地影响重金属离子的存在形态。有机肥中的有机质具有大量的官能团，其比表面积和对镉、锌离子的吸附能力远远超过任何其他的矿质胶体，有机质强力吸附镉、锌形成络合物。土壤中水溶态和交换态镉在施用有机肥料之后的一段时间内明显减少，而有机络合态镉明显增加。不过，不同种类有机肥料对有效态镉含量的降低效果差异显著，这意味着有机肥料的性质及其在土壤中的腐解速度影响镉的毒性。综合已有研究成果，加入有机肥降低污染土壤镉对植物毒害作用的机理主要有两个方面：一是有机肥中的—SH 和—NH_2 等基团及腐殖质分解形成的腐殖酸与土壤镉形成稳定的络合物和螯合物而降低镉的毒性；二是有机肥料通过影响土壤其他基本性状而产生间接的作用。例如，施用猪粪使土壤 pH 提高，而 pH 的升高使土壤胶体负电荷增加，竞争作用减弱，因而重金属被结合得更牢固（夏运生和王凯荣，2002）。

不过也有试验发现，在某些情况下，施用有机物料并不能显著降低重金属的生物毒性，甚至在后期反而会增加镉的毒害作用。可能有两个方面的原因：一是有机物质在土壤中矿化和分解成有机酸类物质，特别是施用量大的有机物料如稻草等，分解过程中会释放出大量的有机酸类物质，使溶液 pH 明显降低，导致土壤中可溶性和交换性镉的比例增加。这种情况在高温多雨气候条件下容易发生。二是施用的堆肥或厩肥本身含有较高浓度的污染物，这样的有机肥无疑将增加土壤重金属含量，造成二次污染，这种情况在工矿污染的农区较为普遍（夏运生和王凯荣，2002）。

3. 陪伴阴离子

土壤溶液中的阴离子，在土壤中主要的化学反应为吸附解吸过程，按吸附机理或吸附强度可分为三类：第一类以专性吸附为主，如 $H_2PO_4^-$；第二类是以 Cl^-和 NO_3^-为代表的典型非专性吸附；第三类是介于专性和非专性吸附之间的，诸如 SO_4^{2-}等离子的吸附。阴离子通过影响土壤的表面性质而改变重金属的有效性与生物毒性。

磷酸根包括 $H_2PO_4^-$、HPO_4^{2-}、PO_4^{3-}三种形态，在 pH5～9 的土壤溶液中，磷酸根主要以 $H_2PO_4^-$、HPO_4^{2-}形式存在。磷酸根离子与土壤的吸附点位有很高的亲和力，可以被土壤专性吸附。土壤中的磷影响重金属生物效应的主要机制包括环境化学机制和生理生化机制。环境化学机制主要是由于土壤中重金属离子直接被磷酸盐吸附，磷酸根阴离子诱导的间接吸附作用，以及重金属离子与土壤溶液中的磷酸根形成磷酸盐沉淀等。土壤中加入磷肥除了导致重金属离子直接被含磷化合物吸附外，还因土壤颗粒表面负电荷的增加导致对金属阳离子的吸附作用增强，减小土壤重金属离子的活性，从而降低重金属对植物的毒害作用。生理生化机制主要指重金属离子与磷形成的金属磷酸盐，在植物体细胞壁与液泡的沉淀作用，降低了活性重金属离子在植物体内的迁移，减少重金属离子对生物活性部位的攻击，减轻重金属对植物的毒害作用。

氯离子主要通过电性效应，而非在土壤的吸附表面与重金属离子之间起桥键合作用来影响土壤对重金属离子的吸附过程。氯离子具有很强的配位能力，依据溶液中氯离子的不同浓度，如氯离子可与镉离子形成 $CdCl^+$、$CdCl_2^0$、$CdCl_3^-$和 $CdCl_4^{2-}$等一系列配合物。土壤溶液中氯离子浓度越高，镉离子与氯离子形成的配合物稳定性越强（王芳等，2006）。在自然状态下，氯离子的含量低，对镉的络合作用不明显。近年来随着含氯肥料的大量施用，土壤中氯离子的含量增加，其与重金属离子的相互作用受到重视。硝酸根离子在土壤溶液中的含量很少，与氯离子一样，硝酸根离子也为典型的非专性吸附阴离子，一般不易被土壤吸附。外源的硝酸根进入土壤后，从根际环境看，当植物吸收硝酸根，植物分泌 OH^-，造成根际 pH 升高，重金属离子的活性通常受土壤酸碱性的影响很大。pH 升高，可增加土壤表面负电荷对重金属离子的吸附，致使重金属离子的生物有效性降低。硫酸根能被许多土壤吸附，特别是含大量铁铝水合氧化物的土壤。研究表明，在红壤上硫酸根对重金属离子的吸持能力大于氯离子。此外，硫酸根在淹水条件下氧化还原电位下降，转化成硫离子（S^{2-}）后，易与重金属离子形成硫化物沉淀，导致土壤中交换性重金属离子含量下降，降低了重金属的生物有效性。因此，氯离子、硝酸根和硫酸根离子促进土壤对重金属的吸附，降低土壤重金属离子的活性，从而减轻重金属对植物的毒害作用。

4. 氧化还原电位

土壤中重金属的形态、化合价和离子浓度都会随土壤氧化还原状况的变化而变化。当土壤处于氧化条件下，土壤中硫化物不稳定，将会使 Cd 等重金属元素释放出来，Cd 的有效性升高，造成植物受 Cd 毒害效应加重。通过室内培养和盆栽试验相结合的方式发现：处于土壤表面水层的淹水条件（还原条件）下，油菜体内 Cd 含量最低，油菜的生长发育最好。这是由于经过淹水处理后，土壤中 Cd 的活性降低，从而减少 Cd 对油菜苗期生长的毒害作用。农田充分灌溉可使土壤溶液浓度降低，可降低土壤中 Cd 的活性，从而减少 Cd 对蔬菜苗期生长的毒害作用（屈应明，2014）。

土壤环境中氧化还原电位决定汞的存在价态与生物毒性。土壤为还原条件时，二价 Hg 可以被还原为零价的金属 Hg。除价态外，土壤中重金属 Hg 的形态和离子浓度也随着土壤氧化还原状况的变化而变化。在土壤为氧化条件时，Hg 可以任何形态稳定存在，可给量降低，迁移能力减弱。氧化还原电位不仅引起 Hg^{2+}的还原，而且可通过影响 S^{2-}的存在形态来制约汞的溶解性。当土壤氧化还原电位 Eh 值较低时，由于 S^{2-}离子的产生，Hg^{2+}

与之形成难溶的HgS，有效性降低，生物毒性降低（黄玉芬，2011）。

（二）土壤生物

栖居在土壤中的生物众多，大体可分为土壤动物和土壤微生物两大类。土壤动物主要为无脊椎动物，包括环节动物、节肢动物、软体动物、线形动物和原生动物。原生动物因个体很小，可视为土壤微生物的一个类群。土壤微生物包括细菌、放线菌、真菌和藻类等类群。

1. 土壤动物

土壤动物数量巨大，种类丰富，不仅能敏感地反映土壤污染程度、时间变化和生物学效应，对污染土壤的净化和修复具有不可替代的作用；而且显著改变重金属离子在土壤中的存在形态，影响重金属对植物的毒害效应。特别是大型土壤动物——蚯蚓，不仅可以作为土壤重金属污染的重要指示生物，而且对重金属污染土壤具有一定的净化能力，影响重金属对植物的毒害作用（王振中等，2006）。

蚯蚓对重金属污染土壤中养分循环和植物生长有显著影响。蚯蚓在陆地生态系统中占有非常重要的地位，它们参与土壤有机质的分解和养分循环，其取食活动直接或间接地对土壤起到了机械翻动的作用，并改善了土壤的结构、通气性和透水性，使土壤迅速熟化。同时，蚯蚓也是土壤有机质和微生物的“搅拌机”和“传播器”，对提高土壤中微生物的活力及有机质的转化效率起重要作用。而且蚯蚓在正常代谢过程中产生的蚓粪中含有大量的微生物群落和复杂的有机化学成分，并具有特殊的物理结构，因而在改善土壤的各种理化结构和提高土壤肥力等方面具有非常重要的作用。在重金属污染土壤上，蚯蚓改善土壤条件，增强土壤养分循环，促进植物生长，提高植物生物量，降低土壤重金属对植物的毒害作用（冯凤玲等，2006）。在江西德兴铜矿废弃地尾矿土和复垦土中加入蚯蚓和蚓粪后，西红柿的茎长、根长和干重均明显高于对照，表明蚯蚓减轻重金属毒害植物的作用明显（戈峰和高林，2001）。

2. 土壤微生物

土壤微生物是土壤中的活性胶体，它们比表面积大，带电荷，代谢活动旺盛。在重金属污染土壤中，往往富集多种耐重金属的真菌和细菌，微生物可通过多种作用方式影响土壤重金属对植物的毒性。微生物对土壤中重金属毒性的影响主要体现在以下 4 个方面（郭学军等，2002）。

（1）生物吸附和富集作用

微生物可通过带电荷的细胞表面吸附重金属离子，或通过摄取必要的营养元素主动吸收重金属离子，将重金属离子富集在细胞表面或内部。微生物一方面与土壤中的其他组分竞争吸附重金属离子，重金属离子通常通过桥接两个阴离子固定在细胞壁或细胞多糖的交联网状结构上，结合紧密。另一方面，土壤微生物显著提高了土壤胶体和矿物对重金属的吸附亲和力。从而影响土壤重金属的形态，可能降低土壤重金属的活性和生物毒性。

（2）溶解和沉淀作用

微生物对重金属的溶解主要是通过各种代谢活动直接或间接地进行的。土壤微生物的代谢作用能产生多种低分子质量的有机酸，如甲酸、乙酸、丙酸和丁酸等。真菌产生的有机酸大多为不挥发性酸，如柠檬酸、苹果酸、延胡索酸、琥珀酸和乳酸等。因此，微生物代谢产生的有机物质能促进重金属离子的溶解过程，溶解出来的元素以金属-有机酸络合物形式存在，有机配体包括乙二酸、琥珀酸、柠檬酸、异柠檬酸、阿魏酸、羟基苯等。因此，土壤微生物能够利用有效的营养和能源，在土壤滤沥过程中通过分泌有机酸络合并溶解土壤中的重金属。

此外，由于微生物菌体对重金属具有很强的亲和吸附性能，有毒金属离子可以沉积在细胞的不同部位或结合到胞外基质上，或被轻度螯合在可溶性或不溶性生物多聚物上。一些微生物如动胶菌、蓝细菌、硫酸还原菌及某些藻类，能够产生胞外聚合物如多糖、糖蛋白等，这些聚合物具有大量的阴离子基团，与重金属离子形成络合物。某些微生物能代谢产生柠檬酸、草酸等物质，这些代谢能与重金属产生螯合或是形成草酸盐沉淀，从而减轻重金属的伤害（施晓东和常学秀，2003）。

（3）生物转化作用

一些微生物可对重金属进行生物转化，其主要作用机理是微生物能够通过氧化、还原、甲基化和脱甲基化作用转化重金属，包括汞的脱甲基化和还原挥发、亚砷酸盐氧化和铬酸盐还原及硒的甲基化挥发等，改变这些重金属的生物毒性。土壤中的一些重金属元素可以多种价态存在，它们呈高价离子化合物存在时溶解度通常较小，不易迁移，生物毒性小；而以低价离子形态存在时溶解度较大，易迁移，生物毒性大。微生物能氧化土壤中多种重金属元素，如某些自养细菌能氧化 As，微生物的氧化作用能使这些元素 As 的活性降低。微生物还能还原土壤中的一些重金属元素，有 H_2 存在时，解乳酸褐色小球菌能还原 As。

细菌对重金属 Hg 的生物转化有显著影响。细菌对 Hg 的生物转化归结于它含有的两种诱导酶：Hg 还原酶和有机 Hg 裂解酶，其机制是通过汞–还原酶将有机的 Hg^{2+}化合物转化成低毒性挥发性的汞。有些微生物能把剧毒的甲基汞降解为毒性较低的无机汞，分解无机汞和有机汞而形成元素汞。

三、化学元素间的相互作用

由于许多重金属元素具有相同的核外电子构型，化学性质极为相似，且往往相伴生，在土壤中、植物吸收和运输过程中均存在着交互作用，主要存在拮抗、协同和相加的交互作用，进而影响重金属对植物的毒害作用（王吉秀等，2010a）。

（一）化学元素的拮抗作用

1. 重金属元素间的拮抗作用

以镉和锌为例，Zn 作为植物所必需的微量营养元素，在植物体内渗透压的调节、代谢平衡的维持、物质的合成中都有着不可或缺的作用。而其他重金属，如 Cd 的胁迫作用，常会导致它们参与代谢过程的紊乱、功能的失调。在植物体内，镉替代锌产生明显的毒害效应。这是由于 Zn 是植物生长必需的微量元素，受植物生理生化代谢控制，而 Cd 是酶促反应的强抑制元素之一，主要是通过与酶的活性中心或蛋白质中调节点的—SH 结合，取代金属蛋白中的 Zn 元素，导致生物大分子构象改变，从而引起酶的不可逆失活来表现其毒性的，最终导致植物的生理生化代谢过程紊乱。从生理学角度研究认为，Cd 进入细胞后，与 Zn 竞争含 Zn 酶中 Zn 的结合部位，进而取代 Zn，使含 Zn 酶的活性降低，甚至完全丧失；Cd 除了能与酶分子中芳香族的氨基酸结合外，还能通过诱导羟基或超氧化物等活性氧的产生，对蛋白质的氧化性造成损害，高浓度 Cd、Zn 胁迫使植物生长受到严重抑制。

在土壤中，重金属离子能够被土壤吸附，重金属离子在土壤吸附过程中常存在交互作用。以 Zn、Cd 为例，Zn 与 Cd 作为同族元素，竞争土壤中黏土矿物、氧化物及有机质上的阳离子交换吸附位点。添加 Cd 使 Zn 吸附速率常数下降，Zn 的吸附减慢，而尤以对慢阶段的影响更显著，添加 Cd 使 Zn 吸附量下降；Cd 与吸附于土壤胶体上的 Zn 进行离子交换，Cd 易于吸附在土壤胶体上，从而降低了土壤中 Cd 的有效性，增加了土壤中可溶性 Zn 的含量。土壤中 Cd 的存在，有利于 Zn 从土壤中的解吸，两者之间存在拮抗作用（朱波等，2006）。土壤中 Zn 对 Cd 的吸附也具有一定的影响，Zn 导致土壤 Cd 的吸附表观速率常数和吸附速度明显下降，高浓度 Zn 明显抑制土壤对 Cd 的吸附，降低土壤对 Cd 的吸附量。Zn 与 Cd 在配合物上的吸附发生显著的竞争，这种竞争使 Cd 的吸附显著减小，导致土壤有效态的 Cd 显著增加，即 Cd 和 Zn 污染土壤，Zn 的存在可增加可溶态 Cd 的含量（田园等，2008）。

在植物根系上，存在吸收 Cd、Zn 相同的位点，在植物吸收 Cd 和 Zn 的过程中存在交互作用。Cd 的存在对植物吸收 Zn 的影响，因植物种类、组织部位和浓度而不同。施加 10 和 100 $mg \cdot kg^{-1}$ 的 Cd 于 Zn 污染土壤上，能够降低小麦籽粒中 Zn 的含量，表明高浓度 Cd 对小麦吸收 Zn 有拮抗效应（陈世宝等，2003）。在 Cd 处理浓度为 500 $\mu mol \cdot L^{-1}$ 时，苗期龙葵对 Zn 的积累量最高，Cd 浓度继续增加，地上部 Zn 的积累量降低（裴昕等，2008）。对伴矿景天，Zn、Cd 交互作用主要体现于新叶上，在水培溶液中外加 Cd 时，Cd 处理对新叶中 Zn 浓度具有拮抗效应。土培试验也表明，外加 Cd 对伴矿景天 Zn 吸收具有拮抗效应（刘芸君等，2013）。Cd 对 Zn 的拮抗机制可能是因为土壤中 Cd 离子浓度增加，植物根系周围的 Cd 离子浓度也会随之增加，相对降低了根系周围的 Zn 离子浓度，也就降低了植物对 Zn 的吸收概率，减少了植物体内 Zn 含量。另外，还可能和 Cd 进入细胞后，与 Zn 竞争 Zn 酶中 Zn 的结合位点等生理机制有关。

增加 Zn 可以加重 Cd 对植物的毒害效应。镉胁迫条件下，植物体内的 SOD、POD、CAT 酶活性增加，施 Zn 能使植物体内的 SOD、POD、CAT 活性降低，随 Zn 浓度增大，抗氧化酶的防御能力降低，使得 Cd 的毒害增强（徐勤松等，2003）。植物体内一定浓度 Zn 的存在，阻断了 Cd 对金属硫蛋白等 Cd 结合蛋白的诱导表达的信号转导途径，抑制了 Cd 结合蛋白生物合成的过程，因而使 Cd 毒害加快加重（徐勤松等，2003）。

相反，也有研究报道认为，Zn 可以减轻 Cd 的毒害效应。Zn 营养可明显提高小麦在 Cd 污染时的光合作用，增强质膜的稳定性及过氧化氢酶活性，明显降低其体内脯氨酸含量，通过调控植物营养，提高植物对 Cd 污染胁迫的抵御能力（付宝荣和宋丽，2000）。Cd 处理导致大麦细胞分裂出现障碍或不正常分裂，细胞周期延长，产生 C-有丝分裂、染色体断裂、畸变、粘连和液化等毒害症状，加入 Zn 后，产生 C-有丝分裂减少、染色体断裂减少等缓解 Cd 毒害的现象（Zhang and Xiao，1998）。这可能是由于在植物吸收过程中，向土壤中施 Zn 可抑制植物对 Cd 的吸收，Zn 对 Cd 在植物的吸收过程表现为拮抗作用，从而减轻 Cd 的生物毒害作用。但 Zn 对伴矿景天新叶中 Cd 浓度具有“低促高抑”效应，土培试验发现添加 Zn 显著促进伴矿景天对土壤中 Cd 的吸收（刘芸君等，2013）。

2. 矿质营养元素与重金属元素间的拮抗作用

（1）氮素与重金属元素间的拮抗作用

氮（N）素作为植物生长需要的最重要的大量营养元素之一，对植物的生长、代谢和遗传特征等都具有不可替代的作用。重金属与 N 素的拮抗作用，一方面表现在重金属胁迫对植物 N 元素营养的影响，另一方面在于 N 素营养影响重金属对植物的毒害效应。

1）重金属对植物 N 素营养的影响

重金属对植物 N 素营养的影响，主要表现在重金属胁迫对植物 N 元素的吸收、运输、代谢等方面（祖艳群等，2008）。

i. 对植物 N 素吸收的影响

重金属在土壤中的积累对土壤中 N 的矿化、脲酶的活性产生影响，从而影响植物对 N 的吸收。Cd 对土壤 N 的矿化的抑制作用最大，而合理地施加 N 肥，可以缓解重金属对脲酶的毒害作用。Cd 在土壤中积累，可能导致细菌数量降低，硝化细菌的活性降低，抑制硝化作用（滕应和黄昌勇，2002）。

重金属抑制高等植物对 NO_3^-的吸收。其中，Cd 对高等植物吸收 NO_3^-的抑制很强，即使在环境中 Cd 离子的含量很低（5 μmol·L^{-1}）的情况下，也会明显抑制许多植物对 NO_3^-的吸收，并由于重金属在植物细胞中的强烈结合，从吸收溶液中去除 Cd 并不能立刻改变其对 NO_3^-吸收的抑制效应，这种作用可持续达 4 d（Boussama et al.，1999）。而 Pb 对 NO_3^-吸收的抑制效应是可逆的，去除营养介质中的 Pb，NO_3^-的吸收率立即恢复到对照的水平。其原因可能在于细胞壁上含有羧基的部分形成了一个特殊的功能强大的屏障，充当阳离子交换体的作用。

类似的，重金属胁迫可以导致 NH_4^+吸收的降低。如用 Cu、Cd、Pb 处理黄瓜时，NH_4^+吸收受到抑制。重金属对植物氮吸收产生影响的第一个部位是原生质膜，间接干扰植物 N 的吸收。重金属对植物 NO_3^-和 NH_4^+吸收的损害可能与重金属改变了原生质膜的渗透性有关。土壤中过量的重金属会大大抑制植物对硝酸根离子的吸收。如 Pb 在 25 μmol·L^{-1}、50 μmol·L^{-1}、100 μmol·L^{-1} 处理的条件下，黄瓜对硝酸根离子的吸收减少。质膜中 H^+-ATPase 活性及功能的改变是重金属导致无机态 N 吸收受影响的原因，这是因为由 H^+-ATPase 产生的跨膜电化学梯度是 NO_3^-和 NH_4^+穿过原生质膜运输的动力（莫良玉等，2002）。此外，除了重金属对离子吸收的直接影响以外，Cu、Cd、Pb、Hg、Ni 和 Zn 可能与膜上的物质产生交互作用而对离子的吸收产生间接的影响。过量的重金属会改变膜上的脂质，改变其总量、质量分数和饱和度。金属诱导膜上脂质的破坏通常与过氧化有关。膜上脂质的改变将会导致膜的功能和渗透性的丧失。重金属 Cu、Cd、Zn、Hg 等能够导致 K 的流失。重金属对植物 NO_3^-和 NH_4^+吸收的损害可能是由于重金属改变了植物细胞膜的渗透性。

ii．对植物 N 素转运的影响

重金属离子与植物体内细胞膜等部位的物质结合，影响植物对 N 素的转运。如 Cd 和 Pb 长时间地与磷酸盐结合，在植物原生质膜上形成非溶性的络合物，从而明显阻碍质外体和共质体两种方式的 NO_3^-的运输，从而有效抑制 NO_3^-从地下部分向地上部分的运输（Gouia et al.，2000）。植物中 NO_3^-的长距离运输通过木质部主要受到蒸腾强度的控制。用 Cd 或 Pb 处理后植物蒸腾效率的降低可能是 NO_3^-的长距离运输受到阻碍的原因。而 Cu 对 NO_3^-从地下部分向地上部分的运输似乎没有影响。即使在环境中 Cu 浓度相对较高的情况下，植物吸收的 NO_3^-也都能分配到地上部分。

重金属改变诱导性 NO_3^-运输体和 HATS-NH_4^+运输体的原因，除了重金属与—SH 的交互作用以外，还可能是由于降低了 NRT 和 AMT1 等转运蛋白编码基因的表达。烟草和拟南芥属植物的分子研究表明，降低植物组织中 NRT 基因表达的原因有两种：一是降低细胞间 NO_3^-的含量，二是增加 NH_4^+或氨基酸的含量。用 Cd 处理的植物中发现了重金属降低组织中 NO_3^-、NH_4^+和氨基酸含量的影响。

重金属对植物 N 素转运的影响，影响 N 素在植物不同部位的分配，并与重金属污染程度、植物种类有关。如 Cd 胁迫条件下，三种豆科植物叶片与茎部 N 含量的变化趋势相反，显著地降低了三者叶片的 N 含量，而提高了茎部的 N 含量。土壤 Cu 添加量小于 1200 $mg\cdot kg^{-1}$，促进紫花苜蓿对 N 的吸收；Cu 添加量小于 800 $mg\cdot kg^{-1}$，对红三叶 N 含量没有明显影响；Cu 添加量小于 400 $mg\cdot kg^{-1}$，提高沙打旺的 N 含量，但当 Cu 添加量大于 800 $mg\cdot kg^{-1}$ 时则显著降低。土壤 Cd 添加量小于 20 $mg\cdot kg^{-1}$，对紫花苜蓿和红三叶茎叶及沙打旺茎部的 N 含量有促进作用，但对沙打旺叶片的 N 含量起抑制作用（韩晓姝等，2009）。

iii．对植物 N 素代谢的影响

重金属对植物氮吸收的影响与其影响植物氮代谢相关酶的活性及基因表达有关。由硝酸还原酶（NR）催化硝酸盐还原成亚硝酸盐是氮同化途径的限速步骤，Cd 可以通过抑制叶片 NR 的活性，减少氮的吸收及转运。如 10 $mg\cdot L^{-1}$ Cd 处理显著影响小白菜植株对 N 和水分的吸收，抑制生长，降低小白菜硝酸还原酶（NR）、谷胺酰胺合成酶（GS）、谷氨酸合成酶（GOGAT）活性，NR 编码基因表达量减少（孙光闻等，2005）。Cd 的累积不仅影响硝酸盐的转运，而且影响其在 NR 催化下还原成亚硝酸盐，NR 活性的降低导致植物中硝酸盐减少。水稻植株 N 含量、积累量及 N 代谢有关酶，如硝酸还原酶、谷草转氨酶和谷丙转氨酶等活性随着 Cd 处理水平的提高而下降（邵国胜等，2006）。在玉米、豌豆、黄瓜等植物中发现 Cd 显著抑制 GS 和 GOGAT 活性（冯建鹏等，2009），这可能反映 Cd 主要对 N 同化甚至对整个细胞代谢活性的抑制，因为 GS 和 GOGAT 也参与光呼吸产生的铵循环。

也有重金属污染促进氮代谢的研究报道，如 As 毒害改变了烤烟的氮代谢，造成生育前期氮同化能力的降低，表现出硝酸还原酶（NR）活性下降、总 N 和蛋白质含量降低；但在生育后期，As 毒害烤烟的氮转化表现活跃，提高了其中的游离氨基酸含量和谷氨酸–

丙酮酸转氨酶（GPT）活性，最终导致烤烟生育中后期总 N 和蛋白质的积累（常思敏和马新明，2007）。龙葵植株叶片和根系 NO_3^--N 含量，NR、GS 活性均随 Cd 浓度提高而先增后降，且随处理时间的延长而逐渐下降。然而，龙葵叶片中 NH_4^+-N 含量随镉浓度升高和时间延长逐渐升高，表现出 Cd 胁迫下龙葵叶片铵态氮富集效应，龙葵叶片和根系中谷氨酸脱氢酶（GDH）活性随 Cd 处理浓度提高和处理时间延长而逐渐升高（郭智等，2010）。

2）N 素对重金属毒害作用的影响

i．对土壤重金属形态的影响

土壤中的 N 素可以通过改变根际环境，尤其是 pH，影响土壤重金属的形态及其对植物的生物有效性和毒性，但不同形态氮肥对土壤重金属形态转化的效应有差异。如氮肥施用显著增加了土壤中有效态 As 含量和植物对 As 的吸收，与对照相比，不同形态氮肥处理下土壤有效态 As 含量增加了 30.5～49.4 倍。随着化学氮肥的施用，发生了土壤残渣态的 As 向易溶态等其他形态 As 的转化和释放，导致作物吸收 As 及相应的环境风险增加（李莲芳等，2013）。5 种氮肥中，NH_4Cl 和 $(NH_4)_2SO_4$ 显著降低了土壤 pH，增加了土壤 DTPA-Cd 含量，促进了芥菜对 Cd 的吸收（王艳红等，2010）。

施 N 处理条件下，土壤 Pb 的不同形态所占的比例发生一定的变化，特别是水溶态和可交换态含量显著增加，从 3.9%增加到 11.5%～13.7%，增加了 3.2～3.7 倍（表 4-10）。铁锰氧化物结合态含量从 2.5%增加到 5.3%～6.6%，增加了 1.3～1.7 倍。有机物结合态含量也有显著增加。土壤残渣态 Pb 含量以对照最高，占 83.2%，施用 N 素显著降低残渣态含量及其比例。除残渣态外，其他各形态含量及所占比例均有一定的上升，施 N 导致土壤中 Pb 以小花南芥易于吸收的形态存在，说明施用 N 素可能导致 Pb 生物有效性增加。其中，施 0.1 $g·kg^{-1}$ N 的处理，小花南芥土壤中 Pb 的生物有效态含量所占比例最高（李元等，2013）。

表 4-10 氮素处理对土壤中重金属 Pb 的不同形态含量（$mg·kg^{-1}$）及比例的影响

Table 4-10 Contents（$mg·kg^{-1}$）of different form of Pb in soil and its percentage with N application

N	水溶态及可交换态	铁锰氧化物结合态	有机物结合态	残渣态
0 $g·kg^{-1}$	30.0±1.0c（3.9%）	19.2±1.4c（2.5%）	82.0±7.9c（10.5%）	648.2±17.9a（83.2%）
0.1 $g·kg^{-1}$	109.1±0.8a（13.7%）	52.5±1.7a（6.6%）	128.9±5.1a（16.2%）	506.4±14.1d（63.6%）
0.3 $g·kg^{-1}$	96.8±1.1b（11.9%）	46.3±2.1b（5.7%）	112.7±5.1b（13.8%）	558.4±17.0c（68.6%）
0.5 $g·kg^{-1}$	95.5±1.3b（11.5%）	43.6±2.0b（5.3%）	109.4±5.6b（13.2%）	581.6±12.2b（70.1%）

注：不同小写字母者表示处理间差异显著（$P<0.05$），相同小写字母者表示处理间差异不显著（$P>0.05$）

（李元等，2013）

通常而言，硝态氮会导致质子外渗和土壤酸化，而氨态氮会增加质子的吸收和土壤 pH，增加土壤 pH 可以降低重金属的有效性，减少植物对重金属的吸收和减轻重金属的毒害作用。如施用 NH_4^+-N 处理的玉米根系和地上部 Cu、Zn 及 Pb 的含量均显著高于 NO_3^--N 处理，其增幅均在 20%左右，进而影响 Cu、Zn 和 Pb 对玉米的毒害效应（楼玉兰等，2005）。

ii．对植物体内重金属存在形式的影响

在植物体内，细胞膜上的蛋白质、糖类和脂质能够结合透过细胞壁的污染物。当环境中的 Pb 浓度相当大时，也有部分 Pb 透过细胞壁，在细胞膜上沉积下来。细胞质和液泡中具有许多能够与污染物结合的“结合座”，当部分污染物突破细胞壁和细胞膜进入细胞质后，就能够和细胞质中的蛋白质及氨基酸中的羧基、氨基、巯基、酚基等官能团结合，形成稳定的螯合物。因此，细胞壁和细胞膜上存在的氨基与金属相结合而形成金属螯合物，将重金属结合在质膜系统，减轻重金属的毒害作用。

N 素对重金属在植物体内的分配有显著影响。如在 Pb 胁迫下，施用适量的氮肥可促进日本毛连菜的生长和累积 Pb 的能力，与硝态氮肥处理相比，铵态氮肥更有利于 Pb 向日本毛连菜叶部转移（付婷婷等，2012）。NH_4NO_3 处理海州香薷体内（地上部分和根系）Cu 的积累量明显高于（NH_4）$_2SO_4$ 处理。两种氮源供应下，随着 Cu 水平的提高，海州香薷体内 Cu 含量随之提高，但地下部 Cu 的含量远高于地上部。不论在何种 Cu 水平下，地下部与地上部 Cu 含量之比（R/S）均为 NH_4NO_3＞（NH_4）$_2SO_4$（孙慧锋和朱顺达，2010）。

iii. 对植物耐受重金属的影响

改善植物 N 素营养，通常有助于减轻重金属对植物的毒害作用。氮肥的施用能减轻重金属离子的毒害作用，并随施氮水平的提高，毒性抑制作用增强。一方面可能是 N 素的施用降低了重金属的有效性，减少了植物体对重金属的吸收，降低植物体内的含量，减轻重金属胁迫的毒害程度；另一方面，氮对植物生长的促进作用，导致植物对重金属的稀释效应，而减轻了重金属的毒害作用（安志装等，2002）。因此，Pb 处理下，施用铵态氮肥可促进鱼腥草生长，从而降低重金属 Pb 对鱼腥草的毒害（杨刚等，2007）。

如图 4-2 所示，Pb 胁迫条件下，小花南芥生物量随施 N 水平的增高而增加。施 0.5 g·kg^{-1} N 的处理小花南芥生物量显著高于施 0.3 g·kg^{-1} 和 0.1 g·kg^{-1} N 的处理（李元等，2013）。

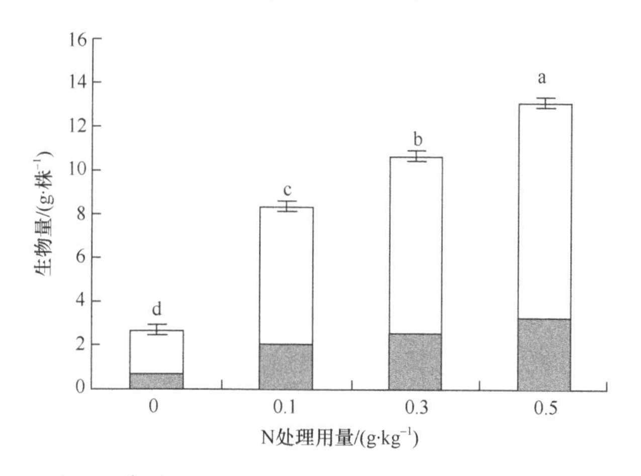

图 4-2　氮素处理对 Pb 胁迫下小花南芥生物量的影响

Figure 4-2　Biomass of *A. alpinal* under Pb stress with N application

注：不同小写字母者表示处理间差异显著（P＜0.05），相同小写字母者表示处理间差异不显著（P＞0.05）

（李元等，2013）

由表 4-11 可知，以铅锌矿区污染土壤为培养基质，种植续断菊，发现重金属胁迫条件下，随着供氮水平的提高，续断菊的株高显著增加，在氮水平为 625 mg·kg^{-1} 时达到最大，三个时期分别比对照显著增加了 29%、96%和 132%。在无氮有镉处理条件下（CK），植株矮小，且随着时间的延长增长缓慢甚至植株生长受到抑制（秦丽等，2011）。

表 4-11　重金属胁迫条件下施氮对续断菊生长的影响

Table 4-11　Effects of N application on the growth of *Sonchus asper*（L.）Hill under heavy metals stress

氮施用/（$mg·kg^{-1}$）	株高/cm			根长/cm	根系直径/cm
	20 d	40 d	60 d		
0	10.4±1.1b	12.4±1.9b	11.4±2.8a	5.4±0.5d	0.7±0.2c
125	11.5±1.0b	13.0±2.5b	12.8±1.8 a	7.3±0.7c	1.0±0.1b
375	12.8±2.7ab	13.7±2.7ab	13.4±2.8a	14.5±0.4a	2.2±0.3a
625	13.4±2.0a	14.3±1.7a	13.8±2.3a	9.0±0.8b	1.2±0.1b

注：不同小写字母者表示处理间差异显著（$P<0.05$），相同小写字母者表示处理间差异不显著（$P>0.05$）

（秦丽等，2011）

更为重要的是，植物螯合素、金属硫蛋白和脯氨酸等含氮化合物的形成是非常重要的抗金属毒性的防御系统，重金属胁迫常诱导这些化合物的合成，导致其含量增加，并由于产生富含络合重金属离子基团的化合物，而形成有效防御机制。N 素通过产生脯氨酸、植物螯合素、金属硫蛋白等对重金属产生防御机制，同时相应的蛋白基因编码表达而对重金属产生抗性或耐性。

（2）磷素与重金属元素间的拮抗作用

关于土壤–植物系统中磷与重金属元素间交互作用的研究很早就引起了研究人员的高度重视，从单纯的植物营养学角度延伸到维持土壤生态环境和农产品安全等方面。P 与重金属元素间的交互作用，一方面对促进植物对养分的吸收和利用，指导合理施肥缓解重金属毒害作用具有重要的意义；另一方面，P 影响土壤和水体环境对重金属的吸附，有助于减轻土壤重金属的生物毒性。

1）重金属对植物 P 素营养的影响

i．对植物 P 素吸收的影响

在土壤中，镉影响土壤对 P 素的吸附和 P 的有效性，进而影响到植物对 P 素的吸收。在磷镉同时加入时，速效 P 的质量分数随着施 Cd 质量浓度的升高而显著降低，在 P 质量分数一定时，施 Cd 降低了土壤中 P 的有效性（刘芳等，2007a）。P 对照处理下，随着施 Cd 浓度的升高，植株全 P 量呈现逐渐上升的趋势，在速效 P 含量较低时，施 Cd 可以促进植株 P 含量的增加。但在土壤 P 素较充足的条件下，随着施 Cd 浓度的增加植株 P 含量呈现逐渐下降的趋势，Cd 对烟草地下部产生了毒害，抑制 P 的吸收利用（刘芳等，2007b）。

ii．重金属对植物 P 素转运的影响

P 是植物体内再利用能力比较强的营养元素，重金属的胁迫影响它们再转运分配的能力。如 Cd 胁迫条件下，三种豆科植物叶片与茎部 P 含量发生显著变化，显著地降低了叶片的 P 含量，而提高了茎部的 P 含量（韩晓姝等，2009）。重金属影响植物对 P 素的转运，与重金属离子竞争 P 素转运蛋白有关。如 P 和 As 为同族元素，磷酸盐与五价砷酸盐的化学性质有相似性，砷（As^{5+}）与 P 有着相似电子结构形态，相互竞争 P 转运蛋白而进入植物体内。因此，As 污染导致植物 P 素转运下降（Clark et al.，2000）。

2）P 素对重金属毒害作用的影响

i．对土壤重金属存在形式的影响

在土壤中，P 素影响土壤对重金属的吸持作用，P 肥施用降低了一些土壤对重金属的吸持，却增加了另一些土壤对重金属的吸持，从而影响重金属的形态。土壤对 Zn 的次级吸附量和吸附率随 P 吸附量的增加先降低后升高，并随添加 Cd 浓度的增加而降低，解吸量和解吸率随 P 吸附量的增加而增加，说明在正常施 P 范围内，增加 P 的施用量能提高土壤中 Zn 的有效态（崔海燕等，2010）。而培养的含 P 土壤对不同质量浓度 Cd 吸附解吸时，褐土对 Cd 的吸附量随着 P 质量分数的增加而增加（刘芳等，2007a）。但也有研究表明，在土壤溶液中有效态重金属的含量不受磷酸根施用的影响。如土壤固相的交换态 Zn 进入土壤溶液的倾向不受土壤溶液中 P 浓度的影响，不同 P 含量对棕壤和沙土两种土壤 Zn 含量水平的改变值、活度比和交换自由能均没有显著影响（王耀晶等，2003）。

P 对土壤重金属离子吸附的影响与 P 处理浓度、P 素类型有关。当 P 浓度为 0～2 $mg \cdot L^{-1}$ 时，Cd^{2+}吸附量逐渐上升，并且在 2 $mg \cdot L^{-1}$ 时达到最高点，加入 P 促进了膨润土处理土壤对 Cd 的吸附；当 P 浓度为 2～20 $mg \cdot L^{-1}$ 时，Cd 吸附量先下降后稍有上升的趋势，但从整体来看，Cd 吸附量一直小于对照，P 的加入抑制了膨润土处理土壤对 Cd 的吸附。从而看出，P 促进膨润土处理土壤吸附 Cd 的 P 浓度范围很窄，在大部分 P 浓度范围内，P 抑制了膨润土处理土壤对 Cd 的吸附（金美玉等，2007）。随着磷酸氢二铵（DAP）、磷酸二氢铵（MAP）和过磷酸钙（SSP）施入量的增加，黄棕壤和潮土的 pH 均显著降低，速效磷和有效态 Cd 含量显著增加；磷酸氢钙（DCP）和磷酸三钙（TCP）对土壤 pH 影响不大，随磷施入量及土壤速效磷含量的增加，土壤有效态 Cd 含量显著降低。随施磷水平的升高差异性变小，DAP、MAP、SSP 和 TCP 不同磷水平下土壤 pH 与有效态 Cd 含量均呈显著负线性关系，说明这 4 种磷源主要是通过改变土壤 pH 来影响土壤 Cd 有效性；施用 DCP 在改变土壤 pH 的同时可能会发生其他反应而影响土壤 Cd 的有效性（陈青云等，2011）。0.10 $g \cdot kg^{-1}$ P 剂量水平下，与对照（无磷肥）相比，钙镁磷和磷酸二氢钾处理显著提高了土壤 pH 并降低了土壤 Cd 活性；施 P 量增至 0.20 $g \cdot kg^{-1}$ 时，磷酸氢钙处理显著提高了土壤 pH 并降低了土壤 Cd 活性，钙镁磷、磷酸二氢钾和磷酸氢钙处理下 DTPA 提取态 Cd 含量分别降低 11.8%、9.8%和 11.8%，NH_4OAc 提取态镉含量分别降低 9.5%、7%和 7.1%（刘昭兵等，2012）。

P 肥施入土壤后的化学行为是一个复杂的过程，对于 P 肥如何影响土壤中重金属的形式形态存在不同的观点。有研究认为，磷酸盐可钝化土壤中的重金属，具体机制包括：土壤重金属离子直接被难溶性磷酸盐表面吸附，土壤负电荷增加诱导土壤对重金属离子的吸附强度增大，以及重金属离子与土壤溶液中的磷酸根形成磷酸盐沉淀等（周世伟和徐明岗，2007）。另有研究认为，P 肥在土壤中的溶解过程会引起局部土壤酸化，增加重金属的溶解度及活性（张宏彦等，2009），过磷酸钙、钙镁磷肥等肥料中的钙镁等与重金属离子竞争土壤吸附位点，从而活化土壤中的重金属离子。

ii．对重金属在植物体存在形式的影响

在植物体内，P 与重金属配合使用时，若 P、重金属配合的生物学效应大于 P、重金属各自的效应之和，则元素间产生协同效应，否则为拮抗效应。植物体内 P 与重金属的交互作用具有普遍性，可发生在多种植物上。以 P、Zn 吸收和生长量为指标，则有些作物如菜豆、大白菜、油菜和燕麦等表现出 P-重金属的协同作用，即增加供 P 量不仅能促进重金属的吸收，还能提高生长量。

但对于大多数作物，随供 P 量的提高，植物体内重金属的含量下降，即表现出典型的拮抗作用（杨志敏等，1999）。施 P 可以减少土壤中有效态 Cd 含量，明显降低芥菜植株体内 Cd 含量（刘亮等，2008）。低 Cd 磷肥能降低牧草中 Cd 含量，磷矿粉、钙镁磷肥和过磷酸钙均可显著减少污染土壤中小白菜对镉的吸收累积量（Wang et al.，2008）。添加过磷酸钙可显著降低大白菜中的 Cd、Pb 的含量（刘维涛和周启星，2010）。施用钙镁磷肥没有显著提高水稻的产量，但能有效降低水稻籽粒 Cd 含量（张良运等，2009）。钙镁磷肥和过磷酸钙处理显著降低了水稻对 Cd 的吸收累积（刘昭兵等，2012）。

iii. 对植物耐受重金属的影响

由表 4-12 辣椒农艺性状可以看出，辣椒果实结果数、产量及地上部干重都没有表现出任何差异，但施 P 肥提高辣椒对 As 污染胁迫的耐性，不同梯度的磷肥处理辣椒株高都显著高于不施 P 肥的处理，而高磷肥（300 kg·hm^{-2}）处理的辣椒株幅显著大于不施 P 肥处理（田相伟，2008）。

表 4-12　施 P 肥对大田辣椒农艺性状的影响

Table 4-12　Effects of P application on agronomic characteristics of chili pepper in a field

P /（kg·hm^{-2}）	株高 /cm	结果数 /（个·株$^{-1}$）	株幅 /cm^2	产量 /（kg·亩$^{-1}$）	茎叶干重 /（kg·亩$^{-1}$）
0	40.73±2.96c	65.44±3.60a	54.66±0.86b	1054.55±115.16a	54.56±6.91a
75	48.4±6.96b	61.44±5.74a	59.36±8.20ab	1126.87±167.97a	58.03±9.73a
150	48.38±2.28b	57.56±26.78a	61.91±0.45ab	1030.45±465.57a	53.43±23.11a
225	48.46±3.11b	76.89±30.10a	62.03±1.95ab	1280.53±411.68a	65.01±20.12a
300	49.73±2.41b	49.33±18.37a	63.46±6.00a	1102.76±23.91a	58.45±1.92a

注：不同小写字母者表示处理间差异显著（$P<0.05$），相同小写字母者表示处理间差异不显著（$P>0.05$）

（田相伟，2008）

与不施 P 肥的处理相比，施磷肥处理的小区，果实砷含量、果实砷累积及茎叶砷累积各处理之间，以及与不施 P 肥的处理之间都没有差异（表 4-13）。

表 4-13　施 P 肥对大田辣椒 As 含量和吸收量的影响

Table 4-13　Effects of P application on the contents and uptake of As in chili pepper in a field

P /（kg·hm^{-2}）	果实砷含量 /（mg·kg^{-1}）	茎叶砷累积 /（μg·株$^{-1}$）	果实砷累积 /（μg·株$^{-1}$）	根砷累积 /（μg·株$^{-1}$）
0	0.28±0.05a	3.46±1.04a	14.09±4.05a	22.91±10.27a
75	0.18±0.03b	4.43±4.34a	9.77±2.14a	18.70±8.26a
150	0.18±0.06b	3.45±0.43a	9.87±7.79a	22.68±15.26a
225	0.32±0.13a	5.95±2.36a	19.37±11.25a	21.78±24.93a
300	0.32±0.04a	5.68±1.71a	16.37±2.03a	15.58±7.51a

注：不同小写字母者表示处理间差异显著（$P<0.05$），相同小写字母者表示处理间差异不显著（$P>0.05$）

（田相伟，2008）

有关磷–重金属交互作用，P 素营养提高植物对重金属的耐受性，减轻重金属对植物的毒害作用，各国学者从不同角度对其进行了广泛的研究，并提出了一些磷–重金属交互作用可能的机制，主要有以下几种。

稀释效应。施用磷肥使作物生长量或产量增加，而重金属的吸收总量变化不大，导致作物对重金属的吸收速度不足以保持地上部有足够高的浓度，因此，生物量增加产生的“稀释效应”被认为是导致地上部大部分重金属元素含量降低的原因。

转运抑制。高磷抑制了重金属向地上部转运，一是由于增加介质供磷水平，植株根部积累的磷可能与重金属结合成不溶性的磷酸盐沉淀，其结果抑制了重金属向地上部转运。如采用 X 衍射细微分析法分析了 *Azolla* 植株根和茎细胞元素成分，结果发现，根细胞壁中 P 的含量因施 Cd 而提高了 2～3 倍，推测高 P 条件下，P 与 Cd 极有可能形成磷酸盐络合物。对培养在过量 Zn 和 Cd 的烟草细胞液泡中的 Zn 和 Cd 的化学形态进行模拟分析发现，当液泡溶液 pH 为 7.0 时，Cd 与磷酸根能形成沉淀；但在同样条件下，没有 Zn 的磷酸盐化合物。二是因为植物根细胞壁表面带有较多的羧酸基团及少量带正电荷的氨基，重金属离子通过静电吸引而吸附在细胞壁上，降低其向地上部的输送（姜慧敏等，2006）。

菌根效应。在磷有效性低的土壤中，丛枝菌根能促进植物对磷的吸收，尤其在施用磷肥时，对改善植株体 P 素营养有很好的作用，在重金属污染环境下，菌根的侵染促进植物对磷的吸收。菌根向宿主植物传递营养，使植物幼苗成活率提高，宿主植物抗逆性增强，生长加快，提高植物对重金属的耐受性。

（3）硫素与重金属元素间的拮抗作用

硫（S）是植物必需的 6 种大量元素之一，在植物体内的含量为 3%～5%，主要以半胱氨酸和甲硫氨酸残基形式存在于蛋白质中。此外，S 元素还存在于许多重金属耐性相关的小分子代谢物（如 GSH、PC 等）中。近年来，人们对 S 素与重金属元素间的根系研究给予很大的关注。

1）重金属对植物 S 素营养的影响

与植物重金属累积密切相关的硫素营养代谢过程包括硫素吸收、硫素同化与谷胱甘肽（GSH）代谢三个主要环节（图 4-3）。以镉–硫相互作用为例，Cd 胁迫增加植物根部的高亲和力硫酸盐转运子（HAST）基因的表达，促进对土壤中硫素（SO_4^{2-}）的吸收，增加植物的硫素含量（Nocito et al.，2006；Xue et al.，2007）。提高植物体内 ATP 硫酰化酶（ATPS）和乙酰丝氨酸硫水解酶（OAS-TL）等硫素同化关键酶活性，促进植物根部的硫素同化合成为半胱氨酸（Cys）（Dominguez et al.，2001；Wangeline et al.，2004）。Cys 是植物硫营养代谢的最重要中间代谢产物，是合成 GSH 等重要富含硫化合物的前体。

Cd 胁迫增强 γ-EC 合成酶（γ-ECS）、谷胱甘肽合成酶（GSHS）和植物络合素合成酶（PCS）等 GSH 代谢关键酶活性及其编码基因 *GSH1*、*GSH2*、*PCS* 的表达，影响谷胱甘肽还原酶（GR）的活性，改变 GSH 与氧化型谷胱甘肽（GSSG）的比例，促进 Cys 转化为 GSH 和植物络合素（PC）等巯基化合物（Mendoza et al.，2005）。GSH 和 PC 等巯基化合物对 Cd 离子有很强的络合能力，在细胞质中与 Cd 离子形成 $Cd·GS_2$ 复合物和低分子质量 Cd-PC 复合物，进而转运到液泡中，以稳定的高分子质量 Cd-PC 复合物形式进行储存和累积，避免 Cd 离子对细胞的伤害，从而使植物能够大量累积 Cd 离子（Cobbett and Goldsbrough，2002）。因此，植物细胞内 Cd-PC 复合物的形成，使得合成 GSH 和 PC 等巯基化合物的需求增加，驱动 Cys 同化合成，增加硫素吸收。硫素（SO_4^{2-}）吸收，同化合成 Cys、GSH 和 PC 等巯基化合物，构成的植物硫素营养代谢途径，是植物能够大量累积 Cd 的重要机理之一（孙雪梅和杨志敏，2006；Ernst et al.，2008）。

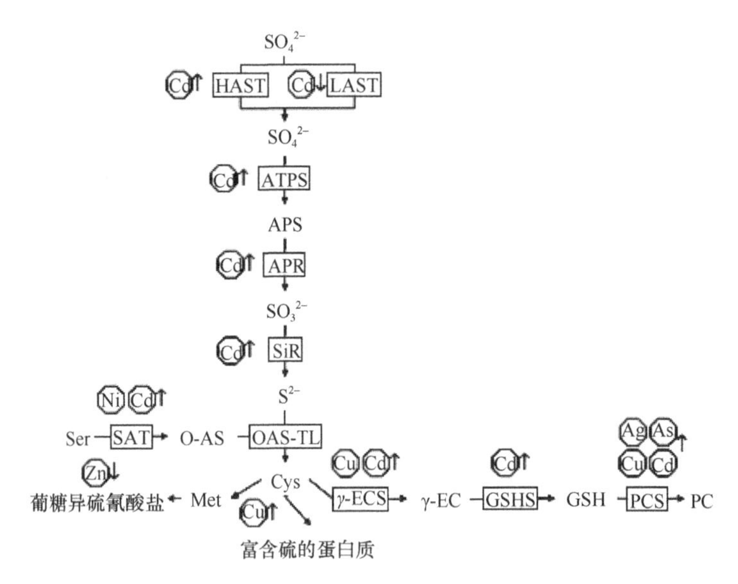

图 4-3　重金属对硫素营养代谢的影响

Figure 4-3　Effects of heavy metals on sulphur nutrition metabolism

（Ernst et al.，2008）

因此，重金属胁迫通常导致植物硫素含量增加，并影响硫素在植株体内的分配。镉处理促进了油菜植株对硫的吸收，10 μmol·L^{-1} 镉处理 96 h 油菜植株比对照组吸收的硫增加了 36%，而且促进了硫向地上部的转运，有 39.4%的硫被转运到植株的地上部，转运速率较对照组增加了 50%（吕波等，2013）。

2）S 素营养对重金属毒害作用的影响

植物硫素营养代谢过程中，S 素转化为营养和功能性重要的含硫化合物，如半胱氨酸（Cys）、金属硫蛋白（Met）、植物络合素（PC）、硫氧还蛋白、铁氧还蛋白、硫脂和维生素（维生素 H、维生素 B_1）等，对植物耐受和累积重金属的能力产生重要影响。在缺硫状态下，Cd 处理可诱导植株叶片出现明显坏死斑，而正常供硫组在相同 Cd 处理浓度下却未出现该现象，表明缺硫则加重重金属镉对植株的毒害（孙新等，2003）。当培养溶液中镉浓度较低（0.1～2 mg·L^{-1}）时，万寿菊茎叶中 NPT、PC、Cys 和 γ-EC 含量随着镉浓度增加而增大；当镉浓度较高（8 mg·L^{-1}）时，万寿菊茎叶中 PC 含量迅速降低，GSH 含量大幅度增高。在万寿菊根部，这些巯基化合物的含量几乎不受镉处理影响，且含量较低。表明 PC 在万寿菊镉的解毒机制中发挥一定的作用，暴露于高浓度的镉，GSH 比 PC 起着更为重要的解毒作用（冯倩等，2010）。

100 mg·L^{-1} Cd 胁迫条件下，调节液体培养基内的 S 素含量，发现高浓度（6.6 mmol·L^{-1}）S 营养条件下，真菌生物量显著增加，表明增加真菌生长培养基中的 S 素营养含量，能提高真菌对 Cd 的耐受性（图 4-4）。

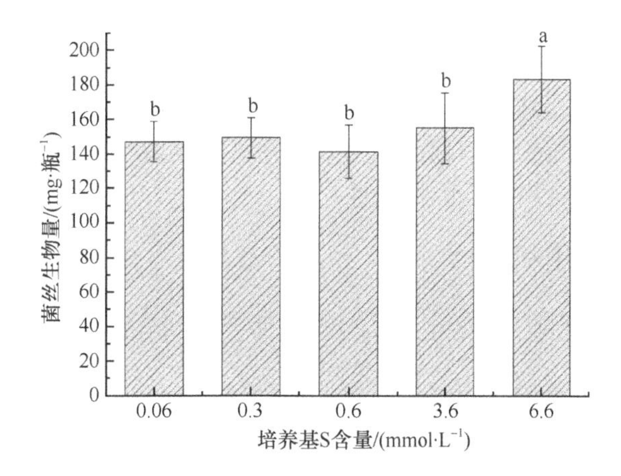

图 4-4　镉胁迫下 S 素营养对真菌生长的影响

Figure 4-4　Effects of S nutrient on a fungal growth under Cd stress

不同小写字母者表示处理间差异显著（$P<0.05$），相同小写字母者表示处理间差异不显著（$P>0.05$）

（待发表）

但硫素营养减轻重金属对植物的毒害效应与重金属胁迫程度、硫素营养水平等因素有关。低镉（5 μmol·L^{-1}）水平下，随着硫浓度的增加，小白菜叶片中 H_2O_2 的含量显著下降，MDA 含量先降后升，谷胱甘肽还原酶（GR）活性、抗氧化物质及植物络合素含量持续升高，抗坏血酸过氧化物酶（APX）、脱氢抗坏血酸还原酶（DHAR）和单脱氢抗坏血酸还原酶（MDHAR）及 AsA 含量呈先升后降的趋势。高镉（50 μmol·L^{-1}）水平下，随着硫浓度的增加，小白菜叶片中 H_2O_2 和 MDA 含量均先降后升，AsA-GSH 循环关键酶活性、抗氧化物质及植物络合素含量均呈先升后降趋势。表明适度增硫处理能维持小白菜叶片 AsA-GSH 循环快速有效地运转，增加植物络合素的合成，保持较强的抗氧化物质的再生能力和重金属螯合解毒能力，对降低镉胁迫伤害具有重要作用。但是过高 SO_4^{2-} 浓度存在一定的盐胁迫毒害效应，因而影响其对小白菜镉生物毒性的降低作用（孙惠莉等，2013）。

（4）其他营养元素与重金属元素间的拮抗作用

除 N、P、S 等营养元素外，重金属与 Ca、Mg、Fe 等营养元素也存在不同程度的交互作用，引起研究人员的关注。如镉促进龙葵叶片和根系 K 吸收，对 Na 吸收影响不显著。同时，镉促进根系 Mg 吸收，但抑制其向地上部转运。低浓度镉处理促进叶片 Ca 吸收。龙葵根、茎、叶 Zn 含量随镉处理浓度的提高均表现为低促高抑。根系 Cu 吸收随镉浓度提高而增加，叶片先增后降，各器官 Fe 含量随镉浓度提高逐渐降低，而根系 Mn 含量受镉抑制（郭智等，2009）。

但重金属对植物养分代谢的影响是复杂的，不同元素的响应有差异，并受植物种类、胁迫程度、环境条件等因素的影响。如 3 mg·L^{-1} 镉污染增加烟草叶片中 P、Ca、Mg、Fe、Cu、Zn、Al 元素的含量，但浓度为 30 mg·L^{-1} 的镉污染造成叶片中 P、Ca、Mg、Fe、Cu、Zn、Al 元素含量的减少；镉污染引起叶片中 Na 含量增加，且随着营养液中镉浓度的增高 Na 含量增加；镉污染造成 K、Mn 在叶片中的含量下降，而且随着营养液中镉浓度的增高，K、Mn 含量下降幅度增加（袁祖丽等，2005）。

总之，一方面，重金属污染影响植物对营养元素的吸收和运输，导致元素积累失去平衡，进而影响植物正常的生理代谢；另一方面，植物通过营养元素对重金属毒害的拮抗作用，提高植物对重金属胁迫的耐受性。

3. 元素间的拮抗作用机理

（1）两元素之间由于直接发生化学反应而产生拮抗

第一，凡两种元素能生成难解离的稳定化合物的，它们之间便可能存在着生物的拮抗。例如，As、Hg、Cd、Ag、Sb 等对 Se 的拮抗，其机理可能是重金属与 Se 生成相应的 As_2Se_3、HgSe、CdSe 等难解离的化合物，从而导致 Se 的生物活性消失；其表现为 Se 不能被生物吸收或含 Se 酶（如谷胱甘肽过氧化物酶）中 Se 被夺走，使 Se 无法发挥生物活性作用。又如硫对铜和铁的拮抗，表现为硫化物对含 Cu、Fe 的呼吸酶，细胞色素氧化酶，过氧化氢酶等的明显抑制，这可能和生成相应的 CuS、FeS，从而破坏酶的空间构型有关。

第二，凡两种元素能生成稳定络合物的，它们之间便可能存在生物拮抗作用。如氰化物对多种金属元素的拮抗，表现为对多种金属酶的抑制。这可能是因为 CN^-能与多种离子形成稳定络合物，从而破坏了金属酶的结构，致使这些金属元素的生物活性丧失。络合能力很强的氟离子有可能与多种金属离子形成稳定络合物，而且其络合物稳定常数越大，拮抗作用就越明显。

第三，凡两种元素可发生氧化还原反应的，它们之间有可能存在生物拮抗作用。例如，Cr^{6+}在红细胞中还原成 Cr^{3+}时，使血红素中的 Fe^{2+}氧化成 Fe^{3+}，破坏血红蛋白的正常生理功能，从而表现出 Cr^{6+}-Fe^{2+}的拮抗作用。在实验中观察到高铁血红蛋白的存在，说明此种氧化还原拮抗作用是存在的。

（2）破坏金属酶的辅基或金属蛋白的蛋白质活性基团而产生拮抗

某元素作用于金属酶的辅基或金属蛋白的蛋白质活性基团，使酶或蛋白质受到破坏，从而实现对酶或蛋白质中有益金属元素的间接拮抗作用。这有三种情况。

第一种情况，干扰离子与生物体中的有机质（如酶的辅基）更稳定的结合，从而使机体中某些元素被置换出来。例如，Cd 对 Zn 的生物拮抗是由于 Zn 在蛋白质中是与巯基结合，而 Cd 对巯基的结合比 Zn 更稳定一些，因为 CdS 的溶度积（3.6×10^{-29}）比 ZnS 的溶度积（7.4×10^{-27}）小，所以 Cd 可把 Zn 从有机体中置换出来。又如，某金属硫化物的溶度积小于 ZnS 溶度积时，该金属离子便可对 Zn 产生拮抗作用，如 Hg、Ag、Cu、As 等。除 Zn 外对巯基结合的其他微量元素也有类似的置换规律。

第二种情况，由于干扰离子的氧化还原作用，使辅基中的双硫键还原、裂解：

$2CN^{-}$+R—S—S—R→2R—2SCN。由于酶辅基中二硫键的裂解而使酶遭到破坏，则酶中的金属元素也将随酶的破坏而失去活性。

第三种情况，重金属（Hg、Ag、Pb 等）作用于金属酶中蛋白质的巯基或羧基，使蛋白质变性，使金属酶失去活性，表现为重金属离子对金属酶中的有益元素的生物拮抗。

（3）使金属酶反应体系受阻而产生拮抗

由于某一元素的作用，使金属酶反应体系中的一环受阻，从而产生对另一元素的间接拮抗。如 Cu 对 Mo 的拮抗，它们在细胞里的相互关系如图 4-5。从图可见，含 Mo 的脱氢酶（如黄嘌呤脱氢酶）使代谢物氧化并产生 H_2O_2。在正常情况下，H_2O_2 在含 Fe 的过氧化氢酶的作用下，迅速分解为 H_2O 和 O_2，而当存在过量 Cu 时，便抑制过氧化氢酶，从而造成细胞内 H_2O_2 的毒性积累。根据诱导和抑制理论，过剩的 H_2O_2 将反过来抑制破坏含 Mo 的脱氢酶，从整体上看就造成 Cu-Mo 拮抗现象。类似的例子还有 Pb-Fe 的拮抗。

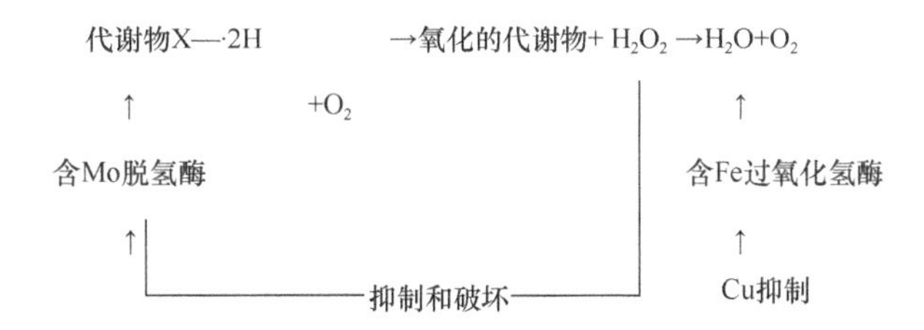

图 4-5　生物细胞内 Mo 和 Cu 的拮抗关系
Figure 4-5　Antagonistic relationship between Mo and Cu in biological cells

（王焕校，2012）

由于酶的作用是一环扣一环的（如 TCA 环），只要其中一环受阻，就会影响其他环节。

（4）相似原子结构的元素有机络合中互相取代而造成的拮抗

在生物体中相似原子结构的元素在有机络合中互相取代而造成的拮抗作用，如 W-Mo，Cd-Ca，V-Mn，Ni-Cu，Mn-Mg 等，如表 4-14 所示，说明每对拮抗元素生成络合物的配位数、离子半径、离子体积及半径比值等值都非常接近，这就构成了它们之间相互取代的基本条件，所不同的只是它们的晶格能和电离势差别较大，而正是这两个常数的差别，决定了元素间生物拮抗能力的大小。晶格能和电离势数值大，元素生成的络合物就稳定，就不易被晶格能、电离势小的元素所取代；反之亦然。如钼（Mo）和钨（W）原子结构非常一致，所以在有机络合物中可相互取代，并表现出拮抗现象。但因 Mo^{6+}的晶格能和电离势比 W^{6+}要大，所以 Mo^{6+}在生物体内生成的有机物要比 W^{6+}的同种络合物稳定得多。因而 Mo^{6+}取代 W^{6+}很容易，而 W^{6+}取代 Mo^{6+}就难得多。实验证明。只有百倍的 W^{6+}才能对 Mo^{6+}发生完全拮抗。

同理，V 对 Mn 的拮抗也很明显，而 Mn 对 V 的拮抗很困难；Mn 对 Mg 的取代是很容易的，而 Mg 要取代 Mn 几乎是不可能的。

表 4-14　若干元素的原子结构常数

Table 4-14　Atomic structure constant of several elements

元素	配位数	离子半径	离子体积	半径比值	晶格能	电离势
Mo^{5+}	6	0.62	1.00	0.44	4930	70
W^{6+}	6	0.62	1.00	0.44	4470	61
Cd^{2+}	6	0.97	3.82	0.69	550	16.84
Ca^{2+}	6	0.99	4.06	0.71	477	11.82
V^{5+}	6	0.59	0.86	0.42	3600	68.64
Mn^{4+}	6	0.60	0.90	0.43	2680	52
Ni^{2+}	6	0.69	1.38	0.49	620	18.13
Cu^{2+}	6	0.72	1.56	0.51	630	20.28
Mn^{3+}	6	0.66	1.20	0.47	1300	32
Mg^{2+}	6	0.66	1.20	0.47	590	14.97

（王焕校，2012）

从原子结构理论出发，可以预言在下列元素间可能存在拮抗关系：Fe^{2+}-Zn^{2+}、Fe^{3+}-Mn^{2+}、Sb^{5+}-Mo^{6+}、Cu^{2+}-Co^{2+}、Ni^{2+}-Mg^{2+}、Ru^{2+}-Co^{2+}、Ge^{2+}-Zn^{2+}等（表 4-15）。

表 4-15　可能发生拮抗的若干元素的原子结构常数

Table 4-15　Atomic structure constant of some possible antagonistic elements

元素	配位数	离子半径	离子体积	半径比值	晶格能	电离势
Fe^{2+}	6	0.76	1.70	0.53	580	16.42
Zn^{2+}	6	0.74	1.70	0.53	610	17.89
Mn^{2+}	6	0.66	1.20	0.37	1300	32
Fe^{3+}	6	0.62	1.10	0.46	1280	—
Sb^{5+}	6	0.62	1.00	0.44	3180	55.7
Mo^{6+}	6	0.62	1.00	0.44	4930	70
Cu^{2+}	6	0.72	1.56	0.51	630	20.28
Co^{2+}	6	0.72	1.56	0.51	620	17.23
Ni^{2+}	6	0.69	1.38	0.49	620	18.13
Mg^{2+}	6	0.66	1.20	0.47	590	14.97
Ru^{2+}	6	0.67	1.26	0.48	2180	—
Zn^{2+}	6	0.74	1.70	0.53	610	17.89
Ge^{2+}	6	0.73	1.60	0.52	—	15.86
Co^{2+}	6	0.72	1.56	0.51	620	—

（王焕校，2012）

（二）协同作用

协同作用（synergistic effect）指两种或两种以上化学物质同时在数分钟内先后与机体接触，其对机体产生生物学作用的强度远远超过它们分别单独与机体接触时所产生的生物学作用的总和，也称为增强作用。

特定条件下，重金属元素之间存在协同作用，如施 Zn 可促进植物对 Cd 的吸收积累。在 Cd 污染的土壤上施 Zn 肥，增加土壤中有效态 Cd 含量，从而提高小麦籽粒中的 Cd 含量。在 Cd（Zn）污染土壤中施 Zn（Cd）均能增加春小麦和玉米中的 Cd（Zn）含量（Nan et al.，2002）。田间实验发现，施 Zn 并没有使莴笋等蔬菜中的 Cd 含量减少，这也被认为是一种协同作用的表现（He et al.，2004）。在缺 Zn 的土壤中，加入 Cd 使小麦的缺 Zn 症状加剧，小麦叶片上坏死的斑点增多，当每 kg 土壤加入 10 mg Zn 时，小麦植株中 Cd 的含量增加，表现为明显的协同作用（Koleli et al.，2004）。这可能是因为 Cd 与 Zn 有相同的价态和近似相同的离子半径，在植物细胞表面发生 Zn 竞争 Cd 位的协同作用，导致 Cd 的溶解性增强，促使 Cd 从根部向顶部转移，增加植物地上部和籽粒中的 Cd 含量。

重金属单一与复合污染的生态效应不同（表 4-16），在单一污染产生抑制效应（以 IC10%计算）的浓度范围内，Cu、Zn、Pb 和 Cd 复合污染产生明显的协同效应。复合污染后的生态毒性由单一污染时的 8.4%～16.8%增加至 48.5%。降低各重金属浓度进行复合毒性效应检验的结果表明，单一污染产生刺激作用浓度下，复合污染产生明显的协同效应，其结果使重金属复合污染的生态毒性阈值浓度大大降低，毒性明显增强。以 Cu 为例，单一污染时 Cu 对白菜根伸长抑制 12.7%的浓度为 250 $mg \cdot kg^{-1}$，而复合污染时，根伸长抑制率 11.6%时，Cu 浓度仅为 30 $mg \cdot kg^{-1}$。此外，其他的 Zn、Pb 和 Cd 重金属情况与此一致（宋玉芳等，2002）。

表 4-16　草甸棕壤中 Cu、Zn、Pb、Cd（$mg \cdot kg^{-1}$）单一/复合污染条件下对白菜根伸长的抑制率

Table 4-16　Inhibition rates of Cu，Zn，Pb and Cd（$mg \cdot kg^{-1}$）in the single and combined form on root elongation of Chinese cabbages in meadow brown soils

Cu	A	Zn	B	Pb	C	Cd	D	Cu+Zn+Pb+Cd	A+B+C+D	效应
30	–17%	50	–15%	50	–8%	5	–5%	30+50+50+5	11.6%	协同
60	–15%	100	–15%	100	–8%	10	–3%	60+100+100+10	21.3%	协同
125	–10%	200	–12%	200	–5%	25	0%	125+200+200+25	42.5%	协同
250	12.7%	400	8.4%	400	16.8%	50	14.6%	250+400+400+50	48.5%	协同

注：A、B、C 和 D 为土壤 Cu、Zn、Pb 和 Cd 单一污染对根伸长的抑制率，A+B+C+D 为土壤 Cu+Zn+Pb+Cd 复合污染对根伸长的抑制率

（宋玉芳等，2002）

（三）相加作用

相加作用（additive effect）即多种重金属混合所产生的生物学作用强度，是各种重金属分别产生作用强度的总和。以单细胞藻类生长及细胞内还原型谷胱甘肽（GSH）含量、谷胱甘肽-S-转移酶（GST）和谷胱甘肽过氧化物酶（GPx）活性为指标，对铅和汞单一及联合胁迫对四尾栅藻的毒性作用进行了研究。结果表明，$Pb(NO_3)_2$ 和 $HgCl_2$ 单一胁迫对四尾栅藻生长抑制的 96 h EC_{50} 分别为 0.6789 $mg \cdot L^{-1}$ 和 0.1401 $mg \cdot L^{-1}$，二者的联合作用相加指数 AI 为 0.009，表现为典型的相加作用。经铅、汞单一及联合染毒 12 h 后，栅藻体内 GSH 含量降低到对照组的 70%左右，并在一定浓度范围内保持水平上的稳定；

GST 活性随胁迫浓度的增加而先上升后下降，联合染毒高浓度组中甚至出现了明显的活性抑制，抑制率为 13.04%；GPx 活性整体受到明显抑制并随浓度增加而持续下降，最低值仅为对照组的 38.77%。铅、汞联合胁迫对四尾栅藻体内 GSH 含量、GST 及 GPx 活性的影响也验证了二者之间的联合作用关系为相加作用（李燕等，2009）。

第三节　植物受重金属毒害的机理

重金属对植物的毒害作用是由一系列因素决定的，包括重金属离子对植物活性位点的竞争、损伤植物细胞结构、重要生物大分子及遗传物质等，涉及细胞、生理生化及分子等不同水平上的机理。

重金属对植物体产生毒害的生物学途径主要有：①重金属胁迫与其他形式的氧化胁迫相似，能抑制植物体内一些保护酶的活性，导致大量的活性氧自由基产生，自由基能损伤主要的生物大分子（如蛋白质和核酸）引起膜脂过氧化伤害；②重金属离子进入植物内，与核酸、蛋白质和酶等大分子物质结合，取代某些酶和蛋白质行使其功能时所必需的特定元素，使其变性或活性降低；③过量的重金属离子进入植物细胞内，干扰了离子间原有的平衡系统，造成正常离子的吸收、运输、渗透和调节等方面的障碍，从而使代谢过程紊乱；④重金属离子诱导植物体内信号和信号分子发生变化，进而影响植物体内信使系统介导的生物和代谢过程（图 4-6）。

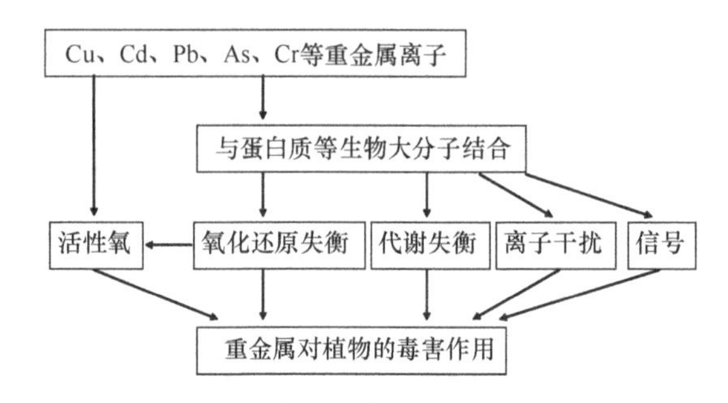

图 4-6　重金属毒害植物的基本原理

Figure 4-6　Basic principle of the heavy metal toxicity to plants

一、重金属毒害植物的细胞机理

（一）重金属对植物根尖细胞的伤害

根尖是植物根系最活跃的部位，根尖的分生区细胞有很强的分裂能力，是根生长的关键部位，也是重金属毒害植物根系的主要部位之一。重金属污染对植物根尖细胞产生毒害作用，根尖细胞分裂过程中会产生微核。微核（micronucleus，MCN），也称卫星核，是真核类生物细胞中的一种异常结构，是染色体畸变在间期细胞中的一种表现形式。在细胞间期，微核呈圆形或椭圆形，游离于主核之外，大小应在主核 1/3 以下。微核率的大小是和重金属的剂量或毒害效应呈正相关，能很好地反映染色体畸变的情况。研究发现，Pb、Cd 和 Hg 显著地缩短蚕豆根尖细胞分裂的持续时间，延长细胞间期的时间间隔，在总体上延长了细胞分裂周期；除 Hg 随浓度升高一直表现为对有丝分裂抑制外，在 Pb、Cd 和 Zn 的浓度分别小于 1.0 $mg \cdot kg^{-1}$、0.01 $mg \cdot kg^{-1}$、10.0 $mg \cdot kg^{-1}$ 时，细胞有丝分裂指数随处理浓度升高而上升。微核率在 Pb、Cd、Hg 和 Zn 的浓度分别小于 1.0 $mg \cdot kg^{-1}$、5.0 $mg \cdot kg^{-1}$、0.50 $mg \cdot kg^{-1}$、100.0 $mg \cdot kg^{-1}$ 时，染色体畸变率在 Pb、Cd、Hg 和 Zn 的浓度分别小于 5.0 $mg \cdot kg^{-1}$、5.0 $mg \cdot kg^{-1}$、0.50 $mg \cdot kg^{-1}$、100.0 $mg \cdot kg^{-1}$ 时，这两个参数随处理浓度升高而增大。可见，重金属对根尖细胞表现出很强的遗传毒害效应（王焕校，2012）。

（二）重金属对植物细胞膜的损伤

细胞膜有重要的生理功能，它既使细胞维持稳定代谢的胞内环境，又能调节和选择物质进出细胞。重金属离子可透过细胞壁作用于细胞膜，导致植物细胞膜透性的严重破坏，使细胞膜透性增加。随着重金属浓度的增大，胁迫时间的延长，细胞膜的组成及选择透性会受到严重伤害，使得细胞内容物大量外渗。同时外界有毒物质涌入细胞，结果导致植物体内一系列生理生化反应发生紊乱，正常的新陈代谢活动被破坏，生长、生殖活动受到抑制，甚至死亡。如 Pb 胁迫处理使烟叶细胞膜透性增大，可能是因为 Pb 与细胞上的磷脂作用，形成正磷酸盐和焦磷酸盐，从而改变膜的结构。细胞膜受到伤害后，细胞内的离子和有机物大量外渗，外界有毒物质进入细胞，结果导致植物体内一系列生理生化过程失调（李荣春，2000）。

（三）重金属对植物细胞器的损伤

细胞器是细胞质中具有一定结构和功能的微结构，主要有线粒体、内质网、中心体、叶绿体、高尔基体、核糖体等。它们组成了植物细胞的基本结构，使细胞能正常地工作与运转。植物细胞器成为重金属离子毒害的重要部位，其中，线粒体是受镉毒害时较敏感的细胞器，其次为叶绿体、核仁等细胞器（图 4-6）。

Cd 毒害时，植物叶片叶肉细胞的线粒体先发生解体，核仁分裂成许多个碎块，Cd 离子可以增加线粒体氢离子的被动通透性，阻止线粒体的氧化磷酸化作用，使植物呼吸作用受阻。研究 Cd 胁迫下烟草叶绿体结构的变化发现，加 Cd 处理后，叶绿体中组成基粒的类囊体形态发生变化，类囊体层数减少，垛叠混乱，分布不均，或粘连成索状，叶绿体膜系统崩溃，内外膜均解体（袁祖丽等，2005）。电镜观察 Cd 对黑藻叶细胞超微结构的影响发现，叶肉细胞遭受 Cd 毒害初期，高尔基体消失，内质网膨胀后解体，叶绿体的类囊体膨胀成囊泡状，细胞核中染色体凝集。随着叶肉细胞遭受毒害程度的加重，核糖体消失，染色体成凝胶状态，核仁消失，核膜破裂，叶绿体和线粒体解体，质壁分离使胞间连丝拉断（徐勤松等，2005）。不同浓度 Cd 处理水稻，发现随着 Cd 浓度的提高，叶肉细胞中细胞核、叶绿体、线粒体受毒害逐渐加重，表现为叶绿体被膜受损，类囊体遭到破坏，细胞核核膜破裂，核仁消失，线粒体被膜结构受损，内嵴逐渐解体（王逸群等，2005）。类似的，外加 Cd 对水稻茎叶细胞超微结构造成的伤害主要表现在使叶绿体上淀粉粒消失，叶绿体空泡化，部分线粒体出现肿胀或解体现象（史静等，2008）。

电镜观察结果表明，没有施加Cd处理的叶片中叶绿体数量多，呈长椭圆形，基质浓密，内含少量高电子密度的小球形脂质球。叶绿体膜结构清晰，基粒类囊体排列整齐紧密，与基质类囊体形成连续的膜系统（图4-7A）。10^{-5} mol·L^{-1} Cd处理5 d，部分叶肉细胞中类囊体片层膨胀、扩张，10 d后叶绿体数量明显减少，部分叶绿体膨胀呈圆球形，外膜的内外层之间发生膨胀，类囊体肿胀，基粒类囊体排列紊乱（图4-7B）；15 d时，叶绿体膨胀加剧，类囊体片层稀疏，囊内空泡化显著，类囊体片层溶解现象清晰可见。10^{-4} mol·L^{-1} Cd处理5 d，部分叶绿体膜模糊、膨胀，类囊体片层扩张明显；处理10 d后，叶绿体膨胀加剧，膜结构模糊不清，甚至消失，肿胀的类囊体片层排列不规则，散布于细胞质中，部分类囊体片层溶解（图4-7C和D）。可见，植物叶肉细胞器中的叶绿体和线粒体是对重金属胁迫较为敏感的细胞器。

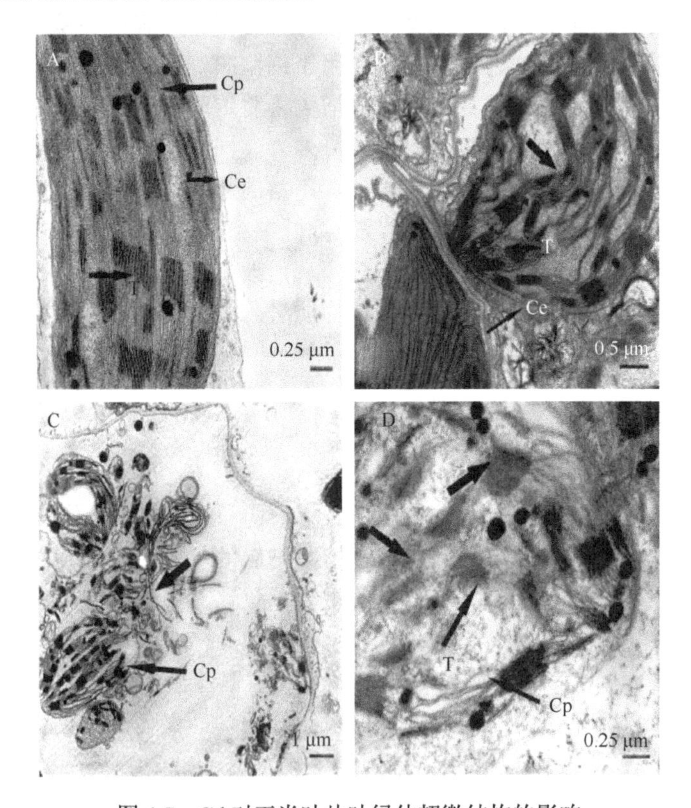

图4-7　Cd对玉米叶片叶绿体超微结构的影响

Figure 4-7　Effects of Cd on ultrastructure of chloroplast in maize seedlings

A. 正常的叶绿体（Cp）；B. 基粒类囊体（T）排列紊乱（10^{-5} mol·L^{-1} Cd处理10 d）；C. 叶绿体外膜（Ce）模糊，肿胀的类囊体片层排列不规则、断裂（10^{-4} mol·L^{-1} Cd处理10 d）；D. 叶绿体解体（10^{-4} mol·L^{-1} Cd处理10 d）

（宇克莉等，2010）

细胞壁和细胞质膜：10^{-6} mol·L^{-1} Cd处理15 d，玉米幼苗根系细胞质膜发生活跃的内陷，形成大小不等的囊泡，有些内陷的质膜中包裹着高电子密度颗粒（图4-8B）。当处理浓度升高和处理时间延长时，质壁分离更加严重，质膜断裂或双层膜结构模糊（图4-8C和D）。10^{-4} mol·L^{-1} Cd处理15 d，细胞壁上可见高电子密度颗粒（图4-8D），数量随处理时间的延长而增加，并延伸至细胞膜甚至细胞内（宇克莉等，2010）。

内质网和高尔基体：Cd 处理后细胞器中最先出现变化的是内质网和高尔基体，表现为低浓度 Cd 处理 15 d 后，内质网和高尔基体丰富且分泌大量囊泡，囊泡多聚集在细胞膜附近（图 4-8B）。随着处理浓度的升高和处理时间的延长，内质网和高尔基体数量逐渐减少，囊泡也随之减少，内质网和高尔基体膜结构模糊甚至消失（图 4-8E）。

囊泡和液泡：低浓度 Cd 处理 10 d 后，细胞内可见较多大小不等的囊泡，这些囊泡源自细胞质膜内陷、高尔基体及内质网分泌形成。有些囊泡相互融合形成较大的液泡，部分液泡中可见高电子密度颗粒（图 4-8F）。随着 Cd 浓度的升高，液泡膜结构破坏，胞浆中可见大量高电子密度颗粒，细胞解体（图 4-8D）。

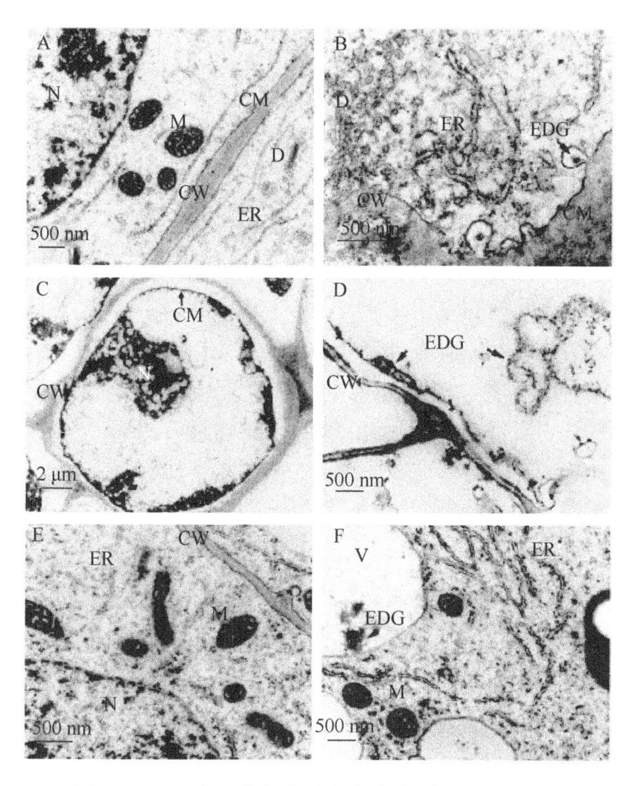

图 4-8　Cd 对玉米根尖分生组织超微结构的影响

Figure 4-8　Effects of Cd on ultrastructure of the root-tip cells in maize seedlings

A. 对照玉米根细胞，示细胞核（N）、线粒体（M）、高尔基体（D）及内质网（ER）；B. 细胞质膜（CM）内陷形成囊泡，箭头示其内部包裹着高电子密度颗粒（EDG）（10^{-6} mol·L^{-1} Cd 处理 15 d）；C. 细胞核固缩，细胞器消失，箭头示细胞的质壁分离现象（10^{-5} mol·L^{-1} Cd 处理 15 d）；D. 细胞核、细胞器基本消失，箭头示细胞壁（CW）周围及细胞内部的高电子密度颗粒（10^{-4} mol·L^{-1} Cd 处理 15 d）；E. 线粒体、内质网、高尔基体等膜结构变模糊（10^{-5} mol·L^{-1} Cd 处理 10 d）；F. 液泡（V）中可见高电子密度颗粒（10^{-6} mol·L^{-1} Cd 处理 15 d）

（宇克莉等，2010）

线粒体和细胞核：较内质网和高尔基体而言，线粒体对 Cd 的耐受性更强，低浓度的 Cd 对线粒体的影响不大，当 Cd 处理浓度在 10^{-5} mol·L^{-1} 以上时，线粒体结构变模糊、嵴断裂（图 4-8E），随着 Cd 处理浓度增大和处理时间延长，线粒体损伤加重，最终解体。低浓度 Cd 胁迫时，细胞核完整，核膜结构清晰，没有出现明显损伤特征，中、高浓度（10^{-5} mol·L^{-1} 以上）Cd 胁迫时，随着处理时间的延长，核膜变模糊甚至消失，核固缩，最终解体（图 4-8C）。

二、重金属毒害植物的生理生化机理

重金属胁迫导致植物体内活性氧平衡紊乱也是重金属致毒的重要机制。分子氧的化学活性不是很强，尽管它有两个未成对电子，但它们是平行旋转的，这意味着不能接受一对反向旋转的电子，因此限制了其活性。但当把氧转化为还原性更强的形式或电子激发状态时，氧的化学性质就活跃了。O_2 在参与新陈代谢的过程中会被活化成活性氧（reactive oxygen species，ROS）。活性氧是性质极为活泼、氧化能力极强的含氧物的总称，如超氧阴离子自由基（$O_2{\cdot}^-$）、羟基自由基（·OH）、过氧化氢（H_2O_2）、脂质过氧化物（ROO^-）等。

重金属胁迫会导致活性氧（ROS）的产生，这与重金属的化学性质有密切关系。大部分重金属都是过渡金属，由于 δ 轨道的不完全饱和，通常在生理条件下呈现阳离子状态。需氧细胞的生理氧化还原电位通常是–420～800 mV。因此，就生物学意义来说，重金属就被分为有氧化还原活性的和没有氧化还原活性的。金属的氧化还原电势低于生物分子的氧化还原电势时，重金属就会发生生理氧化还原反应而沉积下来。Fe^{2+}和 Cu^+等氧化还原活性高的重金属会发生自氧化，产生 $O_2{\cdot}^-$群，进一步通过芬顿反应生成 H_2O_2 和·OH。能以金属自氧化方式对细胞造成伤害的重金属有 Fe、Cu 等。

一旦植物遭受到逆境胁迫，植物体内的氧代谢就会失调，活性氧的产生加快，而清除系统的功能降低，致使活性氧在体内积累植物的结构和功能受到损伤，甚至导致个体死亡，即植物受到了氧化伤害，主要表现在以下几方面。

（1）损害细胞结构和功能

活性氧的增加使植物叶绿体发生明显的膨胀，类囊体垛叠而成的基粒出现松散和崩裂，线粒体出现肿胀，嵴残缺不全，基质收缩或解体，内膜上的细胞色素氧化酶活性下降。

（2）诱发膜脂过氧化作用

膜脂过氧化（membrane lipid peroxidation）是指生物膜中不饱和脂肪酸在自由基诱发下发生的过氧化反应。在活性氧作用下，膜脂分子被降解成丙二醛（malondialdehyde，MDA）及其类似物，如随着镉处理质量分数的增加，续断菊叶片中的 MDA 含量显著增加（图 4-9），同一镉质量分数处理下，90 d 时 MDA 含量均大于 30 d MDA 含量。90 d 镉处理质量分数为 400 $mg{\cdot}kg^{-1}$ 时，叶片中 MDA 含量达到最大值，比对照显著增加了 4.9 倍（徐婷婷等，2014）。膜脂过氧化作用不仅可使膜相分离，破坏膜的正常功能，而且过氧化产物 MDA 及其类似物也能直接对植物细胞起毒害作用，过氧化形成的醛可与蛋白质结合并使其失活。

（3）损伤大分子

活性氧的氧化能力很强，能破坏植物体内蛋白质（酶）、核酸等生物大分子。羟自由基可使蛋白质变性，也能与 DNA 碱基反应引发突变。

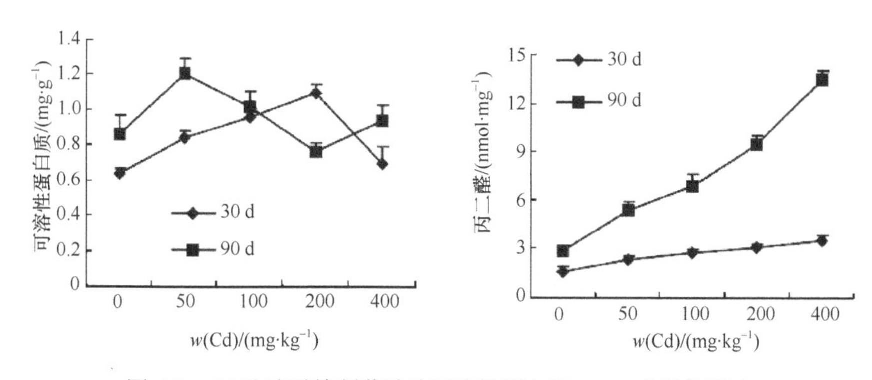

图 4-9　Cd 胁迫对续断菊叶片可溶性蛋白和 MDA 含量的影响

Figure 4-9　Effects of Cd stress on the contents of soluble protein and MDA in *Sonchus asper*

（徐婷婷等，2014）

三、重金属毒害植物的分子机理

（一）重金属对植物 DNA 分子的毒害机制

核酸是生物的遗传物质，其结构中含有许多可结合金属离子的活性位点和非活性位点，重金属离子能改变核酸的构象，在分子水平上造成 DNA 结构损伤，并影响 DNA 的修饰，产生毒害作用。

1. 重金属引起 DNA 损伤和错误配对

重金属离子能改变核酸的构象。如 Cd 诱导蚕豆 DNA 异常，直接以 DNA 为靶子，限制基因的表达。Cu、Cd、Cr、Ni、Pb 和 Zn 能够影响染色体的结构，导致 DNA 的突变，降低 DNA 的稳定性，增加 DNA 氧化酶的活性，减少 DNA 的合成。Cu、Ni、Cd 和 Pb 还可以降低 RNA 的合成，并增加 RNA 酶的活性，进一步使 RNA 含量降低。重金属 Pb、Cd 和 Zn 均可影响小麦 DNA 构象，使其紫外吸收峰值发生变化。其中，Pb 离子对小麦 DNA 构象影响最大，50 $\mu g \cdot mL^{-1}$ Pb 处理使小麦出现明显减色反应，1000 $\mu g \cdot mL^{-1}$ Pb 处理使其沉淀析出；Cd 离子对小麦 DNA 构象影响不大，可使其产生轻微减色反应；低浓度 Zn 离子使小麦 DNA 发生增色反应，而高浓度使小麦 DNA 发生减色反应（孟玲和王焕校，1998）。金属离子对 DNA 双螺旋结构有稳定作用，当金属离子浓度较低时，DNA 两条链作用不太稳定，此时只有互补的碱基才能发生配对作用，使两条链牢固地结合在一起，当金属离子浓度高时，由于金属离子的稳定作用，除了互补的碱基能配对以外，非互补的碱基也能配对，使两条链稳定结合在一起，从而导致碱基的错误配对，使遗传密码的传递发生错误。此外，大量的重金属离子可促进核酸的解聚，引起 DNA 断裂。结合在磷酸酯基上的金属离子可从 RNA 和多聚核苷酸的磷酸二酯键上夺取电子，从而使成键不稳定并易发生水解，使大分子核酸降解，使核酸的结构和功能受到破坏。重金属离子引起 DNA 链损伤、断裂、构象改变及与 DNA 合成有关的酶活性变化，这些影响都会导致 DNA 合成受影响并引起一系列严重后果（唐咏等，2006）。

2. 重金属影响植物 DNA 的甲基化水平

DNA 甲基化是基因组 DNA 的一种重要表观遗传方式，是在 DNA 甲基转移酶（DNA methyltrans-ferase，DNMT）的催化下，以 *S*-腺苷甲硫氨酸（*S*-ade-nosylmethionine，SAM）为甲基供体，将甲基转移到特定的碱基上的过程。在 DNA 甲基化植物生长发育及进化过程中起着重要的调节作用（李娜等，2013）。重金属对植物 DNA 甲基化有显著影响。如重金属 Cu^{2+}、Cd^{2+}和 Hg^{2+}对水稻和小麦 DNA 甲基化的影响结果表明，和对照相比，0.025（或 0.05）～0.1 $mmol·L^{-1}$ 的 Cu^{2+}及 0.025（或 0.05）～1.0 $mmol·L^{-1}$ 的 Cd^{2+}或 Hg^{2+}导致水稻（或小麦）叶 DNA 中的 5-甲基胞嘧啶百分含量大幅度上升；当 Cu^{2+}浓度＞0.1 $mmol·L^{-1}$ 时，小麦和水稻叶 DNA 中 5-甲基胞嘧啶的百分含量随 Cu^{2+}浓度的增高略有下降，但仍高于对照。0.1～1.0 $mmol·L^{-1}$ 的 Cu^{2+}、Cd^{2+}和 Hg^{2+}也导致小麦穗 DNA 中 5-甲基胞嘧啶的百分含量随 Cu^{2+}、Cd^{2+}和 Hg^{2+}浓度的增高逐步升高。不大于 0.5 $mmol·L^{-1}$ 的 Cu^{2+}和 Cd^{2+}能使小麦和水稻根系 DNA 中 5-甲基胞嘧啶的百分含量显著高于对照，而 0.1～1.0 $mmol·L^{-1}$ 的 Hg^{2+}及 1.0 $mmol·L^{-1}$ 的 Cu^{2+}和 Cd^{2+}则造成小麦和水稻根系 DNA 中 5-甲基胞嘧啶的百分含量显著低于对照（葛才林和刘向农，2002）。重金属胁迫所引起的 DNA 甲基化水平的改变可造成植物基因调控的紊乱并进一步影响到蛋白质的合成。

3. 分子、原子结构理论解释

重金属是过渡元素，都有 d 电子存在，而 d 电子在催化、磁性等方面都有特殊的性质与效能。正因为如此，它对生物都是致毒的根源。这些重金属如进入人体，就会起催化作用，扰乱生理反应，成为比原子能放射性更有害的污染物。因为原子能放射只是无机离子，而这些重金属都有有机化的危险。

核酸中有各种碱基、磷酸和糖，特别是嘌呤碱基与磷酸易接受金属的作用。这是因为鸟嘌呤与腺嘌呤都有能与金属反应的—N、—OH、—NH_2 基。因此，当金属一旦侵入生物体与核酸的碱基等结合，就会引起核酸的立体结构的变化，碱基的错误配对，这就可能导致生物体畸变或致癌。例如，Mg^{2+}是 RNA 聚合酶的活化剂，它允许核苷酸掺入 RNA 而阻止脱氧核苷酸的掺入，从而正确地合成 RNA。如果 Mn^{2+}掺入，虽可使核苷酸掺入，但不能阻止脱氧核苷酸掺入，从而使合成过程发生差错。

金属离子可能与核酸反应的另一个原因是金属能和核酸中的供电子部位结合形成金属键，使大部分结构发生重大变化；也可能在分子间或分子内形成交联键，加速细胞衰老；金属离子若和 RNA 中的磷酸结合，可使磷酸二酯键断裂，从而使 RNA 分解。

（二）重金属对植物蛋白质分子的毒害机制

生物酶是植物体内极其重要的蛋白质分子，催化了植物体内的新陈代谢反应。酶的活性位点，即蛋白质上一个底物结合的有限区域，对于酶的生物活性极其重要。重金属通过竞争或取代酶活性位点，对酶的活性产生显著的影响。

1. 酶活性位点与重金属毒害的关系

生物活性位点是生物大分子中具有生物活性的基团和物质。在生物大分子中的活性位点有：羧肽酶、碱性磷酸酶、碳酸酐酶、细胞色素 C、血红蛋白及铁氧还原蛋白等。许多生物过程都需要金属离子的参与，生物大分子是该过程的主角，这些金属离子通常结合在生物大分子的活性位点上。当外源的重金属进入生物体后，可以和生物大分子上活性位点结合，也可以和其他非活性位点结合。当这些重金属和生物大分子上活性位点或非活性位点结合后，在一定的情况下对生物产生毒性。对于含有金属的酶，金属和酶共同构成生物活性位点，金属是活性位点的一部分，金属离子参与生物过程。除了生物活性位点能结合金属外，生物大分子的一些电子基团也能结合金属离子。这些给电子基团包括蛋白质上的咪唑基、巯基、羟基、氨基、胍基和多肽及核酸上的碱基、核糖羟基和磷酸酯基，它们可以是活性位点的一部分，也可以不是。生物所必需的微量金属就结合在这些生物活性位点和给电子基团上。

2. 重金属对植物酶活性位点的竞争

生物活性位点是有毒金属进攻的部位之一，结合在活性位点上的微量金属可被外来重金属所取代，由此可引起生物的各种病变。很多酶的活性中心含—SH 基，与重金属具有特别强的反应，如三价砷与—SH 的作用，从而使酶失活。酶的非活性中心部分与重金属结合，使结构发生变形，酶活性减弱。某些金属还可作用于金属酶中蛋白质的羧基或巯基，使蛋白质变性，使酶及其所含的金属失去活性。金属酶活性中心的金属能被重金属置换，也能使酶失活。此外，某些元素离子的氧化还原作用可使金属酶辅基的活性键受破坏，使酶失活。例如，含巯基的酶（如 NR 酶）对重金属非常敏感，如 Cd 和 NR 酶中巯基有很高的亲和性，能破坏酶的活性；汞和砷的有机化合物可逆地与巯基形成硫醇键，从而抑制巯基酶的作用（王焕校，2012）。

取代生物分子中的必要金属离子，导致相关功能失活也是重金属产生毒性的机制之一。生物配体分子在识别和选择金属阳离子时，重要的因子是离子的电荷和大小，以及电子与配位原子的亲和性。而很多金属离子彼此半径变化不大，譬如 Cd^{2+}、Hg^{2+}、Pb^{2+}的离子半径就与 Ca^{2+}接近。而且一些重金属络合物的稳定常数 $\lg K$ 及溶度积 K_{sp} 的值也与具有生命功能的过渡金属和钙元素很接近。当有机体细胞选择吸收阳离子时，一些毒性重金属离子便可取代电荷相同、电子结构相似、离子半径相近的必需金属离子。许多酶在特殊位点含有重金属，这些重金属的存在对保持酶的活性很重要。当另一种金属替代了该作用金属时，通常会抑制酶的活性，甚至使酶失活。Co、Ni 和 Zn 等二价阳离子能替代镁，而使酶失活。Cd 的存在能替代蛋白质钙，而蛋白质钙对细胞信号很重要，从而导致抑制了钙调蛋白磷酸二酯酶的活性（罗胜联等，2012）。在高浓度下 Pb 离子能完全竞争出核糖核酸酶中的 Ca 离子，严重抑制核糖核酸酶的活性，荧光滴定显示核糖核酸酶可结合三个 Pb 离子，利用扩展 X 射线吸收精细结构（extended X-ray absorption fine structure，EXAFS）表征出 Pb 离子已结合到核糖核酸酶主链氨基酸残基上，与 N 或 O 发生了配位（洪法水等，2003）。

3. 重金属影响植物蛋白质的构象

重金属离子通过结合于酶活性部位影响酶的构象与活力。圆二色谱测试表明高浓度的 Pb 离子结合使核糖核酸酶的二级结构遭到严重破坏，α 螺旋含量、β 折叠及 β 转角大量下降，无规则卷曲则明显增加，反映出该酶的蛋白质溶液构象发生明显的变化（洪法水等，2003）。采用紫外差谱和荧光光谱可以利用蛋白质中芳香族氨基酸的紫外吸收和荧光特性来推测蛋白质的溶液构象，提供有关蛋白质生色基团的结构及所处微观环境的信息。紫外差光谱显示麦芽酸性磷酸酶在 Cu^{2+}、Cr^{3+}作用下，均在 230 nm 左右处出现吸收峰，表明该酶由有序结构变成无规则卷曲，可能主要是由于酶分子中 α 螺旋含量减少引起的。278 nm 波长激发所得的 336 nm 处的特征荧光发射峰主要是生色基团色氨酸残基作用的结果，Cu^{2+}、Cr^{3+}均使麦芽酸性磷酸酶荧光强度不同程度下降，表明金属离子的加入微扰了酶的活性部位，使其局部构象发生变化（陆珊等，2007）。

（三）重金属对植物信号分子的影响

植物信号分子介导了植物感受、传导环境刺激，调控植物发育过程中基因的表达和生理生化反应，对于植物适应环境具有重要作用。如钙调素（calmodulin，CaM）是一种钙结合蛋白，它在信使系统–蛋白质磷酸化–细胞效应过程中具有重要作用，镉可诱导植物钙信号发生变化，并诱导提高 CaM 的基因表达和相应酶的活性（赵士诚等，2008）。以秋茄（*Kandelia candel*）为材料，分离鉴定 Cd 胁迫下差异表达的蛋白质，也发现大部分信号转导相关蛋白质表达量上升（Weng et al.，2013）。

当然，重金属对植物细胞造成伤害的同时也会激发适应性信号分子，即激活缓解或修复破坏的酶和蛋白质，这是植物适应性和生命力的表现。适应性信号激活后会通过多种方式，譬如修复被破坏的大分子，加强抗氧化防御系统，降低植物细胞原生质内的重金属浓度等，反作用于重金属，最终利于植物的生长发育。这种应激性决定了植物对重金属的耐受能力。

展　望

第一，目前的研究结果绝大多数来自室内试验，室内条件与野外大田实际条件差异很大，有待建立适用于大田条件下重金属对植物毒害作用的评价标准与方法体系，并将其应用于大田实践中。

第二，在微观层次上，加强重金属在植物细胞内具体作用位点、关键环节与分子过程，植物应对重金属胁迫关键分子、过程与机制的研究；在宏观层次上，加强重金属对植物种群、群落和生态系统的影响，植物种群、群落和生态系统应对重金属胁迫响应机制的研究。

第三，土壤生物、水分、pH、养分等环境因子，对重金属毒害植物的过程与机理有重大的影响，土壤普遍存在重金属的复合污染，需要加强重金属元素与土壤环境因子、重金属复合污染的交互效应与机理研究。

第五章　植物对重金属的解毒作用及机理

生物的解毒作用（detoxification）是指生物对污染物的解毒能力。植物通过解毒作用减少重金属对植物的伤害，维持植物正常的代谢和生长。

本章主要阐述植物在重金属胁迫条件下，通过植物的避性、植物对重金属的结合钝化和植物体内平衡机制来解除或减轻重金属毒害的过程。植物一方面通过形态学机制、生理生化机制、生态学机制等在非共质体中截留减少重金属进入细胞质，通过细胞壁或者细胞膜对重金属进行沉淀；另一方面植物通过配位基团、有机酸、氨基酸、谷胱甘肽及植物络合素与重金属结合固定、代谢解毒、分室作用等过程将重金属转入非共质体或液泡，在体内富集而解毒。或者，由多种抗氧化剂抵抗重金属胁迫引起的活性氧的增加，通过热激蛋白或金属硫蛋白等修复胁迫伤害。植物对重金属的解毒作用及其机理的研究为重金属污染环境的生态恢复和通过基因工程促进植物对重金属的解毒提供重要的理论基础。

第一节　植物对重金属的拒绝吸收

拒绝吸收是指植物通过代谢过程产生的根际效应使重金属元素固定在环境中，降低植物对重金属的吸收。重金属污染土壤上生长的先锋植物具有较强的重金属拒绝吸收能力。植物主要是通过根际微生物、根系分泌物和根套等的作用而减少对重金属的吸收。拒绝吸收作用与植物种类、重金属特征和土壤特征等因素有关。

一、根际效应、菌根化作用对植物重金属拒绝吸收的影响

内生和外生菌根化在保护植物根系免受重金属毒害中起到非常重要的作用。外生菌根降低宿主植物受到重金属毒害的原因主要是限制重金属离子向宿主根部的移动，外生真菌吸收和累积土壤中重金属，分布于真菌层、菌鞘和表层菌丝体内，表层菌丝体内富集的 Zn 浓度比菌套菌丝高了多达 4 倍。疏水性的真菌鞘具有减少重金属接近植物根部非共质体的屏障作用，由于菌鞘的疏水性，可以减少重金属离子进入植物的质外体。菌根真菌分泌物能螯合重金属或将重金属吸附在胞外菌丝体上，达到减少植物对重金属的吸收。内生菌根也能在一定程度上降低宿主植物的重金属含量。玉米根部的内生菌根可以降低玉米体内的重金属含量。菌根能提高植物对重金属的耐受能力和超累积能力。菌根真菌作为根系共生体的一部分，显著影响根际环境中重金属的形态、迁移转化和生物有效性（王红新，2010）。

内生和外生菌根真菌对重金属的耐受性因菌种、菌株、重金属种类和浓度、土壤条件等而异。林木和灌木的菌根，可以有效降低重金属对宿主植物的毒害。外生菌根（*Suillus bovinus*）固定 Zn，减少宿主欧洲赤松（*Pinus sylvestris*）地上部分的 Zn 含量，在根部的

重金属没有进入根系，而是以某种形态滞留在菌丝分泌物和菌丝内（黄艺等，2004）。根际微生物把大分子有机化合物转化为小分子化合物，分泌质子、有机酸，对根际重金属有显著的活化作用。某些菌根能增加植物对微量元素特别是 Cu、Zn 的吸收。灭菌土壤中接种丛枝菌根真菌可以促进海州香薷向地上部转运 Cu，提高其地上部分 Cu 吸收量（王发园等，2006）。接种菌根真菌能减少重金属复合污染土壤中三叶草对 Cu、Cd 和 Pb 的吸收，地上部 Pb 和 Cd 含量分别下降 24.2%～55.3%和 65%～97.9%（孔凡美等，2007）。

菌根提高植物抗重金属毒性的机理包括以下几方面。

（1）改变土壤 pH 和分泌物组分

菌根通过改变土壤 pH 和分泌物组分改变根际微环境，减弱重金属对植物的毒性和有效性。在高 Zn 条件下，接种丛枝菌根真菌的红三叶草的根际土壤 pH 升高，可溶性 Zn 含量降低（Li and Christie，2001）。

（2）重金属的络合作用

外生菌根的菌丝对重金属具有一定的螯合能力，当重金属过量时，菌根真菌细胞壁分泌的黏液和真菌组织中的聚磷酸、有机酸等与重金属结合，降低重金属的毒性，减少重金属向地上部分的运输。通过菌丝内聚磷酸盐颗粒对重金属的结合作用产生“过滤”机制，避免重金属对植物组织造成伤害。

（3）改善无机营养状况

菌根真菌一方面降低重金属的毒害，另一方面，可以促进磷和矿质养分的吸收，间接提高了植物的抗性。重金属污染土壤中建立菌根共生体，改善植物对磷素的吸收和运输，促进植物在重金属污染土壤上的生长，增强植物对重金属的抗性（张旭红等，2008a）。

（4）较高的耐重金属环境特性

菌根真菌比植物具有更高的耐重金属的能力，在植物根系受到伤害的情况下，菌丝能主动吸收矿质营养，维持植物的生长，减少植物的根体积和根茎比，降低植物对重金属的被动吸收，通过菌丝的主动吸收而保障植物的生长。

根际效应、菌根化作用对植物重金属吸收的影响详见第八章。

二、根系分泌物对植物重金属拒绝吸收的影响

根系分泌物（root exudate）是植物根系在生长过程中向外界环境分泌的各种有机化合物的总称。根系分泌物包括 4 种类型：①渗出物（diffusate），根部细胞被动或主动扩散出去的一些低分子质量有机化合物；②分泌物（secretion），细胞在代谢过程中主动释放出来的物质；③黏胶质（pectic substance），包括根冠细胞、未形成次生壁的表皮细胞和根毛分泌的黏胶状物质；④裂解物质（disintergrating materials），即成熟根段表皮细胞的分解产物、脱落的根冠细胞、根毛和细胞碎片等。据估计，根系分泌的有机化合物一般在 200 种以上，按分子质量大小可分为以有机酸、糖类、酚类和各种氨基酸为主的低

分子分泌物，黏胶（多糖和多糖醛酸）和酶为主的高分子分泌物（表 5-1）。据估测，根系向环境释放的有机碳量占植物固定总碳量的 1%～40%，其中有 4%～7%通过分泌作用进入土壤。

根系分泌的有机酸通过对根际难溶性养分的酸化、配位交换及还原作用等提高了根际土壤养分的有效性，增加了植物对根际养分的吸收，从而促进了植物的生长和发育。根系分泌物中的高分子黏胶物质从根尖部位分泌出来后，包裹于根尖细胞表面，能有效防止幼嫩细胞脱水，同时起到润滑剂的作用，还能加强根系与土壤表面的接触，促进根–黏胶层土壤颗粒之间的水分运移和离子交换，有利于植物根系对水分和养分的吸收，从而促进植物的生长发育（徐卫红等，2006）。高等植物通过根系分泌物与重金属离子络合，有利于植物在重金属污染的环境中较正常地生长。在重金属胁迫条件下，植物可反馈分泌一些物质，通过这些物质与重金属离子发生络合反应，降低植物周围环境中有效态的重金属离子含量，避免植物受害。1999 年 Angus 等首次报道了 Cu^{2+}可诱导拟南芥根系在柠檬酸合成酶（CS）作用下分泌柠檬酸（citric acid，CA）。柠檬酸又名枸橼酸，为 2-羟基丙烷-1，2，3-三羧酸（2-hydroxypropane- 1，2，3-tricarboxylic acid），化学式为 $C_6H_8O_7$，易溶于水，是一种三羧酸化合物。柠檬酸可减轻 Cd 对小麦的毒害，降低根部对 Cd 的吸收，并促使 Cd 从根部向地上部转移（廖敏和黄昌勇，2002）。陈英旭（2008）发现，柠檬酸和酒石酸分别可以减轻铅对萝卜（*Raphanus sativus*）的毒害，同时柠檬酸还可以促进铅从根系向地上部分的转运。作物中柠檬酸具有特定的转运通道蛋白（MATE）。*MATE* 基因家族的部分基因可参与铝激活的根系柠檬酸的分泌。玉米中的 *ZmMATE1* 和 *ZmMATE2*，小麦和水稻中的 *TaMATE1*，均与铝胁迫诱导的柠檬酸分泌有关。在铅胁迫下，植物可通过信号反馈分泌柠檬酸、苹果酸、乙酸、乳酸等与铅形成络合物，降低环境中游离态铅离子的浓度。苹果酸（malic acid）在植物关键酶磷酸烯醇式丙酮酸羧化酶（PEPC）和苹果酸脱氢酶（MDH）作用下合成，为 2-羟基丁二酸，化学式为 $C_4H_6O_5$，易溶于水和乙醇。由于分子中有一个不对称碳原子，有两种立体异构体，以三种形式存在，即 D-苹果酸、L-苹果酸和其混合物 DL-苹果酸。乳酸（lactic acid）、乙酸（acetic acid）、富马酸（fumaric acid）、酒石酸（tartaric acid）和琥珀酸（succinic acid）等有机酸均能对重金属的有效性产生一定的影响。植物在乙醇酸氧化酶（GO）和乙醇酸脱氢酶（GAD）作用下合成草酸（oxalic acid），即乙二酸，最简单的有机二元酸之一，化学式为 $C_2H_2O_4$。在 Pb 胁迫下，鱼腥草（*Houttuynia cordata* Thun.）根系分泌物中有机酸种类、分泌量明显增加，其中，酒石酸达到了对照的 3.71～5.05 倍（曾宗梁，2007）。在 Cd 污染胁迫下，小麦（*Triticum aestirum* L.）根系分泌物溶液电导率、可溶性糖和还原性糖都随营养液中 Cd^{2+}浓度的增加而逐渐增加（张玲和王焕校，2002）。

续断菊[*Sonchus asper*（L.）Hill.]根系分泌总有机酸的量随着镉处理浓度的增加显著增加，镉 200 $mg\cdot kg^{-1}$ 处理时，续断菊生长的初期、中期和成熟期有机酸分泌量分别比对照增加了 46%、28%和 32%。随着处理时间的延长，根系分泌有机酸的量呈增加的变化趋势（秦丽等，2012a）。圆叶无心菜（*Arenaria orbiculata*）根系分泌物有机酸含量与生长时期有关，成熟期根系分泌的乙酸、酒石酸和柠檬酸含量均有所增加，增加幅度分别为 1.44%～10.32%，5.33%～26.34%和 14.29%～50%，其中表现为酒石酸＞乙酸＞苹果酸＞柠檬酸。在铅浓度为 50～200 $mg\cdot kg^{-1}$时，苹果酸含量为苗期的 59.68%～87.72%。

随着时间的延长，4 种酸所占总量的比例有不同的变化。从苗期到成熟期，乙酸和苹果酸所占总量的比例有所下降，酒石酸和柠檬酸所占比例随着生育期的延长有所上升（Zu et al.，2015）（表 5-2）。

表 5-1　根系分泌物的组成

Table 5-1　Composition of root exudate

有机物分类	组分	作用
碳水化合物类	葡萄糖、果糖、核糖、蔗糖、木糖、鼠李糖、阿拉伯糖、寡糖、聚多糖	为根际微生物的生长提供适宜的生长环境
氨基酸和氨基化合物	组成蛋白质的 20 种氨基酸、氨基丁酸、高丝氨酸、胱硫醚、麦根酸类物质	调节根际微生物的生长
有机酸	甲酸、乙酸、柠檬酸、草酸、丁酸、丙酸、延胡索酸、苹果酸、异柠檬酸、丙二酸、琥珀酸、马来酸、酒石酸、草酰乙酸、丙酮酸、草酰戊二酸、乙醇酸、莽草酸、戊酸、葡萄糖酸、乌头酸、乳酸、戊二酸、醛糖酸	调节和抑制植物生长
芳香酸	对羟基苯甲酸、咖啡酸、阿魏酸、没食子酸、龙胆酸、原儿茶酸、水杨酸、介子酸、丁香酸	刺激植物生长
脂肪酸	油酸、亚麻酸、硬脂酸、软脂酸、棕榈酸	调节植物生长
甾醇类	油菜素甾醇、胆甾醇、谷甾醇、豆甾醇	调节植物生长
蛋白质	过氧化物酶、半乳糖苷酶、磷酸水解酶、吲哚乙酸氧化酶、蛋白酶、多肽	促进代谢
生长因子	生物素、泛酸、胆碱、肌醇、硫胺素、尼克酸、维生素 B_6	调节植物生长
其他	CO_2、乙烯、质子、核苷、黄酮类化合物、植物生长素、植物抗毒素	代谢调节和他感作用等

（Bertin et al.，2003）

表 5-2　铅胁迫条件下圆叶无心菜根系分泌物有机酸含量

Table 5-2　Organic acids contents of root exudate of *A. orbiculata* under Pb stress

铅浓度/（$mg\cdot L^{-1}$）	乙酸/（$\mu mol\cdot L^{-1}$）		酒石酸/（$\mu mol\cdot L^{-1}$）		苹果酸/（$\mu mol\cdot L^{-1}$）		柠檬酸/（$\mu mol\cdot L^{-1}$）	
	苗期	成熟期	苗期	成熟期	苗期	成熟期	苗期	成熟期
0	1.26±0.12b	1.29±0.09b	3.72±0.29b	4.70±0.59a	0.32±0.06b	0.34±0.04c	0.10±0.01c	0.13±0.01d
50	1.37±0.06b	1.43±0.05b	3.98±0.26b	4.59±0.37a	0.54±0.16ab	0.46±0.04ab	0.14±0.01b	0.16±0.02c
100	1.55±0.05a	1.71±0.10a	4.10±0.19b	5.09±0.29a	0.57±0.11a	0.50±0.04a	0.22±0.04a	0.18±0.02b
200	1.39±0.04b	1.41±0.09b	4.69±0.18a	4.94±0.38a	0.62±0.04a	0.37±0.05bc	0.16±0.02b	0.24±0.02a

（Zu et al.，2015）

砷胁迫条件下，三七（*Panax notoginseng*）根系分泌物中柠檬酸和总有机酸含量随砷处理浓度的增加而增加，乙酸和琥珀酸含量随砷处理浓度的增加而降低，在砷≥80 $mg\cdot kg^{-1}$ 时，根系不再分泌苹果酸和乳酸（图 5-1，图 5-2）（李祖然等，2015）。50 $mg\cdot L^{-1}$ Cd 胁迫下，续断菊和玉米根系分泌低分子有机酸和乙醛。在 50 $mg\cdot L^{-1}$ Cd 胁迫下根系分泌有机酸以柠檬酸占优势，其次是草酸和苹果酸（Zu et al.，2015）。三七（*P. notoginseng*）根系分泌物的组成和含量受到砷胁迫的影响，As 0～200 $mg\cdot kg^{-1}$ 处理时，柠檬酸、可溶性糖和游离氨基酸含量随 As 处理浓度的增加而显著增加（图 5-3）（李祖然等，2015）。

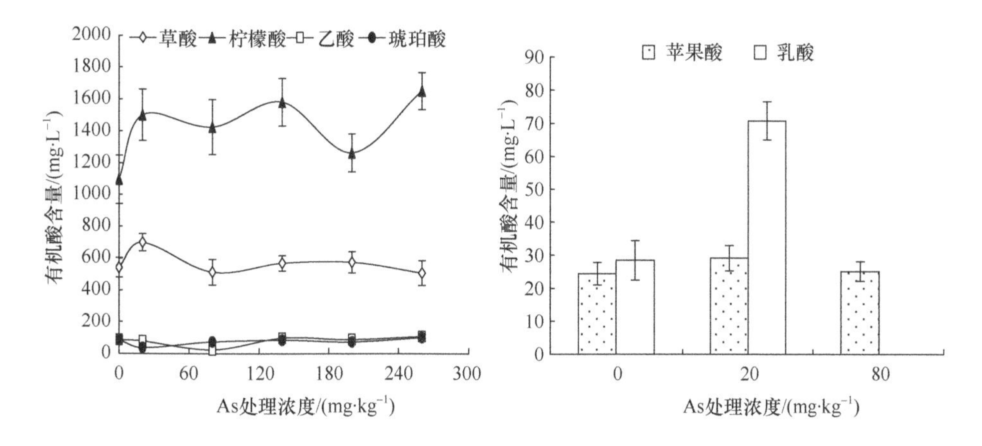

图 5-1　As 胁迫条件下三七根系分泌物中有机酸含量

Figure 5-1　Organic acids contents of root exudate of *P. notoginseng* under As stress

（李祖然等，2015）

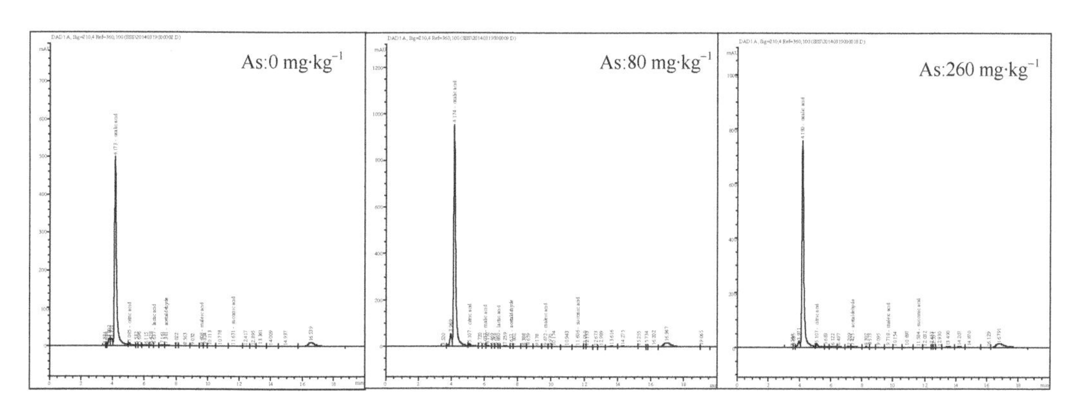

图 5-2　As 胁迫条件下三七根系分泌物中有机酸的 HPLC 图谱

Figure 5-2　HPLC atlas for organic acids contents of root exudate of *P. notoginseng* under As stress

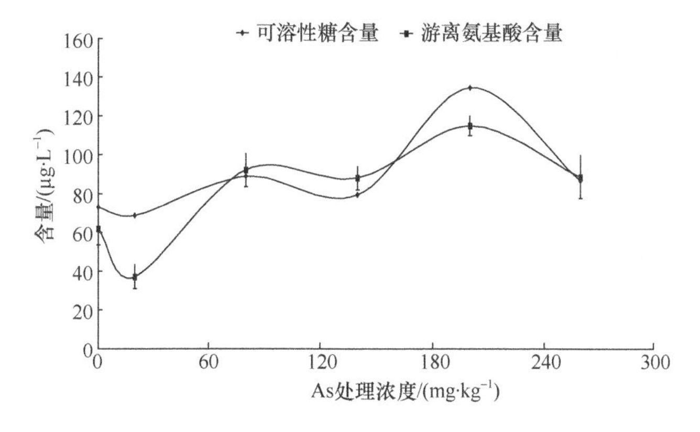

图 5-3　As 胁迫条件下三七根系分泌物中可溶性糖和游离氨基酸含量

Figure 5-3　Contents of soluble sugar and free amino acid of root exudate of *P. notoginseng* under As stress

（李祖然等，2015）

杨仁斌等（2000）的研究表明，1 mg·L^{-1}和 50 mg·L^{-1}的 Ni、Cd、Cu、Pb 可诱导多年生草本植物（*Agropyron elongatum*）根系分泌草酸、苹果酸和柠檬酸等有机酸，其中 Cu 诱导有机酸分泌能力最强，约为 Cd、Ni 的 2 倍，Pb 的 5 倍。Yang 等（2001）对 229 个水稻品种进行了铅耐性的筛选，结果发现铅处理明显增加了 6 个耐铅品种根系分泌物的草酸含量，而其余铅敏感品种表现不明显。外源加入草酸缓解了铅对水稻根系生长的毒害效应，说明根系分泌的草酸能与铅络合，降低其生物有效性，增强水稻对铅的解毒作用。铝胁迫能够诱导植物根系分泌有机酸，包括柠檬酸、苹果酸和草酸等（Ma et al.，2001）。植物分泌的有机酸种类受到植物类型的影响，玉米根系分泌柠檬酸（Kollmeier et al.，2001），荞麦根系分泌草酸（Ma et al.，1998），小麦根系分泌苹果酸（Li et al.，2000），油菜、黑小麦根系分泌柠檬酸和苹果酸（Ma et al.，2000）。原因可能涉及专一性酶和有机酸有关的通道蛋白，小麦中的 *ALMT*、玉米中的 *ZmALMT1*、油菜中的 *BnALMT1* 和 *BnALMT2* 等都具有苹果酸特定的转运能力。阴离子通道抑制剂可以抑制小麦阴离子通道分泌苹果酸，抑制黑麦根系柠檬酸和苹果酸的分泌、玉米根系分泌柠檬酸及荞麦根系草酸的分泌（凌桂芝等，2006）。

一些高分子质量的根系分泌物通过吸附、固定铅离子的方式阻控植物对重金属的吸收，减缓重金属的毒害。植物根冠细胞及成熟区根毛能够通过囊泡转运的方式向根际分泌由多糖组成的黏胶状物质，黏胶状物质可以吸附根际铅离子，使其在根外沉淀；或与铅离子螯合形成稳定的金属螯合物，降低其在土壤中的移动性和植物有效性。植物根系分泌物除本身对土壤铅活性有影响外，还可能影响根际微生物对铅的吸附、吸收、活化或固定作用。随着镉处理浓度的增加和时间的延长，续断菊根系分泌游离氨基酸和可溶性糖的含量显著增加。200 mg·kg^{-1} Cd 处理使生长的初期、中期和成熟期续断菊根系分泌的可溶性糖分别比对照增长了 2.1、2.1 和 2.3 倍。在一定程度上改变了根际镉的形态和生物有效性（秦丽等，2012）。圆叶无心菜（*A. orbiculata*）根系分泌物中游离氨基酸和可溶性糖的含量均随着 Pb 处理浓度的增加显著增加。当 Pb 浓度为 100 mg·L^{-1}和 200 mg·L^{-1}时，可溶性糖分别是对照的 1.18～2.11 倍；随着时间的延长，根系分泌物中可溶性糖的含量显著增加，在 40 d 时，根系分泌物中的可溶性糖比 10 d 时增加了 95.7%～137.2%（Zu et al.，2015）。

根系分泌物控制重金属吸收的机理包括以下几方面。

第一，植物的根系可以分泌质子，促进植物对土壤中元素的活化和吸收。

植物的根系进行呼吸作用，微生物进行代谢活动产生 CO_2，植物根系分泌有机酸（根系分泌物中低分子质量有机酸在其中占很大比例，如精氨酸、赖氨酸、组氨酸等），造成根际土壤 pH 明显不同于非根际土壤，其 pH 变化为 1～2 单位。乔冬梅等（2010）指出交换态 Pb 含量随 pH 的升高呈下降趋势，尤其是 pH 为 3～5 时，减小幅度较大。pH 为 3～5 时，交换态铅含量较大，说明强酸条件下有利于提高土壤中交换态铅含量。弱酸强碱条件下（pH6～11），交换态铅所占比例迅速下降，碳酸盐结合态和铁锰氧化物结合态在各浓度中均随 pH 的增加而呈下降趋势。有机物结合态随 pH 的升高而呈升高趋势。因此，根际的酸化将导致重金属的活化使其毒性增强，pH 的增加则有利于重金属的固定，使其迁移能力降低，毒性减弱。

第二，根系分泌物改变金属物质的氧化还原状态，使根际土壤的氧化还原电位低于非根际土，从而改变根际土壤中变价重金属如 Cr、Cu 等的形态及有效性。

在重金属胁迫下，植物根系分泌物的组成和数量会发生变化，间接影响根际的氧化还原电位（Eh）。王志勇等（2010）报道随着根际土壤 Eh 的变化，根际土壤中可溶性铅和高价铁锰氧化物结合在一起，降低了铅的可溶性迁移。土壤中的铁锰氧化物，特别是锰的氢氧化物，对 Pb^{2+}有较强的专性吸附，对铅在土壤中的迁移转化，以及铅的活性和毒性影响较大。根际 Eh 虽然不能直接影响根际铅的形态，但可以影响根际铅铁锰氧化物结合态的含量，通过铅硫化物和硫酸盐的氧化或还原来影响根际铅的行为。

第三，根系分泌的低分子有机酸络合土壤中的重金属，或与金属离子竞争氧化物和黏粒表面上的吸附位点。

根系分泌物可以直接与根际中某些游离重金属离子络合，形成稳定的螯合体，以降低其活性，降低溶解态重金属在土壤中的流动性，将重金属稳定在污染土壤中，防止重金属在土壤中迁移和扩散。柠檬酸、乳酸和酒石酸等能被土壤中铁氧化物吸附，但其吸附强度随 pH 升高而降低。

第四，根分泌的黏胶物质与根际中的重金属离子螯合，形成稳定的螯合体，有机物同金属离子形成的螯合体与土壤矿物表面的亲和性增强，提高土壤对金属离子的吸附。将污染物固定在污染土壤中，降低其活性及其在土壤中的移动性。

黏胶状物质的主要成分是多糖，金属在黏胶中可以取代 Ca^{2+}、Mg^{2+}等离子，作为连接糖醛酸链的桥，也可以与支链上的糖醛酸分子基团结合。黏胶包在根尖外面，充当金属向根系转移的过滤器，Pb^{2+}、Cd^{2+}等重金属离子在黏胶中的移动因络合作用而受阻。根系分泌的黏胶物质与根际中的 Pb^{2+}、Cu^{2+}和 Cd^{2+}等重金属离子络合，形成稳定的螯合体，将重金属稳定在污染土壤中；同时根系分泌的有机酸、氨基酸等有机物含有羟基和羧基等功能基团，对土壤中重金属离子有较强的络合能力，形成稳定的螯合体。此外，根系分泌物可以通过吸附、包埋金属污染物，使其在根外沉淀下来。

第五，根分泌的有机酸、氨基酸等有机物被根际微生物利用，根际微生物产生根际效应，改变根际含水量、有机质和养分有效性状况，提供丰富的有机营养和能量以促进植物的生长，增加植物对重金属的抗性。

根系分泌物一方面直接作用于根际微生物，另一方面通过改变根际土壤理化性质，间接影响根际微生物，使其群落、数量及活性不同于非根际。微生物可改变土壤环境中重金属的存在形态等化学特性，从而影响植物对重金属的吸收；微生物通过细胞外沉淀和络合、细胞内束缚及转化等对重金属吸收起作用，即微生物的细胞壁可以结合污染物，重金属进入细胞后，细胞将其隔离分开或转化成毒性较小的化合物，进而降低其毒性。此外，微生物通过钝化、转化和富集重金属，降低重金属的植物有效性，从而减少植物对其的吸收富集，降低重金属对生物的毒害作用。

根系分泌物对重金属的溶解度、移动性和生物有效性的影响因素较多，包括：根际环境的透气性、湿度、pH、土壤颗粒大小和土壤松紧度等理化性质、土壤微生物、营养胁迫、光照、温度和植物类型等。

三、根表铁膜对植物拒绝吸收重金属的影响

根表铁膜是由结晶态物质和无定形态物质组成，但无论是结晶状态，还是无定形态，

铁膜的主要组成成分是 Fe^{3+}（姚海兴和叶志鸿，2009）。铁锰氧化物胶膜以不规则的多孔性氧化物覆于根表。铁膜由纤铁矿（γ-FeOOH）或针铁矿（α-FeOOH）、磁赤铁矿（γ-Fe_2O_3）和赤铁矿（α-Fe_2O_3）及磷酸铁的混合物组成（傅友强等，2010），铁膜中含有大量的金属和类金属如 Al、As、Cd、Cr、Hg、Ni、Pb、Zn 等，其中，Cu、Ni、Zn、Mn 与铁氧化物共沉淀，Co、Fe、Ni、Zn 与锰氧化物共沉淀（Sheoran et al.，2006；陈学萍等，2008）。铁膜对植物的保护机制主要有外在抗性机制和内在抗性机制。外在抗性机制是指铁膜能吸附重金属或与之共沉淀，将重金属滞留在根系表面；由于铁膜具有较大的表面积并带有正负电荷基团，如针铁矿对二价重金属阳离子如 Cd^{2+}、Pb^{2+}、Hg^{2+}和 Zn^{2+}有强烈的吸附作用（刘侯俊等，2009），降低重金属元素在土壤中的迁移行为和生物有效性。同时，铁锰胶膜具有物理性屏障的作用，可将根系包被起来以防止根系受到伤害，根表铁锰胶膜对重金属的吸收和运输起阻碍作用。降低了根系对高浓度 Fe^{2+}、Mn^{2+}及其他离子的过量吸收（刘侯俊等，2009）。根表的铁锰氧化物胶膜通过物理或化学作用吸附可溶态金属离子如 Pb、Cu、Cd，当重金属被吸收进入组织内部后，又可通过内皮层和韧皮部的沉积作用，从而使地上部重金属的积累维持在低水平。水稻根表铁膜形成量及铁膜中吸附的 Pb 量均随着生育期的延长而减少。水稻根表铁膜 Fe 含量与铁膜吸附的 Pb 量呈显著的正相关关系。铁胶膜的存在降低水稻对砷酸盐的吸收，铁膜对以阴离子形式存在的砷酸根和亚砷酸根具有较强的亲和力，可通过氧化–还原作用改变介质中砷的存在形态，将毒性很强的三价砷转化为毒性较弱的五价砷，降低砷对根系的毒害作用（Hossain et al.，2009；胡正义等，2009）。土壤和沉积物中的铁氧化物及其氢氧化物有很高的比表面积和—OH 功能团，具有明显的化学吸附特征，表现出一定的氧化还原作用，能与金属及其他的阳离子和阴离子反应。铁膜降低铝诱导水稻根系分泌的大量柠檬酸，阻止铝的毒害使之沉积于根表，同时二价铁能优先饱和根尖铝的结合位点，减少铝对根尖的毒害（Chen et al.，2006）。植物根表的铁、锰氧化物不仅具有与天然铁氧化物相似的特性，而且内在耐受机制是能够促使大量的 Fe^{2+}进入植株体内，与重金属竞争代谢敏感位点，使重金属主要累积在内皮和韧皮部等不敏感部位，从而增加耐性。

四、先锋植物对重金属的拒绝吸收作用

先锋植物指能够最先在某种环境中生长的植物。金属矿区先锋植物指在金属矿区浓度高的土壤环境中能够正常生长的，耐受高浓度重金属并且植物本身不吸收或少吸收重金属的植物。先锋植物能够在高重金属浓度的环境中生长，植物本身对重金属具有一定的抗性。在矿区进行土壤污染治理和植被恢复，可先筛选出对重金属具有抗性的先锋优势植物物种，当这些植物在矿山废弃地成功定居后，通过植物对矿地的改造，植被状况和生境会逐步得到改善。在重金属污染严重的地区，对重金属污染抗性较强的物种如绊根草（*Cynodon dactylon*）、水烛香蒲（*Typha latifolia*）、蜈蚣草（*Pterris vittata*）、雀稗（*Paspalum thunbergii*）、黄花稔（*Sida rhombifolia*）和银合欢（*Leucaena glauca*）等。不同植物对不同重金属的抗性不同，针对不同的金属矿区废弃地可以选择不同的先锋植物。银合欢可作为锡矿尾矿植被恢复的先锋植物，双穗雀稗可作为铅锌尾矿植被恢复的先锋植物，而鸭跖草则可作为铜矿尾矿植被恢复的先锋植物（朱有勇等，2012）。

先锋植物一般是在矿区能够自然生长的植物，多为乡土种。筛选的先锋植物应具有的特征如下：①植物具有在高浓度重金属环境中生存的能力；②植物对重金属的适应具有普遍性，能同时适应多种重金属；③在高浓度重金属的环境下，植物本身重金属含量并不高；④植物对环境气候条件适应性强、抗逆性强，易于成功引种；⑤具有发达的根系组织；⑥植物对农艺调控、螯合剂添加等措施反应积极。在铅锌尾矿上定居的雀稗（*P. thunbergii*）、双穗雀稗（*P. distichum*）、黄花稔（*S. rhombifolia*）和银合欢（*Leucaena glauca*）对 Pb 的吸收特征不同，其中，雀稗吸收的 Pb 大部分被滞留在根部，表现出对 Pb 的耐性；双穗雀稗和黄花稔所吸收的 Pb 较多地被转移到地上部分，具有较大的植物修复潜力；木本植物银合欢所吸收的 Pb 的 80%累积在根、茎的皮和木质部及枝条部分，15%左右分布在叶片中。

中华山蓼（*Oxyria isnensis* Hemsl）在不同浓度 Pb、Zn 和 Cd 污染处理后，植株体内的 Pb、Zn 和 Cd 含量相对较低，生长正常。说明矿区中华山蓼对重金属 Pb、Zn 和 Cd 具有较高的耐受性，可作为铅锌矿废弃地生态恢复的一种先锋（耐性）植物（Li et al.，2013）。通过野外调查，中华山蓼植物根和地上部分的 Cd、Pb 和 Zn 含量在土壤含量变化大的条件下维持相对稳定，且富集系数和转运系数较低（表 5-3）。

表 5-3　铅锌矿区中华山蓼 Cd、Pb 和 Zn 的累积特征

Table 5-3　Accumulation characteristics of *Oxyria isnensis* to Cd，Pb and Zn in Pb/Zn mining area

样品编号	土壤含量 /（$mg \cdot kg^{-1}$）	根含量 /（$mg \cdot kg^{-1}$）	地上部分含量/（$mg \cdot kg^{-1}$）	富集系数（BCF）	转运系数（TF）
Cd	37.7～1050.5	25.4～56.7	17.9～24.9	0.02～0.47	0.36～0.83
Pb	2668～11926	286～595	211～388	0.03～0.10	0.52～0.88
Zn	4640～13718	1928～2340	1305～2164	0.15～0.37	0.68～0.96

（Li et al.，2013）

第二节　植物细胞对重金属的结合钝化作用

一方面植物将重金属固定在环境中，另一方面植物将重金属滞留在根部，限制重金属向植物地上部分转移，使地上部分免遭伤害。植物细胞对重金属的结合钝化的部位主要为细胞壁和细胞的膜系统，包括植物细胞壁和细胞膜等的结合钝化作用。

一、细胞壁的结合钝化

细胞壁的结合钝化是细胞壁能够结合固定一定数量的重金属而解毒，减少重金属向细胞内的转移及对植物代谢的影响。植物细胞壁是重金属离子进入的第一道屏障。细胞壁属于细胞内的非原生质部分，植物细胞的细胞壁主要包含三种组成成分，为纤维素、半纤维素和果胶，其中纤维素是主要的骨架成分，占初生壁干重的 15%～30%。胞间层是由果胶组成的相邻细胞间层，细胞壁中的果胶主要由同聚半乳糖醛酸、聚鼠李糖、半乳糖醛酸组成（郁有健等，2014）。细胞壁的大分子物质中含有很多负电基团，如羟基、羧基、醛基、氨基和磷酸基等，与金属阳离子结合而固定在细胞壁上（张旭红等，2008），从而减少金属离子通过跨膜运输进入原生质体，在一定程度上降低了重金属对植物正常生理活动的干扰。

1. 重金属离子与果胶结合

果胶是胞间层及初生细胞壁的主要组分之一，果胶约占双子叶植物初生壁的30%，能结合多种金属离子。果胶是细胞壁中一类重要的基质多糖，多聚糖能够通过过氧原子结合金属阳离子。根细胞壁内带负电的果胶可以吸附固定大量的重金属。唐剑峰等（2005）研究结果表明，小麦根尖是铝毒的主要位点，细胞壁果胶含量和果胶甲基酯化程度对小麦不同根段细胞壁对铝的吸附、积累具有重要作用，铝与细胞壁的结合是根系对铝毒胁迫反应的重要原因，细胞壁中的果胶是细胞壁阳离子结合的主要位点之一。铅离子与果胶羧基的络合被认为是植物细胞能够抵抗铅胁迫的最重要机制。龙井茶树细胞壁所吸附的Pb至少有41.3%与果胶结合（徐劼等，2011），果胶结合铅离子的能力不仅与果胶上游离羧基的数量有关，而且与果胶甲基化程度密切相关，甲基化程度较低的果胶包含更多的游离羧基，因而能结合更多的铅。铅胁迫下，苔藓原丝体细胞顶端出现了胼胝质，并形成一层较厚的、致密的物质来阻挡铅向原生质体迁移。Krzeslowska（2011）报道，在Pb、Cd、Cu和Zn等重金属胁迫下，植物细胞壁果胶甲酯酶活性提高，低甲酯化果胶含量显著增加，果胶在空间上重新排布，从而提高了细胞壁吸收和累积重金属的容量。

2. 重金属离子与纤维素、半纤维素、木质素结合

金属离子除与果胶结合外，金属离子还可与细胞壁高分子物质（纤维素、半纤维素、木质素）结合，根系细胞壁中积累了植物吸收的70%～90%的Cu、Zn、Cd等重金属，而它们中的大部分金属是与细胞壁结构物质中的纤维素及木质素结合，以结合状态存在（张旭红等，2008）。

纤维素和木质素是细胞壁的重要组成成分，纤维素平行链中的葡萄糖单体形成了对称的双螺旋结构，高对称结构有很好的弹性，能够通过其中的氧原子形成共用电子对体系。纤维素能够较好地吸附金属离子。无论金属离子与细胞壁的哪一组分结合，都起到了降低金属离子移动性的作用，因而可以将其阻隔在细胞壁区域，减轻金属离子对细胞内组分的毒害作用。徐劼等（2011）采用亚细胞组分分离方法，发现茶树根细胞壁累积的铅高达细胞总含量的51.2%，茶树根尖细胞壁上羟基、酰胺基、羰基、羧基等官能团可能参与了铅的沉淀吸附过程。

植物对重金属的结合可能通过细胞壁局部增厚和组分“动态变化”提高对重金属累积和解毒的能力，大量的细胞壁聚合体能够对重金属结合蛋白做出响应，重金属能诱导金属结合氨基酸的产生。

3. 重金属离子与细胞壁磷酸根和蛋白质的结合

重金属离子能够与细胞壁中的磷酸根和细胞壁蛋白质结合，产生重金属离子的钝化。湿地蕨类植物（*Azolla filiculoides*）以磷酸盐团聚体形式将Cu和Cd累积于细胞壁中（Sela et al.，1988）。Cu 耐性植物 *Silene vulgaris* 和 *Armeria maritima* 中，Cu 与细胞壁中的蛋白质紧密结合（Neumann et al.，1995）。

在虎杖（*Polygonum cuspidatum*）和禾秆蹄盖蕨（*Athyrium yokoscense*）根细胞中，70%～90% Cu、Zn 和 Cd 存在于根细胞壁（Nishizono，1987）。铅–磷酸盐、铅–碳酸盐结合态是纤细剪股颖（*Agrostis capillaris*）和菜豆（*Phaseolus vulgaris*）根系细胞壁沉积铅离子的主要形式（Cotter-Howells et al.，1999；Sarret et al.，2001）。杨居荣等（1995）用 Cd 和 Pb 处理黄瓜与菠菜，发现 Pb 大量沉积在细胞壁上。铅还能以难溶性草酸盐、磷酸盐、磷氯酸盐等形式在细胞间隙沉淀。Kopittke 等（2007）研究发现，铅最初在臂形草（*Brachiaria decumbens*）表皮和皮层细胞的胞质中累积，随后转移到细胞壁中以 $Pb_5(PO_4)_3Cl$ 形态沉淀下来。刘军等（2002）研究药用植物中铅的分布，发现植物根部超过 90%及叶部大于 80%的铅位于细胞壁上。玉米和小麦根部细胞壁中含 Pb 量 70%～92%，玉米最重要的耐 Pb 机制是细胞壁的沉淀作用（孙贤斌，2005）。

在镉浓度为 5 $mg·L^{-1}$ 时，续断菊叶片中的镉主要贮藏在细胞壁中，占总量的 33.2%，其次依次为叶绿体、细胞核、线粒体和核糖体；而根系中镉的分布顺序为：细胞壁＞细胞核＞叶绿体＞线粒体＞核糖体，细胞壁占总量的 38.1%（图 5-4）。20 $mg·L^{-1}$ 镉处理时，叶片中的镉主要集中在细胞壁及细胞核中，两者占总量的 79.5%；根系中主要集中在细胞壁中，分布顺序为：细胞壁＞细胞核＞线粒体＞叶绿体＞核糖体，细胞壁占总量的 46.7%，而且叶片和根系中镉在核糖体中的分布较少。在不同的镉浓度下，续断菊叶片富集镉的部位有所不同，低浓度时主要贮存在细胞壁、细胞核和叶绿体中，高浓度时与根系中富集部位相似，主要分布在细胞壁和细胞核中（秦丽等，2012）。

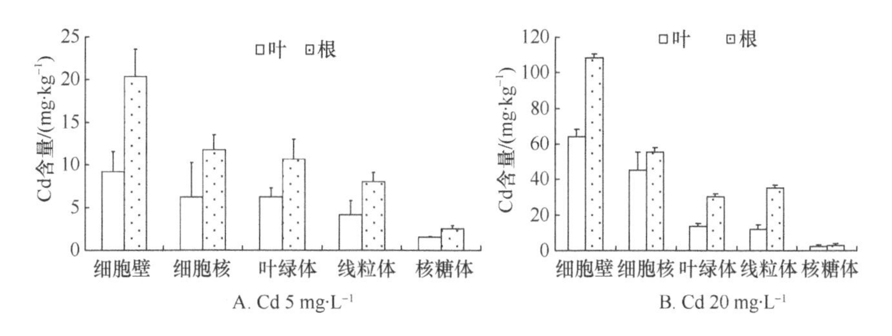

图 5-4 镉处理下续断菊中的镉亚细胞分布

Figure 5-4 Subcellular distribution of Cd in *Sonchus asper* under Cd treatments

（秦丽等，2012）

在不同浓度的铅处理下，圆叶无心菜的亚细胞分布及各组分所占比例不同，在铅处理浓度为 50～200 $mg·L^{-1}$ 时，铅在圆叶无心菜地上部分的贮藏顺序为：可溶组分（FIV）＞细胞壁组分（FI）＞细胞核和叶绿体组分（FII）＞线粒体组分（FIII）（Zu et al.，2014）。铅在圆叶无心菜地上部的累积主要集中在可溶组分和细胞壁组分中，其中铅在可溶组分中的比例为 47.4%～50.3%，细胞壁所占比例为 39.7%～43.8%；铅在圆叶无心菜地下部分的分布顺序为：细胞壁组分（FI）＞可溶组分（FIV）＞细胞核和叶绿体组分（FII）＞线粒体组分（FIII）。铅在圆叶无心菜中地下部的累积主要集中在细胞壁中，其中铅在细胞壁中所占比例为 55.6%～61.2%。提高 Pb 的处理水平，铅在地上部分的可溶组分的分配比例减少，向细胞壁组分的分配比例明显增加（图 5-5）。

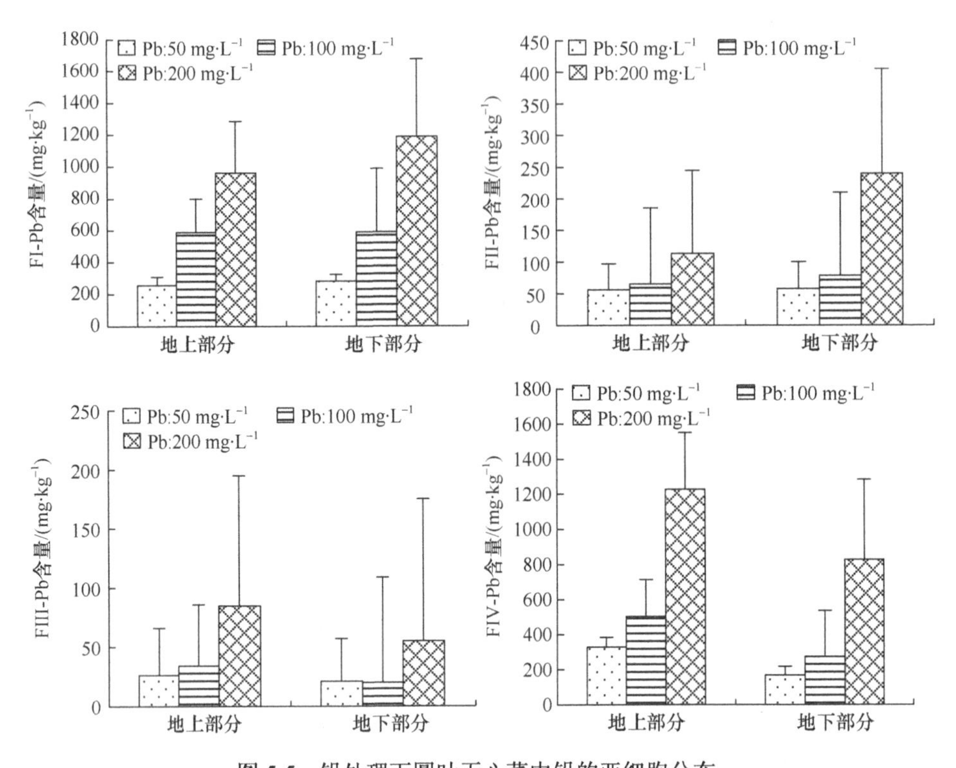

图 5-5　铅处理下圆叶无心菜中铅的亚细胞分布

Figure 5-5　Subcellular distribution of Pb in *Arenaria orbiculata* under Pb treatments

FI 表示细胞壁组分；FII 表示细胞核和叶绿体组分；FIII 表示线粒体组分；FIV 表示可溶组分

（Zu et al.，2014）

通过透射电镜对圆叶无心菜对照叶片和根细胞与 Pb 处理（200 mg·L^{-1}）下叶片和根细胞超微结构进行对比观察，对照圆叶无心菜叶细胞较大，且细胞壁结构清晰，质膜紧贴细胞壁，细胞核结构完整且清晰（闵焕，2010；Zu et al.，2014）。圆叶无心菜叶片在 Pb 处理下叶片的细胞有变小的趋势，细胞壁颜色明显加深，细胞壁有加厚的趋势，有质壁分离的现象，细胞变小，且边上还堆积有大量的 Pb，胞质中存在黑色絮状物质 Pb 的堆积，Pb 主要沉淀在细胞壁和可溶组分。随着 Pb 处理浓度的增加，圆叶无心菜根的细胞壁有加厚的趋势，细胞变小，且细胞壁周围堆积大量的 Pb 离子，与细胞壁相贴的膜结构受到严重的伤害，Pb 主要集中在根系细胞壁上（图 5-6）。

二、细胞膜的结合钝化

细胞膜控制离子的选择，植物能通过细胞膜的结合钝化作用减少重金属进入细胞，或者通过质膜上重金属转运蛋白将重金属离子流出，减少重金属对植物代谢等的影响（袁祖丽等，2008；黄白飞和辛俊亮，2013）。

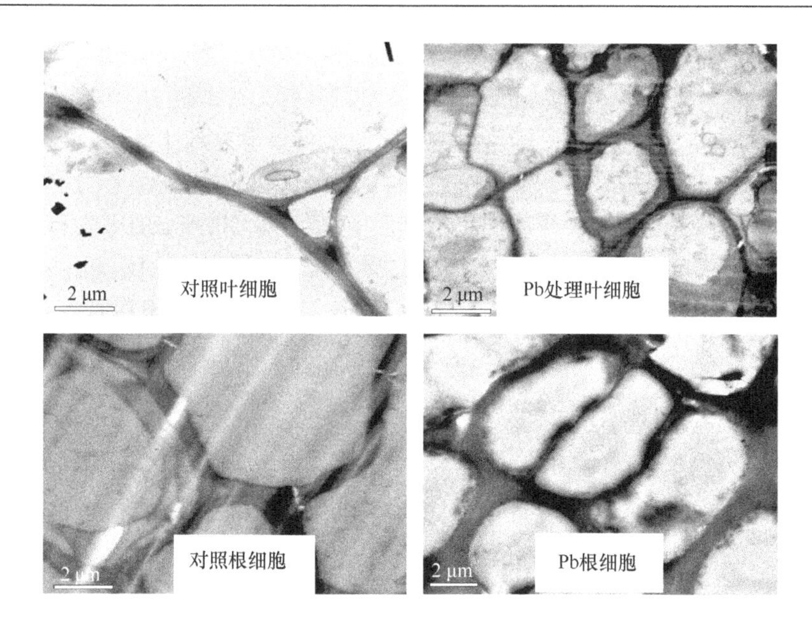

图 5-6　圆叶无心菜叶和根细胞（10000×）
Figure 5-6　Root and leaf cells of *Arenaria orbiculata*

（闵焕，2010）

细胞膜的结合钝化作用基于细胞膜上具有许多能够与重金属结合的"结合座"，当部分重金属突破细胞壁后，能够与细胞膜上的蛋白质、氨基酸、糖类和脂质中的羧基、氨基、巯基、酚基等官能团结合，形成稳定的螯合物，获得结合钝化作用（王焕校，2012；袁祖丽等，2008）。研究表明，当环境中的铅浓度相当大时，部分铅透过细胞壁，在细胞膜上沉积下来（王焕校，2012）。

为了避免重金属的毒害，细胞膜上重金属转运蛋白具有重要的意义。细胞膜的转运蛋白包括通道蛋白（channel protein）和载体蛋白（carrier protein），二者统称为转运蛋白（transporter）。黄瓜（*Cucumis sativus*）根部质膜运输系统将 Cd、Pb、Mn 和 Ni 从细胞质运出，该运输过程是可饱和的，且对不同金属具有不同的亲和性（Migocka and Klobus，2007）。高浓度的 Cu、Zn、Cd 诱导下水稻（*Oryza sativa*）*OsHMA9* 基因在维管束和花粉囊中的质膜表达，产生 OsHMA9 蛋白，位于质膜上（Lee et al.，2007）。重金属转运蛋白根据对重金属的吸收和排出作用可以分为两类：吸收蛋白和排出蛋白。吸收蛋白主要有高亲和 Cu 转运蛋白家族（copper transporter，COPT）、天然抗性巨噬细胞蛋白家族（natural resistance associated macrophage protein，NRAMP）、锌铁蛋白家族（zinc or iron regulated transporter，ZIP）等，主要位于细胞质膜上，其功能是将重金属转运至细胞质。排出蛋白包括 P 型 ATP 酶、阳离子转运促进蛋白家族（cation diffusion facilitator，CDF）、三磷酸结合盒转运蛋白（ATP-binding cassette transporter，ABC）等，其功能是将重金属排出细胞质，或区室化到液泡中，在植物耐受重金属胁迫中起到积极的防御作用，排出蛋白是一类解毒蛋白（表 5-4）。

细胞膜上的重金属转运蛋白主要包括以下 9 种。

1. 铜转运蛋白家族

高亲和铜转运蛋白家族（copper transporter，COPT）是真核生物中 Cu 运转家族，拟南芥（*Arabidopsis thaliana*）中 5 个蛋白 COPT1、COPT2、COPT3、COPT4 和 COPT5，具有运转 Cu 的能力。在 Cu 浓度较高的生长介质中，促进植物对 Cu 的吸收和积累。COPT1 是由 169 个氨基酸残基组成的高度疏水的蛋白质，有三个跨膜结构域，第 44 个残基与甲硫氨酸和组氨酸相关。COPT1 在胚胎、腺毛、气孔、根尖、花粉中均表达，在叶片中表达最强（Sancenon et al.，2004；袁祖丽等，2008）。

2. 天然抗性巨噬细胞蛋白家族

天然抗性巨噬细胞蛋白家族（natural resistance associated macrophage protein，NRAMP）：NRAMP 即 Nramp，是高度保守的膜组成蛋白家族，参与多数金属运输过程，高效运输 Cd、Fe、Mn 和 Zn（袁祖丽等，2008）。在植物、动物、细菌、真菌中普遍存在。不同的 Nramps 家族起的作用不同。植物 Nramps 可明显分成两个亚组：一个亚族包括 AtNramps1 和 6AtNramps1；另一个亚族包括 AtNramp2～5。植物 Nramp 在进化上高度保守，含有 12 个跨膜结构域（TM），在 TM28 和 TM29 之间存在一个特有的“共有转运基序”。在水稻（*Oryza sativa*）中首先发现三个蛋白质（OsNramps1～3），水稻的 OsNramps1 和 OsNramps3 属于第一亚组，OsNramps2 属于第二亚组（Belouchi et al.，1997）。拟南芥中鉴定出 6 种 Nramp。AtNramp3 在拟南芥根、茎、叶的维管束中表达，可能与长距离金属运输有关（Williams et al.，2000）。大麦（*Hordeum vulgare*）在氮供应充足且 Cd 存在时 Nramp 转录下调，但当缺少氮时强烈上调（Finkemeier et al.，2003）。

表 5-4　重金属转运蛋白的细胞定位及作用方式

Table 5-4　Cellular location and function of heavy metals transporters

重金属转运蛋白	重金属元素	细胞定位	功能
植物络合素（PC）	Cd、Pb、Cu、Zn	细胞质	络合物储存在液泡
金属硫蛋白（MT）	Cu、Zn、Cd	细胞质	形成无毒或低毒络合物
高亲和 Cu 转运蛋白家族（COPT）	Cu	液泡	具有转运 Cu 能力
天然抗性巨噬细胞蛋白家族（NRAMP）	Fe、Cd、Mn	液泡	参与 Fe 和 Cd 的吸收
锌铁蛋白家族（ZIP）	Fe、Zn、Mn、Cd	质膜	将无机阳离子转运到根部
核苷循环通道（CNGG channel）	Ni、Pb	质膜	细胞膜透过二价或一价阳离子
三磷酸结合盒转运蛋白（ABC transporter）	GS-Cd、PC-Cd、Fe	液泡膜	以重金属螯合物的形式吸收无机阳离子
阳离子/H^+反向运输器（cation/H^+ antiporter）	Mn、Cd	液泡膜	参与细胞中 Ca^{2+}和 Na^+浓度调节
重金属 ATP 酶（heavy metal ATPase，HMA）	Cu	叶绿体、高尔基体	将无机阳离子排出细胞
阳离子转运促进家族（cation diffusion facilitator，CDF）	Zn、Cd、Co、Ni	细胞质膜、液泡膜、高尔基体膜	与金属的排出体外或胞内区隔有关
Hg 离子转运蛋白（merA，MerB，MerT）	Hg	细胞质膜	将有机汞转化为单质汞挥发到空气中

（鲁家米等，2007）

3. 锌铁转运蛋白家族

锌铁转运蛋白（ZRT/IRT-like protein，ZIP）家族：Zn 转运蛋白家族（zinc regulated transporter，ZRT）和 Fe 转运蛋白家族（iron regulated transporter，IRT）合称为锌铁转运蛋白（ZIP）家族，有大约 100 种 ZIP 蛋白（Guerinot，2000）。其作用是运送阳离子至细胞质中，Fe、Zn、Mn 和 Cd 的运输均涉及 ZIP 家族蛋白。ZIP 可分成两个亚家族：亚家族 I 包括 15 个植物基因、3 个酵母基因和 1 个原生生物锥虫基因；亚家族 II 包括 8 个线虫基因、1 个果蝇基因和 2 个人基因。高等植物 ZIP 的基因属于亚家族 I。ZIP 可能含有 8 个跨膜结构域，且氨基和羧基位于质膜外侧表面。ZIP 蛋白比较长，包含 309～476 个氨基酸，TM-3、TM-4 跨膜区间位于细胞质侧，是潜在的金属结合位点，且富含组氨酸残基，TM-4 是一个含完全保守的组氨酸的螺旋，构成跨膜金属运输的结合位点。遏蓝菜中 ZIP 家族运输体参与 Cd、Zn 的富集。AtIRT1 首先在拟南芥中作为铁转运蛋白被发现，在根中对 Fe 具有高的亲和力，转运 Fe（Rigola et al.，2006）。当植物过量表达 AtIRT1 时，植物体内能够积累更多的 Cd 和 Zn。在拟南芥中有 8 个 ZIP 家族成员，具有不同的底物特异性和组织表达的特异性（Guerinot，2000）。缺 Zn 时，拟南芥中 ZIP1 和 ZIP3 在根中表达，协助 Zn 从土壤转运到植物，ZIP4 在嫩芽和根部表达，促进 Zn 在组织间和细胞内的转运。

4. 核苷循环通道

核苷循环通道（cyclic nucleotide gate channel，CNGC）位于质膜上，可使质膜非选择性通过二价和单价的阳离子（White et al.，2002）。在拟南芥中鉴定出 20 个基因组的 CNGC 序列，CNGC 蛋白具有 6 个跨膜结构域及一个结合钙调蛋白的位点。转基因烟草（*Nicotiana tabacum*）过表达 NtPBT4 蛋白显示改变 Ni 的耐性及对 Pb 的超敏性，该蛋白质与减少 Ni 的积累及加强 Pb 的积累有关（Arazi et al.，1999）。

5. ABC 转运家族

植物中 ABC 转运家族（ATP-binding cassette transporter）转运蛋白是具有强运输能力的超级家族，大多数蛋白质位于膜上。ABC 转运蛋白具有共同的两个基本结构特点：4 个或 6 个高度疏水的跨膜区域（trans membrane domain，TMD）及细胞质侧外围的 ATP 结合域或核苷结合区域（nucleotide-binding domain，NBD）。大多数 ABC 的运输由 ATP 水解驱动，植物中具有 20 多个 ABC 蛋白序列，包括 P-糖蛋白的同族体、多药耐性相关蛋白（multidrug resistance associated protein，MRP）、多向耐药型相关蛋白（pleiotropic drug resistance，PDR）等运输体（Theodoulou et al.，2000）。在植物中 ABC 运输体包括两个亚级：MRP 和多药耐性蛋白（multidrug resistance protein，MDR）。

ATM 亚族是 ABC 转运蛋白最小的亚族之一，由一个跨膜区域和一个 ATP 结合区域构成。在拟南芥和水稻中有 120 多个 ABC 蛋白成员，且具有运输植物激素、生物碱及调节气孔运动的功能。在拟南芥中有三种 ATM 家族成员，即 AtATM1、AtATM2 和 AtATM3。AtATM3 介导谷胱甘肽结合的 Cd（II）透过线粒体膜。Cd^{2+}或 Pb^{2+}处理时，拟南芥植株 AtATM3 表达上调，提高植株对镉的抗性（Conte and Walker，2011）。细胞质膜上 ABC

载体 AtPDR8 是位于拟南芥细胞膜的镉或镉结合物的流出泵，Cd 或 Pb 胁迫条件下，拟南芥 *AtPDR8* 基因表达上调，导致 Cd 流出细胞质。AtPDR12 是拟南芥 ABC 转运蛋白家族成员中的一员，它参与铅的解毒作用，AtPDR12 位于质膜上，根部 4 种 MRP 在转录水平增加，排出细胞质中 Pb 及 Pb 化合物（Lee et al.，2005；Kim et al.，2007）。MRP 对镉的隔离起作用，拟南芥 MRP7 位于液泡膜和细胞膜上，AtMRP7 在烟草（*Nicotiana tabacum*）中的过量表达，能够增强烟草对镉的耐性，提高叶片液泡中的镉含量，通过液泡储存降低镉毒性（Wojas et al.，2009；黄白飞和辛俊亮，2013）。百脉根（*Lotus japonicus*）基因组分析鉴定 91 个 ABC 蛋白（Sugiyama et al.，2006）。ABC 载体与 Cd 形成重金属螯合物，促进 Cd 在液泡中的累积，MRP 可能参与跨液泡膜转运 Cd 螯合物或 Gs-Cd 复合体。

6. 阳离子/H^+反向运输器

阳离子/H^+反向运输器（cation/H^+ antiporter，CAX）家族位于液泡膜上，参与二价阳离子从细胞质中转移到液泡积累的过程和细胞质中 Ca^{2+}、Na^+的浓度调节。Ca^{2+}/H^+的钙交换器 CAX 蛋白有 11 个横跨膜区域，在 TM26 和 TM27 之间存在一个富含氨基的亲水基团。在转基因烟草中 CAX2 域 Ca^{2+}、Cd^{2+}和 Mn^{2+}在植物体内的积累和 Mn^{2+}的耐性有关（Hirschi et al.，2000）。CAX 家族包括三种：①存在于植物、细菌、真菌及低等脊椎动物中；②存在于真菌及低等脊椎动物中，其 N 端有一个长的亲水区；③存在于细菌中。在拟南芥基因组中存在大量 CAX 运输体的相似物，CAX1 在 Ca^{2+}动态平衡中起重要作用。CAX1 调整 Ca^{2+}/H^+反向运输体的活性。转基因表达 CAX1 的植物显示出增加 Ca^{2+}的积累及加强液泡 Ca^{2+}/H^+反向运输。当过量的 Cd 存在，CAX1 可能促进 Cd 运输而抑制 Ca^{2+}的运输（Luo et al.，2005）。

7. 重金属 ATP 酶（heavy metal ATPase，HMA）

P 型 ATP 酶主要位于叶绿体膜、高尔基体膜、质膜及内质网上，具有一个磷酸化反应中心，称为 P 型。P 型 ATP 酶促进阳离子穿过细胞膜，改变不同离子包括 H^+、Na^+/K^+、H^+/K^+、Ca^{2+}和脂质的位置，主要运输 Cu、Ag、Zn、Cd、Pb 和 Co。P 型 ATP 酶分为 5 类，根据运输底物的不同，每类再根据它们的传输功能划分为两个或更多个亚类。典型的 P 型 ATP 酶有 8～12 个跨膜域，且在 4、5 跨膜之间含有一个高度保守的磷酸化位点（Palmgren and Axelsen，1998）。

CPx 型 ATP 酶（P_{IB}亚类）是 P 型 ATP 酶的一个亚类，具有一个保守的膜内半胱氨酸–脯氨酸–半胱氨酸–组氨酸–丝氨酸主链（CPx 序列），在第六跨膜区有一个结合阳离子的 CPx 序列及细胞质侧 N 端金属结构域，功能主要是重金属的跨膜运输，保持细胞内必需和非必需金属的动态平衡，是 Cu、Cd、Zn、Co 和 Ni 的泵出系统。P_{IB}亚类可以分为两组：转运一价阳离子 Cu^+/Ag^+组和转运二价阳离子 $Zn^{2+}/Co^{2+}/Cd^{2+}/Pb^{2+}$组。P 型 ATP 酶抑制剂 Na_3VO_4可以导致海州香薷和鸭跖草对 Cu 的吸收受到抑制（施积炎等，2004）。拟南芥 AtHMA3 蛋白能将重金属限制在液泡内，提高植株对重金属的耐性。AtHMA3 在保卫细胞、排水孔、维管组织和根尖高效表达。AtHMA3 的过量表达，使转基因拟南芥对镉、钴、铅和锌的耐性提高，AtHMA3 过量表达的植株中镉积累量比野生型高 2～3

倍（Morel et al.，2009）。拟南芥和遏蓝菜 HMA4 作为流出泵，对高浓度重金属具有解毒作用（Guimaraes et al.，2009）。

2,4-二硝基酚（2,4-dinitrophenol，DNP）是氧化磷酸化解偶联剂，由于它破坏了跨线粒体内膜的质子梯度，从而抑制 ATP 生成，并且它会引起线粒体中 ATP 大量水解，DNP 能有效地降低植物的能量供应水平。DNP 处理没有抑制小花南芥地下部对 Pb 的吸收，但降低了地下部的 Zn 含量，抑制 Pb 和 Zn 从地下部向地上部转运（图 5-7，图 5-8）。ATP 酶抑制剂 Na_3VO_4 处理对小花南芥（*Arabis alpinal*）地下部对 Pb 和 Zn 的吸收影响显著，也抑制了小花南芥地下部 Pb 和 Zn 向地上部转运（图 5-9，图 5-10）（王吉秀等，2010）。

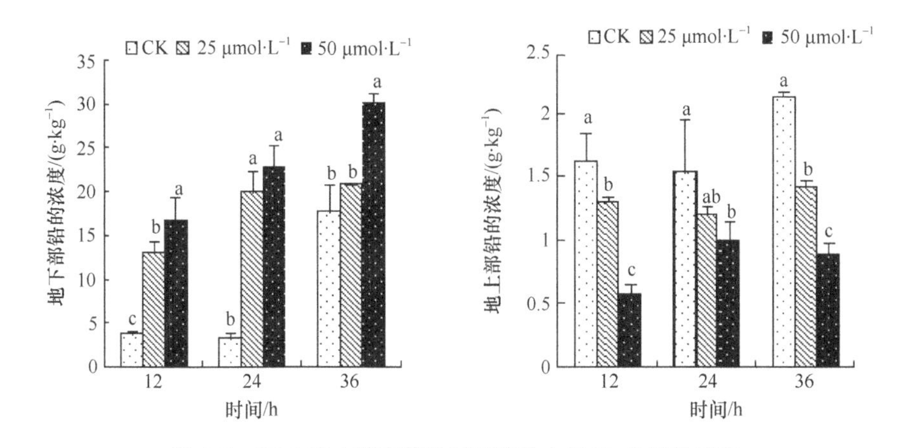

图 5-7　DNP 对小花南芥地下部和地上部 Pb 含量的影响

Figure 5-7　Effects of 2，4-dinitrophenol on Pb contents in shoots and roots of *Arabis alpinal*

（王吉秀等，2010）

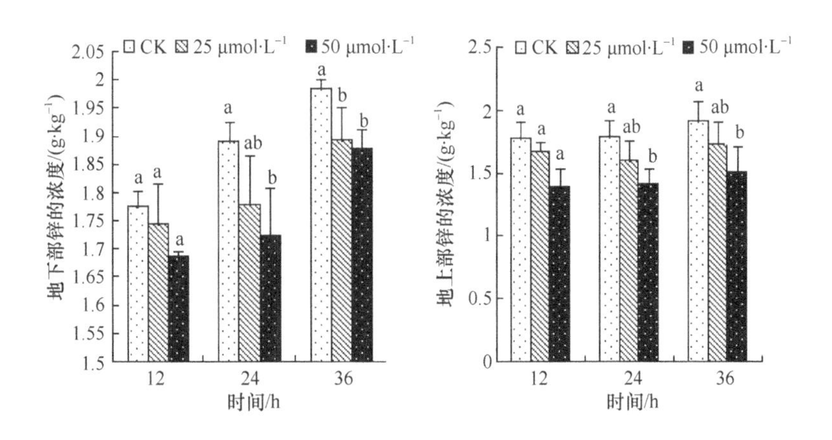

图 5-8　DNP 对小花南芥地下部和地上部 Zn 含量的影响

Figure 5-8　Effects of 2，4-Dinitrophenol on Zn contents in shoots and roots of *Arabis alpinal*

（王吉秀等，2010）

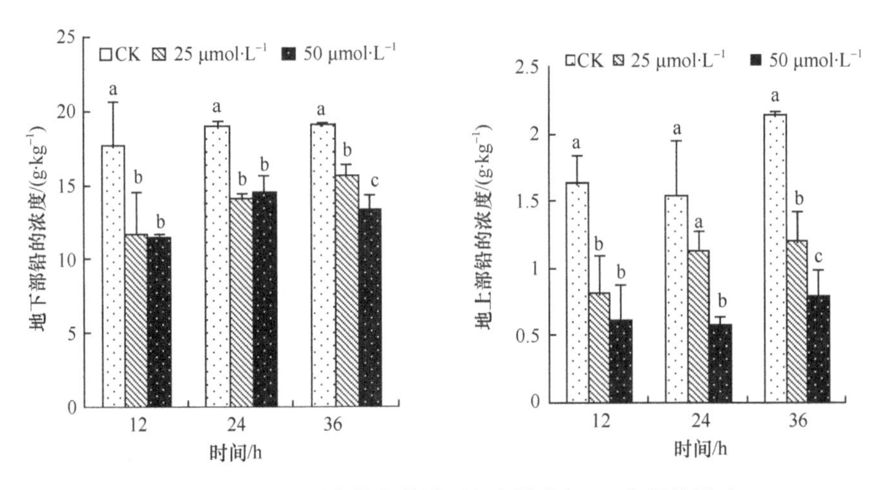

图 5-9　Na_3VO_4对小花南芥地下部和地上部 Pb 含量的影响
Figure 5-9　Effects of Na_3VO_4 on Pb contents in shoots and roots of *Arabis alpinal*

（王吉秀等，2010）

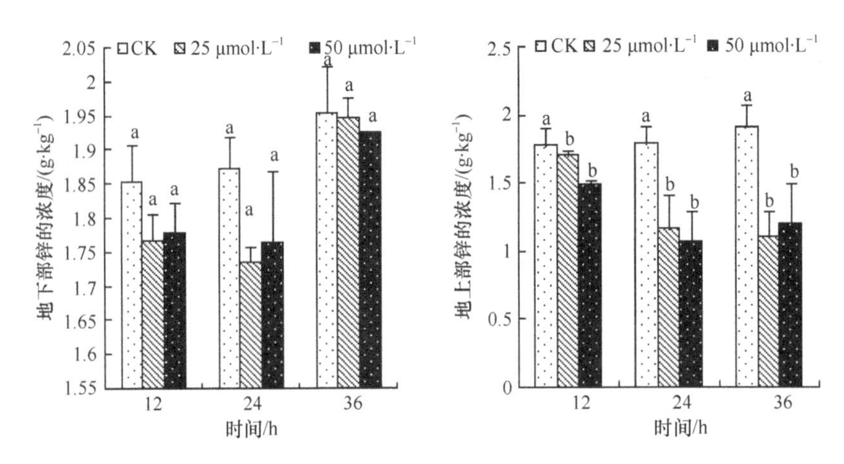

图 5-10　Na_3VO_4对小花南芥地下部和地上部 Zn 含量的影响
Figure 5-10　Effects of Na_3VO_4 on Zn contents in shoots and roots of *Arabis alpinal*

（王吉秀等，2010）

8. 阳离子扩散装置家族

阳离子扩散装置家族（cation diffusion facilitator，CDF）位于细胞质膜上，与金属的排出体外或胞内区隔有关，也存在于液泡膜、高尔基体膜等。CDF 蛋白与一系列生物 Zn、Cd、Co、Ni 的耐性有关。CDF 家族广泛分布于植物（Paulsmen and Saier，1997）。其主要特征包括：特有的 N 端信号序列和一个 C 端阳离子结合域；具有 6 个跨膜域；一个阳离子排出域；具有一个胞内富含 His（组氨酸）的域；包含氨基酸 280～740 个。在拟南芥中有 12 个 CDF 成员，称为 ZAT。ZAT 在植物中组成型表达，且受到 Zn 离子的诱导调控（Montanini et al.，2007）。ZAT 参与植物细胞器、液泡对 Zn 的固定，调节 Zn 的动态平衡和植物对 Zn 的耐性。MTP11 是拟南芥和白杨的阳离子扩散装置家族，拟南芥 MTP11 突变体对高浓度 Mn 敏感，过表达 MTP11 的植物具有高 Mn 耐性。AtMTP11 在根尖、叶缘、排水器表达最高，在 Mn 积累处表皮细胞和腺毛中不表达。MTP11 蛋白位于点状内膜小室中，与高尔基体标记物唾液酸转移酶的分布一致。在高尔基体积累 Mn 可能是通过小泡的运输和胞外分泌而解毒。因此由高尔基体调节的胞外分泌是植物重金属耐性的一个机理（Peiter et al.，2007）。

9. 汞离子转运蛋白（merA、merB）

merA、*merB* 基因表达的质膜蛋白与 Hg 的耐性及 Hg 含量有关。其中，*merB* 表达产生的有机 Hg 裂解酶将有机 Hg 还原为毒性小的 Hg^{2+}，*merA* 编码的 Hg 离子还原酶将 Hg^{2+} 还原为 Hg 原子（Bizily et al.，1999）。Hussein 等（2007）报道，转入 *merA* 和 *merB* 基因烟草叶绿体基因组与对照相比，转基因植物可在高于对照三倍汞浓度条件下生长良好，且在叶片中积累的有机和无机 Hg 超过土壤中的含量，枝叶中 Hg 的含量超过对照 100 倍。merA、merB 在叶片中同时表达，促进 Hg^{2+}转变成 Hg^0，提高植物的耐性。

第三节　植物对体内重金属的隔离作用

植物对重金属隔离作用在细胞水平上，表现为重金属的区室化作用，重金属主要分布在质外体和液泡中；在组织水平上，主要表现在重金属分布在表皮细胞、亚表皮细胞和表皮毛中。

一、液泡的隔离作用

生物将污染物运输到体内特定部位，使污染物与生物体内活性靶分子隔离，生物产生解毒适应性，称为生物的屏蔽作用（sequestration）和隔离作用（compartmentalization）。液泡隔离作用是植物能将重金属或重金属螯合物运输到液泡中将其隔离而解毒，减少重金属对植物细胞代谢的影响。液泡是隔离重金属的主要部位，液泡里含有蛋白质、糖、有机酸和有机碱等，与重金属结合，降低重金属的生物活性而解毒。当细胞壁结合的重金属离子达到饱和后，进入细胞内的大部分重金属离子被转运到液泡内储存起来，使重金属离子在植物细胞内区室化，从而增强植物对重金属的抗性。庭荠属 *Alyssum serpyllifolium* 和蝇子草属的 *Silene vulganris* 和 *S. cucubalus* 通过将细胞质中 Ni、Cu 和 Cd 运输到液泡而解毒（Brooks et al.，1981）。

液泡内贮存的重金属与细胞内某些物质结合，钝化重金属的毒性。植物细胞内物质，如谷胱甘肽（GSH）、植物络合素（PC）、草酸、组氨酸、柠檬酸盐和磷酸等可与重金属螯合。在重金属诱导下，某些植物还能产生蛋白质或多肽类物质与重金属结合，限制镉与植物体内酶等物质结合。小麦和烟草将进入细胞内的 Cd 运输到液泡内，液泡中的 Cd 与无机磷酸根形成磷酸盐沉淀。燕麦根部细胞液泡膜上的 Cd^{2+}/H^+-反向运输及依赖 ATP 的 ABC 运输体将 Cd-PC 到运输液泡（Salt and Wagner，1993）。烟草（*Nicotiana tabacum* L.）在铅胁迫下，叶肉原生质中铅离子与植物络合素（PC）、有机酸等物质络合后储存在液泡内（Crist et al.，2002）。陈同斌等（2006）报道蜈蚣草富集的砷主要是贮存在胞液中，羽叶中积累的砷有 78%是分布在羽叶胞液中，整株植物累积的砷有 61%是富集在胞液中，胞液对砷具有非常明显的区隔化作用，是蜈蚣草对砷的重要解毒机制。天蓝遏蓝菜（*T. caerulescens*）能使 Zn 有效地分布在液泡中，使液泡成为向地上部分运输的贮存库（Lasat et al.，1996；Vazquaz et al.，2007）。狗筋麦瓶草、紫羊茅（*Festuca rubra*）根分生组织细胞和大麦叶能将 Zn 隔离进入液泡中（Davies et al.，1991；Brune et al.，1994；Verkleij et al.，1998）。Mn 的解毒过程是首先由质膜吸收 Mn，在细胞质中与运输载体苹果酸结合，Mn 与苹果酸盐复合体通过液泡膜运输到液泡中，在液泡中 Mn 与苹果酸盐分离，然后与末端受体草酸盐结合（Memon and Yatazawa，1984）。

续断菊细胞中大量的镉被束缚于细胞壁上或贮存在液泡中，减少了代谢活动旺盛的细胞器及细胞膜中的镉含量，这可能是续断菊耐镉的机制。续断菊根、茎叶组织的氯化钠提取态和乙酸提取态镉含量高，说明续断菊植物体中的镉主要是以果胶酸盐和磷酸盐沉淀形态存在。在镉诱导下产生有机镉配体，由于植物体中镉与有机配体结合，降低叶片中游离的镉含量，减轻了镉的危害。低镉处理下，续断菊叶中的 NaCl 提取态镉含量及比例高于其他各提取态，提高镉处理浓度，其含量和比例进一步升高，表明与蛋白质结合的镉含量提高，可能导致镉–蛋白质结合态形成，从而促进镉向液泡的转移和累积（秦丽等，2013）。

二、植物组织水平上对重金属的隔离作用

表皮是根组织的第一道屏障，往往会累积较高浓度的重金属；镉、铅一般在根表皮和皮层积累。内皮层则由于凯氏带的存在，成为植物根阻挡重金属的第二道屏障，因此重金属往往在凯氏带附近大量累积；第三道屏障表现在植物根的各种亚细胞结构均能固定较多的重金属（黄化刚等，2009）。植物体内的重金属还可分布于根、胚轴和周皮的木栓层细胞、皮孔细胞和细胞间隙等非生理活动区，这些植物器官含有大量单宁体，进入植物体的重金属与植物螯合剂结合而消除其对植物的毒性。凯氏带中具有木栓质，保障了内皮层的屏障作用，位于凯氏带附近的质膜平滑，比细胞其他部分厚，贴在细胞壁上，保证细胞壁和细胞膜之间的紧密接触，使内皮层成为铅转运到中柱中的最重要障碍（Seregin et al.，2008）。

利用 X 射线荧光分析技术发现，超过 90.5%的铅分布在超积累生态型东南景天茎部的维管束；大部分铅分布在叶部的叶脉和表皮部分，而海绵组织和栅栏组织铅累积量很低（田生科，2010）。镉超富集植物印度芥菜表皮毛中的镉含量比叶片组织高几十倍，将镉贮存在叶片的表皮毛细胞的液泡中而解毒（孙涛等，2011）。在鼠耳芥（*Arabidopsis halleri*）叶中，毛状体镉含量远高于其他部位，镉的亚细胞区室化在毛状体中明显，镉积累在毛状体基部一个小环中。叶肉细胞中的镉浓度随营养液中镉浓度的升高而迅速升高，表皮其他细胞中镉含量低于叶肉细胞，叶肉细胞是镉的主要储存位置（Kupper et al.，2000）。

第四节　植物对重金属的代谢解毒作用

在重金属污染胁迫下，植物通过代谢过程启动多种防御机制来降低重金属离子对细胞的毒害。当部分重金属穿过细胞壁和细胞膜进入细胞后，能和细胞质中的蛋白质、谷胱甘肽、草酸、柠檬酸、苹果酸等形成复杂的稳定螯合物，使重金属的毒性降低，或者在细胞内络合重金属并以复合物的形式进行区域化隔离，是植物主要的重金属解毒机制。

植物体内的代谢解毒物质包括金属硫蛋白、植物络合素、热激蛋白、多胺、谷胱甘肽、有机酸、氨基酸和抗氧化系统等。

一、金属硫蛋白

1957年首次从马肾提取出金属硫蛋白（metallothioneins，MT）（Margoshes and Vallee，1957），首先鉴定的植物金属硫蛋白是由小麦成熟胚芽中分离得到的Ec蛋白，在植物中大约存在50种金属硫蛋白。金属硫蛋白为金属硫组氨酸三甲基内盐，是一类低分子质量富含半胱氨酸残基（Cys）的金属结合蛋白，由于半胱氨酸残基上巯基含量高，易与重金属（Cu、Zn、Pb、Ag、Hg、Cd等）结合形成无毒或低毒络合物，使重金属解毒（全先庆等，2006）。根据半胱氨酸残基的排列方式，MT分为I型、II型、III型和IV型，大多数金属硫蛋白属于I型和II型。MT由基因直接编码。I型中的半胱氨酸残基排列方式为Cys-Xaa-Cys（Cys为半胱氨酸，Xaa为任意氨基酸），编码I型MT的cDNA在根系的表达水平较高；II型中的半胱氨酸残基有两种排列方式，分别为Cys-Cys和Cys-Xaa-Xaa-Cys。编码II型MT的cDNA主要在叶片表达。金属硫蛋白能够通过巯基与金属离子结合，对Zn^{2+}和Cu^{2+}的解毒效果明显。结合不同金属离子的MT具有特征吸收峰，特征吸收峰分别为Zn-MT 220 nm、Cd-MT 250 nm、Cu-MT 270 nm、Hg-MT 300 nm、脱金属离子的MT 190 nm。金属硫蛋白脱去50%金属离子后的pH分别为Cd-MT 2.5～3.5、Zn-MT 3.5～4.5和Cu-MT＜1（娄来清和沈振国，2001）。

MT既存在于细胞内，又存在于细胞外。金属硫蛋白具有保护细胞免受离子辐射和抗氧化物损伤的作用，细胞内的MT是活性氧和活性氮清除剂，在重金属胁迫条件下，重金属诱导合成的MT可清除·OH、$\cdot O^{-2}$等自由基（陈春和周启星，2009）。当来自于拟南芥中MT1和MT2的基因在缺乏MT酵母突变体中表达时，MT酵母突变体对Cu的解毒能力获得极大增强。Van-Assche等（1990）研究显示MT的基因受到Cu诱导，在拟南芥的Cu敏感突变体中增加了MT2的RNA表达，拟南芥的Cu敏感突变体积累高浓度Cu；拟南芥幼苗Cu敏感型和MT2的RNA表达存在一个明显的相关关系。拟南芥MT的基因*AtMT2a*和*AtMT3*与植物细胞Cd抗性有关，植物Cd抗性的提高是由于*AtMT2*和*AtMT3*清除了细胞表面活性氧。

另外，从大豆根中分离出富含Cd的复合物，其性质与MT极为相似，称为类金属硫蛋白（metallothionein-like）（Casterlin and Barnett，1977）。在许多植物中发现了类MT蛋白及其基因，类MT基因的表达受发育阶段和激素水平的调节，重金属的胁迫不能调节其转录水平（吴惠芳等，2010）。Whitelaw等（1997）报道番茄类MT蛋白基因（*LeMTB*）的5′端有一个推测的金属调节元件，该基因的转录可能受金属离子所调节，推测类MT蛋白对重金属可能具有一定的解毒作用。

二、植物络合素

用重金属处理蛇根草（*Ophiorrhiza mungos*）悬浮细胞后，分离出一组重金属结合多肽——植物络合素（phytochelatins，PC）（Grill et al.，1985）。植物络合素是在重金属胁迫下，一类由 PC 合成酶以谷胱甘肽（GSH）为底物催化合成的，由长度不同的肽链构成，富含半胱氨酸（Cys）和谷氨酸（Glu）。其结构通式为(Glu-Cys)$_n$-Gly，一般来讲，n 为 2～5，最高可达 11。现已发现多种 PC 的同功异构体，主要是 C 端的甘氨酸（Gly）被丙氨酸（B-Ala）、丝氨酸（Ser）取代形成。PC 能与多种金属元素 Cd、Zn、Cu、Pb 或 As 结合形成低分子质量复合物，由细胞质进入液泡后，再与一个分子的 PC 结合形成毒性较小的高分子质量复合物而缓解重金属对植物的毒害作用（Salt et al.，1995）。

PC 广泛存在于植物中，PC 的类型与植物和重金属种类等有关。铅可以与 GSH 螯合，再与植物络合素 PC2、PC3 和 PC4 形成复合体，PC2 和 PC3 中的每一个缩氨酸分子都与一个铅离子结合，铅离子从较短的 PC 链转移到较长的 PC 链。对金属离子的结合能力随着 PC 链的延长而增加。多种重金属可诱导植物形成植物螯合素，但 Cd 诱导植物螯合素形成的速度最快，其诱导效率是 Cu、Zn、Pb、Ni 等的几倍甚至几十倍（Huang et al.，1998）。植物络合素在 Cd 解毒过程中具有重要作用，许多植物中都分离出了镉-PC 复合物，一些植物细胞吸收的 Cd 中 90%是以 PC 的形式存在，PC 具有把细胞质中的 Cd 转运到液泡内的作用（Verkleij et al.，1990；Grill et al.，1987）。植物螯合素与镉结合形成低分子质量和高分子质量两类复合物。低分子质量复合物主要存在于细胞质中，高分子质量复合物主要存在于液泡中。植物螯合素的产生是高等植物对镉的解毒机制。

正常情况下，PC 在植物体内含量很低，在重金属诱导下，植物中 PC 合酶在金属离子存在时能被激活，以半胱氨酸为底物迅速合成 PC，编码 PC 合成酶的基因已被克隆，谷氨半胱氨酸合成酶的专一抑制剂丁胱亚磺酰亚胺（L-buthionine sulfoximine，BSO）能抑制 PC 的合成（Rauser，1995；Clemens et al.，1999）。用 PC 合成抑制剂 BSO 处理 As 胁迫下的萝芙木（*Rauvolfia serpentina*）的悬浮培养细胞，发现 As 处理的萝芙木体内的 PC 含量降低了 75%，生长被抑制（SchmÊger et al.，2000）。缺乏 PC 合成酶活性的拟南芥突变体较野生型对 As 更敏感（Vatamaniuk et al.，1999）。PC 通过保护一些酶的活性间接地降低重金属对植物的伤害。在重金属胁迫条件下，PC 能保护萝芙木（*Rauvolfia* sp.）细胞中的 RUBP 羧化酶、硝酸还原酶、脲酶、3-磷酸甘油醛脱氢酶、醇脱氢酶等的活性，使它们免遭重金属的伤害（Kneer and Zenk，1992）。

三、热激蛋白

热激蛋白（heat shock protein，HSP），或称为热休克蛋白 HSP，指生物有机体（或离体细胞）在受到应激原的刺激后，细胞新合成或合成数量增加的一类蛋白质。HSP 介导蛋白质分子内或分子间的相互作用，协助蛋白质的正确折叠、装配和转运，维持蛋白质的构象并调控其降解（表 5-5），在重金属胁迫条件下起到保护和修复蛋白质的作用。热激蛋白可加强蛋白质稳定性，重新折叠由于重金属诱导的活性氧而导致变性的蛋白质（武斌等，2011）。生长于富 Cu 土壤上的多年生植物海石竹（*Armeria maritima*）根部 HSP17 表达上调（Neumann et al.，1995）。Cd 胁迫野生秘鲁番茄（*Lycopersicon peruianum*）的培养细胞 HSP70 表达增加（Neumann et al.，1994）。砷胁迫条件下，三七（*P. notoginseng*）叶片的 HSP17、HSP20 和 HSP70 表达下调，导致三七生长的抑制（Zu et al.，2015）。

HSP 参与调控细胞的多种生理机能，如细胞增殖、免疫调控等。丝裂原活化蛋白激酶（mitogen-activated protein kinase，MAPK）是一种重要的热激蛋白，水稻根经 Cu^{2+}处理后，*OsMAPK2* 基因的转录会被激活，髓磷脂碱性蛋白（MBP 激酶）的活性随之升高。锌激活水稻根一个 40～42 kDa 的 MAPK，MAPK 信号转导途径参与拟南芥 Cd 或 Cu 胁迫下 ROS 的清除（鄂志国等，2013）。

表 5-5 主要热激蛋白家族结构和功能

Table 5-5 Structure and function of heat shock proteins

热激蛋白家族	结构	主要功能
HSP100	寡聚合体，6 个结构域组成玫瑰环结构；2 个 ATP 酶激活部位在 N 端	水解酶活性，解聚变性的多肽聚合体
HSP90	寡聚合体，N 端为左右对称结构，N 端和 C 端之间有结合 ATP 和底物的位点	ATP 酶和组氨酸酶活性维持和位点近成熟构象，信号转导
HSP70	环状，N 端具有 ATP 酶活性	组合线形多肽并折叠成功能构象，转移和定位多亚基复合体蛋白质
HSP60（GroEL，TriC）	14 个同型亚基构成环状多聚体，亚基具有 ATP 酶和底物结合特征	折叠“可溶性球型”蛋白质或亚基
Small HSP	双链构成的单体聚合成环状多聚体，每个单体具非折叠的 N 端和疏水的底物结合部位	抑制热激伤害造成的多肽聚合体形成

（陈亚琼等，2006）

除热激蛋白外，重金属胁迫还能诱导 Ubiquitin、Dnaj-like 蛋白、几丁质酶、β-1，3 葡聚糖酶、富含脯氨酸的细胞壁蛋白、富含甘氨酸的细胞壁蛋白、病原相关蛋白等的基因表达，这些蛋白质协同清除重金属变性蛋白，维持细胞的正常代谢，增强细胞质的重金属抗性。

四、多胺

多胺（polyamines，Pas）包括腐胺（Put）、尸胺（Cad）、亚精胺（Spd）和精胺（Spm）等，促进植物生长和细胞分裂，抑制乙烯释放和细胞衰老等过程，多胺是植物解毒重金属的途径之一。重金属胁迫下，植物中多胺通过分解提供能量，维持线粒体氧化磷酸化和 $NADP^+$/NADPH 稳定，缓解细胞质过酸、细胞膜和蛋白质损害（Bagni and Tassoni，2001）。

多胺对重金属的解毒机理是由于游离态多胺是渗透保护剂、蛋白质稳定剂、金属螯合剂、膜质过氧化抑制剂、羟基自由基的清除剂、单线态氧去氧剂，能抑制 NADPH 氧化而淬灭活性氧。重金属胁迫条件下，精氨酸脱羧酶（ADC）、鸟氨酸脱羧酶（ODC）活性提高，促进多胺的积累（Vindo-Kumar et al.，2006）。在 Cd 胁迫下，小麦叶片 ADC 和 ODC 活性同时提高，小麦叶片中腐胺含量高于对照 280%，在 Cu 胁迫下，小麦叶片中鸟氨酸脱羧酶（ODC）活性增加，导致腐胺含量高于对照 89%（Groppa et al.，2007）。

五、非酶类抗氧化剂

当重金属胁迫时，能产生大量的活性氧自由基，自由基能损伤主要的生物大分子（如蛋白质和DNA）及引起膜脂过氧化，多种抗氧化防卫系统发生作用，能够清除氧自由基以保护细胞免受伤害。植物抗氧化系统包括抗氧化酶类和抗氧化剂类。

植物中非酶类抗氧化剂包括抗谷胱甘肽（glutathione，r-glutamyl-cysteingl-glycine，GSH）、抗坏血酸（ascorbic acid，AsA）、生育酚（vitamin E，Vit E）等，在植物重金属解毒中具有重要的作用。

谷胱甘肽（GSH）是植物体普遍存在的含—SH的细胞内重要的防卫与信号物质，在防御自由基和脂质过氧化物对膜脂的氧化损伤中起重要的作用，直接与植物体内的重金属螯合而产生解毒的作用。其结构通式为γ-Glu-Cys-Gly，γ-EC合成酶和GSH合成酶是关键酶，依赖于ATP，其中γ-EC合成酶是合成GSH的限速酶。γ-EC合成酶由*gsh1*编码，GSH合成酶由*gsh2*编码，*gsh1*与*gsh2*在拟南芥基因组中以单拷贝的形式存在。镉可直接或间接[如通过茉莉酸（JA）或氧化胁迫]途径影响编码基因（*gsh1*和*gsh2*）的表达。

在植物体内谷胱甘肽的主要功能是通过清除氧化物质或通过GSH-二硫化物交换反应避免—SH遭氧化，或者作为硫贮藏和转运的重要物质。GSH的巯基氧化后会形成GSSG，在GSH-S转移酶的作用下，GSH可与有毒物质结合而解毒。Zhu等（1999）将大肠杆菌的*gsh1*与*gsh2*分别转入印度芥菜，发现印度芥菜对Cd的耐性与富集能力均有明显增加，耐性和富集能力与*gsh2*的表达正相关。谷胱甘肽与许多酶的活性有关，谷胱甘肽转硫酶（GST）和谷胱甘肽过氧化物酶（GPX）可以直接以谷胱甘肽为底物，分别螯合外源重金属和清除活性氧，达到解毒的作用。谷胱甘肽还原酶（GR）可将氧化型的谷胱甘肽（GSSG）还原为GSH，维持体内较高的谷胱甘肽含量。双脱氢抗坏血酸还原酶（DHAR）以GSH为底物，使氧化型的抗坏血酸（DAsA）还原为还原性的抗坏血酸（AsA），AsA是植物体内清除活性氧的重要抗氧化剂，AsA与GSH共同作用而解毒。

同时，GSH是植物中促使重金属离子被PC螯合的供体物质，重金属离子首先被GSH螯合，然后再传输给PC完成最终的解毒过程。同时，GSH是PC生物合成的原料，重金属诱导下的PC合成是植物谷胱甘肽消耗的过程。

六、抗氧化酶系统

抗氧化酶系统包括超氧化物歧化酶（SOD）、过氧化氢酶（CAT）、过氧化物酶（POD）、抗坏血酸过氧化物酶（APX）、谷胱甘肽还原酶（GR）等酶类，抗氧化酶是植物抵抗氧化胁迫的关键。重金属胁迫引起植物抗氧化酶活性增加，酶活性的增加与植物耐性直接相关。

SOD的作用是将超氧阴离子自由基歧化成H_2O_2和O_2，CAT和POD进一步将H_2O_2转化成H_2O，减少活性氧的伤害（龚红梅和沈野，2010）。APX和GR是抗坏血酸–谷胱甘肽循环系统（AsA-GSH循环）的两个关键酶，对于清除H_2O_2起着重要作用。一般情况下，在较低浓度重金属胁迫下，依赖于SOD、CAT、POD抗氧化酶清除体内活性氧，在较高浓度重金属胁迫下，主要依赖于AsA-GSH循环来抵御氧自由基的毒害。重金属胁迫下，植物体内产生大量的活性氧自由基，引起蛋白质和核酸等生物大分子变性、膜脂过氧化，植物保护酶系统发生适应性变化，植物体内的SOD、POD、GSH等活性增强而清除重金属胁迫诱导的自由基，保护细胞免遭伤害。耐性植物体内SOD、CAT、POD等酶活性在 Cd 胁迫下能够维持正常水平。

为了避免氧化损伤，植物体的抗氧化防御系统能够根据重金属胁迫的强弱来调节抗氧化剂的种类和活性。但在严重的重金属胁迫下，活性氧物质通常会对抗氧化酶产生氧化损伤，而降低抗氧化酶的活性。铅对紫背萍（*Spirodela polyrrhiza*）CAT 活性有明显的抑制作用，Fe、Ni、Hg 和 Cr 对其 CAT 活性均有不同程度的刺激（董慧，1999）。铅胁迫条件下，硬皮豆（*Macrotyloma uniflorum* Verdc.）及鹰嘴豆（*Cicer arietinum* L.）的 POD 活性提高，水培营养液中增加 Pb-EDTA 浓度，菜豆 POD 和脱氢抗坏血酸还原酶（DHAR）活性增加（Geebelen et al.，2002；Ruley et al.，2004）。刺苦草（*Vallisneria spinulosa*）在较高浓度铅胁迫下或者经过长期处理后，其 SOD、POD、CAT 的活性均明显下降（Yan et al.，2006）。

谷胱甘肽还原酶（GR）是一种黄素蛋白氧化还原酶，在重金属胁迫下，谷胱甘肽还原酶在还原性辅酶 Q 的催化作用下能将氧化型谷胱甘肽转化为还原型谷胱甘肽，保护细胞内谷胱甘肽库处于还原状态（GSH），对活性氧的清除起关键作用。作为植物细胞中一种主要的可溶性抗氧化剂 GSH，多种活性氧自由基和氧化剂会将 GSH 氧化为 GSSG，GR 利用还原性辅酶 Q 将 GSSG 还原为 GSH。在铅胁迫下，水稻谷胱甘肽还原酶的活性明显增加，氧化型谷胱甘肽（GSSG）被还原为 GSH，提高了 GSH/GSSG 的值和总谷胱甘肽的含量（黄化刚等，2009）。

抗坏血酸过氧化物酶（APX）和谷胱甘肽还原酶是抗坏血酸–谷胱甘肽循环过程中必不可少的组成部分。主要功能在于清除植物叶绿体和其他细胞器中所产生的过氧化氢及稳定细胞中的氧化还原电位。APX 利用还原型抗坏血酸作为电子供体，来清除过量过氧化氢在植物细胞中存在的潜在危害。铅胁迫导致玉米愈伤组织多胺物质和丙二醛含量的增加，伴随着氧化损伤的增强，具有高 APX 和 GR 活性的细胞被诱导表现，植物 APX 和 GR 的活性明显提高。

七、脱落酸

生物在受到不良环境刺激时可诱导响应反应，使一些在正常条件下不存在的蛋白质的基因得以表达，使生物获得对不良环境一定的抵抗能力。大多数已知的逆境响应基因均受脱落酸（abscisic acid，ABA）的诱导，在缺少 ABA 的情况下，许多逆境响应基因不能表达，而当施入外源 ABA 时这些逆境响应基因又重新表达。植物在部分逆境胁迫下 ABA 浓度迅速增加，植物在逆境胁迫的适应反应中多种基因调控机制同时并存，既有 ABA 依赖型，又有非 ABA 依赖型。ABA 应答基因的调控是在转录水平上或转录后的调节。外施 ABA 可以明显减轻 Cd 对菹草（*Potamogen crispus*）和大麦的毒害作用，使 Cd 胁迫下菹草叶片中叶绿素、可溶性蛋白、脯氨酸含量增加，超氧化物歧化酶（SOD）、过氧化氢酶（CAT）、抗坏血酸过氧化物酶（APX）活性提高，过氧化物酶（POD）活性和氧自由基的产生速率降低，大麦叶片 SOD 和 POD 活性提高，细胞膜透性和丙二醛含量极显著降低（张慧等，2007；李晓科和张义贤，2012）。

ABA 受体可能定位于膜上，受体接受信号后可将信号传递到下游物质。Hughes 等（1989）在对拟南芥的研究中发现，一种蛋白质可能参与 ABA 的信号转导过程，此蛋白质 C 端与 Ser/Thr 蛋白激酶同源，N 端有一个钙离子结合位点。钙离子可通过抑制或激活磷酸酶的活性而导致信号向更下游传递。Anderberg 等（1992）从小麦中分离到一个 ABA 应答基因 *Pkabal*，其编码的蛋白质有 12 个结构域，与 Ser/Thr 蛋白激酶的活性位点相似，可能与磷酸化有关。植物对 ABA 的响应过程中，可能通过 ABA 与反式作用因子及顺式作用元件的作用对基因表达起调控作用。

八、其他重金属络合的配位体

植物体重金属络合的配位体主要有三类：含氧的配位体（羟酸盐、苹果酸、柠檬酸、丙二酸、琥珀酸、草酸等）、含氮的配位体（氨基酸等）和含硫的配位体（PC 和 MT 等）。重金属与有机酸、氨基酸（脯氨酸、组氨酸）、可溶性糖和可溶性蛋白中的羧基、氨基、羟基等功能基团结合形成稳定化合物，达到钝化解毒。

作为重金属的配位体，有机酸与重金属配位结合，参与重金属元素的吸收、运输、积累等过程，促进植物对重金属的超积累，对植物体内重金属解毒。Cd 胁迫条件下，转基因的绿藻莱茵衣藻（*Chlamydomonas reinhardtii*）中脯氨酸的积累提高了 80%，结合的 Cd 比对照增加了 4 倍，提高了对 Cd 的耐性（Sirpornadulsil et al.，2002）；在镍超富集植物 *Algssum lesbians* 中，Ni 胁迫使游离组氨酸浓度大量增加，是解毒 Ni^{2+}的螯合剂，提高镍从根部转移到木质部，木质部汁液中组氨酸的含量增加了 36 倍，并通过蒸腾流运输到地上部分（Kramer et al.，1996）。

可溶性糖和可溶性蛋白质作为渗透调节物质，可提高细胞渗透势，维持细胞膜及细胞超微结构的稳定，清除活性氧的毒害，以提高植物的抗性和对逆境的适应性。研究表明，随重金属胁迫浓度的增加，游离脯氨酸含量、可溶性糖、可溶性蛋白质等渗透物质含量、活性均呈上升趋势，可清除活性氧、保持原生质与环境的渗透平衡、保护生物大分子的结构与稳定性等（何俊瑜和任艳芳，2011；赵天宏等，2012）。

第五节 植物对重金属的遗传解毒作用

植物的遗传解毒作用是指生长在不同的重金属环境中的植物能产生一定的基因型和表现型差异，从遗传特征和基因表达差异等方面产生对重金属的解毒能力，通过基因工程增加植物对重金属的抗性和解毒的作用。

一、不同生态型植物对重金属的响应差异

生态型是生物种群适应于不同生态条件或地理区域的遗传类群，同一种生物对不同环境条件产生趋异适应。由于重金属胁迫的选择压力和植物耐金属胁迫的显性性状，种群之间耐金属胁迫的特征产生分化，生长在重金属矿区或重金属污染土壤上的种群的耐重金属胁迫或积累金属的能力不同，分化出不同的生态型。

根据植物是否受污染胁迫将生态型分为污染生态型和非污染生态型。根据生境可分为矿山生态型（mining ecotype）和非矿山生态型（non-mining ecotype）等。或者根据植

物对重金属的反应分为：富集生态型（accumulating ecotype）、耐性生态型（tolerant ecotype）和敏感生态型（sensitive ecotype）。如东南景天（*Sedum alfredii*）分为对 Cd、Pb 和 Zn 具有耐性及富集能力的富集生态型，对 Cd、Pb、Zn 不富集的耐受生态型，对 Cd、Pb、Zn 不富集不耐受的敏感生态型（彭少麟等，2004）。耐性生态型分为多金属耐性生态型（multiple-tolerant ecotype，植物种群对两种或者两种以上的毒性金属同时都具有耐性）和共存耐性生态型（co-tolerant ecotype，植物对某一种以毒性浓度存在于土壤中的重金属的耐性能使它有能力对另一种并不以很高浓度存在于生长环境中的金属产生耐性）。Schat 等（1996）比较了来自不同土壤的 *Silene vulgaris* 金属耐性的差异，显示其耐 Pb、Zn、Cd 生态型的同时对 Co、Ni 有共存耐性。污染地区和未污染地区的天蓝遏蓝菜对 Zn 显示了固有耐性。

不同生态型植物积累重金属和对重金属的耐性具有一定的差异。一般情况下，耐性生态型比非耐性生态型的根系能积累更多的重金属。耐性生态型通过金属排斥性或积累金属而获得耐性，将被植物吸收的重金属排出体外，或者重金属在植物体内的运输受到阻碍；或者通过植物解毒作用，使在植物体内的重金属以不具生物活性的解毒形式存在，如结合到细胞壁上、离子主动运输进入液泡、与有机酸或某些蛋白质的络合等。天蓝遏蓝菜（*T. caerulescens*）Ganges 生态型在水培时，植物地上部分能积累 Cd 10 000 $mg \cdot kg^{-1}$，Cd 在 Ganges 生态型中的积累速率是 Prayon 生态型中的 5 倍（Lombi et al.，2001）。从 Zn 污染的水体中分离的耐性生态型绿藻 *Stigeoclonium ternue*（T）比未污染的水体中分离出敏感生态型的绿藻 *S. ternue*（S）能积累更多的 Zn 和 Pb（Landberg and Greger，1996）。从 Zn 冶炼厂收集的宽叶香蒲（*Typha latifolia*）比从未污染地区收集的其他生态型的同种植物有较高的耐 Zn 能力。

生长在矿区生态型的中华山蓼（*Oxyria sinensis* Hemsl.）比非矿区生态型积累更多的 Cd、Pb 和 Zn（Li et al.，2013）。生长在矿区生态型的中华山蓼对重金属具有固有的遗传耐性。在相同的重金属胁迫条件下，矿区生态型中华山蓼比非矿区生态型中华山蓼具有更低的重金属含量、富集系数和转运系数（表 5-6）。Cd 200 $mg \cdot kg^{-1}$ 处理条件下，矿区生态型株高和冠幅分别比非矿区生态型中华山蓼高 40.2%和 24.8%，Pb 1000 $mg \cdot kg^{-1}$ 处理条件下，矿区生态型株高、冠幅和生物量分别比非矿区生态型中华山蓼高 23.7%、68.8%和 8.0%，Zn 1500 $mg \cdot kg^{-1}$ 处理条件下，矿区生态型株高、冠幅和生物量分别比非矿区生态型中华山蓼高 124.7%、47.6%和 20.9%。

导致不同生态型植物对重金属累积和耐性差异的原因除与重金属的形态、外源重金属浓度、重金属之间的相互作用等有关外，主要原因在于植物体内的金属转运体和遗传机制的不同。天蓝遏蓝菜是 Cd 的超积累植物，在缺 Fe 情况下，天蓝遏蓝菜的 Ganges 生态型植物的根组织中 TclRT1-GmRNA（一种转运体）的丰富度大大增加，Fe 缺乏可刺激 Ganges 生态型对 Cd 积累，可能与编码 Fe^{2+} 的 *TclRT1-G* 基因有关，而 Prayon 生态型则无此现象（Lombi et al.，2002）。天蓝遏蓝菜本身具有较高的积累 Zn 能力和将 Zn 区隔化的机制，由于遗传差异，非污染生态型天蓝遏蓝菜比污染生态型的 Zn 积累能力强（Assuncao et al.，2001）。绒毛草的耐 As 生态型基因组中存在抑制砷酸盐/磷酸盐系统的基因，该基因的表达能有效地降低细胞对 As 的积累速率和细胞内 As^{3+}的积累速率，减轻 As 对植物的毒性（Meharg and Macnair，1992）。Murphy 和 Taiz（1995）报道 *Arabidopsis*

表 5-6 两种不同生态型中华山蓼（*O. sinensis*）对 Cd、Pb 和 Zn 的累积特征

Table 5-6 Cd，Pb and Zn accumulation characteristics of two ecotypes of *O. sinensis*

	处理浓度/（$mg\cdot kg^{-1}$）	生态型	根中的含量/（$mg\cdot kg^{-1}$）	地上部分的含量/（$mg\cdot kg^{-1}$）	富集系数	转运系数
Cd	100	矿区生态型	14.67b	13.74b	0.14b	0.94a
		非矿区生态型	15.36a	15.21a	0.15a	0.99a
	200	矿区生态型	15.49b	14.81b	0.07b	0.96b
		非矿区生态型	16.30a	16.14a	0.08a	0.99a
Pb	500	矿区生态型	112.23b	71.13b	0.14b	0.63b
		非矿区生态型	150.27a	112.34a	0.22a	0.74a
	1000	矿区生态型	122.25b	78.22b	0.08b	0.64b
		非矿区生态型	180.19a	138.43a	0.14a	0.77a
Zn	1000	矿区生态型	131.28b	126.13b	0.13b	0.96a
		非矿区生态型	300.21a	255.28a	0.26a	0.85b
	1500	矿区生态型	148.34b	131.31b	0.09b	0.89a
		非矿区生态型	312.49a	267.23a	0.18a	0.86a

注：数字后不同的字母表示同列不同生态型之间的差异显著，$P<0.05$

（Li et al.，2013）

幼苗的不同生态型之间耐性差异关键因素是金属硫蛋白的表达。Van-Hoof 等（2001）研究表明 *S. vulgaris* 耐 Cu 生态型和 Cu 敏感的生态型都存在 *SvMT2b* 基因，在 Cu 胁迫的情况下耐性生态型 *SvMT2b* 基因可以过表达，使其耐性增强，但敏感生态型不能过表达。

大多数耐性植物具有一或两个主要基因的耐性遗传型，固有耐性植物所有生态型都具有该耐性基因，生长在污染地区的生态型通过增加重金属耐性的其他基因或修饰基因，产生不同生态型耐重金属的差异。非功能性的耐性可通过三种途径获得：与临近的含不同重金属的地点进行基因交流，建立者效应（founder effect），以及对某些金属的功能性耐性的附带耐性。*S. vulgaris* 植物多种金属耐性是非多功能的不同的基因控制的，*S. vulgaris* 控制耐 Zn 的基因中一个特殊的基因座上等位基因的基因多效性，同时产生了对 Ni、Co 的耐性。

二、蛋白质组学水平上植物对重金属的解毒

植物细胞从迁移、转化、隔离和排出等方面获得对重金属的解毒，在蛋白质组学方面的大量研究从亚细胞水平上提供了植物对重金属解毒的重要依据，特别是膜转运蛋白及抗氧化酶的基因表达从遗传水平上解释了植物的解毒机制（表 5-7）。

植物细胞膜有关的多种特异基因均对植物细胞解毒具有重要的作用。研究表明，Cd/Pb 胁迫诱导拟南芥（*Arabidopsis thaliana*）细胞膜上 *AtATM3* 基因表达，超表达 *AtATM3* 基因的植物对铅、镉的耐性增加。铅胁迫下，拟南芥细胞膜上 *AtPDR12* 基因的超表达促进了拟南芥的生长，敲除 *AtPDR12* 基因的植株地上部和根系的生长与野生型相比受到抑制。在高 Cd 胁迫时，拟南芥双过量表达 *FIT/AtbHLH38* 和 *FIT/AtbHLH39* 的转基因植株

比野生型更耐受 Cd 的胁迫（Wu et al.，2012），主要是 FIT 与 *AtbHLH38* 或 *AtbHLH39* 的互作，启动了重金属区隔化的基因（如 *HMA3*、*MTP3*、*IREG2* 和 *IRT2*）的表达，将 Cd 区隔化在根部，降低了向地上部的转运。将 NtCSP4 蛋白转基因转入烟草中，导致核苷酸和钙调素在质膜中阳离子通道表达，地上部分积累 1.5～2 倍的铅，镍的耐性增加（谢惠玲等，2014）。

表 5-7　植物蛋白质组对重金属胁迫的响应

Table 5-7　Responses of plant proteome to heavy metals stress

重金属	植物	部位	蛋白质组对重金属的响应
Cd	水稻 *Oryza sativa*	根	新陈代谢酶、ATP 活动相关调节蛋白受到 Cd 诱导
	水稻 *Oryza sativa*	种子	抗氧化及 Cd 胁迫相关调节蛋白显著上调
	欧洲山杨 *Populus tremula*	叶	植物生长受到抑制，光合同化产物的需求降低，线粒体呼吸作用上调
	秋茄 *Kandelia candel*	根	能量和物质代谢、蛋白质代谢、氨基酸转运和代谢、解毒及抗氧化作用和信号转导相关蛋白表达上调
	单胞藻 *Chlamydomonas reinhardtii*	细胞	光合作用、卡尔文循环和叶绿素合成相关蛋白丰度降低，谷胱甘肽生物合成、ATP 及氧胁迫响应相关蛋白的丰度升高
	天蓝遏蓝菜 *Thlaspi caerulescens*	根、枝条	不同品种之间存在表达差异
	垂序商陆 *Phytolacca americana*	枝条	光合作用、硫及谷胱氨肽相关代谢蛋白质表达改变
	东南景天 *Sedun alfredii*	叶、根	蛋白质合成、信号转导、光合作用及相关蛋白表达改变
As	玉米 *Zea mays*	叶	氧化胁迫在 As 对植物毒害过程中起主要作用
	水稻 *Oryza sativa*	根	SAMS、GST、CS、GST-tau 及 TSPP 的表达显著上升
	细弱剪股颖 *Agrostis tenuis*	叶	光合作用相关的蛋白质含量上升
Pb	长春花 *Catharanthus roseus*	叶	三羧酸循环、糖酵解、莽草酸运输、植物络合素合成、氧化还原平衡及信号转导相关蛋白受 Pb 诱导
Hg	扁枝衣 *Evernia prunastri*	细胞	叶绿体光系统 I 作用中心的 II 亚基、ATP 合成酶 β 亚基及氧化作用相关蛋白受 Hg 诱导
Cr	玉米 *Zea mays*	根	金属硫蛋白增加、抗氧化系统被激活、与糖代谢相关 ATP 合成酶上调
	月牙藻 *Pseudokirchneriella subcapitata*	细胞	光合作用及代谢相关蛋白受到诱导
	芒 *Miscanthus sinensis*	根	离子运输、能量及氮代谢相关蛋白和氧胁迫相关蛋白受到诱导
	猕猴桃 *Actinidia chinensis*	花粉	与线粒体氧化磷酸化相关蛋白显著降低，蛋白水解酶复合体通路受到影响
Cu	水稻 *Oryza sativa*	叶	光合作用蛋白受到诱导，造成光合途径受到影响
	拟南芥 *Arabidopsis*	幼苗	几种 GST 的基因表达上调
	海州香薷 *Elsholtzia splendens*	根、叶	细胞代谢途径改变及氧化还原反应的内平衡是解毒的机制
Ni	庭芥 *Alyssume lesbiacum*	根、枝	硫代谢、活性氧防御及热激响应相关蛋白表达改变
Al	番茄 *Solanum lycopersicum*	根	诱导蛋白质作用于调节体内抗氧化系统、解毒机制、有机酸代谢及甲基循环

（薛亮等，2013）

水稻 *OsHMA3* 编码 P_{IB}-ATPase，主要在根部表达，*OsHMA3* 定位在液泡膜上，具有

将 Cd^{2+}从胞质运进液泡从而隔离起来的功能。*OsHMA2* 主要在水稻的根部和节表达，定位于质膜，在锌和镉向木质部的装载中发挥作用，并参与其从地下部向地上部的转运，过表达 *OsHMA3* 和 *OsHMA2* 均能选择性降低 Cd^{2+}在谷粒中的积累(Miyadate et al.,2012)。*OsHMA9* 定位在质膜上，主要在根、叶的维管束和花药中表达，且随着铜锌镉离子浓度的提高表达量增加，将金属离子排出细胞外（Takahashi et al.，2012）。*OsNRAMP5* 编码的缺陷性转运蛋白极大地降低了水稻根部对 Cd^{2+}的吸收，降低了茎秆和籽粒中的镉含量（刘宝秀等，2012；鄂志国等，2013）。其他镉离子转运蛋白，如阳离子扩散促进因子和 ATP 结合盒转运蛋白等，均参与镉胁迫应答，利用抗性基因，对获得耐镉水稻品种具有重要的意义（表 5-8）。

表 5-8　水稻中克隆的耐镉相关基因

Table 5-8　Cd tolerant relate-cloned genes in *Oryza sativa*

基因名称	基因符号	表达部位	亚细胞定位
重金属 ATP 酶基因	*OsHMA2*	根、节	质膜
	OsHMA3	根	液泡膜
	OsHMA9	根、叶和花药	质膜
天然抗性巨噬细胞蛋白基因	*OsNRAMP1*	根	质膜
	OsNRAMP5	根	
阳离子扩散促进因子基因	*OsMTP1*		质膜
ATP 结合盒转运蛋白基因	*OsABCG43*	根、叶	
	Ospdr9	根	
低亲和性阳离子转运蛋白基因	*OSLCT1*	茎、叶	质膜
低镉基因	*LCD*	根、叶	胞质、核
锌铁转运蛋白基因	*OsIRT1*	根	质膜
	OsIRT2	根	质膜

（鄂志国等，2013）

抗氧化系统有关基因表达对重金属的解毒作用的研究较多，包括抗氧化酶和其他抗氧化物质的基因表达。超氧化物歧化酶（SOD）是生物体内特异清除超氧阴离子自由基的酶，SOD 是由核编码的。根据金属辅助因子的不同，植物体内的 SOD 可分为存在于细胞溶质中的 Cu/Zn-SOD、基质中的 Fe-SOD 和线粒体中的 Mn-SOD 三种类型。过氧化物酶（POD）广泛存在于植物体内不同组织中。低浓度的 Cd^{2+}、Zn^{2+}能促进番茄叶片内的 SOD、POD 活性上升，随重金属胁迫浓度的增加而上升，在 Pb、Cd 和 Zn 胁迫下芦苇幼苗叶片 SOD 和 POD 活性显著增加。Cu/Zn-SOD 基因表达在转录水平受到 microRNA 等的影响，该因子的表达又受到环境的诱导，从而影响基因的表达。Cu^{2+}、Cd^{2+}进入植物细胞后，与金属硫蛋白（MT）及植物络合素（PC）结合形成金属蛋白复合物，对 Cu/Zn-SOD 基因的表达产生影响。在转基因拟南芥中 miR398CSD2 比正常情况下 CSD2 的表达产生更多的 CSD2 RNA，提高 Cu/Zn-SOD 活性，提高植株对重金属的抗性。Cd 胁迫条件下小麦根部 Cu/Zn-SOD 基因的表达量明显高于 Cu 胁迫，过量的 Cu 诱导大豆根中 Cu/Zn-SOD 基因表达（Sunkar et al.，2006）。Cu/Zn-SOD 基因随 Cd 胁迫浓度的升高和时间的延长呈现明显下降趋势。对 Pb 胁迫下长春花（*Catharanthus roseus*）的差异表达蛋白进行分析，发现三羧酸循环、糖酵解、莽草酸运输、植物络合素合成、氧化还原平衡及信号转导相关蛋白在植物抗氧化胁迫过程中起了关键作用（Kumar et al.，2011）。

另外，其他代谢过程中由于基因的表达，促进有些代谢物质的合成，能在一定程度上增加植物对重金属的耐性和对重金属的解毒作用。Cd 胁迫时植物启动了烟草胺（nicotiananmine，NA）合成酶基因（*NAS1* 和 *NAS2*）的表达，催化烟草胺合成，烟草胺作为植物体内活化和转运铁的主要螯合物，增强铁离子向地上部的转运，缓解由 Cd 胁迫引起的植物缺铁并发症（高慧等，2011）。通过对砷诱导下的水稻根进行比较蛋白质组分析发现，根部的脂类过氧化反应、GSH 及 H_2O_2 含量和 As 的累积随着 As 胁迫浓度的提升而增加（Ahsan et al.，2008）。Cd 胁迫下，能强烈诱导植物类 ER1 接受器酶、细胞分裂氧化酶及如肉桂醇脱氢酶等新陈代谢酶调节蛋白的表达，秋茄（*Kandelia candel*）能量和物质代谢、蛋白质代谢、氨基酸转运及代谢、解毒及抗氧化作用，以及信号转导相关蛋白表达量上升（Aina et al.，2007；翁兆霞等，2011）。在 Cd 胁迫下，亚麻通过调节同型半乳糖醛酸聚糖的甲基酯化模式，以适应 Cd 胁迫下皮层组织细胞壁结构的变化；水稻根细胞壁中果胶及半纤维素含量增加，提高对 Cd 的耐性。Pb 胁迫下，大蒜（*Allium sativum*）根细胞壁超微结构改变，合成富含半胱氨酸蛋白，并与 Pb 离子相互作用而将其固定（薛亮等，2013）。茉莉酸（jasmonic acid，JA）是植物生长的重要调节物质，涉及重金属的解毒机制或者间接调节 GSH 生物合成途径。在重金属胁迫下，JA 水平及其合成相关蛋白的表达量增加（Rodriguez-Serrano et al.，2006）。

砷胁迫下，对三七叶片进行蛋白质分析，分别以在三七生长土壤中不添加或添加砷（140 mg·kg^{-1}）为对照和处理，提取三七叶片的蛋白质并进行双向电泳。利用 Imagemaster 软件对图谱上的点进行检测并分析到 21 个表达量有差异的蛋白点（图 5-11，表 5-9）。对这些差异点进行质谱鉴定后符合质谱测序要求的蛋白质共有 21 个，其中有两个重复的蛋白质。

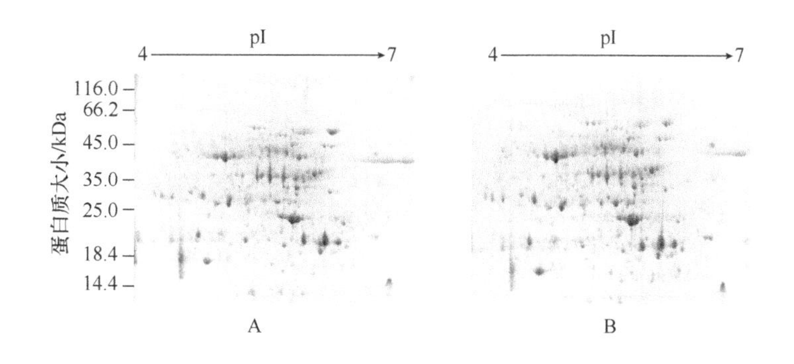

图 5-11　砷胁迫下三七叶片蛋白质电泳图

Figure 5-11　Electrophoretogram of protein of *Panax notoginseng* under As stress

A.对照，没有施加砷；B.处理，施加砷浓度为 140 mg·kg^{-1}

（祖艳群等，待发表）

表 5-9　砷胁迫下三七叶片蛋白质表达差异

Table 5-9　Expression level of protein of *Panax notoginseng* under As stress

差异点	蛋白质编号	功能	表达量变化/倍数	分子质量理论/实际/kDa	等电点理论/实际	检索分数
1	gi|482573704	磷酸核酮糖激酶（phosphoribulokinase）	↓7 561/0	44.7/74.7	5.7/5.7	355
2	gi|508784217	热激蛋白 70B（heat shock protein 70B）	↓6 575/1 937	71.8/104.9	5.3/5.7	595
3	gi|508715598	NAD（P）结合罗斯曼折叠家族蛋白（NAD（P）-binding Rossmann-fold superfamily protein）	↓9 550/2 814	36.5/54.9	9.3/5.2	443
4	gi|460402090	单脱氢抗坏血酸还原酶类（monodehydroascorbate reductase-like）	↓1 0917/0	47.1/81.4	5.8/5.1	217
5	gi|508779648	CDC27 家族蛋白（CDC27 family protein）	↑422/11 027	84.2/51	6.0/6.8	60
6	gi|508776149	I 型酸性内切几丁质酶（acidic endochitinase isoform I）	↑2 023/9 423	15.8/51.1	9.9/6.8	88
7	gi|462419613	苯丙醇胺-焦磷酸酶（hypothetical protein PRUPE_ppa）	↑304/4 235	34.5/67.3	6.0/5.7	229
8	gi|350538743	共生受体激酶（symbiosis receptor-like kinase）	↓2 315/1 109	102.4/61.8	8.9/5.8	73
9	gi|460402090	单脱氢抗坏血酸还原酶类（monodehydroascorbate reductase-like）	↑0/7 332	47.1/81.6	5.8/5.4	287
10	gi|502131502	异黄酮还原酶（isoflavone reductase-like protein-like）	↑0/5 742	34.2/64.8	5.9/5.4	90
11	gi|502145084	热激蛋白 70 kDa（heat shock cognate 70 kDa protein 2-like）	↓5 690/3 104	71.5/103.1	5.1/5.8	535
12	gi|232273	热激蛋白 17.8 kDa（17.8 kDa class I heat shock protein）	↓5 217/0	17.75/20.2	5.8/5.2	151
13	gi|508786804	热激蛋白 20 kDa（HSP20-like chaperones superfamily protein）	↓6 045/0	18.0/19.5	5.6/5.3	253
14	gi|68067963	铁硫复合 b6-f 细胞色素（叶绿体）（cytochrome b6-f complex iron-sulfur）	↑3 384/3 604	24.7/21.1	7.6/5.3	103
15	gi|223547037	2-磷酸-3 脱氧-3 庚酮糖醛缩酶（phospho-2-dehydro-3-deoxyheptonate aldolase 1）	↓9 583/0	59.5/19.9	8.6/5.9	70
16	gi|413938009	蛋白激酶家族蛋白（putative protein kinase superfamily protein）	↓3 685/0	38.2/19.6	8.1/5.7	71
17	gi|113536581	半胱氨酸过氧化氢还原酶 BAS1（叶绿体）（gys-peroxiredoxin BAS1）	↑3 633/6 885	28.3/35.8	5.7/6.5	317
18	gi|223536453	苹果酸脱氢酶（malate dehydrogenase）	↑1 533/5 431	36.3/66	8.5/4.9	242
19	gi|462420277	苯丙醇胺-焦磷酸酶（hypothetical protein PRUPE_ppa）	↑430/12 652	28.7/67.1	8.4/5.6	107
20	gi|508781468	I 型乙二醛酶（glyoxalase I isoform I）	↑405/10 177	32.6/66.9	5.7/5.9	137
21	gi|12643762	谷氨酰胺合成酶胞质同工酶（glutamine synthetase cytosolic）	↑3 086/5 988	39.3/72.8	5.5/5.3	236

注：↑指表达量上调，↓指表达量下调

（祖艳群等，待发表）

蛋白质的功能分析表明，砷胁迫条件下，三七叶片的蛋白质组差异表现为以下几方面。第一，通过下调磷酸核酮糖激酶、NAD（P）结合罗斯曼折叠家族蛋白、共生受体激酶、2-磷酸-3-脱氧-3-庚酮糖醛缩酶、蛋白激酶家族蛋白等的蛋白表达量影响了三七叶片的光合作用、呼吸作用和氮代谢，而影响三七的碳代谢和能量合成。

第二，热激蛋白 70B、热激蛋白 70 kDa、热激蛋白 17.8 kDa、热激蛋白 20 kDa 表达量的下调则导致砷胁迫对蛋白质的破坏，使变性的蛋白质不能及时恢复原有的空间构象和生物活性。

第三，苯丙醇胺–焦磷酸酶、CDC27 家族蛋白、I 型酸性内切几丁质酶、铁硫复合 b6-f 细胞色素（叶绿体）、半胱氨酸过氧化氢还原酶 BAS1（叶绿体）、苹果酸脱氢酶、I 型乙二醛酶、谷氨酰胺合成酶胞质同工酶等表达量的上调则显示为三七抵抗砷胁迫，三七通过次生代谢的加强而诱导产生相关抗性反应。

第四，异黄酮还原酶表达量的上调显示砷胁迫对三七黄酮代谢产生影响。

第五，单脱氢抗坏血酸还原酶类的上调和下调同时出现，显示三七抗坏血酸还原酶的变化，在砷胁迫下三七抗坏血酸–谷胱甘肽循环变化较大。

砷胁迫主要影响三七碳代谢、能量代谢及抗性反应等多路径和多种水平（图 5-12）。

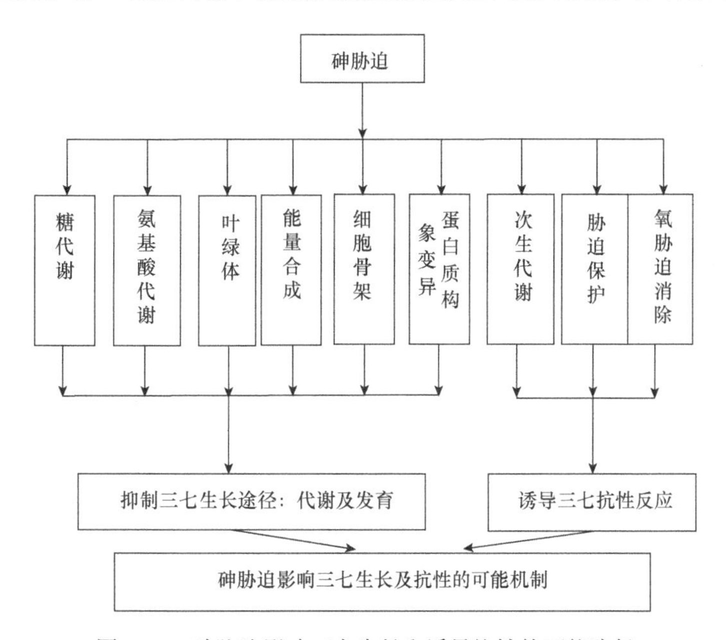

图 5-12　砷胁迫影响三七生长和诱导抗性的可能路径

Figure 5-12　Paths related to growth and tolerance of *Panax notoginseng* under As stress

（祖艳群等，待发表）

三、基因工程在植物重金属解毒中的作用

基因工程通过将重金属抗性基因转入到其他植物中，提高植物的生物量和对重金属的累积能力，提高植物对重金属的解毒能力。研究表明，从大肠杆菌中将 *gshl* 基因转入印度芥菜，可以极大提高芥菜谷胱甘肽和植物络合素的含量，提高对重金属的累积量和耐性（Zhu et al.，1999）。与野生型相比，转入 *γ-ECS* 基因的印度芥菜植物幼苗植物体内

含有大量的植物络合素、γ-GluCyS、谷胱甘肽和非蛋白巯基等，对 Cd 的抗性增强。转入了 ***merA*** 和 ***merB*** 基因的烟草和拟南芥能有效地将 Hg 从土壤中去除（Bizily et al., 1999）。在转基因植物中的 ***merB*** 基因的过表达能将 Hg 与含 C 化合物结合，释放还原性的活跃的 Hg^{2+}，而 ***merA*** 基因将 Hg^{2+}转化为 Hg^0，从而挥发到大气中而解毒。

通过基因工程能有效增加植物对重金属的抗性和解毒能力，包括增加金属螯合肽、柠檬酸盐、金属硫蛋白、铁蛋白和金属转运蛋白的过表达等（表 5-10）。HMA4 是二价阳离子转运蛋白 P_{IB}-ATP 酶家族中第一个基因被克隆的蛋白质。HMA4 在拟南芥（*Arabidopsis thaliana*）中表现出对 Zn 的耐性和将 Cd 从植物的根部转移到地上部分。作为 Cd/Zn 的超富集植物 *Arabidopsis halleri* 和 *Arabidopsis caerulescens* 的根部和地上部分均表现出 HMA4 的过表达。

表 5-10 几种基因工程植物的重金属解毒特征

Table 5-10 Genes and its improvement of several transgenic plants

转基因植物	基因及其产物	基因来源	解毒特征
烟草（*Nicotiana tobaccum*）	*merA*：Hg（II）还原酶	革兰氏阴性菌	Hg 耐性和挥发
	MT-1 基因：金属硫蛋白	老鼠	Cd 耐性提高 20 倍
	柠檬酸合成酶基因	绿脓杆菌（*Pseudomonas aeruginosa*）	高含量的柠檬酸
	FRE1，*FRE2*：高铁还原酶	酿酒酵母	Ni 超富集作用
	Ntcbp4 基因	烟草	对 Ni 和 Pb 的累积量分别提高 2～5 倍和 2 倍
	TAPCS1 基因	小麦	Pb 累积量提高 2 倍
	CAX2	拟南芥	Cd 和 Mn 累积量提高
拟南芥（*Arabidopsis thaliana*）	*merA*：Hg（II）还原酶；*merB*：有机 Hg 裂解酶	革兰氏阴性菌	Hg 耐性和挥发
	PsMTA 基因：金属硫蛋白	菜豆	Cu 耐性
	MT 基因	豌豆	Cu 累积量提高 2～3 倍
	PARb 基因	烟草	对 Cu、Al、Na 耐受性提高
	ZIP 基因	细菌	Zn 的累积量提高 2 倍
		酵母 *YCF1* 基因	Pb 和 Cd 耐受性提高 2 倍和 1.8 倍
	arsC+γ-ECS 基因	细菌	可以耐受 200 $\mu mol \cdot L^{-1}$ As
印度芥菜（*Brassica juncea*）	*APS1*	拟南芥	Se 累积量提高 2 倍
	APs 基因：ATP 硫酸化酶	拟南芥	硒的超富集作用
	Gsh1 和 *Gsh2* 基因：谷氨酰半胱氨酸	大肠杆菌	Cd 耐性
番茄（*Lycopersicon esculentum*）	*ACC* 基因：1-氨基环丙烷-1-羧酸脱氨酶	细菌	Cd、Co、Cu、Mg、Ni、Pb、Zn 耐性
芸苔（*Brassica campestris* L.）	*CAL2* 基因	细菌	As 累积量提高 2 倍
木瓜（*Carcia papaya*）	柠檬酸合成酶基因	绿脓杆菌	高含量的柠檬酸
北美鹅掌楸（*Liriodendron tulipifera*）	*merA*：Hg（II）还原酶	革兰氏阴性菌	Hg 耐性和挥发
花椰菜（*Brassica oleracea* L.）	*CUP1* 基因	细菌	Cd 的耐受性和累积量提高 16 倍

（赵丽红等，2004；Vinita，2007）

第六节　植物对重金属的排出作用

植物可将重金属排出于细胞壁和细胞间，或刺激细胞膜，泵出已进入细胞液的重金属。同时，植物通过根系分泌和叶片的吐水作用将重金属排出体外，或者通过组织的脱落将重金属排出。

一、细胞间的排出作用

细胞膜上排出蛋白质的作用，可以将重金属排出于细胞外，减少重金属对植物的伤害。排出蛋白是一类解毒蛋白，排出蛋白包括 P_{1B} 型-ATP 酶、阳离子转运促进蛋白家族（CDF）、三磷酸结合盒转运蛋白（ABC 转运蛋白）等，可将过量的或有毒的重金属逆向转运出细胞，或区室化于液泡中，在植物耐受重金属胁迫中起到积极的防御作用。

二、组织器官的脱落排出作用

叶片的脱落和根系的部分死亡在一定程度上减少了重金属对植物正常代谢的影响。叶是重金属的重要贮藏库，也是落叶前元素迁移和再分配的重要场所。研究表明，Cd、Pb、Cu、As 等元素在落叶松的落叶中的贮量明显大于生长叶的贮量。而 Zn 元素在落叶中的贮量小于生长叶的贮量，说明在叶的凋落过程中，一部分 Zn 回到了植物体内，参与了营养元素的循环利用和再分配机制。树木在严霜过后，针叶在短时间内集中凋落是重金属向体外迁移的主要方式之一。

三、根系的分泌作用

植物的根尖分泌黏液，黏液的主要成分是糖类，功能基团是羰基和羟基，具有结合重金属的能力，重金属对糖醛酸的结合能力依次为：Pb＞Cu＞Cd＞Zn。重金属通过植物根系的分泌等途径排出植物体外。

四、吐水作用

吐水作用是植物从未受伤的叶尖、叶缘、叶柄等部位分泌液滴的现象。植物通过吐水作用可以将重金属排出体外而解毒，保障植物的正常生长。在 20～100 $mg \cdot kg^{-1}$ Cd 土壤中，玉米植株可通过植物吐水排出 Cd 保持正常生长，吐水水滴中最高 Cd 浓度为 10.4 $mg \cdot L^{-1}$；当土壤 Cd 为 200 $mg \cdot kg^{-1}$ 时，植物吐水排 Cd 能力减弱（徐稳定，2014）。

展　　望

生物在长期的进化和对环境的适应过程中，逐步形成了对环境污染物的各种解毒作用。高等植物细胞对重金属的解毒过程包括（图 5-13）：①植物的根表铁膜、根际效应、菌根作用减少对重金属的吸收；②细胞壁结合金属离子；③金属离子跨膜的减少；④金属离子排出体外；⑤细胞质中的有机分子与金属离子络合或螯合；⑥细胞膜的自我修复；⑦液泡的隔离作用；⑧液泡内的金属离子的转运。生物对污染物的解毒能力与生物的生物学和生态学特征、污染物的浓度和性质、环境因素等有关。生物对污染物的解毒是生物对污染环境的抗性或耐性的基础，也是生物对污染环境的修复的重要依据。

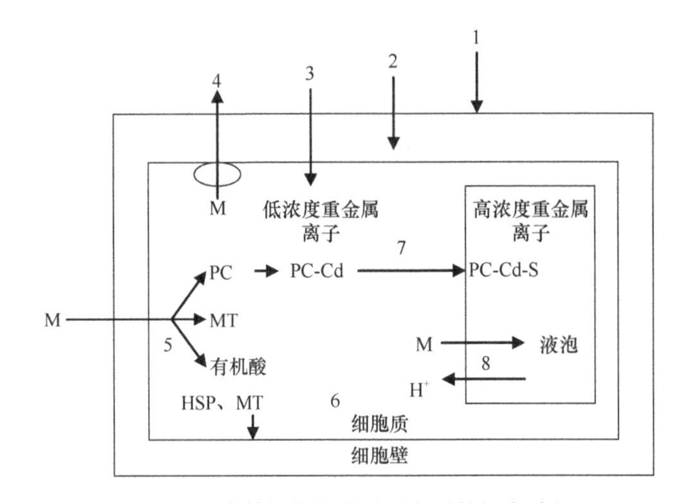

图 5-13 高等植物细胞对重金属的解毒过程

Figure 5-13 Detoxification process of high plant cells to heavy metals

M 表示重金属离子；PC 表示植物络合素；MT 表示金属硫蛋白；HSP 表示热激蛋白

（张旭红等，2008）

未来对重金属的解毒机制的研究重点包括：①植物根际和根系特征对重金属的解毒的响应；②根系分泌物的外源添加对植物解毒的影响；③膜转运蛋白对重金属解毒作用的响应；④蛋白质组和基因转录组等技术在植物对重金属的解毒作用研究中的应用；⑤植物重金属的解毒作用强化技术在农产品安全和重金属污染土壤的生态修复中的应用。

第六章　重金属轻度污染土壤的农业利用

工业“三废”排放、城镇垃圾处理不当、农业化学品投入量增加、畜禽粪便排放到农田等，导致重金属在某些地区成为对农田危害最严重的污染物之一。我国重金属污染农业土壤表现出大面积的轻度污染，并且多数轻度污染农业土地仍在进行农业生产活动。农产品重金属的污染引起人们的特别关注，国际上对重金属元素的环境标准越来越严格。因此，在中国人口与耕地资源矛盾日益突出的状况下，如何防治农田重金属污染，特别是在重金属轻度污染土壤上，开展农作物安全生产的研究与应用，实现保障国家粮食安全和质量安全的协调，已成为当今农业和环境科学的热门课题之一。选种重金属低富集作物品种，采用合理的农艺调控措施，也许能够在保障正常的农业生产活动和作物安全性的同时，实现对轻度重金属污染农业土壤的利用。

本章主要阐明通过选种低累积作物品种、土壤 pH 调控、施肥等农艺管理措施降低土壤重金属活性，以及通过土壤水分调控改变重金属活性、非食用植物种植等措施对重金属轻度污染土壤的农业利用。

第一节　低富集重金属的作物品种筛选及利用

植物在生长、发育过程中的一切养分来自土壤，其中重金属元素（如 Cu、Zn、Mo、Fe、Mn 等）在植物体内主要作为酶催化剂。但是，在土壤中存在过量的重金属，就会限制植物的正常生长、发育和繁衍。通常，植物在受到重金属污染时都会表现出生长迟缓、植株矮小、根系伸长受抑制直至停止、叶片褪绿、出现褐斑等症状，严重时甚至导致植物死亡。重金属对植物生长的影响与重金属的浓度直接相关，高浓度的重金属扰乱植物的新陈代谢，抑制植物的生长，但是低浓度的重金属对植物生长却有一定的促进作用。

植物修复是对重金属污染土壤的一种环境友好的利用方法，但其因超积累植物生物量小且修复周期过长等缺点难以实际推广（刘维涛等，2008；Qadir et al.，2004；Pilon-smits et al.，2006）。鉴于我国实际国情，将大面积轻度污染农田停止耕作，进行长时间的植物修复或其他成本昂贵的工程修复显然是不现实的。因此，选种低富集作物品种，有效减少重金属在作物中的富集和累积，从而保障农业安全生产是必要的。

不同作物对重金属的吸收富集不同，同一作物的不同品种对重金属的吸收富集也不同。低富集作物品种（low accumulators，cultivator with low accumulation），是指作物吸收或运输到可食部位的重金属含量低，明显低于食品卫生标准或饲料卫生标准的品种（Grant et al.，2008；Chen et al.，2007b）。刘维涛等（2009）认为理想的重金属低富集作物应该同时具备以下 4 个特征：①该植物的地上部和根部重金属含量均很低或者可食部位重金属含量低于有关标准；②该植物对重金属的累积量小于土壤中该重金属的含量，即富集系数＜1；③该植物从其他部位向可食部位转运重金属能力较差，即转运系数＜1；

④该植物对重金属毒害具有较高的耐受性，在较高重金属污染下能够正常生长，且生物量无明显下降。污染的土壤将会长期存在，限于高昂的治理成本，目前无法修复所有遭受重金属污染的土壤，因此通过筛选和应用重金属低富集水稻品种将是一个减少重金属进入食物链，从而避免健康风险的有效方法。

一、植物对重金属耐性及吸收积累的差异

1. 植物积累重金属的种间差异

不同的植物品种由于外部形态及内部结构不一，吸收重金属元素的生理生化机制各异，故其重金属元素的累积量差异较大。植物对矿质营养吸收的种间差异早已被证实，这也是进行土壤重金属污染植物修复的理论基础。胡斌等（1999）研究在同一块土壤中玉米、小麦、水稻和蚕豆籽粒的 Pb 含量，玉米是 4 种作物中吸收 Pb 最高的作物，含量是水稻、小麦的 2 倍多，是蚕豆的 5 倍左右。与别的蔬菜相比，豆科蔬菜表现为低积累植物，根菜类蔬菜（伞形科和百合科）表现为中等积累蔬菜，而叶菜类蔬菜（菊科和藜科）表现为高积累蔬菜（刘维涛等，2010）。大田条件下不同品种蔬菜中 Pb、Cd、Cu、Zn 含量差异较大（祖艳群等，2003），叶菜类蔬菜（大白菜、西芹）对 Pb、Cd、Zn 的富集均表现为高富集，对 Cu 表现为中富集；根菜类蔬菜（萝卜）对 Cu 表现为高富集，对 Pb、Cd、Zn 的富集均表现为中富集；花、果类蔬菜（青花菜、菜豆、番茄）对 Cd、Zn 的富集均表现为低富集；茎菜类蔬菜（莴笋）对 Pb、Cd、Cu、Zn 的富集均表现为中或低富集（图 6-1）。

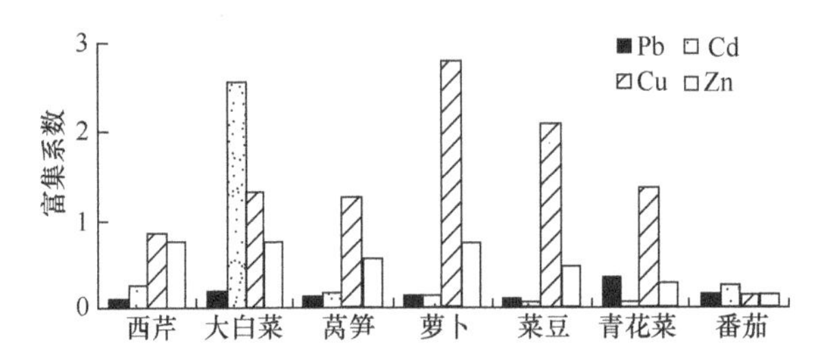

图 6-1　不同蔬菜对 Pb、Cd、Cu、Zn 的富集系数

Figure 6-1　Enrichment coefficient of Pb，Cd，Cu，Zn in vegetables

（祖艳群等，2003）

不同蔬菜吸收累积重金属的能力有差异。在不同蔬菜中，叶菜类对 Cu、Zn、Cd、Pb 的吸收富集一般均大于果菜和根菜类，在叶菜类中又以苋菜、小白菜的富集作用较强，包菜较弱（岳振华等，1992）。玉米具有比较强的吸收和转运 Pb 的能力（代全林等，2005）；根据玉米籽粒生物量、籽粒重金属含量及重金属转运系数等指标筛选到重金属低累积玉米品种（郭晓方等，2010）。

植物不同部位吸收和累积重金属的量也存在差异，一般新陈代谢旺盛的器官累积的重金属量多，而营养器官累积则较少。祖艳群（2011）研究了 7 种蔬菜的可食部分 Pb、Cd、Cu、Zn 的含量，西红柿的 Pb、Cd、Cu、Zn 含量均最低，而 Pb 在菜花中平均含量

最高，达到 2.64 mg·kg^{-1}，Cd 在生菜中的平均含量最高，为 0.04 mg·kg^{-1}，Cu 和 Zn 都在豌豆中的平均含量最高，分别为 17.35 mg·kg^{-1} 和 19.30 mg·kg^{-1}（表 6-1）。

表 6-1　蔬菜非食用部分的重金属含量（mg·kg^{-1} 鲜重）（n=6）

Table 6-1　The contents in the non-consumed part of vegetables（mg·kg^{-1} FM）（n=6）

蔬菜	统计	Pb	Cd	Cu	Zn
芹菜	均值	0.45	0.02	5.88	10.60
	范围	0.28～0.73	0.01～0.05	3.48～6.88	6.48～15
大白菜	均值	0.33	0.03	0.97	3.45
	范围	0.22 ～0.96	0～0.13	0.23 ～5.19	1.74 ～14.16
生菜	均值	0.37	0.04	5.42	5.03
	范围	0.09～0.58	0～0.16	1.53～9.26	1.37～13.35
萝卜	均值	0.79	0.03	8.58	9.53
	范围	0.08～1.25	0～0.06	3.20 ～18.60	5.20 ～13.70
豌豆	均值	1.05	0.01	17.35	19.30
	范围	0.10～2.26	0～0.05	5.92～27	7.84～32.32
西红柿	均值	0.27	0.01	0.65	2.69
	范围	0.20 ～0.37	0～0.01	0.60～0.77	0.73 ～5.78
菜花	均值	2.64	0.01	16.62	8.41
	范围	1.26 ～4.12	0～0.04	9.37～23.36	2.04～16.48

（祖艳群等，2011）

2. 植物积累重金属的种内差异

植物在吸收和富集重金属能力上，不仅表现出显著的种间差异，也表现出了显著的种内差异，即基因型差异（刘维涛等，2009）。种植于重金属污染的土壤，13 个油菜品种对 Cd 的积累明显不同，地上部最高与最低含量差异达 18 倍左右（王激清等，2003）。Arthur 等（2000）根据植物体内 Cd 的积累量，把植物分为低积累型（如豆类）、中等积累型（如禾本科）和高积累型（十字花科）。31 个甘蓝不同基因型品种对 Cd 的吸收和积累存在着显著的差异，不同甘蓝品种吸收的 Cd 主要分布在根系，地上部 Cd 含量较低，说明甘蓝植株通过限制 Cd 向地上部的运输来缓解 Cd 毒害（孙建云等，2005）。李坤权（2003）对来源地域和遗传背景差异较大的不同基因型水稻品种进行比较，发现糙米中 Cd 含量的顺序为：籼米型＞新株型＞粳米型。这说明在 Cd 胁迫下，籼米型水稻的籽粒对 Cd 有较强的积累能力，而粳米型吸附重金属能力最弱。水稻对 Cd 的吸收和积累有一个显著的特点，即有时生长并未受到影响，但糙米的含 Cd 量却已超过卫生标准数倍，甚至 10 多倍，因此在污染的农田选用合适的作物品种以减少可食用部分重金属的含量是可行的。

不同品种玉米幼苗植株吸收 Cr 的量随 Cr^{3+}胁迫浓度的增加而增加，并在高浓度 Cr^{3+}胁迫下有富集现象，各品种间富集 Cr^{3+} 能力存在差异（周希琴等，2005）。玉米营养体吸收 Pb 的能力有较大的品种间差异，在 Pb 胁迫的条件下，25 个品种中 Pb 含量在根中最高的品种比最低的品种高 4 倍多，在茎叶中则高 3 倍多（匡少平等，2002）。同一种作物基因型间也存在明显的重金属积累差异，这为筛选低积累重金属的作物品种提供了可行性。张微等（2010）采用盆栽试验，研究不同浓度镉胁迫下 4 种基因型番茄幼苗镉吸收量的变化，筛选出东圣 1 号为镉低积累番茄品种（表 6-2）。

表 6-2　不同浓度隔处理下番茄幼苗 Cd 吸收量变化

Table 6-2　Cd absorption by the seedling of tomato grow in soil with different concentrations of cadmium

镉浓度 /($mg \cdot kg^{-1}$)	圣粉 1 号/（$mg \cdot kg^{-1}$）		东圣 1 号/（$mg \cdot kg^{-1}$）		农域 906/（$mg \cdot kg^{-1}$）		宝冠 1 号/（$mg \cdot kg^{-1}$）	
	地上部分	根部	地上部分	根部	地上部分	根部	地上部分	根部
CK	0.023±0.001b	0.032±0.003c	0.021±0.001b	0.032±0.00d	0.026±0.003c	0.028±0.002c	0.048±0.009b	0.029±0.002b
1	0.027±0.001b	0.035±0.002c	0.026±0.001b	0.041±0.004c	0.049±0.003b	0.047±0.002b	0.063±0.005a	0.042±0.002c
5	0.071±0.001a	0.071±0.002b	0.040±0.004a	0.059±0.002b	0.062±0.004a	0.071±0.002a	0.069±0.001a	0.060±0.001b
10	0.026±0.001b	0.083±0.003a	0.019±0.002c	0.071±0.004a	0.023±0.002c	0.074±0.004a	0.031±0.001c	0.073±0.004a

（张微等，2010）

2001 年农业部对全国稻米检测发现，一种重金属元素超标的占 37.5%，两种重金属元素同时超标的占 4.3%，三种重金属元素同时超标的占 14.3%，可见重金属复合污染很严重。在重金属污染的土壤上，一般不会只存在一种重金属，而是几种重金属的复合作用。一些提高土壤铁和锌的措施可能引起一些有毒重金属的增加（程旺大等，2001）。如 Fe 的有效性提高伴随 Cr 的增加，Zn 的有效性提高会增加 Ni 和 Pb 的有效性。Pb、Cd 共存时，Pb 可以促进 Cd 在玉米体内的吸收，并认为 Pb 的存在可能会增加 Cd 对玉米的毒性，而 Cd 却呈现出抑制玉米对 Pb 吸收的趋势（曹莹等，2007）。不同浓度 Cu^{2+}、Pb^{2+} 复合污染后，玉米体内 Cu^{2+}、Pb^{2+}的含量均大于单一处理，说明 Cu^{2+}、Pb^{2+}在玉米体内的积累具有协同作用（李凡等，2010）。

二、低富集重金属作物品种的筛选

通过选育低重金属积累品种来降低作物对重金属的吸收和积累，从而减少粮食的有毒有害重金属含量，被国内、外普遍认为是现实可行的途径。筛选食用器官重金属富集能力弱的作物种类或品种，在重金属轻度污染的农田种植，可以降低重金属通过农作物进入食物链的风险（重金属含量不超过国家食品安全卫生标准）。基于这种全新的土壤重金属污染防治的理念和策略，提出了筛选和培育重金属污染预防品种（pollution safe cultivar，PSC）的概念，即筛选和培育具有低吸收、低积累土壤中重金属特征的农作物或作物品种，使其可食部位的重金属含量低于相关食品安全标准的最大允许值（Yu et al.，2006），并明确将 PSC 定义为在一定污染水平的土壤中，作物可食部分吸收积累污染物含量低于食品卫生标准，并且经过验证确认其污染物低量积累特性稳定的品种（刘维涛等，2010）。

由于植物根系对重金属的吸收能力不同，重金属在植物体内的累积量不同。植物对重金属的解毒和区室化能力等因素有差异，不同基因型的同类植物对重金属的吸收积累能力也有很大的不同。不同基因型作物对重金属的吸收、累积水平差别较大，甚至同一种作物的不同品种间重金属吸收、累积能力也可能有较大差异（郭晓方，2010；刘维涛，2010；王友林，2012）。利用这些特点，筛选供食用器官重金属富集能力较弱（重金属含量不超过国家食品卫生有关标准），但生长和产量不受影响的农作物种类或品种，并在轻度重金属污染土壤中种植，可以达到农田重金属污染的治理目标，同时抑制其进入食物链，有效降低农产品的重金属污染风险。然而，目前对于重金属低累积作物的筛选还没有明确的定义，多数学者筛选重金属低累积作物主要标准是供食用器官重金属含量不超过国家食品卫生有关标准，其次是作物的生长、产量不受影响，并没有对作物不同生育期生长、吸收累积重金属含量进行综合全面的分析。

植物累积和转运重金属的品种差异研究是低累积品种选育的前提。植物对重金属的富集、转运能力主要用富集系数（BCF）和转运系数（TF）来反映。富集系数用来评价植物将重金属从土壤吸收进入其体内能力，富集系数越大，表明植物对重金属的吸收能力越强；转运系数则用来评价植物将重金属从根部向地上部及地上部不同器官转运的能力，转运系数越大，则重金属从根系向地上部器官转运能力越强，或在器官之间的转运能力越强。

1. 低富集玉米品种的筛选

重金属低累积农作物品种的选育，符合我国人多地少的实际国情，能保证大面积轻度污染农田的安全生产（李培军等，2006）。伍钧等（2011）选择当地大面积推广的 5 个玉米品种：正红 311、成单 30、川单 428、隆单 8 和川单 418，种植于四川射洪县玉米示范区的 7 个试点，研究了不同品种和环境交互效应对玉米籽粒积累重金属能力的影响，同一品种在各试点富集重金属的能力差异不大，而各品种间富集能力差异较大（表 6-3）。筛选得到川单 418 可作为 Cu 污染农田的低积累稳定品种。

受高 Cd 胁迫的 25 个玉米品种（表 6-4）根、茎叶和籽粒中 Cd 含量，富集系数和转运系数均存在显著差异（$P<0.05$），表明不同玉米品种对 Cd 的吸收富集能力和转运能力存在明显的品种间差异（陈建军等，2014）。

通过聚类分析（图 6-2），玉米品种籽粒对 Cd 的积累差异划分为三类：第 1 类为 Cd 低积累类群，其籽粒平均 Cd 含量为 0.02 $mg\cdot kg^{-1}$，第 2 类为 Cd 中等积累类群，其籽粒平均 Cd 含量为 0.06 $mg\cdot kg^{-1}$，第 3 类为 Cd 高积累类群，其籽粒平均 Cd 含量为 0.096 $mg\cdot kg^{-1}$。挑选出云瑞 8 号、会单 4 号、路单 7 号三个品种属于 Cd 低积累类群；同时，三个品种的富集系数和籽粒转运系数也远低于平均值，可作为 Cd 低积累玉米品种。

植物对重金属的总吸收量可以用单株植物各器官的生物量与重金属含量乘积之和来表示。通过田间实验，于蔚（2014）等研究了在 2000 $mg\cdot kg^{-1}$ Pb 胁迫下，25 个玉米品种（表 6-4）不同生育期根、茎叶和籽粒 Pb 含量的差异，筛选生长正常、高产且籽粒 Pb 含量未超出国家相应标准的玉米品种。不同玉米品种对 Pb 总吸收量存在显著差异（图 6-3），25 个玉米品种对 Pb 的总吸收量为 13.34～51.90 $mg\cdot 株^{-1}$，其中靖丰 8 号对 Pb 的总吸收量最高，为 51.90 $mg\cdot 株^{-1}$，云优 167 对 Pb 总吸收量最低，为 13.34 $mg\cdot 株^{-1}$。云优 167 可作为 Pb 低累积品种。

表 6-3 不同试点玉米籽粒的富集系数

Table 6-3 Coefficients of heavy metal concentration in gains from 7 locations

品种	试点	玉米籽粒重金属富集系数					
		Hg	As	Cu	Pb	Cr	Zn
正红 311	1	0.1397	0.0038	0.0721	0.0035	0.0024	0.3833
	2	0.0211	0.0110	0.0909	0.0025	0.0073	0.3480
	3	0.0384	0.0112	0.1497	0.0021	0.0097	0.3060
	4	0.0240	0.0095	0.1077	0.0021	0.0038	0.2814
	5	0.1046	0.0095	0.1162	0.0015	0.0085	0.2986
	6	0.0420	0.0115	0.1043	0.0016	0.0046	0.3115
	7	0.0339	0.0053	0.1470	0.0024	0.0025	0.3083
成单 30	1	0.0498	0.0021	0.0841	0.0020	0.0043	0.2669
	2	0.1066	0.0028	0.0737	0.0026	0.0020	0.2869
	3	0.1062	0.0026	0.0493	0.0028	0.0037	0.3189
	4	0.1376	0.0028	0.0659	0.0021	0.0032	0.2595
	5	0.1203	0.0039	0.1247	0.0023	0.0022	0.2638
	6	0.0810	0.0037	0.1087	0.0022	0.0035	0.3223
	7	0.2249	0.0034	0.0880	0.0023	0.0019	0.3043
川单 428	1	0.1101	0.0110	0.2247	0.0014	0.0094	0.2540
	2	0.0339	0.0063	0.1809	0.0021	0.0116	0.2243
	3	0.0984	0.0076	0.2762	0.0017	0.0119	0.2685
	4	0.0472	0.0125	0.2305	0.0022	0.0109	0.3087
	5	0.0588	0.0101	0.2065	0.0020	0.0036	0.2635
	6	0.0578	0.0100	0.2170	0.0018	0.0034	0.3076
	7	0.0322	0.0081	0.1521	0.0021	0.0035	0.3159
隆单 8	1	0.0618	0.0017	0.0753	0.0021	0.0063	0.2740
	2	0.2300	0.0027	0.1020	0.0023	0.0067	0.2857
	3	0.1188	0.0153	0.1154	0.0016	0.0043	0.3122
	4	0.8410	0.0156	0.1222	0.0015	0.0084	0.3481
	5	0.0439	0.0035	0.1240	0.0012	0.0091	0.2625
	6	0.1200	0.0065	0.0591	0.0008	0.0101	0.1919
	7	0.1122	0.0041	0.1253	0.0020	0.0109	0.3684
川单 418	1	0.1870	0.0022	0.0683	0.0021	0.0031	0.3229
	2	0.0533	0.0035	0.0867	0.0022	0.0013	0.2927
	3	0.0520	0.0050	0.1016	0.0022	0.0037	0.2660
	4	0.0589	0.0082	0.0698	0.0024	0	0.2902
	5	0.0688	0.0178	0.0729	0.0024	0.0010	0.2432
	6	0.0645	0.0111	0.0985	0.0023	0.0077	0.3068
	7	0.0299	0.0295	0.0836	0.0024	0.0070	0.3414

（伍钧等，2011）

表 6-4　25 个玉米品种 Cd 积累特征

Table 6-4　Cd accumulation characteristics of 25 maize cultivars in root，stem and leaves and grain

品种编号	Cd 含量/（mg·kg^{-1}）			富集系数	茎叶转移系数	籽粒转移系数
	根	茎叶	籽粒			
1 旭玉 1446	17.53	2.86	0.1	0.39	0.169	0.035
2 桂单 160	12.14	1.43	0	0.314	0.118	0
3 曲辰 11 号	3.88	0.6	0.07	0.107	0.172	0.111
4 美嘉玉 1 号	39.81	1.59	0.05	0.899	0.041	0.031
5 中金 368	24.75	1.87	0.02	0.542	0.076	0.009
6 曲辰 3 号	26.85	1.3	0.03	0.617	0.049	0.026
7 宁玉 507	27.78	3.53	0.07	0.594	0.130	0.019
8 金紫糯	10.95	2.83	0.02	0.246	0.260	0.006
9 晴三	13.23	3.13	0.02	0.314	0.238	0.005
10 云瑞 8 号	23.48	1.26	0.02	0.513	0.054	0.013
11 汕珍	7.48	3.19	0.08	0.154	0.438	0.026
12 云优 167	21.17	4.19	0.03	0.465	0.200	0.008
13 云瑞 21	6.35	1.73	0.12	0.14	0.291	0.067
14 云瑞 88	26.61	2.16	0.08	0.627	0.084	0.038
15 靖丰 8 号	23.13	0.83	0.05	0.471	0.038	0.06
16 会单 4 号	8.73	2.66	0.02	0.205	0.307	0.006
17 京滇 8 号（一代）	3.93	1.03	0.02	0.108	0.266	0.016
18 寻单 7 号	9.76	2.36	0.1	0.248	0.253	0.042
19 靖单 13 号	6.62	1.77	0.12	0.2	0.285	0.066
20 京滇 8 号（二代）	30.51	2.13	0.02	0.614	0.070	0.008
21 路单 8 号	14.71	2.86	0.08	0.33	0.200	0.029
22 路单 7 号	27.19	3.32	0.02	0.565	0.123	0.005
23 宣黄平 4 号	22.34	2.97	0.03	0.475	0.134	0.011
24 云瑞 68	5.35	2.59	0.08	0.147	0.477	0.032
25 云瑞 6	2.16	2.3	0.1	0.063	0.554	0.043

（陈建军等，2014）

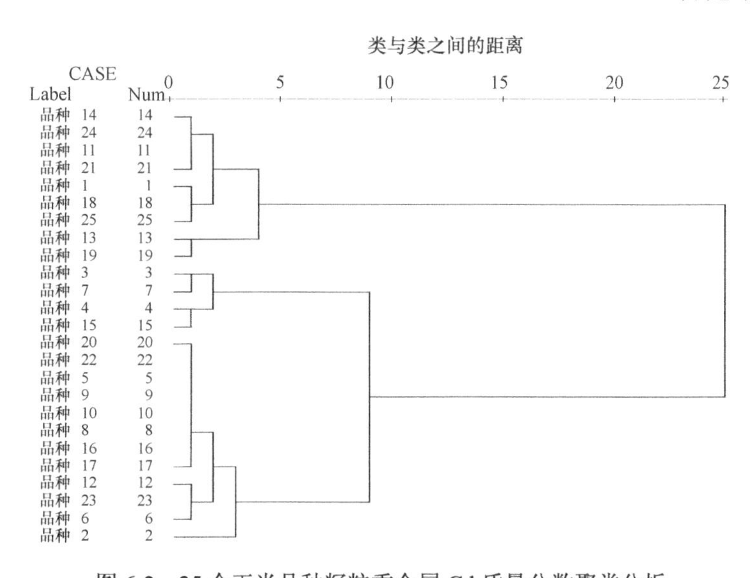

图 6-2　25 个玉米品种籽粒重金属 Cd 质量分数聚类分析

Figure 6-2　The hierarchical clustering analysis diagram of Cd concentrations in grain of 25 *Zea mays* cultivars

（陈建军等，2014）

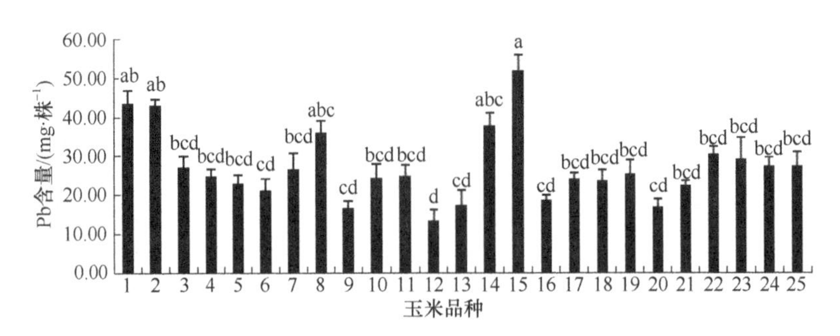

图 6-3 不同玉米品种重金属 Pb 总吸收量
Figure 6-3 Total Pb uptakes by maize of different cultivars
图中不同字母表示差异性显著（$P<0.05$）

（于蔚等，2014）

目前，我国对重金属低累积作物的筛选已做了大量的研究，其中对小麦、水稻、高粱及玉米作物低累积重金属筛选更多。玉米作为我国主要的粮食产物，生物量大且产量高，其茎叶部更可广泛地作为畜牧和工业原料，而关于玉米低累积重金属品种的筛选已有大量研究（吴传星，2010)。郭晓方（2010）等根据 8 个玉米品种籽粒生物量、籽粒重金属含量及重金属转运系数等指标进行评价，最终筛选出饲料玉米灵丹 20 和正丹 958 作为广东地区冬季种植的低累积玉米品种；对 25 个玉米品种吸收土壤中 Pb 的能力及不同器官积累 Pb 水平的差异进行研究，通过筛选较高 Pb 污染水平下籽粒 Pb 含量较低、非食用部分 Pb 含量水平较高的品种，代全林（2005）最终获得粤甜 2 号、糯优 2 号和超甜 38 作为低累积 Pb 的玉米品种。

2. 低富集水稻品种的筛选

对重金属具有高耐性、低富集的水稻品种可用于轻度重金属污染的水稻土。叶新新等（2012）研究两种水稻土（红泥田和黄泥田）中 As 污染对 9 个水稻品种 Cd、As 富集能力的影响，不同水稻品种对 As、Cd 耐性有显著差异（图 6-4)，杂交稻对土壤中的 As 富集能力较强，而籼稻对 Cd 吸收能力较强。南粳 32 对 Cd、As 富集能力最低（稻米 Cd、As 浓度没有超过国家食品安全卫生标准)，并且对 As 耐性较高，适合在 Cd、As 轻度污染的水稻土上种植。

通过对 43 个水稻（*Oryza sativa* L.）品种在春季和夏季种植于低 Cd（1.75～1.85 mg·kg^{-1}）污染土壤中的籽粒 Cd 含量的研究发现，30 种水稻品种可视为 Cd 污染预防品种（Cd-PSC)，并且两季节试验结果中籽粒 Cd 含量与土壤 Cd 含量间存在极显著正相关（$P<0.01$)，从而表明水稻籽粒 Cd 积累受基因型控制，在一定水平 Cd 污染土壤筛选 Cd 污染预防品种是可行的（Yu et al.，2006)。华南地区 20 多个主要水稻品种对生长在同一污染土壤上 Cd 吸收累积的差异明显，汕优 63、汕优 64 等杂交稻产量较高，但糙米 Cd 含量也较高；野奥丝苗糙米 Cd 含量较低，其单位产量的耗水量、根冠比、Cd 向糙米的迁移率也明显较低，因此，轻度 Cd 污染的稻田以种植优质稻野奥丝苗为好（吴启堂等，1999)。在轻度污染土壤上选育食用部位重金属含量明显较低的作物品种种植不失为一条经济有效的改良途径。

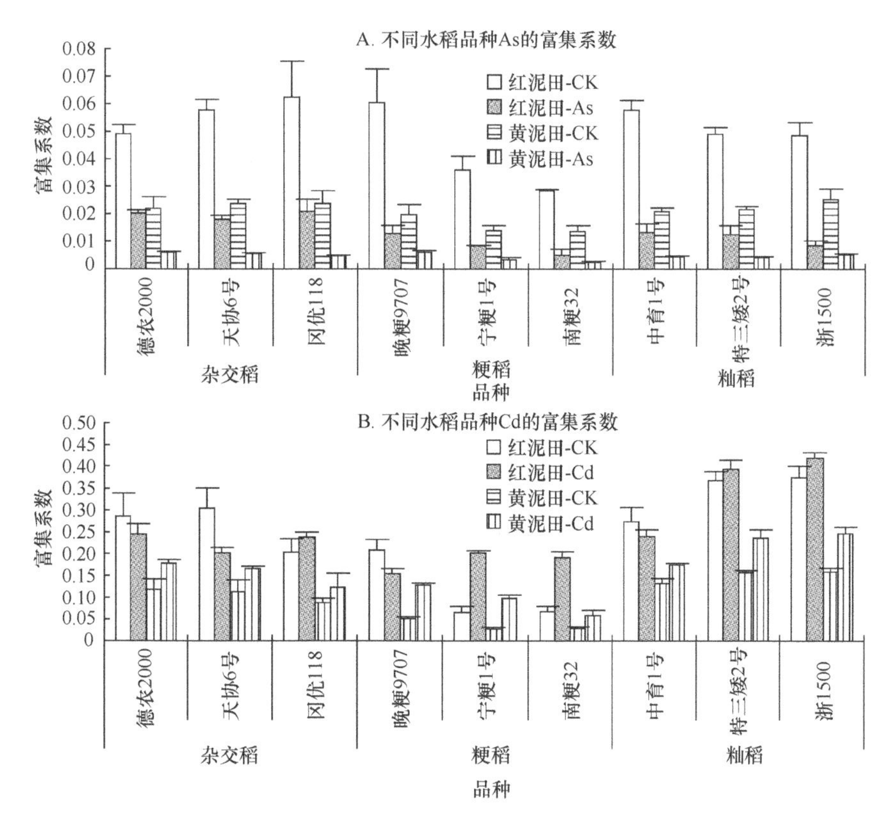

图 6-4　不同水稻品种对 As 和 Cd 的富集系数

Figure 6-4　Bioaccumulation coefficient of As and Cd in different cultivars

（叶新新等，2012）

通过品种选择，将作物可食部位的重金属浓度控制在允许范围内，已被认为是轻度污染地区控制污染的有效途径，并在向日葵（Li et al.，1995）和硬质小麦（Penner et al.，1995）上成功应用。

3. 低富集小麦品种的筛选

38 个不同基因型小麦籽粒品质和不同生育期吸收和积累 Cd、Pb 能力的差异显著（何冠华等，2012），38 个基因型小麦籽粒中重金属含量的多少不仅与小麦自身的吸收有关，还与小麦品种重金属从地上部向籽粒的转移效率有关。杨素勤（2014）等通过在轻度污染耕地的田间试验，研究了 20 个小麦品种对重金属 Pb 的吸收差异，并探讨小麦对 Pb 的转运与富集规律，以期筛选出对 Pb 低积累小麦品种。在轻度污染土壤中不同品种的小麦铅镉含量差异显著（图 6-5），说明重金属污染的土壤影响作物的品质，小麦籽粒的品种存在重金属的潜在污染，为了更为合理地利用有限的农田，应选低积累基因型的小麦。

根据籽粒 Pb 含量进行聚类分析，将不同品种小麦分成 3 类：第 1 类，对 Pb 积累程度最高，包括新麦 26；第 2 类，对 Pb 积累程度中等，包括瑞星 1 号、西农 979 和富麦 2008；其余品种为第 3 类，对 Pb 积累作用较弱（图 6-6）。为便于比较，将第 1 和第 2 类归为 Pb 积累作用较强品种，将第 3 类归为 Pb 积累作用较弱品种。对小麦籽粒重金属

Pb 含量的聚类分析表明，花培 8 号、平安 8 号、周麦 20、豫农 201 和同舟麦 916 具有低积累特性。研究初步认为花培 8 号和周麦 20 号具有成为低积累特性品种的潜力，经进一步验证后可用于轻度污染耕地的种植生产。

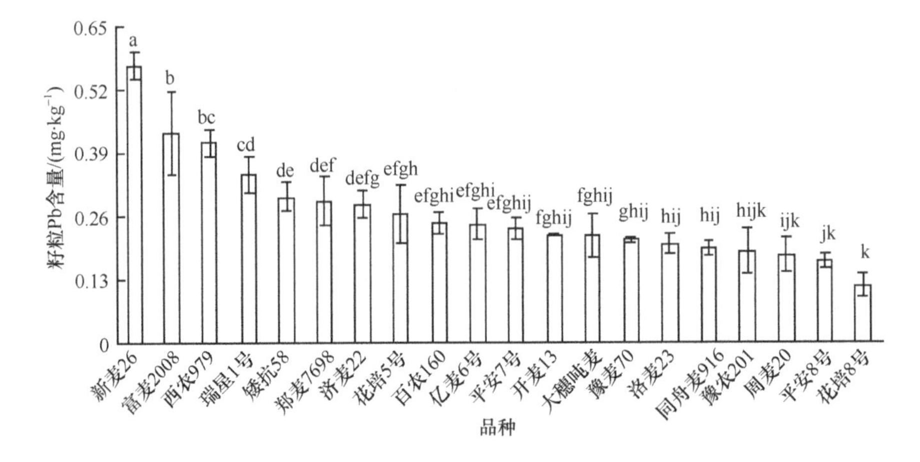

图 6-5 不同小麦品种籽粒中 Pb 含量

Figure 6-5 Concentrations of Pb in the grains of different wheat cultivars

图中不同字母表示差异性显著（$P < 0.05$）

（杨素勤等，2014）

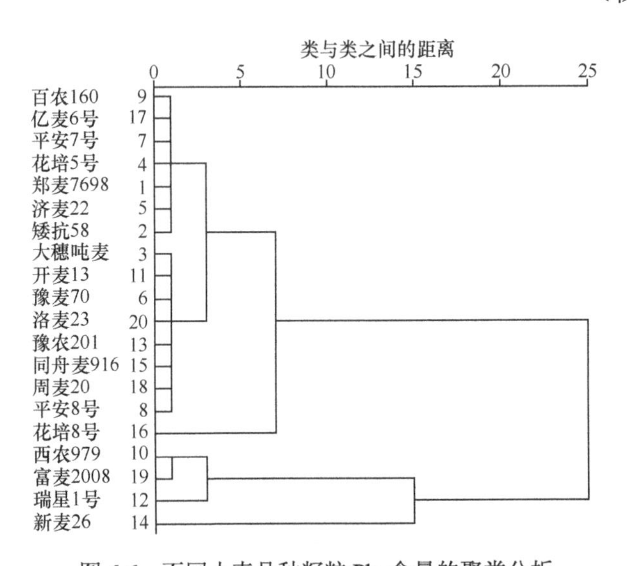

图 6-6 不同小麦品种籽粒 Pb 含量的聚类分析

Figure 6-6 Cluster analysis of wheat cultivars based on Pb concentrations in grain

（杨素勤等，2014）

4. 低富集蔬菜品种的筛选

不同蔬菜品种对重金属的吸收存在明显差异，人们通过种植合适的品种，即使是重金属轻度污染的土壤，也能生产出安全的产品（马往校等，2000；彭玉魁等，2002）。张永志（2009）等通过盆栽试验探讨了叶菜类、茄果类、根茎类、瓜类蔬菜的 16 个品种对土壤 Hg、As、Pb、

Cd 的吸收富集规律，根据重金属低积累蔬菜的判定标准，筛选出 Hg、As、Pb、Cd 的低积累蔬菜品种：津优 1 号、浙蒲 2 号是 As、Cd 和 Hg 低积累品种，杭州本地香和杭州长瓜是 As、Pb、Cd 和 Hg 低积累品种，鸡爪×吉林是 As 和 Hg 低积累品种，白玉春、浙杂 203 和 FA-189 是 Cd 和 Hg 低积累品种，早熟 5 号、抗热 605 和上海青是 Hg 低积累品种，杭茄 1 号和引茄 1 号是 As、Pb、Hg 低积累品种，丰秀是 Pb 和 Hg 低积累品种。

60 个小白菜品种在不同程度 Cd 污染土壤中吸收和积累 Cd 能力的差异较大(陈瑛等，2009)，在土壤镉浓度为 0.6 $mg \cdot kg^{-1}$ 时，小白菜镉含量超过国家标准的为 8.33%；而在土壤镉浓度为 1.2 $mg \cdot kg^{-1}$ 时其超标率达 66.67%，表明小白菜容易受到镉污染。镉含量递增率高，说明该品种地上部镉含量极易随土壤镉浓度的增加而大量增加，在实际应用中危险系数增加，而镉含量递增率低的品种则可在不同的镉污染土壤中种植，安全性高，值得推广。长梗白菜、上海青、矮箕苏州青、青优四号、矮脚葵翩黑叶白菜、皱叶黑油冬儿、高华青梗白菜、早生华京、金冠清江、夏王青梗菜、利丰青梗白菜和杭州油冬儿这 12 个品种可作为在 Cd 轻度污染土壤中种植的安全系数较高的小白菜品种（表 6-5）。

表 6-5 60 个小白菜品种地上部 Cd 含量

Table 6-5 Cd concentration of shoot in 60 *Brassica* cultivars

品种	地上部 Cd 含量/（$\mu g \cdot kg^{-1}$）		品种	地上部 Cd 含量/（$\mu g \cdot kg^{-1}$）	
	Ⅰ	Ⅱ		Ⅰ	Ⅱ
矮抗青	40.66±2.05	61.15±3.08	皱叶黑油冬儿	25.66±1.49	44.72±2.50
四月慢	47.12±2.36	109.48±4.67	高华青梗白菜	27.37±1.37	40.34±2.07
苏州青	41.40±2.17	65.17±3.16	早生华京	25.52±1.31	32.95±1.56
长梗白菜	25.38±2.04	44.63±2.51	华山青梗菜	47.95±2.25	94.02±5.23
上海青	30.23±2.69	37.48±1.92	华黄青梗菜	48.55±2.68	85.89±4.18
日本皇冠	31.85±2.10	58.80±2.69	日本绿冠	26.72±1.69	44.40±2.25
矮箕苏州青	21.14±1.28	42.28±2.23	清江 456	46.20±2.66	86.26±4.19
蚕白菜	25.20±1.36	53.72±2.64	金冠清江	25.85±1.08	40.02±2.08
绍兴油冬儿	39.00±1.94	56.17±2.59	矮脚大头青	43.80±2.67	63.46±3.66
七宝青菜	45.51±2.57	108.55±4.88	黑大头	30.46±1.95	35.91±1.85
黑叶五月慢	52.52±2.68	112.11±5.10	上海矮抗青	27.28±1.44	52.52±2.67
特矮青	51.83±2.79	72.14±3.66	特抗半高白菜	27.18±1.56	85.06±4.50
抗热 605	31.62±2.13	56.22±2.78	抗热 805	33.28±1.84	52.38±2.49
申宝冠青	40.48±2.25	65.95±3.05	四季青	46.02±2.36	90.51±4.62
上海夏青	24.46±1.63	87.97±4.10	华青	35.26±1.58	57.69±2.59
上海白叶四月慢	35.49±1.90	56.40±2.57	台湾明珠	55.48±2.51	104.22±5.10
矮脚苏州青	41.45±2.33	83.72±4.13	谊禾夏宝	53.03±2.64	67.02±3.64
青优四号	25.38±1.62	38.68±1.92	大头清江白	38.68±1.67	58.48±2.59
伏豹抗热青	31.89±1.68	44.63±2.31	夏王青梗菜	26.03±1.31	42.09±2.51
绿星青菜	21.51±1.11	40.34±2.01	利丰青梗白菜	25.80±1.24	42.42±2.62
绿领火青菜	28.94±1.50	54.69±2.54	红明清	40.29±2.02	58.75±3.04
五峰抗热青	34.98±1.86	56.72±2.63	杭州小白菜	33.46±1.65	84.18±4.65
绿秀 91-1	37.20±1.72	56.49±2.48	杭州油冬儿	21.51±1.08	36.46±1.91
矮脚葵翩黑叶	22.62±1.32	26.22±1.64	西子绿小白菜	38.26±1.83	59.35±3.40
四季清江	27.05±1.45	47.95±2.51	沪青一号	26.54±1.29	49.94±2.62
金夏王青梗菜	30.18±1.39	36.69±1.83	特矮青	46.06±2.31	86.08±4.50
科兴小白菜	37.75±1.76	58.80±2.90	扬州清	36.37±1.68	65.63±3.61
黄金小白菜	26.54±1.22	39.88±1.65	高梗白	33.51±1.59	79.15±3.95
台湾青秀	52.57±2.85	74.58±3.04	扬子抗热青	33.00±1.64	72.46±3.67
绍兴矮黄头	30.37±1.66	55.34±2.84	绿扬春	39.97±2.11	65.77±3.49

注：表中数据为平均值±标准差（n=3）；Ⅰ表示 0.6 $mg \cdot kg^{-1} Cd^{2+}$，Ⅱ表示 1.2 $mg \cdot kg^{-1} Cd^{2+}$

（陈瑛等，2009）

植物种间及品种间对 Cd 的吸收和耐性存在明显差异（丁枫华等，2011）。谭小琪等（2014）以 29 个番茄品种为试验材料，根据番茄可食部位 Cd 质量分数、Cd 转运系数、番茄植株生物量指标评价，表明台湾黄圣女、黄金一点红、台湾珍珠、新 402、元明黄娇子、台湾红圣女等 6 个品种可作为番茄的 CdPSC。降低蔬菜产品重金属含量可以从两个方面着手：①降低土壤重金属的浓度和活性；②选用在食用部位累积量小的作物品种。人体中的 70% Cd 来自于食品中的蔬菜，在现阶段土壤污染问题不能较快解决的情况下，筛选 Cd 低积累品种，对人民健康和无公害蔬菜生产显得极其重要和迫切。

目前，作物低重金属积累品种选育主要针对 Cd 进行，并实际应用于向日葵和硬粒小麦，取得很大的成功。国内也针对不同重金属元素展开了不同作物品种的重金属低积累品种的筛选，通过对水稻（Liu et al.，2007）、大白菜（Liu et al.，2010）、小麦（Zhang et al.，2002）和大麦（Wu et al.，2003）等作物的系统研究，筛选到了相应的重金属污染预防品种，从而为我国农业的可持续发展和食品安全提供了有力保障。由于土壤重金属污染大都表现为复合污染，选择可食用部分对多种重金属具有低积累性的作物品种，可更有力地保证粮食的安全性。但是，作物品种在不同土壤条件下积累重金属能力不一致，这是因为土壤理化性状、土壤微生物、根际氧化膜、根际分泌物、不同耕作制度和不同重金属及其相互协同与拮抗作用等因素，都能影响到作物对重金属的吸收。作物与其周围环境存在着极其密切的关系，不能把作物与环境任何一方看成是更重要的，两者是统一的。只有理解品种、环境及二者互作效应才能更好地解释作物积累重金属的规律。

第二节　土壤改良剂调控降低重金属活性

目前对轻度重金属污染农田的农业利用时常采取的方法是原位固定。原位固定是指通过添加各种钝化剂或者改良剂等物质到污染土壤，降低土壤重金属的生物有效性，减少其向食物链迁移，以及降低重金属污染物向水体污染，来达到提高环境安全的目的。土壤改良剂包括石灰性物质、有机物质、黏土矿物、离子拮抗剂和化学沉淀剂等。不同改良剂对重金属的作用机理不同，如施用石灰或碳酸钙主要是提高土壤 pH，促使土壤中重金属元素形成氢氧化物或碳酸盐合态盐类沉淀。当向污染土壤中施入改良剂后，通过这些改良剂或钝化剂对重金属的吸附、氧化还原、拮抗或沉淀作用及改变土壤的理化性质等，提高对重金属的吸附量，或直接与重金属作用形成溶解度小的沉淀或络合物，从而降低重金属的水溶性、迁移性和生物有效性，以及重金属进入水体、微生物体和植物体的能力，减少重金属通过食物链带来的风险，达到生态修复污染土壤的目的。然而不同改良剂改良效果不同。

一、石灰

1. 石灰影响土壤重金属形态转化

石灰性物质包括熟石灰、硅酸钙、硅酸镁钙和碳酸钙等，不仅可以增加土壤的 pH，降低重金属的溶解度，而且可以增加土壤的阳离子交换量、土壤胶体的凝聚性等。石灰是广泛使用的碱性材料改良剂，施用后能提高土壤的pH，对土壤中的重金属起到固定作用。在Cd污染的土壤上施用石灰，每公顷土壤施用750 kg石灰，可使土壤中重金属有效态含量降低15% 左右（Naidu et al.，1997），从而使酸性土壤可被植物利用的Cd降低，对减少 Cd 被作物吸收具有一定的作用。添加碳酸钙能显著降低红壤水溶性 Cu、Cd 和 0.1 mol·L^{-1} HCl可提取态Cu、Cd 的含量，使红壤中可溶态、交换态Cu、Cd 显著向有机态、铁锰氧化物结合态和硫化物态转化。土壤施加石灰后，水溶态 Cd 随石灰用量增加而减少；在pH＞5.5 时，交换态Cd、有机结合态Cd 随石灰用量增加而急剧减少；氧化物结合态 Cd、残留态 Cd 随石灰用量增加而增加；pH＞7.5 时，Cd 主要以黏土矿物和氧化物结合态及残渣态形式存在（Zu，2008）。在Pb、Cd、Zn污染的土壤上，施用石灰后，土壤中碳酸盐结合态Pb、Cd和Zn含量明显减少（表6-6），铁、锰氧化物结合态和有机物结合态Pb、Cd和Zn含量明显增加（表6-7，表6-8）（杜彩艳等，2007）。

表6-6　石灰对土壤中碳酸盐结合态Cd、Pb和Zn含量的影响

Table 6-6　Effects of lime on contents of exchangeable bound to carbonate Cd，Pb and Zn in soil

石灰处理/（g·kg^{-1}）	加入石灰后pH	Pb		Cd		Zn	
		平均值	比CK%	平均值	比CK%	平均值	比CK%
0（CK）	4.8	0.401a	0.00	0.057a	0.00	1.175a	0.00
0.5	5.2	0.370b	−7.73	0.037b	−35.09	1.100b	−6.38
1.0	5.7	0.331c	−17.46	0.033c	−42.11	1.045c	−11.06
1.5	6.5	0.328c	−18.20	0.031c	−45.61	0.988d	−15.91
3.0	7.6	0.314d	−21.70	0.028c	−50.88	0.866e	−24.60

注：表中不同字母表示差异性显著（P＜0.05）

（杜彩艳等，2007）

表6-7　石灰对土壤中Fe、Mn氧化物结合态Cd、Pb和Zn含量的影响

Table 6-7　Effects of lime on contents of Fe，Mn oxide combined-Cd，Pb and Zn in soil

石灰处理/（g·kg^{-1}）	加入石灰后pH	Pb		Cd		Zn	
		平均值	比CK%	平均值	比CK%	平均值	比CK%
0（CK）	4.8	7.619a	0.00	1.521a	0.00	2.166a	0.00
0.5	5.2	7.787b	2.21	1.588b	4.46	2.313b	6.78
1.0	5.7	7.745b	1.66	1.655c	8.84	2.416c	11.57
1.5	6.5	7.826b	2.72	1.768d	16.28	2.470d	14.05
3.0	7.6	8.263c	8.45	1.929e	26.87	2.574e	18.84

注：表中不同字母表示差异性显著（P＜0.05）

（杜彩艳，2007）

添加石灰显著提高了滇池湖滨区蔬菜土壤的pH，降低了土壤碳酸盐结合态Pb、Cd、Cu和Zn的含量（唐发静，2008）。与对照相比，各处理间差异均达到显著性水平；随着石灰的施入，土壤中的铁锰氧化物结合态Pb、Cd、Cu和Zn含量显著高于对照。土壤中的有机物结合态Pb、Cd、Cu和Zn含量也是随着石灰用量的增加显著增加（表6-9）。

表 6-8　石灰对土壤中有机结合态 Cd、Pb 和 Zn 含量的影响

Table 6-8　Effects of lime on contents of the organic matter combined-Cd，Pb and Zn in soil

石灰处理 /（g·kg^{-1}）	加入石灰后 pH	Pb		Cd		Zn	
		平均值	比 CK%	平均值	比 CK%	平均值	比 CK%
0（CK）	4.8	4.774a	0.00	0.185a	0.00	5.951a	0.00
0.5	5.2	4.830b	1.18	0.191b	3.20	6.101b	2.52
1.0	5.7	4.934c	3.35	0.199c	7.28	6.283c	5.58
1.5	6.5	5.010d	4.95	0.204d	10.33	6.772d	13.80
3.0	7.6	5.116e	7.18	0.207d	11.68	6.846d	15.04

注：表中不同字母表示差异性显著（$P<0.05$）

（杜彩艳，2007）

表 6-9　石灰对盆栽土壤不同形态的重金属含量的影响

Table 6-9　Effect of lime on contents of heavy metal forms of soil in pot experiment

处理/（g·kg^{-1}）	形态	Pb/（mg·kg^{-1}）	Cd/（mg·kg^{-1}）	Cu/（mg·kg^{-1}）	Zn/（mg·kg^{-1}）
0	碳酸盐结合态	2.94±0.00a	0.07±0.02a	2.15±0.04a	18.42±0.90a
1		1.26±0.22b	0.05±0.01ab	1.55±0.03b	14.15±0.51b
3		0.52±0.02c	0.03±0.00b	0.91±0.01c	11.89±0.22c
0	铁锰氧化物结合态	3.56±0.39c	0.07±0.02c	0.76±0.12b	26.01±2.16b
1		4.54±0.47b	0.12±0.00b	1.56±0.23a	34.15±3.16a
3		6.70±0.10a	0.29±0.03a	2.02±0.60a	37.79±0.99a
0	有机物结合态	2.34±0.19c	0.04±0.01b	32.52±1.06c	25.97±0.12c
1		3.48±0.36b	0.06±0.01b	34.90±0.41b	29.12±0.14b
3		4.44±0.24a	0.07±0.01a	44.16±0.22a	32.14±1.78a

注：表中数据为平均值±标准差（n=3），同一列中不同字母表示差异显著（$P<0.05$）

（唐发静，2008）

施加石灰被认为是抑制重金属污染土壤植株吸收重金属的有效措施。在土壤中施入石灰能提高土壤的 pH（陈怀满，1996），促进重金属生成碳酸盐、氢氧化物沉淀，降低土壤中 Cd、Zn 等重金属的有效性，从而抑制作物对它们的吸收。pH 大于 7.5 时 Cd 主要是以黏土矿物质和氧化物 Zn 结合态及残留态形式存在。在强酸性赤红壤中适当加入石灰将 pH 提高到 6.5 和 7.5，土壤有效态含量大幅度降低（温琰茂，1999）。石灰的加入使土壤 pH 增加，Cd 的溶解度降低，植株吸 Cd 量也随之降低（熊礼明，1994）。陈宏等（2003）向外源 Pb 污染土壤投加石灰，显著提高了土壤残渣态 Pb 的浓度，降低了土壤 Pb 的有效态含量，从而有效抑制了 Pb 由土壤向植物体系中的迁移。

在不同母质土壤中，水溶态 Cd 随石灰用量的增加而急剧减少，pH 大于 7.5 时，94%以上的水溶态 Cd 进入土壤固相中；交换态 Cd 在 pH 小于 5.5 时随石灰用量的增加而增加（廖敏，1999），pH 大于 5.5 时随石灰用量增加而急剧减少；黏土矿物、氧化物结合态 Cd 和残留态 Cd 随石灰用量的增加而增加。石灰是酸性土壤中常用的土壤改良剂，尤其在我国南方酸性红黄壤地区普遍施用。因石灰本身具有较高的 pH，可有效提高土壤

pH 及缓解土壤重金属的毒害，此外，石灰的施用在改善土壤结构，提高土壤生物活性，改善营养和生长状况，促进作物生长和增产方面有较好的作用。石灰作为重金属污染土壤的改良剂也被认为是抑制植株吸收重金属的有效措施（王新等，2003；杜彩艳等，2007）。

2. 施用石灰降低植物吸收重金属

施用石灰和泥炭能消除或减轻重金属污染土壤对小白菜的毒害作用并抑制重金属的活性，维持和改善土壤的肥力（陈晓婷等，2002）。土壤中的 pH 是影响重金属迁移转化的重要因素。在酸性环境中重金属的溶解度增加，从而加速了重金属在土壤中的迁移。施用石灰调节土壤 pH，以减少重金属在植物体内的含量。石灰的加入使土壤 pH 增加，Cd 的溶解度降低，植株吸 Cd 量也随之降低（冯恭衍，1993）。土壤 Cd、Zn 的有效性或植物对 Cd、Zn 的吸收与土壤 pH 成负相关。随着石灰用量的增加，明显抑制 Hg、Cd、Pb 向植物体内迁移，石灰用量越大，蔬菜中 Hg、Cd、Pb 的含量越少（杜彩艳等，2005）。

在盆栽条件下，随土壤中石灰用量的增加，土壤 pH 显著高于对照，白菜的 Pb、Cd、Cu 和 Zn 的含量逐渐降低（唐发静，2008），当石灰用量分别为 1 $g\cdot kg^{-1}$ 和 3 $g\cdot kg^{-1}$ 风干土时，白菜中 Cu、Zn 含量显著低于对照（0 $g\cdot kg^{-1}$）。而在 3 $g\cdot kg^{-1}$ 石灰处理下，白菜的 Pb、Cd 和 Cu 含量均显著低于对照（表 6-10）。

表 6-10　石灰对盆栽大白菜地上部分重金属含量的影响（以鲜重为基础）

Table 6-10　Effect of lime on heavy metal contents of Chinese cabbage in pot experiment（fresh weight）

石灰处理/（$g\cdot kg^{-1}$）	pH	Pb/（$mg\cdot kg^{-1}$）	Cd/（$mg\cdot kg^{-1}$）	Cu/（$mg\cdot kg^{-1}$）	Zn/（$mg\cdot kg^{-1}$）
0	6.2±0.02c	1.08±0.05a	0.07±0.01a	2.35±0.19a	23.38±2.21a
1	7.1±0.01b	1.01±0.08a	0.08±0.02a	2.14±0.02ab	14.08±1.28b
3	7.9±0.12a	0.56±0.02b	0.03±0.01b	1.98±0.12b	10.08±1.77c

注：表中数据为平均值±标准差（n=3），同一列中不同字母表示差异显著（$P<0.05$）

（唐发静，2008）

施用石灰或碳酸钙主要是提高土壤 pH，促使土壤中重金属元素形成氢氧化物或碳酸盐结合态盐类沉淀，减少重金属的毒性和移动性。施用石灰对大白菜地上部吸收 Pb、Cd 和 Zn 均起到较好的抑制作用，石灰用量为 5 $g\cdot kg^{-1}$ 土时，对大白菜吸收 Pb、Cd 和 Zn 的抑制效果最好（杜彩艳，2007）。

石灰的加入使土壤 pH 增加，镉的溶解度降低，植株吸镉量也随之降低。土壤 Cd、Zn 的有效性或植物对 Cd、Zn 的吸收与土壤 pH 成负相关。但值得注意的是，大量长期施用石灰，会使土壤的物理性质恶化，整体肥力水平也会下降。故将来的研究可侧重于通过无机改良剂（包括石灰、沸石、磷肥等）和有机改良剂（如植物秸秆、各种有机肥、泥炭或腐殖酸、活性炭等），强化植物对污染物吸收与积累的阻控作用。通过加强重金属在根际过程、根系吸收、植物体内迁移转化等过程的系统研究，更有效地阻控污染物在土壤-植物系统中的传递。

二、黏土矿物

黏土矿物根据结构的不同，可分为伊利石、高岭石、蒙脱石、绿泥石、海泡石族及混合晶层黏土矿物等。由于黏土矿物比沸石和活性炭等来源广泛，经济实惠，而且具有表面积大、结构多样、孔隙率大、悬浮性分散、化学及机械稳定性好、离子交换容量高和吸附能力强等特点，因此利用这些颗粒细小的黏土矿物及改性黏土矿物来钝化土壤重金属得到了人们的广泛关注（Castaldi et al.，2005）。

1. 施用黏土矿物对土壤重金属形态的影响

植物对重金属的吸收通常决定于土壤中重金属的活性或有效态含量。土壤中交换态 Cd、Pb 和 Zn 的数量的多少，是土壤有效态 Cd、Pb、Zn 和植物有效态 Cd、Pb、Zn 高低的基础。能被植物吸收的 Cd、Pb 和 Zn 的形态受环境影响较大，土壤中的 pH 是影响 Cd、Pb 和 Zn 迁移转化的重要因素。在酸性环境中 Cd、Pb 和 Zn 的溶解度增加，从而加速了 Cd、Pb 和 Zn 从土壤向植物体内的迁移。

向污染土壤中施入土壤改良剂，主要是通过改变重金属在土壤中的赋存形态与浓度、土壤 pH、土壤有机质含量、土壤微生物活动等，降低有效性较高的重金属形态的含量，进而减少重金属由植物生长介质向植物转移及富集。施用土壤改良剂可显著降低水稻和萝卜对 Cd 的吸收，且随着改良剂用量的增加其降低效果增强，各改良剂中以石灰和海泡石配施的效果最佳，其次是海泡石，单施石灰的降低效果最差（朱奇宏等，2009）。

2. 施用海泡石降低植物吸收重金属

海泡石是一种链式层状结构的纤维状富镁硅酸盐黏土矿物，是由二层硅氧四面体和夹在中间一层的镁氧阳离子八面体及吸附于晶体层间的水化阳离子构成的结构单元（苏小丽，2006；徐应明等，2009）。海泡石具有巨大的比表面积和丰富的空隙，特殊结构决定其具有良好的物化性能、较强的表面吸附和离子交换能力，海泡石应用于重金属污染土壤的原位钝化修复中，取得了较好的效果（林大松等，2010；王林等，2011）。

海泡石具有较高的吸附容量和较强的离子交换能力，可以与土壤中的重金属发生离子交换作用，从而固定土壤中的重金属，使得其生物有效性降低。施加海泡石缓解了 Cd 对菠菜的胁迫效应，显著抑制了菠菜对 Cd 的吸收（孙约兵等，2012）。在 1.25 和 2.5 $mg·kg^{-1}$ Cd 污染土壤中添加不同浓度的海泡石处理，土壤有效态 Cd 含量则随海泡石投加量的增加而降低（孙约兵等，2012），与未投加海泡石处理相比，分别减少了 11.0%～44.4%和 7.3%～23.0%（表 6-11）。

海泡石具有较高的 pH（10.1），呈较强的碱性，施入土壤可显著提高土壤 pH（孙约兵等，2012），土壤 pH 与 Cd 有效态含量之间具有负相关关系，但不显著；而与菠菜地上部 Cd 含量存在极显著的负相关关系（表 6-12）。

海泡石通过离子交换、专性吸附或共沉淀反应降低土壤中重金属活性是重金属污染土壤钝化修复的一个重要机制。海泡石通过吸附土壤中带相反电荷的重金属离子或络合物，使重金属离子的活性和扩散性大大减弱，抑制了污染物质参与再循环。同时，还可

表 6-11　不同处理下 TCLP 提取镉含量和提取率

Table 6-11　The concentration and ratio of TCPL for extractable Cd under different treatments

Cd 处理/（$mg{\cdot}kg^{-1}$）	海泡石处理/%	提取含量/（$mg{\cdot}kg^{-1}$）	提取率/%
1.25	0	0.81±0.10a	65.0
	1	0.58±0.10ab	46.7
	3	0.57±0.06ab	45.6
	5	0.72±0.18ab	57.8
	10	0.45±0.05b	36.2
2.50	0	1.43±0.08a	57.2
	1	1.32±0.10ab	53.0
	3	1.22±0.09abc	48.7
	5	1.07±0.10c	42.9
	10	1.10±0.08bc	44.0

注：表中数据为平均值±标准差（n=3），同一列中不同字母表示差异显著（P<0.05）

（孙约兵等，2012）

表 6-12　土壤 pH、有效态 Cd 含量、生物量和地上部 Cd 含量相关性（n = 45）

Table 6-12　The correlations between soil pH，available Cd content，biomass and shoot Cd concentration（n = 45）

	pH	生物量	有效态 Cd	地上部 Cd
pH	1	0.845^{*}	–0.406	-0.926^{*}
生物量		1	–0.415	-0.856^{**}
有效态 Cd			1	0.595^{*}
地上部 Cd				1

*表示差异显著，P<0.05；**表示差异极显著，P<0.01

（孙约兵等，2012）

以把一些重金属阳离子吸持在层间的晶架结构内而成为固定离子，从而消除其危害（林大松等，2010）。

三、赤泥

赤泥（red-mud）是制铝工业从铝土矿中提取氧化铝后的副产物。赤泥或改性赤泥可以提高土壤 pH，有效地降低污染土壤中 Pb、Cd、Cr、Cu、Zn 等重金属的移动性和生物有效性（Santona et al.，2006），从而降低土壤重金属对作物的毒害，提高作物产量和品质。施用赤泥可使水稻糙米和玉米籽粒 Cd 含量分别降低 40.8%和 49.3%（刘昭兵等，2010；宋正国等，2011），表明赤泥等碱性钝化剂对水稻和玉米吸收积累 Cd 具有较好的抑制效果。

施用赤泥显著提高了 Cd 污染稻田土壤 pH，显著降低了土壤有效态 Cd 含量，减少了玉米对 Cd 的吸收积累（谢运河等，2014）。春玉米成熟期赤泥处理的土壤 pH 比对照增加 0.82 个单位，土壤有效态 Cd 含量比对照降低 17.89%；秋玉米成熟期赤泥处理的土壤 pH 比对照增加 0.91 个单位，土壤有效态 Cd 含量比对照降低 3.91%（表 6-13）。

表 6-13　施用赤泥后玉米收获期土壤 pH 及土壤有效态 Cd 含量

Table 6-13　Soil pH and available Cd contents after red-mud additions

处理	春玉米		秋玉米	
	pH	有效态 Cd 含量/（$mg \cdot kg^{-1}$）	pH	有效态 Cd 含量/（$mg \cdot kg^{-1}$）
对照	4.96±0.12b	0.582±0.002a	4.49±0.09b	0.539±0.016a
赤泥	5.78±0.13a	0.478±0.003b	5.40±0.07a	0.518±0.014ab

注：表中数据为平均值±标准差（n=3），同一列中不同字母表示差异显著（P<0.05）

（谢运河等，2014）

施用赤泥显著降低了玉米籽粒 Cd 含量，春玉米、秋玉米施用赤泥后其籽粒 Cd 含量分别比对照降低了 27.5%和 21.1%（表 6-14）。施用赤泥抑制了玉米对 Cd 的富集和转运。赤泥除了具有改变土壤 pH 的强碱性作用外，还含有铁铝锰硅氧化物，主要通过其自身对重金属强大的吸附容量，与重金属产生物理化学专性吸附，将其较稳定地固定到氧化物晶格层间，降低有效态重金属含量。

表 6-14　施用赤泥后玉米茎、叶、籽粒 Cd 含量（$mg \cdot kg^{-1}$）

Table 6-14　Contents of Cd in corn stem，leaf，and grain under red-mud additions（$mg \cdot kg^{-1}$）

处理	春玉米			秋玉米		
	茎	叶	籽粒	茎	叶	籽粒
对照	0.174±0.011a	0.630±0.024a	0.065±0.002a	0.547±0.044a	0.794±0.019a	0.063±0.007a
赤泥	0.119±0.006b	0.404±0.017b	0.047±0.002b	0.485±0.012b	0.630±0.014b	0.044±0.002b

注：表中数据为平均值±标准差（n=3），同一列中不同字母表示差异显著（P<0.05）

（谢运河等，2014）

在偏酸性 Cd 污染土壤中，施用碱性钝化剂赤泥，可改良土壤酸性，降低土壤有效态 Cd 含量，减轻 Cd 对作物的伤害，促进作物生长，提高产量和生物量。施用赤泥到土壤中，通过影响土壤中 Cd 的形态而抑制植物对 Cd 的吸收，其可能的机理在于赤泥改变了土壤的 pH，降低土壤有效态 Cd 含量和土壤 Cd 的生物有效性。土壤 pH 是土壤化学性质的综合反映，土壤 pH 的改变导致土壤中重金属化学形态的变化，在低 pH 时尤其明显。当土壤 pH 为 5 左右时，土壤有效 Cd 含量为 0.61 $mg \cdot kg^{-1}$，当土壤 pH 提高至 6 左右时，土壤有效 Cd 降低到 0.33 $mg \cdot kg^{-1}$；同时水稻糙米 Cd 含量则随土壤 pH 的升高而降低 27.1%～65.1%（刘昭兵等，2010）。

第三节　施肥降低重金属活性

土壤施肥能改变土壤理化性质如 pH、溶液中的离子组成、阳离子交换量等，或直接与重金属离子发生反应，影响重金属的生物有效性。在重金属轻度污染区，可以利用施肥等农艺技术措施来降低土壤中重金属的有效性，以降低重金属从土壤到植物的迁移。

肥料种类的多样性、土壤有机无机成分的复杂性加上重金属本身性质的影响，使施肥影响重金属生物有效性的原因较为复杂。通过肥料和重金属的交互作用，影响重金属在土壤中的吸附解吸，从而改变土壤重金属的形态，进而改变重金属在土壤中的活性，影响植物对其吸收、累积。同时，施肥还影响植物的某些生理过程，从而导致重金属的吸收发生改变；此外，某些营养元素可以和重金属发生化学反应，生成难溶化合物。因此，重金属轻度污染农田中通过施肥降低重金属活性，减少植物吸收重金属的量，避免重金属进入食物链具有重要的意义。施肥时要考虑肥料对植物的营养作用，还要考虑所施肥料的种类和施用量。

一、N、P 肥

合理施用氮肥和磷肥能改善植物生长条件，降低土壤中重金属的有效性。土壤中施入 N、P、K 肥料，可改变土壤的性质如 pH 和表面电荷或与重金属离子直接作用，从而导致重金属形态的变化，最终影响其活性。有研究表明，施用 NH_4^+-N 肥将导致土壤 pH 下降（Eriksson，1990），而施用 NO_3^--N 肥将导致植物根际碱化，即不同形态的 N 肥，由于对土壤 pH、根际环境及竞争作用的影响程度不同，从而影响土壤重金属的形态和活性。N 肥形态的选择和施肥方式可作为控制作物吸收重金属、提高农产品安全的一项措施。

P 肥的施用增加了土壤的负电荷和 CEC，因而增加了土壤对重金属离子的吸附（熊礼明，1993）。在 Cd、Pb、Zn 污染的酸性土壤上，施用钙镁磷肥能显著抑制 Cd、Pb 和 Zn 对小白菜的毒害及向地上部的迁移（陈晓婷等，2002）。

1. N 肥施用改变土壤重金属形态

N 肥施入土壤后首先会改变土壤 pH，随着土壤 pH 的变化，影响重金属在土壤中的吸附及解吸。施用尿素（200 mg $N \cdot kg^{-1}$）显著降低了红壤中 Pb 和 Cd 水溶交换态的含量，却增加了碳酸盐结合态和铁锰氧化物结合态的量，可能的原因是施尿素使 pH 上升 0.02～0.53 个单位（Tu et al.，2000）。$(NH_4)_2HPO_4$、NH_4HCO_3、$(NH_4)_2SO_4$ 及 NH_4Cl 在低浓度时对土壤中的 Pb 溶出具有抑制作用，而随着浓度的增加，抑制作用会逐渐减弱，但 NH_4NO_3 浓度变化对 Pb 的溶出影响很小。

不同用量氮肥处理对小花南芥根际土壤不同形态 Pb 含量的影响显著（李元等，2013），施 N 导致土壤中 Pb 水溶态和可交换态含量从 3.9%显著增加到 11.5%～13.7%（表 6-15）。

表 6-15　氮素处理对土壤中重金属 Pb 的不同形态含量（$mg \cdot kg^{-1}$）及比例（%）的影响

Table 6-15　Contents of different form Pb in soil and its percentage with N application

N/（$g \cdot kg^{-1}$）	水溶态及可交换态	铁锰氧化物结合态	有机物结合态	残渣态
0	30.0±1.0c（3.9）	19.2±1.4c（2.5）	82.0±7.9（10.5）	648.2±17.9a（83.2）
0.1	109.1±5.6a（13.7）	52.5±1.7a（6.6）	128.9±5.1a（16.2）	506.4±14.1d（63.6）
0.3	96.8±1.1b（11.9）	46.3±2.1b（5.7）	112.7±5.1b（13.8）	558.4±17.0c（68.6）
0.5	95.5±1.3b（11.5）	43.6±2.0b（5.3）	109.4±5.6b（13.2）	581.6±12.2b（70.1）

注：表中同列数据后的不同字母表示差异显著（$P<0.05$）；括号内数据为比例

（李元等，2013）

土壤中的氮素大多不能满足作物对氮素养分的需求，这就要靠施肥来予以补充和调节，氮肥适宜用量的确定，在施用中至关重要。不同的氮肥产生的影响具有显著的差异，铵态氮会导致质子外渗和土壤酸化，而硝态氮会增加质子的吸收和土壤 pH。施入硝态氮肥可以大大降低植物对重金属的吸收和累积，而施入铵态氮肥则会增加植物组织中的重金属含量（祖艳群等，2008）。经 Pb 和 Zn 处理的冬小麦幼苗，叶和根的生长受到抑制，而氮肥的施用能减轻重金属离子的毒害作用，并随施氮水平的提高，毒性抑制作用越强（徐明岗，2006）。一方面可能是 N 素的施用降低了重金属的有效性，减少了植物体对重金属的吸收，降低植物体内的含量，减轻重金属胁迫的毒害程度；另一方面，氮对植物生长起促进作用，导致植物对重金属的稀释效应，而减轻了重金属的毒害作用。

2. 施用 N 肥调控植物吸收重金属

氮肥的施用对改变土壤的理化性质具有深刻的影响，从而对土壤中重金属的吸附、解吸、根系分泌产生影响，进而影响重金属形态间的转化和向植物中的迁移。N 肥能促进香根草地上部生长，而且显著提高地上部特别是叶的 Cd 和 Zn 含量，导致其修复效率成倍增加（郑小林等，2007）。

为了保证 Cd 含量处于临界值附近土壤上农产品的安全生产，避免不合理施肥引起土壤 Cd 的活化和增加作物吸 Cd 量。施用氯化铵、硫酸铵、硝酸铵和尿素都增加了不同生育期小麦对 Cd 的吸收，其中以氯化铵的促进作用最强，硫酸铵处理的小麦吸收 Cd 最少，尿素处理的小麦对 Cd 的吸收随其用量增加而增加（赵晶等，2010）。在小麦整个生育期中，生育前期吸收 Cd 较少，中、后期明显增大；但植株体内 Cd 的浓度却表现为前期高、后期低，呈现随生育期递进而逐渐降低的趋势，只有氯化铵处理表现为拔节期体内 Cd 含量为最高（表 6-16）。在 Cd 污染土壤上，应避免使用氯化铵，防止过量施用尿素或其他铵态氮肥。

表 6-16　不同氮肥对不同生育期小麦植株和籽粒含 Cd 量（$mg·kg^{-1}$）的影响

Table 6-16　Effect of different N fertilizers on Cd contents（$mg·kg^{-1}$） in grains and straw of wheat at different growth stages

	处理	苗期植株	拔节期植株	成熟期植株	籽粒
氮肥品种	无肥	0.46±0.03d	0.30±0.01e	0.04±0.002e	0.14±0.02e
	单施尿素	0.90±0.05b	0.46±0.02d	0.21±0.04d	0.19±0.01d
	尿素	0.97±0.01ab	0.82±0.02	0.27±0.02c	0.29±0.01c
	氯化铵	0.70±0.01c	1.24±0.03a	0.57±0.02a	0.50±0.04a
	硝酸铵	1.00±0.03a	0.89±0.02b	0.37±0.02b	0.36±0.011b
	硫酸铵	0.99±0.04a	0.94±0.02b	0.20±0.01b	0.30±0.01b
尿素用量	0	1.07±0.02a	0.80±0.03a	0.04±0.00c	0.17±0.02c
	0.2 $g N·kg^{-1}$ 土	0.97±0.01b	0.82±0.02a	0.27±0.02b	0.29±0.01b
	0.4 $g N·kg^{-1}$ 土	0.83±0.01c	0.56±0.03b	0.44±0.03a	0.34±0.02a

注：表中数据为平均值±标准差（n=3），同一列中不同字母表示差异显著（P<0.05）

（赵晶等，2010）

3. 施用 P 肥影响土壤重金属形态

施用 KH_2PO_4（80 mg P·kg^{-1}）降低了酸性土壤中 Pb、Cd 水溶性和可交换态的含量，Pb 的碳酸盐结合态减少（Tu et al.，2000）。钙镁磷肥可使交换态的 Cd 降低，碳酸盐结合态和铁锰氧化结合态的 Cd 增加（曹仁林等，1993）。KH_2PO_4 施用量的增加降低了碱性土壤中晶形氧化铁结合态、有机态及碳酸盐结合态的 Zn、Cd 含量，使无定形氧化铁结合态、水溶态和交换态的 Zn、Cd 含量上升，残留态 Zn、Cd 则不受影响（Kaushik et al.，1993）。

施加过磷酸钙和磷酸二铵均降低了土壤有效 Pb 含量（高超等，2015），随着磷肥浓度的增加，土壤中有效 Pb 含量分别下降 39.67%和 29.62%（表 6-17），由此表明施加过磷酸钙改良土壤 Pb 污染的效果略优于磷酸二铵，因而施加两种磷肥，有效“固定”了土壤中 Pb，并在水稻内部被阻隔在细胞壁中，从而降低 Pb 对植物的毒害。

表 6-17　两种磷肥处理下土壤有效态 Pb 含量

Table 6-17　The content of available Pb in soil under two phosphate fertilizer treatment

P 水平/（g·kg^{-1}）	土壤有效态 Pb 含量/（mg·kg^{-1}）	
	过磷酸钙	磷酸二铵
0.15	735	757
0.45	579	622
0.90	443	533

（高超等，2015）

重金属在土壤中的存在形态较多，有效态重金属对作物吸收最为重要，磷肥的施用普遍降低了土壤中有效态 Pb 的含量。磷可降低土壤中 Pb 的生物有效性，污染土壤中 Pb 的有效性主要取决于其化学形态，可溶性磷加入土壤后，土壤溶液中 Pb^{2+}与磷肥、土壤中的其他化学成分（OH^-、HPO_4^{2-}等）发生化学反应形成沉淀而被土壤互相固定。

4. 施用 P 肥调控植物吸收重金属

磷肥对植物吸收重金属的作用有不同的报道，有促进植物吸收的，也有抑制的，表现出和 P 肥种类关系很大。钙镁磷肥能减少重金属对小白菜的毒害作用，显著地降低小白菜体内 Cd、Pb、Cu 和 Zn 的含量。增施磷肥能明显降低马铃薯和黑麦草植物体内的 Cd 含量，降低幅度为 41%左右。P 施用量需达到一定水平才有明显降低植物体内重金属含量的作用（Zhu et al.，1993）。外源添加过磷酸钙（SSP）、磷酸二铵（DAP）能有效地抑制水稻对 Pb 的吸收（高超等，2015），以过磷酸钙的效果最为显著，其有效地降低了水稻籽粒 Pb 的含量，对于调控 Pb 污染土壤中水稻安全生产有着重要作用（图 6-7）。

磷肥是影响土壤中 As 的存在形态的重要因素。有研究表明磷与砷之间有拮抗作用。土壤中的磷可促使一些重金属元素沉淀，从而降低重金属对植物的危害和植物对重金属的吸收。使用 $Ca(H_2PO_4)_2$ 的确能够减轻或防治 As^{3+}对小麦的毒害，其防治机理主要基于 P^{5+}与 As^{3+}的拮抗作用等。从量的角度考察，以 $Ca(H_2PO_4)_2$ 防治 As^{3+}毒害的最佳浓度配比为 $c(P^{5+}):c(As^{3+})=(1\sim1.33):1$。不同 P 肥处理对辣椒砷含量的影响显著

（田相伟，2008），当磷肥施用浓度为 75 kg·hm^{-2} 时，果实 As 含量、果实 As 累积量、茎叶 As 累积量及根部 As 累积量各处理之间均比对照（0 kg·hm^{-2}）显著降低（表 6-18）。

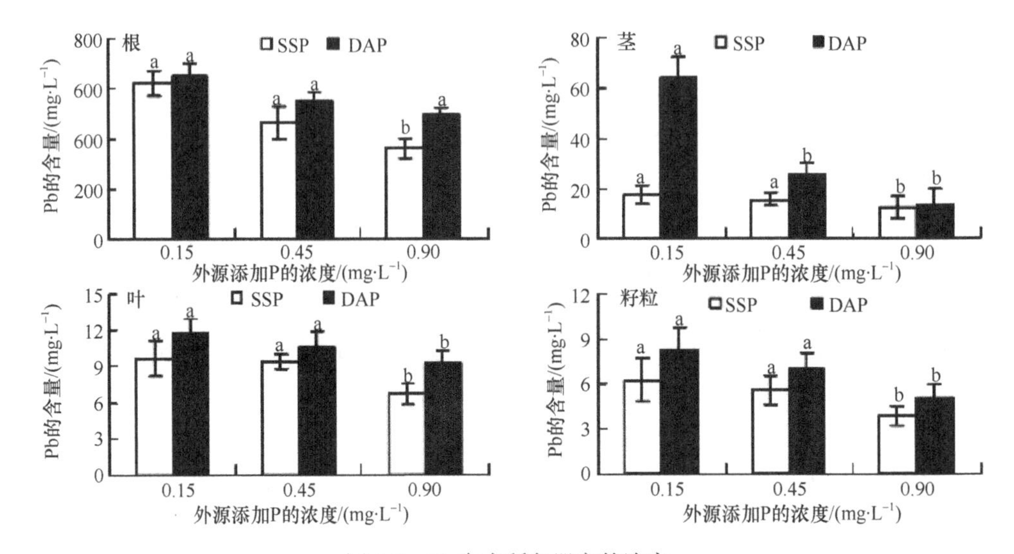

图 6-7　Pb 在水稻各器官的浓度

Figure 6-7　Pb concentration in rice organs under different phosphate fertilizer treatment

图中不同字母表示差异性显著（$P<0.05$）；SSP 表示过磷酸钙，DAP 表示磷酸二铵

（高超等，2015）

表 6-18　磷肥对大田辣椒 As 累积的影响

Table 6-18　The accumulation of arsenic in chili pepper in different P fertilizer treatment

P 肥处理 /（kg·hm^{-2}）	果实 As 含量 /（mg·kg^{-1}）	茎叶 As 累积 /（μg·株$^{-1}$）	果实 As 累积 /（μg·株$^{-1}$）	根 As 累积 /（μg·株$^{-1}$）
0	0.28±0.05a	3.46±1.04c	14.09±4.05b	22.91±5.27a
75	0.18±0.03c	4.43±0.34b	9.77±2.14c	18.70±3.26b
150	0.18±0.06c	3.45±0.43c	9.87±2.79c	22.68±5.26a
225	0.32±0.13a	5.95±1.36a	19.37±4.25a	21.78±4.93a
300	0.32±0.04a	5.68±1.71a	16.37±2.03a	15.58±2.51c

注：表中数据为平均值±标准差（n=3），同一列中不同字母表示差异显著（$P<0.05$）

（田相伟，2008）

另外也有研究表明磷与 As 之间有协同效应。随着磷肥施用量的增加，蜈蚣草中磷含量呈直线增加趋势，而 As 含量却呈先升高后降低的趋势。蜈蚣草体内磷与 As 不存在拮抗效应，甚至表现出协同效应现象（陈同斌等，2002）。他们推断，这种 As 超富集植物对 As、磷的累积可能并不是通过同一系统进行的，蜈蚣草中的 As 主要以亚砷酸根形式向地上部运输，而磷以磷酸根形式向地上部运输，As 和磷并非通过相同机制向地上部运转，两者不存在拮抗关系。这可能是介质中磷对蜈蚣草地上部 As 含量无影响的主要原因。施用磷肥可使蜈蚣草地上部 As 含量下降，推测其可能原因有二：一是施用磷肥使土壤水溶液中磷含量过高，磷酸盐与砷酸盐在根部竞争吸附位，抑制砷酸盐的吸收；二是根部

累积过高的磷酸盐可能会抑制 As 由根部向地上部转运。

二、有机肥

有机肥料包括动物厩肥、绿肥和堆肥等，它不仅可以改善土壤的理化性状、增加土壤的肥力，而且可以影响重金属在土壤中的形态及植物对它的吸收。有机肥料中，长期施用畜禽粪便易造成土壤重金属积累。

有机肥料进入土壤后可通过分解过程产生的有机酸和二氧化碳及硝化作用等提供的质子，降低土壤 pH。也可通过分解过程释放的碱性物质及渍水条件下还原铁、锰等过程，使 pH 升高，pH 的变化直接影响重金属的吸附沉淀作用。高 pH 的水溶性有机物，会提高土壤的可变负电荷，促进重金属的水解作用，从而促进土壤对重金属的吸附；低 pH 的水溶性有机物则反之。

1. 有机肥对重金属形态的影响

在不同条件下（土壤条件、重金属种类、有机肥料种类等），有机物质可降低土壤重金属的有效性，也可能增加其有效性。有机肥料的施用促使交换态 Cd 向有机结合态和铁锰氧化物结合态转化。有机肥料的施用明显降低了土壤中有效性 Cd 的含量，其中猪粪效果优于秸秆类（张亚丽等，2001）。施用猪粪对土壤不同形态的重金属含量的影响显著（唐发静，2008），猪粪施入后，土壤中碳酸盐结合态 Pb、Cd、Cu 和 Zn 含量显著低于对照；土壤中重金属铁锰氧化物结合态和有机物结合态含量显著高于对照（表 6-19）。

表 6-19　猪粪对盆栽土壤不同形态的重金属含量的影响

Table 6-19　Effect of pig manure on contents of heavy metal forms of soil in pot experiment

处理/（$g \cdot kg^{-1}$）	形态	Pb/（$mg \cdot kg^{-1}$）	Cd/（$mg \cdot kg^{-1}$）	Cu/（$mg \cdot kg^{-1}$）	Zn/（$mg \cdot kg^{-1}$）
0	碳酸盐结合态	2.94±0.00a	0.07±0.02a	2.15±0.04a	18.42±0.90a
7.5		2.68±0.06b	0.06±0.01a	1.67±0.28b	15.45±0.69b
15		2.38±0.12c	0.03±0.01b	1.57±0.23b	15.17±0.04b
0	铁锰氧化物结合态	3.56±0.39b	0.07±0.02b	0.76±0.12b	26.01±2.16b
7.5		4.00±0.84b	0.10±0.02b	0.88±0.05ab	34.09±1.19a
15		5.32±0.38a	0.20±0.02a	1.35±0.46a	36.34±1.54a
0	有机物结合态	2.34±0.19c	0.04±0.01b	32.52±1.06b	25.97±0.12c
7.5		2.82±0.02b	0.08±0.01a	33.63±1.24b	29.59±1.63b
15		4.44±0.06a	0.08±0.01a	36.19±0.33a	32.75±0.63a

注：表中数据为平均值±标准差（n=3），同一列中不同字母表示差异显著（P<0.05）

（唐发静，2008）

大田试验中（表 6-20），各处理的碳酸盐结合态 Pb、Cd、Cu 和 Zn 含量显著低于对照。随着猪粪量的增加，土壤重金属铁锰氧化物结合态 Pb、Cd、Cu 和 Zn 含量显著高于对照，有机物结合态 Pb、Cd、Cu 和 Zn 含量也显著高于对照。其中，15 $g \cdot kg^{-1}$ 土猪粪处理时，效果最为显著。

表 6-20　猪粪对大田土壤重金属含量的影响

Table 6-20　Effect of pig manure on contents of heavy metal forms of soil in field experiment

处理	形态	Pb/（mg·kg^{-1}）	Cd/（mg·kg^{-1}）	Cu/（mg·kg^{-1}）	Zn/（mg·kg^{-1}）
0	碳酸盐结合态	3.07±0.01a	0.09±0.01a	2.43±0.08a	19.13±0.38a
7.5		2.46±0.01b	0.07±0.02b	1.50±0.16b	18.02±4.07ab
15		2.09±0.00c	0.04±0.01b	1.42±0.06b	13.78±1.23b
0	铁锰氧化物结合态	1.50±0.29b	0.01±0.01b	3.60±0.50b	22.02±1.46b
7.5		1.73±0.14ab	0.04±0.01ab	5.11±0.10a	22.61±1.18b
15		1.97±0.03a	0.07±0.02a	5.41±0.35a	26.74±0.16a
0	有机物结合态	4.38±0.33b	0.09±0.01b	13.04±0.51b	16.28±0.75c
7.5		5.05±0.04a	0.12±0.01ab	13.73±0.35b	19.52±0.64b
15		5.28±0.05a	0.14±0.02a	14.75±0.24a	23.54±1.58a

注：表中数据为平均值±标准差（n=3），同一列中不同字母表示差异显著（P<0.05）

（唐发静，2008）

2. 有机肥降低植物吸收重金属

土壤中有机质主要为腐殖质，有机质对重金属的影响与腐殖酸的组合和含量等因素密切相关，有机质在土壤中与金属离子发生的反应中，发生络合或螯合的关键在于腐殖酸络（螯）合金属离子能力的大小，腐殖酸的组成不同，对金属离子络合能力有很大的区别，其中胡敏酸和胡敏素与金属离子形成的络合物是不易溶的，它们可以降低土壤中有效金属离子的浓度，从而减轻重金属污染的危害，但有机质的富里酸和金属离子形成的络合物是比较易溶的，同时，化学异质性也影响着腐殖质对重金属离子的亲和力。

施用沼肥可将土壤中的重金属向铁锰氧化物结合态转化，从而降低重金属的移动性，减少植物吸收（Achiba et al.，2009）。施用不同量的猪粪显著影响了大白菜地上部重金属含量（唐发静，2008），随着猪粪用量的增加，大白菜中 Cd 含量分别显著高于对照；当土壤施用低量猪粪为 7.5 g·kg^{-1} 风干土时，白菜中的 Pb、Cu 和 Zn 含量低于对照，其中 Pb 含量与对照呈显著性差异，而施加高量猪粪时，白菜中 Pb、Cu、Zn 含量与对照相比却是增加的，其中白菜 Cu、Zn 含量与对照呈显著性差异（表 6-21）。

表 6-21　猪粪对盆栽大白菜地上部分重金属含量的影响（以鲜重为基础）

Table 6-21　Effect of pig manure on heavy metal content in Chinese cabbage in pot experiments (fresh weight)

处理/（g·kg^{-1}）	Pb/（mg·kg^{-1}）	Cd/（mg·kg^{-1}）	Cu/（mg·kg^{-1}）	Zn/（mg·kg^{-1}）
0	1.08±0.05a	0.07±0.01c	2.35±0.19b	23.38±2.21b
7.5	0.72±0.03b	0.10±0.03b	2.29±0.11b	22.25±1.01b
15	1.42±0.10a	0.13±0.04a	4.10±0.02a	35.29±1.19a

注：表中数据为平均值±标准差（n=3），同一列中不同字母表示差异显著（P<0.05）

（唐发静，2008）

在大田试验中（表 6-22），当土壤施加低量猪粪时，白菜 Cu、Zn 含量低于对照，但差异均未达到显著性，而随着猪粪用量的增加，二者含量显著高于对照。随着猪粪用量的增加，白菜中的 Cd 含量与对照相比是呈增加之势，但没有达到显著性。两种猪粪处理的白菜 Pb 含量都显著低于对照。

表 6-22　猪粪对大田大白菜地上部分重金属含量的影响（鲜重）

Table 6-22　Effect of pig manure on heavy metal contents in Chinese cabbage in field experiment（fresh weight）

处理/（g·kg^{-1}）	Pb/（mg·kg^{-1}）	Cd/（mg·kg^{-1}）	Cu/（mg·kg^{-1}）	Zn/（mg·kg^{-1}）
0	2.56±0.05a	0.07±0.02a	4.93±0.16b	27.23±1.58b
7.5	1.18±0.09b	0.08±0.01a	4.87±0.11b	26.68±1.06b
15	1.23±0.09b	0.10±0.01a	5.31±0.18a	32.69±1.07a

注：表中数据为平均值±标准差（n=3），同一列中不同字母表示差异显著（P<0.05）

（唐发静，2008）

在重金属污染的酸性土壤上，大多数作物的生长必然受到抑制。施用石灰能降低重金属的活性，促进作物的生长。但大量施用石灰，会使土壤的物理性质恶化，整体肥力水平下降，而有机肥料在改善土壤理化性状，特别是物理性状方面，有着特殊的作用。在施用石灰的基础上配施猪粪，有可能达到既抑制重金属活性，促进作物生长，又维持甚至提高土壤肥力的效果。

无公害蔬菜种植所施用的有机肥用量不能过高，含重金属不能超标，反之会影响蔬菜的产量和质量，造成蔬菜的重金属含量增加。所以，在农业生产中，对受到重金属污染的土壤进行改良时，注意猪粪用量的同时，施加高量石灰来调节土壤 pH 是一种较理想的方法，对土壤形态、蔬菜中重金属的含量及蔬菜品质都有很大的改善效果。在大田条件下，由于蔬菜吸收重金属受多种因子（土壤湿度、温度、有机质进入土壤的数量和土壤养分状况等）的影响，蔬菜重金属含量与盆栽种植的结果有差异，因此，管理者应减少农药的不合理施用，以及复合肥料和有机肥的大量投入，避免使用污水灌溉。

三、磷酸盐肥料

磷酸盐类化合物主要包括羟基磷灰石、磷矿粉、磷酸氢钙、过磷酸钙、钙镁磷肥等。磷化合物可通过与重金属的共沉淀作用在土壤矿物周围和植物根表面形成稳定的难溶态沉淀产物而对重金属产生较强的钝化作用，从而降低了重金属的生物有效性（Shi et al., 2010）。含磷赤泥颗粒对土壤 Pb 具有很好的钝化作用，含磷物质不仅对 Pb 有很好的固定效果，对共存的其他金属 Cd、Cu、Zn 等也有一定的稳定效果。

骨炭是由动物骨骼经炭化去除部分或全部有机物后的产品。Chen 等（2006b）应用两种骨炭研究其对甘蓝菜 Pb 吸收积累的影响，发现骨炭可显著降低甘蓝菜地上植株和根中 Pb 的含量，当施用量为 1.6%（*w/w*）时，这两种骨炭分别降低甘蓝菜地上植株和根的 Pb 含量 56.0%～75.9%和 54.2%～69.8%。

在污染土壤中施用 5%的骨炭可使玉米地上部 Pb 和 Zn 含量分别比对照降低 70.9%～89.1%和 78.3%～89.7%，根部 Pb 和 Zn 含量分别降低 50.0%～67.5%和 91.0%～94.3%（表

6-23），而玉米地上部 As 含量增加，施用骨炭显著地降低土壤中 Pb 和 Zn 的植物有效态含量，提高土壤中 As 的植物有效态含量（黄益宗等，2013）。

表 6-23 骨炭对土壤中 0.01 mol·L^{-1} $CaCl_2$ 提取态 Pb、Zn 和 As 含量的影响（mg·kg^{-1}）

Table 6-23 Soil 0.01 mol·L^{-1} $CaCl_2$ extractable Pb，Zn and As concentration from bone char amended soils（mg·kg^{-1}）

处理	Pb	Zn	As
对照	31.64±0.13a	49.29±3.27a	0.02±0.00b
5%骨炭	0.01±0.00b	0.27±0.03b	0.05±0.00a

注：表中数据为平均值±标准差（n=3），同一列中不同字母表示差异显著（P<0.05）

（黄益宗等，2013）

在重金属污染土壤中添加骨炭则可显著地降低水稻根系中的 Pb 含量，可作为修复 Pb 污染土壤的有潜力的新型修复材料（黄益宗等，2006），当骨炭用量为 10 g·kg^{-1} 土时，科优 1360、94D-54 和远诱 1 号的 Pb 含量分别比不施骨炭时降低 60.6%、65.6%和 53.3%（表 6-24）。

表 6-24 不同骨炭处理对水稻茎叶重金属含量的影响

Table 6-24 Effect of bone char application on concentrations of heavy metals in rice roots

水稻品种	骨炭/（g·kg^{-1}）	Fe/（mg·kg^{-1}）	Cu/（mg·kg^{-1}）	Zn/（mg·kg^{-1}）	Pb/（mg·kg^{-1}）	Cd/（mg·kg^{-1}）
远诱 1 号	0	1049.30±219.88*	305.92±7.20	170.30±14.74	194.41±16.20	11.41±0.54
	5	733.88±108.99	285.82±7.67	153.37±10.87	114.53±15.05	12.21±0.64
	10	763.96±183.27	279.84±33.86	184.74±59.63	90.71±9.56	11.09±057
科优 1360	0	834.54±159.23	388.32±23.56	152.91±15.00	225.01±36.85	10.55±1.35
	5	454.49±53.60	327.83±35.36	117.44±20.89	115.29±16.63	8.50±0.59
	10	449.12±40.22	329.63±23.84	193.21±73.81	88.75±31.87	9.74±0.50
94D-54	0	684.88±92.51	358.85±42.14	160.87±20.75	151.96±35.93	13.43±1.54
	5	804.73±71.58	330.01±19.12	172.31±12.06	136.90±13.87	10.76±1.14
	10	468.09±33.35	322.22±62.18	173.43±47.56	52.27±4.60	14.05±4.03

注：表中数据为平均值±标准差（n=3）

（黄益宗等，2006）

骨炭主要成分是碳酸磷灰石、$Ca_3(PO_4)_2$ 和 $CaCO_3$，其中 $Ca_3(PO_4)_2$ 占 73.5%，$CaCO_3$ 占 8.3%（徐峰，2013），因此骨炭是富含磷的物质，磷可以和某些重金属元素形成不溶于水的沉淀，从而降低土壤重金属的移动性和生物有效性（Yu et al.，2004）。骨炭还可显著降低土壤中交换态、有机结合态及铁锰氧化态铅的含量，而增加残留态铅的含量。X 衍射分析结果也发现，添加骨炭能促使重金属污染土壤形成磷酸类化合物沉淀，从而降低土壤中重金属的生物有效性（Chen et al.，2006b）。

骨炭降低水稻对 Pb 吸收的主要机制在于骨炭中磷酸盐类物质在土壤酸性条件下溶解后与 Pb^{2+}形成了 Pb 的磷酸化物，此类磷酸化物[如磷氯铅矿 $Pb_5(PO_4)Cl_3$]在各种 pH 条件下热动力学稳定性极强，生物有效性较低（Chrysochoou et al.，2007），极难被植物吸收利用。向土壤中添加一定量的骨炭显著降低了大白菜（*Brassica campestris* L.）地上部和地下部 Pb 含量。而骨炭的添加却提高了土壤中植物有效态 As 含量，增强了 As 对玉米根系的毒性（Chen et al.，2006b）。As 植物毒性提高的原因可能是骨炭添加促进了土壤中 As 从强结合态向弱结合态转化，导致了土壤 As 浸出毒性提高。在改良污染土壤过程中若大量施用磷酸盐类物质等化学钝化剂，可能会引起大量磷素淋失和浪费，导致水体富营养化等新的环境问题，同时此类物质可能会带入其他有害重金属元素而造成二次污染。因此，在使用此类物质进行重金属污染土壤改良时要慎重。

四、N 肥和有机肥混合施用

1. 混施对土壤 pH 的影响

有机肥、N 肥施入土壤会使土壤 pH 发生变化。如有机物分解过程产生的有机酸及 N 肥硝化作用降低土壤 pH，同时，有机物分解过程释放的碱性物质及渍水条件下还原铁、锰等过程，使 pH 升高。低 pH 的水溶性有机物，会降低土壤的可变负电荷，抑制重金属的水解作用，从而降低土壤对重金属的吸附，提高了植物对重金属的累积。施用不同的肥料可以改变土壤 pH，施氨态氮和硝态氮后黑麦草的根际土壤前者比后者 pH 要低 1～3 个单位，土壤溶液中镉的浓度也是前者比后者高，土壤可解吸量和植物吸收量前者比后者要高出一倍多（吴启堂等，1993）。使土壤变酸的 N 肥顺序为 $(NH_4)_2SO_4 > NH_4NO_3 > Ca(NO_3)_2$（Eriksson et al.，1990），说明不同形态的 N 肥，由于对土壤酸化的影响程度不同，对根际环境的影响程度不同。有机肥料与化肥、有益微生物配施，土壤有效铅的含量及土壤 pH 降低，土壤有效铅与土壤 pH 呈显著正相关（刘瑞伟等，2004）。从土壤理化性质主要是土壤 pH、土壤有机质、CEC 和土壤碱解 N 来看，施加肥料可以改善土壤 pH，增加土壤有机质、CEC 和土壤碱解 N 含量，增加了土壤肥力。

2. 混施对土壤重金属形态的影响

土壤中重金属对植物的毒性和植物对重金属的吸收在很大程度上取决于它在土壤中存在的形态，容易被植物吸收的形态也容易对植物的生长产生影响。施用化肥提高了 Cu、Zn 的酸提取态和氧化物结合态比例（王美等，2014），施用有机肥增加了土壤 Cu、Zn 的酸提取态和有机结合态比例，降低了 Cd 的有机结合态比例，化肥配施有机肥比对照和单施化肥显著提高 Cu、Zn、Cd 酸提取态、氧化物结合态、有机结合态含量（表 6-25）。

3. 混施调控植物吸收重金属

在重金属污染的土壤上，施肥不仅能提高作物的产量，而且可能直接或间接地影响土壤中重金属的有效性和作物对重金属的吸收（魏巧，2008）。有机肥中的有机质对重金属具有缓冲和净化作用。进入环境中的重金属离子会同土壤中的有机质发生物理或化学作用而被固定、富集，从而影响了它们在环境中的形态、迁移、转化和植物有效性。

施入有机肥后土壤中有效态 Cd 的含量明显降低，因而能显著减轻 Cd 对植物的毒害（华珞等，2002）。施用有机肥使土壤有效态 Cu 含量显著降低，明显降低番茄果实 Hg 含量，显著降低番茄果实 Cr 含量，但提高了 Pb 和 As 含量，对 Cu、Zn 和 Cd 含量影响较小（表 6-26）。不同施肥处理番茄果实重金属含量变化与土壤有效态重金属含量变化不一致的主要原因，可能是施肥改变了番茄的生物产量，从而产生对植株吸收重金属元素的生物稀释作用（赵明等，2010）。合理施用有机肥、无机肥和有机无机肥配施不会造成番茄果实重金属污染。

表 6-25 黑土长期不同施肥处理 Cu、Zn、Cd 各形态含量（$mg·kg^{-1}$）

Table 6-25 Fractions of Cu，Zn and Cd in black soil under different long-term fertilization（$mg·kg^{-1}$）

重金属	处理	酸提取态	氧化物结合态	有机结合态	残渣态
Cu	CK	0.13±0.03b	4.28±0.91c	1.89±0.36b	13.6±1.2a
	N+P+K	0.27±0.02b	6.39±0.31b	2.41±0.20b	11.5±0.11b
	N+P+K+有机肥	0.92±0.24a	12.7±2.22a	10.8±1.29a	13.4±2.34a
Zn	CK	0.38±0.11c	7.39±0.97c	3.44±0.47c	35.2±4.26a
	N+P+K	0.95±0.21b	17.7±1.82b	5.45±1.68b	21.4±2.26b
	N+P+K+有机肥	10.70±2.25a	33.3±1.62a	10.40±2.74a	21.2±7.20b
Cd	CK	0.028±0.006b	0.092±0.004b	0.014±0.002b	0.087±0.02a
	N+P+K	0.038±0.003b	0.110±0.016b	0.015±0.003b	0.046±0.011b
	N+P+K+有机肥	0.32±0.03a	0.88±0.11a	0.041±0.006a	0.074±0.015a

注：表中数据为平均值±标准差（n=3），同一列中不同字母表示差异显著（P<0.05）

（王美等，2014）

表 6-26 不同施肥处理番茄重金属含量（FW）

Table 6-26 Effect of different fertilizer treatments on heavy metal contents of tomato fruits（FW）

处理	Cu/（$mg·kg^{-1}$）	Zn/（$mg·kg^{-1}$）	Pb/（$μg·kg^{-1}$）	Cd/（$μg·kg^{-1}$）	Cr/（$μg·kg^{-1}$）	As/（$μg·kg^{-1}$）	Hg/（$μg·kg^{-1}$）
CK	0.67±0.006a	1.11±0.03b	5.52±0.43c	3.83±0.31a	46.6±1.2ab	2.00±0.36b	0.18±0.02a
100%有机肥	0.60±0.01b	1.02±0.04b	6.56±0.20a	3.50±0.51a	41.3±0.4e	2.33±0.31ab	0.08±0.01c
80%有机肥+NPK	0.62±0.02b	1.08±0.07b	6.35±0.62a	3.50±0.43a	43.2±0.9d	2.10±0.04ab	0.12±0.01b
60%有机肥+NPK	0.62±0.06b	1.10±0.03b	5.69±0.11c	4.04±0.02a	44.3±1.1cd	2.66±0.45a	0.13±0.03b
40%有机肥+NPK	0.73±0.02a	1.09±0.09b	5.96±0.40b	3.65±0.18a	45.2±1.0bc	2.56±0.24ab	0.11±0.01bc
20%有机肥+NPK	0.61±0.01b	1.22±0.06a	5.63±0.45c	3.99±0.53a	45.5±1.4abc	2.35±0.38ab	0.11±0.02bc
NPK 肥	0.62±0.06b	1.10±0.02b	6.62±0.37a	3.80±0.40a	47.2±1.0a	2.29±0.31ab	0.11±0.01bc

注：表中数据为平均值±标准差（n=3），同一列中不同字母表示差异显著（P<0.05）

（赵明等，2010）

有机肥和无机肥配合施用对重金属 Cd 在土壤中吸附、解吸、形态转变、迁移率大小有很显著的影响（李波等，2000）。外源性施加 N 肥可能会对 Cd 的吸收、转运和植物体内的分布产生一定影响。添加外源 Cd 后，土壤残留态含量占土壤 Cd 的 35%左右，中华山蓼地上部、地下部累积 Cd 的量低于对照（0 $g·kg^{-1}$），可能是由于施肥后交换态 Cd 含量降低，减少 Cd 向植物体内的迁移，也可能是猪粪络合土壤中的重金属离子并形成难溶的络合物，从而降低了重金属在土壤中的迁移，减小了对植物的毒害（赵娜，2008）。

施肥在土壤重金属生物有效性上的作用可归结为两点：一是对重金属的活化，诸如铵态氮肥对根际的酸化、过磷酸钙在用量较高的情况下钙离子对金属离子的置换作用，以及氯化钾中氯离子与金属阳离子发生较强的配位反应等过程均可导致重金属的有效性增加。二是可钝化重金属，如尿素在某些条件下使土壤 pH 上升，致使 Pb 和 Cd 向相对活性较低的碳酸盐结合态和铁锰氧化物结合态转化；$H_2PO_4^-$通过改变土壤表面电荷增加 Cd 的吸附量，这些又都是施肥对重金属的稳定化作用。有机肥和无机肥配合施用是我国施肥制度的主要特点，其在提高土壤肥力、提高土壤微生物学和生物化学活性、促进养分循环和再利用，以及可持续农业发展中的地位已经得到普遍的证实和肯定。

作物从土壤中吸收重金属，不仅取决于其中的含量，而且也受土壤性质、水分条件、施肥的种类和数量、栽培方式及耕作制度等农业措施的影响。因此，可以通过调节土壤 pH、有机质、CEC、质地等元素，使土壤重金属发生氧化、还原、沉淀、吸附、抑制和拮抗等作用，改变土壤重金属活性，降低其生物有效性，减少从土壤向作物的迁移。

第四节　土壤水分调控降低重金属活性

土壤水分条件影响土壤的物理、化学和生物学性质，影响重金属在土壤中的形态，改变重金属的生物有效性和环境风险。重金属的生物有效性受土壤氧化还原状态影响较大，因此，土壤水分管理可作为减少农产品重金属污染的措施之一。淹水可降低土壤氧化还原电位，改变土壤 pH，进而影响土壤中离子的吸附–解吸、溶解–沉淀及某些变价元素的氧化–还原等反应，从而影响土壤重金属的有效性，影响植物对重金属的吸收转运。

一、水分调控对土壤 Eh 的影响

Eh 是用于表征土壤氧化还原电位的参数，反映土壤的氧化或还原程度，亦是影响土壤重金属活性的关键因子，因而与土壤的水分状况有着密切的联系。水稻方面的试验证明了在水田灌溉时，由于水层覆盖形成了还原性的环境，土壤中的 SO_4^{2-}还原为 S^{2-}，与 Cd 生成溶解度很小的 CdS；沉淀水中的 Fe^{3+}还原成 Fe^{2+}，与 S^{2-}生成 FeS 沉淀，由于 Cd 在土壤中具有很强的亲 S 性质，与之形成共沉淀，降低 Cd 的活度，而难于被作物吸收。可见，通过调节土壤水分可以控制重金属在土壤–植物系统中的迁移，通过烟稻水旱轮作可降低土壤的氧化还原电位，能够降低重金属的活性，减小对烟草的危害。通过调节土壤水分最终来调控植物中的重金属含量是可行的。

与 As 和 Hg 的情况相反，受 Cr 污染的土壤适宜种植水稻，这是因为在氧化条件下 Cr 以六价状态而存在，而 Cr（Ⅵ）的毒性较 Cr（Ⅲ）大，因而受 Cr 污染的土壤可将旱作改为水田，以减少 Cr 的危害。但是，水稻对灌水中 Cr 的吸收率比原土壤中 Cr 的吸收率高，所以用含 Cr 废水灌溉时应特别注意控制其标准。为了降低土壤 As 的毒性，一般可采用水田改旱地种植模式。但在复合污染下，水田改旱地会增加 Cd 的生物有效性。所以 Cd、As 污染农田治理需要统筹考虑，以免在降低 Cd 污染的同时，却增加了 As 污染。

1. Eh 调控土壤铁的价态，减少作物对重金属的吸收

长期淹水，导致土壤处于还原状态，Fe^{3+}被还原为 Fe^{2+}（唐罗忠，2005）。土壤中 Fe^{2+}含量在一定程度上表征了土壤的氧化还原状况，而铁的活性及形态等会对土壤中重金属的有效性及植物吸收累积重金属产生影响。因此，土壤 Fe^{2+}含量是影响植物吸收累积重金属的一个间接因子（刘昭兵，2010）。土壤 Fe 影响水稻吸收累积 Cd 可能存在以下几条途径。

（1）土壤中 Fe 的形态影响 Cd 的活性

土壤中的无定形氧化铁含量越低，越有利于淹水后土壤 Cd 由高活性形态向低活性形态转化（郑绍建等，1995）。氧化铁在中性和酸性水稻土中起着重要作用，它们的含量和形态直接关系到重金属在土壤中的迁移转化。一般认为淹水条件下铁氧化物会被还原成 Fe^{2+}，向根际迁移，转运 Fe^{2+}的机制也能转运 Cd^{2+}，高浓度的铁可以有效增加水稻茎叶和稻根中 Fe 含量，但抑制其中的 Cd 积累（Shao et al.，2007）。

（2）根表铁胶膜影响水稻对 Cd 吸收累积

水稻根表铁胶膜既可以促进也可抑制水稻根系对 Cd 的吸收，其作用方向和程度取决于水稻根表铁胶膜的厚度，而随着淹水程度的提高，水稻根表铁膜厚度显著增加。纪雄辉（2007）等利用 Cd 污染潮泥田和黄泥田的盆栽试验，结合水稻根表铁胶膜特征的分析，研究了湿润、间歇灌溉及全生育期淹水对 Cd 污染潮泥田和黄泥田水稻吸收积累 Cd 的影响及其作用机理，随着稻田淹水程度（时间和水量）的提高，水稻根表氧化铁膜所吸附的还原态 Fe（II）和氧化态 Fe（III）含量显著增加（图 6-8），两者均与水稻根膜 Cd 呈极显著的负相关。可能的解释是随着根膜氧化铁增加，其吸附的 Fe（Ⅲ）以更大的比例增加，Fe^{2+}与 Cd^{2+}的竞争吸附作用及还原条件下 S^{2-}与 Cd^{2+}的共沉淀作用导致了根膜中 Cd 的下降。

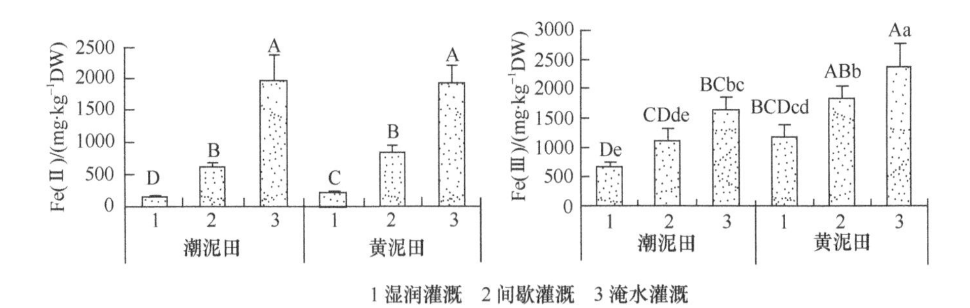

图 6-8 不同水分管理下水稻根膜中的还原态 Fe（Ⅱ）和氧化态 Fe（Ⅲ）含量

Figure 6-8 Fe（Ⅱ）and Fe（Ⅲ）contents in root coating of rice grown in the two types of Cd polluted paddy soils with different water managements

（纪雄辉，2007）

（3）诱导根系分泌酸性物质

缺 Fe 胁迫会诱导水稻根系分泌麦根酸等物质，其在活化土壤 Fe 的同时也可能活化

土壤 Cd（刘文菊，1999）。水稻地上部 Cd 含量缺 Fe 培养比正常供 Fe 培养约高 1 倍（李花粉等，1998）。因此，在 Fe^{2+}匮乏时，其含量作为衡量土壤有效性铁的一个重要指标，可能成为影响水稻吸收累积 Cd 的一个间接因子。

（4）Fe^{2+}与 Cd^{2+}竞争水稻根系的吸收

植物根系可借助于 Fe 的运输蛋白吸收 Cd（Lombi，2002），而淹水条件下 Fe^{2+}含量显著高于湿润处理（刘昭兵，2010），大量的 Fe^{2+}优先与 Fe 的运输蛋白结合，这将极大地降低其与 Cd 结合的概率，从而减少水稻对 Cd 的吸收累积。随着土壤水分含量的增加，水稻不同器官对 Fe 的吸收逐渐增加，对 Cd 的吸收则逐渐减少，两者呈明显的负相关关系（表 6-27）。

表 6-27　不同水分管理方式下水稻根际土壤中铁含量和镉含量

Table 6-27　Concentration of Fe and Cd in rice rhizosphere with different water managements

水分管理方式		60% 的最大田间持水量	80%的最大田间持水量	最大田间持水量	前期淹水+抽穗扬花期烤田	全生育期淹水
分蘖期	Fe/（$g\cdot kg^{-1}$）	44.69±1.63b	52.06±1.47a	47.84±1.54ab		42.78±5.19b
	Cd/（$mg\cdot kg^{-1}$）	0.29±0.03e	0.33±0.02b	0.37±0.01a		0.39±0.06a
成熟期	Fe/（$g\cdot kg^{-1}$）	42.41±2.25a	46.57±0.98a	45.76±1.63a	47.66±2.18a	44.25±5.07a
	Cd/（$mg\cdot kg^{-1}$）	0.22±0.04c	0.28±0.02b	0.29±0.02b	0.33±0.04a	0.32±0.06a

注：表中数据为平均值±标准差（n=3），同一行中不同字母表示差异显著（$P<0.05$）

（张雪霞等，2013）

2. Eh 调控土壤硫的价态减少作物对重金属的吸收

土壤有效 S 包括水溶性 S、吸附态 S 和部分有机态 S，以 SO_4^{2-}的存在形态为主。淹水还原条件下 SO_4^{2-}被还原为 S^{2-}，而 S^{2-}易与金属阳离子发生沉淀反应，生成难溶性的金属硫化物沉淀，金属的硫化物沉淀是一类溶度积（K_{SP}）很小的化合物，从而导致有效 S 和有效态金属含量下降。因此，不同水分管理方式下土壤有效 S 含量对植物吸收累积重金属的影响程度主要取决于还原态 S^{2-}的形成，Cd 污染土壤中有效硫及其还原性 S^{2-}的形成是显著影响水稻 Cd 吸收累积的一个间接因子，同一土壤条件下土壤的有效态 Cd 含量，水稻茎叶、糙米 Cd 含量与有效 S 含量呈极显著正相关关系（刘昭兵，2010）。Cd 污染酸性稻田在长期淹水的还原条件下 S^{2-}和 Cd 的共沉淀作用加强，使得土壤中 Cd 的生物有效性明显降低（纪雄辉等，2007）。酸性稻田土壤实行长期淹水管理主要是通过降低土壤氧化还原电位（Eh）来增加土壤中的还原态铁、锰等阳离子和 S^{2-}等阴离子，并且在淹水后逐渐升高的 pH 作用下，加剧了土壤中这些还原态阳离子与 Cd 的竞争吸附，以及还原态阴离子与 Cd 的共沉淀作用，从而达到降低水稻糙米中 Cd 含量的目的。

不同水分管理模式对 Cd 污染红黄泥和潮泥田土壤的有效 S 含量有显著影响（刘昭兵等，2010）。土壤有效 S 包括水溶性 S、吸附态 S 和部分有机态 S。在潮泥田中，与分蘖–乳熟期两次晒田（TMP）相比，除湿润灌溉（WI）的土壤有效硫含量差异不明显外，乳熟期晒田（MP）、分蘖期晒田（TP）和全生育期淹水（WF）其均极显著降低，其中全生育期淹水的土壤有效 S 含量降低了 96. 4%。红黄泥各处理的土壤有效 S 含量变化与潮泥田基本相似，其中全生育期淹水的土壤有效 S 含量比分蘖–乳熟期两次晒田处理降低了 55.5%。不同水分管理模式的土壤有效 S 含量顺序为：WF＜TP＜MP＜WI＜TMP（图 6-9）。

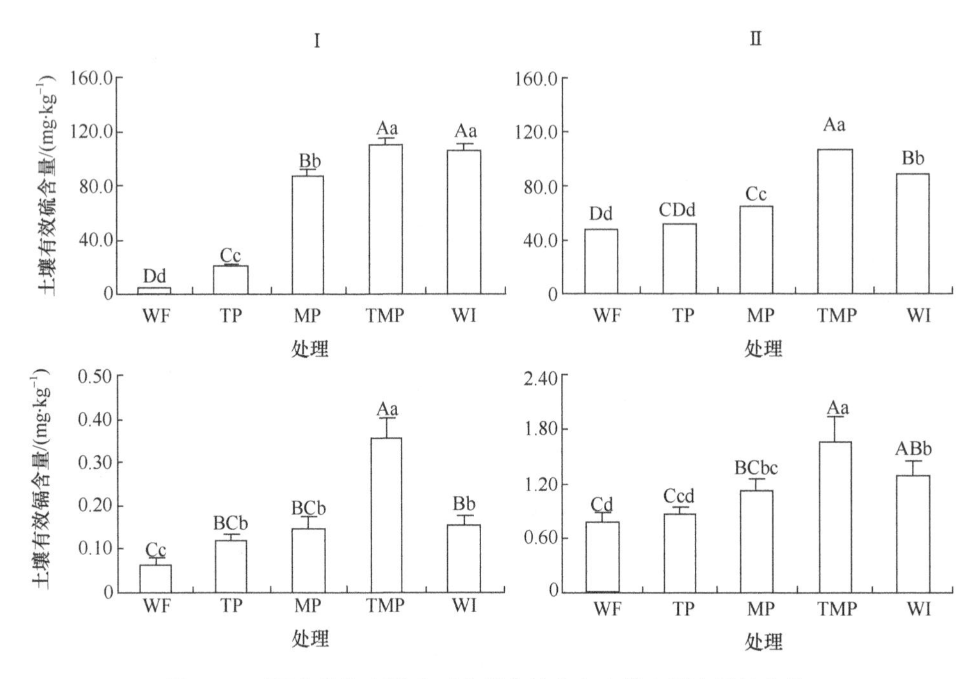

图 6-9　不同水分管理模式下土壤有效硫和有效态镉含量的变化

Figure 6-9　Change of available S and available Cd contents in soil under different water managements

Ⅰ表示红黄泥土，Ⅱ表示潮泥田土；WF 表示全生育期淹水，TP 表示分蘖期晒田，MP 表示乳熟期晒田，TMP 表示分蘖-乳熟期两次晒田，WI 表示湿润灌溉；不同小、大写字母分别表示各处理间差异显著（$P<0.05$）和极显著（$P<0.01$）

（刘昭兵，2010）

对农田来说，旱田与水田是最常见的水分管理方式，污水灌溉常将 Cd 等重金属元素带入农田。适度水分条件下铁锰态 Cd 含量比淹水条件下的含量更高（张磊等，2005）。外源 Cd 进入土壤后，在淹水条件下比水分适度条件下更容易达到一种稳定的状态，从而使其生物可利用性减小。淹水处理能降低水稻对 Cd 的吸收，并有效地抑制 Cd 从茎叶向籽粒的转移，使籽粒中的 Cd 含量最低，是 Cd 污染土壤上降低水稻 Cd 污染的有效农艺措施之一（胡坤等，2010）。在 Cd 污染土壤上采用水稻全生育期淹水栽培，糙米中 Cd 含量最低，而节水烤田和旱作等栽培管理方式都会增加水稻籽粒 Cd 含量（张丽娜等，2006）。淹水处理显著降低了水稻对重金属 Cd、Ni、Zn 的吸收（Kashem et al.，2001）。有关何种水分管理模式最利于 Cd 污染土壤上稻米安全生产的研究，各研究者似乎能达成共识，即全生育期淹水既能保证较好的水稻产量，又能非常有效地降低稻米 Cd 含量。

在淹水土壤中，往往形成还原环境，在这种强还原状态下，土壤中的 S 化合物便会在微生物的分解作用下，生成 H_2S 和金属硫化物，土壤中的 Cd^{2+}便转化成难溶性的 CdS，使土壤溶液中 Cd^{2+}的含量大大降低；农田排水时土壤通气状况良好，吸收氧气的能力增强，氧化环境明显，则难溶性的 CdS 会被氧化成可溶性的 $CdSO_4^{2-}$或 S^{2-}被氧化成 H_2SO_4，使土壤 pH 降低，CdS 的溶解度增加，Cd^{2+}大量游离于土壤溶液中，有利于植物对 Cd 的吸收。

二、水分调控对土壤 pH 的影响

土壤 pH 是影响土壤中重金属的生物有效性的重要因子，根本原因在于其影响土壤中重金属的吸附–解吸、溶解–沉淀，进而影响土壤中重金属的有效性，降低土壤 pH 可提高重金属的可溶性和生物有效性。水分管理是控制根际土壤 pH 的关键因素（张雪霞等，2013），在分蘖期和成熟期，水稻根际 pH 都随着土壤中水分的增加而逐渐增加，旱作处理 pH 最低，而全生育期淹水管理方式下 pH 最高（图 6-10）。

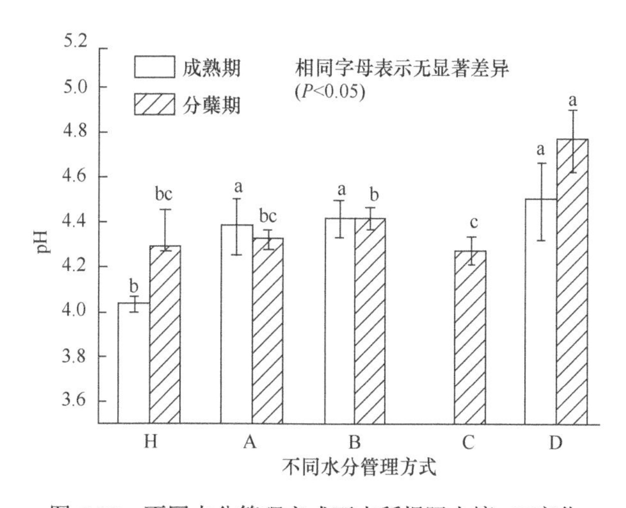

图 6-10　不同水分管理方式下水稻根际土壤 pH 变化

Figure 6-10　The pH values in rhizosphere soil of rice with different water managements

A 表示 80%的最大田间持水量，B 表示最大田间持水量，C 表示前期淹水+抽穗扬花期烤田，D 表示全生育期淹水，H 表示旱作（60%的最大田间持水量）

（张雪霞等，2013）

淹水后土壤的 pH 向中性（即 pH 为 7）靠拢，土壤 pH 变化，必然会改变土壤中重金属的有效性。淹水后，空气和土壤之间的气体交换明显受阻。好气性微生物的需氧代谢导致了土壤中氧气含量的迅速减少，形成厌氧或兼性厌氧环境。兼性或专性嫌气性微生物不能完全分解土壤中的有机物质而生成还原性物质，这些还原性物质可以还原土壤中的铁、锰等的氧化物，并消耗质子。酸性土壤淹水后由于质子的消耗使得土壤 pH 升高，土壤胶体负电荷数量增加，专性吸附点位的去质子化能力加强，因而土壤胶体对 Cd 的吸附能力加强，从而降低了土壤中 Cd 的生物有效性；而碱性土壤一般碳酸盐含量高，在还原性物质还原铁、锰等的氧化物时碳酸盐、碳酸氢盐参与反应，消耗的质子少，同时，有机质还原铁、锰氧化物时产生的 CO_2 在土壤中大量累积，还有有机酸的生成等，都使得土壤的 pH 降低。

三、水分调控影响土壤重金属的形态转化

土壤湿度通过影响金属在土壤各相中的再分配，进而强烈影响金属的可利用性。外

源 Cd 进入黑土后，交换态 Cd 在淹水条件下土壤可交换态 Cd 含量在培养初期迅速下降，以后逐渐变慢并趋于平稳（张磊等，2008），这与淹水条件下可利用态 Cd 更容易与土壤中的黏土矿物、有机质等组分进行结合有关（图 6-11A），而残渣态 Cd 随培养时间的增加呈逐渐增加的趋势（图 6-11B）。土壤湿度通过影响金属在土壤各相中的再分配强烈影响金属的可利用性，Cd 在淹水条件下比水分适度条件下更容易达到一种稳定的状态。

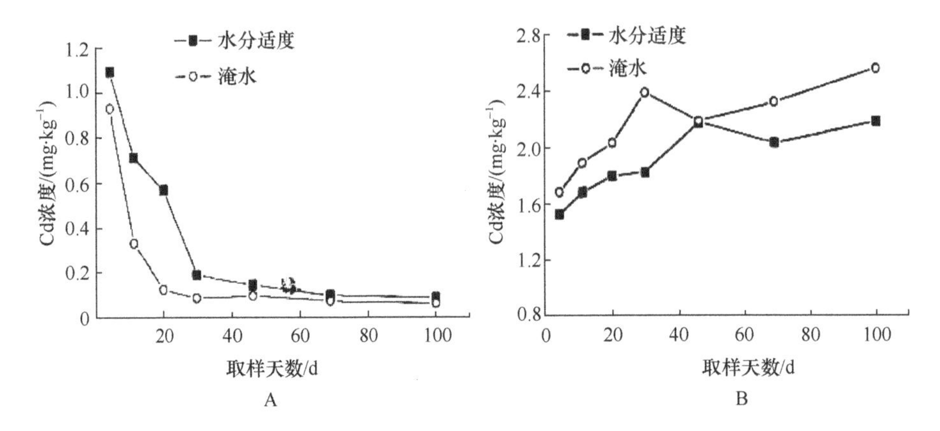

图 6-11　可交换态 Cd 含量（A）和残渣态 Cd 含量（B）的动态变化

Figure 6-11　Dynamic change of exchangeable fraction Cd content（A）and residual Cd content（B）

（张磊，2008）

水分管理对红壤性水稻土重金属 Cd 的钝化效应影响较大（李剑睿等，2014），在土壤 Cd 含量为 0.75 $mg \cdot kg^{-1}$ 时，长期淹水比常规水分管理处理的 pH 增加了 0.31 个单位，土壤交换态 Cd 显著降低了 19.4%，碳酸盐结合态 Cd 下降了 9.5%，氧化物态 Cd、有机态 Cd 和残渣态 Cd 分别显著增加了 62.5%、25.0%和 27.3%（表 6-28）。

表 6-28　土壤 pH 和镉形态

Table 6-28　Soil pH and Cd chemical fractions

处理	土壤 pH	镉形态/（$mg \cdot kg^{-1}$）				
		交换态	碳酸盐结合态	氧化物态	有机态	残渣态
常规水分管理	5.28±0.21a	0.31±0.04a	0.21±0.01a	0.08±0.02b	0.04±0.01b	0.11±0.02b
长期淹水	5.59±0.31a	0.25±0.03b	0.19±0.01a	0.13±0.01a	0.05±0.01a	0.14±0.01a

注：表中数据为平均值±标准差（n=3），同一列中不同字母表示差异显著（P<0.05）

（李剑睿，2014）

水分调控影响土壤 Eh 值，氧化还原环境的变化影响重金属形态的转化。Cd 在氧化条件下比在还原条件下更容易由无效态转化为水溶态和交换态，这种转化在酸性条件下尤为明显（Gambrell et al.，1994）。当 pH 为 4.5 时，处于氧化条件下的植物 Cd 含量是还原条件下的几十倍，当 pH 为 7.5 时，处于两种状态下的植物 Cd 含量几乎没有显著变化。随着 Eh 值的增大，土壤中水溶性 Cd 含量、水稻吸收 Cd 的总量及地上部 Cd 含量随之增加（Reddy et al.，1977）。生长在重金属污染土壤中的湿生植被，可免遭重金属的毒害，这是由于根际的重金属元素与根表的铁膜共沉淀或被铁膜吸附，从而使重金属的有效性降低，而土壤有效态重金属是植物吸收积累的主要形态。

土壤湿度通过影响金属在土壤各相中的再分配强烈影响金属的可利用性，通常水分饱和土壤在淹水条件下的反应活性比水分适度的土壤要高，可利用态到难利用态的转化更快，转化量更大（张磊，2008）。外源重金属 Cd 进入土壤后，在淹水条件下比水分适度条件下更容易达到一种稳定的状态，从而使其生物可利用性减小。土壤长期淹水处理下，影响土壤重金属生物有效性的环境因子 Eh 显著降低，pH 显著升高，使土壤重金属的生物有效性显著降低。

四、水分调控降低作物吸收重金属

在污染土壤中，淹水（厌氧）条件下植物对土壤中重金属的吸收较非淹水条件下的低，这是由于一方面淹水不利于一般植物生长（水生植物除外），另一方面淹水时土壤氧化还原电位较低，大多数金属的溶解度降低。淹水、间歇灌溉及湿润三种水分管理方式对水稻苗期生长及 Cd 吸收累积的影响显著（李鹏等，2011），淹水极显著地降低了土壤有效态 Cd 含量、水稻根系和秸秆 Cd 含量及其累积量；淹水条件下，水稻所受到的氧化胁迫最低，水稻的生长最好，干物质累积最多，连续淹水处理极显著地降低了水稻对 Cd 的吸收（表 6-29）。

表 6-29　水稻各部分 Cd 含量及积累量

Table 6-29　Cd concentration and uptake amount in different organs of rice

处理	秸秆 Cd /（$mg \cdot kg^{-1}$）	根系 /（$mg \cdot kg^{-1}$）	秸秆 Cd 累积量 /（$\mu g \cdot$盆$^{-1}$）	根 Cd 累积量 /（$\mu g \cdot$盆$^{-1}$）	水稻总 Cd 累积量 /（$\mu g \cdot$盆$^{-1}$）	转移系数 /%
淹水	0.201±0.020b	0.72±0.161b	7.49±0.60b	4.23±0.56b	11.9±0.6b	25.9
间歇灌溉	2.72±0.28a	8.73±1.18a	88.2±3.2a	36.4±4.4a	114±22a	31.4
湿润	2.74±0.31a	12.7±4.5a	95.1±4.5a	42.9±19.8a	138±23a	21.6

注：表中数据为平均值±标准差（n=3），同一列中不同字母表示差异显著（$P<0.05$）

（李鹏，2011）

Cd 由土壤向植物体内的转移主要受控于土壤中 Cd 的生物有效性，降低 Cd 在土壤中的生物有效性是减少作物对 Cd 吸收的关键，土壤 pH、Eh 是影响 Cd 生物有效性的重要因素。长期淹水处理的水稻体内 Cd 含量显著低于常规处理，主要是因为长期淹水各处理土壤 Cd 的生物有效性显著低于常规管理（李剑睿等，2014）。糙米和茎秆 Cd 分别降低了 52.3% 和 46.0%，下段茎秆的 Cd 含量显著大于上段茎秆（$P<0.05$），水稻叶与茎秆 Cd 含量相当，Cd 在水稻体内的含量是按照茎秆、叶、稻壳、稻米的顺序逐步递减的（图 6-12）。从常规管理到长期淹水，随着土壤淹水程度的提高，水稻地上各部位的 Cd 含量显著下降。

调节土壤的氧化还原电位，能有效地控制砷、铬等重金属的迁移，根据不同离子的生理活性特征，调节土壤的含水量，可改变重金属离子的形态，减轻变价重金属元素的生理毒性。例如，Cr 污染的土壤，将旱地改为水田，降低 Eh，减少 Cr^{3+}氧化为 Cr^{6+}的可能，降低了对环境的危害风险。As 污染的土壤，将水田改为旱地，可以降低 As 的毒性。

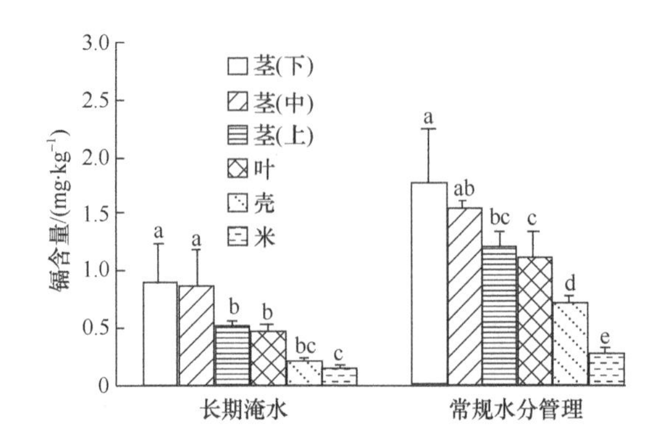

图 6-12 水稻地上各部位镉含量
Figure 6-12 Concentration of Cd in different parts of rice plant
图中不同字母表示差异显著（$P<0.05$）

（李剑睿，2014）

在旱地的条件下，As 以 As^{5+} 存在；而一般在 Eh 较低的条件下，As 以亚砷酸的形态存在，作物对 As^{3+}的吸收高于 As^{5+}，在一定条件下被 As 污染的土壤改种旱作，将有可能不会引起作物的污染。Hg 的情况与 As 类似，在 Hg 污染土壤上种植的水稻有明显的汞污染，但种植的小麦、玉米和高粱籽实汞含量相当低，与对照土壤的相应作物汞含量无明显差别。这些结果表明，土壤水分状况在降低重金属在作物体内的积累中起着重要作用。

第五节 非食用植物种植

在重金属轻度污染土壤上，利用非食用作物如经济作物棉花、苎麻等，工业用油料作物蓖麻、海甘蓝等，以及其他非食用作物如园林植物、花卉等，其体内吸收的重金属不进入食物链，同时还兼有经济效益，具有很好的应用前景，因而更易被接受和推广。

一、园林植物

在重金属轻度污染土壤上种植园林植物，把土壤修复与园林绿化结合起来，既修复了城市土壤重金属污染又美化环境。在轻度重金属污染的土壤上种植城市园林植物，既能长期、安全、有效地清除重金属和修复土壤结构，又能满足城市居民对绿地景观的审美要求，弥补了重金属超积累植物在经济价值和美学欣赏上的局限性（刘俊祥等，2009）。大部分园林植物，大多表现为根部的富集系数大于茎、叶的富集系数，这可能是植物对重金属污染的一种适应，把土壤中有害的重金属阻滞在根部。对于城市园林绿化植物来说，其大部分是木本植物，由于它们的生物量较草本植物大得多，在城市土壤重金属轻度污染土壤上，可以种植城市园林植物（马敏等，2012）。南方城市常见的三种园林绿化植物（杜鹃花、桂花、栀子花）对 6 种重金属元素（Mn、Zn、Cu、Ni、Cd、Pb）的总平均富集系数分别为 0.34、0.28、0.19（表 6-30）；杜鹃花对 6 种重金属的转移能力最大，总平均转移系数为 1.92，其次是桂花，总平均转移系数为 1.62，栀子花最小，总平均转移系数为 1.09（金文芬等，2009）。

表 6-30　三种园林植物不同器官对 6 种重金属的富集系数

Table 6-30　The enrichment coefficients of six heavy metal elements in different organs of three species

物种	器官	富集系数						
		Mn	Cu	Zn	Ni	Cd	Pb	平均值
杜鹃花	根	1.18	0.19	0.07	0.05	0.14	0.10	0.29
	茎	1.14	0.27	0.08	0.03	0.21	0.32	0.34
	叶	1.36	0.23	0.09	0.15	0.32	0.23	0.40
	平均	1.23	0.23	0.08	0.08	0.22	0.22	0.34
桂花	根	0.42	0.35	0.06	0.08	0.12	0.23	0.21
	茎	0.67	0.24	0.07	0.04	0.37	0.41	0.30
	叶	1.00	0.15	0.09	0.06	0.48	0.15	0.32
	平均	0.73	0.25	0.07	0.06	0.32	0.26	0.28
栀子花	根	0.36	0.24	0.07	0.10	0.15	0.19	0.19
	茎	0.20	0.25	0.07	0.05	0.16	0.38	0.19
	叶	0.37	0.24	0.08	0.05	0.16	0.33	0.21
	平均	0.31	0.24	0.07	0.07	0.15	0.30	0.19

（金文芬等，2009）

木本植物具有较高的重金属耐性，所以种植木本植物也可以起到利用土地的目的，由于木本植物一般不与食物链相连，对动物和人类的危害较小，植物收获后还可作为建筑和工业材料，并且可以起到绿化环境、净化空气的作用。同时，木本植物能够加强土壤或废弃地的稳定化，恢复污染地域的生态系统。不同树种富集重金属的能力显著不同，梓树、黄檗对铜富集能力较强，铺地柏、红皮云杉、小叶丁香对铅富集能力较强，紫丁香、胡桃楸对锌富集能力较强（表 6-31）（胡海辉和徐苏宁，2013）。

表 6-31　不同树种重金属的平均富集系数

Table 6-31　Heavy metal average enrichment coefficient of different tree species

树种	Cu	Pb	Zn
稠李（*Prunus padus*）	0.30	0.05	0.22
红皮云杉（*Picea koraienasis* Nakai）	0.17	0.13	0.37
胡桃楸（*Juglans Mandshurica* Maxim）	0.43	0.02	0.40
山楂（*Crataegus pinnatifida*）	0.20	0.08	0.39
梓树（*Catalpa ovata* G. Don.）	0.57	0.03	0.50
铺地柏（*Sabina procumbens*）	0.03	0.15	0.22
紫丁香（*Syringa oblata* L.）	0.32	0.03	0.43
海棠果（*Calophyllum inophyllum* L.）	0.49	0.02	0.38
山梨（*Pyrus ussuriensis* Maxim）	0.26	0.01	0.33
红瑞木（*Cornus alba* L.）	0.32	0.04	0.46
桧柏（*Sabina chinensis*）	0.29	0.07	0.38
小叶丁香（*Syringa microphylla*）	0.33	0.13	0.41
黄檗（*Phellodendron amurense* Rupr.）	0.49	0.01	0.19
水曲柳（*Fraxinus mandschurica* Rupr.）	0.40	0.02	0.19
文冠果（*Xanthoceras sorbifolia*）	0.36	0.01	0.29
暴马丁香（*Syringa reticulata* var. *amurensis*）	0.36	0.05	0.35

（胡海辉和徐苏宁，2013）

二、花卉植物

随着人们生活水平的提高及生活质量的改善，环境问题也越来越被大家所关注。花卉植物能够在美化环境的同时，阻隔重金属进入食物链。

1. 花卉植物的优势

花卉类植物除具备一般植物的特点外，还有以下优势：①花卉资源相当丰富、潜力巨大，这就使筛选工作有了坚实的基础；②在轻度重金属污染土壤上种植，能够美化环境和产生经济效益，一举两得；③花卉属观赏性植物，不会进入食物链，可减少对人体的危害；④花卉对人类健康也有着一定的作用，如花卉芳香油可抗菌，提高人体免疫力，可用于治疗疾病；⑤人类在长期的生产实践中积累了丰富的品种选育、花卉栽培及病虫害防治等经验。由此可见，在轻度污染土壤上种植花卉是完全可行的。

在重金属轻度污染土壤上种植花卉植物是污染土壤的主要利用方式。与其他农业措施结合，在污染土壤上的大面积应用，不仅可美化环境，而且可带来巨大的经济效益。今后转基因技术在花卉植物上的应用将是一个很有意义的课题，例如，Watanabe（2005）等将酵母金属硫蛋白基因的结构因子 CPUI 导入具有较大生物量的植物向日葵中，转基因的向日葵因此对土壤中的 Cd 具有了较强的耐性，同时具备了较大的生物量和较强的重金属耐性，即具备了植物修复的潜力。现代分子生物学的快速发展使利用转基因技术成为可能。

2. 耐重金属花卉的筛选

花卉植物物种繁多，盲目地以所有花卉为研究对象一一筛选是不科学的。因此，应首先根据各种花卉的特点及其本身生长习性，从中选取在重金属污染土壤上能正常生长的花卉物种进行研究。

花卉植物的根、茎、叶重金属含量在一定程度上可用来判断该植物是否可以作为筛选对象（刘家女，2007）。此外，生育期、抗倒性、抗病虫害、休眠期等也可作为选择依据的考虑因素，因为短的生育期、弱的休眠性有利于花卉植物的繁殖生长，强的抗病、虫能力有利于花卉植物在逆境中生长。模拟筛选条件的土壤盆栽试验是一种筛选耐性植物的有效方法。

花卉植物对重金属有一定程度的积累、转移作用。由于这些花卉植物生物量大、抗逆性强、生长迅速、分布广，可用花卉植物种植在轻度重金属污染土壤中，以改善和提高土壤质量。8 种花卉植物对重金属的积累能力大小顺序为 Cr＞Zn＞Cu＞Cd＞Pb（表 6-32），鸭脚木、金光变叶木、细叶鸡爪槭、胡椒木、金边梣叶槭根部 Cr 积累系数都大于 1，可用来修复被 Cr 污染的土壤（周霞等，2012）。

三、纤维植物

纤维植物指可为人类提供纤维的植物，是指植物体某一部分的纤维细胞特别发达，

表 6-32　花卉植物根、茎、叶中重金属含量

Table 6-32　Heavy metal contents in the roots，stems and leaves of different flowers

种类	器官	Cd	Cr	Cu	Zn	Pb
鸭脚木	叶	0.0649	0.643	10.8	78.7	1.2
	茎	0.108	0.909	20.2	138.7	1.43
	根	0.112	1.936	21.4	94.6	6.78
亮叶忍冬	叶	0.0472	0.657	11.7	75.5	1.47
	茎	0.211	0.803	22.6	99.7	4.38
	根	0.132	1.487	24.8	88.8	7.98
小叶黄杨	叶	0.0308	0.966	14.8	79.3	1.77
	茎	0.146	0.92	18.8	102.4	1.57
	根	0.0678	1.454	29.6	85.6	9.54
金叶假连翘	叶	0.248	0.889	9.2	98.4	2.88
	茎	0.23	0.938	14.9	78.2	1.47
	根	0.22	1.359	23.7	77.9	8.45
金光变叶木	叶	0.0455	0.91	15	56	2.44
	茎	0.133	1.072	15.6	80	1.69
	根	0.144	1.865	36.4	78.9	9.29
细叶鸡爪槭	叶	0.0924	1.059	18.1	117.6	1.13
	茎	0.147	1.04	16.5	41.2	2.46
	根	0.223	1.928	29.6	76.9	9.88
胡椒木	叶	0.0924	0.836	10.6	40.2	1.76
	茎	0.181	0.77	18.7	42.4	4.08
	根	0.117	1.852	31.8	92.3	9.36
金边梣叶槭	叶	0.166	0.737	9.7	56.1	2.22
	茎	0.208	0.996	21.2	60.2	3.16
	根	0.148	1.83	30.1	77.1	8.36

（周霞等，2012）

能够产生植物纤维，并作为主要用途而被利用的植物，它广泛地用作编织、造纸、纺织等方面的原材料，在重金属耐性方面研究较多的纤维植物是苎麻。

苎麻［*Boehmeria nivea*（L.）Gaudich.］，多年生宿根性草本植物。苎麻对土壤的适应性较强，平原、湖区、丘陵区、山区的各种土壤，都可种植苎麻。苎麻韧皮纤维是纺织工业的重要原料。此外，苎麻具有根系庞大、生物量大、抗逆性强、生长速度快等特点，在水土保持、土壤改良等方面起着重要的作用。

苎麻对 As、Hg、Cd 和 Pb 都有较强的耐性（韦朝阳等，2002；王欣等，2007；黄闺等，2013）。苎麻出麻率受土壤 Cd 污染影响较小。在轻度 Cd 污染土壤中种植苎麻可以防止 Cd 进入食物链，产生较好的经济和环境效益，应用前景良好。三个苎麻品种（中苎

1 号、湘苎 2 号、湘苎 3 号）均有较强的 Cd 耐受能力和富集能力（表 6-33），其中湘苎 3 号耐受 Cd 的能力最强。同时，苎麻还具有较好的经济效益且不进入食物链，是一种理想的重金属污染土壤农业利用的备选植物（曹晓玲等，2012）。

表 6-33　苎麻地上部对镉的吸收与累积特征

Table 6-33　Absorption and accumulation of Cd in the aboveground parts of ramie

镉浓度/（$mg·kg^{-1}$）	含量/（$mg·kg^{-1}$）			累积量/（$mg·kg^{-1}$）		
	中苎 1 号	湘苎 2 号	湘苎 3 号	中苎 1 号	湘苎 2 号	湘苎 3 号
0	8.3±0.4a	9.7±0.9a	11.2±0.9a	6.6±0.8d	8.5±0.7c	11.3±1.0c
5	18.1±0.7ab	19.5±0.1ab	23.3±1.8abc	14.1±0.9cd	12.6±0.5bc	21.2±2.7bc
10	25.0±2.1bc	24.2±2.2b	28.7±0.2bc	14.9±3.3cd	13.6±0.9bc	20.9±2.6bc
20	34.6±2.6c	40.0±5.0c	37.8±6.2c	19.9±3.8bc	19.0±1.7b	31.8±3.5b
35	49.4±4.4d	34.4±3.6c	36.9±4.9c	26.3±4.3ab	16.2±2.9bc	25.1±5.3bc
65	61.5±5.1e	43.4±0.8c	36.19±7.0c	34.0±0.4a	20.3±1.5b	25.1±4.7bc
100	56.5±5.2de	60.1±6.3d	61.5±9.6d	25.9±0.6b	28.9±5.7a	49.6±8.7a

（曹晓玲等，2012）

佘玮等（2012）在湖南安化利用苎麻修复镉污染农田，其中中苎 1 号原麻年产量可达 3450 $kg·hm^{-2}$，同时地上部能带走镉 0.28 $kg·hm^{-2}·a^{-1}$，若按当前湖南省苎麻原麻单价 6.8 元·kg^{-1} 计算，每公顷年收益约 2.3 万元，产生的经济效益可观。苎麻属于多年生作物，一年三季，生物产量大，省去了年年播种、栽培的费用，进一步降低了苎麻修复重金属污染土壤的成本。另外，用于修复重金属污染的苎麻，收割后除可利用其纤维外，还可用于造纸、建筑材料等工业用途，可产生更大的经济效益，并且不进入食物链，能有效降低重金属对人类及动物的毒害。

利用经济作物修复土壤重金属污染不仅不会使重金属通过食物链进入人体，还能在污染土壤上带来一定的经济利益，总体而言是一项很有潜力的农业利用方式，但是它也有一些在未来需要人类去研究和完善的问题。

（1）经济作物的筛选

对于经济作物的筛选首先要确定其不会进入食物链给人体造成影响，其次要求其对于重金属有较强的耐性，能够在被污染的土壤上正常地生长；最后则是其具有一定的经济价值，能产生经济效益和环境效益。不同作物对于不同重金属的耐性不同，不同作物在重金属单一污染和复合污染时对于重金属的耐性也不同，如何针对地区污染状况选择合适的经济作物是今后需要进一步探索的问题。

（2）经济作物残留部分的处理

经济作物在生长成熟后，重金属含量很少的器官被制作成为商品，而剩下所不需要的植株器官，特别是重金属含量大的部位如根、茎的处理方式成为了一个很严重的问题。如果能够从中回收重金属，则可以将重金属彻底从环境中带走并且具有一定的经济效益。

（3）环境友好型辅助措施的运用

在重金属轻度污染土壤上种植经济作物，为提高经济作物的产量，同时为了避免二次污染，通常利用环境友好型辅助措施，促进经济作物对重金属的吸收，减小其对环境的损害。

展　望

土壤中的重金属对生物的毒害作用与其在土壤中的迁移活动性及生物有效性有密切关系，而重金属本身的特性、土壤理化性质、农业措施及环境因素等均有可能促进或抑制其迁移活动性及生物有效性。就全国土壤重金属污染状况来说，除重点工矿区污染程度严重外，农田普遍仍处在轻度污染水平，因此，筛选出作物可食用部分对重金属具有低积累性的品种，种植在轻度重金属污染的土壤上，从而减少粮食的有毒有害重金属含量，采取土壤性质调控措施或农艺措施，降低土壤重金属有效性以减少现有栽培品种对重金属的吸收，是未来轻度重金属污染土壤农业利用的主要研究方向。

第七章　重金属中度污染土壤的植物修复

我国的耕地重金属污染非常严重，受重金属中度污染的耕地面积近 1000 万 hm^2，占 18 亿亩耕地的 8%以上，每年直接减少粮食产量约 100 亿 kg，重金属中度污染土壤的修复成为我国环境污染治理的重大任务之一。采用重金属富集植物与低积累作物间作的耕作模式，在正常开展农业生产的同时，开展重金属污染土壤治理，收获符合卫生标准的农产品，实现“边修复边生产”，切合我国人多地少的国情，在中度重金属污染的耕作区具有很强可行性与开发潜力。

本章主要介绍土壤重金属污染的物理、化学和生物修复方法的概念、类型、特点、机制、原则和基本方法，超富集植物的定义与特征，植物修复特征、机理及净化效率，超富集植物与作物间作修复农田中度重金属污染的模式，通过调控土壤性质提高重金属污染土壤植物修复效率的途径。

第一节　土壤重金属污染的修复

土壤重金属污染修复是指对重金属含量明显高于自然背景值并造成生态环境质量恶化现象的土壤，通过物理、化学、生物或几种方法联合，转移、吸收和转化土壤中的重金属，使其浓度降低到可接受水平，满足相应土地利用类型的要求。

土壤重金属污染修复的基本原理是将重金属去除或改变其在土壤中的存在形态，降低迁移性和生物可利用性。根据土壤的性质和重金属在土壤中赋存形态不同，目前重金属污染土壤治理和修复方法可分为物理法、化学法、生物学法、生态法和土壤农化调控法，或几种方法的联合。根据处理后土壤位置是否改变，污染土壤治理技术可分为原位（*in situ*）治理和异位（*ex situ*）治理。异位治理环境风险较低，见效快且系统处理预测性较高，但成本高、对环境扰动大。相对来说，原位治理则更为经济实用，操作简单。

本章介绍几种重要的土壤重金属污染修复技术的概念、类型、特点、机制、原则和基本方法。讨论和比较各种方法的优缺点与适用范围，展望重金属污染土壤治理的方法。

一、重金属污染土壤的物理修复

污染土壤的物理修复指用物理的方法进行污染土壤的修复，是最先发展起来的污染土壤修复技术之一。物理法实质就是采取工程措施修复污染土壤的方法，包括客土法、换土法、去表土、深耕翻土、隔离法、物理筛分修复、蒸汽浸提、固化/稳定化修复、玻璃化修复、电动力学修复和高温热解等。

物理修复对于污染严重、面积较小的土壤治理效果通常较为彻底、稳定，是一种治本措施，且适应性广，但其工程量较大，需要消耗大量的人力与财力等，投资成本高，容易导致土壤结构的破坏和肥力下降。因此，降低修复成本，减少二次污染的风险等是该方法亟待解决的问题。

1. 客土法

客土法是在被污染土壤表层加入大量非污染的干净土壤，或者将非污染土壤与污染土壤混匀，使得土壤中重金属浓度降低到临界危害浓度以下，从而达到减轻污染危害的目的。客入土壤的厚度应大于土壤耕层厚度，且应选择土壤有机质含量丰富的黏质土壤，有利于增加土壤环境容量，减少客土工程数量。受 Cd 污染的日本神通川流域采用客土法治理后，土壤中 Cd 基本消除，生产的糙米中 Cd 含量均为 0.4 $mg \cdot kg^{-1}$ 以下（杨居荣，1999）。湖南省石门雄黄矿区周边 As 污染农田中，通过客土 30～50 cm 并改种植水稻为旱作，治理后表层土壤 As 均为 10 $mg \cdot kg^{-1}$ 以下，且作物及农产品中 As 含量为 0.05 $mg \cdot kg^{-1}$ 以下（史建君，2005），多数研究认为客土厚度在 15～30 cm 就会产生很可观的效果。

2. 去表土法

去表土是根据重金属污染表层土的特性，耕作活化下层的土壤。吴燕玉等（1998）在张士污水灌溉区调查土壤剖面受 Cd 污染的土壤，发现 77%～86.6%土壤 Cd 累积在 30 cm 以上土层，尤以 0～5 cm、5～10 cm 内含量最高，去表土 15～30 cm 可使大米中 Cd 含量下降 50%左右。

3. 固化/稳定化修复

固化/稳定化技术（solidification/stabilization，简称 S/S 技术）是指防止或者降低污染土壤释放有害化学物质过程的一组修复技术，它是用物理/化学方法将污染物固定或包封在密实的惰性基材中，使其稳定化的一种过程。其原理是污染物与固定剂之间进行吸附、离子交换及沉淀以锁定土壤污染物。固化过程是将污染物通过化学转变或引入某种稳定的晶格中的过程，或将污染物用惰性材料加以包容的过程，或兼有上述两种过程。

常用固化/稳定剂有：水泥、石灰及黏土矿物、铁锰氧化物、炭质材料等（表 7-1）。固化/稳定化技术是少数几个能够原位修复金属污染介质的技术之一，具有的优点包括：①可以处理多种复合重金属污染；②费用低廉、易于操作；③加工设备容易转移；④所形成的固体毒性降低，稳定性增强；⑤凝结在固体中的微生物很难生长，不致破坏结块结构。

4. 电动修复

电动修复是指向重金属污染土壤中插入电极施加直流电压导致重金属离子在电场作用下进行电迁移、电渗漏、电泳等过程，使其在电极附近富集进而从溶液中导出并进行适当的物理和化学处理，实现污染土壤清洁的技术，分为电动力学修复和电热修复。

电动力学修复即通过电流的作用，在电场的作用下，土壤中的重金属离子和无机离子以电渗透和电迁移的方式向电极运输，然后进行集中收集处理。铅浓度为 15 900 $mg \cdot kg^{-1}$ 的土壤中，施加 23.78 V 的直流电 282 h，阳极区土壤 pH 降低，导致 $Pb(OH)_2$ 和 $PbCO_3$ 等沉淀溶解，铅的去除率大于 90%，而阴极区土壤中铅的浓度急剧上升。为了防止铅在阴

表 7-1 固化/稳定剂的研究与应用

Table 7-1 Research and application of solidification/stabilization agents

固化/稳定剂名称	重金属	固定效果
水泥、水泥+硅粉+粉煤灰+磨细矿渣+偏高岭土+碱激发剂、石膏+石灰+飞灰、水泥+粉煤灰+生石灰、粉煤灰+石灰等	As、Cd、Pb、Ni、Zn、Cr 等	发生水化反应，逐渐凝结和硬化，提高土壤 pH，通过包封、吸附或共沉淀重金属，使重金属转化为溶解度较低的氢氧化物或碳酸盐沉淀
骨灰+沸石、赤泥、黏土矿物、膨润土等	Cr、Pb、Zn、Cu、Hg 等	沸石通过离子交换吸附降低土壤中重金属的生物有效性。膨润土对重金属的吸附机理主要在于蒙脱石阳离子的交换吸附特性
沥青、聚乙烯等	Pb、Cr、Cd、Ni、Cu、Zn 等	加热后将污染物包裹起来，冷却后成型，在常温下形成坚硬的固体，具有良好的黏结性和化学稳定性
家禽粪便、秸秆、有机肥	Cd、Ni、Hg、Zn、Pb 等	与土壤中的离子发生交换反应，腐殖酸与金属离子发生络合（螯合）反应，降低重金属的有效态
硫酸亚铁、磷酸盐、磷酸二氢钙等	Cr、As、Cd、Pb、Ni、Zn 等	Fe^{2+}的强还原性可以将 Cr^{6+}还原为 Cr^{3+}，降低其在土壤中的生物毒性及迁移能力；磷酸盐主要是诱导重金属吸附、与重金属生成沉淀（张茜，2007）
三巯基均三嗪三钠盐（TMT）	Pb、Cd	单一使用 TMT［含 15 %（质量分数）TMT 的水溶液］为固定剂时，土壤中的有效态铅、镉去除率高于 60 %（张江生等，2014）
TMT-硫酸铁	As、Cd、Pb	使用 TMT-硫酸铁复配固定剂时，控制硫酸铁投加量为 35.7 $g{\cdot}kg^{-1}$，TMT 投加量为 0.04～0.1 $L{\cdot}kg^{-1}$，控制土壤含水量至田间持水量的 70%，固定 60 d，有效态铅、镉为 80%～90%甚至更高，有效态砷的去除率可达到 60%（张江生等，2014）
磷灰石、磷酸钙镁和磷酸二氢钙	Cd、Pb、Zn	处理 90 d 后的尾矿区场地，可利用态 Pb、Cd 和 Zn 分别下降 22%～81%、15%～31%和 12%～75%，相应地，卷心菜对 Pb、Cd 和 Zn 的吸收分别下降 16%～58%、16%～67%和 12%～73%
海泡石	Cd	显著地降低了土壤有效态 Cd 含量（$P<0.05$），可交换态 Cd 比例下降了 0.8%～3.8%，而残渣态 Cd 比例增加了 0.5%～9.8%；明显地促进菠菜生长，与对照相比，地上部和根部干重分别增加了 0.94～2.11 倍和 1.63～5.21 倍（孙约兵，2012）

（赵述华，2014）

极的沉淀，可以在阴极室中投加柠檬酸或乙酸，使迁移到阴极的 Pb^{2+}被移动到阴极室内而不被再次沉淀。通过控制污染物的流动方向去除重金属，土壤 Pb^{2+}、Cr^{3+}等重金属离子在砂土中的去除率可达 90%以上（郑喜坤，2002），采用电流 0.3 $mA{\cdot}cm^{-3}$，电极间距 1 m，阴极用硫酸进行控制的电动力学修复方法，处理 Cd 浓度为 882 $mg{\cdot}kg^{-1}$ 的 3.25 t 土壤 259 h，使 98.5%的 Cd 被去除。胡宏韬（2009）修复 Zn 和 Cu 单一污染的土壤，结果表明阳极附近土壤的 Zn 和 Cu 去除率分别达到 74.3%和 71.1%。采用电动修复技术对木材防腐剂铬化砷酸铜（CCA）污染土壤进行修复，可以去除 65%的 Cu、72%的 Cr 和 77%的 As，在 Pb 和 Cu 浓度分别为 300～1000 $mg{\cdot}kg^{-1}$ 和 500～1000 $mg{\cdot}kg^{-1}$ 的土壤每天通电 10 h，43 d 后 Pb 和 Cu 的去除率分别达到 70%和 80%（Buchireddy et al.，2009）。尹晋等（2008）利用电动修复不同价态铬，发现对于土壤中 1000 $mg{\cdot}kg^{-1}$ Cr（VI）的去除效果明显，总铬去除率达 59.7%；而对 1000 $mg{\cdot}kg^{-1}$ Cr（III）的去除效率较低，仅为 6.2%；Cr（III）和 Cr（VI）（各 500 $mg{\cdot}kg^{-1}$）同时污染的土壤，铬的去除率介于中间，为 18.7%。并且电动修复前后，Cr（VI）污染土壤各部分的弱酸可提取态铬由于迁移出土壤而减少，阳极的可氧化态铬增加。Cr（III）污染土壤在阴极和阴极附近的弱酸可提取态铬少量增加，电动修复基本上对重金属形态变化不产生影响。

电热修复即利用高频电压产生电磁波，产生热能，对土壤进行加热，使污染物从土壤颗粒内解吸出来，加快一些易挥发性重金属从土壤中分离，从而达到土壤修复的目的。电热修复主要用于被 Hg 和 Se 等重金属污染的土壤，另外，该技术可以把重金属污染区土壤置于高温、高压下，形成玻璃态物质，从而达到从根本上消除土壤重金属污染的目的。Kunkel 等（2006）研究表明，在温度低于土壤沸点的条件下原位加热可以去除污染土壤中 99.8%的 Hg。电热修复技术的一大缺陷就是耗能，加热土壤必须消耗大量的能量来提高修复效率，导致修复成本提高。近几年，随着电动修复技术的不断改进，目前不少研究者为了提高重金属的去除率，采用一些联合的修复技术，如将电动修复技术和可渗透反应格栅技术（permeable reactive barrier，PRB）结合起来。其原理是在外加电场的作用下，使土壤和地下水中的污染物定向迁移至渗透反应格栅并与其介质发生反应，从而较好地降低污染物的含量。

二、重金属污染土壤的化学修复

化学法修复重金属污染的土壤就是利用一些化学试剂，通过对重金属的吸附、氧化还原、拮抗或沉淀作用，与土壤中的重金属发生化学反应，以降低重金属的生物有效性，去除或钝化土壤中的重金属，降低土壤中重金属的活性，达到污染治理和修复的目的。根据技术和原理的不同，化学修复方法分为土壤淋洗、固化处理、改良剂法和电化学法等。化学修复是在土壤原位上进行的，简单易行，但并不是一种永久的修复措施，因为化学修复只改变重金属在土壤中存在的形态，金属仍保留在土壤中，容易再度活化危害植物。

1. 土壤化学淋洗

土壤化学淋洗即利用淋洗液把土壤固相中的重金属转移到土壤液相中，再把富含重金属的废水进一步回收处理的土壤修复方法。土壤淋洗方法以柱淋洗或堆积淋洗更为实际和经济，对该修复技术的商业化具有一定的促进作用。淋洗法可用于大面积、重度污染土壤的治理，尤其是在轻质土和砂质土中效果较好，但对渗透系数很低的土壤效果不太好。淋洗法的技术关键是寻找一种既能提取各种形态的重金属，又不破坏土壤结构的高效淋洗助剂。影响因素主要有淋洗剂种类、淋洗浓度、土壤性质、污染程度、污染物在土壤中的形态等。

目前，用于淋洗土壤的淋洗液较多，包括有机或无机酸、碱、盐和螯合剂。以 15 $mmol\cdot kg^{-1}$ EDTA 土壤的比例淋洗 Cu 污染土壤（400 $mg\cdot kg^{-1}$），总 Cu 含量降低 41%，主要淋洗形态是碳酸盐结合态、铁锰氧化物结合态和有机物结合态（Cdovic，2010）；EDTA 可明显降低土壤对铜的吸收率，吸收率和解吸率与 EDTA 加入量的对数呈显著负相关（吴龙华等，2006）。

土壤淋洗后淋洗液的处理技术是一个关键的技术问题，转移络合、离子置换和电化学法是目前主要采取的技术手段。采用电凝固法从 EDTA 淋洗污染土壤的淋洗液中回收重金属，可以去除污染土壤中 53%的 Pb、26%的 Zn 和 52%的 Cd（Pociecha and Lestan，

2010)。浓度为3%的皂角苷解吸矿渣时，Pb、Zn解吸率分别达到44.68%和98.35%，相同浓度皂角苷淋洗白银污灌土，Pb、Zn解吸率分别达到83.54%和20.34%。并且比较淋洗前后重金属形态的变化，发现Pb、Zn元素的可溶态、碳酸盐结合态减少均达50%以上，Pb残渣态也减少60%左右，并且重金属氧化物结合态和有机态含量也有减少(Mitch，2002)。采用柱淋洗法研究鼠李糖脂对沉积物上重金属的解吸，发现质量分数为0.5%的鼠李糖脂可去除18%的Zn；生物表面活性剂作为解吸剂不仅受重金属不同离子浓度、不同离子形态、pH和离子强度的影响，而且与供试的样品有关(Mulligan et al., 2011)。

土壤淋洗需添加昂贵的淋洗剂，人工螯合剂不但昂贵，而且生物降解性较差，在冲洗过程中若残留在土壤中很容易造成土壤二次污染，且淋洗液对地下水也有污染风险；此外，淋洗液在淋洗土壤重金属的同时也将植物必需的Ca和Mg等营养元素淋洗出根际，造成植物营养元素的缺失。冲洗剂最好选择自然来源的，如酒石酸、柠檬酸等，天然有机酸除了对土壤重金属有一定的清除能力外，其生物降解性也很好，对环境无污染（表7-2）。

表7-2 不同淋洗剂对不同重金属污染类型土壤的修复效果

Table 7-2 Remediation effects of different eluants on soils contaminated with heavy metals

淋洗剂	重金属	修复效果	参考文献
硝酸铵	Zn、Pb	随着淋洗次数的增加，淋洗液中Zn浓度下降，草酸铵随之浓度升高，下降幅度逐渐减小；淋洗液中的Pb浓度随淋洗剂浓度及淋洗次数的增加而增加，其中，草酸铵处理的增加较大	莫良玉等，2013
EDDS	Cd、Cu、Zn、Pb	EDDS在pH5.5的条件下，对Cd、Cu、Zn、Pb去除率最高，分别为52%、66%、64%、48%	孙涛等，2015
EDTA、EDDS	Cd、Pb	EDTA和EDDS对Cd的最高去除率分别为82%和46%；在5～30 mmol·L^{-1}，同一浓度下，对于Pb的去除效果，EDDS要高于EDTA	赵娜等，2011
柠檬酸	Cr	当淋洗量达到5.4个孔隙体积时，土壤总Cd去除率为29%，且土壤中主要污染物Cr的去除率达到51%	李丹丹等，2013
Texapon N-40、Tween80、Polafix CAPB	Cu、Ni、Zn、Cd、As	Texapon N-40对Cu、Ni、Zn的去除率分别为83%、82%和86%，Tween80对Cd、Zn、Cu的去除率分别为86%、85%和81%，Polafix CAPB对Ni、Zn、As的淋出率分别为79%、83%和49%	Torres et al., 2012
皂素	Cu、Pb、Zn	在酸性pH4.0的条件下，对Cu、Pb、Zn的最高去除率分别可达95%、98%和56%	Maity et al., 2013

用生物表面活性剂对矿渣土中重金属的解吸，发现添加三种表面活性剂（鼠李糖脂、皂角苷、CTAB）都能改变矿渣中对Pb和Zn的解吸量，对重金属Pb而言，生物表面活性剂能显著提高它们的解吸量，并随处理浓度的增加而增加，当鼠李糖脂和皂角苷处理浓度为7.5 g·L^{-1}时，解吸率分别是对照的29.16和13.29倍；化学表面活性剂CTAB不同浓度处理时，解吸量并不随着浓度增加而增加，当浓度为0.5 g·L^{-1}时解吸效果比其他处理好，是对照的3.53倍。总的来看，三种表面活性剂对Pb的解吸效果鼠李糖脂＞皂角苷＞CTAB（王吉秀等，2010）。

对重金属Zn而言，三种表面活性剂对Zn的解吸率都非常高，解吸量随着浓度增加而增加，表面活性剂CTAB、鼠李糖脂和皂角苷的处理浓度为7.5 g·L^{-1}时解吸量分别为对照的 4.4、4.5 和 4.6 倍；CTAB 和鼠李糖脂处理浓度为 5 g·L^{-1} 和 7.5 g·L^{-1} 时，解吸量的差异不显著，鼠李糖脂的不同处理浓度解吸率差异较显著。总的来看，生物表面活性剂鼠李糖脂和皂角苷及化学表面活性剂 CTAB 对 Zn 的解吸效率在高浓度处理时效果都很好，解吸量为 94.54～98.35 mg·kg^{-1}。

从表 7-3 还可以看出，Pb 和 Zn 的解吸量分别为 3.36～97.98 mg·kg^{-1}、21.39～98.35 mg·kg^{-1}，说明表面活性剂能用来强化矿渣中 Pb 和 Zn 的解吸。同条件下研究 Pb 和 Zn 的解吸，解吸率可能与处理的条件有关，如温度、酸度的控制及矿渣中 Pb 和 Zn 的不同形态等，并且在所有处理中，表面活性剂设置浓度对重金属的解吸率呈现不同的格局，说明表面活性剂浓度与 Pb 和 Zn 的吸附能力也有关。

表 7-3 三种表面活性剂对矿渣样中重金属解吸的效率

Table 7-3 Desorbing efficiency of heavy metals in slag with three surfactant treatment

表面活性剂处理	重金属的解吸量/（mg·kg^{-1}）	
	Pb	Zn
CK	3.36± 0.53（0.19）k	21.39± 0.14（2.84）i
十六烷基三甲基溴化铵 0.25 g·L^{-1}	3.69 ± 0.12（0.21）k	58.15 ± 1.68（3.62）g
十六烷基三甲基溴化铵 0.5 g·L^{-1}	11.79±0.08（0.67）g	59.23 ± 1.85（3.67）g
十六烷基三甲基溴化铵 5 g·L^{-1}	4.49 ± 0.59（0.26）j	92.60 ± 0.16（4.75）c
十六烷基三甲基溴化铵 7.5 g·L^{-1}	5.53 ± 0.39（0.32）i	94.54 ± 1.05（4.84）b
鼠李糖脂 0.25 g·L^{-1}	18.50 ± 5.64（0.77）e	39.70 ± 4.54（6.47）h
鼠李糖脂 0.5 g·L^{-1}	77.23 ±3.19（5.63）c	84.03 ± 8.28（10.84）e
鼠李糖脂 5 g·L^{-1}	91.35 ± 6.28（6.64）b	90.77 ± 7.08（9.30）d
鼠李糖脂 7.5 g·L^{-1}	97.98 ± 7.99（8.42）a	96.28 ± 7.95（9.47）ab
皂角苷 0.25 g·L^{-1}	6.50 ± 1.77（0.37）h	15.93 ±7.36（5.37）j
皂角苷 0.5 g·L^{-1}	10.80 ± 0.61（0.62）g	74.22 ± 3.52（8.07）f
皂角苷 5 g·L^{-1}	16.22 ± 4.15（0.93）f	95.22 ± 4.09（9.97）ab
皂角苷 7.5 g·L^{-1}	44.68 ± 4.09（2.55）d	98.35±3.52（10.2）a

注：表中数值为平均值±标准差（n=3），括号内数值为解吸率（%）；同列数据中的不同的字母表示有显著差异（P<0.05）

（王吉秀等，2010）

以上的研究只反映了重金属总量的变化，而土壤重金属的总量指标难以反映重金属的生物有效性，而重金属的有效量指标能够反映一定的生物有效性，其决定了重金属的生物毒性。因此，研究重金属的生物有效性对于修复重金属污染土壤是十分重要的，不同淋洗剂对重金属有效态的提取差异比较大（表 7-4）。

淋洗修复技术已有实际工程应用，但也存在一些问题：首先是在场地修复中，往往会有较多的淋洗剂吸附在土壤颗粒表面，增加了淋洗剂的投入量和修复成本；其次淋洗修复过程中必然存在重金属的吸附和解吸两种作用；再次是淋洗剂的选择，如何选择合适的淋洗剂对研究起到十分重要的作用，不同提取剂对同一种土壤的提取效果不同。因此，应当根据污染土壤类型选择适合的淋洗剂或不同淋洗剂组合，以期达到更好的去除效果。

表 7-4　不同淋洗剂对土壤中重金属有效性的影响

Table 7-4　Remediation effects of different eluants on soils contaminated with heavy metals

淋洗剂	重金属	有效态提取剂	修复效果	参考文献
EDTA	Cd、Zn、Pb	乙酸钠	超过 88%的有效态镉和铅被淋出，有效态锌下降了 71%	Jelusic et al.，2014
盐酸、Na_2EDTA	Cd、Pb	DTPA	盐酸可去除 50%的有效态镉；Na_2EDTA 可去除 78%的有效态镉和 43%的有效态铅，而两者复合淋洗剂对有效态镉和铅的去除率可分别达 87%和 73%	Yang et al.，2012
EDDS	Cu	氯化钙	添加 EDDS 后，种植菊花和黑麦草 28 d 后土壤中有效态铜分别降低了 82%和 68%	Yang et al.，2014
柠檬酸+Na_2EDTA+氯化钾	Cu、Cd、Zn、Pb	硝酸铵	用经过 pH 调节后的混合螯合剂淋洗土壤，东南景天生物量显著提高，有效态铜、镉、锌、铅显著低于原混合螯合剂和对照处理（蒸馏水）	郭晓方等，2011

（孙涛等，2015）

2. 化学固定

常用的化学固定剂有石灰、沸石、碳酸钙、磷酸盐、硅酸盐和促进还原作用的有机物质，不同改良剂对重金属的作用机理不同。施用石灰或碳酸钙主要是提高土壤 pH，促使土壤中 Cd、Cu、Hg、Zn 等元素形成氢氧化物或碳酸盐结合态盐类沉淀。如当土壤 pH＞6.5 时，Hg 就能形成氢氧化物或碳酸盐沉淀。在低浓度石灰水平下，土壤中有机质的主要官能团羟基和羧基与 OH^-反应促其带负电，土壤可变电荷增加，土壤有机结合态的重金属比较多；另外，Cd 与 CO_3^{2-}结合生成难溶的 $CdCO_3$。随着 pH 的增高其含量逐渐增加，在 pH 大于 5.5 时，黏土矿物和氧化物与重金属生成性质稳定的络合、螯合物，可见石灰是一种良好的化学改良剂，在沈阳张士污灌区的试验表明，每公顷土壤施用 1500～1875 kg 石灰，籽粒镉含量下降 50%。

对于磷酸盐和硅酸盐固化土壤重金属，一般认为该物质可使土壤中重金属形成难溶性的沉淀。向土壤中投放硅酸盐钢渣，对 Cd、Ni、Zn 离子具有吸附和共沉淀作用。水田土壤中的 Cd 以磷酸镉的形式沉淀，磷酸汞的溶解度也很小。Liu 等（2007）成功应用化学合成的磷酸铁纳米颗粒钝化了污染土壤中的 Pb，使土壤中水溶态、可交换态和碳酸盐结合态的 Pb 含量显著降低，促使 Pb 向残渣态转化。

沸石是碱金属或碱土金属的水化铝硅酸盐晶体，含有大量的三维晶体结构和很强的离子交换能力，从而能通过离子交换吸附和专性吸附降低土壤中重金属的有效性。有机物可促使重金属以硫化物的形式沉淀，同时有机物中的腐殖酸能与重金属离子形成络合或螯合物以降低其活性。

此外，利用一些对人体无害或有益的金属元素的拮抗作用，可以减少土壤中重金属元素的有效性，如重金属与 Sn、As、Zn、Cu 等元素具有拮抗性。为了减少土壤中重金属的有效态，可以利用一些对人体没有危害或有益的金属元素作为拮抗剂。在轻度污染的土壤中施用少量的重金属拮抗剂固定重金属元素，可以起到良好的防治作用。

3. 化学还原法

化学还原法主要指在受重金属污染的土壤上利用化学还原剂（如铁屑、硫酸亚铁、多硫化钙、亚硫酸氢钠、连二亚硫酸钠、硫化氢、二价铁或零价铁）将污染物还原成为难溶态，从而使污染物在土壤环境中的迁移能力和生物有效性降低或用其他一些化学还原剂改变重金属的价态，以利于减轻其毒性（张峰等，2012）。目前，主要有原位和异位化学还原技术，主要应用于变价金属 Cr、As 等的修复。

原位化学还原法是指在污染现场就地投加或注射化学还原剂作为电子供体，并在现场利用人工或机械设备对土壤进行有限的翻动搅拌，完成污染物与药剂的接触混合，从而通过氧化还原反应实现修复。2002～2003 年，在美国华盛顿州的某重金属污染场地，采用原位化学还原法处理场地污染源区域受 Cr（VI）污染的土壤，利用螺旋钻实现土壤的翻动及与还原剂（ECOBOND 的硫基）的混合，处理的污染土壤深度达 6～10 m。该项目共处理了约 16 000 m^3 受 Cr（VI）污染的土壤，Cr（VI）含量从最高时的 7500 $mg·kg^{-1}$ 降至低于 5 $mg·kg^{-1}$，有效实现了项目制定的 19 $mg·kg^{-1}$ 的修复目标（Jacobs et al.，2001）。

异位化学还原法是将受污染土壤从污染现场移至指定的防渗堆场或反应器内，在工程控制条件下通过投加适当的还原剂对受污染土壤进行处理，最后再将修复后的土壤回填至原处或送至其他地方。在英国格拉斯哥某场地，曾将异位化学还原法成功应用于 Cr 污染土壤的修复试验，地表下 3.5 m 深度内的约 100 t Cr 污染土壤被挖掘出来，并分批置于反应器中，通过一个转速为 6 $r·min^{-1}$ 的带状搅拌器与硫系专利还原剂进行搅拌混合，土壤中 86%的 Cr（VI）被还原成了 Cr（Ⅲ）。

原位化学还原技术不需要土壤挖掘和外运，对场地景观地貌和地面建筑影响小，且处理成本低，但实施周期较长，由于土壤的非均质性及搅拌等工程手段的限制，较难保证处理效果的一致性。异位化学还原技术可通过匀化、筛分、连续搅拌等工程控制手段来更好地实现处理效果，且修复周期短，但土壤挖掘和外运成本较高，对场地景观地貌和地面建筑影响较大，处理成本低。

三、生物修复

生物修复（bioremediation）是指利用生物的生命代谢活动，减少土壤环境中有毒有害物的浓度或使其完全无害化，从而使被污染的土壤环境能够部分或完全恢复到原初状态的过程。相同的表达有生物清除（bioelimination）、生物再生（bioreclamation）或生物净化（biopurification）。

与传统的化学修复、物理和工程修复等技术手段相比，它具有投资和维护成本低、操作简便、不造成二次污染，具有潜在或直接经济效益等优点。由于该方法更适应环境保护的要求，且效果好，易于操作，日益受到人们的重视和青睐。自 20 世纪 80 年代问世以来，生物修复已经成为国际学术界研究的热点问题，并且开始进入产业化初期阶段。无论是从投资成本，还是管理等方面考虑，采用生物修复技术都是一条非常适合我国国情的土壤污染治理途径。

1. 植物修复

植物修复（phytoremediation）技术是一种利用自然生长或遗传培育植物的吸收、降解、挥发、根滤、稳定、泵吸等作用，来去除土壤中的污染物，或使污染物固定以减轻其危害性，或使污染物转化为毒性较低化学形态的现场治理技术。根据其作用过程和机理，重金属污染土壤的植物修复技术可分为植物提取（phytoextraction）、植物挥发（phytovolatilization）和植物稳定（phytostabilization）三种类型。

（1）植物提取

植物提取是指利用超富集植物通过根系从土壤中吸取重金属，并将其转移、贮存到植物茎叶等地上部分，然后收割地上部分，通过连续种植超富集植物即可将土壤中的重金属降到可接受的水平。植物提取可分为两种策略：连续植物提取（continuous phytoextraction），以及用螯合剂辅助的植物提取（chelate assisted phytoextraction），或称为诱导性植物提取（induced phytocxtraction）。

连续植物提取依赖一些特异性植物（主要指超富集植物）在其整个生命周期能够吸收，转运和忍耐高含量的重金属。植物提取是最彻底、最有发展潜力的解决重金属污染的技术。例如，芥菜能够从土壤中吸收 Pb、Cu 和 Ni 等重金属物质并将其转移到地上部分，对重金属的吸收量通常能够达到自身干重的 1%～5%。这种方法不仅能够有效降低土壤中重金属污染物的含量，而且能够实现金属物质的回收利用，被认为是最经济有效的植物修复手段。

（2）植物挥发

植物挥发是利用植物根系分泌的一些特殊物质或微生物使土壤中的某些重金属转化为挥发形态，或者植物将某些重金属吸收到体内后将其转化为气态物质释放到环境空气中。花椰菜能够吸收土壤中的 Se 并将其以甲基硒酸盐的形式挥发，有效减少土壤中 Se 的含量。部分黄氏属植物能将土壤中的 Se 转化为二甲基二硒并挥发出植物体。将细菌的 Hg 还原酶基因转导入拟南芥中，获得的转基因植物的耐 Hg 毒能力大大提高，而且能将从土壤中吸收的 Hg 还原为挥发性的单质 Hg。然而，这些方法只是改变了污染物存在的介质，释放到大气中的污染物将产生二次污染问题，仍会对人体造成伤害，故对环境安全存在一定风险。

（3）植物稳定

植物稳定是通过耐重金属植物及其根际微生物的分泌作用，螯合、沉淀土壤中的重金属，以降低其生物有效性和移动性，达到固定、隔绝、阻止重金属进入食物链的途径和可能性，减少对环境和人类健康的危害。印度芥菜的根能使有毒的生物有效的 Cr^{6+}还原为低毒的、无生物有效性的 Cr^{3+}；一些植物可以降低土壤中 pH 的生物有效性，缓解 Pb 对环境中生物的毒害作用。植物还可通过根部分泌质子酸化土壤来溶解金属，低 pH 可以使与土壤结合的金属离子进入土壤溶液，改变污染物的化学形态。在此过程中，根际微生物也可能发挥作用，以微生物为媒介的腐殖化作用可能会提高金属的植物可利用性。但在稳定过程中，土壤中重金属的含量并没有减少，只是存在形态发生改变，当环境条件发生变化时，土壤中重金属可能会重新获得生物有效性。因此，这种方法不能彻底解决土壤中重金属污染问题。

土壤重金属污染往往呈现多种元素的复合性污染或重金属与有机污染物的复合污

染。一种修复方法往往只对部分污染物起作用，需要针对实际土壤中的复合污染情况，考虑修复效率、修复成本等因素，综合利用物理、化学和植物修复等方法，开展联合修复。

2. 动物修复

狭义的土壤动物是指整个生活史都在土壤中的动物，广义的土壤动物是生活史中的一个时期（或季节中某一时期）接触土壤表面或者在土壤中生活的动物。土壤动物修复就是在人工控制或自然条件下，利用广义的土壤动物及其肠道微生物，在污染土壤中生长、繁殖等活动过程中对污染物进行分解、消化和富集，从而使污染物减少或消除的一种生物修复技术（刘军，2009）。

蚯蚓和鼠类等土壤动物，通过摄食作用和扩散作用，能吸收土壤中的重金属，一定程度地降低污染土壤中重金属的含量。摄食作用是土壤污染物通过动物的吞食作用进入体内，并在内脏器官内完成吸收作用，扩散作用是污染物从土壤溶液经动物体表吸收进入体内。某些土壤动物对重金属有较强的富集作用，且随着土壤中重金属含量的增加，动物体内富集量增加，成较好的线性关系（郜红建等，2006）。

蚯蚓作为土壤环境中最常见的大型无脊椎动物，对土壤重金属活性产生着重要的影响，蚯蚓对土壤重金属污染修复有着极好的促进作用（唐浩等，2013）。采用室内接种法研究表明，赤子爱胜蚓对猪粪中的 Cu 和 Zn 具有一定的吸收能力，富集系数分别为 0.43 和 0.73（吴国英等，2009）。蚯蚓体对 Se 和 Cu 的最高富集量分别可达 33 215 和 136 719 $mg \cdot kg^{-1}$，分别相当于体重的 0.03% 和 0.12%，表明蚯蚓对重金属均有较强的富集能力（戈峰等，2002）。重金属在蚯蚓体内的富集量随土壤污染程度增加而上升，重污染区为中污染区的 2.27 倍，轻污染区的 7.30 倍；在 Pb 污染土壤中，随着 Pb 浓度的增加，蚯蚓体内的富集量增加，单位质量蚯蚓培养期内吸收 Pb 量与 Pb 浓度梯度表现出极显著差异（寇永纲等，2008）。室内模拟和大田试验证明蚯蚓对 Cd 的富集系数大于 1，对重金属富集能力为 Cd＞Hg＞As＞Zn＞Cu＞Pb。但是，蚯蚓活动也存在一定的环境风险，通过对流–弥散模型拟合研究表明，蚯蚓孔能够形成明显的优势流现象，增加了重金属污染地下水的风险（方婧等，2007）。

3. 微生物修复

微生物修复是利用微生物对某些重金属的吸收、沉积、氧化和还原等作用，减少植物摄取，从而降低重金属的毒性。在好气或厌气条件下，一些异养微生物可将 As^{5+}还原成 As^{3+}，可催化 Cr^{6+}还原成 Cr^{3+}，从而降低 As 的生物毒性。动胶菌、蓝细菌、硫酸还原菌及某些藻类，能够产生胞外聚合物，与重金属离子形成络合物，细菌产生的特殊酶能还原重金属，且对 Ni、Mn、Cd、Co、Pb、Cu 和 Zn 等有亲和力，某些细菌产生的酶能使镉形成难溶性磷酸盐；有些微生物能把剧毒的甲基汞降解为毒性小、可挥发的单质 Hg；且利用菌根吸收和固定重金属 Cd 和 Pb 取得了良好的效果。

微生物修复在具体实践中也有一定的局限性。微生物修复易受各种环境因素的影响，每种微生物菌株对影响生长和代谢的水分、温度、氧气、pH 和生物因子等都有一定的耐受范围，如果环境条件超出了所有定居微生物的耐受范围，微生物的修复作用就会停止。现场环境中的微生物可能由于难以适应环境或竞争而导致作用结果与实验结果有较大出入。此外，微生物修复土壤的能力有限，某些微生物只能降解特定类型污染物，只能修复小范围的污染土壤，并且有些情况下不能将污染物全部去除，还可能带来次生土壤污染问题。

第二节　农田土壤重金属污染的植物修复

植物修复是近年来发展起来的环境土壤污染治理修复技术之一。采用超富集植物修复重金属污染的土壤，当植物成熟收割后可带走土壤中的大量重金属，再进一步将重金属提纯为工业原料，达到了修复土壤及变废为宝的双重目的。考虑到既不耽搁农业生产，又能修复土壤，因此提出采用富集植物与作物间作修复模式，土壤修复和农业生产同时进行。

一、超富集植物的定义及标准

超富集植物（hyperaccumulator）的报道和研究有较长的历史（刘小梅等，2003）。最早报道是1583年，意大利植物学家Cesalpin首次发现在利托斯卡纳“黑色的岩石”上生长的特殊植物，能够超量吸收和积累重金属。土壤重金属超富集植物的研究可追溯到19世纪。1841年，Desvaux将这种特殊植物即十字花科庭芥属植物布氏香芥命名为*Alyssum bertolonii*。1848年，Minguzzi和Vergnano首次测定布氏香芥植物叶片中含Ni量高达7900 $mg \cdot kg^{-1}$。1885年，Baumann测定遏蓝菜属植物*Thlaspi calaminare*茎叶灰分中的ZnO含量达17%。1977年，德国科学家Brooks提出了重金属超富集植物的概念。

超富集植物是指从土壤中超量吸收重金属并能转移到地上的植物，一般认为超富集植物富集重金属含量超过一般植物100倍以上且不影响正常生理活动(Baker and Brooks，1989)。1983年Chaney提出了利用超富集植物清除土壤重金属污染的思想，指将某种特定的植物种植在重金属污染的土壤上，而该种植物对土壤中的污染元素具有特殊的吸收富集能力，将植物收获并进行妥善处理（如灰化回收）后可将重金属移出土体，达到污染治理与恢复生态的目的。1989年，Baker和Brooks重新定义了超富集植物，规定了各种重金属元素的最低富集含量（表7-5），且地上部分重金属含量大于地下部分本地植物就称为超富集植物。从超富集植物定义可知，对超富集植物的定义主要考虑两个因素，即植物体内的生物富集系数和转运系数分别＞1，未考虑到植物生物量的大小和从土壤转移到地上部分的量。

表7-5　超富集植物重金属临界含量

Table 7-5　The critical content of heavy metals in hyperaccumulators

重金属元素	临界含量/（$mg \cdot kg^{-1}$）	重金属元素	临界含量/（$mg \cdot kg^{-1}$）
Cd	100	Zn	10 000
Pb	1 000	Mn	10 000
Cu	1 000	As	1 000
Co	1 000	Cr	1 000
Ni	1 000	Hg	10

（Baker and Brooks，1989）

聂发辉（2005）提出了新的评价系数即生物富集系数，即给定生长期内单位面积上部分植物吸收的重金属总量与土壤含量之比。此系数的提出扩大了传统超富集植物的定义，使得富集质量分数未达某一水平，但生物量很大的植物也能作为超富集植物。

超富集植物至少应同时具有4个基本特征：①耐性特征（临界含量），耐性特征是指植物对重金属具有较强的耐性。植物体内含量是常规植物的10～500倍。其中对于人为控制实验条件下的植物来说，是指与对照相比，植物地上部生物量（茎、叶、籽实部分的干重之和）没有下降（魏树和等，2004）。广泛采用的参考值是植物茎或叶中重金属富集的临界含量，Zn和Mn为10 000 $mg \cdot kg^{-1}$，Pb、Cu、Ni、Co及As均为1000 $mg \cdot kg^{-1}$，Cd为100 $mg \cdot kg^{-1}$。②植物的富集系数（bioaccumulation factor，BCF）大于1，即植物体内该元素含量大于土壤中该元素的含量。富集系数=植物体内该元素含量/土壤中该元素的含量，即植株地上部和地下部重金属含量之和与土壤中该重金属含量之比大于1。富集系数越大，表示植物累积该种元素的能力越强。③植物的位移系数（translocation factor，TF）大于1，植物地上部分的含量高于根部。位移系数=植物地上部分该元素的含量/植物根部该元素的含量（韦朝阳等，2001）。位移系数用来表征某种重金属元素或化合物从植物根部到植物地上部的转移能力。位移系数越大，说明植物根部向地上部运输重金属元素或化合物的能力越强，对某种重金属元素或化合物位移系数大的植物显然利于植物提取修复。④超过临界含量10～500倍条件下，植物正常生长不受影响。

筛选为超富集植物必须满足三个基本特征（临界含量、转运系数和富集系数），同时还需要考虑植物的生长速度快、生长周期短、根系组织发达、地上部生物产量高、气候适应性强、抗病虫害能力强、种植管理技术、收割物后处理和管理技术及生物入侵的风险性等。根据土壤污染的复杂程度，最好能筛选出同时富集几种重金属的植物。

目前已被确认的超富集植物为700多种，它们广泛分布于植物界的45个科。目前世界公认的超富集植物主要集中在几种植物，如天蓝遏蓝菜（*Thlaspi caerulescens*）是世界公认的Zn、Cd超富集植物，也是研究最多的超富集植物。Brown等（1994）报道，天蓝遏蓝菜在土壤中Cd含量为1020 $mg \cdot kg^{-1}$土壤上生长5周后叶片中的Cd含量可能达到1800 $mg \cdot kg^{-1}$。Baker等（1994）调查发现，在污染土壤上自然生长的遏蓝菜地上部Zn含量为13 000～21 000 $mg \cdot kg^{-1}$，Cd平均含量为164 $mg \cdot kg^{-1}$。Brown等（1995）用水培试验发现，遏蓝菜地上部Zn和Cd含量分别可达33 600和1140 $mg \cdot kg^{-1}$。Lombi等（2000）研究表明，来自法国南部的两个天蓝遏蓝菜种群对Cd有很高的积累能力，地上部Cd含量可达2800 $mg \cdot kg^{-1}$，在水培条件下地上部Cd含量可达14 187 $mg \cdot kg^{-1}$。

蜈蚣草（*Pteris vittata* L.）是近年来研究比较多的一种As超富集植物。Ma等（2001）对美国佛罗里达州某一木材场铬化砷酸铜污染土壤上生长的14种植物进行了采样分析试验，结果发现在这14种植物中，蜈蚣草体内As含量为3280～4980 $mg \cdot kg^{-1}$。进一步研究表明，当土壤中As浓度为18.8～1603 $mg \cdot kg^{-1}$时，蜈蚣草羽片中As含量为1442～7526 $mg \cdot kg^{-1}$。在未污染区土壤中As浓度为0.47～7.56 $mg \cdot kg^{-1}$时，植物羽片As含量为11.8～64.0 $mg \cdot kg^{-1}$。水培试验表明，投加的砷酸钾浓度分别为50 $mg \cdot kg^{-1}$、500 $mg \cdot kg^{-1}$和1500 $mg \cdot kg^{-1}$时，两周后，植物羽片As含量分别为5131 $mg \cdot kg^{-1}$、7849 $mg \cdot kg^{-1}$和15 861 $mg \cdot kg^{-1}$。上述各试验中，植物地上部As含量均大于其根部As含量。陈同斌等（2002）通过采样分析方法，在湖南省石门县石门雄黄矿矿区采集了13个植物及其相应土壤样品，发现土壤中 As 总量为 50～23 400 mg·kg^{-1}，植物羽片中 As 含量为 120～1540 mg·kg^{-1}，羽片中 As 的富集系数为 0.07～7.42，且植物地上部 As 含量大于其根部 As 含量，植物未表现出毒害症状。将矿区植物及土壤样品带回进行温室试验表明，土壤中 As 含量为 660 mg·kg^{-1} 时，植物羽片 As 含量可达 5050 mg·kg^{-1}。Visoottiviseth 等（2002）在泰国某一矿区采集了 36 种植物样品，发现在土壤中 As 浓度为 810～1400 mg·kg^{-1} 时，蜈蚣草羽片 As 含量为 4240～6030 mg·kg^{-1}。韦朝阳等（2002）发现 As 的超累积植物大叶井口边草（*Pteris cretica*），最大 As 含量可达 694 mg·kg^{-1}，生物富集系数为 1.3～4.8。

刘威等（2003）发现宝山堇菜（*Viola baoshanensis*）是一种 Cd 超富集植物，土壤中总 Cd 浓度为 152～2587 mg·kg^{-1}，平均值为 663 mg·kg^{-1}；土壤中有效态 Cd 浓度为 18～288 mg·kg^{-1}，植物地上部 Cd 含量为 465～2310 mg·kg^{-1}，平均值为 1168 mg·kg^{-1}，地上部富集系数为 0.70～5.26，平均为 2.38，并且植物地上部 Cd 含量在 17 个样品中有 13 个大于根部 Cd 含量。利用 1/2 强度 Hoagland 营养液进行温室盆栽试验表明，在 0～30 mg·L^{-1} Cd 营养液中，宝山堇菜生物量随 Cd 浓度增加而增大，并在 Cd 浓度为 30 mg·L^{-1} 达最大，在 Cd 浓度为 50 mg·L^{-1} 时植物生长明显受到抑制，此时地上部 Cd 含量为 4825 mg·kg^{-1}。在所有处理中，植物地上部 Cd 含量均大于 Cd 根部，地上部 Cd 富集系数随营养液中 Cd 浓度的增大而减小。吴双桃等（2004）首次报道了土荆芥是一种 Pb 超富集植物，其体内 Pb 高达 3888 mg·kg^{-1}；将土荆芥培养在含有高浓度可溶性 Pb 的营养液中时，可使茎中 Pb 含量达到 1.5%。参照非污染环境中 Pb 5 mg·kg^{-1} 干重、Zn 100 mg·kg^{-1} 干重和 Cd 1 mg·kg^{-1} 干重的植物体内重金属含量（Shen and Liu，1998），Zu 等（2004，2005）在会泽铅锌矿区筛选出了 Pb/Zn 超累积植物小花南芥，Cd 超累积植物续断菊（表 7-6）。

二、超富集植物机理

超富集植物对重金属有很强的耐性和转运富集能力。在重金属浓度相对较高的土壤中，超富集植物的重金属浓度比普通植物高 10 倍甚至上百倍而不产生毒害作用，表明超累积植物对重金属具有持续向地上部运输并储存的能力。超富集植物怎样吸收、转运、累积重金属、解毒重金属毒害成为人们研究的重点，超富集植物在高浓度重金属胁迫下仍能维持正常的代谢过程，可能是由多基因控制的复杂过程，涉及重金属离子在根部区域的活化、吸收，地上部运输、贮存及耐性等方面。

本节主要从超富集植物对根际土壤重金属的活化、重金属由根部向地上部的转移和地上部对重金属的积累的过程阐述其净化效率。

（一）植物的根际效应

根系是植物与土壤进行离子交换，从环境中摄取养分和水分的主要器官，土壤中的重金属进入植物最重要的途径就是通过根系的吸收。一般植物只吸收水溶态和可交换态的重金属，有效态重金属的含量在土壤中是十分少的，因此能真正被植物吸收的部分很少。超累积植物根系不仅能感应环境中的有效元素，而且向环境中溢泌质子和离子并释放大量的有机物质，改变重金属的存在形态。

表 7-6 矿区植物根叶土壤中铅、锌和镉含量（mg·kg^{-1}），富集系数，转运系数和非矿区比较

Table 7-6 Pb，Zn and Cd hyperaccumulation in best-performing specimens（mg·kg^{-1}），shoot concentration time levels compared to plants from non-polluted environments，translocation factor and enrichment coefficient

重金属	植物样本编号	植物品种	茎叶	根	土壤	超过常规植物倍数	富集系数	位移系数
Pb	11	*Stellaria vestita* Kurz.（抱茎箐姑草）	3 141.2	7 456.5	6 507	620	0.48	0.42
	146	*Sonchus asper*（L.）Hill（续断菊）	2 193.7	4 560.8	2 880.2	439	0.76	0.48
	164	*Festuca ovina* L.（野生羊茅）	2 023.1	5 588.6	3 342.8	405	0.61	0.36
	167	*Arenaria rotumdifolia* Bieberstein（圆叶无心菜）	1 873.1	2 317.5	4 969.9	375	0.38	0.81
	166	*Arabis alpinal* var. *parviflora* Franch（小花南芥）	1 711.8	1 963.2	13 268	342	0.13	0.87
	38	*Oxalis corymbosa* DC.（红花酢浆草）	1 689.1	1 836.1	2 587.3	338	0.65	0.92
	145	*Eupatorium adenophorum* Spreng（紫茎泽兰）	1 436.6	1 845.8	3 205.8	287	0.45	0.78
	156	*Crisium chlorolepis* Petrak（藏大蓟）	1 198.8	629.3	4 455.6	240	0.27	1.9
	229	*Arabis alpinal* var. *parviflora* Franch	1 157.6	3 263.7	6 712.8	231	0.17	0.35
	175	*Taraxacum mongolicum* Hand-Mazz（蒲公英）	1 065	1 016.4	6 204.6	213	0.17	1.05
	151	*Elsholtzia polisa*（密花香薷）	1 015.4	1 341.4	5 664.4	203	0.18	0.76
Zn	125	*Incarvillea* sp.（鼠尾草）	7 004.3	6 050.1	8 755.3	70	0.8	1.16
	59	*Corydalis pterygopetala* Franch（滇黄堇系）	5 959.9	5 402.3	9 166.7	60	0.65	1.1
	188	*Arabis alpinal* var. *parviflora* Franch	5 632.8	4 508.7	13 032	56	0.43	1.25
	187	*Arabis alpinal* var. *parviflora* Franch	5 256.5	4 075.1	11 631	53	0.45	1.29
	146	*Sonchus asper*（L.）Hill	5 048.8	7 893.9	13 231	50	0.38	0.64
Cd	59	*Corydalis petrophila* Franch（岩生紫堇）	329.8	301.2	1 896	330	0.19	1.1
	107	*Corydalis pterygopetala* Hand-Mazz（翅瓣黄堇）	215	311.5	1 183.4	215	0.18	0.69
	109	*Potentilla fulgens* Wall（西南委陵菜）	214	320.1	815.5	214	0.26	0.67
	87	*Plantage erosa* Wall. In Roxb（粗丝木）	164.8	231.4	437.2	165	0.38	0.71
	105	*Picris hieracioides* L. subsp. *japonica* Krylv（毛连菜）	145.2	354.5	925.4	145	0.16	0.41

（Zu et al.，2005）

1. 超富集植物根系形态分布

重金属污染土壤中植物在长期的适应过程中，植物根系改变其生长形态来从污染的土壤中避免或者积极引进重金属（Keller et al.，2003；Schwartz et al.，2003）。例如，超富集植物 *Thlaspi caerulescens* 为了吸收金属，使根部在金属富集区域有效地生长（Schwartz et al.，1999）。重金属污染的土壤中超富集植物的细根在浓密根系统中占很大比例，能够加强对金属的吸收（Himmelbauer et al.，2005；Keller et al.，2003）。

超富集植物能耐受一定重金属胁迫，但达到一定浓度富集植物根系形态也会表现出不同程度的变化。唐秀梅等（2008）以龙葵为材料，水培法研究 0 mg·L^{-1}、10 mg·L^{-1}、

25 mg·L^{-1}、50 mg·L^{-1}和 100 mg·L^{-1}镉质量浓度下的根系形态，发现在处理 17 d 和 34 d，中低质量浓度（10～50 mg·L^{-1}）的镉促进龙葵根系生长，在处理 17 d 时其根长、体积均随镉质量浓度升高而增加；高质量浓度（100 mg·L^{-1}）的镉抑制根系生长，在处理 34 d 时其根长、体积和直径低于对照。随着镉处理时间的延长，10 mg·L^{-1}促进效果明显，表现为处理 34 d 时其根长、体积、直径均达到最大值，100 mg·L^{-1}抑制程度加剧，表现为其根长、体积、直径均急剧下降。

王吉秀（2014）研究铅锌超富集植物小花南芥与蚕豆间作根系形态的变化，Pb 胁迫条件下，间作体系蚕豆和小花南芥根系的总长度分别比对照增加了 13.79%和 33.43%，间作体系显著改变了径级为 1.5～3.5 根系的根长（表 7-7）。

表 7-7 小花南芥//蚕豆间作体系的根系长度（cm）

Table 7-7 Root length in the intercropping system of broad bean and *A. alpina*（cm）

处理模式	$d_1 \leq 0.5$	$0.5 < d_2 \leq 1.5$	$1.5 < d_3 \leq 2.5$	$2.5 < d_4 \leq 3.5$	$d_5 > 3.5$	平均根系长度	总的根系长度
蚕豆单作	942.67±79.50a	529.66±151.79a	2609.45±148.36b	635.89±147.08b	1009.33±139.67a	1145.31±842.68a	5726.56
蚕豆间作	905.33±114.28a	676.21±195.79a	2988.04±105.78a	1039.67±204.16a	907.46±177.27a	1303.33±950.79a	6516.66
小花南芥单作	54.6±8.86b	247.77±47.33b	34.69±5.91b	122.44±11.04a	41.12±8.45b	100.12±89.63a	500.62
小花南芥间作	79.34±10.22a	366.826±43.03a	52.68±6.44a	111.16±11.04a	58.97±8.45a	133.79±120.25a	668.97

（待发表）

Pb 胁迫条件下，间作体系下蚕豆根系表面积分布较均匀，间作下径级 $2.5 < d_4 \leq 3.5$ 区间表面积比单作显著下降了 66.31%，蚕豆间作径级在 $d_1 \leq 0.5$ 和 $1.5 < d_3 \leq 2.5$ 间表面积比单作显著增加。小花南芥单作在 5 个径级 $0.5 < d_2 \leq 1.5$、$1.5 < d_3 \leq 2.5$、$2.5 < d_4 \leq 3.5$、$d_5 > 3.5$ 区间间作与对照差异显著，增加 1.28～1.76 倍，间作体系促进小花南芥根系的生长（表 7-8）。

表 7-8 小花南芥//蚕豆间作体系的根系表面积（cm^2）

Table 7-8 Root surface-area（cm^2）in the intercropping system of broad bean and *A. alpina*

处理模式	$d_1 \leq 0.5$	$0.5 < d_2 \leq 1.5$	$1.5 < d_3 \leq 2.5$	$2.5 < d_4 \leq 3.5$	$d_5 > 3.5$	平均根系表面积	总的根系表面积
蚕豆单作	11.95±1.42a	13.68±2.10a	15.74±5.35b	41.07±7.07b	17.07±1.80a	18.05±6.65a	95.8
蚕豆间作	9.41±1.81b	14.79±2.52a	20.78±3.44a	25.88±5.41a	23.60±4.76a	20.94±13.46a	100.84
小花南芥单作	12.04±1.64a	6.39±2.98b	8.90±2.57b	18.01±2.34b	7.04±1.65b	9.63±4.71a	52.38
小花南芥间作	7.81±2.37a	11.24±4.10a	11.41±3.63a	28.75±5.24a	10.24±1.80a	14.74±7.86a	69.45

（待发表）

Pb 胁迫条件下，蚕豆间作体系下径级在 $d_1 \leq 0.5$、$1.5 < d_3 \leq 2.5$ 和 $2.5 < d_4 \leq 3.5$ 区间的根系体积与单作相比差异显著，分别增加了 2.1 倍、2.68 倍和 1.64 倍，总的根系体积增加了 1.56 倍。间作体系下根系体积比单作显著增加，主要影响蚕豆和小花南芥径级在 $1.5 < d_4 \leq 2.5$ 区间的根系生长状态（表 7-9）。

表 7-9 小花南芥//蚕豆间作体系的根系体积（cm^3）

Table 7-9 Root volume（cm^3）in the intercropping system of broad bean and *A. alpina*

处理模式	$d_1 \leqslant 0.5$	$0.5 < d_2 \leqslant 1.5$	$1.5 < d_3 \leqslant 2.5$	$2.5 < d_4 \leqslant 3.5$	$d_5 > 3.5$	平均根系体积	总的根系体积
蚕豆单作	0.18±0.12b	0.94±0.14a	0.84±0.21b	1.71±0.35b	0.74±0.56a	0.92±0.63b	4.41
蚕豆间作	0.38±0.29a	0.61±0.44a	2.25±0.75a	2.81±0.47a	0.81±0.25a	1.51±1.2a	6.86
小花南芥单作	0.06±0.05b	0.11±0.06a	0.05±0.02b	0.056±0.01b	0.11±0.09a	0.07±0.03b	0.386
小花南芥间作	0.17±0.08a	0.05±0.03a	0.16±0.11a	0.095±0.02a	0.09±0.03a	0.12±0.06a	1.485

（待发表）

续断菊与蚕豆间作的盆栽试验显示，随着土壤 Cd 浓度的增加，蚕豆根系投影面积没有明显变化趋势。间作的蚕豆根系投影面积高于单作蚕豆的根系体积。在 100 mg·kg^{-1} Cd 处理条件下，蚕豆和续断菊单作时根系均正常伸展，而在间作条件下，蚕豆偏向续断菊生长，尤其在下部偏移量增多（图 7-1），可能是由于续断菊净化周围土壤，使得蚕豆偏向净化土壤生长。下部偏移量增多有可能是因为营养分布不均匀，因为续断菊的根系较短，续断菊下部的营养没有被吸收，蚕豆根系向着营养丰富的土壤生长。

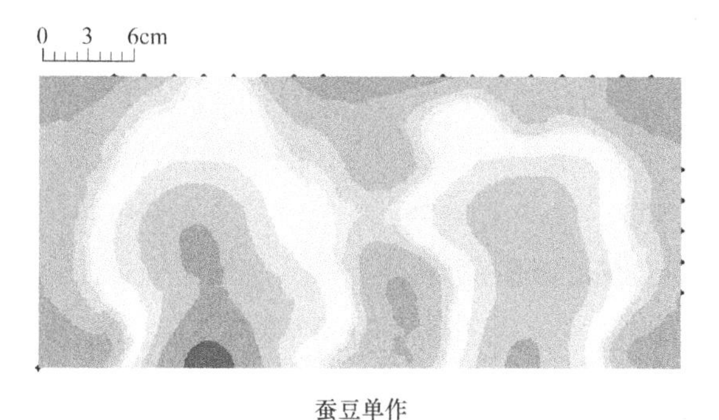

蚕豆单作

蚕豆//续断菊间作

续断菊单作

图 7-1 单作和间作续断菊、蚕豆根表面积分布图（扫描封底二维码可见彩图）

Figure 7-1 Root surface-area of broad bean and *S. asper* in monoculture and intercropping

（李博雅，2015）

由图 7-2 可以看出蚕豆单作时的根尖数分布均匀，同样，续断菊单作时根尖数在土壤各层也分布均匀。续断菊间作时蚕豆的根尖数较多分布在深层土壤，蚕豆的根尖数多偏向于续断菊方向。

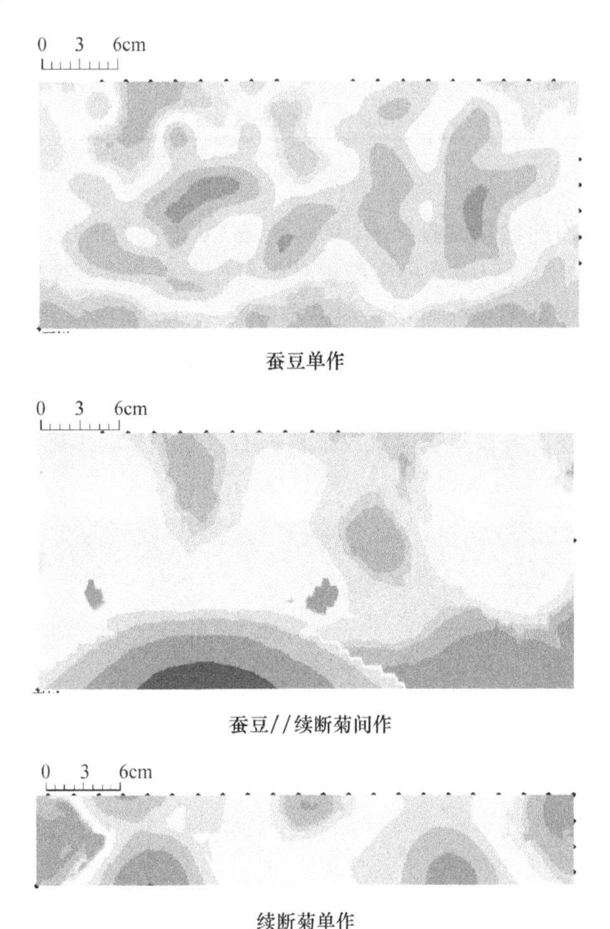

图 7-2　单作和间作续断菊、蚕豆根尖数分布图（扫描封底二维码可见彩图）
Figure 7-2　Root tips of broad bean and *S. asper* in monoculture and intercropping

（李博雅，2015）

由图 7-3 可以看出蚕豆单作时的根系分布向两边展开，蚕豆的根系主要分布在 5～15 cm 的土层，随着深度的增加，每层的根长呈减小趋势。而与续断菊间作时蚕豆根系则有向深层生长的趋势。续断菊的根系较小，根深较浅，主要分布在 0～5 cm 的土层。间作体系中，左侧为蚕豆，右侧为续断菊，从图中可知蚕豆与续断菊间作后上层根密度明显减小，向深层生长，下层根密度增大，根系总量增加，并且偏向续断菊方向生长。总之，续断菊与蚕豆间作后改善了蚕豆的根系生长状况，在同一个土壤层中，间作的根系各项指标均大于单作的根数量。间作根系活力大于单作，间作后蚕豆根长大于单作。

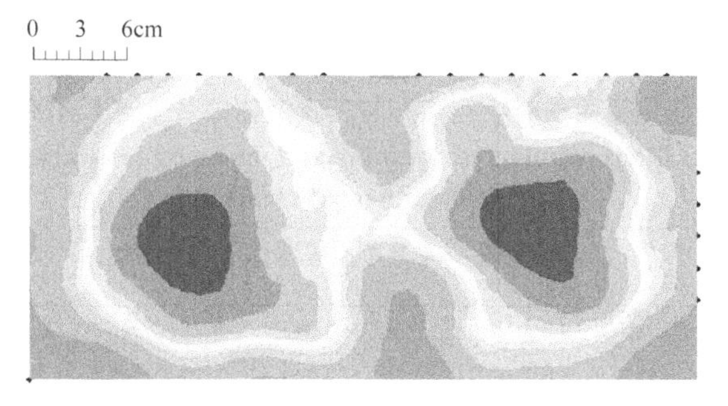

蚕豆单作

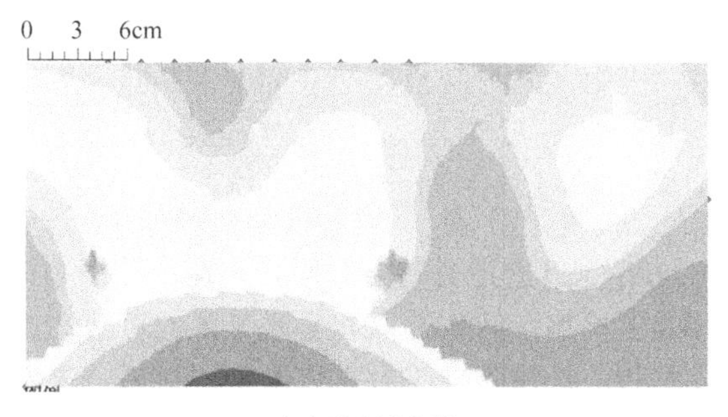

蚕豆//续断菊间作

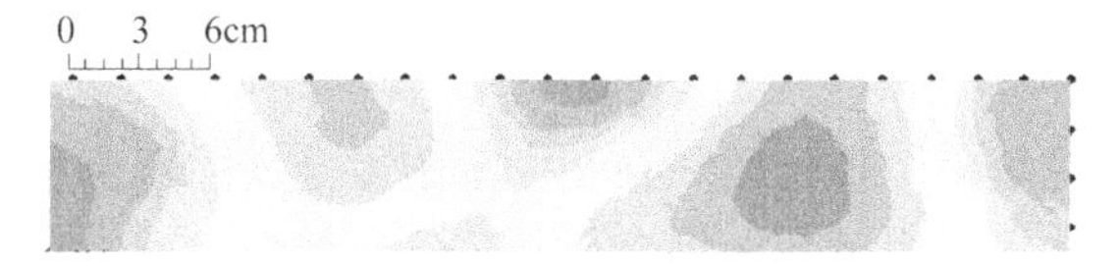

续断菊单作

图 7-3　盆栽单作和间作续断菊、蚕豆根长分布图（扫描封底二维码可见彩图）
Figure 7-3　Root length of of broad bean and *S. asper* in monoculture and intercropping

（李博雅，2015）

2. 根系分泌物活化土壤中的重金属

超富集植物的根系可以分泌一些物质，将土壤中难溶态的重金属进行活化和溶解，进而被根部吸收。同时，超富集植物可向根际分泌某种或某些特有的有机物或金属结合体，如低分子质量有机酸（low-molecular-weight organic acid，LMWOA）。一方面可被植物再吸收利用，促进了植物营养元素的物质循环和能量流动；另一方面使土壤的 pH 降低，显著活化了土壤中不溶态的重金属，促进金属的溶解和释放，提高金属的植物有效性，从而促进了超富集植物对土壤中重金属元素的吸收。

对单作与间作体系中小花南芥与玉米根系的 LMWOA 研究发现，单作玉米根系低分子质量有机酸为 5 种：草酸、柠檬酸、酒石酸、苹果酸和乙酸，间作分泌物除了单作的 5 种，还有乳酸；与单作相比，间作玉米根系草酸、柠檬酸、苹果酸和乙酸分泌量差异显著，分别增加了 2.7、2.0、2.3 和 18.0 倍。小花南芥单作与间作根系分泌物种类和数量差异显著。单作小花南芥根系分泌的低分子质量有机酸为草酸、柠檬酸和苹果酸，间作体系有草酸、柠檬酸、苹果酸、乙酸和乳酸。与单作相比，间作小花南芥根系草酸、柠檬酸和苹果酸分泌量显著增加，分别增加了 16.6、10.7 和 4.7 倍（表 7-10）。

表 7-10 铅胁迫下间作对小花南芥与玉米植物根系分泌 LMWOA 的影响

Table 7-10 Effects of intercropping of *A. alpine* and maize on low-molecular-weight organic acids under Pb stress

植物	处理模式	草酸/（mg·株$^{-1}$）	柠檬酸/（mg·株$^{-1}$）	酒石酸/（mg·株$^{-1}$）	苹果酸/（mg·株$^{-1}$）	乙酸/（mg·株$^{-1}$）	乳酸/（mg·株$^{-1}$）
玉米	单作	1.21±0.48b	3.50±1.10b	0.09±0.04a	0.78±0.22b	0.02±0.005b	—
	间作	3.23±0.86a	7.09±0.63a	0.31±0.24a	1.77±0.47a	0.36±0.13a	0.06±0.02
小花南芥	单作	0.12±0.04b	0.91±0.06b	—	0.06±0.02b	—	—
	间作	1.99±0.11a	3.31±0.85a	—	0.28±0.07a	0.03±0.007	0.09±0.01

注：平均值±标准偏差；同列中同种植物不同字母表示单作与间作处理具有显著差异（$P<0.05$），“—”表示未检出该物质

（王吉秀等，2015）

大田和盆栽试验中，Pb、Cd 胁迫条件下，间作小花南芥根系分泌的可溶性糖、游离氨基酸和草酸、酒石酸含量增加，间作蚕豆和玉米分泌的可溶性糖和游离氨基酸降低，有机酸组成和含量变化复杂，柠檬酸分泌量显著增加，根系分泌物改变可能改变了重金属的形态（王丹丹，2015）。

3. 根际微生物效应

在重金属污染的土壤中，植物根际存在大量耐重金属的真菌和细菌，这些根际微生物可以通过金属的氧化还原来改变土壤金属的生物有效性，或者是通过分泌生物表面活性剂，如有机酸、氨基酸和酶等来改变根际环境中重金属的毒性和生物有效性。如丛枝菌根真菌（AMF）与植物建立共生关系以后，主要通过 AMF 菌丝的直接和间接作用，影响植物根际环境和重金属生物有效性，影响植物对重金属的吸收和转运，实现强化重金属污染土壤植物修复的作用（祖艳群等，2015）。

（二）超累积植物体内重金属的转运与富集

根系吸收是重金属离子进入植物体内的第一步骤，无论是普通植物或是超富集植物，大部分金属离子都是通过专一或通用的离子载体（如转运蛋白）进入根细胞的。超富集植物对重金属的吸收主要是通过根系的被动吸收和主动吸收两种方式。被动吸收即重金属顺着浓度差或细胞膜的电化学势进入植物体内；主动吸收即以根表皮细胞膜上的转运蛋白或根系分泌的一些有机酸作为重金属的载体。重金属进入植物根部后，与植物体内的金属结合蛋白形成复合物，然后转运到各个器官。植物的木质部存在大量的有机酸和氨基酸，是重金属运输过程中的主要螯合物。超富集植物比普通植物的木质部具有更多的有机酸和氨基酸，它们能够与金属离子结合，降低重金属的毒性，促进重金属的运输。

超富集植物超量吸收可能还与其根部细胞具有较多的与重金属结合位点有关，即根系的细胞膜上分布较多重金属离子转运蛋白，从而提高根系从土壤溶液中吸收重金属离

子的能力。比较超富集植物 *Thlaspi caerulescens* 和非超富集植物 *Thlaspi arvense* 时发现两者的根系在 Zn^{2+}吸收的饱和吸附阶段具有相似的米氏常数（K_m），但两者的最大吸收速率（V_{max}）差异明显，前者是后者的 4.5 倍，进一步研究发现两种植物对 Zn^{2+}具有相似的亲和力，不同的是 *T. caerulescens* 在单位鲜重的根系细胞膜上分布更多的 Zn^{2+}转运蛋白，从而使植株具有对 Zn 的超积累特性（Lasat et al.，2000）。跨膜的金属转运蛋白在重金属的吸收、木质部的装载与卸载及液泡区室化作用中，可能起着决定性作用。此外，超富集植物对重金属的吸收有很强的选择性，只吸收和积累生长介质中一种或几种特异性金属。解释这种选择性积累的可能机制是：在金属跨根细胞进入根细胞共质体或跨木质部薄壁细胞的质膜装载进入木质部导管时，由专一性转运蛋白或通道蛋白调控。

超富集植物中有多种金属运载蛋白基因，这些基因的过量表达在重金属在细胞中的运输、分布和富集及提高植物的抗性方面发挥了重要作用，主要包括阳离子转运促进蛋白（cation diffuse facilitor proteins，CDF）家族、天然抗性巨噬细胞蛋白（natural resistance associated macrophage proteins，NRAMP）家族、锌铁蛋白（zinc and iron regulated transporter proteins，ZIP）家族等金属阳离子运载蛋白。

三、超富集植物对土壤重金属污染的净化效率

修复重金属污染的土壤，提高生产力，已成为我国农业可持续发展亟待解决的问题。目前对于利用超富集植物修复重金属中度污染土壤研究报道比较多，下面列举几种典型重金属污染土壤的植物修复效率。

1. 镉污染土壤的植物净化效率

通过实地采样或盆栽试验发现，虽然 Cd 在土壤中移动性强，但超富集植物对 Cd 的修复效率并不高（表 7-11）。其中，狗牙根对土壤中 Cd 的最大耐受限度高达 960 $mg·kg^{-1}$，说明狗牙根对土壤中的重金属 Cd 有一定的耐受性和去除作用，修复效率为 0.59%，续断菊效率最高，为 1.23%，而银合欢最低，为 0.004%。

表 7-11　植物对土壤 Cd 的去除率

Table 7-11　Removal rate of Cd in plant soil

土壤中含量/（$mg·kg^{-1}$）	植物种类	修复效率	参考文献
27.1	银合欢 *Leucaena leucocephala*	0.004%	湛方栋等，2014
100	续断菊 *Sonchus asper* L. Hill	1.23%	秦丽等，2012
5.04	狗牙根 *Bermuda Grass*	0.59%	莫福孝等，2014
3.11	皇竹草 *Pennisetum hydridum*	0.73%	林晓燕等，2015
1.31	巨菌草 *Pennisetum* sp.	0.09%	徐磊等，2014
1.01	遏蓝菜 *Thlaspi caerulescens* L.	0.93%	李贺，2013

2. 砷污染土壤的植物净化效率

自从发现凤尾蕨属植物蜈蚣草（*Pteris vittata* L.）可以超富集 As 以来，相继又报道发现了另外几种超富集植物，分别为澳大利亚粉叶蕨（*Pityrogramma calomelanos*）、欧洲

凤尾蕨（*Pteris cretica*）、大叶井口边草（*Pteris nervosa* Thunb）、金叉凤尾蕨（*Pteris fauriei*）、斜羽凤尾蕨（*Pteris oshimensis* Hieron）、紫轴凤尾蕨（*Pteris aspericaulis*）和凤尾草（*Pteris multifida* Poir）、*Pteris longifolia* 及 *Pteris umbrosa* 等，这些植物都具备超富集植物的特点（表 7-12），其中蜈蚣草以其生物量大、地上部富集 As 浓度较高，且转移能力较强等诸多优点成为超富集植物的研究重点，备受国内外学者的重视。

表 7-12　文献报道砷超累积植物的修复效率

Table 7-12　Remediation efficiency of the arsenic hyperaccumlators reported in literatures

植物种类	浓度/（$mg\cdot kg^{-1}$）	转移系数	参考文献
澳大利亚粉叶蕨 *Pityrogramma calomelanos*	16 413	＞1	Kachenko et al.，2007
大虎杖 *Reynoutriasachalinensis*	1 900	4.42	Kachenko et al.，2007
蜈蚣草 *Pteris vittata* L.	2 350～5 018	＞1	Bohdan et al.，2011
凤尾草 *Pteris multifida* Poir	＞1 000	＞1	Visoottiviseth et al.，2002
斜羽凤尾蕨 *Pteris oshimensis* Hieron	＞1 000	＞1	Visoottiviseth et al.，2002
大叶井口边草 *Pteris nervosa* Thunb	694	1～2.6	韦朝阳等，2008

叶文玲等（2014）通过盆栽试验研究砷（As）的超富集植物蜈蚣草对 As 污染土壤中 As 总量的吸收及形态分布的影响。由表 7-13 可以看出，蜈蚣草能将根部吸收的 As 大量转移至地上部。

施加适当磷肥可以提高蜈蚣草对 As 的修复效率（表 7-14），施用 200 $kg\cdot hm^{-2}$ 磷肥，As 累积量最高达 3.74 $kg\cdot hm^{-2}$，土壤 As 修复效率为 7.84%。田间实例研究表明，适量施

表 7-13　蜈蚣草各部位干重及 As 含量

Table 7-13　The dry biomass and As content in different parts of *Pteris vittata*

部位	干重/（g·盆$^{-1}$）	As 含量/（$mg\cdot kg^{-1}$）	As 总量/mg
羽叶	12.1±1.6	1050±34	12.7±0.054
叶柄	12.1±1.6	370±16	1.3±0.026
根	5.5±1.4	80±10	0.4±0.014

（叶文玲等，2014）

表 7-14　施磷对表层土壤（0～20 cm）As 含量变化和蜈蚣草修复效率的影响

Table 7-14　Effect of P applications on topsoil As concentrations and efficiency of As removed

施磷量/（$kg\cdot hm^{-2}$）	土壤砷/（$mg\cdot kg^{-1}$）		土壤有效砷/（$mg\cdot kg^{-1}$）		修复效率/%
	种植前	收获	种植前	收获	
0	58.0a*	56.6b	2.14a**	1.85b	2.31c
50	58.5a	57.2b	2.19a	2.02b	2.19c
100	69.8a	64.4b	2.21a	2.10a	7.67ab
200	63.9a	58.9b	2.61a	2.06a	7.84a
400	66.8a	62.0b	2.21b	2.47a	7.10ab
600	67.7a	63.2b	2.19b	2.76a	6.63b

*表示每个处理中种植前与收获后土壤砷和土壤有效砷存在的显著差异（$P<0.05$）；**表示各个处理的修复效率达到极显著差异（$P<0.01$）

（廖晓勇等，2004）

用磷肥明显促进蜈蚣草的生长，提高其 As 含量，增大 As 累积量，明显有利于 As 污染土壤修复，过量施磷不会进一步提高蜈蚣草产量，反而有降低 As 含量和 As 累积量的趋势，修复效率有所下降。施用磷肥可维持种植超富集植物前后土壤中有效态 As 的含量，保证下个生育期中植物对 As 的吸收。施用磷肥是蜈蚣草应用在现场修复中的必要措施，优化施磷技术能大幅度提高 As 污染土壤的植物修复效率。

蜈蚣草修复 As 污染的土壤已有大量的报道，这些报道一致认为，蜈蚣草对土壤中的 As 具有很强的吸收能力，并且能够将根部吸收的 As 大量转移至地上部，蜈蚣草的植物修复作用除了能降低土壤中 As 总量外，还能改变土壤中 As 的形态分布。有盆栽试验表明，蜈蚣草能去除土壤中 0.1%～26%的 As（Shelmerdine et al.，2009；Tu et al.，2002；Caille et al.，2004），蜈蚣草各部位 As 的含量羽叶、叶柄和根系分别为 120～1540、70～900 和 80～900 mg·kg^{-1}（Chen，2002），富集系数为 0.94～15.4（韦朝阳等，2008；Ye et al.，2011）。上述试验有的是盆栽，有的是野外采样测定数据，盆栽试验周期都比较短，如果在农田中连续种植蜈蚣草，土壤中 As 的有效性是否会继续发生改变，能否达到预期的效果，都有待做进一步的研究。

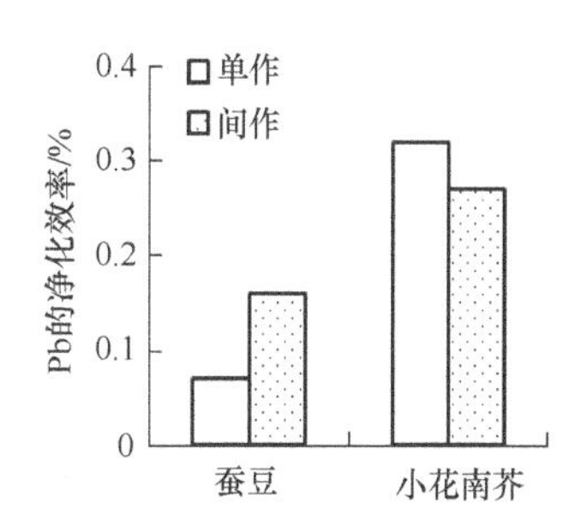

图 7-4　蚕豆和小花南芥的净化效率

Figure 7-4　The purification efficiency of broad bean and *A. alpine*

（陈兴，2015）

3. 铅污染土壤的植物净化效率

酸性大田土壤种植小花南芥，超累积植物小花南芥对 Pb 的净化效率在 0.32%左右（图 7-4）。

第三节　作物–超富集植物间作修复

在我国，对大面积受中、低度重金属污染的农田土壤休耕，进行植物修复是不现实的。随着超富集植物研究的深入，已有利用超富集植物与作物间作的重金属污染土壤修复模式，即在农业生产的同时进行重金属污染土壤治理，收获符合卫生标准的农产品，实现“边生产边修复”，切合我国国情。

一、作物–超富集植物间作的概念

作物–超富集植物间作指在同一田地上于同一生长期内，分行或分带相间种植一种作物和超富集重金属植物的种植方式。间作在生产上具有很多优点：①间作可提高土地利用率，由间作形成的作物复合群体可增加对阳光的截取与吸收，减少光能的浪费；②两种作物间作还可产生互补作用，如宽窄行间作或带状间作中的高秆作物有一定的边行优势，豆科与禾本科间作有利于补充土壤氮元素的消耗等；③与禾本科间作，促进禾本科植物对有机磷的吸收；④改善作物的铁营养状况；⑤减少病害和杂草，提高作物的生物量和粮食产量。但间作时不同作物之间也常存在着对阳光、水分、养分等的激烈竞争。因此对株型高矮不一、生育期长短稍有参差的作物进行合理搭配和在田间配置宽窄不等的种植行距，有助于提高间作效果。

目前对旱地、低产地、用人畜力耕作的田地及豆科、禾本科作物应用间作较多，关于间作在提高农业资源利用率、增加产量方面已有较深入的研究（Zhang and Li，2003）。近年来，间作对植物吸收重金属也有不少研究报道。间作主要是通过改变根系分泌物、土壤酶活性、土壤微生物、土壤 pH 等，这些对重金属存在形式产生作用效果的方面，间接地改变了土壤中重金属的有效性，从而最终影响到植物对重金属的吸收。

二、作物–超富集植物间作体系对植物重金属累积的影响

在重金属污染土壤上，普通作物间套作交互作用后影响作物吸收累积重金属等方面的研究报道比较多。对玉米和鹰嘴豆（黄益宗等，2006）、豌豆和大麦、玉米和豆科作物（Li et al.，2009）、油菜和白菜（Liu et al.，2007）等不同作物间作体系重金属吸收累积特征的研究发现，不同作物间作促进作物对土壤重金属的吸收，导致作物体内重金属含量超标，存在生产的农产品安全问题。例如，李凝玉等（2008）将眉豆、扁豆、鹰嘴豆、紫花苜蓿、油菜、籽粒苋和墨西哥玉米草等 7 种作物分别与玉米间作在人工镉污染土壤上，结果发现 4 种豆科作物大幅提高玉米对 Cd 的积累量，其中眉豆和鹰嘴豆效应最大，它们使玉米积累 Cd 总量分别达到玉米单作的 1.6 倍和 2.1 倍。玉米草和籽粒苋则降低了玉米对 Cd 的积累。7 种间作植物对 Cd 有不同的吸收水平，其中，油菜与籽粒苋可大量积累 Cd。

利用重金属富集植物间作，如 Wieshammer 等（2007）利用深根的 Cd、Zn 富集植物柳树和矮小浅根的拟南芥间作，并没有增加植物对 Cd 和 Zn 的提取效率，可能是因为水、营养和污染物的竞争吸收及杂草；Chen 等（2009）报道超富集 Zn、Cd 的蕨类植物蹄盖蕨和另外一个 Zn、Cd 富集植物 *Arabis flagellosa* 间作（Chen et al.，2009）也不能提高植物提取效率，可能两种富集植物存在对 Zn/Cd 的竞争吸收。因此，富集植物之间存在对重金属的竞争作用导致不能提高富集植物对土壤重金属的修复效率。

依据富集植物吸收累积重金属的特性，开展富集植物与作物间作体系研究，发现 Zn 富集植物遏蓝菜与大麦种植在一起，减少了大麦对 Zn 的吸收（Gove et al.，2002）。秦欢等（2012）采用土壤盆栽试验，研究砷（As）超富集植物大叶井口边草与玉米品种云瑞 6 号、云瑞 8 号、云瑞 88 号间作对其吸收积累重金属的影响。结果表明，大叶井口边草与玉米间作显著提高了大叶井口边草地上部和根部对 As、Cd 的吸收，同时显著降低了地上部对 Pb 的吸收，而地下部对 Pb 的吸收却有明显增加，尤其以云瑞 8 号的间作效应最显著。与单作相比，间作能显著提高玉米各器官重金属含量，只有云瑞 88 号的茎中 As 含量明显降低，由单作的 310.89 $mg·kg^{-1}$ 降低至间作的 145.86 $mg·kg^{-1}$。这说明大叶井口边草与玉米云瑞 8 号间作可提高修复 As、Cd、Pb 污染土壤的效率。印度芥菜和苜蓿间作提高印度芥菜地上部 Cd 含量，并降低苜蓿地上部 Cd 含量（李新博等，2009）。东南景天和玉米间作，显著提高富集植物东南景天的生物量，促进东南景天对 Zn 和 Cd 的吸收，明显提高东南景天的修复效率，降低玉米对重金属的吸收，收获的玉米重金属含量不超标。吴启堂等将东南景天和高富集 K 的芋头品种套种在一起处理城市污泥，可以将有害元素和营养元素 K 实现绿色分离，收获的芋头可以作为有机钾肥（Wu et al.，

2007；Xiao et al.，2005；黑亮等，2007；蒋成爱等，2009）。可见，选择植物的种类时要注意植物间的搭配。作物间作或富集植物间作这两种间作模式，在土壤重金属污染治理方面难于达到较理想的效果，因此，近年来，多数学者在探索超富集植物与作物间作模式，以下列举几项研究的进展。

1. 镉超富集植物与作物间作

前期的研究发现，叶菜类蔬菜，如菜心、白菜等，与富集植物油菜间作是不可行的，如镉超富集植物油菜与中国白菜间作在一起，降低了中国白菜对 Cd 的提取量，但白菜镉浓度仍超过蔬菜安全标准（Su et al.，2008）。在 10 $mg \cdot kg^{-1}$ 和 20 $mg \cdot kg^{-1}$ 的 Cd 处理土壤上，与油菜中油杂 1 号套种的小白菜有较高的地上部生物量和较低的 Cd 累积量，油菜可以减轻 Cd 对小白菜的毒性，但小白菜的 Cd 浓度也是比较高的（Liu et al.，2007）。张广鑫等（2013）提出在土壤受到中度或者轻度重金属污染的情况下尽量不要种植叶菜类及块茎类植物，应该种植那些可以食用部分所累积重金属污染物少的植物，如种植瓜果类、果树等，这样做的主要目的就是对农作物中所含重金属浓度予以有效降低。因此，在选的过程中要尽量选择那些可以食用部分所累积重金属污染物少的品种，这是一种能够在很大程度上使受到重金属污染的土壤重新获得生产潜力的方法，我们能够在实际的运用中将超富集植物与低累积重金属作物相互种植在一起，从而能够实现修复土壤的目的，并且能够使收获的果实达到我国相关卫生标准的要求。

不同 Cd 浓度（0 $mg \cdot kg^{-1}$、50 $mg \cdot kg^{-1}$、100 $mg \cdot kg^{-1}$、200 $mg \cdot kg^{-1}$）对续断菊与玉米间作条件下两种植物 Cd 吸收积累的影响（秦丽等，2013）表明：与单作续断菊和玉米相比，间作使续断菊生物量提高了 4.8%～64.9% ，玉米生物量提高了 4%～33%。间作续断菊体内 Cd 含量较单作提高了 31.4%～79.7%（100 $mg \cdot kg^{-1}$ Cd 处理除外）。与单作相比，在土壤 Cd 含量为 50～200 $mg \cdot kg^{-1}$ 时，间作使玉米体内 Cd 含量降低了 18.9%～49.6%。单作时，续断菊地上部和根部 Cd 含量都与土壤可溶态 Cd 含量呈显著正相关，相关系数分别为 0.962 和 0.976；间作条件下，玉米根、茎、叶中 Cd 含量均与土壤可溶态 Cd 含量显著正相关，相关系数分别为 0.991、0.959 和 0.977。表 7-15 除对照外，间作使玉米 Cd 有效转运系数降低，三个 Cd 浓度下分别比单作降低了 21%、71%和 25%。不论是单作还是间作，续断菊 Cd 转运系数都高于玉米。研究结果表明，续断菊和玉米间作促进了续断菊对土壤中 Cd 的吸收和积累，同时抑制了玉米体内 Cd 的积累量。

表 7-15　镉胁迫下续断菊和玉米的镉转运系数

Table 7-15　Cd transport coefficients of *Sonchus asper* L. Hill and maize under Cd stress

镉浓度/（$mg.kg^{-1}$）	续断菊单作		续断菊间作		玉米单作		玉米间作	
	转运系数	有效转运系数	转运系数	有效转运系数	转运系数	有效转运系数	转运系数	有效转运系数
0	1.1	3.5	0.5	0.8	0	0	1.3	3.4
50	1.5	5.5	0.8	2.1	1.1	3.3	0.6	2.6
100	0.7	3	0.8	3.1	0.7	3.8	0.4	1.1
200	1.4	5.3	0.8	6	0.3	0.8	0.4	0.6

（秦丽等，2013）

秦丽等（2013）研究结果显示，Cd 的超富集植物续断菊与玉米间作后，续断菊在大量吸收镉的同时，抑制了玉米对镉的吸收，进一步揭示间作后土壤中可溶态 Cd 与植物体内 Cd 富集存在显著相关性，但对于间作条件下土壤可溶态 Cd 增加的原因及超富集植物更多富集机理仍然需要深入研究。

为了证明玉米与续断菊间作的修复效果，进一步进行了大田试验（谭建波等，2015），结果发现，玉米各部位 Cd 质量分数由拔节期向成熟期呈递减规律，成熟期间作玉米根茎叶 Cd 质量分数相对于拔节期分别降低了 24.51%、29.06%、55.32%，成熟期单作玉米根茎叶 Cd 质量分数相对于拔节期分别降低了 22.05%、7.20%、45.02%，同一部位，间作 Cd 质量分数下降大于单作（图 7-5）。

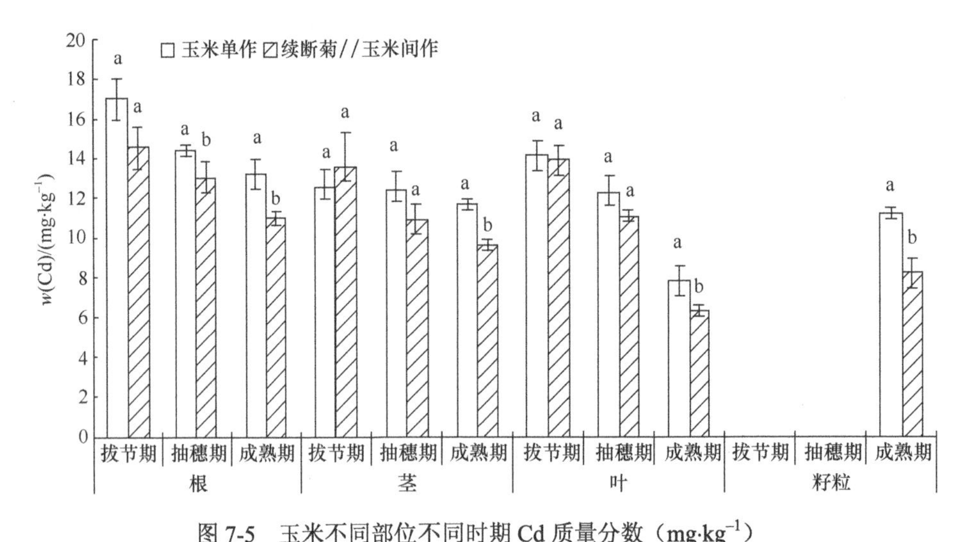

图 7-5 玉米不同部位不同时期 Cd 质量分数（$mg·kg^{-1}$）

Figure 7-5 Cd contents of different parts of *Z. mays* in different growth periods（$mg·kg^{-1}$）

（谭建波等，2015）

拔节期，单作与间作玉米 Cd 质量分数分布均为：根＞叶＞茎，间作玉米根茎叶之间没有差异性，而单作玉米的根部 Cd 质量分数显著大于茎叶部分，且间作玉米根茎叶平均 Cd 质量分数 13.97 $mg·kg^{-1}$，小于单作平均 Cd 质量分数 14.54 $mg·kg^{-1}$；抽穗期，间作玉米 Cd 质量分数分布为：根＞叶＞茎，单作分布为：根＞茎＞叶，均是根部 Cd 质量分数显著大于茎叶部分，且间作玉米根茎叶平均 Cd 质量分数 10.41 $mg·kg^{-1}$，小于单作平均 Cd 质量分数 11.90 $mg·kg^{-1}$；成熟期，单作与间作玉米根、茎、叶、籽粒 Cd 质量分数差异显著，大小顺序为：根＞茎＞籽粒＞叶，且间作玉米根茎叶籽粒平均 Cd 质量分数 8.74 $mg·kg^{-1}$，小于单作平均 Cd 质量分数 10.94 $mg·kg^{-1}$。

玉米与续断菊大田间作下，间作与单作续断菊根部、地上部 Cd 质量分数从拔节期到成熟期呈现增加趋势，间作续断菊根部与地上部 Cd 质量分数分别增加 16.88 $mg·kg^{-1}$、15.45 $mg·kg^{-1}$，单作续断菊根部与地上部 Cd 质量分数分别增加 5.5 $mg·kg^{-1}$、10.09 $mg·kg^{-1}$，间作根部、地上部 Cd 质量分数增加量大于单作（图 7-6）。在拔节期、成熟期，单作与间作续断菊 Cd 质量分数分布均是地上部显著大于根部。

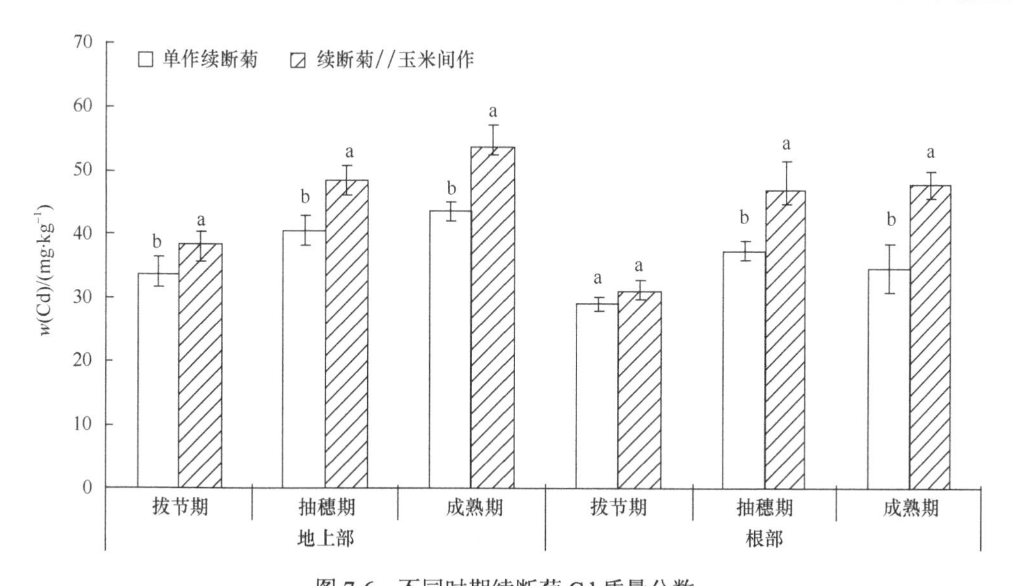

图 7-6　不同时期续断菊 Cd 质量分数

Figure 7-6　Cd contents of *S. asper* in different growth periods

（谭建波等，2015）

印度芥菜和苜蓿间作条件下，单作和间作苜蓿 Cd 含量均超过饲料卫生限定标准，但间作种植方式仍然使苜蓿地上部 Cd 含量较单作降低了 2.8%～48.3%，印度芥菜地上部 Cd 含量也较单作降低了 1.1%～48.6%。在土壤 Cd 浓度为 10.37 $mg \cdot kg^{-1}$ 时，间作印度芥菜 Cd 转运系数比单作提高了 6%，其余浓度下则降低了 5%～27%，在土壤 Cd 浓度为 5.37～20.37 $mg \cdot kg^{-1}$ 时，间作苜蓿 Cd 转运系数比单作降低了 30%～46%。表明印度芥菜和苜蓿间作的种植方式能够降低植物从地下部向地上部运输 Cd 的能力。不论单作还是间作，印度芥菜 Cd 转运系数都远高于苜蓿，可见印度芥菜有较强的 Cd 转运能力（李新博等，2009）。

2. 锌超富集植物与作物间作

由于选择的超富集植物、作物、研究方法、种植模式等不相同，得到的结果也存在很大差异。Gove 等（2002）报道遏蓝菜与大麦种植在一起，减少了大麦对 Zn 的吸收。黑亮等（2007）将东南景天与低累积作物玉米套种在污泥上，发现与超富集东南景天单独种植相比，套种显著提高了超富集东南景天提取 Zn 的效率，Zn 含量达 9910 $mg \cdot kg^{-1}$，是单种的 1.5 倍（表 7-16），而且生产出的玉米籽粒重金属含量符合食品和饲料卫生标准，处理后的污泥生物稳定性明显提高。利用室内盆栽试验初步研究了两种植物根系相互作用的机理，超富集东南景天和玉米半透膜隔开的盆栽套种试验也显示，在套种条件下，玉米促进超富集东南景天吸收更多的重金属的部分原因是玉米根系降低溶液 pH 和提高水溶性有机物（DOC）及 Zn/Cd 浓度，从而可向超富集东南景天一侧输送更多的水溶态 Zn/Cd。然而，对于 DOC 中起主要作用的成分及溶液 pH 降低的作用因素，需要更深入地进行研究。

表 7-16 不同种植处理东南景天中重金属的含量（$mg \cdot kg^{-1}$）

Table 7-16 Heavy metal contents in *Sedum alfredii* for different plant treatments in the plot experiment（$mg \cdot kg^{-1}$）

植物处理	Zn	Cu	Cd
超富集东南景天	6538.3±264.9b	8.6±0.6b	8.6±0.1b
非富集东南景天	421.9±38.8c	12.7±0.5a	0.8±0.03c
套种超富集东南景天	9910.3±446.7a	8.6±0.7b	15.4±1.1a
套种非富集东南景天	421.2±0.9c	13.1±0.3a	0.9±0.01c

注：数据是平均值±标准误（n=3）。根据 Duncan 氏检验，同列中不同字母表示不同种植处理具有显著差异（$P<0.05$）

（黑亮等，2007）

周建利等（2014）为了检验重金属污染土壤间套种修复技术的长期实际应用效果，在大田条件下将东南景天与玉米间套种，并设置加入柠檬酸与 EDTA 混合添加剂的处理，以及单种东南景天作为对照，通过 5 次田间试验（约三年），连续监测植物产量、重金属含量及土壤重金属变化情况。结果表明，各处理土壤 Cd、Zn 随着试验的进行逐步下降，套种和套种+混合添加剂处理经过 5 次种植后土壤达到国家土壤环境质量二级标准，土壤 Cd 从 1.21～1.27 $mg \cdot kg^{-1}$ 降为 0.29～0.30 $mg \cdot kg^{-1}$，Zn 从 280～311 $mg \cdot kg^{-1}$ 降为 196～199 $mg \cdot kg^{-1}$，达到了国家土壤环境质量标准（GB15618—1995）的要求（Cd≤0.3 $mg\ kg^{-1}$，Zn≤200 $mg \cdot kg^{-1}$），而对于土壤全铅量，试验前各小区为 110～130 $mg \cdot kg^{-1}$，低于国家土壤环境质量标准（250 $mg \cdot kg^{-1}$），三年试验后没有显著变化。混合添加剂未表现出强化东南景天提取重金属的效果。第 5 季施用石灰后，东南景天 Cd/Zn 含量明显降低。而且，施用 MC（柠檬酸/EDTA=10/2）的处理镉含量更低。混合添加剂 MC 可螯合活化重金属，但该螯合态重金属可被酸性富铁土壤吸附而不易被水淋失，但是石灰的施用促进螯合态重金属的淋失，造成东南景天的吸收量减少。东南景天重金属浓度和提取效率没有出现逐年下降的现象。间套种可生产符合饲料卫生标准的玉米籽粒，第 4 季达到食品卫生标准。从收获的东南景天计算得到的提取量占土壤 Cd 下降的贡献率为 32.5%～36.5%，玉米提取仅占 0.47%～0.60%，其余 63.0%～66.9%为淋溶等其他因素带离表层土壤。土壤全 Zn 的降低幅度为 30%～36%，东南景天的贡献率为 37%～39%，玉米约为 2%，其余 60%左右为淋溶等其他因素的作用。说明在该酸性（pH4.7）土壤上，除了植物提取去除 Cd/Zn，向下淋溶也起重要作用（表 7-17）。套种除了增加了玉米的吸锌作用，也增加了锌的淋溶作用，使土壤锌变得较单种更少。

表 7-17 田间试验土壤重金属降低因素分析

Table 7-17 Analysis of factors causing the decrease in soil heavy metals in the field experiment

元素	种植方式	土壤重金属降低率/%	东南景天提取贡献率/%	玉米提取贡献率/%	淋溶等因素贡献率/%
Cd	单种	75.7	36.5	0	63.5
	套种	76.4	36.5	0.47	63
	套种＋MC	76	32.5	0.6	66.9
Zn	单种	29.2	57.6	0	42.4
	套种	36	37.2	1.98	60.8
	套种＋MC	30	38.9	2.07	59.1

注：植物提取贡献率（%）=（植物地上部干重×重金属浓度）/（相应面积表层土壤质量×修复前后土壤重金属浓度差值）×100；淋溶等因素贡献率（%）=（100–植物提取贡献率之和）

（周建利等，2014）

3. 砷超富集植物与作物间作

砷超富集植物大叶井口边草与玉米品种云瑞 88 号间作表明，间作显著提高了大叶井口边草地上部对 As 的吸收量（$P<0.05$），与单作相比提高幅度达 41%（表 7-18），间作玉米对大叶井口边草 As 富集量有促进作用。

表 7-18　不同种植方式植物地上部对重金属的提取量（$\mu g \cdot kg^{-1}$）

Table 7-18　Uptake of heavy metals（$\mu g \cdot kg^{-1}$）in shoots of tested plants under different planting conditions

处理	大叶井口边草			玉米		
	As	Pb	Cd	As	Pb	Cd
单作	513.7±70.9 b	83.44±8.37a	3.04±0.01a	/	/	/
单作 6	/	/	/	73.57±6.48d	10.85±0.79d	0.45±0.09d
单作 8	/	/	/	140.22±29.37cd	12.89±0.67d	0.56±0.01d
单作 88	/	/	/	457.19±16.29ac	12.69±1.02d	2.41±0.34b
间作 6	327.31±21.33b	45.35±6.08b	2.63±0.01a	178.86±18.52c	67.89±1.52b	1.71±0.06c
间作 8	725.52±80.52a	47.50±12.09b	3.34±0.15a	703.99±16.67a	78.41±0.58a	0.82±0.06d
间作 88	135.01±30.52c	45.31±21.07b	1.16±0.13b	676.95±36.43b	22.69±1.08c	8.19±0.04a

（秦欢等，2012）

4. 铅超富集植物与作物间作

铅超富集植物小花南芥与蚕豆大田试验发现，与单作蚕豆和小花南芥比较，间作显著降低了土壤中铁锰氧化物结合态和有机物结合态铅的含量（表 7-19）。这说明间作改变了铅在土壤中的存在形态。

表 7-19　土壤的不同重金属形态含量（$mg \cdot kg^{-1}$）

Table 7-19　Heavy metal fraction contents of soil of monocropping and intercropping（$mg \cdot kg^{-1}$）

土壤	形态	可交换态	碳酸盐结合态	铁锰氧化物结合态	有机物结合态
蚕豆单作	Pb	12.50±2.03a	26.56±2.29a	436.36±42.03a	11.56±3.14a
	Cd	5.13±0.60a	4.43±0.59a	1.29±0.45a	0.92±0.57a
蚕豆//小花南芥间作	Pb	12.91±1.35a	24.21±7.03a	279.70±50.77b	5.52±0.03b
	Cd	4.76±0.65a	4.01±0.52a	1.67±0.84a	0.80±0.11a
小花南芥单作	Pb	12.94±1.40a	24.34±2.17a	311.71±65.87b	5.96±1.01b
	Cd	4.91±0.46a	4.08±0.08a	1.13±0.09a	0.86±0.18a

注：数值为平均值±SD，同列相同重金属之间比较，平均值后字母不同表示差异显著，$P<0.05$

（陈兴，2015）

在 40 d、80 d 和 120 d 分别采集植株，测定不同时期蚕豆地上部和地下部的 Pb 含量，蚕豆单作地上部的 Pb 含量为 7.09 $mg \cdot kg^{-1}$、7.80 $mg \cdot kg^{-1}$ 和 5.30 $mg \cdot kg^{-1}$，间作为 8.78 $mg \cdot kg^{-1}$、8.80 $mg \cdot kg^{-1}$ 和 13.27 $mg \cdot kg^{-1}$，单作与间作地上部分 Pb 含量差异均显著（除 80 d 以外），而 Pb 含量单作先升高后降低，间作逐渐升高，120 d 含量是 80 d 和 40 d 的 1.51 倍；蚕豆单作地下部 Pb 含量分别为 5.06 $mg \cdot kg^{-1}$、6.26 $mg \cdot kg^{-1}$ 和 9.65 $mg \cdot kg^{-1}$，间作为 8.69 $mg \cdot kg^{-1}$、

6.67 mg·kg^{-1}和 14.51 mg·kg^{-1}，第 40 d 和 120 d，单作与间作 Pb 含量差异显著，第 80 d 差异不显著。随着时间变化，单作地下部分 Pb 含量逐渐升高，第 120 d 时的 Pb 含量是第 80 d 的 1.51 倍，是第 40 d 的 1.91 倍，间作 Pb 含量也均是先降低后升高，第 80 d 比 40 d 时下降了 23.3%（图 7-7）。

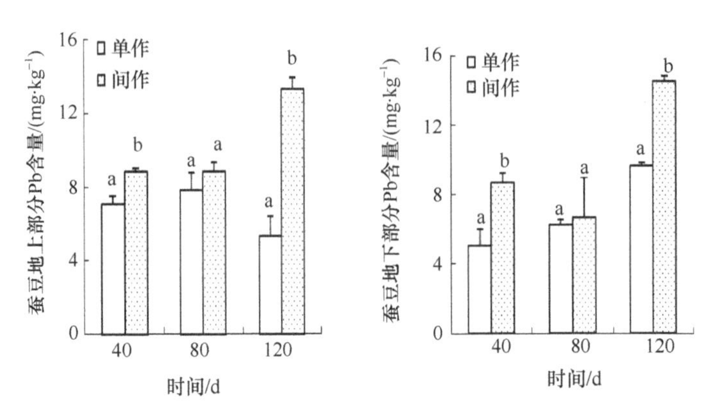

图 7-7　不同种植模式下蚕豆 Pb 含量
Figure 7-7　Pb content of broad bean of different planting patterns

（陈兴，2015）

在种植后的 40 d、80 d 和 120 d，小花南芥单作 Pb 含量分别为 25.32 mg·kg^{-1}、38.20 mg·kg^{-1}和 28.08 mg·kg^{-1}，间作分别为 23.21 mg·kg^{-1}、36.12 mg·kg^{-1}和 29.41 mg·kg^{-1}，第 40 d 和 80 d 的单作与间作地上部分 Pb 含量差异均不显著，单作与间作地上部分 Pb 含量都有先升高后降低的趋势，第 80 d 时 Pb 含量比 40 d 时分别升高了 33.7%和 35.7%；单作 Pb 含量 29.43 mg·kg^{-1}、26.26 mg·kg^{-1}和 48.12 mg·kg^{-1}，间作 27.36 mg·kg^{-1}、39.44 mg·kg^{-1}和 39.91 mg·kg^{-1}，在第 40 d 时，单作与间作地下部分 Pb 含量差异不显著，第 80 d 和 120 d，差异均显著。单作 Pb 含量也是先降低后升高，80 d 含量比 40 d 下降了 10.8%，间作含量呈逐步上升趋势，120 d 含量分别是 80 d 和 40 d 的 1.46 和 1.01 倍（图 7-8）。

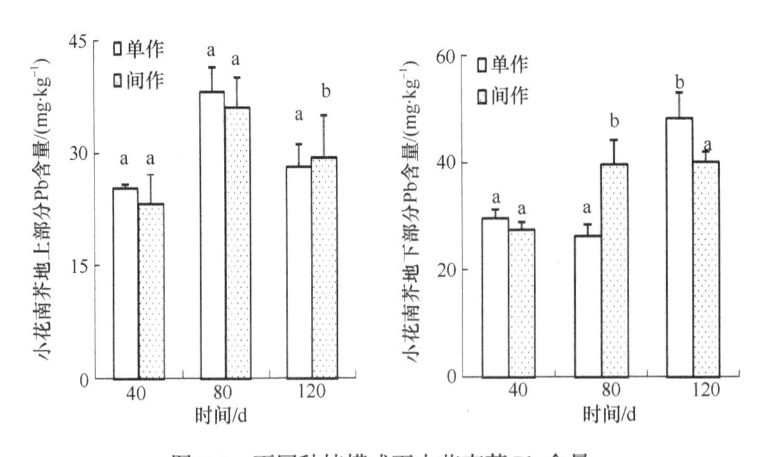

图 7-8　不同种植模式下小花南芥 Pb 含量
Figure 7-8　Pb content of *A. alpina* of different planting patterns

（陈兴，2015）

采集了40 d、80 d和120 d蚕豆和小花南芥地上和地下部，研究Pb的亚细胞分布，发现40 d地上部细胞壁、细胞核的Pb含量差异显著，细胞质差异不显著，地下部细胞壁和细胞质的Pb含量差异显著，细胞核差异不显著，主要分布在细胞壁，单作和间作分别占总含量的32.0%和27.8%。80 d地上部主要分布在细胞壁和细胞核，且差异显著，细胞壁、细胞质和细胞核的Pb含量差异显著，单作分别是1.66 $\mu g \cdot g^{-1}$、1.40 $\mu g \cdot g^{-1}$和1.18 $\mu g \cdot g^{-1}$，占总含量的26.5%、22.4%和18.8%，间作分别是2.63 $\mu g \cdot g^{-1}$、1.92 $\mu g \cdot g^{-1}$和2.04 $\mu g \cdot g^{-1}$，占总含量的39.4%、28.7%和30.6%。

120 d蚕豆成熟期地上部分单作和间作的亚细胞Pb的分布，细胞壁、细胞质的Pb含量差异显著，单作分别是2.00 $\mu g \cdot g^{-1}$和0.61 $\mu g \cdot g^{-1}$，间作分别是1.67 $\mu g \cdot g^{-1}$和1.09 $\mu g \cdot g^{-1}$，而细胞核的差异不显著，单作是1.65 $\mu g \cdot g^{-1}$，间作是1.49 $\mu g \cdot g^{-1}$。地下部分单作和间作Pb的亚细胞分布，主要分布在细胞壁中，且差异显著，单作是2.14 $\mu g \cdot g^{-1}$，占总含量22.1%，间作是2.41 $\mu g \cdot g^{-1}$，占总含量16.6%，而细胞核和细胞质的Pb含量差异不显著，单作分别是1.62 $\mu g \cdot g^{-1}$和1.38 $\mu g \cdot g^{-1}$，间作分别是1.54 $\mu g \cdot g^{-1}$和1.38 $\mu g \cdot g^{-1}$（图7-9）。

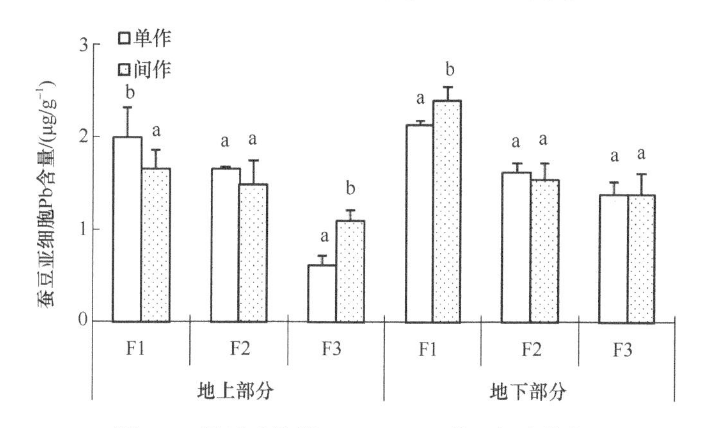

图7-9　蚕豆成熟期（120 d）Pb的亚细胞分布

Figure 7-9　Subcellular distribution of the mature period of broad bean about Pb in the 120th day

（陈兴，2015）

小花南芥40 d、80 d时地上部分和地下部分细胞壁、细胞核和细胞质的Pb含量差异显著，Pb含量主要分布在细胞壁中，单作和间作分别占总含量的8.9%和15.7%，120 d小花南芥地上部分单作和间作的亚细胞Pb的分布，细胞壁含量差异不显著，单作是1.96 $\mu g \cdot g^{-1}$，间作是2.00 $\mu g \cdot g^{-1}$，细胞核和细胞质差异显著，单作分别是1.55 $\mu g \cdot g^{-1}$、1.94 $\mu g \cdot g^{-1}$，间作分别是1.20 $\mu g \cdot g^{-1}$、1.52 $\mu g \cdot g^{-1}$。120 d小花南芥根部单作和间作的亚细胞Pb的分布，细胞壁、细胞核和细胞质差异显著，主要分布在细胞壁和细胞核中，单作分别是2.16 $\mu g \cdot g^{-1}$、1.54 $\mu g \cdot g^{-1}$和0.81 $\mu g \cdot g^{-1}$，间作分别是3.66 $\mu g \cdot g^{-1}$、3.28 $\mu g \cdot g^{-1}$和1.91 $\mu g \cdot g^{-1}$（图7-10）。

成熟期Pb含量最高，间作蚕豆比单作高40.2%；间作小花南芥Pb含量比单作高9.04%。植物细胞的Pb含量依次为细胞壁＞细胞质＞细胞核，蚕豆和小花南芥Pb在亚细胞中的含量地上部分和地下部分均表现出间作大于单作的趋势。

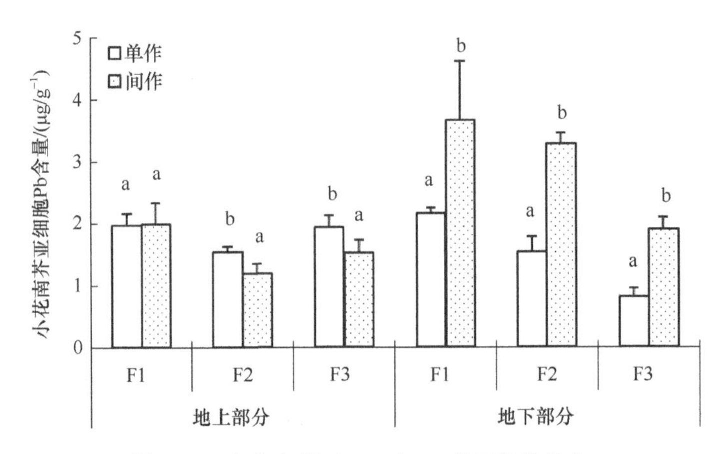

图 7-10　小花南芥（120 d）Pb 的亚细胞分布

Figure 7-10　Subcellular distribution of the growth period of *A. alpine* about Pb in the 120th day

（陈兴，2015）

这些研究表明，重金属富集植物和低累积作物间作在重金属污染的土壤上，与单作超富集植物相比较，间作超富集植物提取重金属的效率明显提高，而且与单作作物比较，减少作物对重金属的积累，同时产量未受明显影响。因此，开发合理的富集植物与作物间作，可缩短植物处理土壤所需的时间，同时可收获符合卫生标准的食品或动物饲料或生物能源，是一条不需要间断农业生产、较为经济合理的绿色组合模式，应该受到广泛的关注（卫泽斌等，2010）。遗憾的是，富集植物和作物间作的模式仍然很少，富集植物和作物间作体系的研究仍不深入，富集植物和作物间作促进富集植物吸收重金属，减少作物吸收重金属的作用机理也需要深入研究。

三、作物–超富集植物间作体系促进重金属累积的机理

重金属超富集植物和低富集植物种植在同一单元土壤中，低富集植物减少对重金属的吸收量，同时超富集植物提取重金属的效率比单种超富集植物明显提高。目前对于两种植物的吸收转运区别都在推测阶段，主要从以下几方面预测可能的机理。

1. 超富集植物与低富集作物吸收能力的差异

Whiting 等（2001）研究了锌超富集植物 *Thlaspi caerulescens* 和同属的非超富集植物 *Thlaspi arvense* 套种在添加 ZnO 或 ZnS 的土壤上的交互作用，与单种相比，*Thlaspi caerulescens* 的吸锌量显著增加，而与之互作的 *Thlaspi arvense* 吸锌量则明显降低，并将其原因推测为 *Thlaspi caerulescens* 有很强的吸锌能力，能优先吸收土壤中的锌，从而减少了 *Thlaspi arvense* 对锌的吸收。黑亮等（2007）初步发现，套种条件下玉米可促进超富集东南景天吸收更多重金属，原因在于玉米根系降低溶液 pH 和提高 DOC 及 Zn/Cd 浓度（表 7-20），对理解两种植物的相互作用机理具有一定的参考价值。然而，DOC 中起主要作用的成分及溶液 pH 降低的作用因素，需要更深入地研究。

表 7-20　盆栽试验不同种植处理污泥溶液的重金属含量、pH 和 DOC

Table 7-20　Heavy metals concentrations，pH and DOC in sludge solution for different plant treatments in the pot experiment

处理	Zn/（$mg \cdot kg^{-1}$）	Cu/（$mg \cdot kg^{-1}$）	Cd/（$\mu g \cdot kg^{-1}$）	pH	DOC/（$mg \cdot L^{-1}$）
空白	1.83±0.05a	0.14±0.02a	3.48±0.59ab	5.94±0.09ab	160.5±20.7abc
超富集东南景天	1.51±0.02b	0.11±0.03a	3.10±0.24ab	6.15±0.05a	135.8±15.3bc
非超富集东南景天	1.81±0.08a	0.10±0.01a	3.73±0.18ab	6.15±0.07a	140.7±10.4abc
玉米	1.86±0.19a	0.14±0.02a	4.38±0.33a	5.81±0.08b	177.8±21.3ab
超富集东南景天+玉米/超	1.49±0.05b	0.12±0.01a	2.73±0.53b	5.98±0.08ab	116.0±21.5c
超富集东南景天+玉米/玉	1.75±0.12ab	0.13±0.03a	3.85±0.45ab	5.93±0.09ab	200.0±14.7a
非超富集东南景天+玉米/非	1.67±0.12ab	0.11±0.01a	3.20±0.24ab	5.97±0.09ab	167.9±23.2abc
非超富集东南景天+玉米/玉	1.88±0.11a	0.13±0.01a	3.23±0.36ab	6.07±0.06ab	133.3±20.4bc

注：数据为平均值±标准误（n=4）。①根据 Duncan 氏检验，同列中不同字母表示不同种植处理具有显著差异（P<0.05=，相同字母为无显著差异；②溶液内氨基酸没有检出；③“超”表示超富集东南景天一侧；“玉”表示玉米一侧；“非”表示非富集东南景天一侧

（黑亮等，2007）

温室土培盆栽试验中，在石灰性土壤加入 $CdCO_3$ 条件下，研究印度芥菜和油菜套种对它们吸收土壤中难溶态镉（$CdCO_3$）的影响。随着土壤 Cd 含量的增加，印度芥菜无论是单作还是间作地上部吸 Cd 量均显著增加；而油菜在单作和间作条件下，地上部的吸 Cd 量在土壤 Cd 含量达到 100 $mg \cdot kg^{-1}$ 时比 50 $mg \cdot kg^{-1}$ 时非但没有增加，还略有下降，这主要是随着土壤加入 Cd 量的增加，油菜的地上部干重显著下降所致。无论是印度芥菜还是油菜，在土壤 Cd 量相同的条件下，间作时植株的吸 Cd 量都高于单作，其中土壤 Cd 含量达到 100 $mg \cdot kg^{-1}$ 时，印度芥菜还达到了显著水平，这说明印度芥菜和油菜在间作条件下，更有利于它们对石灰性模拟 Cd 污染土壤中难溶态镉的吸收，提高植物提取修复难溶态镉污染土壤的能力。与单种相比，间作对印度芥菜吸收镉的能力无显著影响，但可以显著增加油菜植株体内的 Cd 含量，推测印度芥菜的根系有很强的活化能力，当印度芥菜和油菜互作以后，提高了印度芥菜和油菜吸收土壤中 Cd 的机会，因此和单作时相比，印度芥菜和油菜间作后提高了对土壤的净化率（表 7-21）。

表 7-21　土壤加入不同含量镉条件下印度芥菜和油菜吸镉量及土壤净化率

Table 7-21　Cd uptake and shoot removal rate of Indian mustard and oilseed rap grown in soils with different Cd added

Cd 浓度/（$mg \cdot kg^{-1}$）	种植方式	镉富集量/（$\mu g \cdot$株$^{-1}$）		净化率/%	
		印度芥菜	油菜	印度芥菜	油菜
0	单作	0.95d	0.78b	—	—
	间作	0.93d	0.61b	—	—
50	单作	12.05c	5.39a	0.14	0.06
	间作	15.21c	6.21a	0.18	0.07
100	单作	19.12b	4.83a	0.11	0.03
	间作	23.10a	5.92a	0.14	0.04

注：应用 LSD 法检验处理间差异程度，同一行平均值无共同字母者表示差异达 5%显著差异

（王激清等，2004）

2. 超富集植物与低富集作物根系分泌物的差异

由于间作是两种不同种类植物同时存在，它们的根系分泌物的种类、数量、组成不同。一种植物的根系分泌物可以在土壤中扩散到另一种植物的根际，改变根际土壤中重金属的有效性，从而影响另一种植物对重金属的吸收。如当在酸性较强的土壤中种植植物时，间作比单作更倾向于促进 pH 升高。例如，玉米与豆类间作（$pH_{单}$=3.22，$pH_{间}$=3.82）、幼龄茶树和大豆间作等。此外，间作对土壤 pH 的改变，也反过来影响了植物根系分泌物、土壤微生物、土壤酶活性，这些因素都不是独立的，它们相互影响相互制约，共同作用于土壤中重金属的有效性，影响着植物对重金属的吸收。

左元梅等（2004）研究报道，玉米/花生间作系统中，无论是玉米根系与花生根系直接接触，还是两者根系用尼龙网隔开，玉米的根系分泌物都能进入花生根际，活化土壤中难溶性 Fe，从而提高了可被植物吸收的 Fe 含量，使得花生铁营养状况得到了明显的改善作用。白羽扇豆的根系分泌有机酸，活化土壤中不溶态的磷酸盐，使得与其间作种植的小麦可以吸收更多的 P（Kamh et al.，1999）。小麦与玉米间作后，根系分泌物的种类和数量均发生变化。单作小麦和玉米主要分泌苹果酸和柠檬酸，而间作主要分泌酒石酸，并且分泌物中酸的种类增多，且大多数酸的含量升高（郝艳茹，2003）。玉米和马唐间作，为了活化土壤中的养分，植物根系分泌了更多有机酸，间接活化了镉，使得植物对镉的累积量提高（刘海军，2009）。大田条件下将东南景天与玉米间套种后，不同处理下随着试验的进行，土壤 pH 有下降的趋势，前 4 次试验结束后已降至 pH4 左右。因此，第五次试验加入石灰改良土壤，pH 明显升高（表 7-22）。

表 7-22　5 次田间试验前后各处理小区 pH 的变化

Table 7-22　Variation of soil pH in the field 5 croppings as affected by treatment

处理	试验前	第一次	第二次	第三次	第四次	第五次
		春种夏收	秋种春收	春留茬夏收	秋种夏收	秋种春收
单种	4.97±0.11	4.67±0.16	4.71±0.10	4.54±0.05	4.08±0.05	5.45±0.14
套种	4.92±0.14	4.68±0.20	4.75±0.17	4.50±0.14	4.04±0.06	6.23±0.59
套种＋MC	4.84±0.11	4.66±0.15	4.92±0.13	4.60±0.11	3.98±0.09	6.23±0.09

（周建利等，2014）

pH 下降，土壤呈较强酸性，导致重金属的生物有效性增加。5 次田间试验前后各处理土壤有效 Cd 和 Zn 大幅度下降，但有效 Pb 没有显著变化。推测超富集植物根系可能分泌更多质子，从而促进植物对土壤中元素的活化和吸收。Mcgrath 等（2007）利用根袋试验表明，土壤中有效 Zn 含量下降，不到超富集植物 *T. caerulescens* 吸收 Zn 总量的 10%，说明 *T. caerulescens* 可以将土壤中难溶态 Zn 转化为有效态，使得土壤中有效 Zn 含量下降不多。张淑香等（2000）研究发现，作物根系分泌的脂肪酸在根际环境中的积累，尤其是在还原条件下的积累会造成局部土壤酸性环境。一些学者还提出超富集植物从根系分泌特殊有机物如有机酸来酸化根际重金属，从而促进土壤重金属的溶解和根系吸收，或者超富集植物的根毛直接从土壤颗粒上交换吸附重金属的观点。

3. 超富集植物与低富集作物间作影响土壤微生物

超富集植物改变生境种植在富含重金属的土壤中，改变生存环境后，可通过氧化还原作用或分泌出质子等方式改变土壤微生物的数量和种类，微生物可增加土壤中可溶态重金属的量。White 等（2001）在 Zn 超富集植物的根围接种一种细菌，结果增加了根围土壤重金属的溶解量，与对照相比，该植物对 Zn 的累积量明显增加。间作可以提高土壤中微生物的丰度和活性，进而提高土壤重金属的有效性，促使植物吸收重金属。近年来，固氮菌、菌根真菌和放线菌等微生物也被应用到植物修复中。在植物修复中，可培育或筛选出特定的微生物，然后与特定的共生植物相匹配，使二者协调发挥作用，从而提高植物修复的效率。

4. 超富集植物与低富集作物间作影响土壤酶活性

超富集植物与作物间作后根系分泌物的改变，可能导致可溶态重金属的含量增加。当土壤中进入大量的可溶态重金属时，对土壤中的酶活性造成一定的影响。具体的影响机理有三个方面，分别为：第一，抑制作用，土壤酶的活性中心被进入土壤中的重金属所占据而无法与其他的基团（如羟基、巯基等）结合；第二，激活作用，土壤酶的合成需要重金属的参与，土壤重金属可以改变土壤酶表面所带的电荷，从而改变酶促反应的平衡；第三，没有专一性，土壤中的重金属对酶促反应没有相关的联系。

间作对土壤酶活性的影响因作物和土壤酶种类不同而改变，如板栗和茶树、玉米和大豆、玉米和花生等间作土壤酶活性都高于植物单作，进而提高土壤重金属的有效性，促使植物吸收重金属。相反的报道也表明，间作会降低土壤酶活性，玉米和鹰嘴豆间作后，玉米根围土壤中脲酶和酸性磷酸酶活性显著降低；香蕉和大豆、花生、生姜间作与香蕉单作相比，提高了土壤脲酶、碱性磷酸酶、蔗糖酶的活性，降低了土壤过氧化氢酶的活性。说明间作对土壤酶活性影响取决于参与间作的植物种类和土壤酶的种类。

总之，超富集植物是从富含重金属的土壤上筛选出来的，而作物当重金属浓度超过一定限制就会受到不同程度的伤害，把这两种不同生境的植物间作到一起，有可能通过根系改变土壤环境（如植物根系分泌物、土壤微生物、土壤酶活性、土壤的 pH），进一步改变根系吸收累积重金属的途径等。

第四节 提高植物修复效率的土壤性质调控途径

重金属的生物有效性主要取决于重金属在土壤和水之间的固–液界面反应，以及固相中存在的形态分配（尤其是水可溶性），植物根系对重金属的吸收主要与重金属在土壤溶液中存在的形态有关。

进入土壤的大部分重金属，或与土壤中的有机和无机成分结合形成不溶性沉淀，或被吸附在土壤颗粒表面，以可溶态存在的量极少。可交换态易被植物利用吸收，碳酸结合态和铁锰结合态在 Eh 和 pH 改变时也会释放到水体而易被吸收，但有机结合态不太容易被生物吸收。因此，除残渣态外，其余形态的重金属都可被直接或间接吸收。

土壤中发生的物理、化学和生物过程及其相互作用，直接影响着重金属在各地球化学相中的分配，即土壤对重金属的结合机制是非常复杂的，且随着土壤的组成、酸碱度和氧化还原状况的变化而不同。可以通过调控土壤性质活化根际中的重金属，增加土壤重金属生物有效性，包括改变土壤 pH、Eh 电位、有机质与水分含量、施加螯合剂、施用肥料、改变土壤离子强度、接种合适的土壤微生物、施加植物高铁载体和根系分泌物等。

一、土壤 pH 调控增强重金属生物有效性

土壤 pH 是土壤化学性质的综合反映之一，不仅影响土壤矿物的溶解度，而且影响土壤溶液中重金属化学行为及重金属的植物有效性。土壤中重金属的有效性通常随 pH 降低而升高，强酸性土壤易出现植物中毒现象，而碱性土壤易诱发植物重金属缺乏。

降低土壤 pH 有两种常用的方法：一是直接酸化，即将稀释的浓硫酸直接喷洒在土壤表面，然后通过机械方法（如耕作）将酸与土壤充分混匀；二是通过使用生理酸性肥料（如铵态氮肥）或土壤酸化剂，使土壤 pH 降低，H^+增多，吸附在胶体和矿物颗粒表面的重金属阳离子与 H^+交换量增大，大量的重金属离子从胶体和矿物颗粒表面解吸出来进入土壤溶液。

降低土壤 pH，能提高重金属的生物有效性和超累积植物对重金属的吸收，提高植物提取修复的效率。受 Zn、Cd 污染的花园和山地土壤盆栽试验中，进行不同 pH 处理，天蓝遏蓝菜吸收的 Zn、Cd 含量随土壤 pH 下降而增加（蔡保松等，2004）。降低施用污泥土壤的 pH，可促进天蓝遏蓝菜、狗筋麦瓶草和莴苣的地上部对 Mn 的吸收。土壤中重金属的活性明显受溶液酸度的影响，pH 越低，其活性越强。这是因为当 pH 降低时，H^+增多，大量的重金属离子从胶体或黏土矿物颗粒表面解析出来而进入土壤溶液。同时，pH 降低可以破坏重金属离子的溶解–沉淀平衡，促进重金属离子的释放。

但 pH 降低并不是利于所有重金属的活化，As 就是例外。一般情况下，As 的含量随土壤 pH 的升高而增加，这是因为砷通常以 AsO_4^{3-}或 AsO_3^{3-}形式存在，当 pH 升高时，土壤胶体所带正电荷减少，对 As 吸附力降低，使土壤溶液中 As 不断增加。

根际土壤 pH 随 Cd 处理浓度增加而降低，主要原因可能是根系分泌特殊有机物及根系分泌物与微生物共同作用的结果。从根系分泌物组成来看，续断菊根系分泌物中的主要成分是糖类，其次是有机酸与氨基酸，大量糖类的存在给微生物的生长繁殖提供了丰富的营养物质，在根系分泌物的作用和重金属的胁迫下，微生物呼吸作用增强，释放出更多的 CO_2，从而导致根际 pH 的降低，提高重金属的溶解性（秦丽，2010）。

二、土壤氧化还原电位调控增强重金属生物有效性

氧化还原电位（Eh）的改变会使土壤重金属的化学价态发生变化，重金属的生物有效性也随之产生改变。许多重金属如 Cr、As、Hg 等，在土壤根际环境中以多种价态存在。渍水条件下，As 以 As^{3+} 形态存在，而干旱条件下则以 As^{5+}形式存在，As^{5+}较 As^{3+}易溶 4～10 倍，因此毒性也显著高于 As^{3+}。与此相似，还原条件下，Cr、Hg 分别以 Cr^{3+}、Hg^+形式存在，其较氧化条件下的 Cr^{6+}、Hg^{2+}毒性要大得多。当氧化还原电位提高时，土壤中一般重金属的溶解度会有不同程度的增加。

此外，土壤中大多数重金属是亲硫元素，在农田厌氧还原条件下易生成难溶性硫化

物，降低重金属污染元素的毒性和危害。当 Eh 提高时，硫化物易发生氧化而使重金属释放出来，导致土壤溶液中重金属含量提高。例如，通过旱田改水田或淹水栽培措施来降低土壤 Eh，使土壤处于还原状态，从而保证重金属变成无机盐沉淀和低有效性状态。在黏土中添加 Zn 和 Cd 等的情况下淹水 5～8 周后，由于淹水状态下，水层覆盖形成了还原性的环境，土壤中的 SO_4^{2-} 还原为 S^{2-}，有机物不能完全分解而产生 H_2S，S^{2-} 可能与镉生成溶解度很小的 CdS 沉淀。试验表明，在同一土壤含 Cd 量相同的情况下，若水稻在全生育期淹水种植，即使土壤含 100 $mg \cdot kg^{-1}$ Cd，糙米中 Cd 浓度大约为 1 $mg \cdot kg^{-1}$（Cd 食品卫生标准为 0.2 $mg \cdot kg^{-1}$）；但若在幼穗形成前后，水稻田落水搁田，则糙米含 Cd 量可高达 5 $mg \cdot kg^{-1}$。这是因为土壤中 Cd 溶出量下降与 Eh 下降同时发生。说明在水稻淹水条件下，Cd 的毒性降低是因为生成了硫化镉。

土壤的氧化还原电位与 Mn 的有效性关系复杂。任何一个影响 Eh 值的因素都会影响 Mn 的形态和活性。一般情况下，当 pH 为 6～8 时，不溶态 Mn 转化为可溶态 Mn 的反应与 pH 和 Eh 值有关。pH 为 5 或更低时，Eh 值的影响被 pH 的影响所抵消，而表现不明显。通过改变 pH 和 Eh 值研究稀土元素 La 和 Ce 在土壤中的释放，表 7-23 表明 La 和 Ce 的释放量不仅与 pH 和 Eh 值有关，还与它们在土壤中的形态有关（曹心德和陈莹，2000）。

表 7-23　pH 和 Eh 对红壤中稀土元素 La 和 Ce 形态的影响

Table 7-23　The effects of pH and Eh on the contents of La and Ce in five fractions

形态	Eh/mV	pH=3.5		pH=5.5		pH=7.5	
		La	Ce	La	Ce	La	Ce
交换态	−100	1.35	1.46	6.61	4.24	10.2	13.7
	0	3.98	5.72	7.91	5.91	—	—
	400	4.96	8.9	8.26	10.7	11.61	16.2
碳酸盐吸附态	−100	0.18	0.26	0.31	0.19	0.44	0.38
	0	0.17	0.31	0.38	0.21	—	—
	400	0.19	0.33	0.39	0.23	0.44	0.42
Fe-Mn 氧化物结合态	−100	1.4	2.38	4.6	4.1	4.87	7.21
	0	2.11	6.27	5.01	6.72	—	—
	400	2.31	7.55	5.72	8.11	5.43	9.85
有机结合态	−100	0.89	0.69	1.61	0.71	1.7	0.89
	0	1.1	0.73	1.8	0.82	—	—
	400	1.19	0.7	1.8	0.75	1.8	1.08
残渣态	−100	16.7	48.9	18.1	53.5	18.9	55
	0	17	48	17.6	54	—	—
	400	17.2	50.1	17.5	52.6	19.2	54

（曹心德和陈莹，2000）

三、土壤有机质调控增加重金属生物有效性

土壤有机质具有胶体特性，能够吸附较多的阳离子，土壤中溶解性有机质的官能团（如羧酸和酚基的—OH）可以结合土壤中的重金属，增加其在土壤中的迁移性，起着重要的物质转移作用，影响着土壤中重金属的生物可利用性，改变重金属从土壤中迁移到

植物根际环境的过程。

土壤有机质对土壤重金属转化和有效性一般包括两个方面，即影响重金属的氧化还原过程和通过螯合作用促使重金属的溶解。王丽平等（2008）认为，有机质富集重金属有两种可能：一种情况是生活在污染土壤中的植物吸收了大量的重金属，当这些植物死亡进入土壤后，分解残余物中包含高量的重金属而使土壤中这些半分解的植物残体含有较高的重金属；另一种情况是植物残体进入土壤后，在分解过程中通过吸附和络合作用，吸附土壤中的重金属，使土壤其他组分中的重金属迁移至颗粒状有机质组分中。研究表明重金属 Hg、Cr、Pb、Cu 能和可溶性有机质结合，而该有机质又能被吸附到沉积物上，并发生正的相关关系，说明有机质对部分重金属有富集作用（张敏等，2000）

施用有机肥到重金属污染土壤中，一方面能提高土壤肥力，改良土壤性状；另一方面又可较好地减轻重金属的生物毒性。增施有机肥促进了植物对土壤中 Cd 的吸收和转运，使植物体内 Cd 含量增高（余贵芬等，2002），主要是由于有机肥在矿化过程中分解出的低分子质量的有机酸和腐殖酸组分，对土壤中的 Cd 起到了活化作用。因此，通过施用有机肥改良重金属污染土壤要考虑到 pH、Eh、质地等土壤条件及有机肥的种类和用量。

在 Zn、Cd 胁迫下，不同生态型植物根际中的有机质存在组成差异。超富集生态型植物根际水溶性有机质中的亲水性物质（51%）高于非富集植物（35%）。水溶性有机质的添加可以显著促进 Zn、Cd 的解吸附，通过形成有机质–重金属复合体的形式，增加金属的移动性，根际环境的酸化，以及形成的高浓度有机质–重金属复合体，可能构成了两种根际环境中激活重金属活动性的机制。

对土壤剖面中有机质结合重金属的分布研究发现，不同颗粒状有机质对重金属的富集作用，0.05～2 mm 颗粒状有机质组分中重金属的平均富集高于＞2 mm 颗粒状有机质组分。有机质结合态重金属占土壤重金属总量的比例随土壤有机质积累而增高，表土层约 40%以上的重金属以有机质结合态存在（章明奎，2006）。0.05～1 mm 和＞1 mm 两个粒级颗粒状有机质对重金属均有较强的富集能力，其中在＞1 mm 颗粒状有机质中重金属 Cu、Pb 和 Cd 的富集系数分别为 4.32～6.84、3.71～5.64 和 1.83～4.54，平均分别为 5.21、4.60 和 3.10；0.05～1 mm 颗粒状有机质重金属 Cu、Pb 和 Cd 的富集系数分别为 5.22～8.95、5.38～6.78 和 2.45～6.38，平均分别为 6.88、6.03 和 4.23（郑顺安等，2012）；全量颗粒状有机质对 Cu、Pb 和 Cd 的平均富集系数为 6.58、5.78 和 4.03，富集的 Cu、Pb 和 Cd 平均分别占土壤重金属总量的 8.22%、7.27%和 7.65%。其中土壤有机质与 Cd 的富集系数之间的相关性达到显著水平，而与 Cu 和 Pb 的富集系数之间的相关性不显著。也有不同的研究结果显示，随着土壤有机碳的增长，颗粒有机质对重金属 Cu 和 Zn 的富集能力也随之提高（Zhang，2004）。

四、土壤水分状况调控重金属生物有效性

调节土壤水分，可以控制重金属在土壤–植物系统中的迁移，增强重金属的活性，提高超累积植物对土壤的修复作用。在土壤湿度较高的情况下还原性增强，通常使有效态重金属含量增加，频繁的干湿交替加剧重金属的还原。在水旱轮作条件下，由于耕层有效态重金属被大量淋溶，往往导致作物营养缺乏，而中下部土层重金属相对富集。在淹水土壤中形成还原环境，土壤中的硫化合物在微生物细菌分解作用下，生成 H_2S 和金属

硫化物，如锌离子转化成难溶性的硫化锌存在于土壤中；当土壤风干（通气状况良好）时，难溶性的 ZnS 被氧化成可溶性的 $ZnSO_4$，被氧化形成的 H_2SO_4 使土壤 pH 降低，促进植物对锌的吸收。

不同水分处理，小花南芥对 Pb 和 Zn 累积量不同。图 7-11 显示重金属 Pb（1000 $mg \cdot kg^{-1}$）胁迫下，不同水分处理对小花南芥地上部和地下部的 Pb 含量影响差异显著。65%土壤相对含水量条件下，小花南芥的地上部分累积 Pb 的含量大于地下部分累积 Pb 的含量（位移系数大于 1）；15%土壤相对含水量和淹水条件下，小花南芥地上部分累积 Pb 的含量均低于地下部分累积 Pb 的含量（位移系数小于 1）。

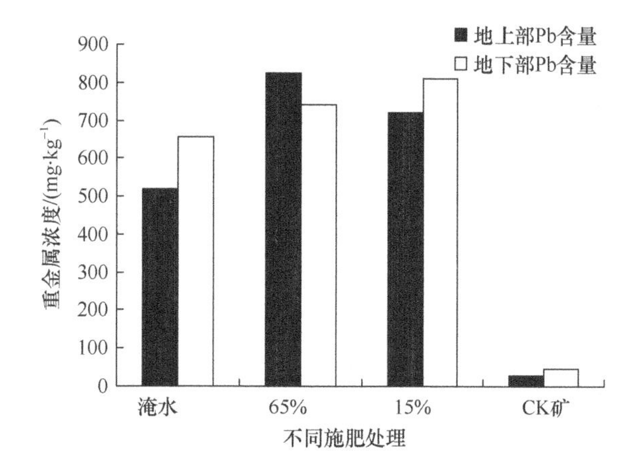

图 7-11 不同水分处理对小花南芥植株中 Pb 含量的影响
Figure 7-11 Effect of different water treatment on the Pb content in *A. alpine*

（杜彩艳，2008）

Zn（1000 $mg \cdot kg^{-1}$）胁迫下，不同水分处理对小花南芥地上和地下部的 Zn 含量影响差异显著（图 7-12）。65%土壤相对含水量条件下，小花南芥地上部累积的 Zn 含量大于地下部分，位移系数为 1.24；15%土壤相对含水量和淹水条件下，小花南芥地上部分累积 Zn 的含量均低于地下部，位移系数分别为 0.92 和 0.86。

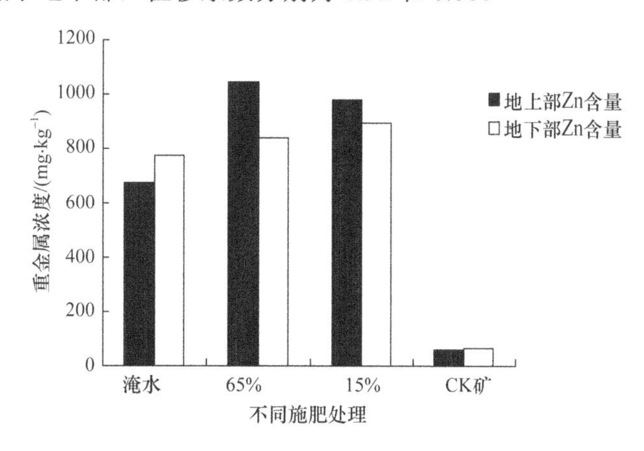

图 7-12 不同水分处理对小花南芥植株中 Zn 含量的影响
Figure 7-12 Effect of different water treatment on the Zn content in *A. alpine*

（杜彩艳，2008）

五、土壤微生物调控重金属生物有效性

重金属污染土壤的植物修复过程中，植物根际耐性微生物有利于提高植物对重金属的吸收。土壤微生物可通过分泌金属螯合物（如高铁载体）、酸化、溶解金属磷酸化合物、改变土壤氧化还原电位等途径，影响土壤中重金属的移动性和植物有效性（Khan，2005）。如假单胞杆菌属和芽孢杆菌属的几个品系能增加 *B. juncea* 幼苗对 Cd 的吸收总量；无机异养性细菌通过酸化土壤提高重金属的移动性（Mitch，2002）。

部分土壤微生物能分泌某些有机物质，促进植物根系吸收大量重金属，细菌可以分泌小分子有机酸来活化重金属，也可以通过降解有机螯合物，释放螯合物所结合的重金属，使其具有更高的生物有效性，更有利于超累积植物对重金属的吸收（湛方栋等，2007）；Vivas 等（2003）从铅污染土壤中分离的常见菌可以促进车轴草对铅的吸收能力；Chen 等（2005）发现接种耐铜菌株到海州香薷，土壤中的水提取态铜含量显著增加；Whiting 等（2001）盆栽试验也证明，当土壤中添加微生物，锌超富集植物 *Thlaspi caerulescens* 的鲜重、地上部分的锌含量均增长为原来的两倍。

表 7-24 列举了一些土壤调控对重金属有效性和植物修复效率影响的研究报道。

表 7-24　土壤调控对重金属有效性的影响

Table 7-24　Effect of soil control on heavy metal availability

重金属	土壤添加物	植物	反应	参考文献
Pb、As、Cd	CH_4Cl	*Zea mays*	促进富集，Pb 增加 1.7 倍、As 增加 2.0 倍、Cd 增加 1.2 倍	焦鹏等，2011
Zn、Pb	十六烷基三甲基溴化铵、鼠李糖脂、皂角苷	*Arabis alpina* var. *parviflora* Franch	促进积累	王吉秀等，2010
Zn、Pb	Na_2SO_4	*Arabis Alpinal* var. *parviflora* Franch	促进积累	王吉秀等，2011
Cd、Zn	根系分泌物（有机基团）	*Thlaspi caerulescens*	促进积累	Zhao et al.，2001
Cd、Fe、Mn	*Bacillus* sp.，*Pseudomonas* sp.	*Brassica juncea*	促进积累	Salt et al.，1995；Shekhar et al.，2004
Cu、Fe、Mn	EDTA	*Zea mays*	促进吸收	Fuentes，1997；Khan et al.，2000
Cu、Fe、Mn	高铁载体	单子叶植物	促进积累	Treeby et al.，1989；Ma and Nomoto，1996
Pb	EDTA	*Pisum sativum*		Piechalak et al.，2003
Pb	EDTA	*Brassica juncea*		Vassil et al.，1998
Pb	EDTA	*Garcinia cambogia*		Shekhar et al.，2004
Ni	NPK 肥	*Alyssum bertolonii*，*Thlaspi caerulescens*，*Streanthus polygaloids*	生物量增加，地上部金属含量没有变化	Bennett et al.，1998
Se	根际细菌	*Brassica juncea*	Se 积累量和挥发量增加 4～5 倍	De Souza et al.，1999
Zn	植物高铁载体	*Triticum aestivum*	促进吸收	Zhang et al.，1991

展　望

受重金属中度污染的农田土壤，采用传统的物理、化学等修复方式，不仅容易带来

二次污染，而且影响正常的农业生产。采用超累积植物与作物间作的修复模式，实现边生产边治理，收获符合国家食品卫生安全的农产品，是一种可行性较高的修复技术。

然而，目前超富集植物与作物间作修复模式仍处于研究和小规模的示范阶段，仍有许多问题面临着严峻的挑战。主要体现为：①我国耕地均为多种重金属形成的复合污染，污染面积较广；②超累积植物与农作物间套作模式单一，如何提高超累积植物吸收转移更多重金属，而降低农作物可食部分的重金属含量的效率，亟待进一步深入研究。

因此，还需要加强以下相关研究：①本土超累积植物筛选，特别是能富集多种重金属的超累积植物；②提高超富集植物修复效率的有效途径；③筛选低累积农作物品种及农作物与超富集植物的最佳间作模式；④处理超富集植物并回收重金属的有效措施。

第八章　重金属中度污染土壤的植物–微生物联合修复

土壤重金属污染的植物修复逐渐为人们所重视，但存在修复速度较慢的限制，并受到土壤环境条件的制约，影响植物修复的效率。土壤微生物在改良污染环境、改变重金属活性、促进植物生长等方面具有重要作用。近年来，利用植物–微生物的协作关系，综合植物与微生物修复技术优势，强化植物修复效率的植物–微生物联合修复技术，成为国内外研究热点。

本章主要阐述土壤微生物对重金属污染胁迫的耐性与细胞机制，对土壤重金属赋存形态的影响与作用机理。进而阐述土壤微生物对植物吸收累积重金属的影响，尤其是植物根部共生的丛枝菌根真菌（arbuscular mycorrhizal fungi，AMF）对植物重金属吸收累积特征的影响。总结土壤重金属污染的植物–共生菌和植物–非共生菌联合修复的类型、特征与影响因素，重点阐述了土壤微生物提高植物重金属耐性、促进植物生长、提高土壤重金属生物有效性、影响植物对重金属的吸收与分配等方面的效应，讨论了植物–微生物联合修复的作用机理，为提高重金属污染土壤的植物修复效率提供了重要的思路和理论依据。

第一节　土壤微生物对重金属的耐性及其机理

重金属污染对土壤微生物群落结构、生理活性等方面产生巨大的影响，同时，土壤微生物通过生理生化、遗传等机制对重金属胁迫做出响应，以耐受重金属污染胁迫。研究土壤微生物胞外分泌物螯合重金属形成沉淀、细胞壁结合钝化重金属的胞外机制，细胞内螯合物质对重金属的螯合、液泡对重金属的区室化、抗氧化系统的防护等方面的胞内机制，对于重金属污染土壤的生物监测、评价与修复等方面的工作具有指导意义。

一、土壤微生物对重金属的耐性

（一）耐受性定律

美国生态学家谢尔福德（V. E. Shelford）最早提出生物对环境的适应存在耐性限度的法则，称为耐受性定律（law of tolerance），亦称为谢尔福德耐性定律（Shelford's law of tolerance），具体是指：任何一个生态因子在数量上或质量上不足或过多，即当其接近或达到某种生物的耐受限度时，这种生物就会衰退或无法生存。

（二）重金属耐性的概念与特征

微生物对环境中重金属污染胁迫具有一定的适应性和抵抗力，称为微生物的重金属耐受性（tolerance）或耐性。即重金属对微生物存在毒害作用，环境中的重金属存在着一个生物学的上限（或称“阈值”），为该种微生物对重金属的耐性范围（又称耐性限度），在此限度之下，微生物可以完成生长和繁殖等生命活动，超过该限度，导致微生物停止生长或死亡。

微生物对重金属的耐性具有如下特征。

第一，同一种微生物对不同种类重金属的耐性范围不同，对一种重金属耐性范围很广，而对另一种重金属的耐性范围可能很窄。

第二，不同种微生物对同一种重金属的耐性范围不同。对毒性大的重金属耐性范围广的微生物，其在重金属污染环境中的分布也广。仅对个别重金属耐性范围广的微生物，可能受其他重金属毒害的制约，其分布不一定广。

第三，由于生态因子的相互作用，当某个生态因子不是处在适宜状态时，则微生物对重金属的耐性范围将会缩小。

第四，同一种内的微生物不同菌株，长期生活在不同的生态环境条件下，对多个生态因子会形成有差异的耐性范围，即产生生态型的分化。如在重金属污染的土壤中，相对容易得到重金属耐性强的微生物。

（三）土壤细菌和真菌对重金属的耐性

土壤中过量重金属会导致土壤微生物的生物多样性降低，改变土壤微生物的群落结构，使得耐受重金属的微生物数量增加（Dirginciut and Peciulyt，2011）。其中，Cd 和 Pb 是许多重金属污染土壤主要的污染元素，细菌和真菌是土壤微生物的主要类群，因此研究报道也主要关注了土壤细菌和真菌对 Cd 和 Pb 的耐性。依据重金属毒理学的评价标准，研究人员通常采用最大耐受浓度、最小致死浓度（minimal inhibition concentration，MIC）、半数抑制浓度（EC_{50}）等数值评判微生物对重金属的耐性。

1. 土壤细菌对 Cd、Pb 的耐性

目前，国内外已报道的具有良好 Cd、Pb 抗性的细菌主要有假单胞菌属、芽孢杆菌属、根瘤菌属、肠杆菌属的一些细菌和放线菌等（Sun et al.，2010）。广泛存在于土壤中的假单胞菌对 Cd 抗性水平可达 225 $mg\cdot L^{-1}$（Vullo et al.，2008）。芽孢杆菌可耐受最高达 275 $mg\cdot L^{-1}$ 的 Cd 浓度（Roane et al.，2001）。采用培养基加 Cd 平板法，从稻田土壤分离耐 Cd 细菌，在 Cd 处理浓度 700 $mg\cdot L^{-1}$ 条件下，菌株仍能生长（周丽英等，2012）。采用梯度浓度法从煤矸石山中筛选分离出一株 Cd 耐性铜绿假单胞菌 ZGKD2，耐 Cd 浓度为 1000 $mg\cdot L^{-1}$（张玉秀等，2010）。从广东省大宝山重金属污染土壤，采用选择性培养基 TSA 分离到 8 株耐 Cd 的细菌，它们对 Cd 的最低抑制浓度大于 448 $mg\cdot L^{-1}$，其中菌株 YN-8 对 Cd 的耐受性最强，达到 1008 $mg\cdot L^{-1}$（陈美标等，2012）。从江西德兴铜矿土壤中分离筛选到一株耐 Cd 的皮氏罗尔斯通氏菌 DX-T3-01，对 Cd 的最高耐受浓度达到 1792 $mg\cdot L^{-1}$，最低抑制浓度为 448 $mg\cdot L^{-1}$（付瑾等，2011）。采用梯度浓度驯化的方法，筛选分离出一株耐 Cd 假单胞菌，能够耐受 4500 $mg\cdot L^{-1}$ 的 Cd（刘爱民和黄为一，2006）。

采用选择培养基培养的方法，从不同土壤中分离出 Pb 耐性不同的细菌。如通过向土壤中添加 Pb 驯化土壤微生物，采用含不同浓度 Pb 的马铃薯葡萄糖培养基，分离获得一株耐 300 $mg·L^{-1}$ 铅的细菌 Pb-R-1（王俊丽等，2010）。从 Pb 污染的土壤中分离到一株产碱杆菌，能在 400 $mg·L^{-1}$ 的含 Pb 培养基上生长（李辉等，2005）。从某铅矿区土壤中筛选出一株耐 Pb 的节杆菌 LY-1，最大耐受的 Pb 浓度为 500 $mg·L^{-1}$（金羽等，2013）。从铅锌矿尾矿坝分离到的一株耐 Pb 节杆菌 12-1，最高可耐受 800 $mg·L^{-1}$ Pb（陈志等，2014）。从矿区重金属污染土壤中筛选获得的细菌菌株 J3，在含铅量为 1000 $mg·L^{-1}$ 的培养基中正常生长（罗雅等，2011）。从电镀厂附近的土壤中分离、筛选出一株抗 Pb 的克雷伯氏菌菌株 FP 2000，对 Pb 的耐受浓度达 2000 $mg·L^{-1}$（冀伟等，2014）。

2. 土壤真菌对 Cd、Pb 的耐性

采用常规培养基或添加重金属的培养基，在污水底泥、污水灌溉农田、采矿废弃地与尾矿地、重金属污染水体与底泥等重金属污染土壤中分布着大量耐受 Cd 和 Pb 的丝状真菌，报道的主要有曲霉、青霉、链格孢霉、地霉和镰孢霉等属的丝状真菌。如 Zafar 等（2007）从污灌导致重金属污染的农田土壤中分离出耐受 Cd 和其他重金属的曲霉、青霉、链格孢霉、地霉、镰孢霉、根霉、念珠霉和木霉等属的丝状真菌，这些丝状真菌耐受 Cd 的 MIC 值为 0.2～5 $mg·mL^{-1}$。一株分离自铅锌矿区野生植物根内的深色有隔内生真菌（dark septate endophytes，DSE）嗜鱼外瓶霉（*Exophiala pisciphila*），在不同浓度 Cd 胁迫的培养基上，培养 6 d 后，*E. pisciphila* 都有生长，菌落面积随着培养时间增加而增大。其中，不添加 Cd 的处理该真菌菌落面积最大，显著大于添加 Cd 的处理。不同浓度 Cd 处理的 *E. pisciphila* 菌落面积随着 Cd 浓度增加而减小。第 30 d，25～400 $mg·L^{-1}$ 的 Cd 显著抑制 *E. pisciphila* 在平板上的生长（图 8-1A）。在液体中培养 7 d，50 $mg·L^{-1}$、100 $mg·L^{-1}$、200 $mg·L^{-1}$ 和 400 $mg·L^{-1}$ Cd 处理 *E. pisciphila* 菌丝生物量均显著下降，显著抑制 *E. pisciphila* 在液体培养基中的生长（图 8-1B）。采用直线内插法，平板培养 30 d 和液体培养 7 d 的情况下，Cd 对 *E. pisciphila* 的 EC_{50} 值分别为 332.2 $mg·L^{-1}$ 和 111.2 $mg·L^{-1}$（Zhan et al.，2015a）。

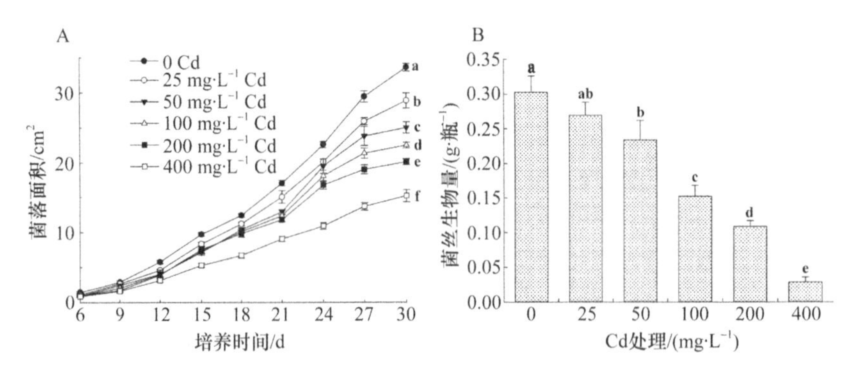

图 8-1　不同浓度 Cd 胁迫 *E. pisciphila* 菌落的面积（A）和生物量（B）

Figure 8-1　Colony area（A）and biomass（B）of *E. pisciphila* under Cd stress of different concentrations

不同小写字母者表示处理间差异显著（$P<0.05$），相同小写字母者表示处理间差异不显著（$P>0.05$）

（Zhan et al.，2015a）

从铅锌尾矿厂周围土壤样品中分离出4株耐Pb菌，均能在Pb浓度为100～1000 mg·L^{-1}的培养液中生长（杨亮等，2013）。采用含不同浓度铅的PDA培养基，分离获得耐750 mg·L^{-1} Pb的曲霉菌株Pb-R-2和耐900 mg·L^{-1} Pb的青霉菌株Pb-R-3（王俊丽等，2010）。采用液体培养的方法研究发现，Pb对10株分离自铅锌矿区小花南芥根际真菌的EC_{50}平均值为2.39 mmol·L^{-1}，6株铅锌矿区小花南芥根际真菌的EC_{50}值大于2.00 mmol·L^{-1}，EC_{50}最大值为4.15 mmol·L^{-1}。10株分离自非矿区小花南芥根际真菌的EC_{50}平均值为1.45 mmol·L^{-1}，3株非矿区小花南芥根际真菌的EC_{50}值大于2.00 mmol·L^{-1}，最大值为3.67 mmol·L^{-1}。铅锌矿区小花南芥根际真菌的EC_{50}平均值和最大值均明显大于非矿区小花南芥根际真菌，表明铅锌矿区小花南芥根际真菌的Pb耐性明显大于非矿区（湛方栋等，2010 b）。

此外，从重金属复合污染环境中分离的土壤真菌对Cd、Pb等多种重金属均有较强的耐性，Ezzouhri等（2009）从摩洛哥的摩洛哥港市重金属污染水体与底泥上分离出耐Cd、Pb等重金属的丝状真菌，其中曲霉和青霉属的丝状真菌表现出最强的重金属耐性，能耐受20～25 mmol·L^{-1}的Pb。Iram等（2009）分离出的丝状真菌Cd、Zn、Ni和Cu有较强的耐性，但对Zn和Ni的耐性要强于Cd和Cu。杜爱雪等从铜矿尾矿土壤中分离得到一株高抗重金属的青霉菌，对Pb和Cd的抗性水平分别达到35 mmol·L^{-1}和5 mmol·L^{-1}（杜爱雪等，2008；Du et al.，2009）。在采矿废弃地自然生长植物的根际、根内等特殊环境中，也有重金属耐性丝状真菌分布。如铅锌矿区小花南芥、中华山蓼等野生植物根际真菌对Cd和Pb的耐性明显强于非矿区（湛方栋等，2010a，b，c）。从重金属富集植物大叶相思和非富集植物水禾与水稻根内及根际分离到青霉、曲霉、镰刀菌、木霉等属的重金属耐性真菌，能够耐受150 mg·L^{-1}和750 mg·L^{-1}的Cd和Pb（姜敏等，2007）。

二、土壤微生物对重金属耐性的机制

丝状真菌（filamentous fungi）广泛分布在重金属污染环境中，在改变土壤中重金属的形态、生物有效性及其地球生物化学循环中有重要的作用。借助现代生物学技术，研究人员深入广泛地研究了丝状真菌耐受重金属胁迫的机理，对于理解微生物、动植物重金属耐受机理均有很好的促进作用（湛方栋等，2013）。

以真菌细胞膜为界限，真菌耐受重金属的细胞机制可以分为胞外机制和胞内机制。胞外机制有：①通过分泌有机酸等有机物，在细胞外沉淀重金属；②细胞壁对重金属的结合作用，限制重金属进入细胞内。胞内机制有：①增加细胞内重金属的排出作用，限制金属的吸收，避免重金属毒害；②细胞内的金属配位体（如金属硫蛋白、植物络合素）对进入细胞的重金属的螯合作用；③直接将进入细胞内的重金属运输到液泡内；④GSH与重金属形成络合物后运输到液泡中区室化固定重金属，避免重金属产生危害；⑤细胞内抗氧化系统清除因重金属过量产生的活性氧（ROS），保护胞内重要生物大分子，提高真菌耐受细胞内高浓度重金属的能力（图8-2）。

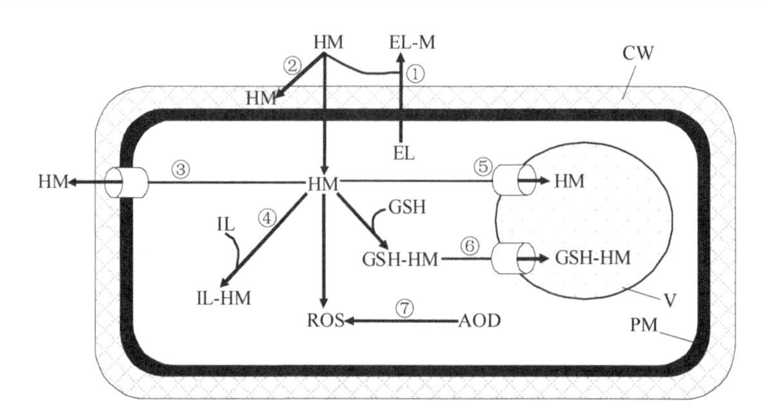

图 8-2　真菌重金属耐性的细胞机制

Figure 8-2　Cellular mechanisms potentially involved in metal tolerance of fungi

HM 表示重金属，CW 表示细胞壁，PM 表示细胞质膜，V 表示液泡，EL 表示分泌至细胞外的金属配位体，IL 表示细胞内金属配位体，GSH 表示谷胱甘肽，ROS 表示活性氧，AOD 表示抗氧化系统防护；①细胞外重金属的沉淀作用；②细胞壁对重金属的结合作用；③重金属的排出作用；④细胞内重金属的螯合作用；⑤细胞内重金属的区室化作用；⑥液泡对 GSH-重金属络合物的区室化作用；⑦抗氧化系统的防护作用

（湛方栋等，2013）

（一）土壤微生物对重金属耐性的胞外机制

重金属胁迫条件下，丝状真菌通过胞外络合沉淀和细胞壁结合固定重金属的胞外机制，能有效阻止重金属离子进入细胞，构成丝状真菌应对重金属胁迫的第一道屏障，对于增强丝状真菌的重金属耐性具有重要的作用。

（1）胞外分泌物对重金属的沉淀作用

重金属胁迫诱导真菌增强菌丝分泌能力，增加低分子质量有机酸等有机物质的分泌量，通过螯合和沉淀等作用影响重金属离子的生物有效性，草酸是研究报道最多的一种。重金属胁迫条件下真菌菌丝分泌的低分子质量有机酸，草酸络合重金属离子的能力极强，与 Pb、Cd、Cu 和 Zn 的溶度积常数（25℃）分别为 2.74×10^{-11}、1.42×10^{-8}、4.43×10^{-10} 和 1.38×10^{-9}，所以能有效地对重金属离子产生络合或沉淀作用。

如图 8-3 所示，25 $mg\cdot L^{-1}$ Cd 处理 *E. pisciphila* 培养液 pH 与不加 Cd 的处理相近。50 $mg\cdot L^{-1}$、100 $mg\cdot L^{-1}$、200 $mg\cdot L^{-1}$ 和 400 $mg\cdot L^{-1}$ Cd 处理嗜鱼外瓶霉培养液 pH 均显著下降，表明 50～400 $mg\cdot L^{-1}$ 的 Cd 显著促进 *E. pisciphila* 菌丝产酸，液体培养基 pH 显著下降。

采用高效液相色谱法测定不同 Cd 浓度 *E. pisciphila* 菌丝培养液的 10 倍稀释液中低分子质量有机酸（乙酸、苹果酸、柠檬酸、酒石酸、丁二酸和草酸）分泌情况，发现该真菌培养液中低分子质量有机酸以草酸为主。此外，尚有低浓度的乙酸（浓度为 10^{-3} $ng\cdot mL^{-1}$），未检测出苹果酸、柠檬酸、酒石酸和丁二酸。50～400 $mg\cdot L^{-1}$ 的 Cd 胁迫处理，*E. pisciphila* 培养液草酸浓度显著增加（图 8-4A）。此外，Cd 胁迫显著促进 *E. pisciphila* 菌丝分泌草酸（图 8-4B）。

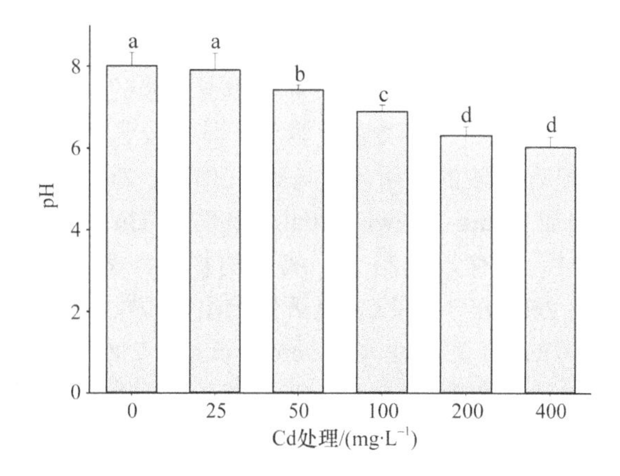

图 8-3　不同浓度 Cd 胁迫下 *E. pisciphila* 菌丝培养液的 pH

Figure 8-3　pH value of *E. pisciphila* growing media under Cd stress of different concentrations

不同小写字母者表示处理间差异显著（$P<0.05$），相同小写字母者表示处理间差异不显著（$P>0.05$）

（湛方栋，2012）

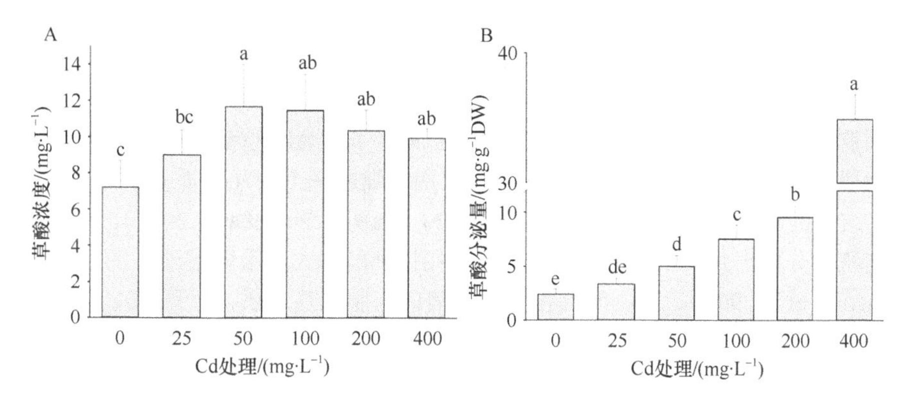

图 8-4　不同浓度 Cd 胁迫下 *E. pisciphila* 培养液草酸浓度（A）和单位菌丝草酸分泌量（B）

Figure 8-4　Oxalic acid concentrations in the media and secretion by the mycelium of *E. pisciphila* under Cd stress of different concentrations

不同小写字母者表示处理间差异显著（$P<0.05$），相同小写字母者表示处理间差异不显著（$P>0.05$）

（湛方栋，2012）

Clausen 等发现 Cu 离子促进褐腐菌和白腐菌菌丝草酸的分泌，草酸分泌量达到 400 $mmol \cdot L^{-1}$，较对照增加了 66%～93%（Clausen et al.，2000；Clausen and Green，2003），一株茯苓在 Cu 离子胁迫下草酸分泌量增加了 4～40 倍。Green 和 Clausen（2003）研究表明 Cu 离子促进 11 株耐性褐腐菌草酸的分泌，是对照的 2～17 倍。Pb、Cd 和 As 处理导致两个腐生真菌草酸分泌量平均增加了 2 倍（Johansson et al.，2008）。培养基中添加 Cu_2O、MnO_2、ZnO 和 $CuFe_2O_4Zn$ 等金属盐，褐伞残孔菌菌丝草酸分泌量显著增加（Graz et al.，2009）。采用扫描电镜和 X 射线能谱仪分析，发现丝状真菌产生的草酸在菌丝体外能大量螯合重金属离子，形成不溶水的重金属——草酸盐晶体沉淀，有效阻止重金属离子进入真菌细胞内，从而提高丝状真菌重金属的耐受性（Jarosz and Gadd，2003）。可见真菌菌丝分泌的草酸对重金属螯合和沉淀的作用是丝状真菌耐受重金属的重要胞外机制之一。

此外，胞外黏性物质（extracellular mucilaginous material，ECMM），有些研究报道称之为乳化剂（emulsifier），是重金属胁迫条件下报道较多的一类丝状真菌菌丝胞外分泌物质，其组成包括多糖、蛋白质、脂类及色素等，具有较强的结合重金属离子的能力，也能发挥类似低分子质量有机酸的作用（王亮等，2010）。Zn、Cd 和 Pb 促进新月弯孢菌菌丝 ECMM 的分泌量增加（Paraszkiewicz et al.，2007）。Cu 胁迫促进云芝和密黏褶菌菌丝产生不溶性的 ECMM，能有效限制 Cu 离子的扩散，提高丝状真菌对 Cu 的耐性（Vesentini et al.，2006，2007）。Ni 和 Cd 显著影响出芽短梗霉胞外多糖的产生，施加胞外多糖能提高出芽短梗霉的 Cd 耐受性（Breierova et al.，2004；Certik et al.，2005）。因此，重金属胁迫条件下丝状真菌菌丝分泌的 ECMM 的主要作用是保护真菌，减轻重金属对丝状真菌的毒害作用。

（2）细胞壁对重金属的结合作用

细胞壁是丝状真菌吸附与富集重金属的重要部位。如 80%的粗皮侧耳菌丝累积的 Cd 结合在细胞壁上。X 射线能谱仪分析发现一株 Cd 富集能力达到 280 $mg \cdot g^{-1}$ 干菌丝的茎点霉菌 F2，其富集的 Cd 主要结合在细胞壁上（Yuan et al.，2007）。细胞壁对重金属离子的吸附作用，构成了防止重金属进入丝状真菌细胞的一道重要屏障。

丝状真菌细胞壁结合吸附重金属离子的能力与细胞壁的组成密切相关。几丁质是丝状真菌细胞壁的主要成分，在细胞壁结合重金属离子中起着重要的作用。通过能谱仪、X 射线衍射分析和红外光谱分析，发现一株顶孢霉细胞壁上的几丁质多糖与 Cu 离子形成复合物，结合的 Cu 离子相当于细胞干重的 20%（Zapotoczny et al.，2007）。从雅致小克银汉霉细胞壁中分离出几丁质和脱乙酰壳多糖，在体外能够大量吸附溶液中的 Pb 和 Cu 等离子（Franco et al.，2004）。原位研究粗糙脉孢菌的细胞壁几丁质，发现 N-乙酰氨基葡萄糖的 C-3 羟基氧是细胞壁几丁质结合 Cd 的关键位点（Bhanoori and Venkateswerlu，2000）。

由表 8-1 可知，*E. pisciphila* 菌丝 Cd 主要分布在细胞壁上，细胞壁上的 Cd 含量占菌丝体 Cd 含量的百分比随着 Cd 处理浓度的增加而增加，有 81.0%～97.0%的 Cd 分布在细胞壁上。细胞器和可溶性组分的 Cd 含量占菌丝体 Cd 含量的百分比随着 Cd 处理浓度的增加而明显减小，细胞壁 Cd 含量随 Cd 处理浓度的增加而明显增加。细胞器和可溶性组分的 Cd 含量相近，除 400 $mg \cdot L^{-1}$ 的 Cd 处理细胞器和可溶性组分的 Cd 含量显著大于其余处理外，其余处理间细胞器和可溶性组分的 Cd 含量差异并不显著。表明 *E. pisciphila* 菌丝细胞壁吸附了绝大部分的 Cd，菌丝细胞内 Cd 含量维持在相对稳定和较低的水平。

表 8-1 *E. pisciphila* 菌丝亚细胞 Cd 含量（$mg \cdot g^{-1}$）

Table 8-1 Subcellular Cd contents（$mg \cdot g^{-1}$）in the *E. pisciphila* mycelium

亚细胞组分	Cd 处理浓度/（$mg \cdot L^{-1}$）				
	25	50	100	200	400
细胞壁	5.15±0.64d	9.49±1.34d	31.93±3.33c	60.07±5.91b	89.61±5.12a
细胞核、线粒体等细胞器	0.59±0.05b	0.65±0.06b	0.80±0.07b	0.90±0.10b	1.38±0.19a
可溶性组分	0.62±0.08b	0.74±0.07b	0.84±0.14b	0.93±0.13b	1.43±0.21a
合计	6.36±0.63d	10.87±1.28d	33.57±3.50c	61.90±5.73b	92.42±5.31a

注：不同小写字母者表示处理间差异显著（$P<0.05$），相同小写字母者表示处理间差异不显著（$P>0.05$）

（Zhan et al.，2015b）

扫描电镜–能谱点分析发现，在 *E. pisciphila* 菌丝表面矿质元素含量最大的是 P，其次为 Cd、Ca 和 S，Na 和 K 含量较少（图 8-5）。

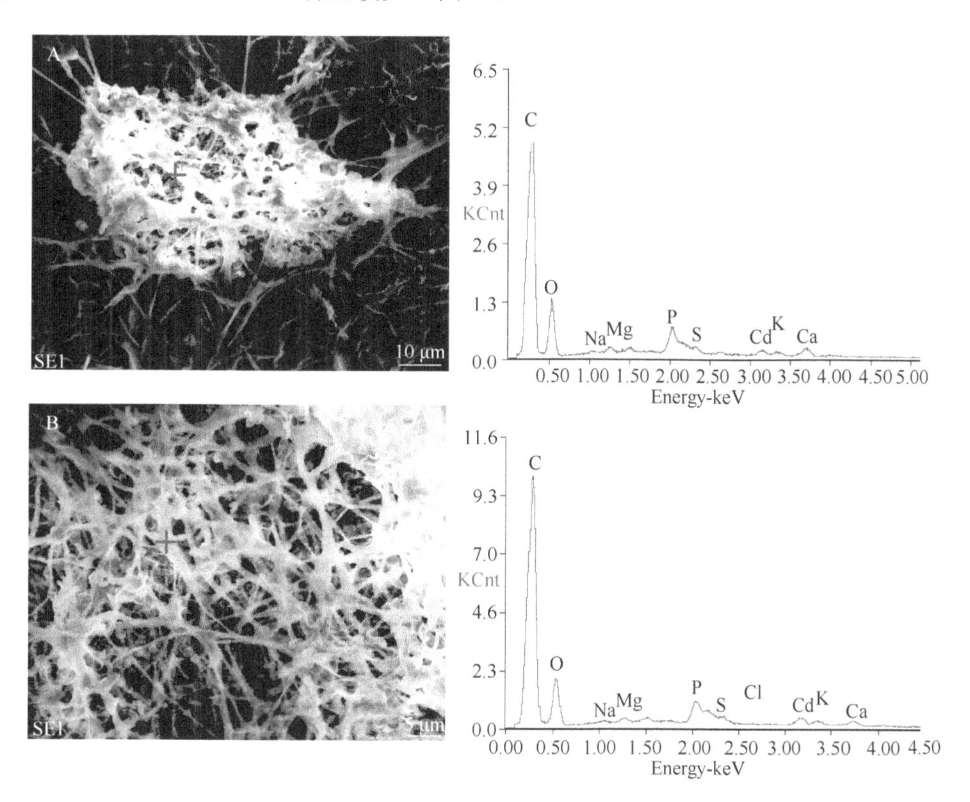

图 8-5 *E. pisciphila* 菌丝的扫描电镜–能谱点分析（A. 50 mg·L^{-1}；B. 100 mg·L^{-1}）
Figure 8-5 Point analysis of SEM-EDS on the mycelium of *E. pisciphila* under Cd stress（A. 50 mg·L^{-1}；B. 100 mg·L^{-1}）

（Zhan et al.，2015b）

选择元素 Cd，对 *E. pisciphila* 菌丝表面进行扫描电镜–能谱线分析。50 mg·L^{-1} Cd 处理菌丝扫描电镜–能谱线分析处理了 295 个点位，其中 23 个点位未检测出 Cd，占总数的 7.8%；Cd 相对含量为 1.0%、2.0%、3.0%和 4.0%的点位数分别有 51、88、63 和 42 个，Cd 相对含量大于 4.0%的点位数为 28 个。100 mg·L^{-1} Cd 处理菌丝扫描电镜–能谱线分析处理了 436 个点位，仅有 6 个点位未检测出 Cd；Cd 相对含量为 1.0%～3.0%、4.0%～6.0%、7.0%～9.0%和大于 10%的点位数分别有 101、169、107 和 53 个（图 8-6）。因此，扫描电镜–能谱点分析和 X 射线分析均发现在该菌丝表面有 Cd 的分布。

对 50 和 200 mg·L^{-1} Cd 浓度处理 *E. pisciphila* 菌丝超薄切片进行透射电镜分析，发现菌丝细胞壁上均有高电子密度的黑色沉淀。50 mg·L^{-1} Cd 浓度处理时，黑色沉淀较均匀地分布在菌丝细胞壁上。200 mg·L^{-1} Cd 浓度处理时，黑色沉淀物聚集成团（图 8-7B），分布在菌丝细胞壁上。细胞壁内没有明显的黑色沉淀物，表明 Cd 主要沉淀在菌丝细胞壁上。

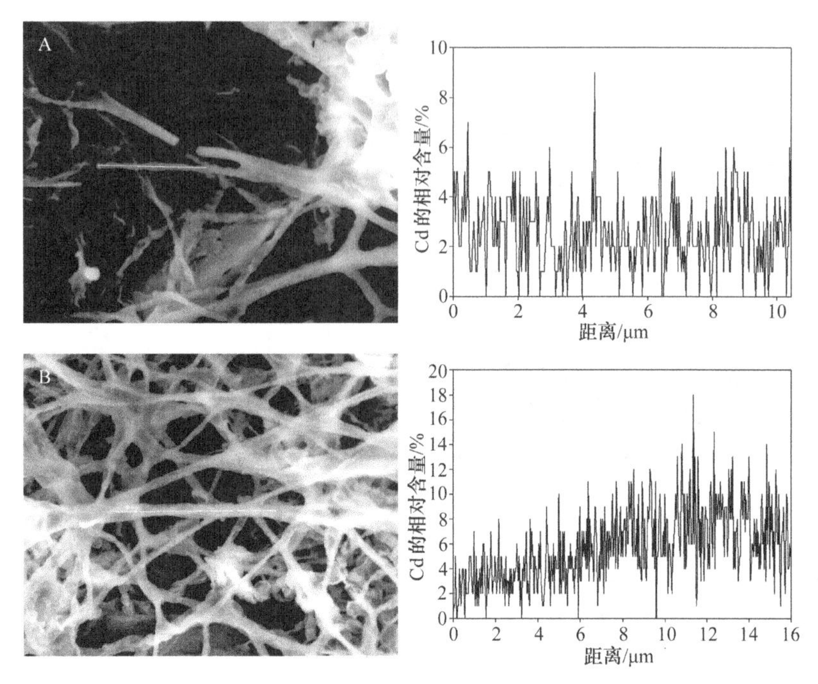

图 8-6　*E. pisciphila* 菌丝的扫描电镜–能谱线分析（A. 50 mg·L^{-1}；B. 100 mg·L^{-1}）

Figure 8-6　Line analysis of SEM-EDS on the mycelium of *E. pisciphila* under Cd stress（A. 50 mg·L^{-1}；B. 100 mg·L^{-1}）

（Zhan et al.，2015b）

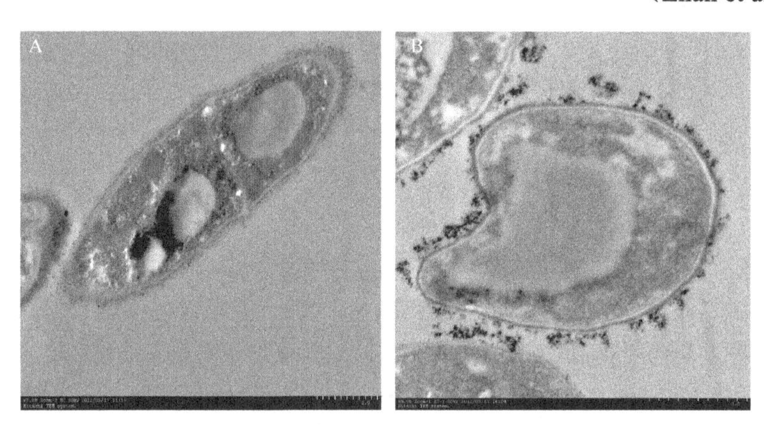

图 8-7　*E. pisciphila* 菌丝透射电镜分析（A. 50 mg·L^{-1}；B. 200 mg·L^{-1}）

Figure 8-7　TEM analysis on the mycelium of *E. pisciphila* under Cd stress（A. 50 mg·L^{-1}；B. 200 mg·L^{-1}）

（Zhan et al.，2015b）

对 200 mg·L^{-1} Cd 浓度处理 *E. pisciphila* 菌丝超薄切片细胞壁上附着的高电子密度的黑色沉淀进行能谱分析。发现这些黑色沉淀物的能谱形成明显的 Cd 元素峰（图 8-8），表明这些黑色沉淀物质含有大量 Cd 离子，为 Cd 离子沉淀物质。

E. pisciphila 菌丝在 3401.96 cm^{-1} 处的宽吸收峰为聚合体中的—NH 基团伸缩振动峰和—OH 基团吸收峰，在 2925.48 cm^{-1} 和 2856.06 cm^{-1} 处的强吸收峰为脂肪族—CH_2 和—CH_3 基团的伸缩振动，在 1743.33 cm^{-1} 和 1641.13 cm^{-1} 处的强吸收峰为酸、酯和酮中的—C═O

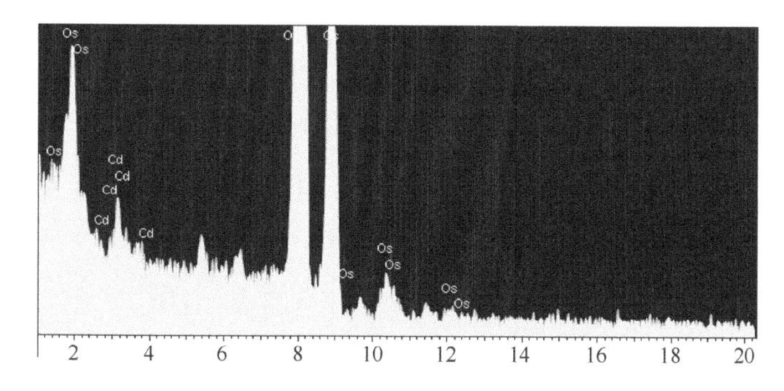

图 8-8 *E. pisciphila* 菌丝细胞壁附着黑色沉淀物质透射电镜–能谱线分析（200 mg·L^{-1}）
Figure 8-8 TEM-EDX analysis of the black precipitates attached to the mycelia of *E. pisciphila* grown at 200 mg·L^{-1} Cd

（Zhan et al.，2015b）

基团的对称和非对称伸缩振动，在 1153.22 cm^{-1}、1078.53 cm^{-1}和 1035.59 cm^{-1}处的吸收峰为 P—O 基团的伸缩振动（P═O 在 1153.22 cm^{-1}和 1078.53 cm^{-1}处有非对称和对称伸缩振动，P—O—C 基团在 1035.59 cm^{-1}处有对称伸缩振动）。表明该真菌菌丝的 Cd 吸附基团可能涉及氨基、酰氨基、羧基、羟基和磷酰基等（图 8-9）。

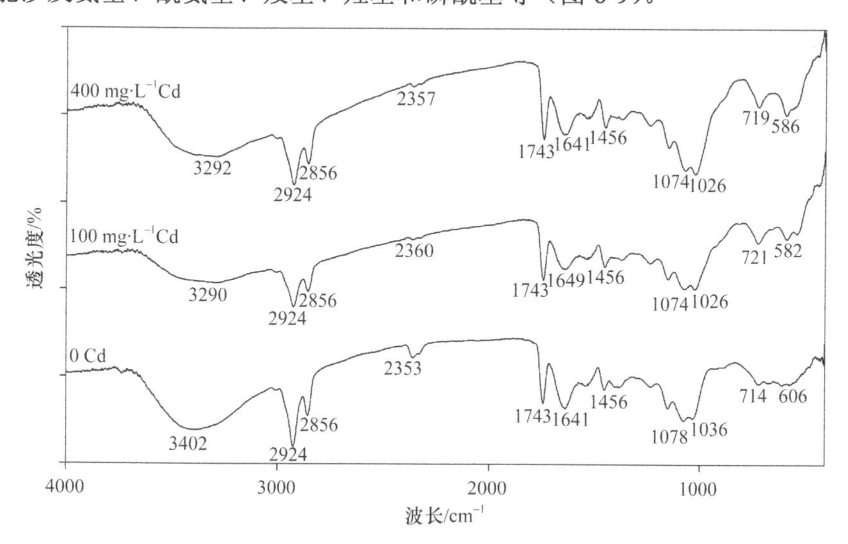

图 8-9 *E. pisciphila* 菌丝的红外光谱
Figure 8-9 FTIR spectra of the *E. pisciphila* mycelia

（Zhan et al.，2015b）

此外，黑色丝状真菌细胞壁上的黑色素，具有酚、多肽、糖、脂族烃和脂肪酸等潜在的金属离子结合基团，对金属离子具有很强的结合能力，在细胞壁吸附重金属离子中发挥独特的作用（Hong et al.，2004）。Cd 胁迫促进 *E. pisciphila* 菌丝合成黑色素（Zhan et al.，2011），培养液中 Cd 浓度为 50～350 mg·L^{-1}，菌丝黑色素含量显著增加，在 Cd 浓度为 150 mg·L^{-1}处理时，菌丝黑色素含量最高，从不添加 Cd 处理的 9.05 mg·g^{-1}干菌丝增加到 12.10 mg·g^{-1}干菌丝，增加了 33.7%。Cd 浓度继续增加，菌丝黑色素含量下降，当 Cd 浓度大于 400 mg·L^{-1}后，菌丝黑色素含量显著小于不添加 Cd 的处理（图 8-10）。

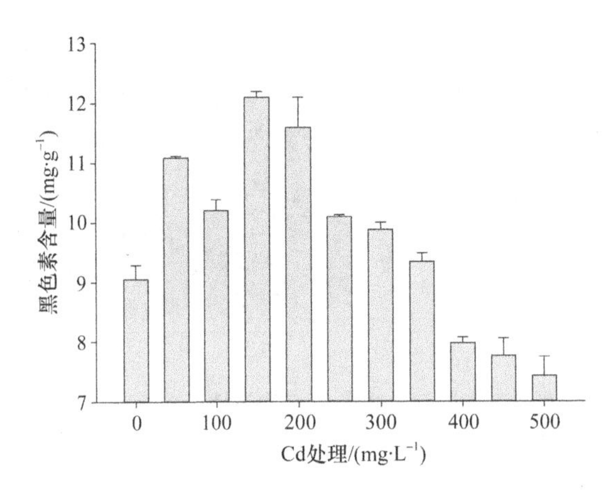

图 8-10　不同浓度 Cd 胁迫 *E. pisciphila* 菌丝黑色素的含量
Figure 8-10　Melanin contents in the *E. pisciphila* mycelium under Cd stress of different concentrations

（Zhan et al.，2011）

黑色素对重金属离子具有很强的结合能力，使得三种产黑色素的枝孢菌和出芽短梗霉菌丝比缺失黑色素的白化菌丝吸附更多的重金属离子（Fomina and Gadd，2003）。采用电子显微镜直接观察到禾顶囊壳将 Cu 离子以 CuS 的形式结合在细胞壁黑色素层上。地衣共生真菌细胞壁中的黑色素吸收和固定了 U 和 Cu 离子，保护了真菌本身，也保护了与真菌共生的生物体（Fujii et al.，2005）。因此，丝状真菌细胞壁对重金属离子的吸附与结合作用，不但对于丝状真菌自身重金属耐性具有重要意义，对于环境中的其他生物也可能产生影响。

（二）土壤微生物对重金属耐性的胞内机制

在重金属污染环境中，尽管丝状真菌通过上述的胞外机制能阻止重金属离子进入细胞内，但仍有部分甚至大量的重金属离子通过细胞膜上运输钾、磷、硫甚至糖及其衍生物的离子通道进入细胞内，对真菌细胞内活性生物大分子产生毒害作用。对此，丝状真菌耐受重金属的胞内机制发挥着重要的作用。

（1）细胞内重金属的排出作用

有关真菌细胞内重金属排出作用方面的研究主要在酿酒酵母上。如细胞膜蛋白 Acr3 和 Fps1p（Maciaszczyk-Dziubinska et al.，2010）能将 As 从酿酒酵母细胞内排出，细胞膜蛋白 Pca1p 能排出 Cd 和 Cu（Adle et al.，2007），以及细胞膜蛋白 Ssu1p 能排出 Se 等（Pinson et al.，2000）。有关丝状真菌细胞内重金属的排出机制了解很少，其原因可能与丝状真菌相对复杂的形态和细胞结构及研究人员对该方面的关注程度相对较低有关。

（2）细胞内螯合物质对重金属的螯合作用

研究报道较多的细胞内重金属螯合物质主要有金属硫蛋白（metallothionein，MT）、谷胱甘肽（GSH）和植物络合素（phytochelation，PC）等物质，它们能够有效螯合进入细胞内重金属离子，减轻重金属的毒害作用。

MT 是一类富含半胱氨酸，具有很强金属结合能力的蛋白质（肽），由相应的基因编码（Klaassen et al.，2009）。如 Cd 胁迫诱导一种水生丝孢菌产生特殊的 MT，能至少结合两个 Cd 离子，对于该真菌耐受 Cd 毒害有重要作用（Jaeckel et al.，2005）。而 Cd、Zn 和 Cu 等重金属离子虽然能诱导两种丝状水生真菌合成 MT，但人们认为 MT 在这两种真菌重金属耐性中的作用很小（Guimaraes et al.，2006）。Cd 浓度在 50 $\mu mol \cdot L^{-1}$ 以下时，随着 Cd 处理浓度的增加，Cd 对平菇 MT 合成的诱导作用呈逐渐增强的趋势，当 Cd 浓度达到 100 $\mu mol \cdot L^{-1}$，其诱导作用减弱（王松华等，2006）。表明重金属胁迫虽然可以诱导丝状真菌合成 MT，但丝状真菌 MT 螯合重金属的能力及其重要性还有待更深入的研究。

GSH 是由谷氨酸、半胱氨酸（Cys）和甘氨酸结合而成的三肽，PC 是由植物络合素合酶（phytochelatin synthase，PCS）以 GSH 为底物催化合成的。GSH 和 PC 富含 Cys，能通过 Cys 的巯基（—SH）络合重金属离子，参与抵抗重金属胁迫。如水生丝孢菌 *Tetracladium marchalianum* 的三个菌株（Miersch et al.，2005）。哈茨木霉和三种镰刀菌在 Cd、Pb、Hg 和 Zn 等重金属胁迫时菌丝体内 GSH 含量均有显著增加，GSH 合成代谢过程中的关键酶 O-乙酰–丝氨酸巯基裂解酶[O-acetyl serine（thiol）lyase，OASTL]活性及其编码基因表达增强（Raspanti et al.，2009）。50 $\mu mol \cdot L^{-1}$ 的 Cd 离子促进硬毛栓孔菌合成 PC，菌丝体 PC 含量增加了 3 倍（Yuerekli et al.，2004）。Guimaraes-Soares 等认为 GSH 和 PC 是水生真菌 *Fontanospora fusiramosa* 和 *Flagellospora curta* 菌丝体内螯合 Cu 和 Zn 的主要物质（Guimaraes et al.，2006）。可见体内 GSH 和 PC 的合成及其含量的提高是丝状真菌应对重金属胁迫的重要对策之一，在丝状真菌重金属耐受中起着重要作用。

Cd 胁迫下，*E. pisciphila* 菌丝 GSH 和 NP-SH 的含量有显著响应。25～200 $mg \cdot L^{-1}$ 的 Cd 胁迫导致 *E. pisciphila* 菌丝 GSH 含量极显著增加，400 $mg \cdot L^{-1}$ 的 Cd 处理菌丝 GSH 含量下降，并与不加 Cd 的处理含量相近（图 8-11A）。同样，25～200 $mg \cdot L^{-1}$ 的 Cd 胁迫导致 *E. pisciphila* 菌丝 GSH 含量显著或极显著增加，400 $mg \cdot L^{-1}$ 的 Cd 处理菌丝 GSH 含量下降，并与不加 Cd 的处理含量相近，表现出与 GSH 含量变化相似的趋势（图 8-11B）。

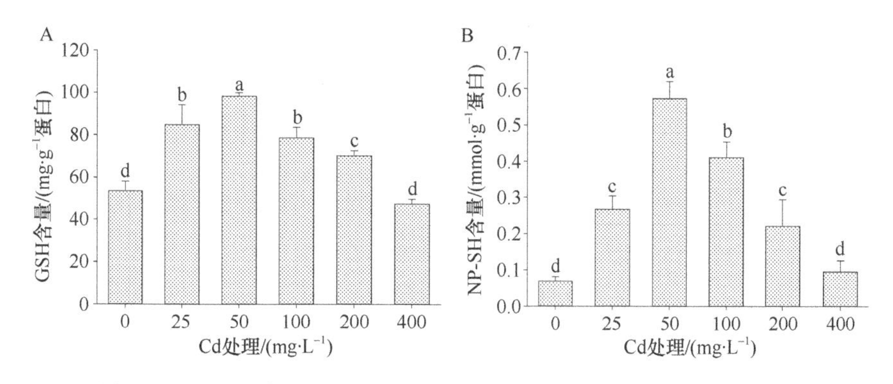

图 8-11　不同浓度 Cd 胁迫下 *E. pisciphila* 菌丝 GSH 和 NP-SH 的含量

Figure 8-11　GSH and NP-SH contents in *E. pisciphila* mycelium under Cd stress of different concentrations

不同小写字母者表示处理间差异显著（$P<0.05$），相同小写字母者表示处理间差异不显著（$P>0.05$）

（Zhan et al.，2015a）

除 MT、GSH 和 PC 等主要重金属螯合物质之外，还报道了随着 Cd 浓度增加，灵芝菌丝非蛋白巯基化合物（NPT）的水平逐渐上升，当 Cd 浓度达到 400 $\mu mol \cdot L^{-1}$ 时，NPT 含量急剧上升至对照组的 6.7 倍（王松华等，2008）。采用能谱仪发现，一株分离自深海的枝状枝孢菌胞内磷酸根螯合 Mn 离子，形成 Mn/P 结晶体，是其耐受和积累大量 Mn 元素的重要机理（Shao and Sun，2007）。而粗糙脉孢菌菌丝体内的尼克酰胺能螯合进入胞内的 Zn 离子（Trampczynska et al.，2006）。因此，丝状真菌体内的含—SH 蛋白质、有机酸或无机酸根离子、尼克酰胺等胞内有机物质也能与重金属离子形成晶体或沉淀，有效降低菌丝体内重金属离子的浓度和移动性，提高丝状真菌对重金属的耐受性。

（3）液泡对重金属的区室化作用

丝状真菌细胞内液泡膜上重金属离子转运蛋白及其基因的研究很少，相关研究也主要集中在酿酒酵母上。其中，酵母菌液泡膜上的转运蛋白 Cot1p 与 Zrt3p 转运 Zn（MacDiarmid et al.，2000）、Ccc1p 转运 Mn（Li et al.，2001）、Zrc1p 转运 Cd（Simm et al.，2007）进入液泡内进行储存。还有一些液泡膜转运蛋白负责运输与 GSH 或 PC 结合的重金属离子，如液泡膜上的 Ycf1p、Yor1p、Bpt1p 和 HMT1 蛋白能运送与 GSH 相结合的 Cd、As、Hg 和 Pb 离子（Sharma et al.，2002；Nagy et al.，2006；Preveral et al.，2009）。酵母菌液泡膜上的这些转运蛋白在液泡区室化储存重金属过程中起着关键作用。同样，丝状真菌液泡膜上也应当存在响应的转运蛋白，并在重金属离子进入液泡过程中起着关键作用。遗憾的是，这方面报道还很少。

重金属离子进入液泡后，液泡内的蛋白质、糖、酸和硫化物等重金属螯合物质能与重金属离子形成络合物，以多聚磷酸盐（杨瑞恒等，2010）、硫化物（Mendoza et al.，2005）等形成储存重金属，避免重金属离子对其他细胞器及细胞器中各种生理代谢活动的伤害，是丝状真菌耐受重金属的重要方式之一。

（4）抗氧化系统的防护作用

重金属离子进入细胞内，导致大量的活性氧产生，活性氧通常含有 2～3 个电子，主要包括超氧化物自由基（O^{2-}）、羟自由基（$\cdot OH$）、过氧化氢（H_2O_2）等，它们都含有氧并且有着比氧更活泼的化学反应活性，攻击细胞内的生物大分子形成氧化伤害（Mittler，2002）。

Cd 胁迫 *E. pisciphila* 产生氧化伤害，其伤害程度随着 Cd 胁迫的强度增加而增加（Zhan et al.，2015a）。Cd 胁迫导致 *E. pisciphila* 菌丝超氧阴离子增加，H_2O_2 和 MDA 累积，氧化伤害加重。与对照相比，25 $mg \cdot L^{-1}$ Cd 处理菌丝超氧阴离子生成速率的增加没有达到显著差异水平。50 $mg \cdot L^{-1}$、100 $mg \cdot L^{-1}$、200 $mg \cdot L^{-1}$ 和 400 $mg \cdot L^{-1}$ Cd 处理，菌丝超氧阴离子生成速率极显著增加（图 8-12A）。50 $mg \cdot L^{-1}$ Cd 处理菌丝 H_2O_2 含量显著高于对照，100 $mg \cdot L^{-1}$、200 $mg \cdot L^{-1}$ 和 400 $mg \cdot L^{-1}$ Cd 处理菌丝 H_2O_2 含量均极显著增加（图 8-12B）。100 $mg \cdot L^{-1}$、200 $mg \cdot L^{-1}$ 和 400 $mg \cdot L^{-1}$ Cd 处理时，*E. pisciphila* 菌丝 MDA 含量均极显著高于对照（图 8-12C）。

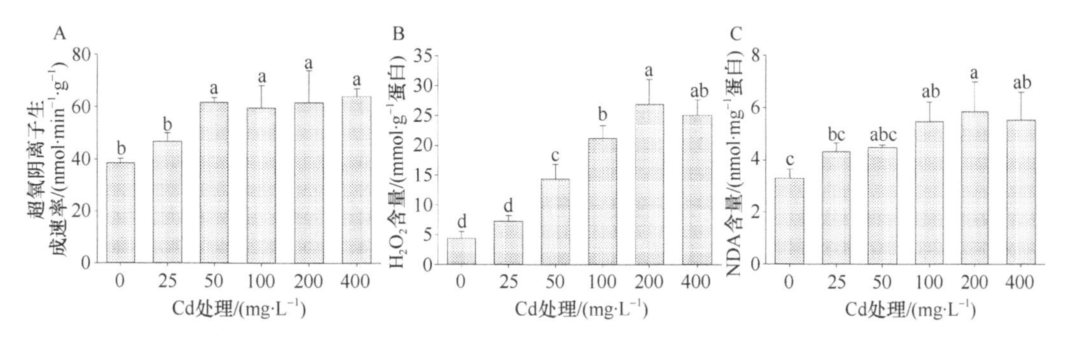

图 8-12　Cd 胁迫下 *E. pisciphila* 菌丝的超氧阴离子生成速率、H_2O_2 和 MDA 含量
Figure 8-12　Superoxide anion generation rate，H_2O_2 and MDA contents in the *E. pisciphila* mycelium under Cd stress
不同小写字母者表示处理间差异显著（$P<0.05$），相同小写字母者表示处理间差异不显著（$P>0.05$）

（Zhan et al.，2015a）

丝状真菌抗氧化系统包括超氧化物歧化酶（SOD）、过氧化氢酶（CAT）、过氧化物酶（POD）、抗坏血酸过氧化物酶（APX）、谷胱甘肽还原酶（GR）等抗氧化酶和抗坏血酸（AsA）、谷胱甘肽（GSH）、色素（黑色素、类胡萝卜素等）、多酚化合物和脯氨酸（Pro）等抗氧化物质（Belozerskaya and Gessler，2007），在清除活性氧自由基，保护机体免受活性氧的损害，提高重金属耐性中起着重要作用。SOD、CAT 和 POD 是研究报道最多的三种抗氧化酶。SOD 是一种含金属的酶，SOD 催化 O^{2-}与 H^+结合，还原成 H_2O_2；CAT 是一种包含血红素的四聚体酶，主要存在于过氧化体中，乙醛酸体中也有 CAT 的存在。CAT 和 POD 均可将 H_2O_2 迅速分解为 H_2O 和 O_2。

DSE 真菌 *E. pisciphila* 抗氧化系统对 Cd 胁迫有积极响应（Zhan et al.，2015a）。25～200 mg·L^{-1} 的 Cd 胁迫导致 *E. pisciphila* 菌丝 SOD 酶活性显著或极显著增加，Cd 浓度增加至 400 mg·L^{-1}，*E. pisciphila* 菌丝 SOD 酶活性下降（图 8-13A）。Cd 胁迫导致 *E. pisciphila* 菌丝 CAT 酶活性显著或极显著增加，菌丝 CAT 酶活性在 Cd 浓度为 50 mg·L^{-1} 和 100 mg·L^{-1} 时最大，Cd 浓度超过 200 mg·L^{-1} 处理时，菌丝 CAT 酶活性下降，但仍显著大于不添加 Cd 的处理（图 8-13B）。

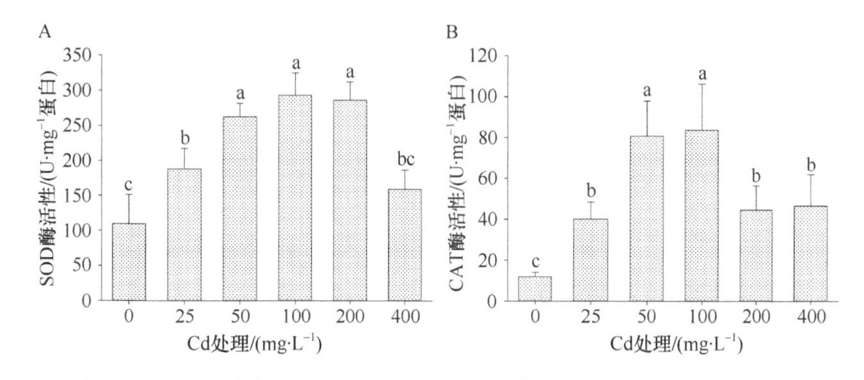

图 8-13　不同浓度 Cd 胁迫下 *E. pisciphila* 菌丝 SOD 和 CAT 的酶活性
Figure 8-13　SOD and CAT activities in *E. pisciphila* mycelium under Cd stress of different concentrations
不同小写字母者表示处理间差异显著（$P<0.05$），相同小写字母者表示处理间差异不显著（$P>0.05$）

（Zhan et al.，2015a）

Cd胁迫对真菌抗氧化酶活性的影响与Cd胁迫浓度有关。低浓度（0.1～0.8 mmol·L^{-1}）Cd处理诱导柱状田头菇菌丝POD同工酶的表达，提高CAT、SOD的活性，但高浓度（1.6 mmol·L^{-1}）Cd处理显著抑制POD、CAT和SOD的活性（王松华等，2007）。10～200 μmol·L^{-1}浓度Cd均能上调灵芝菌丝CAT、SOD和POD的表达，POD和CAT酶活性均呈先上升后下降的变化趋势，在Cd浓度为100 μmol·L^{-1}时最大（王松华等，2008）。而Zhang等（2008）报道一株DSE真菌菌丝体内SOD、CAT和POD酶活性随着培养基中Pb、Zn和Cd处理浓度的增加而增强。可见丝状真菌菌丝体内SOD、CAT和POD等抗氧化酶活性对重金属胁迫处理均有积极响应，但不同种类的丝状真菌抗氧化酶活性表现有差异。

除抗氧化酶外，存在于线粒体的过氧化物酶体中，由还原物质抗坏血酸（AsA）与还原型谷胱甘肽（GSH）及抗坏血酸过氧化物酶（APX）、脱氢抗坏血酸还原酶（DHAR）和谷胱甘肽还原酶（GR）等相关酶组成的抗坏血酸–谷胱甘肽循环，对于清除生物体内过量产生的H_2O_2有重要作用。AsA可还原O^{2-}，清除·OH，猝灭单线态氧（$^1O_2$），歧化H_2O_2，具有多种抗氧化功能（Ott et al.，2002；Braha et al.，2007）。

第二节　微生物对土壤重金属赋存形态的影响

重金属污染物进入土壤环境以后，与土壤各种固体物质表面产生复杂的化学反应，最终将表现为重金属的形态变化。土壤微生物影响重金属在土壤中的赋存形态，影响重金属在环境中的迁移积累、生物有效性和生物毒性。因此，微生物对土壤中重金属形态的影响研究已成为土壤化学、土壤微生物学的重要研究内容。

一、微生物对土壤重金属形态的影响

土壤中的重金属离子可以多种形态存在，如可溶态、交换态，不同土壤固相组分如碳酸盐、铁锰氧化物、有机质、残渣物质结合的形态。重金属在土壤中的活性和生物有效性受到多种因素的制约，特别是各种有机胶体、无机矿物及有机无机复合体对重金属离子的吸附、固定、络合、溶解、氧化还原等，它们决定着重金属在土壤固–液相之间的分配及重金属在环境中的迁移行为。

（一）土壤微生物与重金属形态

土壤微生物数量巨大，可通过多种方式影响土壤重金属的赋存形态与活性。褐土接种根瘤菌后固相结合态Zn总量降低，专性吸附态、氧化锰结合态和有机结合态Zn减少。红壤中结合态Zn的总量变化不显著，但专性吸附态和氧化锰结合态Zn含量显著减少，交换态Zn含量显著增加；褐土中接种根瘤菌抑制了Cu向土壤溶液的释放，固相结合态Cu总量增加，可交换态、专性吸附态、氧化锰结合态和有机结合态Cu增加；接种根瘤菌对土壤中Cd的溶解没有明显的抑制或促进作用，但改变了红壤中各形态Cd的含量高低顺序，Cd污染红壤中可交换态和有机结合态Cd含量增加；专性吸附态和氧化锰结合态 Cd 减少（陈雯莉等，2003）。在假单胞菌存在下，以可交换态形式存在的 Pb 浓度增加，同时伴随着与碳酸盐结合形态的减少，而与 Fe-Mn 氧化物结合态、有机态及其他剩余组分形态保持稳定（Braud et al.，2006）。

在土壤真菌中，AMF 对土壤重金属形态的影响引起研究人员关注。AMF 是一类在土壤中广泛存在的真菌，它几乎与 90%以上的陆生植物共生形成菌根。Pb 污染条件下，与未接种处理相比，接种摩西球囊霉显著提高旱稻根际土壤可交换态 Pb 的含量，显著降低碳酸盐结合态及铁锰氧化物结合态 Pb 的含量，并显著增加了土壤中有机质结合态 Pb 含量（张旭红等，2012）。与非菌根玉米根际土壤相比，摩西球囊霉导致 Cu、Zn、Pb 的有机结合态在根际中显著增加，而这些金属元素的碳酸盐态和铁锰氧化态没有显著改变（黄艺等，2000）。与对照土壤相比，菌根化玉米根际中除 Cu 交换态显著增加外，Zn、Pb、Cd 各形态相对改变量显著大于非菌根玉米，且菌根根际土中 Cu、Zn、Pb 有机结合态增加量显著大于非根际土，表明菌根际金属向稳定状态转移的程度显著大于非菌根际（黄艺和陶澍，2002）。说明 AMF 可以改变植物根际土壤中重金属的赋存形态。

（二）微生物影响土壤重金属形态的机理

土壤微生物是土壤中的活性胶体，具有比表面积大、带电荷、代谢活动旺盛等特点。在重金属污染的土壤中，存在大量耐重金属的微生物，它们可通过生物吸附、溶解或沉淀等作用方式影响土壤重金属的赋存形态。

1. 生物吸附作用

土壤微生物可通过带电荷的细胞表面吸附重金属离子，或通过摄取必要的营养元素主动吸收重金属离子，将重金属离子富集在细胞表面或内部。研究人员在土壤细菌和真菌对重金属离子的生物吸附和富集作用上开展了较多的工作。

（1）细菌的生物吸附作用

土壤细菌具有个体小、对环境适应能力强、多样性大等特点，能够大量吸附重金属离子（Vijayaraghavan and Yun，2008）。细菌对重金属生物吸附的容量，可通过实验实际测得，或通过 Langmuir 模型估算得到，不同的细菌种类、不同类型的重金属离子，生物吸附容量一般从几个 $mg \cdot g^{-1}$ 到几百 $mg \cdot g^{-1}$，差别较大，可能的原因是不同研究者在不同的条件下进行研究，因而报道的吸附量值差异较大。

土壤细菌能与土壤中的其他组分竞争吸附重金属离子。几种细菌细胞对 Cd 的吸附能力远比蒙脱石和砂土大，且死细胞对 Cd 的吸附能力比活细胞的强。研究发现，各种黏土矿物和细菌细胞组成吸附上述重金属离子的能力依次为细胞壁＞细胞外膜＞蒙脱石＞高岭石；黏土矿物和细菌细胞的复合体吸附这些重金属离子的能力依下列顺序降低：细胞壁-蒙脱石＞细胞壁-高岭石＞细胞外膜-蒙脱石＞细胞外膜-高岭石，说明微生物细胞及其组分对重金属离子的吸附能力较无机组分的强。

重金属吸附在黏粒与细胞壁的负电荷位点和黏粒的边缘正电荷上，多价阳离子的加入促进了细胞壁、矿物颗粒的定向排列，表明金属离子是以阳离子桥的形式使细菌细胞壁与矿物颗粒结合在一起的，矿物、细菌及其复合体的吸附能力顺序为：革兰氏阳性细菌＞革兰氏阴性细菌＞黏土矿物。用不同浓度的有机酸、硝酸钙、EDTA、胡敏酸及溶菌酶解吸细菌–黏土矿物复合体吸附的重金属离子表明：细菌对重金属离子的吸附能力大于矿物胶体，解吸量随细菌种类、矿物的表面特性、解吸剂的种类和浓度的不同而不同。细菌的加入显著提高了土壤胶体和矿物特别是高岭土、针铁矿对Cd的吸附亲和力，比表面积较大的非晶形氧化铁对Cd、Cu的吸附量受细菌加入的影响较小，甚至低于不加细菌的体系（Huang et al.，2000）。

细菌细胞吸附重金属离子的组分主要是肽聚糖、脂多糖、磷壁酸和胞外多糖。肽聚糖、脂多糖、磷壁酸是细菌细胞壁的组分，革兰氏阳性细菌的吸附位点是细胞壁肽聚糖、磷壁酸上的羧基和糖醛酸上的磷酸基，但不同革兰氏阳性细菌细胞壁中的肽聚糖、磷壁酸富集重金属离子的能力不同。在有足够的Mg和磷酸盐培养基中生长的枯草芽孢杆菌细胞，其细胞壁由54%的磷壁酸和45%的肽聚糖组成，除去磷壁酸后，大部分金属离子仍固定在细胞壁上，说明重金属离子主要富集在肽聚糖上。然而，细胞由26%的糖醛磷壁酸、52%的磷壁酸和 22%的肽聚糖组成的地衣形芽孢杆菌除去两种磷壁酸以后，就失去了与细胞壁结合的大部分金属离子，表明重金属离子主要富集在磷壁酸上（郭学军等，2002）。

对于革兰氏阴性菌，革兰氏阴性细菌富集重金属离子的位点主要是脂多糖分子中的核心低聚糖和氮乙酰葡萄糖残基上的磷酸基及2-酮-3-脱氧辛酸残基上的羧基。革兰氏阴性细菌的肽聚糖也能固定重金属离子，但由于其肽聚糖含量较少，仅占细胞壁干重的5%～10%，因而其对重金属离子的固定作用的贡献较小。如假单胞菌的细胞壁中脂多糖分子有A、B两种类型：A型分子有20个三糖单元，不带负电荷残基；B型分子有30～50个三糖单元，含有负电荷残基，B型脂多糖分子可以促进细菌对重金属的吸附，但这种促进是通过提高细胞的电负性而实现的，B 型脂多糖的负电荷残基不是吸附的活性位点，重金属离子不能直接吸附。此外，胞外多糖是某些细菌向细胞壁表面分泌的一层高度水化的多糖，产生荚膜多糖的微生物有固氮杆菌属、假单胞杆菌属、根瘤菌属和土壤杆菌属的一些种，荚膜能富集大量的金属离子。一种能形成扩散性荚膜的生枝动胶菌，当其生长在金属元素含量高的污水污泥中时，其吸收的金属离子的量可占细胞吸附总量的25%，荚膜多糖固定金属离子的功能团主要是氨基和羟基，其中羧基在固定重金属离子方面更为活跃（郭学军等，2002）。

（2）丝状真菌的生物吸附作用

人们关注较多的真菌主要有丝状真菌和酵母菌，活菌丝体与死菌丝体的吸附能力差别甚小。跟其他土壤微生物一样，土壤真菌也与土壤中的其他组分竞争吸附重金属离子，真菌死细胞及其组分如纤维素对Cd、Pb、Zn和Cu的吸附量比蒙脱石和针铁矿的大。重金属离子通常通过桥接两个阴离子固定在细胞壁或细胞多糖的交联网状结构上，结合紧密。真菌细胞表面固定的Cu、Zn、Pb和Cd等重金属离子很难被阳离子交换树脂、0.5 $mol \cdot L^{-1}$的$MgCl_2$及0.1 $mol \cdot L^{-1}$的NaOH所提取，但0.1 $mol \cdot L^{-1}$的EDTA能提取出90%以上的Cu和Zn及大量的Pb和Cd，这与腐殖质结合的重金属离子的提取结果基本一致。

2. 溶解作用

微生物对重金属的溶解主要是通过各种代谢活动直接或间接地进行的，土壤微生物的代谢作用能产生多种低分子质量的有机酸，如甲酸、乙酸、丙酸和丁酸等，真菌产生的有机酸大多为不挥发性酸，如柠檬酸、苹果酸、延胡索酸、琥珀酸和乳酸等。土壤微生物还可以通过分泌氨基酸及其他代谢产物溶解重金属及含重金属的矿物，尤其是影响根际土壤环境中重金属的赋存形态与生物有效性。

比较同碳源条件下微生物对重金属的溶解，发现以土壤有机质或土壤有机质加麦秆作为微生物碳源时，微生物并不促进铅、镉、锌、铜等重金属的溶解；如果在淋洗液中加入土壤有机质和麦秆的同时，还加入容易被微生物利用的葡萄糖作为碳源，经过一段时间后，不灭菌处理的淋洗液中重金属离子的浓度显著高于灭菌处理。灭菌条件下，施加葡萄糖或葡萄糖/淀粉混合物，同时接种微生物，在 18℃仅培育 18 h，土壤中可提取态 Cd 含量就显著增加（Kurek and Bollag，2004）。土壤中根际细菌可能通过分泌低分子质量的有机酸来降低土壤的 pH，改变 Cd、Pb、Zn 等重金属的赋存形态，提高重金属的生物有效性（Wu et al.，2006）。

菌根真菌通过分泌特殊的分泌物等形式，改变植物根际环境和重金属的存在状态，降低重金属毒性。如菌根真菌能通过改变土壤 pH 和分泌物成分来减弱重金属的生物有效性。用气相色谱法（GC）对含有不同重金属浓度的莴苣菌根真菌培养物进行分析，发现草酸、柠檬酸、苹果酸、琥珀酸等有机酸随着重金属浓度的增加而增加，这可能是真菌利用这些有机酸降低 pH，与重金属结合进而富集重金属的结果（Liao et al.，2006）。

二、微生物对土壤重金属价位的影响

土壤中的一些重金属元素可以多种价态存在，它们呈高价离子化合物存在时溶解度通常较小，不易迁移，而以低价离子形态存在时溶解度较大，易迁移。微生物还能氧化土壤中多种重金属元素，某些自养细菌如硫–铁杆菌类能氧化 As^{3+}、Cu^{+}、Mo^{4+}和 Fe^{2+}等，假单胞杆菌能使 As^{3+}、Mn^{2+}等发生氧化，微生物的氧化作用能使这些重金属元素的活性降低（郭学军等，2002）。

微生物能氧化土壤中多种重金属元素，如大肠杆菌将汞蒸气氧化成二价汞离子，这主要与大肠杆菌能够分泌过氧化氢酶等有关。另外，芽孢杆菌和链霉菌对汞也有氧化作用。微生物还可以通过对阴离子的氧化，释放与之结合的重金属离子。例如，氧化铁硫杆菌能氧化硫铁矿、硫锌矿中的负二价硫，使元素 Fe、Zn、Co、Au 等以离子的形式释放出来。对于其机制，一种认为细菌通过将 Fe^{2+}氧化为 Fe^{3+}，Fe^{3+}再氧化 S^{2-}，以硫锌矿为例，反应式为：$2Fe^{2+}+2H^{+}+1/2O_2 \rightarrow 2Fe^{3+}+H_2O$，$ZnS+2Fe^{3+} \rightarrow Zn^{2+}+S+2Fe^{2+}$；另一种观点认为微生物通过酶促反应直接参与含硫矿物的氧化分解，其理由是当有细菌存在时，在相同条件下，硫矿物的分解速度要比单纯的化学分解快得多，反应式为：$ZnS+2H^{+}+1/2O_2 \rightarrow Zn^{2+}+H_2O+S$。通过控制反应体系的氧化还原电位，使溶液体系中 Fe^{3+}/Fe^{2+}保持不变，发现接种与不接种硫杆菌，硫矿物的分解速度没有显著差异，认为细菌是通过间接机制促进硫锌矿的分解。

微生物还原土壤中多种重金属元素，有 H_2 存在时，解乳酸褐色小球菌能还原 As(V)、Se（VI)、Cu（II)、Mo（VI）等，脱铁杆菌在厌氧条件下可将 Fe^{3+}还原为 Fe^{2+}，厌气的固氮梭状杆菌通过酶的催化作用还原氧化铁和氧化锰，某些细菌和真菌如大肠杆菌和链孢霉菌还原亚硒酸为元素硒。在港湾沉积相中，汞的甲基化作用主要是由硫还原细菌所引起的，当加入代谢抑制剂 2-溴乙烷磺酸，汞的甲基化作用减少 95%，如果培养体系中不加入硫酸盐，则无机汞不能甲基化。汞的甲基化和硫还原的定量关系，随着硫还原细菌基因型的差异有一定变化（King et al.，2000；Kerin et al.，2006）。

微生物在代谢过程中可以将 Cr^{6+}还原为 Cr^{3+}，有效降低 Cr 的毒性。可还原 Cr^{6+}为 Cr^{3+}的微生物主要为细菌，包括无色杆菌、土壤细菌、芽孢杆菌、脱硫弧菌、肠杆菌、微球菌、硫杆菌及假单胞菌等多个不同种与属，其中除了大肠杆菌、芽孢杆菌、硫杆菌及假单胞菌等种属的菌株能在好氧的条件下将 Cr^{6+}还原外，其他绝大多数菌株都只能在厌氧的条件下还原 Cr^{6+}（高小朋等，2008）。此外，酵母菌、霉菌等真菌处理含 Cr^{6+}废水的研究也有报道，青霉菌能将 Cr^{6+}还原为 Cr^{3+}，其还原是非诱导性的，Hg^{2+}、Cu^{2+}、Co^{2+}、Cd^{2+}和 Ni^{2+}对 Cr^{6+}还原有明显的抑制作用。由于 Cr^{6+}很容易通过细胞膜进入细胞，然后在细胞质、线粒体或细胞核中被还原为 Cr^{3+}，这些 Cr^{3+}在细胞内与蛋白质结合为稳定的物质并与核酸相作用，而细胞外的 Cr^{3+}不能渗透进入细胞。

在微生物细胞内，Cr^{6+}还原为 Cr^{3+}的直接作用机制包括：一是将 Cr^{6+}作为直接的电子受体，通过利用有机质或添加的培养基质进行代谢活动，以 NADH 作为电子供体，厌氧条件下，将电子转移给 Cr^{6+}使其还原为 Cr^{3+}（Myers et al.，2000）；二是利用具有某些特定酶的微生物，以自身产生的一些酶或者细胞色素作为电子传递的中间体，直接通过酶促还原反应，完成从 Cr^{6+}还原为 Cr^{3+}的电子传递，将 Cr^{6+}转化为 Cr^{3+}。间接作用是环境中的某些物质通过微生物代谢生成还原性产物，这些还原性的代谢产物能够与 Cr^{6+}发生氧化还原，形成了一种生物还原和非生物还原相结合的过程（Lan et al.，2005；Puzon et al.，2005）。

微生物对 As 的生物转化（甲基化、去甲基化、氧化和还原），因其潜在的生物毒性效应而备受关注（蒋成爱等，2004；吴佳等，2011）。As 氧化细菌最早在 1918 年从牲畜的消毒液中被分离出来，此后更多能氧化 As 的异养型细菌如粪产碱杆菌被鉴定出来，它们大多属于杆菌属或假单胞菌属，但有关氧化菌的研究还是很有限。一些微生物如荧光假单胞菌、乙醇酵母、瘤胃菌、蓝细菌等在厌氧时可将 As 还原。无机 As 细菌甲基化已被广泛研究，能将无机 As 直接还原为砷的微生物只有细菌，且只能形成在厌氧时稳定存在的二甲基砷。甲基化细菌是一个非常丰富的细菌群落，As^{3+}的甲基化是由转甲基酶催化的，As^{3+}最终产生气态的三甲基砷（Qin et al.，2006）。有少数的真菌和藻类也能将单、二甲基砷酸还原为易挥发的三甲基砷，如土生假丝酵母、玫瑰色胶霉、青霉、帚霉属和曲霉属等。

第三节　土壤微生物对植物吸收累积重金属的影响

土壤中微生物数量多、繁殖快、活动性强，即使在重金属污染条件下，微生物通过菌体的吸附、分泌物、代谢产物等直接作用，或改变植物根系分泌物、生长等方面的间接作用，对土壤理化性质、养分状况等都有重要的影响，进而对植物吸收累积重金属产生显著的影响。

一、土壤微生物在植物吸收累积重金属中的作用

植物对重金属的吸收与土壤微生物的关系密切，尤其是重金属污染土壤上的土著微生物，影响着土壤中重金属的生物有效性、植物对重金属耐性与吸收、植物生长等环节，从而对植物吸收累积重金属的能力有巨大影响。

以原状土壤为对照，采用高温灭菌杀死土壤微生物和施杀真菌剂抑制土壤真菌的试验方法，分析完全或部分抑制土壤微生物后，植物吸收累积重金属的变化，可间接反映土壤微生物对植物吸收累积重金属的影响，初步获悉土壤微生物的作用（谢越等，2012）。

以云南某铅锌矿周边农田土壤为培养基质，盆栽种植紫花苜蓿，以原状土壤为对照，土壤灭菌和施加苯菌灵为处理，结果表明：与原状土壤相比，土壤灭菌处理苜蓿的株高降低了 45%，地上部和地下部生物量分别减少了 74%和 85%（$P<0.05$）；施苯菌灵处理的苜蓿株高、地上部和地下部生物量均有所下降，但差异不显著（图 8-14）。这表明重金属污染胁迫条件下，土壤中的微生物对促进苜蓿生长有明显的作用（何永美等，2015）。

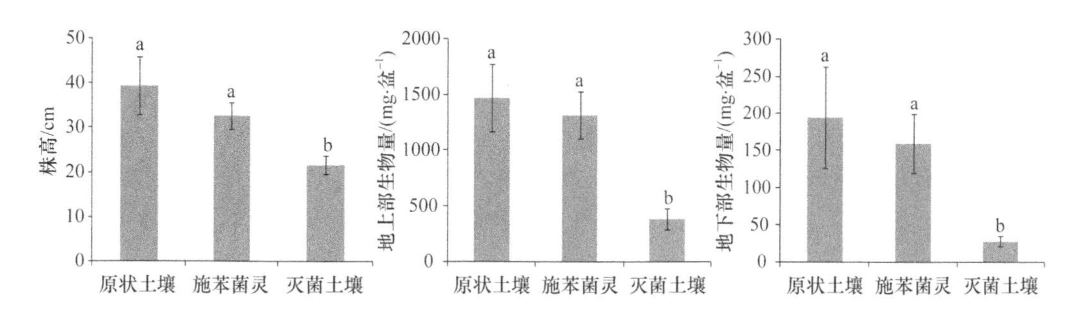

图 8-14　施苯菌灵和灭菌对苜蓿生长的影响

Figure 8-14　Effects of benomyl and sterilization on the growth of alfalfa

不同小写字母者表示处理间差异显著（$P<0.05$），相同小写字母者表示处理间差异不显著（$P>0.05$）

（何永美等，2015）

与原状土壤相比，土壤灭菌处理的苜蓿地上部 Cd 含量显著增加（$P<0.05$），增幅达 22%。施苯菌灵和土壤灭菌处理的苜蓿地下部 Pb 含量分别增加 8%和 10%，Zn 含量分别下降 35%和 30%（$P<0.05$）（表 8-2）。

植物对重金属的累积量为重金属含量与植物生物量的乘积，由于土壤灭菌导致植物地上部和地下部生物量大幅下降，其对重金属的累积量也均显著减少（$P<0.05$）。土壤灭菌处理花苜蓿地上部和地下部 Pb、Zn、Cd 和 Cu 的累积量均显著下降（表 8-2），植株对所测得的各重金属总累积量分别下降 74%、73%、68%和 76%。施苯菌灵处理重金属的含量与累积量均与原状土壤处理间没有显著差异。

表 8-2　苜蓿重金属的含量与累积量

Table 8-2　Contents and accumulation of heavy metals in the plant of alfalfa

部位	元素	含量/（mg·kg^{-1}）			累积量/（μg·盆$^{-1}$）		
		原状土壤	施苯菌灵	土壤灭菌	原状土壤	施苯菌灵	土壤灭菌
地上部	Pb	837.5±19.3a	857.3±14.9a	871.9±25.5a	1229.7±233.4a	1129.7±192.8a	339.4±87.2b
	Zn	116.3±16.0a	135.0±24.7a	103.8±13.4a	173.1±37.7a	182.3±48.5a	40.9±12.7b
	Cd	11.6±0.8b	13.1±0.9ab	14.2±1.3a	17.0±3.5a	17.4±3.6a	5.5±1.4b
	Cu	118.9±7.4ab	135.0±15.7a	106.1±12.7b	176.1±442.1a	180.5±47.2a	42.2±15.4b
地下部	Pb	733.8±17b	795.4±27a	809.9±21a	142.9±40.8a	128.2±24.8a	23.0±5.9b
	Zn	82.5±11.5a	53.8±12.4b	57.5±7.5b	16.1±4.8a	8.7±3.1a	1.6±0.3b
	Cd	33.7±3.1a	34.2±6.2a	31.2±3.9a	6.6±2.6a	5.4±1.5a	0.9±0.4b
	Cu	63.4±6.5a	62.1±8.9a	80.1±13.9a	12.8±4.9a	10.0±3.2a	2.4±1.1b

注：不同小写字母者表示处理间差异显著（$P<0.05$），相同小写字母者表示处理间差异不显著（$P>0.05$）

（何永美等，2015）

二、土壤微生物影响植物吸收累积重金属的机理

（一）改变植物根系分泌物

根系分泌物是植物在生长过程中，根系向生长介质分泌质子和大量有机物质的总称。广义的根系分泌物包括 4 种类型：①渗出物，即细胞中主动扩散出来的一类低分子质量的化合物；②分泌物，即细胞在代谢过程中被动释放出来的物质；③黏胶质，包括根冠细胞、未形成次生壁的表皮细胞和根毛分泌的黏胶状物质；④裂解物质，即成熟根段表皮细胞的分解产物、脱落的根冠细胞、根毛和细胞碎片等。狭义的根系分泌物仅包括通过溢泌作用进入土壤的可溶性有机物。据估计，根系分泌的有机化合物在 200 种以上，按分子质量大小可分为低分子和高分子分泌物。低分子分泌物主要有有机酸、糖类、酚类和各种氨基酸，高分子分泌物主要包括黏胶和外酶，其中黏胶有多糖和多糖醛酸。一般情况下，根系向环境释放的有机碳量占植物固定总碳量的 1%～40%，其中有 4%～7%通过分泌作用进入土壤。根系分泌物通过络合、酸化、还原等方式改变土壤重金属的活性，影响植物对重金属的吸收累积（徐卫红等，2006）。

土壤微生物，尤其是根际微生物，影响根细胞的通透性和根代谢，在植物根系趋向性聚居并通过各自的代谢活动分解转化根系分泌物和脱落物，对根系分泌物起着重要的修饰限制作用（朱丽霞等，2003）。因此，土壤微生物可能借助改变植物根系分泌物的组成与数量，影响重金属在土壤中的活性。例如，接种根瘤菌 W33 后黑麦草、狼尾草根际的草酸、苹果酸和水溶性糖含量降低，并且与黑麦草根部 Cu 含量呈显著的负相关，这可能与重金属以 Cu-有机酸络合物的形式转移进入植物体有关（陈生涛等，2014）。在 Zn 污染土壤中接种根际细菌，细菌分泌低分子质量有机酸和氨基酸等代谢产物，使得土壤中的 Zn 得到了明显的活化，提高了超富集植物遏蓝菜对 Zn 的富集能力（Whiting et al.，2001）。

（二）影响土壤的 pH

土壤酸度是影响土壤中重金属移动性和生物有效性的主要因子之一。降低根际土壤的 pH 可以增加土壤重金属的溶解和释放，提高重金属（如 Cd、Zn、Ni、Mn、Pb、Cu）的生物有效性，而土壤 pH 增加则提高 As、Cr、Mo、Se 等的移动性。

以分离自铅锌矿区土壤的小花南芥根际真菌为例，没有施加 Cd 处理，4 株根际真菌培养液 pH 小于 7.0，其余 6 株根际真菌培养液 pH 大于 7.0。0.05 $mmol·L^{-1}$ Cd 处理，除菌株 KCF-3、KCF-4 和 KCF-5 外；0.5 $mmol·L^{-1}$ Cd 处理，除菌株 KCF-5 外，Cd 处理导致其余菌株培养液的 pH 均显著下降，含镉培养基分离的铅锌矿区小花南芥根际真菌培养液 pH 与 Cd 浓度呈极显著负相关。表明 Cd 胁迫显著促进铅锌矿区小花南芥根际真菌分泌氢离子（何永美等，2014）。对分离自铅锌矿区的中华山蓼根际真菌产酸能力也存在类似的影响，Cd 胁迫显著促进产酸能力较弱的铅锌矿区中华山蓼根际真菌分泌氢离子（雷强等，2013）。

将分离自铅锌矿区污染土壤的两个菌株 K1 和 K2，分别接种到添加不溶性镉、铅的液体培养基（28℃培养 48 h）和含有固定态镉、铅的土壤（28℃培养 5 d）中，结果液体培养基中接菌处理比不接菌对照有效态镉、铅含量分别增加 844.6%和 370.5%，pH 分别降低 2.95 和 2.07，土壤中接菌处理比不接菌对照有效态镉、铅含量分别增加 142.4%、19.2%。因此，矿区土壤微生物活化重金属的能力与其导致土壤 pH 下降关系密切（付骁等，2010）。

（三）影响土壤养分状况

土壤中生理功能类群，如解磷细菌，能够将植物难以吸收利用的磷转化为可吸收利用的形态。解磷细菌根据其分解有机、无机磷的形式被分为无机磷细菌和有机磷细菌。无机磷细菌主要作用是分解无机磷化物，如磷酸钙、磷灰石等，其作用机理主要是借助细菌生命活动过程中所产生的酸溶解无机磷；有机磷细菌是分解有机磷化物如核酸、磷脂等，其作用机理主要是借助于细菌生命活动中所产生的酶分解有机磷（邵玉芳等，2007）。解磷细菌使难溶性磷酸盐中的磷释放出来，为植物提供可吸收的磷，改善植物磷素营养，在植物耐受和累积重金属中起着极其重要的作用。

第四节　植物–根部共生菌对重金属的吸收累积特征

AMF 和根瘤菌是植物重要的两类根部共生菌，重金属污染条件下，这些共生菌与植物形成共生体，不但改善植物生长状况，减轻重金属对植物的毒害，而且调控植物对重金属的吸收，改变重金属在植物体内的转运，对植物重金属的累积特征产生显著的影响。

一、植物–AMF 共生体对重金属的吸收累积特征

AMF 普遍存在于重金属污染土壤中，能改善植物生长状况，减轻重金属对植物的毒

害，影响植物对重金属的吸收和转运，促进土壤中重金属元素的植物提取，受到越来越多的关注（王发园和林先贵，2006，2007；王红新，2010；祖艳群等，2015）。

（一）AMF 对非超富集植物重金属吸收累积的影响

1. 促进植物累积重金属

以云南省某冶炼厂周边重金属严重污染的废弃农田土壤为供试土壤，以不接种为对照（CK），通过盆栽试验研究了接种两种 AMF——摩西球囊霉（GM）和沾屑多样孢囊霉（DS）对银合欢生长及 Pb、Zn、Cd 和 As 吸收的影响，结果表明：接种 GM 和 DS 后的银合欢植株 Pb、Cd 和 As 含量均极显著下降（$P<0.01$），其中 GM 处理银合欢植株的 Pb、Cd 和 As 含量分别下降了 27.5%、49.3%和 70.5%，而 DS 处理则分别下降了 33.5%、56.8%和 80.3%，但 GM 和 DS 处理间差异不显著。GM 和 DS 处理银合欢植株的 Zn 含量较 CK 处理有所下降，但差异不显著（图 8-15）。

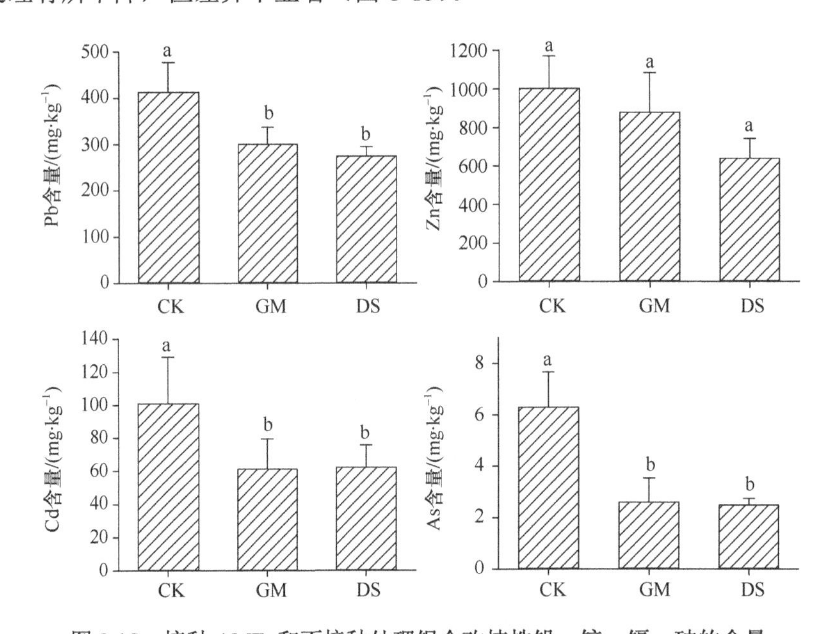

图 8-15　接种 AMF 和不接种处理银合欢植株铅、锌、镉、砷的含量

Figure 8-15　Contents of Pb，Zn，Cd and As in the plant of *Leucaena leucocephala* with or without AMF colonization

不同小写字母者表示菌株间差异显著（$P<0.05$），相同小写字母者表示菌株间差异不显著（$P>0.05$）

（待发表）

结合银合欢植株生物量的变化，GM 处理银合欢植株的 Pb 和 Zn 吸收量极显著大于 NM 和 DS 处理（$P<0.01$）；Cd 吸收量与 CK 处理间差异不显著，但极显著大于 DS 处理（$P<0.01$）；As 吸收量极显著小于 CK 处理（$P<0.01$），并显著大于 DS 处理（$P<0.05$）。与 CK 处理相比，接种 *G. mossea* 的银合欢植株 Pb 和 Zn 吸收量分别较 CK 处理增加了 26.1%和 50.1%，As 吸收量则下降了 50.6%。与 CK 处理相比，DS 处理银合欢植株的 Pb、Zn、Cd 和 As 吸收量均极显著下降（$P<0.01$），其降幅分别为 28.3%、32.6%、52.5%和 78.7%（图 8-16）。

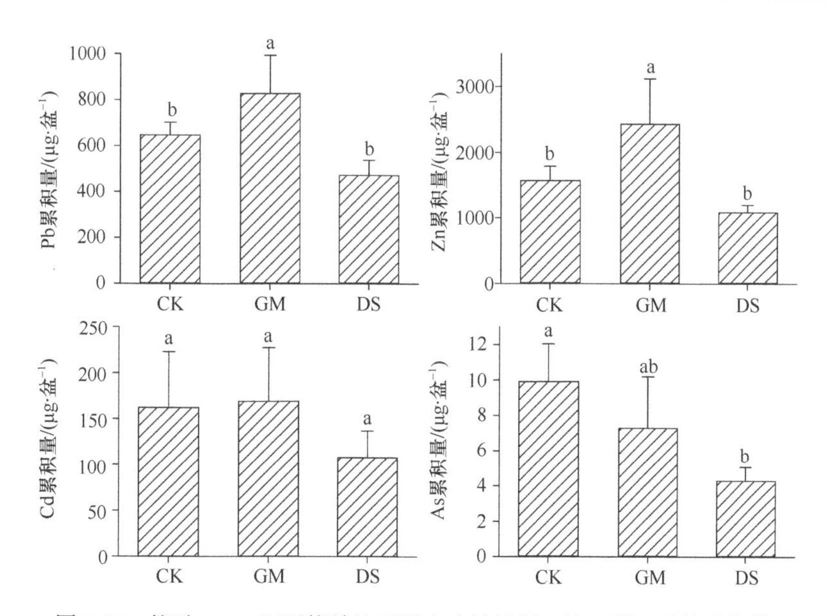

图 8-16　接种 AMF 和不接种处理银合欢植株铅、锌、镉、砷的吸收量

Figure 8-16　Uptake of Pb，Zn，Cd and As in the plant of *Leucaena leucocephala* with or without AMF colonization

不同小写字母者表示菌株间差异显著（$P<0.05$），相同小写字母者表示菌株间差异不显著（$P>0.05$）

（待发表）

可见，重金属复合污染条件下，接种 AMF 通常提高植物对重金属的耐性，增加了植物地上部生物量，增加或降低了地上部重金属的浓度，但由于生物量的增加仍然增加了植物地上部对重金属的总吸收量，提高植物的总提取量和修复效率。

2. 增加植株体内重金属的含量，促进植物吸收累积重金属

另一种表现为，AM 菌根的侵染增加了植株体内某些元素的含量，促进植物吸收累积重金属。在 Pb 污染条件下接种 AMF 显著增加了宿主植物的生物量和 Pb 的积累，地上部分 Pb 的积累量增加 10.2%～85.5%，地下部分增加 9.3%～118.4%（Chen et al.，2005）。接种摩西球囊霉和根内球囊霉的混合菌剂，没有促进黑麦草生长，但能促进黑麦草对 Cd 的吸收，并促进 Cd 从植物的根部向地上部分转移（成杰民等，2005，2007）。

综上所述，AMF 影响植物吸收累积重金属的研究结果不一致，其主要原因在于：许多因素会对 AMF 介导的植物地上部重金属吸收产生重要影响，如土壤中重金属种类、浓度、有效磷水平、AMF 和宿主植物种类、有效磷水平、根密度等（Orłowska et al.，2011）。此外，研究人员采用的 AMF 菌种不同，导致重金属胁迫下接种 AMF 的效应有差异。

（二）AMF 对超富集植物重金属吸收累积的影响

大多数研究关注了 AMF 对非超富集植物重金属吸收累积的影响，这与之前认为重金

属超富集植物一般不形成菌根有关（Coles et al.，1999；McGrath et al.，2001），人们尤其认为十字花科的植物不能与AMF形成菌根。近来许多报道发现某些重金属超富集植物也可以形成丛枝菌根（Turnau and Mesjasz，2003；Liu et al.，2005；Al Agely et al.，2005；Leung et al.，2006；Trotta et al.，2006；Chen et al.，2006），包括十字花科的超富集植物（Regvar et al.，2003；Vogel-Mikus et al.，2005，2006）。

AMF能促进超富集植物对重金属的吸收累积。接种AMF提高Ni超富集植物*Berkheya coddii*地上部生物量和Ni浓度，并与不同AMF菌种的耐性和植物–真菌共生特性有关（Turnau and Mesjasz，2003）。接种AMF提高了蜈蚣草地上部生物量，虽然降低了地上部As浓度，但蜈蚣草地上部对As的吸收量增加，其作用机理在于AMF改善宿主植物P营养，根际pH升高，影响了蜈蚣草对As的吸收和运输（Liu et al.，2005）。在另外的一些研究中，As污染条件下，AMF同时提高蜈蚣草地上部的生物量和As浓度，显著增加了蜈蚣草对As的提取量（Agely et al.，2005；Leung et al.，2006；Trotta et al.，2006）。AMF促进As从蜈蚣草根部向地上部转运（Trotta et al.，2006）。灭菌土壤接种苏格兰球囊霉和蜜色无梗囊霉，促进海州香薷向地上部转运Cu，提高海州香薷地上部分Cu累积量（王发园等，2006）。

但也有AMF对超富集植物吸收累积重金属没有显著影响，甚至降低超富集植物体内重金属含量的报道。在U和As污染的土壤中，菌根侵染抑制蜈蚣草的生长，尤其是在生长早期，对植物体内As浓度没有影响（Chen et al.，2006）。野外调查发现AMF对十字花科超富集植物*Thlaspi* spp.的侵染较弱，在温室内也不容易侵染（Regvar et al.，2003；Vogel-Mikus et al.，2005）。AMF不能促进超富集植物*Thlaspi praecox* Wulfen的生长，但能改善其营养状况，降低对Cd和Zn的吸收（Vogel-Mikus et al.，2006）。

（三）AMF对转基因植物重金属吸收累积的影响

转基因（金属硫蛋白）植物往往对重金属有更强的抗性，在植物修复中可能更具有优势，AMF与转基因植物应用于重金属污染修复也是未来的研究方向之一。根内球囊霉改善转基因（金属硫蛋白）烟草和非转基因烟草的P营养，沙培条件下促进植物生长并增加其生物量，增加转基因烟草对Cd的吸收。但在土培条件下，植物生物量降低或没改变，转基因烟草地上部Cd吸收量比非转基因烟草的低，降低转基因烟草对Cd的植物提取效率，增加非转基因烟草的提取效率，与菌种、植物耐性和土壤中Cd水平等多种因素有关（Janouskova et al.，2005）。AMF对转基因植物的作用尚需进一步研究。

二、豆科植物–根瘤菌共生体对重金属的吸收累积特征

豆科植物是植物界中的第三大科，分三个亚科、748属、约20 000种，有着丰富的共生固氮资源。与豆科植物共生的根瘤菌是一类重要的微生物。根瘤菌是一个属于生态学范畴的概念，而非分类学单位。根瘤菌离体单独培养时生长缓慢且没有固氮的

能力，一旦与适合的豆科植物共生就会迅速生长，通过侵染植物根部，可从一个单独的细菌发展成含有上亿个菌体的根瘤。根瘤菌与豆科植物的共生是生物固氮体系中作用最强的体系，据估计所固定的氮约占生物固氮总量的65%。除豆科植物–根瘤菌共生外，自然界尚有其他的共生固氮体系，其中主要有放线菌和非豆科植物的共生、蓝细菌和植物的共生等。

利用豆科植物–根瘤菌共生体系，主要通过生物固氮作用，加速重金属污染地氮素积累，促进污染地养分循环和营养元素的积累，改善植物的生长，影响植物对重金属的吸收累积特征（韦革宏和马占强，2010）。在 Pb、Cu 和 Cd 胁迫下，接种根瘤菌台湾贪铜菌 TJ208，促进含羞草的生长，含羞草重金属吸收能力显著提高，Pb、Cu 和 Cd 的含量分别达到 485 $mg \cdot g^{-1}$、25 $mg \cdot g^{-1}$ 和 43 $mg \cdot g^{-1}$，与未接种相比分别提高了 86%、12%和 70%，在根、茎和根瘤中的重金属累积量分别占植株的 65%～95%、2%～23%和 3%～12%（Chen et al.，2008）。在含 0 $mg \cdot kg^{-1}$ 和 100 $mg \cdot kg^{-1}$ 的 Cu 的蛭石中，接种 Cu 抗性的苜蓿中华根瘤菌 CCNWSX0020 后，天蓝苜蓿的生物量分别提高了 45.8%和 78.2%，提高了天蓝苜蓿对 Cu 的抗性；在含 100 $\mu mol \cdot L^{-1}$ Cu 的无氮营养液培养中，接种苜蓿中华根瘤菌后的天蓝苜蓿植株 Cu 含量提高 39.3%（Fan et al.，2011）。此外，慢生型大豆根瘤菌属、根瘤菌属的根瘤菌，与黄羽扇豆、羽扇豆、扁豆、豌豆、长喙田菁等豆科植物形成共生体后，提高豆科植物对重金属的吸收和累积（表 8-3）。

三、植物–DSE 共生体对重金属的吸收累积特征

分离自重金属污染土壤的 DSE，不但对重金属有很强的抗性，而且对植物吸收累积重金属有重大影响（杨一艳，2013）。

不同浓度 Cd 胁迫下，接种分离自铅锌矿区的 DSE 菌株 *E. pisciphila* 玉米收获后，通过染色镜检，在玉米根部观察到 DSE 感染的典型结构（图 8-17A），即深色的菌丝（图 8-17B）和微菌核（图 8-17C），表明 DSE 菌株 *E. pisciphila* 成功在玉米根部感染定殖。

玉米株高、地上部和地下部生物量均随着培养基质中 Cd 浓度的增加而下降。低 Cd（10 $mg \cdot kg^{-1}$ 和 20 $mg \cdot kg^{-1}$）胁迫下，接种 *E. pisciphila* 对玉米株高和生物量均没有显著影响。高 Cd（40 $mg \cdot kg^{-1}$ 和 80 $mg \cdot kg^{-1}$）胁迫下，接种 *E. pisciphila* 显著增加玉米的株高，40 $mg \cdot kg^{-1}$Cd 处理玉米的地上部生物量和总生物量也显著增大（图 8-18）。

玉米地上部和地下部 Cd 含量随着培养基质中 Cd 浓度的增加而增加。低 Cd（10 $mg \cdot kg^{-1}$ 和 20 $mg \cdot kg^{-1}$）胁迫下，接种 *E. pisciphila* 对玉米地上部和地下部的 Cd 含量均没有显著影响。高 Cd 胁迫下，接种 *E. pisciphila* 显著增加 40 $mg \cdot kg^{-1}$ 和 80 $mg \cdot kg^{-1}$ Cd 处理玉米地下部的 Cd 含量，并显著降低 80 $mg \cdot kg^{-1}$ 处理玉米地上部的 Cd 含量（图 8-19）。

Cd 胁迫和不同 S 营养水平条件下，接种一株分离自铅锌矿区的深色有隔内生真菌（DSE）能显著增加玉米的株高，显著增加玉米根、茎、叶的生物量，并显著增加玉米根、茎、叶中 Cd 的含量及其对 Cd 的吸收量（表 8-4）。

表 8-3 不同豆科植物–根瘤菌共生体系植物组织中重金属的累积量

Table 8-3 Metal accumulation in plant tissue when using different legume-rhizobium symbiosis

共生体系		土壤污染程度	根中金属积累量/（$mg\cdot kg^{-1}$）				茎中金属积累量/（$mg\cdot kg^{-1}$）				参考文献
豆科植物	根瘤菌		Cu	Zn	Cd	Pb	Cu	Zn	Cd	Pb	
黄羽扇豆 *Lupinusluteus*	慢生型大豆根瘤菌属菌株 *Bradyrhizobium* sp.	复合污染 PI=1～2	27.5±4.3	165.1±17.9	1.2±0.2	11.0±2.2	12.6±1.9	135.1±10.0	0.6±0.1	＜1.5	Dary et al., 2010
黄羽扇豆	慢生型大豆根瘤菌属菌株	复合污染 PI=2～3	64.7±9.8*	642.0±144.3*	4.1±0.9	26.6±7.7	21.5±3.6	472.0±156.8	1.6±0.4	3.5±1.5	Dary et al., 2010
黄羽扇豆	慢生型大豆根瘤菌属菌株	复合污染 PI＞3	150.7±17.9*	806.3±24.4*	4.8±1.7	80.7±23.0	52.1±14.7*	748.3±167.8*	2.0±0.6	35.3±14.6	Dary et al., 2010
羽扇豆 *Lupinus*	慢生型大豆根瘤菌属菌株	Aznalcollar 矿泄漏附近的 Guadiamar 河床	65.0*	755*	4.0	27.0	21.5	472	1.6	—	Pajuelo et al., 2008
扁豆 *Lablab purpureus*	根瘤菌属菌株 *Rhizobium* sp.	100 $mg\cdot kg^{-1}$ 重金属处理	～24	～47	～120*	—	～12	～30	～85	—	Younis，2007
扁豆	根瘤菌属菌株	200 $mg\cdot kg^{-1}$ 重金属处理	～53*	～92	～134*	—	～33	～43	～67*	—	Younis，2007
豌豆 pea	根瘤菌属菌株	24 $mg\cdot kg^{-1}$ Cd；136 $mg\cdot kg^{-1}$ Cr；1388 $mg\cdot kg^{-1}$ Cu	14.4	—	1.5	—	8.5	—	0.62	—	Wani et al., 2008
豌豆	根瘤菌属菌株	9780 $mg\cdot kg^{-1}$ Zn	—	～400	—	—	—	～300	—	—	Wani et al., 2008
长喙田菁 *Sesbania rostrata*	—	尾矿	30±9.8	605±235*	—	277±122*	11±4.3	216±72	—	33±14	Yang et al., 2003
长喙田菁	—	尾矿	57±17*	383±119	—	100±25*	12.4±1.1	209±30	—	13±2.3	Yang et al., 2003

注：PI 表示污染指数；*表示植物组织（茎叶或根）积累的金属浓度超过饲料规定标准（Cu 40 $mg\cdot kg^{-1}$，Zn 500 $mg\cdot kg^{-1}$，Cd 10 $mg\cdot kg^{-1}$，Pb 100 $mg\cdot kg^{-1}$）；—表示无可用数据

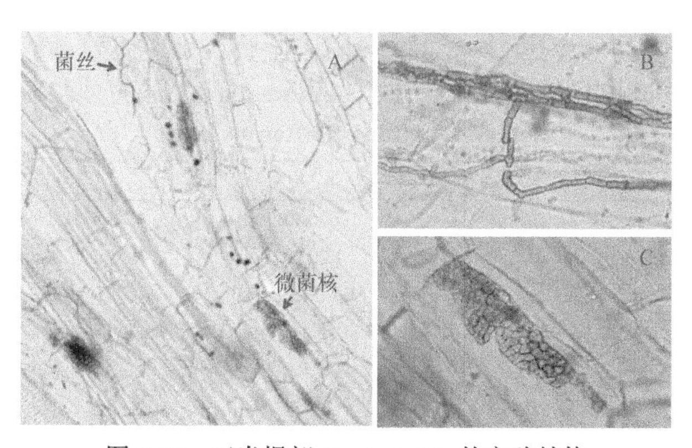

图 8-17　玉米根部 *E. pisciphila* 的定殖结构
Figure 8-17　*E. pisciphila* colonization in maize roots

（待发表）

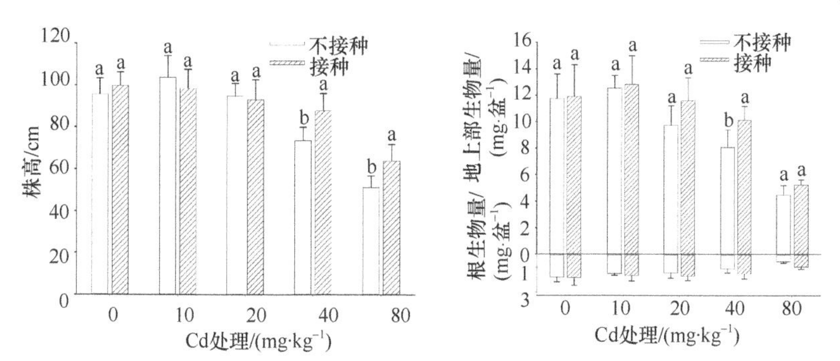

图 8-18　接种 *E. pisciphila* 对玉米株高和生物量的影响
Figure 8-18　Effects of *E. pisciphila* inoculation on height and biomass of maize
不同小写字母者表示菌株间差异显著（$P<0.05$），相同小写字母者表示菌株间差异不显著（$P>0.05$）

（待发表）

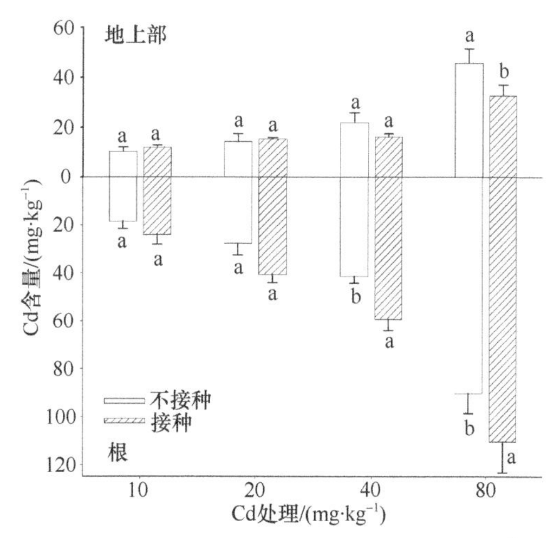

图 8-19　接种 *E. pisciphila* 对玉米 Cd 含量（mg·kg^{-1}）的影响
Figure 8-19　Effects of *E. pisciphila* inoculation on Cd contents（mg·kg^{-1}）in maize
不同小写字母者表示菌株间差异显著（$P<0.05$），相同小写字母者表示菌株间差异不显著（$P>0.05$）

（待发表）

表 8-4 不同 Cd 和硫营养水平下接种 DSE 对玉米 Cd 含量（$mg·kg^{-1}$）的影响

Table 8-4 Effects of inoculation of DSE on Cd concentrations（$mg·kg^{-1}$）in maize under Cd stress and S nutrition of different levels

DSE	处理	根	茎	叶
接种	0 Cd + 3.5 $mg·L^{-1}$ S	0.20±0.06d	ND	0.10±0.02e
	0 Cd + 35.5 $mg·L^{-1}$ S	0.20±0.06d	0.10±0.02e	0.10±0.02e
	50 $mg·kg^{-1}$ Cd + 67.5 $mg·L^{-1}$ S	10.63±0.44b	5.40±0.16b	5.40±0.13b
	50 $mg·kg^{-1}$ Cd + 99.5 $mg·L^{-1}$ S	14.53±1.48a	7.15±0.31a	6.60±0.16a
未接种	50 $mg·kg^{-1}$ Cd + 3.5 $mg·L^{-1}$ S	7.73±0.26c	2.45±0.18d	2.55±0.03d
	50 $mg·kg^{-1}$ Cd + 35.5 $mg·L^{-1}$ S	9.10±0.31bc	3.55±0.21c	3.80±0.34c
	0 Cd + 67.5 $mg·L^{-1}$ S	0.17±0.07d	0.05±0.02e	0.15±0.03e
	0 Cd + 99.5 $mg·L^{-1}$ S	0.13±0.03d	ND	0.05±0.02e

注：ND 表示未检测出。不同小写字母者表示菌株间差异显著（$P<0.05$），相同小写字母者表示菌株间差异不显著（$P>0.05$）

（杨一艳，2013）

第五节 土壤重金属污染的植物–微生物联合修复

植物–微生物联合修复是在植物修复的基础上，联合与植物共生或非共生微生物，形成联合修复体，通过植物–菌根、植物–根瘤菌、植物–非共生菌三种形式强化植物修复作用，并受土壤中重金属污染特性、植物和微生物自身生理生化特性的影响。

一、植物–微生物联合修复的类型

根据微生物与植物关系的紧密程度，大致可以将土壤微生物分为植物的共生菌和非共生菌。植物根部的共生菌主要包括共生的真菌（如 AMF）和细菌（如根瘤菌），与植物关系极其密切，达到合二为一的程度。与植物根系较密切的土壤微生物主要有根际微生物和内生菌，对植物的生长有显著的影响。共生菌和非共生菌作用于植物的途径和机制通常是不同的，共生菌经过长期自然选择与进化，直接与宿主植物交换生理代谢产物，互惠共生；非共生菌是在特定的条件下，大多借助分泌的特殊化学物质，间接有利于植物生长或提高植物抗逆性。可见，共生菌、非共生菌与植物的关系及其作用机理存在巨大的差别。因此，植物–微生物联合修复的类型可以分为：植物–共生菌联合修复和植物–非共生菌联合修复两种类型。

二、土壤重金属污染的植物–共生菌联合修复的特征

菌根真菌、根瘤菌和植物能形成紧密的互惠共生关系，某些菌株促进宿主植物对重金属的吸收累积，提高植物的修复效率（魏树和和周启星，2004；廖晓勇等，2007）。

（一）植物–AMF 联合修复的特征

一些研究报道了 AMF 增加重金属在植物根部的累积，减少重金属向地上部转移，进

而降低富集系数和转运系数。如接种 AMF 导致超富集植物 *Thlaspi praecox* Wulfen 的地上部生物量下降了 17%，地上部 Zn、Cd、Pb 的浓度最大下降幅度分别达 13%、25%和 31%，从而降低其对这些重金属污染土壤的修复能力（Vogel-Mikus et al.，2006）。而另外一些研究报道认为，AMF 能够促进植物对重金属的吸收，提高植物修复的效果。在 300 mg·kg^{-1} 砷污染土壤上种植蜈蚣草，接种摩西球囊霉后，蜈蚣草中砷累积量提高了 43%（Liu et al.，2005）。

（二）植物–根瘤菌联合修复的特征

豆科植物与根瘤菌形成共生体，提高宿主植物对重金属的耐性，促进植物对重金属的吸收累积，可能提高其对重金属的修复效率。例如，接种根瘤菌 W33，显著促进黑麦草吸收 Cu，并提高黑麦草对 Cu 的富集系数和转移系数，增加根部和地上部的 Cu 总量（陈生涛等，2014）。

可见，根部共生菌影响植物修复重金属的效应存在种间和种内菌株间的差异，有关根部共生菌在植物富集重金属过程中的作用目前没有统一的认识，相关研究多集中在可控环境下接种的室内模拟，侧重于现象描述与理论探索，很少有研究探讨共生菌在植物修复大田试验中的应用及其可行性。

三、土壤重金属污染的植物–非共生菌联合修复的特征

微生物是土壤的重要组成部分，参与土壤生态系统的物质循环与能量转换过程，对提高土壤肥力和维持土壤生态平衡具有重要意义。根际是植物、土壤和微生物相互作用的微界面，微生物在根际环境中起着重要的作用。在重金属污染土壤中，根际微生物能够影响植物对营养元素与重金属的吸收，同时微生物能够分泌一些生长调节剂和螯合剂等特殊物质，影响植物对重金属污染的修复能力。

（一）植物–植物根际促生细菌联合修复的特征

细菌在土壤中占绝对优势，在植物根周围细菌密度远远地高于土壤中的其他部位，植物根际促生细菌（plant gowth promoting rhizobaeteria，PGPR）在植物根部定殖，并促进植物生长。有益的根际微生物能够与植物产生联合协同作用，有助于提高植物的修复效率。

PGPR 的研究主要集中在根际细菌（rhizobacteria）上，它们能使植物在生长初期获得更高的发芽率和更长的根系，显著促进重金属胁迫下植物的生长。PGPR 不仅能够刺激并保护植物的生长，而且具有活化土壤中重金属污染物的能力，影响植物对重金属的吸收累积。但细菌促进重金属胁迫下植物生长的同时，对植物吸收累积重金属的作用也不尽相同。

1. 促进植物生长，提高植物修复效率

PGPR 促进富集植物生长的同时，还增加植物体内重金属含量，促进了富集植物对

重金属的吸收积累，提高植物修复的效率。如接种根际细菌后土壤溶液中锌含量增加，遏蓝菜地上部的鲜重和 Zn 含量均增加 1 倍，其对 Zn 的吸收能力增加 3 倍（Whiting et al.，2001）。在遏蓝菜根际分离出大量对 Ni 耐受性较强细菌，可以明显提高遏蓝菜对 Ni 的富集能力（Idris et al.，2004）。从印度芥菜根际分离出 Pb 抗性细菌，能够促进植株生长，并提高植株吸收的 Pb 含量（Gregorio et al.，2006）。铅镉抗性细菌 WS34 促进供试植物生长，使印度芥菜和油菜的干重分别比对照增加 21.4%～76.3%和 18.0%～236%，铅镉积累量比对照增加 9.0%～46.4%和 13.9%～32.9%，且油菜中的增加量大于印度芥菜（江春玉等，2008）。

PGPR 促进非富集植物生长和增加植株重金属含量，促进植物对重金属的累积。从污染土壤中分离得到的三株 Cd 抗性的假单胞菌属和芽孢杆菌属细菌，分别接种到含有 200 $mg\cdot kg^{-1}$ Cd 的土壤中，能显著促进番茄植株生长，活化植株根际 Cd，RJ16 菌株接种处理的番茄植株地上部干重、根际有效 Cd 含量及植株吸收 Cd 的含量分别比不接菌对照处理增加 64.2%、46.3%和 107.8%（盛下放等，2003）。根瘤菌 W33 显著促进黑麦草吸收 Cu，并提高其对 Cu 的富集系数和转移系数，增加根部和地上部的 Cu 总量（陈生涛等，2014）。成团泛菌 JB11 使高羊茅和红三叶的干重、植物 Pb 和 Cd 的含量都显著增加（金忠民等，2014）。

有些促生细菌不改变植物体内重金属的吸收浓度，如在温室条件下，具有固氮、溶磷和解钾能力的植物促生细菌对印度芥菜地上部 Pb 和 Cd 浓度没有显著影响，但增加了植物地上部生物量，从而增加了印度芥菜对重金属的吸收量（Wu et al.，2006）。

2. 根际真菌促进植物吸收累积重金属的影响

重金属污染土壤上，存在大量的重金属耐性真菌，具有促进植物吸收累积重金属的影响。接种抗 Cd 的毛霉 QS1，明显促进了油菜生物量的增加、Cd 在植株体内的富集和 Cd 从根部向地上部分的迁移，油菜对 Cd 的富集系数和转运系数增加（朱生翠等，2014）。接种木霉菌株 F6 促进印度芥菜对 Cd 和 Ni 吸收累积，富集系数和转运系数增加（Cao et al.，2008）。

（二）植物–内生菌联合修复的特征

植物内生菌（endophytic bacteria），定殖在植物体内，从而具有促进生长、提高抗逆性等方面的特殊生物学作用，也在植物修复过程中起着一定的作用，越来越受到关注（马莹等，2013）。

植物内生细菌能够直接或间接促进植物的生长和根部活动强度，相应地提高植物对重金属的耐性、吸收能力及修复效率。将 4 株超富集植物龙葵体内分离的内生细菌重新接种发现，内生细菌的存在可以大大降低重金属镉对植物的毒害作用，同时显著提高植物根和地上部分的生物量，促进植物对重金属的固化效果（Luo et al.，2011）。采用灌根方式接种内生的一株巨大芽孢杆菌，龙葵叶、茎、根部 Cd 含量比不接菌对照均显著增加；混合接种芽孢杆菌、肠杆菌和巨大芽孢杆菌三株内生菌，龙葵叶、茎和根干重分别比不接菌对照高出 118%、110%和 113%，植株地上和地下部 Cd 吸收总量分别增加 110%和

83%，表明内生菌能显著促进龙葵植株生长，强化龙葵吸收土壤中 Cd 的能力（刘莉华等，2013）。

第六节　土壤重金属污染的植物–微生物联合修复的机理

植物和微生物共存对植物吸收和富集重金属有重要影响，植物–微生物的相互作用对于提高重金属污染土壤的植物修复作用巨大，植物–微生物联合修复土壤重金属污染的机理引起广泛关注，包括微生物提高植物耐受重金属、促进植物的生长、影响土壤重金属的生物有效性和植物对重金属的吸收与分配等方面。

一、提高植物累积重金属

在重金属胁迫的条件下，植物联合微生物一方面自身具有较强的重金属耐性；另一方面，通过菌丝过滤作用、合成特异性酶、激活植物防御系统等方式，保护植物的根系，提高植物对重金属的累积。

1. 保护植物的根系

这方面的研究主要集中在 AMF 方面，AMF 可以通过菌丝对重金属的过滤作用避免重金属对植物组织造成伤害。通过能谱技术对元素的定位分析，结果表明，在 Cd 污染土壤上被菌根侵染的蕨的根系中，AMF 内部的 Cd、Ti 和 Ba 等重金属元素的含量比植物根细胞内的高得多。大多数的 Cd 位于真菌细胞质中，并且和含有 S 与 N 的聚磷酸盐颗粒结合在一起，同时有 Al、Fe、Ti 和 Ba 等元素的存在，菌丝内的聚磷酸盐可能与 Cd、Ti 和 Ba 结合，保护了植物的根系。

2. 合成特异性酶

内生细菌分泌的 ACC 脱氨酶可将乙烯合成前体 ACC 分解成氨和 α-丁酮酸（α-ketobutyrate），并利用分解得到的氨作为微生物的氮源，从而有效降低胁迫条件下植物细胞的乙烯合成量，缓解对植物产生的不良反应（抑制植物生长和加速衰老），促进根系的延长和植物发育，提高植物的抗逆性（Zhang et al.，2011）。相比超富集植物遏蓝菜 20%的根际细菌能利用 ACC 为氮源，内生细菌的比例更高（36%），这可能是由于内生细菌与植物之间存在更为紧密的互利共生关系（Idris et al.，2004）。从植物体内分离得到了 ACC 脱氨酶活性较高的 Cu 耐受型内生菌——雷尔氏菌 J1-22-2、成团泛菌 Jp3-3 和赛维瓦尔假单胞菌 Y1-3-9，显著提高供试植物的生物量和 Cu 的吸收总量（Zhang et al.，2010）。

3. 增强植物防御系统作用

在与植物协同进化过程中，特别是在重金属胁迫的条件下，内生细菌往往可以同时耐受多种重金属污染，并能够分泌大量的植物生长激素类、抗生素等，同时诱导植物对重金属解毒和产生抗性。在一定程度上讲，内生细菌改变了宿主植物的表型特征和功能。

研究发现，内生细菌提高了植株抗氧化酶系统的防御机制（过氧化物酶、过氧化氢酶、超氧化物歧化酶），有效抵御重金属引起的氧化胁迫（Zhang et al.，2010）。

二、促进植物生长

微生物促进植物生长的具体作用机制主要有：分泌特定植物促生物质，促进植物对N、P营养元素的吸收，增加生物量，促进植物修复等（马莹等，2013）。

1. 分泌植物促生物质

植物组织的生长、分化均依赖于植物激素的调节。这些激素可以源于植物自身分泌（内源激素），亦可来自体外（外源激素），其主要包括植物生长素、细胞分裂素、赤霉素等。植物激素在植物不同的生长发育阶段以不同的比例控制植物的生长发育，其中任何一种过多或过少都将导致植物生长发育异常。研究证明，许多植物联合微生物可以通过分泌植物生长素、细胞分裂素、赤霉素等，促进植物根系的生长发育及有效吸收土壤中的水分和养分，同时对植物的其他生命活动进行调控（Shi et al.，2009）。

大部分与植物有关的细菌都产生植物生长素吲哚乙酸，土壤细菌中约有80%的细菌产生IAA，并对植物内源IAA库产生影响，接种能产生低水平IAA的植物促生菌可使植物初生根伸长增加（黄晓东和卢林纲，2002）。

2. 生物固氮

自然界中氮素主要以植物不能直接利用的氮气存在，某些微生物能将大气中的 N_2 通过固氮作用还原成植物能利用的 NH_4^+。目前发现具有固氮作用的微生物可分为三大类：能独立固氮的自生固氮微生物，能与高等植物形成共生关系而固氮的共生微生物，在作物根际和根表甚至在根皮层细胞中均发现有联合固氮微生物。

在植物组织内，存在能够产生固氮酶的内生细菌，尤其是根瘤菌，占据着植物体内有利于营养供应和微环境适宜的生态位，因而较根际环境更有利于形成高效固定空气中氮素的体系，充分发挥固氮效能，为植物提供氮素营养。此外，具有固氮能力的内生菌在缺氮环境中较其他菌类有更强的生存能力，更容易为植物提供良好的促生作用。在长期缺氮的环境中，能自生固氮的植物内生细菌在某种程度上还能促进植物对氮素的积累。

3. 改善磷素营养

土壤中存在大量的磷元素，但大部分属难溶性磷，很难被植物吸收利用。土壤中的磷常以低有效性的形式存在，不利于植物吸收利用。土壤中的部分微生物，如溶磷细菌能通过生长代谢溶解磷。在重金属胁迫条件下，土壤微生物可通过酸化、螯合、离子交换和释放有机酸等途径，使土壤中不溶性磷溶解，提高土壤中磷的生物有效性，从而增加土壤中磷对植物的供应，促进植物生长。

尤其是AMF在改善植物磷素营养中起着巨大作用（王发园和林先贵，2007）。例如，在Zn污染条件下，AMF对三叶草P含量的影响没有受到土壤Zn水平提高的影响，地上部P含量均增加了将近一倍，根系P含量增加了2倍多，但菌根植株地上部和根系中的

P 含量间差异不大（Gonzalez et al.，2002）。在 Cr 污染条件下，AMF 提高向日葵对 Cr 的耐性和积累量，在高 Cr 浓度时菌根依赖性（生物量）增加，P 营养也改善了（Davies Jr et al.，2001）。在中等 Zn 污染条件下，菌根抑制 Zn 从根向地上部的转运，其机制包括菌根结构对 Zn 的固持作用及降低根际重金属的移动性，改善植物 P 营养，提高植物对重金属的耐性（Christie et al.，2004）。在 U 污染条件下接种根内球囊霉改善三叶草 P 营养，促进植物生长，降低植物对 U 的积累（Rufyikiri et al.，2004）。

三、提高土壤重金属生物有效性

植物从土壤中吸收重金属离子的能力同土壤中金属的生物有效性有很大的关系。重金属的生物有效性受到土壤重金属含量、pH、氧化还原电位、有机物和根际环境等其他因素的影响，与植物联合的微生物主要通过分泌的铁载体、有机酸、生物表面活性剂、糖蛋白等物质，对重金属产生螯合、活化、钝化、沉淀等作用，以及与重金属配位形成复合物等或者通过影响植物对重金属的吸收转运、挥发等形式调控植物修复过程。

1. 分泌铁载体

某些微生物能分泌铁载体（siderophores），已经发现 500 多种化学结构不同的铁载体，根据配位点的化学性质，将其分为氧肟酸盐型（hydroxamates）、儿茶酚盐型（phenolatescatecholates）、羧酸盐型（carboxylates）三大类，绝大多数细菌和真菌都能通过非核糖体途径合成并分泌一种或几种铁载体，儿茶酚型的铁载体只在细菌中被发现（金崇伟等，2005）。

在缺铁的条件下，许多细菌或真菌能够在植物根际分泌铁载体，提高植物对铁的吸收利用。铁载体不仅能够与铁结合，还可以与 Al、Cu、Cd、Zn 和 Pb 等金属形成稳定的复合物（Schalk et al.，2011）。在重金属污染土壤中，铁载体能够通过络合反应增加或降低重金属的生物有效性。如分离自伯士隆庭荠的内生细菌 83%（67 株）在 Ni 胁迫下能分泌铁载体，并提高植物对重金属（Ni、Cr、Co、Zn 和 Cu）的抗性，从而促进植物在重金属胁迫下的生长（Barzanti et al.，2007）。因此，产生铁载体的微生物在植物提取土壤重金属的修复中具有重要的意义（Rajkumar et al.，2010）。

接种具有分泌铁载体能力的微生物有可能促进植物对重金属的吸收，提高植物修复重金属的效率。植物根际细菌铜绿假单胞菌产生荧光嗜铁素（pyoverdine）和螯铁蛋白（pyochelin）两类铁载体，它们能增加土壤中 Cr 的生物有效性，促进玉米对 Cr 的吸收（Braud et al.，2009）。接种唐德链霉菌 F4 菌株分泌的铁载体可以抑制微生物对 Cd 的吸收，但是促进了向日葵对 Cd 的吸收（Dimkpa et al.，2009）。另有研究结果表明，土壤微生物分泌的铁载体降低植物对重金属的吸收。接种产生铁载体的铜绿假单胞菌 KUCdl 菌株抑制了西葫芦和印度芥菜对 Cd 的吸收（Sinha and Mukherjee，2008）。产生铁载体的耐 Ni 假单胞菌促进了鹰嘴豆的生长，降低了植物对 Ni 的吸收（Tank and Saraf，2009）。

铁载体对植物吸收重金属表现出了不同的调控效应，可能与所试植物类型，如植物本身对重金属吸收转运能力，土壤中重金属的生物有效性，土壤特性等因素有关。而且，目前对微生物产生的铁载体介导的植物修复的调控过程及分子机制还不清楚，对植物和产生铁载体的微生物的互作机理了解得很不够，而且微生物分泌铁载体受到土壤中铁的有效性、pH、土壤营养状况、重金属的类型和浓度等影响。微生物分泌铁载体受到环境因素的影响，在重金属复合污染土壤上，与植物联合的微生物产生铁载体，影响土壤重金属的生物有效性，对于微生物辅助植物修复具有重要的意义。

2. 分泌有机酸

土壤微生物分泌的低分子质量有机酸如葡萄糖酸、草酸和柠檬酸，在活化重金属方面具有重要作用。如甘蔗根际的固氮促生菌固氮醋杆菌具有将难溶解的 Zn 活化为有效 Zn 的作用，可能与其分泌的葡萄糖酸衍生物 5-酮戊二酸单酰胺有关（Saravanan et al.，2007）。从 Zn/Cd 超积累植物东南景天根际分离的耐受重金属的细菌能够显著提高土壤中水溶性 Zn 和 Cd 浓度，并且土壤中有效性重金属的增加与细菌分泌的甲酸、乙酸、酒石酸、琥珀酸和草酸的量存在相关性（Li et al.，2010）。

与植物联合的微生物分泌的有机酸可以增加植物对重金属的吸收。如耐受重金属的内生细菌荧光假单胞菌和微杆菌通过分泌有机酸增加油菜对 Pb 的积累（Sheng et al.，2008）。产生有机酸的黑曲霉能够从磷氯铅矿石中活化出大量的 Pb 和 P，显著提高了黑麦草对 Pb 和 P 的吸收（Sayer et al.，1999）。但也有研究结果表明有机酸并没有活化土壤中的重金属，甚至抑制重金属的活化。在重金属污染的农田土壤上接种分泌有机酸的枯草芽孢杆菌并没有改变土壤中 Cr 和 Pb 的生物有效性（Braud et al.，2006）。接种产生有机酸的泛菌属和肠杆菌属细菌增加了 P 的溶解性，但是却对 Pb 产生了钝化作用，其可能原因是 P 有效性的增加会使 Pb 产生沉淀（Park et al.，2011）。

尽管已有大量的研究结果表明，许多与植物联合的微生物能够分泌有机酸并增加土壤中重金属和营养元素的有效性，但是植物联合微生物产生的有机酸在重金属污染土壤中的归趋行为过程研究还不够，有机酸在土壤中的作用会受到植物根际、土壤理化性质、有机酸与重金属的互作、重金属的浓度和移动性等许多因素影响。

3. 产生生物表面活性剂

微生物产生的生物表面活性剂是另外一类可以改善土壤重金属移动性的微生物代谢物。微生物产生的生物表面活性剂能够在土壤界面将重金属从土壤基质中释放出来，使土壤溶液与重金属形成复合物（Rajkumar et al.，2012）。

产生表面活性剂的微生物可以增加污染土壤中重金属的移动性。如铜绿假单胞菌 BS2 菌株产生的表面活性剂鼠李糖脂，增加污染的土壤中重金属的溶解性（Juwarkar et al.，2007）。铜绿假单胞菌产生的鼠李糖脂能够增加土壤中 Cu 的移动性，并且在 Cu 污染土壤中添加 2%的鼠李糖脂的情况下，Cu 的去除率可以到达到 71%～74%（Venkatesh and Vedaraman，2012）。产生鼠李糖脂的芽孢杆菌 J119 在人为添加重金属的污染土壤上可以显著促进油菜、玉米、苏丹草和西红柿对 Cd 的吸收（Sheng et al.，2008）。尽管已经有大量的研究表明产生表面活性剂的微生物能够活化土壤重金属并促进植物提取土壤中重金属，但是这些结果大都是在人为添加重金属的污染土壤上取得的，产生表面活性剂的微生物在自然污染土壤上的效应有待于进一步研究，这也是微生物联合辅助植物修复应用的必然要求。

4. 产生胞外多糖和糖蛋白

一些微生物产生的胞外多糖、黏多糖和蛋白质在螯合重金属降低土壤中重金属移动性方面具有重要的作用。如产生胞外多糖的固氮菌具有吸附或结合重金属的特性，在土壤中接种固氮菌降低小麦对 Cd 和 Cr 的吸收（Joshi and Juwarkar，2009）。

AMF 菌丝分泌的特殊糖蛋白——球囊霉素相关土壤蛋白（glomalin-related soil protein，GRSP），是 AMF 菌丝产生的一种含金属离子的专性糖蛋白，其含量与土壤重金属的污染程度密切相关，能大量地络合重金属离子，降低重金属的可提取态含量与生物有效性（Gaur and Adholeya，2004）。如铜冶炼厂、铅冶炼厂周边农田土壤的 GRSP 含量与 Cu、Pb、Zn 等重金属的含量呈极显著正相关（Cornejo et al.，2008；Vodnik et al.，2008）。GRSP 具有很强的络合 Cd、Pb 等重金属离子的能力，如 GRSP 结合的 Pb、Zn 和 Cu 等重金属离子，分别占土壤 Pb、Zn 和 Cu 总量的 0.8%～15.5%、1.44%～27.5%和 5.8%。GRSP 能够将重金属离子固定在土壤中，被看作重金属污染土壤的生物稳定剂（Chern et al.，2007）。GRSP 结合的重金属占土壤重金属全量的比例，随重金属污染程度的增加而增加（Wu et al.，2014）。因此，AMF 菌丝及其分泌的胞外糖蛋白对重金属有很强的固定作用。

5. 菌丝吸附作用

与植物联合的微生物通过菌体或菌丝的生物吸附作用，影响土壤重金属的生物有效性和植物对重金属的吸收。尤其是 AMF 与植物形成共生体后，菌丝在土壤中生长与繁殖，形成庞大的根外菌丝体。这些菌丝对土壤重金属离子有很强的吸附能力，能够将重金属离子固持在 AMF 菌丝上，降低重金属离子在土壤中的迁移性（de Andrade et al.，2008）。根外菌丝对重金属有较强的吸持能力，这些金属主要与细胞壁成分如几丁质、纤维素、纤维素衍生物、黑色素有关。与其他微生物相比，AMF 菌丝有较高的阳离子交换量和金属吸附能力，有助于 AMF 的菌丝和孢子吸附固持大量的金属，如摩西球囊霉菌体组织中的 Zn 超过 1200 $mg·kg^{-1}$，地表球囊霉菌丝中 Zn 超过 600 $mg·kg^{-1}$（Chen et al.，2001）。不同菌种和菌株的根外菌丝对 Cu 的吸附和积累能力不同与阳离子交换量直接相关，TEM/SEM-EDAX 分析证明 Cu 主要积累在菌丝壁的黏液层、细胞壁和菌丝细胞质中（Gonzalez-Chavez et al.，2002）。

四、影响植物对重金属的吸收与分配

植物联合微生物不仅通过其自身的组成成分吸附重金属，影响重金属在植物根部的迁移行为，而且通过调控植物体内特定的重金属转运蛋白表达，影响重金属在植物体内的转运，改变重金属在植物不同部位的分配。

1. 促进根系固持重金属

在重金属污染土壤中，联合微生物通过生物吸附作用与重金属结合，降低了环境中重金属的生物有效性，进而限制了重金属从植物根部向地上部的转运。如定殖于根内的

AMF通过菌丝体内磷酸盐、巯基等化合物的络合作用，在根内菌丝内液泡和孢子中贮存重金属离子（Cornejo et al.，2013），将更多的重金属离子转换为草酸提取态和残渣态等生物活性弱的形态，促进重金属离子固持在植物根系中（Wang et al.，2012）。在根器官条件下，研究发现层状球囊霉根外菌丝对放射性金属元素Cs可吸收、积累并转运到植物根中（Declerck et al.，2003）。AMF的根内组织可以积累Cs，同时减少其向菌根内的转运，并且AMF根内结构可以诱导Cs向木质部运输通道的下游调节（de Boulois et al.，2005）。

2. 影响重金属的转运

近年来随着分子生物学等现代技术手段的引入，存在于生物膜上的各种阳离子转运蛋白在植物修复中起尤为关键的作用。在超富集植物中已经克隆出多个家族的金属运载蛋白基因，这些基因表达出的金属阳离子跨膜运载蛋白可能决定性地参与了重金属在根部的吸收、木质部的装载及液泡的区室化，在细胞中重金属运输、分布和富集及提高植物修复效率方面发挥了极其重要的作用（鲁家米等，2007）。

植物根系定殖的微生物对重金属转运蛋白的表达具有一定的影响，从而影响植物对重金属的吸收与转运。如根内的AMF影响作物根系的重金属吸收动力学，下调根系Nramp1、Nramp3等重金属转运相关蛋白编码基因的表达，降低作物对镉的吸收，减少重金属离子向作物地上部迁移（Ouziad et al.，2005）。遗憾的是，这方面的研究依然很少。

3. 改变重金属在植物内分配

由于植物联合微生物强化根系对重金属的固持作用和影响重金属转运蛋白的表达，导致重金属在植物体内的分配发生改变，这方面的研究报道以AMF居多。如在重金属复合污染（Cu、Zn、Pb、Cd）土壤上三叶草生长的影响研究中显示，重金属Pb和Cd向地上部运输受到根系限制，表明三叶草根系对重金属的固持作用在接种AMF后得到强化（孔凡美等，2007）。Cd在紫羊茅根系内的固持作用通过菌根结构得到强化，植株地上部Cd的浓度降低，紫羊茅体内Cd在地上部分的配比减少，可见菌根抑制了镉向地上部的运输（刘茵等，2004）。接种AMF的植株吸收的重金属大多数被结合在菌根中的真菌和宿主细胞间果胶质界面的羧基中，而未接种植株吸收的重金属主要集中在地上部分，接种菌处理地上部Cr、Cd、Pb等重金属元素的含量远比未接种降低，表明AMF强化了重金属在植物根中的固持作用，限制了重金属的转运途径，从而减少向地上部的分配（王红新等，2007）。

植物内生细菌可通过分泌多种有机配位体与植物体内的重金属离子结合，提高重金属的生物可利用性，促进重金属由根系向茎叶中的转运。植物地上部分重金属含量的增加，有助于植物提取效率的提高，如铜抗性内生细菌可以促进Cu向油菜茎叶转移，提高油菜茎叶部Cu的含量（Sun et al.，2010）。

展　望

第一，加强高效的植物联合微生物资源的分离和筛选，开展深入的植物–微生物联合体系的基础研究，构建有效的植物–微生物联合修复体系，使之适合不同区域和污染情况。

第二，深入研究土壤微生物强化植物联合修复的机理，从基因、细胞、个体、种群、群落和生态系统等不同层次，深入理解微生物影响宿主植物吸收、转运和累积重金属的效果与过程，为指导微生物的应用和强化植物修复提供科学依据。

第三，综合现有研究成果，加强微生物应用于大田植物修复实践的研究，促进基础理论研究向实际应用的转化，并为基础理论研究提供新的方向，基础理论和实际应用相结合，共同推进植物–微生物联合修复的理论和技术体系的建立，为土壤污染防治提供有效措施。

第九章　重金属重度污染土壤的生态恢复

重金属重度污染土壤通常指各重金属含量超过评价标准 5 倍以上的土壤，这类土壤可能会严重影响农林生产和植物正常生长，主要包括重金属矿区废弃地、各类有色金属冶炼厂及周边土壤、废弃的重金属污染场地等。

本章主要以重金属矿区废弃地作为重金属重度污染土壤的典型代表，针对重金属矿区的植物群落及生态系统特征，从重金属矿区植被恢复的生态效应，植被恢复中的工程措施、土壤改良、植被恢复技术等方面进行分析讨论。旨在阐明重金属重度污染土壤生态恢复的理论与方法。

第一节　重金属矿区的植物群落及生态系统特征

随着矿区土壤重金属污染现象越来越普遍，污染程度的不断加深，其带来的生态环境问题也日益突出。首先表现为污染区植被的严重破坏，随后造成一系列生态环境失调问题。重金属与植物长期接触，逐渐改变了生态系统的植物种群结构，导致生态平衡被打破。其显著效应就是敏感种消失或灭绝，改变生物群落物种构成，形成典型的重金属矿区植物种群、群落、植被多样性、植被生态系统。

一、重金属矿区的生态环境问题

我国作为一个矿产资源相对丰富的国家，矿产资源开发在国民经济和社会发展过程中起着非常重要的作用，然而矿产资源开发利用过程中破坏了原有的自然景观和地貌，采矿后留下的尾矿、废渣、废弃地等带来了严重的生态环境问题。这些环境问题主要表现在以下几个方面：①生态景观破坏。通常，一个矿山在开采之前都是森林、草地或植被覆盖的山体；矿山开采后，会出现植被消失，山体破坏，矿渣与垃圾堆置等，形成一个与周围环境完全不同甚至极不协调的景观。②土壤污染。重金属毒害是矿山普遍存在且最为严重的问题之一，高含量的重金属对绝大多数植物的生长发育都产生严重抑制和毒害作用；矿山另一个常见的污染是高度酸化，主要是由于硫铁矿（FeS_2）或其他金属硫化物氧化所致，酸化后能使基质的 pH 降至 2.4 左右。高含量的重金属与强的酸度通常是植物在矿山定居的最大限制因子。③土壤结构变差，养分缺乏。矿山的表土总是被清除或挖走，采矿后留下的通常是心土或矿渣，加上汽车和大型采矿设备的重压，结果所暴露出的往往是坚硬、板结的基质，有机质、养分与水分都很缺乏，极不利于植物生长，也不利于动物定居，从而使矿区的植被恢复变得更加困难。④地下水和下游水质受到影响。由于雨水的淋溶作用，基质中的重金属与一些有机化合物等有害物质会随雨水渗入到地下水，并流向下游的水域中，可能污染饮用水和毒害底栖生物。⑤生物多样性锐减。

采矿破坏植被，挖走表土，并导致土壤污染和退化，严重影响矿区废弃地的生物多样性，导致受损生态系统的恢复变得极为缓慢。其中，最为危险的是采矿废弃地，以及冶炼过程中，形成土壤重金属污染区，其土壤中重金属元素经过一系列生物、物理化学过程后进入大气圈、水圈、生物圈，最终对人类健康和生态安全构成威胁。周永章等（2008）以 Zn 为例，对矿山重金属元素由矿体向生物体迁移的过程进行研究。其详细的迁移模式图如图 9-1 所示。

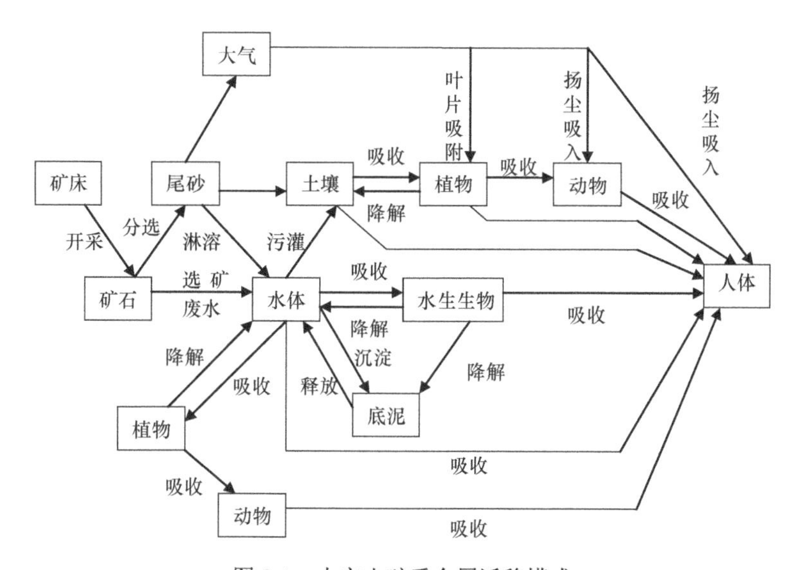

图 9-1　大宝山矿重金属迁移模式

Figure 9-1　Heavy metal migration mode of Dabaoshan Mine

（周永章等，2008）

因此，矿区污染土壤的治理与生态恢复已成为我国当前所面临的严峻任务之一，也是我国实施可持续发展战略应优先关注的问题之一（束文圣和张志权，2000）。由于开矿导致了上述恶劣生境，自然恢复非常缓慢，通常需要 50～100 年，特别是土壤的恢复，可能需要 100～10 000 年。因此，为了加速矿区废弃地的生态恢复，根据矿区废弃地的具体条件，利用一定的技术措施开展人工恢复工作，是十分必要的。

二、重金属矿区植物组成和群落特征

植物群落是由共存的植物物种在一定生境条件下有机结合并与生境相互作用形成的，组成群落的各植物物种间的关系决定着植物群落的结构特征及其动态。在自然状态下，植物群落内部的生态学过程受环境因素的影响。物种多样性是植物群落结构和功能复杂性的一个度量，且与生态系统抵御逆境和干扰的能力紧密相关，物种多样性的提高会增加系统的稳定性，因此常被用来测度植物群落稳定性（刘雪华等，2012）。

每种植物作为生态系统中的一个成员，在其原产地的自然环境条件中各自都处于食物链的相应位置，相互制约，所以植物群落保持着相对稳定的状态，这是自然界的普遍规律（周启星，1995）。矿产的开采导致地表植被破坏，并引发相关环境因素改变，由此使植物群落发生改变。矿区环境被人类活动破坏后，植物群落稳定性受到影响，许多植物的种群会萎缩，且一些植物会灭绝。但由于重金属污染区植物生长在特殊的环境下，长期受到重金属的影响，已适应该生长环境，对本地逆境条件具有很强的耐性、适应性，甚至偏好性。因此，不同重金属矿区植物又有了自己的不同特点。

（一）重金属矿区植物特性

1. 重金属矿区植物的生态学特性

重金属矿区植物的生态学特性主要体现在以下5个方面。

（1）植物多样性较低

其主要原因是重金属污染破坏了一些地区的原生生境，如作为物种源的大型植被破碎为一些小型的残遗斑块，影响林地斑块的功能发挥，造成生物迁徙受阻。乡土植物群落受到破坏，植被急剧发生向下的演替过程，这些都直接影响了内部物种的数量和质量，因而导致污染区生物多样性的降低。

（2）同种植物较非污染区自然状态下生物量小

因污染区一般土壤条件恶劣，缺少植物生长所需的营养元素，同时生长又受到重金属等各种胁迫反应，从而使植物的生物量降低。

（3）植物种群密度高、物种单一

在生态学上，种群是一定区域内，具有极其相近的形态特征和生理生态特征的物种的集合体。在重金属污染区不良的生态环境下，植物种的种群密度高、物种单一是长期进化适应的结果。

（4）不同重金属污染区优势植物种明显不同

不同重金属污染区的植物一般都有各自明显的优势种，主要由于不同污染区的土壤类型、土壤污染类型不同，以及不同类型的植物具有不同的生理适应机制。

（5）物种多为地理分布区广布种、物种种子多数具备有效散布手段

一般认为，污染区植物为了在污染区恶劣的条件下生存，物种地理分布区广阔与否、物种种子是否具备有效散布手段成为优胜劣汰的关键（郑春荣和陈怀满，1995）。

2. 重金属污染区植物的分类学特征

重金属污染区植物的分类学特征具体表现在以下三个方面。

第一，重金属污染区植物多以草本为主，木本为辅。

第二，重金属污染区中存在的木本植物以小灌木及半灌木居多，灌木次之，乔木极少；草本植物中以一年生、二年生植物居多，多年生植物较少。

第三，重金属污染区植物常见种：常见木本植物有毛泡桐[*Paulownia tomentosa*（Thunb.）Steud.]、构树[*Broussonetia papyrifera*（L.）Her. ex Vent.]、白背叶野桐[*Mallotus apeltus*（Lour.）Muell. -Arg.]、檫木（*Sassafras tzumu* Hemsl）、马尾松（*Pinus massoniana* Lamb.）、盐肤木（*Rhus chinensis* Mill）等；草本植物有蕨（*Pteridium aquilinum*）、井口边草（*Pteris multifida* Poir.）、蜈蚣草（*Pteris vittata* L.）、苦荬菜（*Ixeris polycephala* Cass）、白茅（*Imperata cylindrical* L.）、五节芒[*Miscanthus floridulu*（Labill）Warb.]、鸭跖草（*Commelina communis* L.）、芒萁[*Dicranopteris pedata*（Houtt.）Nakai]、节节草[*Hippochaete ramosissmum*（Desf.）Boerner]、商陆（*Phytolacca acinosa* Poxb）、苎麻[*Boehmeria nivea*（L.）Gaud]、虎杖（*Polygonum cuspidatum* Sieb. et Zucc）、山类芦（*Neyraudia Montana* Keng）、一年蓬[*Erigeron annuus*（L.）Pers.]、水蓼（*Polygonum hydropiper* L.）及景天属（*Sedum*）、蔷薇属（*Rosa*）植物等。上述常见植物种根据污染区所含主要金属的种类及生态环境的破坏程度不同而呈非正态分布，随机性很大。此外，重金属矿区的植物重金属测量结果显示，相同地区不同植物对重金属的吸收有明显的差异，即使是相同的植物，不同的部位也表现不同，多为地下部分高于地上部分。因此，污染区植被调查的工作为筛选与培育耐重金属污染和超积累重金属的植物物种提供了第一手的基础资料，意义重大（周泽义，1999）。

3. 重金属污染区植物对重金属的耐性与吸收性

根据植物对重金属的耐性与吸收性特征，可将植物分为以下三种类型。

（1）超积累或富集型

如蜈蚣草（*Pteris vittata* L.）、商陆（*Phytolacca acinosa* Roxb.）、苎麻[*Boehmeria nivea*（L.）Gaud]。

（2）耐受型

金属主要集中在植物根部，或有部分向地上部运输和贮存而不产生明显的毒害症状。

（3）非耐性或敏感型植物

仅见于轻污染区，这类植物在重金属含量高的矿区土壤上常生长不良，甚至不能完成整个生活史（胡忠俊，2010）。

4. 重金属污染区植物的指示作用

指示植物是指那些能反映所生长的环境中某些元素或物理化学特性的植物。指示植物多种多样，有些是土壤酸碱性的指示植物，如茶[*Camellia sinensis*（L.）O. Ktze]、杜鹃（*Rhododendron simsii* Planch.）、芒萁[*Dicranopteris dichotoma*（Thunb.）Bernh]等的存在表明当地土壤呈强酸性；有些植物可作某些矿藏的指示植物，如问荆（*Equisetum debile* Roxb）、云杉（*Picea asperata* Mast）可用以指示金矿，海州香薷（*Elsholtzia splendens* Nakai）可以指示铜矿，喇叭花（*Ledum palustre* L. var. *dilatatum* Wahl）可指示铀矿等，此外，指示植物在农林、探矿和环境保护方面，均有重要作用（郑春荣和陈怀满，1995）。

（二）重金属矿区植物组成和群落特征

1. 重金属矿区植物组成

我国对重金属矿区植被的研究起步较晚，但也做了大量有意义的工作。经调查发现，矿区定居的植物，常具有繁殖体体积小、质量轻、适于风力传播的特点。其原因可能是矿区环境较恶劣，缺少繁殖体，只有那些种子具有较强迁移能力的植物才能到达这片裸地，如果这些植物对恶劣环境条件同时具备较强的耐性，或有较强的遗传分化能力，以致在恶劣条件下可分化形成耐性种群或生态型，则其可能在废弃地上完成定居。在大宝山矿区尾矿库周边，禾本科和菊科植物由于种子传播能力强，且具有较强的环境适应能力（于云江等，2002），而在矿区植被形成过程中具有形成优势种群的有利条件；豆科植物由于具备固氮能力而适应贫瘠环境，莎草科植物也因种子传播能力强、具有较强的环境适应能力（张志权等，2002），而在矿区中有一定分布，在铜陵铜尾矿植被和大宝山多金属尾矿库植被调查中也发现，禾本科植物是主要的种类成分（秦建桥等，2009；王友保等，2004；李影等，2003）。定居在大宝山尾矿库区的禾本科植物有五节芒（*Miscanthus floridulus* Warb.）、类芦[*Neyraudia reynaudiana*（Kunth.）Keng]、雀稗（*Paspalum commersonii* Lam.）、狗牙根[*Cynodon dactylon*（Linn.）Pers]、牛筋草[*Eleusine indica*（L.）Gaertn]等，定居在铜陵铜尾矿库区的禾本科植物有狗牙根、白茅[*Imperata cylindrica*（Linn.）Beauv.]、狗尾草、早熟禾（*Poa annua*）等，说明了禾本科植物最能适应该类恶劣的土壤环境。但是在不同废弃时间和不同自然环境条件的尾矿库内特定物种的适应性是不同的，环境条件决定了定居其中的植物种类（王友保等，2004）。同时也包括部分菊科、豆科、蓼科、蔷薇科、含羞草科、蝶形花科、锦葵科、茜草科、马鞭草科的植物种类（秦建桥等，2009；王友保等，2004）。

另外，研究者们还主要研究了污染区植被的种类组成、不同时期植物群落的演替、植被与污染区环境的关系，并在此基础上找出污染区的先锋植物、耐性植物和富集植物等。孙庆业等（2001）在广东仁化县铅锌尾矿库内，发现有 10 种植物自然定居，这些植物在尾矿上的生长、分布明显受到表层尾矿某些物理性质如稳定状况、含水量等的影响；杨世勇等（2004）研究了铜陵市铜尾矿分布区，发现自然和人工定居于尾矿上的植物分属于 9 个科 37 个属 40 个种，其中禾本科、豆科、菊科植物占所有植物种的 72.5%，成为在尾矿上定居的先锋植物和优势种；李贵等（2014）对衡阳水口山铅锌矿废弃地及其周边荒山、农田自然植物群落的结构特征进行调查，发现调查区内共出现植物 29 个科 46 个种，以草本植物为主，其中占优势的是禾本科和菊科植物，二者占草本种数的 57%。总体上植物种类比较稀少，群落的组成和结构简单，物种多样性水平较低，生态较为脆弱，多样性指数较低，多样性指数大小顺序为：冶炼厂 > 尾沙坝边缘地 > 采选地 > 废弃农田；苗小芒等（2014）运用遥感技术动态监测了 2007、2008、2009 三年鞍山矿区植被的动态变化，矿区植被不断减少，裸地迅速增加。高德武等（2005）对黑河地区露天金矿剥离物植被自然恢复和演替规律进行分析研究，发现植被演替中的优势种随时间变化而不同，前期以多肉植物为主，后期菊科植物成为优势种，并针对植被演替规律和剥离物特性提出快速恢复植被的相应对策。铜陵市几个铜尾矿场自然定居的高等植物共有 89 种，分属于 30 个科 73 个属（王友保等，2004），主要包括菊科、禾本科、豆科，但蕨类植物节节草在尾矿库中也占据了重要位置。尾矿库植物形成了一些相对稳定的单种斑块和小群落，这些小群落组成、结构简单，物种多样性水平偏低。

于法钦（2005）对云南兰坪铅锌矿区植被的植物种类组成和植物群落特征进行了研究，发现由于兰坪铅锌矿主要是露天开采，森林植被破坏非常严重，在已开采的矿床上几乎无高大乔木，只有云南松小苗零星分布，在废弃多年的采矿迹地上分布着较多种类的草本植被。而在未开采矿地却分布着大片云南松（*Pinus yunnanensis*）次生林，且林中伴生旱冬瓜（*Alnus nepalensis*）、绵毛枝柳（*Salix erioclada*）、大叶栎（*Quercus griffithii*）、兰坪胡颓子（*Elaeagnus lanpingensis*）等植物，形成较好的单优势种森林群落。在废弃多年的采矿迹地上，经过多年的自然演替，现已形成以草本植物占绝对优势的自然植被，总覆盖度在60%左右。在植物种类组成特征方面，植物以草本为主，共记录到维管植物 68 种，分属 37 科 60 属，其中蕨类植物 8 种，分属 7 科 8 属；裸子植物 1 种；被子植物 59 种，分属 29 科 51 属，科属组成比较丰富。种类较多的科有菊科 Asteraceae（7 种）、石竹科 Caryophyllaceae（6 种）、唇形科 Lamiaceae（5 种）、蔷薇科 Rosaceae（4 种）、禾本科 Poaceae（3 种）、紫草科 Boraginaceae（3 种）、龙胆科 Gentianaceae（3 种）和玄参科 Scrophulariaceae（3 种）。

2. 重金属矿区植物群落特征

在植物群落特征方面，重金属矿区植物形成了一些相对稳定的单种斑块和小群落，这些小群落组成、结构简单，物种多样性水平偏低（王友保等，2004）。云南兰坪铅锌矿区植物群落外貌以草本植物占绝对优势，其中分布面积最广的为禾本科和菊科植物，其间散生着蔷薇科、石竹科、唇形科、龙胆科、玄参科、马钱科、荨麻科的种类（于法钦，2005）。在群落结构上将植被划分为三个亚层：①以毛蕊花（*Verbascum thapsus*）、密蒙花（*Buddteja officinalia*）、魁蒿（*Artemisia pinceps*）、香青（*Anaphalis sinica*）、蕨（*Pteridium aquilinum* var. *1atiusculum*）、滇紫草（*Onosma paniculatum*）等植物为主组成第一亚层，高度为 0.5～1.8 m，分布面积较广，层覆盖度 20%～30%，层中偶见天南星（*Arisaema heterophyllum*）、黄杨叶荀子（*Cotoneaster buxifolius*）等植物种类；②以穗序野古草（*Arundinella chenii*）、细叶芨芨草（*Achnatherum chingii*）、藏野青茅（*Deyeuxia tibetica*）、翻白叶（*Potentilla griffithii* var. *velutina*）、滇白前（*Silene viscidula*）、粉花蝇子草（*Silene rosiflora*）、细蝇子草（*Silene gracilicanlis*）、乌蕨（*sphenomeris chusana*）、狼毒（*Stellera chamaejasme*）等植物为主组成第二亚层，高度为 0.2～0.5 m，分布面积最广，层覆盖度 50%～60%，大多数优势种分布在该亚层；③以阿墩子龙胆（*Gentiana atuntsiensis*）、苦荬菜（*Ixeris polycephala* Cass）、小寸金黄（*Lysimachia deltoides* var. *cinerascens*）、平车前（*Plantago depressa*）等植物为主组成第三亚层，间断分布，层覆盖度 10%～20%。

主要植物群落有：毛蕊花+密蒙花（*Verbascum thapsus+Buddleja officinalia*）群落，魁蒿+香青（*Artemisia pinceps+Anaphalis sinica*）群落，细叶芨芨草+穗序野古草+藏野青茅（*Achnatherum chingii+Arundinella chenii+Deyeuxia tibenca*）群落，翻白叶+粉花蝇子草（*Potentilla griffithii* var. *velutina+Silene rosiflora*）群落，苦荬菜+阿墩子龙胆+平车前（*Ixeris polycephala* Cass+*Gentiana atuntsiensis+Plantago depressa*）群落，香青+翻白叶（*Anaphalis sinica+ Potentilla fulgens* Wall）和蕨（*Pteridium aquilinum* var. *latiusculum*）、滇白前（*Silene viscidula*）单优群落。7～10 月以禾草草层为背景，中间散生蔷薇科的黄色花朵，石竹科的白、紫红色花，龙胆科和紫堇科的蓝、紫红等花色，姹紫嫣红，形成漂亮的高山植被。12 月大多数草本植物已经枯黄，却见香青（*Anaphalis sinica*）大量分

布，老的植株萌生很多种子，大量幼苗开始萌发。小寸金黄（*Lysimachia deltoides* var. *cinerascens*）的干枯植株在某些区段大量分布，植株上仍然结着许多干瘪的果实。密蒙花（*Buddleja officinalia*）在严寒中依然长势很好，植株较高，且根部扎地很深，显示出很好的耐寒特性。刘月莉（2008）在四川甘洛铅锌矿区 950～1500 m 海拔，根据植物群落的不同类型设置了 30 个 1 m×1 m 小样方，调查了植物群落特征，发现全部群落外貌以草本植物占绝对优势，尤其是菊科、禾本科植物分布最广，另外荨麻科、唇形科、蓼科和茄科种类的植物生长范围也较广，生长均较旺盛。整体植被在群落结构的分层中，乔木层以润楠（*Machilus pingii* Cheng ex Yang）为代表，灌木层的代表植物为马鞍叶羊蹄甲（*Banhima fabri*）、刺天茄（*Solanum indicum* L.）、牛皮消（*Cynanchum auriculatum* Royle ex Wight.）等，草本层则以土荆芥（*Chenopodium ambrosioides*）、蜈蚣草（*Pteris vittata* L.）、艾蒿（*Artemisia argyi*）、大蝎子草（*Girardinia diversifolia*）等为代表。

王友保等（2004）调查铜陵尾矿库主要植被群落特征，发现尾矿库自然分布的植物，由小群落组成，结构简单，物种多样性水平偏低（表 9-1）。

表 9-1　铜尾矿库植物群落类型及特征

Table 9-1　Plant community types of copper tailing yard and their characters

综合优势比/%	主要群落类型	种数	平均盖度/%	Simpson 指数	Shannon-Wiener 指数	均匀度指数	优势植物
铜官山尾矿库	节节草+白茅群落	14	80	0.342	1.282	0.337	节节草（*Hippochaete ramosissimwn*）、白茅[*Imperata cylindrical*（Linn.）Beauv.]
	芦苇群落	6	50	0.209	0.680	0.263	芦苇（*Phragmitas communis* Trini）、唐菖蒲（*Gladiolus gandavensis* Vaniot Houtt）
	狗牙根+白茅群落	4	40	0.163	0.483	0.242	狗牙根（*Cynodon dactylon*）、白茅[*Imperata cylindrical*（Linn.）Beauv.]
狮子山尾矿库	节节草+白茅群落	8	75	0.732	2.141	0.714	节节草（*Hippochaete ramosissimwn*）、白茅[*Imperata cylindrical*（Linn.）Beauv.]、狗牙根（*Cynodon dactylon*）
	狗牙根群落	12	85	0.689	2.310	0.644	白茅[*Imperata cylindrical*（Linn.）Beauv.]、狗牙根（*Cynodon dactylon*）、一年蓬[*Erigeron annuus*（L.）]
	中华胡枝子+一年蓬群落	28	80	0.739	2.981	0.620	中华胡枝子（*Lespedeza chinensis* G. Don）、一年蓬[*Erigeron annuus*（L.）]、白茅[*Imperata cylindrical*（Linn.）Beauv.]、狗牙根（*Cynodon dactylon*）
	天蓝苜蓿群落	10	75	0.796	2.591	0.780	天蓝苜蓿（*Medicago lupulina* L.）、一年蓬[*Erigeron annuus*（L.）]、白茅[*Imperata cylindrical*（Linn.）Beauv.]
	一年蓬群落	10	65	0.758	2.494	0.751	中华胡枝子（*Lespedeza chinensis* G. Don）、一年蓬[*Erigeron annuus*（L.）]、白茅[*Imperata cylindrical*（Linn.）Beauv.]、狗牙根（*Cynodon dactylon*）
五公尾矿库	白茅+芦苇+一年蓬群落	25	95	0.736	2.934	0.632	白茅[*Imperata cylindrical*（Linn.）Beauv.]、芦苇（*Phragmitas communis* Trini）、一年蓬[*Erigeron annuus*（L.）]、狗牙根（*Cynodon dactylon*）
	白茅+狗牙根	2	90	0.499	0.998	0.998	白茅[*Imperata cylindrical*（Linn.）Beauv.]、狗牙根（*Cynodon dactylon*）
	狗牙根+白茅+一年蓬	3	85	0.577	1.347	0.850	狗牙根（*Cynodon dactylon*）、白茅[*Imperata cylindrical*（Linn.）Beauv.]、一年蓬[*Erigeron annuus*（L.）]
	白茅+三叶草+狗牙根群落	5	80	0.616	1.623	0.700	狗牙根（*Cynodon dactylon*）、白茅[*Imperata cylindrical*（Linn.）Beauv.]、三叶草（*Trifolium repens* L.）
	天蓝苜蓿+三叶草	4	85	0.590	1.457	0.728	天蓝苜蓿（*Medicago lupulina* L.）、三叶草（*Trifolium repens* L.）
	小飞蓬+一年蓬群落	7	65	0.694	2.062	0.734	小飞蓬、一年蓬[*Erigeron annuus*（L.）]、白茅、[*Imperata cylindrical*（Linn.）Beauv.] 狗牙根（*Cynodon dactylon*）

（王友保等，2004）

三、重金属矿区植物多样性特征

重金属具有很高的生物毒性，通过一系列长期物理化学作用，以多种形态驻留在环境中，导致环境恶化，并通过污染土壤进入植物体内，在一定程度上改变生态系统的植被群落结构，导致植物物种多样性降低，对生态系统造成极大的威胁。由于矿区长期开采，原生植被常绿阔叶林已被破坏，逐渐形成次生灌丛，绝大多数植物类群零星生长，植物种类稀少，植物物种多样性明显减少。因此，矿区植物物种多样性的研究对重金属的污染状况起到科学的预警和指示作用。

有些重金属元素虽然是植物生长所必需的微量营养元素，但高浓度的重金属离子对植物普遍具有强毒性，阻滞植物生长发育，甚至对植物造成危害，在一定程度上对植物物种多样性造成威胁（Banach et al.，2009）。在恶劣的生境条件下，经过长期的自然演变与进化，植物会采取相应的措施来避免土壤中重金属的伤害。由于不同植物对重金属的抗性不同，同一物种对不同重金属的抗性也存在很大差异，因此，不同目、科的植物在重金属污染土壤的分布存在很大差异（郑进等，2009）。高静（2012）对金昌市的老尾矿坝、露天矿和新尾矿坝进行植物物种多样性实地调查，发现种类较多的植物有禾本科、菊科、蒺藜科、藜科和柽柳科，其中禾本科、菊科和柽柳科植物的种子较小，生长快、耐贫瘠，且它们的种子主要靠风媒传播，具有较强迁移能力，易于在矿区上定居。蒺藜科和藜科具有对极端生境的耐性而得以在矿区生存。四川彭州铜尾矿自然定居的高等植物共 91 种，隶属 38 科 79 属，以菊科和禾本科植物为主（路畅等，2010）。铜绿山古铜矿以禾本科和菊科的植物居多（Bech et al.，2012）。在广西融安泗顶铅锌矿区，生长旺盛、数量较多的优势植物有禾本科的白茅[*Imperata cylindrical*（Linn.）Beauv.]、芦苇（*Phragmitas communis* Trini）、五节芒（*Miscanthus loridulus*），菊科的蒲公英（*Taraxacum mongolicum*）和胜红蓟（*Ageratum conyzoides* L.）等（高扬，2010）。矿区重金属污染对土壤的环境长期造成干扰，一些敏感的植物种类会减少甚至消失，而一些抗性较强的物种则可保留下来，引起整个群落优势种类发生变化，进而改变整个区域植物群落的结构和组成（Yang et al.，2004）。在新尾矿废弃地的植物较多，并且多以集群分布，其优势植物有牛尾蒿（*Artemisia roxburghiana* Bess）、梭梭[*Haloxylon ammodendron*（C. A. Mey.）Bunge]、琵琶柴[*Reaumuria songonica*（Pall）Maxim]、砂蓝刺头（*Echinops gmelini* Turcz）、中亚紫菀木（*Asterothamnus centrali-asiaticus*）、矮锦鸡儿（*Caragana pygmaea* Linn）、蝎虎驼蹄瓣（*Zygophyllum mucronatum*）和猪毛蒿（*Artemisia scoparia* Waldst. et Kitam.）。老尾矿坝长期受到重金属干扰，植物多以斑块生境分布，群落优势物种为泡泡刺（*Nitraria sphaerocarpa* Maxim）、梭梭[*Haloxylon ammodendron*（C. A. Mey.）Bunge]、中亚紫菀木（*Asterothamnus centrali-asiaticus*）、骆驼蓬（*Peganum harmala* L.）、萹蓄（*Polygonum aviculare* L.）和沙柳（*Salix psammophila*）。露天矿因重金属污染严重，植被稀疏，自然定居植物较少，种类组成较为简单，多以草本植物为主离散分布，优势物种为梭梭[*Haloxylon ammodendron*（C. A. Mey.）Bunge]、芨芨草（*Achnatherum splendens*）、中亚紫菀木（*Asterothamnus centrali-asiaticus*）、高山豆［*Tibetia himalaica*（Baker）Tsui］和稗草（*Echinochloa crusgalli*）（高静，2012）。植物群落的物种多样性是评价一个群落稳定性和组成结构的重要指标，物种均匀度可反映植物群落物种分布的均匀程度，两者结合起来在一定程度上可反映重金属等对植物群落的胁迫和干扰（Küpper et al.，2007）。土壤中重金属含量过高不仅引起土质退化、营养元素缺乏和土壤物理性质变差，而且极大地破坏生态景观和降低植物物种的多样性（Tang et al.，2009）。植物物种的多样性会随着重金属污染的加剧显著降低（MacDonald et al.，2007），对植物物种多样性指数与重金属生态风险指数相关性分析发现，矿区周边的植物物种多样性指数高，表明受到的重金属污染较轻，而植物物种多样性和均匀度都比较低，则表明当地的污染已经对植物群落造成严重的干扰（高静，2012）。

秦建桥等（2009）研究了大宝山矿区的水土环境与植物多样性的关系，发现植物多样性与有机质、有效磷、碱解氮含量显著正相关，与重金属含量（Cd、Cu 和 Zn）显著负相关，重金属含量不仅引起生物多样性的变化，而且是植物群落分布和演替的重要影响因素，因此在不同尾矿库的环境梯度上，土壤因子中有机质、有效磷、碱解氮及重金属含量（Cd、Cu 和 Zn）的变化能在一定程度上反映物种多样性的变化。同时，植物能够影响土壤许多性质，如酸度和有效养分，而这些性质对植物的生存和生长有重要意义（李国庆等，2008）。虽然大宝山金属矿山开采后形成的尾矿库中金属离子浓度很高，大大超过了植物对这种离子浓度的耐受阈值，一般的植物很难在此自然定居繁衍，但由于自然选择的原因，一些禾本科、菊科和豆科的植物逐渐适应尾矿库的特殊生境，具有耐干旱、贫瘠和重金属胁迫等优点，能够形成优势群落，对尾矿库植被的重建和土壤改良有很大意义。

对衡阳水口山铅锌矿废弃地植物群落植物盖度、物种多样性进行了分析（表 9-2）。从物种数和植被盖度来看，各采样点之间没有显著差异。康家湾采选地与尾沙坝边缘地之间在植物物种多样性 4 个指数是不存在差异的，这两个采样点在物种丰富度指数 *R*、多样性指数 *D* 上与冶炼厂之间存在显著差异，在均匀度指数 *E*、多样性指数 *H* 上与冶炼厂之间存在显著差异。均匀度指数 *E* 大小顺序为：废弃农田＞尾沙坝边缘地＞康家湾采选地＞冶炼厂。物种丰富度指数 *R* 大小顺序为：冶炼厂＞康家湾采选地＞尾沙坝边缘地＞废弃农田。多样性指数 *H*、*D* 的大小顺序都为：冶炼厂＞尾沙坝边缘地＞康家湾采选地＞废弃农田，其中冶炼厂最大（李贵等，2014）。

表 9-2 各采样点植物盖度及物种多样性比较

Table 9-2 The plant coverage and species diversity at each sampling

采样点	群落类型	物种数	盖度/%	*R*	*E*	*H*	*D*
冶炼厂	野葱+丝茅+狗牙根	18a	80～90a	1.478b	0.417a	1.101b	13.610b
康家湾采选地	高羊茅+蕨	19a	75～85a	0.923a	0.290a	0.845a	8.475a
尾砂坝边缘地	高羊茅+丝茅	25a	80～85a	0.813a	0.435a	0.846a	6.535a
废弃农田	狗尾巴草+苎麻	24a	75～80a	0.779a	0.666b	0.710a	5.581a

注：*R* 表示物种丰富度指数，*H* 表示 Shannon-Wiener 多样性指数，*D* 表示 Simpson 多样性指数，*E* 表示 Simpson 均匀度指数

（李贵等，2014）

四、重金属矿区植被生态系统特征

矿区废弃地作为被人类深度扰动而高度退化的生态系统，环境污染突出，生态恶化

严重，对区域生态环境造成持续的不良影响，极易形成人为因素造成的生态脆弱区。对矿区废弃地的修复和治理是国际生态保护的重要领域，也是我国政府重点关注的生态环境问题。下面分析了矿区废弃地所处的矿区复合生态系统及生态环境特征。

矿区废弃地属于退化生态系统。生态系统的动态发展，在于其结构的演替变化。正常的生态系统是在生物群落与自然环境取得平衡位置上作一定范围的波动，从而达到一种动态平衡状态。但是，生态系统的结构和功能若在外界干扰的作用下可能打破原有生态系统的平衡状态，使系统的结构和功能发生变化和障碍，形成破坏性波动或恶性循环，这样的生态系统称为受害生态系统或退化生态系统。

（1）矿区废弃地土壤特征

矿区废弃地土壤具有以下特点：营养元素如有效 P、有机质等含量低，土壤 N 的矿化速率很低，土壤结构差，底层土壤紧密，水分保持能力差（Singh et al.，2004）。矿区废弃地在土壤退化的同时，还伴随着有害物质污染，特别是土壤表层的重金属污染较为严重。正因为矿区废弃地土壤的贫瘠化、酸化、重金属污染化，从而导致了整个生态系统的退化（束文圣等，1997；Rdodriguez et al.，2009）。另外，矿区废弃地土壤酸化会大大提高土壤中重金属的移动性，酸化行为可能是提高土壤重金属移动性的最重要的因子。如铅锌矿区废弃地土壤的酸化导致矿区废弃地表土中重金属危害性增强（Zhang et al.，2001）。

（2）矿区废弃地植被分布特征

矿区废弃地植物群落物种较单一，多样性低，结构简单。矿区废弃地经过一段时间废弃后，一些耐性较强的植物种出现，即先锋植物。这些植物一般都是耐性草本植物，甚至是超积累植物。对安徽铜陵狮子山铜矿区废弃地的植被调查结果表明，在矿区废弃地定居的植物共有 49 个种，这些植物大多为草本，其中禾本科植物 1 种，菊科植物 12 种，豆科植物 8 种（李影等，2003）；广西荔浦锰矿废弃地的植被调查显示，植物有 32 个种，属 31 个属，18 个科（张学洪等，2006a）；李斌等调查分析了冷水江锑矿区植物群落特征，发现整个区域不见乔木群落，灌木群落仅在小范围内零星分布，且种类较为单一，说明该区域的自然演替进程十分缓慢，群落结构按照离冶炼厂的距离递增的顺序由简单变复杂，草本层为锑矿废弃地的优势层，物种组成较为丰富，共 22 科 25 属 32 种，耐干旱贫瘠的禾本科草本植物占绝对优势（李斌等，2010）。

（3）矿区废弃地小气候环境特征

小气候是指因下垫面性质不同，或人类和生物的活动所造成的小范围内的气候。在一个地区的每一块地方（如农田等）都要受到该地区整体气候条件的影响，同时因下垫面性质不同、热状况各异，又有人的活动等，就会形成小范围特殊性的局部气候状况，小气候中的温度、湿度、光照、通风等条件，由于矿区废弃地上植被覆盖率很低，许多地表裸露土壤，因此对光的反射强，导致近地面温度较高，易干旱（雷冬梅等，2010）。

（4）水土流失特征

我国矿山大多地处干旱、半干旱丘陵山区，雨季常引发洪流，大量土壤被冲蚀，水土流失严重。而矿山开采直接破坏地表植被，露天矿坑和井工矿抽排地下水使矿区地下水位大幅度下降，造成土地贫瘠、植被退化，最终导致矿区大面积人工裸地的形成，极易被雨水冲刷；由于挖掘和排土场尾矿占地，形成地面的起伏及沟槽的分布，增加了地表水的流速，使水土更易移动、坡面冲刷强度加大；而新移动的岩土在风雨作用下极易风化成岩屑，则为水土流失提供了丰富的物质来源。因此，矿山开采往往导致水土流失的加剧。据不完全统计，生态脆弱的中西部矿区每年增加水土流失面积 0.2 万 hm^2（彭建等，2005）。

（5）其他典型特征

矿区景观破碎化。采矿活动包括露天开采和地下开采都会造成地表景观的改变。露天开采砍伐树木，剥离表土，挖损土地，破坏地被及堆放尾矿、煤矸石、粉煤灰和冶炼渣；地下开采造成采空区，导致地表沉陷，引发地貌和景观生态的改变，直接影响景观的环境服务功能。采矿活动破坏一些地区的原生生境，如作为物种源的大型植被破碎为一些小型的残遗斑块，影响林地的功能发挥，造成生物迁徙受到阻隔。乡土植物群落受到破坏，植被急剧发生逆向的演替过程。野生物种如鸟类栖息数量和种类减少，造成生物多样性降低。

第二节　重金属矿区废弃地植被恢复中的地表整形和土壤改良

重金属矿区废弃地植被恢复大致可分为两类技术体系。一是环境要素（包括土地、土壤、水资源、大气等）的重建和利用技术；二是生物要素（包括物种、种群和群落等）的恢复、再生技术。而其中的地表整形措施和土壤改良措施主要针对环境要素的重建和利用而言。其主要目的是为后续的生态恢复奠定基础，也是重金属矿区废弃地复垦的最终目标之一。

一、地表整形措施

地表整形措施指对土地地形地貌的整理，以适于农业开发。主要包括：梯田法复垦技术、疏排法复垦技术、挖深垫浅法复垦技术、充填复垦技术。

1. 梯田法复垦技术

对于采后造成地形有一定落差的采坑宜通过梯田法复垦技术改成陡坎型的梯田。即沿等高线平整矿区塌陷土地，改造成环形宽条带水平梯田或梯田绿化带，一般适用于潜水位较低的沉陷区、积水沉陷区的边坡地带、井工矿矸石山、露天矿剥离物堆放场等。

通过清理、平整、覆土，建成能种植粮食、蔬菜、果树、药材等农作物和经济作物的耕地，还可建成用材林、经济林、风景林等林业用地。在塌陷坑、塌陷槽的边坡地带，具体方法是将塌陷坑内的熟土取出，通过梯田法复垦技术将边坡沿等高线改成梯田，再将原先取出的熟土覆盖整平，土地复垦后可用作耕地、林地、草地，回填后若用于种植，要注意重构合理的土壤结构，建造有利于作物生长的土壤环境。

2. 疏排法复垦技术

疏排法复垦即在地面标高高于外河水位的沉陷区，通过强排或自排的方式疏干积水后复垦。一般适用于我国东部河湖水系发达地区。该技术的关键在于疏排水方案的选择及排水系统的设计，并需重点防洪、除涝和降渍；疏排法复垦要建立合理的排水系统，选择承泄区排除塌陷区内积水和降低地下潜水位，以达到防洪、除涝、降渍的目的。卞正富和张国良（1996）系统总结了疏排法复垦的技术原理及适用条件，研究了疏排法复垦农田最低标高的确定方法，结合铜山县采煤沉陷地复垦实践，提出了整修堤坝、分洪、分片排涝、排蓄灌结合等技术方法。并提出疏排法复垦的关键工程措施和配套工程措施。

3. 挖深垫浅法复垦技术

即将积水沉陷区下沉较大的区域再挖深，形成水塘，用于养鱼、栽藕或蓄水灌溉，再用挖出的泥土垫高开采下沉较小地区，达到自然标高，经适当平整后作为耕地或其他用地，从而实现水产养殖和农业种植并举的目的，一般适用于局部或季节性积水的塌陷区。胡振琪等（2001）结合皖北煤电公司土地复垦实践，提出了一种新型沉陷地复垦技术——拖式铲运机复垦技术，并研究了其技术特点和施工工艺及应用条件。与其他复垦工艺相比，拖式铲运机复垦技术具有速度快、效率高、工期短的优点，在土地复垦过程中发挥出明显的时间效益和经济效益。

4. 充填复垦技术

（1）泥浆泵充填复垦技术

即模拟自然水流冲刷原理，运用水力挖塘机组将塌陷地低洼处的沙土冲成泥浆，然后用泥浆泵抽进要平整的地域内，沉淀后成为耕地，主要适用于常年积水且洼地多沙质良土的沉陷区，由于该技术从本质上讲是一类特殊的挖深垫浅法复垦技术，故也被称作泥浆泵挖深垫浅复垦技术（杨华，2011）。

（2）煤矸石充填复垦技术

煤矸石是煤炭生产的主要副产品，是矿区最主要的环境危害之一，煤矸石的堆放占用大量土地，同时可能引起土壤污染和大气污染等危害。目前其主要利用方式是充填塌陷地，充填后可以直接用于建筑用地，也可以覆土后用于农业生产。

（3）河湖淤泥充填复垦技术

如果塌陷区靠近河流湖泊，可以利用淤泥充填，其方法简单，但受到条件限制较大，另外淤泥一般比较重，复垦土壤的质地较细，容重较大，对农业生产有较大的限制。

（4）垃圾充填复垦技术

由于前面几种充填方式往往受到充填材料来源的限制，其局限性较大，垃圾量大而广，可以解决上述问题，因此垃圾是充填塌陷区较为理想的材料，但在充填前需要对垃圾进行相应的处理。

二、土壤改良措施

土壤培肥改良技术是对土壤团粒结构、pH 等理化性质的改良及土壤养分、有机质等营养状况的改善，具体包括表土覆盖、土壤理化性状改良、土壤营养状况改良、添加改良剂改良土壤等技术措施。

1. 表土覆盖

土壤是生态系统的基质与生物多样性的载体。因此，恢复过程中首先要解决的问题是如何将废渣或心土所形成的恶劣基质转变成植物能够生长的土壤。表土覆盖是一种常用且最为有效的措施。表土覆盖包括原地表土覆盖和客土覆盖。在原地表土土层较厚的情况下，在采矿前先把表层（30 cm）及亚表层（30～60 cm）土壤取走并加以保存，待工程结束后再放回原处。这样虽破坏了植被，但土壤的物理性质、营养条件与种子库基本保持原样，本土植物能迅速定居。该技术的关键在于表土的剥离、保存和复原，应尽量减少对土壤结构的破坏和养分的流失。客土覆盖是在原地表土土层较薄时，可采用异地熟土覆盖，直接固定地表土层，并对土壤理化特性进行改良，特别是引进氮素、微生物和植物种子，为矿区重建植被提供了有利条件。该技术的关键在于寻找土源和确定覆盖的厚度，土源应尽量在当地解决，也可考虑利用城市生活垃圾、污水污泥等。

在无表土覆盖的矿地，生物多样性的恢复速度受到抑制（Holmes and Richardson，1999），要想在短期内将无表土覆盖的矿区实施生态恢复非常困难。表土是当地物种的重要种子库，它为植被恢复提供了重要种源，利用土壤种子库技术进行植被恢复具有成本较低、可提高群落物种多样性的特点，因而，该技术在矿山植被恢复实践中受到人们的普遍重视（张志权等，2000）；束文圣等（2003）对采石场废弃地土壤种子库的研究也认为，种源少是影响当地植被恢复的重要因素，要尽快恢复植被需要引入种源。刘文胜等（2013）通过野外调查与室内萌发实验相结合的方法，研究了兰坪铅锌矿区 5 种不同群落的土壤种子库状况，研究结果显示，相比次生群落，尾矿起源的各群落种子库种类、储量均较低，因此植被恢复受到种源的限制，为尽快恢复植被，有必要从周围次生植被中引进种源及覆盖土壤。并发现高山栎灌丛土壤种子库储量及物种多样性均较丰富，在兰坪铅锌矿区植被恢复实践中，可采集该灌丛表层土壤，覆盖在尾矿表面，以加速植被恢复（表 9-3）。从表层土壤的种子密度垂直分布看，5 个群落土壤种子库平均密度大小顺序均为上层＞中层＞下层（图 9-2），上层土壤种子平均密度明显高于下层，越接近表层种子密度越高，说明表层土能提供很好的种子资源。

Holmes 和 Richardson（1999）研究发现，即使是采取人工播种措施，表土的种子库也能提供 60%的矿地恢复物种，经过三年的恢复后，这一比例上升至 70%。回填表土除了提供土壤贮藏的种子库外，也保证了根区土壤的高质量，包括良好的土壤结构，较高的养分与水分含量等，并包含有比心土多得多的参与养分循环的微生物与微小动物群落（Bell，2001）。

另外，表土覆盖的厚度一直是研究人员关注的一个研究课题，覆土太厚无疑会使工作量成倍增加，太浅可能又起不到好的效果。Barth（1998）认为，覆土越厚越好，这样可避免根系穿透薄薄的表土层而扎进有毒的矿土中，Holmes（2001）的研究表明，覆盖 10 cm 厚的表土能使植物的盖度从 20%上升至 75%，覆盖 30 cm 则上升到 90%；但这两个深度的表土对提高植物密度没有明显差异，甚至在播种 18 个月后，浅表土（10 cm）比深表土（30 cm）有更高的植物密度。Redente 等（1997）在一个煤矿地比较了 4 个厚度（15 cm、30 cm、45 cm 和 60 cm）的表土后，发现覆盖 15 cm 就足以获得令人满意的恢复效果。由此看来，表土层的覆盖没有必要太厚，10～15 cm 就可能产生较好效果。同时，覆土的厚度还应考虑恢复的植被类型，草本植物根系浅，覆土厚度要求较浅，而木本植物则要求较厚。但也有研究发现，较深的表土覆盖形成以禾草为主的植被类型，而浅表土则以非禾本科与灌丛类型为主（Redente et al.，1997；Sydnor and Redente，2000）。无论所形成的植被如何，回填表土所产生的改土效果与恢复效果都是非常明显的，因此，只要有可能，在采矿前就应将表土挖掘放在一边，采矿结束后再尽快覆上。如果原地表土无法保留，也可采用客土法，即将别处的表土挖来覆上。

表土回填或客土覆盖措施也存在以下问题：①表土与心土或与矿渣之间存在一障碍层，它对根冠的发育会有一定的阻碍；②工作量巨大，特别是客土法，可能要从远处将土运来，当矿地面积较大时，无论是表土或客土覆盖几乎都难以实现；③有些矿区的采矿时间过长，可能会使得堆置一旁的表土丧失原有的特性，因为表土堆放的时间越长，土壤的优良性状与养分就会损失越多，土体内植物繁殖体的死亡率也越高，结果就可能导致表土失去回填价值；④如果表土是覆盖在有一定坡度的矿山上，由于质地不连续性与层次的松散性，有可能导致由降雨引起的滑坡；⑤掩埋在表土下的盐分与重金属等有害物质有可能通过土壤毛细管作用上升到表土层甚至地表，继续产生危害（夏汉平和蔡锡安，2002）。

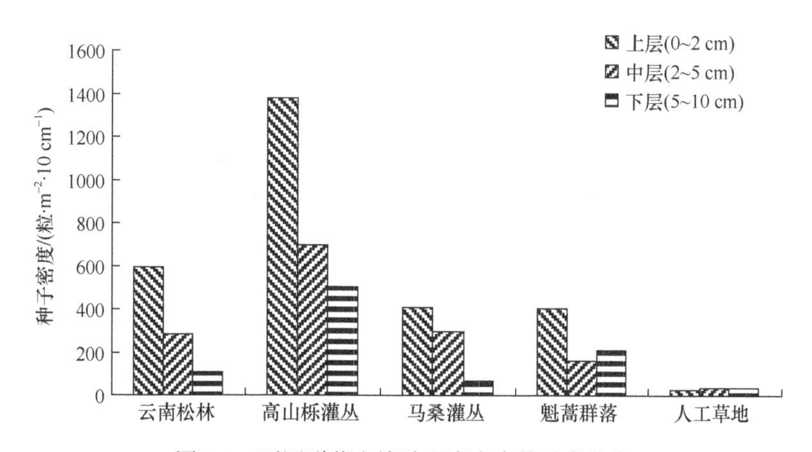

图 9-2　不同群落土壤种子库密度的垂直分布

Figure 9-2　Vertical distribution of soil seed banks from different communities

（刘文胜等，2013）

表 9-3 5个不同群落土壤种子库物种多样性及储量

Table 9-3 Comparisons of species diversity and seed density of soil seed banks from the 5 communities

群落名称	科	属	种	H'	D	d	种子库储量/（粒·m^{-2}·10 cm^{-1}）	优势科
云南松林	26	49	54	2.92	0.91	7.69	4 950 ± 3 920	菊科、蔷薇科、禾本科
高山栎灌丛	25	58	65	2.84	0.89	8.27	12 885 ± 10 605	菊科、蔷薇科、禾本科
马桑灌丛	15	18	20	1.58	0.69	3.32	2 055 ± 3 660	菊科、紫草科、禾本科
魁蒿群落	11	18	21	2.42	0.89	3.00	3 890 ± 5 450	菊科、十字花科、禾本科
人工草地	10	14	15	2.09	0.83	3.26	495 ± 495	菊科、豆科、禾本科

注：采用丰富度指数（d）、Shannon-Wiener 指数（H'）、Simpson 指数（D）

（刘文胜等，2013）

2. 土壤理化性状改良

由于表土覆盖的局限性及高成本，土壤理化性状改良是人们寻找到的其他更简易、廉价且有效的土壤改良措施。土壤理化性状改良包括：土壤物理性状改良和土壤 pH 改良等，土壤物理性状改良的目标是提高土壤孔隙度、降低土壤容重、改善土壤结构。短期内可采用犁地和施用农家肥等方法，深耕则能有效解除土壤压实，而植被覆盖是提高土壤孔隙度、降低土壤容重、改善土壤结构的永久性方法。此外，粉煤灰可以变重土和轻沙土为中间结构土壤，增加土层保水能力和孔隙度；降雨能有效地淋浸出土壤中的盐分，覆盖有机物料、修筑梯田可增加对土壤的淋漓效果，是土壤物理性状改良常用的方法。

针对矿区土壤重金属污染主要与土壤的 pH 和重金属有效性密切相关的问题，主要开展了通过调节土壤 pH 和降低重金属有效性方面的研究。在调节 pH 方面，传统的办法是施用石灰。但是，这一改良措施可能只在一段时间内有效，原因是所加入的石灰量通常是从土壤的有效酸度计算出来的，并没有考虑潜在酸度和未风化的硫铁矿的进一步氧化，而且硫铁矿的氧化并不会因为酸度升高而停止，特别是非微生物因子所引起的氧化还会随 pH 升高而增加（夏汉平和蔡锡安，2002）。

但在 pH 过低或产酸较久时，宜少量多次施用碳酸氢盐或石灰，也可施用磷矿粉，既提高土壤肥力，又能在较长时间内控制土壤 pH。炼铬厂废弃物和粉煤灰一般呈碱性，可采用硫磺、氯化钙、石膏和硫酸等酸性试剂进行中和改良（彭建等，2005）。

陈家栋（2012）以粪肥和熟石灰占土壤总量的质量分数设计了 10 组土壤改良方案，分别设置粪肥为 20 g·kg^{-1}，30 g·kg^{-1}，40 g·kg^{-1}；熟石灰为 5 g·kg^{-1}，10 g·kg^{-1}，15 g·kg^{-1}，并同时设置空白试验。对各方案改良后土壤进行土壤理化性质各项指标的分析（表 9-4）发现，经过土壤改良，土壤 pH 从 2.48 逐渐转为弱酸性至中性至弱碱性。熟石灰添加含量达到 10 g·kg^{-1} 时，土壤 pH 趋近于中性，最为适宜植物生长，若继续添加则会导致过量，使得 pH 高于 7，最高达 8.16，可能会影响植物生长；土壤容重比矿区原土壤降低，且表现为添加的改良剂越多，容重下降越明显；土壤最大持水量随着改良剂的添加明显增加，其中方案 4，由 39.17%增长到 51.33%；土壤最小持水量随着改良剂的添加显著增加，方案 8 的土壤最小持水量由 19.32%增长到 33.50%；土壤黏粒含量随着改良剂的添加显著增加，改良结果中黏粒含量增长最多的是方案 7，由 281.8 g·kg^{-1} 增长到 396.1 g·kg^{-1}。

改良剂显著提升了矿区土壤的物理性状，土壤孔隙度增加，土壤黏粒增多，同时土壤的持水性能有了显著的增强，使其更加适宜植物生长和固持水土。

表 9-4　各改良方案培养后的土壤物理性质

Table 9-4　Soil physical properties after different treatments

方案	熟石灰/（$g \cdot kg^{-1}$）	粪肥/（$g \cdot kg^{-1}$）	pH	容重/（$g \cdot cm^{-3}$）	最大持水量/%	最小持水量/%	黏粒/（$g \cdot kg^{-1}$）
1	0	0	2.48	1.35	39.17	19.32	281.8
2	5	20	4.76	1.28	37.82	31.07	315.9
3	5	30	5.12	1.28	37.49	33.92	359.7
4	5	40	4.82	1.15	51.33	31.58	373.6
5	10	20	6.78	1.19	45.55	32.62	333.2
6	10	30	6.75	1.10	42.25	33.23	341.5
7	10	40	7.02	1.15	43.66	31.14	396.1
8	15	20	8.16	1.26	44.36	33.50	375.2
9	15	30	7.75	1.23	44.91	33.28	364.4
10	15	40	7.57	1.17	46.98	32.12	335.2

（陈家栋，2012）

郭晓敏等（2013）研究了桉树人工林地的土壤理化性质，桉树林地土壤容重、总孔隙度存在差异，不同土层土壤容重也存在差异。水分通过非毛管空隙进入土壤中，然后被土壤吸持固定。非毛管空隙所占的比例越大，降雨时进入土壤的雨水越多，有利于保持水土，减少径流量。从表 9-5 可以看出，非毛管空隙最小的为对照裸地，由于对照地无植被覆盖，在强度侵蚀的情况下，表层土壤受到降雨的强烈冲击，土壤中非毛管空隙被细小的颗粒堵塞，导致非毛管空隙度下降。非毛管空隙最大出现在一年生萌芽林样地，随着植被恢复年限的增加，土壤的结构得到了改善，减少颗粒堵塞空隙的可能性，各样地的土壤容重相差不大，其中，一年生萌芽林样地土壤较为疏松，容重最小，与孔隙度的规律相反。土壤容重和孔隙度大小会影响土壤入渗过程的速度和强弱，从而对土壤地表径流量产生影响。

表 9-5　桉树林地土壤容重和孔隙度状况

Table 9-5　The soil bulk density and porosity of eucalyptus forest

林地	土层深度/cm	容重/（$g \cdot cm^{-3}$）	非毛管空隙度/%	毛管空隙度/%	总孔隙度/%
一年生桉树	0～20	1.43	17.91	22.85	40.76
	20～40	1.41	19.15	26.91	46.06
两年生桉树	0～20	1.45	16 .55	20.11	36.66
	20～40	1.41	18.57	20. 89	39. 46
一年生萌芽林	0～20	1. 24	22.94	19.95	42. 89
	20～40	1. 35	20.91	1 8.95	39. 86
对照裸地	0～20	1.42	12.01	23. 58	35. 59
	20～40	1.45	14.58	22.34	36 .92

（郭晓敏等，2013）

3. 土壤营养状况改良

土壤营养状况改良主要包括以下 5 类改良物：①化学肥料。肥料的合理施用是矿区复垦增产的有效措施。矿地恢复初期，施肥能显著提高植被的覆盖度，特别是在无表土覆盖的矿地，但化肥的效果只是短期的，停止施肥后，植被覆盖度、物种数和生物量都会显著下降。②有机废弃物。由于污水污泥、生活垃圾、泥炭及动物粪便等有机废弃物的分解能缓慢释放出氮素等养分物质，可满足植物对养分持续吸收的需要；有机物质还是良好的胶结剂，能使土地快速形成结构，增加土壤持水保肥能力。虽然有机废弃物中存在重金属和毒性有机物，但可采用污染源控制、化学浸提法与微生物淋滤法、堆沤等措施予以处理（莫测辉等，2001）。因此，有机废弃物已成为当前矿区土壤基质改良的主要手段。③固氮植物。利用生物固氮（主要是豆科植物），是经济效益与生态效益俱佳的改良方法。生物固氮在重金属含量较低的废弃地上潜力很大，但对于具较高重金属毒性的废弃地，必须采用相应的工程措施解除重金属毒性，才能保证成功结瘤与固氮。④绿肥。绿肥提高土壤养分肥力水平的作用相当于 10 年以上的培肥功能（林大仪等，1993），绿肥多为豆科植物，根系发达，生长迅速，适应性强，含有丰富的有机质和氮、磷、钾等营养元素，可为后茬作物提供各种有效养分，改善土壤理化性状。⑤微生物。微生物具有迅速熟化土壤、固定空气中的氮素、参与养分转化、促进作物吸收养分、分泌激素刺激作物根系发育、改进土壤结构、减少重金属毒害及提高植物的抗逆性等功能。利用微生物的分解特性，采用菌根技术快速熟化和改良土壤，恢复土壤肥力的活性，在矿区土地复垦中受到越来越多的重视，已成为世界各国复垦研究的热点（彭建等，2005）。

Ye 等（2001）观测到，每公顷施用 80 t 以上的石灰配合施用 100 t 有机肥，不仅显著降低土壤酸度、电导率和 Pb、Zn 的有效性，而且有效促进植物萌发，并使生物量大大增加。但是化肥的效果则是短期的，停止施肥后，覆盖度、物种数和生物量都会下降。肥料主要是在前期有效，当植物特别是以豆科为主的植被形成之后，就不需再施肥。房辉和曹敏（2009）在对云南会泽废弃铅锌矿的研究中发现，有机肥能够固定土壤中多种重金属以降低土壤重金属污染，同时能改善土壤养分含量，可以促进植物生长并提高其抗逆性，因而在矿渣上覆盖表土和增施有机肥，是对矿渣废弃地进行植被恢复的一条有效途径。在研究区调查发现，有一部分废弃炼矿遗址经当地农民以客土覆盖或混合稀释和增施有机肥等措施简单改造后复垦作为耕地使用。经过改造的土壤，其总重金属含量比未经改造的低 14.3%～34.2%，可溶性重金属含量比未经改造的低 97.3%～204.2%。

陈家栋（2012）的土壤改良方案对土壤化学性质影响的分析结果见表 9-6。粪肥的添加使得土壤有机质含量提高，当粪肥添加到 20 $g\cdot kg^{-1}$ 时，土壤中有机质含量增长了 4 倍。土壤水解性氮含量随着改良增加而增加，最佳改良效果为方案 10，由原始土壤的 34.21 $mg\cdot kg^{-1}$ 增长到 154.23 $mg\cdot kg^{-1}$。土壤全氮含量随着改良剂添加逐渐增加，最佳改良效果同样为方案 10，由原始土壤的 0.94 $g\cdot kg^{-1}$ 增长到 1.92 $g\cdot kg^{-1}$。土壤磷变化与氮基本一致，有效磷改良效果最好的为方案 8，由 8.08 $mg\cdot kg^{-1}$ 增长到 48.58 $mg\cdot kg^{-1}$，土壤全磷含量增长最多的为方案 7，由 0.24 $g\cdot kg^{-1}$ 增长到 0.92 $g\cdot kg^{-1}$。

表 9-6　各改良方案培养后的土壤化学性质

Table 9-6　Soil chemical properties after different treatments

方案	熟石灰/ ($g·kg^{-1}$)	粪肥/ ($g·kg^{-1}$)	pH	有机质/ ($g·kg^{-1}$)	水解性氮/ ($mg·kg^{-1}$)	全氮/ ($g·kg^{-1}$)	有效磷/ ($mg·kg^{-1}$)	全磷/ ($g·kg^{-1}$)
1	0	0	2.48	4.5	34.21	0.94	8.08	0.24
2	5	20	4.76	7.2	34.84	1.04	20.49	0.43
3	5	30	5.12	13.5	41.23	1.54	18.31	0.48
4	5	40	4.82	18.8	102.20	1.84	39.82	0.54
5	10	20	6.78	7.8	74.04	1.06	8.46	0.27
6	10	30	6.75	14.3	74.03	1.09	13.22	0.40
7	10	40	7.02	20.0	89.43	1.23	34.40	0.92
8	15	20	8.16	7.2	57.52	1.02	48.58	0.43
9	15	30	7.75	15.0	138.66	1.55	19.23	0.82
10	15	40	7.57	19.8	154.23	1.92	43.45	0.89

（陈家栋，2012）

城市污泥也是改善矿山废弃地土壤肥力的改良剂之一。发达国家城市污泥在土壤改良中的利用率为 40%～50%。刘国华（2004）介绍了城市污泥在矿山废弃地基质改良中的作用。城市污泥不仅能改良废弃地的理化性质、增加土壤肥力，同时，还能保证植物的生长，达到防止水土流失和改良土壤的目的。并且大大提高了土壤中微生物的数量，有利于提高矿山废弃地微生物的活性，从而利用微生物促进有机物的分解和氮素的矿化作用和硝化作用，提高养分的有效性。

4. 土壤重金属的固定和钝化

添加改良剂来固定和钝化土壤重金属，从而改善植物生长条件，实现重金属污染土壤的修复和重金属矿区的植被恢复是一个可行的途径。采用改良剂对矿区土壤的重金属进行固定和钝化，是降低重金属污染的修复措施之一（Friesl et al.，2003），常用的改良剂有氢氧化钙、碳酸钙、赤泥、有机肥、沸石、污泥、煤灰等（Chaudhuri et al.，2003；Calace et al.，2005；Wǎngstrand et al.，2007）。郝秀珍等（2003）选用蒙脱石、稻草和鸡粪作为尾矿砂的改良剂，研究了蒙脱石、稻草、鸡粪不同改良剂对铜矿尾矿砂与菜园土混合土壤 pH、有效态重金属含量、脲酶和磷酸酶活性，以及混合土壤上种植的黑麦草生长的影响。发现添加蒙脱石对不同生长期黑麦草的生长量没有显著影响；使用稻草和鸡粪处理在开始阶段不利于黑麦草的生长，但随时间延长，黑麦草的生物量明显增加，表现出很好的后效。同时施入蒙脱石与稻草为土壤生物提供了养分和适宜的生长条件，增加了土壤脲酶活性。加入较多的鸡粪处理，也显著增加了脲酶活性。当添加少量鸡粪时，添加蒙脱石可使土壤中有效态重金属的量减少。蒙脱石和沸石改良对黑麦草的地上部生物量没有显著影响，但改变了黑麦草的根重，而施用肥料促进了黑麦草生长。蒙脱石的加入使尾矿砂的有效态锌含量显著降低，但对有效态铜的含量影响不明显；而沸石的加入显著降低了尾矿砂的有效态铜和锌的含量。另外，矿物的加入降低了尾矿砂的 pH，但其变化与尾矿砂重金属有效态含量变化之间无相关性。矿物的加入降低了黑麦草根中的铜锌吸收，但蒙脱石增加了第一茬黑麦草地上部铜锌吸收，对第二茬黑麦草地上部铜锌吸收无影响；而沸石对两茬黑麦草地上部铜锌含量均无显著影响。不同生长期黑麦草对铜锌吸收量有差异，第二茬黑麦草的地上部锌含量明显高于第一茬，而铜含量则变化不大（郝秀珍等，2003）。

邹晓锦等（2008）选取广东省大宝山农耕废弃污染土壤及尾矿坝土壤，采用豌豆盆栽实验，研究了施用石灰石、沸石、粉煤灰改良剂对土壤中 Cd、Cu、Pb 和 Zn 的有效态及土壤 pH 的影响，以及豌豆生物量、豌豆植株内 Cd、Cu、Pb 和 Zn 的含量（表 9-7）。发现除沸石外，其他改良剂处理均能显著提高土壤 pH，与未改良处理的对照土壤相比，改良剂处理能显著降低两种土壤的有效态重金属含量。对于农耕废弃土壤，粉煤灰和石灰石混剂处理对土壤有效态 Cd、Cu 和 Pb 含量降低最为显著，降低量分别达到 75.0%、97.8%和 97.3%；沸石和石灰石混剂处理对土壤有效态 Zn 含量降低效果最显著，降低量为 86.9%。说明，改良剂处理显著降低了土壤有效态重金属含量，改良剂混剂处理对土壤有效态重金属的降低效果优于单剂。

表 9-7　不同改良剂处理后土壤 pH 及有效态重金属含量

Table 9-7　Soil pH and exchangeable heavy metal concentrations in soil

土壤类型	处理	pH	Cd/（$mg \cdot kg^{-1}$）	Cu/（$mg \cdot kg^{-1}$）	Pb/（$mg \cdot kg^{-1}$）	Zn/（$mg \cdot kg^{-1}$）
D	CK	3.62	3.66±1.49	12.36±2.28	52.26±2.92	74.59±16.33
	L	6.64	2.91±0.44	2.23±0.22	21.90±2.61	24.41±1.90
	Z	3.84	1.76±0.07	8.53±1.12	35.59±1.00	33.93±10.48
	L+Z	6.69	1.34±0.88	0.81±0.11	10.23±0.89	9.70±0.86
	F	6.31	1.68±0.19	0.39±0.01	1.91±0.45	14.16±2.02
	L+F	6.76	1.14±0.02	0.27±0.04	1.41±0.18	13.90±3.15
M	CK	2.98	3.90±0.30	19.71±0.43	170.55±7.50	36.05±3.44
	L	7.03	0.50±0.15	4.30±1.87	68.76±23.01	17.08±3.11
	Z	3.34	3.01±0.01	15.29±1.57	143.18±7.38	20.89±2.47
	L+Z	7.05	n.d	n.d	44.22±1.07	8.06±1.22
	F	6.82	n.d	n.d	6.46±0.05	6.03±0.07
	L+F	7.17	n.d	n.d	4.27±0.53	6.47±0.04

注：n.d 表示未检出；CK 为 100%污染土壤，L 为 99.4%污染土壤+0.6%石灰石，Z 为 90%污染土壤+10%沸石，L+Z 为 89.4%污染土壤+0.6%石灰石+10%沸石，F 为 90%污染土壤+10%粉煤灰，L+F 为 89.4%污染土壤+0.6%石灰石+10%粉煤灰

（邹晓锦等，2008）

总之，土壤改良是矿山废弃地生态恢复的最主要问题，各种改良措施在世界各地都比较成功，但由于土壤极差的理化性状、硫铁矿导致土壤高度酸化、土壤养分（特别是 N）的严重缺乏、重金属极度污染等原因，也有一些失败的案例。

第三节　重金属矿区废弃地的植被恢复

植被恢复（vegetation restoration）是指运用生态学原理，通过对现有植被进行保护、

封山育林或采取人工措施营造人工林、灌、草植被，对遭到毁坏及破坏的森林、草原的自然生态系统进行修复或者重建，使退化生态系统的物种多样性和各种生态功能得到恢复。做好重金属矿区废弃地的生态恢复、植被重建工作，关系到我国生态、社会与经济的可持续发展，具有重要的现实意义。

一、金属矿区先锋植物

金属矿区开采后的废弃地，其表面形成极端的生态环境，尤其是具有较高的金属含量，自然条件下，植物定居和植被恢复十分困难。因此，筛选和研究金属矿区先锋植物，在矿区废弃地使用先锋植物，加快矿山废弃地的植被恢复进程十分必要。

1. 先锋植物的概念

先锋植物是指能够最先在某种环境中正常生长的植物。金属矿区先锋植物是指在金属矿区金属含量高的土壤环境中能够正常生长的，能耐受高含量金属并且植物不吸收或少吸收金属，金属含量不高的植物。为了更快地让废弃地植被得以恢复，进行先锋植物的种植是最好的办法。先锋植物能够在高金属含量的环境中生长，是因为植物本身对金属产生了抗性。植物可通过某种外部机制自我保护，使其不吸收或者少吸收环境中高含量的重金属从而避免受毒害（汪行玉和赵可夫，2001）。

2. 先锋植物抗性机理

先锋植物能够在高的重金属浓度环境中生长，植物本身对重金属具有一定的抗性。在矿区进行土壤污染治理和植被恢复，可先筛选出对重金属具有抗性的先锋优势植物物种，当这些植物在矿山废弃地成功定居后，通过植物对矿地的改造，植被状况和生境会逐步得到改善。在重金属污染严重的地区，耐重金属污染的物种如绊根草（*Cynodon dactylon*）、水烛香蒲（*Typha latifolia*）、蜈蚣草（*Pteris vittata* L.）、雀稗（*Paspalum thunbergii*）、黄花稔（*Sida rhombifolia*）和银合欢（*Leucaena glauca*）等（朱有勇和李元，2012）。中华山蓼（*Oxyria isnensis* Hemsl）在不同浓度 Pb、Zn 和 Cd 污染处理后，植株体内的 Pb、Zn 和 Cd 含量相对较低，生长正常。说明矿区中华山蓼对重金属 Pb、Zn 和 Cd 具有较高的耐受性，可作为铅锌矿废弃地生态恢复的一种先锋（耐性）植物（Li et al., 2013）（图 9-3）。通过野外调查，中华山蓼植物根和地上部分的 Cd、Pb 和 Zn 含量在土壤含量变化大的条件下维持相对稳定，且富集系数和转运系数较低。

3. 先锋植物的筛选

先锋植物的筛选工作非常重要。因为先锋植物可利用自身生物学和生态学的特性，对污染区的生境进行先期改造，为随后其他物种的进入创造有利条件。因此，先锋植物的筛选，是废弃地植被恢复的首要任务。

筛选的先锋植物应具有如下特征：①植物具有在高含量重金属环境中生存的能力；②植物对重金属的适应具有普遍性，能同时适应多种重金属；③在高含量重金属的环境下，植物本身重金属含量并不高；④植物对环境气候条件适应性强、抗逆性强，易于成

图 9-3 矿区土壤上生长的中华山蓼（扫描封底二维码可见彩图）
Figure 9-3 The *Oxyria sinensis* Hemsl in mine lot

（Li et al., 2013）

功引种；⑤具有发达的根系组织；⑥植物对农艺调控措施反应积极（赵娜等，2008）。

上述特征可作为筛选先锋植物品种的衡量标准（韩阳等，2005）。在筛选先锋植物时，以植物具有在高含量重金属环境中生存的能力指标最为重要，需要优先考虑，目前发现的先锋植物一般是以此为标准界定的。在实际筛选先锋植物的研究中，具体的筛选目标并非涵盖了理想植物的所有特征，而是有针对性。为增加植被覆盖度，应特别关注野外的生长快、适应性强、根系发达、生物量大的植物。在金属矿区已经筛选到的先锋植物，可引种到同类地区，但需充分考虑两地的生物气候条件差异，逐步驯化、筛选出较快适应新气候环境的植物种类，实现先锋植物的成功引入。矿区先锋植物的筛选一般先对矿区进行植被调查，了解矿区废弃地上生长的植物种及不同植物生长的环境条件，从矿区采集已成功定居的植物，分析各种植物体内重金属含量，确定候选先锋植物，对候选先锋植物进行进一步的研究，最终确定先锋植物种类。在选择植物时，应考虑植物的耐寒性、抗旱性、耐贫瘠、生长快和具有一定的土壤改良作用。那些在矿区废弃地上自然定居的植物，能适应废弃地上的极端条件，应作为优先考虑的植物（崔丽丽等，2006）。大量资料表明，固氮植物能适应严酷的立地条件，特别是刺槐等豆科植物，因此，它们常作为先锋植物。豆科植物能生长于污染土壤并进行有效的固氮作用，使土壤中氮的含量大幅度提高（Franco and D-Faria，1997）。一些具有茎瘤和根瘤的一年生豆科植物，生长速度快，同时能耐受有毒金属和低的营养水平，如鹰嘴豆（*Cicer arietinum*）和豇豆（*Vigna unguiculata*）具有茎瘤和根瘤，对含铅的土壤耐受性和适应性很强（Sudhskar et al., 1992），是理想的先锋植物。

白中科等（2000）研究了平朔露天矿区生态系统演变的阶段、类型和过程，注重草、灌、乔合理种植，并与工程措施联合施用，共引种了 71 种植物，经过筛选以 16 种植物作为先锋植物。禾本科与茄科植物对铅锌矿渣这种恶劣生境具较强的忍耐能力，许多一年生和两年生植物如白茅等可以作为先锋植物。选用的宽叶香蒲（*Typha latifolia*）具有较强的吸收和富集重金属的能力，且主要富集在植物的地下部分；五节芒（*Miscanthus floridulus*）、狗牙根（*Cynodon dactylon*）、假俭草（*Eremochloa ophiuroides*）、白茅[*Imperata cylindrica*（Linn.）Beauv.]等能在砷、锑、锌、镉等复合污染的土层中生长良好、可作为广西刁江流域矿业废弃地植被恢复的先锋植物（宋书巧和周永章，2001）。

4. 先锋植物的种类

金属矿区废弃地的土壤物理结构和养分条件差，金属的毒性大，抑制植物的生长。要使金属矿区废弃地得以恢复，就要首先种植在这种恶劣的环境条件下能够正常生长的先锋植物。选择适合废弃地的先锋植物并进行适当的植物配置，构建乔灌草相结合的群落，经过一段时间的生长，裸露的废弃地就会被先锋植物所覆盖，土壤的性质也可以得到改善。土壤环境改善后其他物种就可以在废弃地上定居，经过一系列的演替，就能恢复重建生态系统。

不同金属矿区废弃地生长着不同的植物，不同植物对不同重金属的耐性也不同，因此，针对不同的金属矿区废弃地有不同的先锋植物。例如，银合欢可作为锡矿尾矿植被恢复的先锋植物（宋书巧和周永章，2004），双穗雀稗可作为铅锌矿尾矿植被恢复的先锋植物（束文圣等，2000），而鸭跖草则可作为铜矿尾矿植被恢复的先锋植物（束文圣和张志权，2001），已报道的先锋植物见表 9-8。

表 9-8　不同类型的矿区废弃地及其植被恢复的先锋植物

Table 9-8　The pioneer plants in different types of abandoned land of mining area

分类	植物名称	矿区类型
豆科银合欢属（Leguminosae *Leucaena*）	银合欢（*Leucaena leucocephala*）	锡矿
鸭跖草科鸭跖草属（Commelinaceae *Commelina*）	鸭跖草（*Commelina communis*）	铜矿
禾本科白茅属（Gramineae *Imperata*）	白茅（*Imperata cylindrical*）	
禾本科狗牙根属（Gramineae *Cynodon*）	狗牙根（*Cynodon dactylon*）	
豆科（Leguminosae）	红三叶（*Trifolium pretense*）	
豆科苜蓿属（Leguminosae *Medicago*）	紫花苜蓿（*Medicago sativa*）	
木犀科素馨属（Oleaceae *Jasminum*）	迎春（*Jasminum nudiflorum*）	铁矿
蔷薇科石楠属（Rosaceae *Photinia* Lindl）	石楠（*Photinia serrulata*）	
蓼科山蓼属（Polygonaceae *Oxyria*）	中华山蓼（*Oxyria sinensis*）	铅锌矿
豆科（Leguminosae）	长喙田菁（*Sesbania rostrata*）	
香蒲科香蒲属（Typhaceae *Typha*）	宽叶香蒲（*Typha latifolia*）	
芨芨草属（*Achnatherum* Beauv.）	细叶芨芨草[*Achnatherum chingii*（Hitchc.）Keng et P. C.]	

（赵娜等，2008）

二、植物群落构建与植被恢复

在进行植物群落构建时，首先要考虑的是其主要的功能及将来要发挥的生态功能，模拟森林的自然状态，根据地域的特点和人类的需求，一方面强调模仿森林植物的自然组合，突出乡土植被在群落构建中的地位和作用，获得自然美；另一方面应注重植物组合的多样性和构建群落的稳定性，实现生产者、消费者、分解者之间的物质循环和能量流动及信息传递，从而形成一个完整的生态系统。

1. 金属矿区废弃地植物群落构建中的植物选择

植物群落构建的基础性工作是植物的选择，根据金属矿区废弃地极端的环境条件，植物种类选择时应遵循如下 4 条原则：①选择生长快、适应性强、抗逆性好、成活率高的植物；②优先选择具有改良土壤能力的固氮植物；③尽量选择当地优良的乡土植物和先锋植物，也可以引进外来速生植物；④选择植物种类时不仅要考虑经济价值高，更主要是植物的多种效益，主要包括抗旱、耐湿、抗污染、抗风沙、耐瘠薄、抗病虫害，以及具有较高的经济价值。

目前，国外对筛选各类耐性植物（生态型）的研究工作已经颇有成果，我国在耐性植物筛选培育方面尚处于起始阶段，但国外的耐性植物不能完全代替我国自己的耐性乡土植物。我国辽阔的国土跨越几个气候带，具有丰富的植物资源，仅豆科植物就有 172 个属 1660 多种（包括亚种、变种和变形），为筛选培育出适合不同地区不同类型金属矿区废弃地植被恢复所需的耐性植物种（生态型），提供了优越的条件。耐性植物种（生态型），尤其是豆科耐性植物筛选培育工作中的成果，有力地推动了废弃地植被恢复工作的前进（张志权等，2002）。常见的植物种类如下。

（1）固氮植物

种植固氮植物是经济效益与生态效益俱佳的植被恢复方法。固氮植物可以是豆科的，也可以是非豆科的，主要包括以下种类：①与根瘤菌共生的植物：刺槐属、合欢属、紫穗槐属、锦鸡儿属、金合欢属、胡枝子属、大豆属、豌豆属、菜豆属、苜蓿属等；②与弗兰克氏菌共生的植物：杨梅属、沙棘属、胡颓子属、赤杨属、马桑属、木麻黄属等。

（2）先锋植物

为了改善生态环境、恢复植被，应首先种植耐性强的先锋草类，如假俭草（*Eremochloa ophiuroides*）、苇状羊茅（*Festuca arundinacea*）、芒草（*Miscanthus*）、弯叶画眉草[*Eragrostis curvula* (Schrad.) Nees]、狗牙根[*Cynodon dactylon*（Linn.）Pers]、百喜草（*Paspalum natatu*）、香根草（*Vetiveria zizanioides* L.）、象草（*Pennisetum purpureum*）、荩草（*Arthrawon hispidus*）、矮象草（*Pennisetum purpureum*）、节节草（*Hippochaete ramosissimwn*）、水蜡烛（*Dysophylla yatabeana* Makino）等，使裸地迅速被植物所覆盖，形成草丛群落，土壤逐渐得以改良。草本植物群落发展到一定阶段，特别是土壤的改良程度能够适宜灌木生长时，再及时引进先锋灌木如沙棘（*Hippophae rhamnoides* Linn.）、柽柳（*Tamarix chinensis* Lour.）、柠条（*Caragana korshinskii* Kom）、紫穗槐（*Amorpha fruticosa* Linn.）、胡枝子（*Lespedeza bicolor* Turcz）等一些阳性、喜光灌木，使群落向草–灌群落转化，并逐渐加大灌木数量，促进灌丛群落的出现。灌木群落之后，生境开始适宜阳性先锋乔木树种生长，逐渐形成针叶林、针阔混交林。

（3）乡土植物及外来植物的引入

植被恢复中是否引入外来物种是一个颇具争议的问题。一般来说，无论从恢复生态学还是生物安全的角度来讲，在矿区废弃地的植被恢复过程中引入外来物种都应该是被尽量避免的。植被恢复应该首先考虑的是适生的乡土物种。但是在某些矿区废弃地上一些外来物种生长良好，而且通常只有它们能最先侵入，形成群落。因此，在矿区废弃地这种有机质、营养元素极端贫乏，基质松散，重金属含量严重超标的极端生境下，利用外来物种的强侵入性，首先稳固地表，改善土壤环境以有利于土壤其他生物的进入应该是一种可行的办法。但对引入的外来物种要加强管理，控制外来物种的泛滥，以免对当地生态系统产生破坏。

如在广东大宝山矿区废弃矿场采取种植速生乡土树种及灌、草结合的措施进行绿化，可选择的木本植物包括䅟蒴[*Echinochloa crusgalli*（L.）Beauv]、华南吴茱萸（*Evodia austrosinensis* H. -M）、泡桐[*Paulownia tomentosa*（Thunb.）Steud.]、海桐花[*Pittoaporum tobira*（Thunb.）Ait.]、拟赤杨[*Alniphyllum fortunei*（Hemsl.）Makino]、西南桦（*Betula alnoides* Buch. -Ham. ex D. Don）等，草本有香根草（*Vetiveria zizanioides* L.）、象草（*Pennisetum purpureum*）、五节芒（*Miscanthus floridulus*）、皇竹草（*Pennisetum sinese* Roxb）等（丘英华等，2010）。谭林等（2007）以贵州省清镇市站街镇矿区为例，采取以“乔木为主，乔、灌、草、藤相结合，针阔常绿落叶混交”的模式进行植被恢复。本着“适地适树”的原则结合复垦模式配置要求，木本苗木选择了柳杉（*Cryptomeria fortunei* Hooibrenk ex Otto et Dietr）、刺槐（*Robinia pseudoacacia* Linn.）、喜树（*Camptotheca acuminata* Decne.）、女贞（*Ligustrum lucidum* Ait.）；草本选择了多年生黑麦草（*Lolium*），藤本植物选择了巴壁虎（*Parthenocissus tricuspidata*）。李凤鸣（2012）对辽西地区（朝阳、阜新、锦州、葫芦岛四市）铁矿废弃地治理模式进行研究，造林方式采用混交方式，树种选择刺槐（*Robinia pseudoacacia* Linn.）、小叶杨（*Populus simonii* Carr）、沙棘（*Hippophae rhamnoides* Linn.）、小叶锦鸡儿（*Caragana microphylla* Lam.），草种选择紫花苜蓿（*Medicago sativa*）、沙打旺（*Astragalus adsurgens* Pall.）等在排土废弃地生长良好的植物。最终总结选定乔木为刺槐（*Robinia pseudoacacia* Linn.）、小叶杨（*Populus simonii* Carr），灌木为沙棘（*Hippophae rhamnoides* Linn.）、小叶锦鸡儿（*Caragana microphylla* Lam.），草本为沙打旺（*Astragalus adsurgens* Pall.）作为辽西铁矿废弃地的先锋树种、草种的辽西铁矿废弃地植被恢复模式。

总之，实用的筛选修复植物方式莫过于就地取材，即选择能在被治理的污染区内生长旺盛且生物量大的本地植物，而后通过人工繁育技术大量种植，以期达到迅速完成重金属矿区植物群落构建的目的。

2. 矿区废弃地先锋植物种植与植物群落构建

矿区废弃地进行基质改良后，就可以引入先锋植物。矿区植被恢复中的群落构建，必须遵照植物对水热条件的适应性，采取不同的种植密度，如喜光而速生的植物宜稀一些，耐阴且初期生长慢的植物宜密一些。不同立地条件种植密度也不同，应根据废弃地的海拔、温度、水分、土壤环境选择合适的种植密度。先锋植物种植可以直播，直播的植物生命力强，根系扎入土层较深。可在早春土壤解冻后播种，或者在雨季来临前和雨季进行播种以获得较高的出苗率。先锋植物种植也可以移栽，移栽的苗木较大，植株生长起来封垄地面快，移栽时幼苗根部要蘸上泥浆以减少根部在干燥空气中的暴露时间，增加根部土壤含水量。根据植物群落原理，物种多样性是生态系统稳定性的基础。将草、灌、乔、藤多层配置结合起来进行恢复的效果比单一种或少数几个种的效果好，因为多层配置能产生比单一或少数几个种更加稳定的生态系统（赵娜等，2008）。

利用豆科植物的固氮特性，对污染区土壤进行改良，有助于其他植物种群的侵入。当前，许多国家都非常重视对重金属耐性豆科植物的发现和选择，以及利用豆科植物进行矿业废弃地修复的实践。Mabberley 等（1997）利用外来豆科植物种和当地豆科植物在废弃地上进行植被恢复试验，经过 4 年的观察研究表明，只有当地豆科灌木植物能够成功定居。在美国加利福尼亚州北部的铜矿废弃地上发现了生长良好的豆科百脉根属（*Lotus*）、羽扇豆属（*Lupinus*）和车轴草属（*Trifolium*）植物，这是一些对 Cu 具耐性的豆科植物生态型。经水培试验证明，从其根瘤中分离的根瘤菌与非耐性的同种植物上的根瘤菌相比，对 Cu 亦具有非常强的耐性。Piha 等（1995a）在 Sn 矿尾矿地上用 55 种植物，包括 25 种豆科植物和 30 种非豆科植物，进行植被重建的试验研究显示，无论是成活率还是在生长速度方面，供试植物中表现最好的 14 种植物中，豆科植物就占了 12 种。因此，在矿山废弃地的恢复实践中选择耐贫瘠的豆科植物，注重乔、灌、草的配合，既有利于控制水土流失，也有利于对土壤的改良。

耐性的木本豆科植物不仅因为可以与根瘤菌共生而克服废弃地的贫瘠所带来的障碍，而且由于其深根的特点还有利于克服废弃地上常常遇到的干旱胁迫（Piha et al.，1995b）。在铅锌尾矿堆积地上引入土壤种子库的试验中也同样发现，木本豆科植物银合欢可以在尾矿地上成功定居并开花结果（张志权等，2000）。而且，其体内所吸收的有害重金属 Pb 转移总量的 80%以上是累积在根和茎中，这些器官具有较长的更新周期，被吸收后的重金属不至于像在叶片那样，在较短时间内会随落叶而将重金属归还于环境中。因此，木本豆科植物的这一优点，在利用植物修复重金属污染地的实践中是非常有价值的（张志权等，2001）。虽然在矿业废弃地植被恢复早期阶段，种植豆科植物对加速其他植物入侵与生长起到重要的作用，但是，在矿业废弃地植被的自然恢复中，许多调查却显示，豆科植物并不是矿业废弃地上的重要入侵种，或者不是植被早期演替阶段中的主要植被组成成分。也就是说，虽然豆科植物在改良土壤肥力方面有很重要的作用，但它们可能并不易率先在重金属污染区定居。只有通过一些对污染区适应能力强的先锋植物对生境改造后，才使豆科植物的定居成为可能。而豆科植物的活动，在促进先锋物种生长的同时，又为后来演替中期物种的进入创造有利条件。所以在利用豆科植物对重金属污染区进行修复时，要重视豆科植物与一些先锋植物的筛选组合问题（张志权等，2002）。

3. 植物的种植技术

根据废弃地的理化性质，基本的植物种植技术有三类：直接种植普通植物、改良基质后种植耐性植物和表层处理后种植植物。如果基质改良方法得当，并筛选出合适的植物材料，可采取普通的种植方式，如直接播种、水播、移栽袋苗和混播等。其中很重要的一点是注意不同种类的合理组合，以便于种间的有效集合而形成稳定的群落。播种时期原则上应该是雨量充沛、气温适宜的季节。在第一年度，可能还需要较高强度的管理，如灌溉、追肥等，从建立自我维持的生态系统角度来看，管理强度应该逐年降低，第三、第四年度则应该让其自然生长。

金属矿区废弃物上的植物种植技术在土壤基质受重金属污染的地方，种植植物可采取三种方法：①通过改良和改变耕作方法来改善种植基质的栽培特性；②废弃地需用自然土或底土等无毒物质全部覆盖；③应选择在废弃地生长过并显示出对有毒金属具有抗性的植物种类。如果矿区废弃地异常贫瘠，可通过施肥和施入富有营养的有机质改善。养分缺乏，特别是矿区废弃地缺氮的情况十分普遍，因此在草地中混播野生苜蓿和将固氮树种作为先锋树种很有必要（包志毅和陈波，2004）。

具体的植被恢复工艺如下：①植被顺序。一般直接进行绿化种植，也可先种植豆科牧草，而后栽种林木。②植被结构。不同植物对矿区生境的适应性有限，其生存离不开一定的植物群落。植被品种筛选好后只能作为先锋品种来种植，要达到长久治理的目的，必须乔、灌、草、藤组合，进行多植被间种、套种、混种，并有目的地进行其他生物接种。③植被密度。不同立地条件、不同植被恢复目的、不同植被品种的种植密度是不同的，即速生喜光植物宜稀一些，耐阴且初期生长慢的植物宜密一些；树冠宽阔、根系庞大的宜稀一些，树冠狭窄、根系紧凑的宜密一些；高海拔、高纬度、低温、土壤瘠薄地区的植被密度应大一些；在栽植技术精细、水分供应良好、管理好的地区，密度宜稀一些；水土保持林可密一些，农田防护林、用材林则宜稀一些。④植被格局。在矿区废弃地上普遍种植植物，无疑是一种快速恢复植被的良好方法，但在人、财、物力不足的情况下，依据景观生态学原理，最优的植被格局应由几个大型的自然植被斑块组成本底，并由周围分散的小斑块及其中的小廊道所补充、连接。这样既节约了人工和经费，又为植被的自然恢复提供了空间（彭建等，2005）。

4. 南京幕府山矿区废弃地植被恢复技术

南京幕府山矿区主要开采铀矿、白云石等矿产，由于长期进行矿产开采，该地区的地质结构和植被受到很大的破坏。矿区废弃地的形成原因、坡度、立地条件不同，在植被恢复时的处理方法也可能不同，刘国华将南京幕府山矿区废弃地划分为 4 种类型，包括：坡度大于 60°裸崖（A 类型）；坡度 40°～60°的裸崖（B 类型）；坡度为 25°～40°的废弃物堆（C 类型）；坡度小于 25°采矿废弃地（D 类型）。研究了 4 种类型矿区废弃地植被恢复的整地方法、植物配置模式及最终效果，如下。

（1）整地方法

4 种类型矿区废弃地植被恢复的整地方法如表 9-9 表示。

表 9-9　4 种类型矿区废弃地植被恢复的整地方法

Table 9-9　The soil preparation method of vegetation restoration in four types mine spoils

废弃地类型	特点	整地方法
坡度大于 60°裸崖	坡度大于 60°，崖体稳定，没有土壤，自然条件恶劣，对景观的影响大	采取三种方法：一是先打台阶，再在边缘砌护墙；二是打台阶时，在裸岩上留有护墙；三是对于坡度很大的陡崖，打鱼鳞坑；然后，在坑内填上土壤，填土深度 40～60 cm。在崖顶建水池蓄水浇灌植物
坡度为 40°～60°裸崖	坡度为 40°～60°，裸崖、崖体比较疏松，有废弃矿渣，容易下滑，自然条件恶劣，对景观的影响大	采取先清除疏松部分的采矿废渣，再将废旧轮胎固定在岩壁，通过在轮胎内或表面人工填土的方法，改良基质；在崖顶建水池蓄水浇灌植物
坡度为 25°～40°废弃物堆场	坡度为 25°～40°，以碎矿石为主，有少量的土壤，基质疏松，水土流失严重，有一定的肥力和保水能力	采用鱼鳞坑整地
坡度小于 25°采矿废弃地	坡度较缓，属采矿过程中使用过的地，土壤板结，透气性差	采用客土法进行覆土，覆土厚度 40～60 cm，然后整地挖穴

（刘国华，2004）

（2）植物配置模式

根据废弃地类型以“适地适树”为原则确定植物配置模式，同时注重植物配置的景观效果。

1）坡度大于60°裸崖废弃地的植物配置模式

根据不同的部位进行块状植物配置，树种以灌木和藤本植物为主，通过上爬、下挂的方式，以加快岩壁覆绿，树种配置模式见表9-10。

表9-10 南京幕府山A类型矿区废弃地的植物配置模式

Table 9-10 The model of plant distribution in A type of mine spoils of Mufu mountain in Nanjing

裸崖部位	植物名称	种植穴规格	苗木规格
上部	石楠（*Photinia serrulata*）	0.5 m×0.5 m	20～30 cm（冠径）
	迎春（*Jasminum nudiflorum*）	0.5 m×0.5 m	1～2年生苗
	爬山虎（*Parthenocissus tricuspidata*）	0.5 m×0.5 m	1～2年生苗
崖壁（中部）	迎春（*Jasminum nudiflorum*）	0.5 m×0.5 m	1～2年生苗
	爬山虎（*Parthenocissus tricuspidata*）	0.5 m×0.5 m	1～2年生苗
	凌霄[*Campsis grandiflora*（Thunb.）Schum.]	0.5 m×0.5 m	1～2年生苗
下部	火棘[*Pyracantha fortuneana*（Maxim.）Li]	0.5 m×0.5 m	20～30 cm（冠径）
	大叶女贞[*Ligustrum compactum* Ait（Wall. ex G. Don）Hook. f.]	0.5 m×0.5 m	3～5 cm（地径）
	迎春（*Jasminum nudiflorum*）	0.5 m×0.5 m	1～2年生苗

（刘国华，2004）

2）坡度为40°～60°裸崖废弃地的植物配置模式

根据废弃地裸崖的特点，对植物进行块状配置，树种以灌木为主，配置模式见表9-11。

表9-11 南京幕府山B类型矿区废弃地的植物配置模式

Table 9-11 The model of plant distribution in B type of mine spoils of Mufu mountain in Nanjing

裸崖部位	植物名称	种植穴规格	苗木规格
上部	凌霄[*Campsis grandiflora*（Thunb.）Schum.]	0.3 m×0.3 m	二年生
	金银花（*Lonicera japonica*）	0.3 m×0.3 m	二年生
	迎春（*Jasminum nudiflorum*）	0.3 m×0.3 m	二年生
	狗牙根（*Cynodon dactylon*）	播种	
下部	红花继木（*Loropetalum chinense* var.*rubrum*）	0.3 m×0.3 m	20～30 cm（冠径）
	金叶女贞（*Ligustrum vicaryi*）	0.3 m×0.3 m	20～30 cm（冠径）

（刘国华，2004）

3）坡度为25°～40°废弃物堆场废弃地的植物配置模式

该类型废弃地的植物配置模式采用了两种方法，即火棘和石楠的顺坡行状混交及石楠和香根草的沿等高线行状混交，见表9-12。

4）坡度小于25°采矿废弃地的植物配置模式

采用块状混交的方式进行植物配置，树种组成见表9-13。

表 9-12　南京幕府山 C 类型矿区废弃物堆场废弃地的植物配置模式

Table 9-12　The model of plant distribution in C type of mine spoils of Mufu mountain in Nanjing

模式	植物名称	种植穴规格	苗木规格	配置方式
模式 1	火棘[*Pyracantha fortuneana*（Maxim.）Li]	0.4 m×0.4 m	20～30 cm（冠径）	顺坡行状混交
	石楠（*Photinia serrulata*）	0.4 m×0.4 m	20～30 cm（冠径）	
模式 2	石楠（*Photinia serrulata*）	0.4 m×0.4 m	20～30 cm（冠径）	沿等高线行状混交
	香根草（*Vetiveria zizanioides* L.）			

（刘国华，2004）

表 9-13　南京幕府山 D 类型矿区废弃地植物的配置模式

Table 9-13　The model of plant distribution in D type of mine spoils of Mufu mountain in Nanjing

树种	面积/m²	株数	种植穴规格
石楠（*Photinia serrulata*）	10 309.2	8 520	1 m×1 m
红花继木（*Loropetalum chinense* var.*rubrum*）	4 100	4 100	1 m×1 m
桂花[*Osmanthus fragrans*（Thunb.）Lour.]	1 091.25	485	1.5 m×1.5 m
意杨（*Populus euramevicana*）	3 037.5	1 350	1.5 m×1.5 m
雪松[*Cedrus deodara*（Roxb.）G. Don]	7 650	3 400	1.5 m×1.5 m
栾树（*Koelreuteria paniculata* Laxm.）	8 175	1 308	2.5 m×2.5 m
火棘[*Pyracantha fortuneana*（Maxim.）Li]	6 526.5	2 400	1.25 m×1.2 m
女贞（*Ligustrum lucidum* Ait.）	6 862.5	4 392	1.25 m×1.25 m
金叶女贞（*Ligustrum vicaryi*）	1 500	1 500	1 m×1 m
紫叶李（*Prunus cerasifera*）	3 750	600	2.5 m×2.5 m
桃树（*Amygdalus persica* L.）	437.5	280	1.25 m×1.25 m
金丝桃（*Hypericum monogynum* L.）	8 945.31	11 450	1.25 m×1.25 m
枫香（*Liquidambar formosana* Hance）	6 222	1 400	2 m×2 m
金丝柳（*Salix X aureo-pendula* CL.）	1 312.5	210	2.5 m×2.5 m
洒金柏[*Sabina chinensis*（L.）Ant. cv. Aurea]	3 000	3 000	1 m×1 m

（刘国华，2004）

（3）植被恢复效果分析

1）坡度大于 60°裸崖废弃地

该类型裸崖上经过整地处理后，矿区废弃地的植被恢复效果较好，种植植物的成活率也比较高，达 84%以上，基本上能够满足要求，而生长势以灌木树种为好，藤本植物较差。其植被恢复效果见表 9-14。

2）坡度为 40°～60°裸崖废弃地

该类型裸崖上经固定轮胎和覆土后，矿区废弃地的植被恢复效果见表 9-15，有效防止了风化物下滑，因此藤本、灌木、草本植物生长均良好。在坡度太大时，轮胎固定土壤的作用较差，土壤随雨水流失，植物死亡。

3）坡度为 25°～40°废弃物堆场废弃地

该类型矿区废弃地的植被恢复效果较好，火棘与石楠顺坡行状混交配置，火棘与石

表 9-14 南京幕府山 A 类型矿区废弃地的植被恢复效果
Table 9-14 The result of revegetation in A type of mine spoils of Mufu mountain in Nanjing

裸崖部位	植物名称	成活率/%	生长势	景观效果
上部	石楠	96	良好	
	迎春	87	一般	良好
	爬山虎	93	一般	
崖壁（中部）	迎春	84	一般	
	爬山虎	91	一般	不良
	凌霄	86	一般	
下部	火棘	86	良好	
	大叶女贞	96	良好	良好
	迎春	89	一般	

（刘国华，2004）

表 9-15 南京幕府山 B 类型矿区废弃地的植被恢复效果
Table 9-15 The result of revegetation in B type of mine spoils of Mufu mountain in Nanjing

裸崖部位	植物名称	成活率/%	生长势	景观效果
上部	凌霄	89	良好	整体上良好，部分坡度大的地方效果差
	金银花	90	良好	
	迎春	87	良好	
	狗牙根		良好	
下部	红花继木	90	良好	良好
	金叶女贞	94	良好	

（刘国华，2004）

楠的成活率均高，景观效果也好，但在种植初期的两年内，水土流失严重，形成明显的侵蚀沟。石楠与香根草沿等高线行间混交配置，对废弃地的水土保持效果良好，香根草的成活率和生长势均表现良好，而石楠的成活率较差，影响了景观效果，见表 9-16。

表 9-16 南京幕府山 C 类型矿区废弃地的植被恢复效果
Table 9-16 The result of revegetation in C type of mine spoils of Mufu mountain in Nanjing

植物名称	成活率/%	生长势	景观效果	其他
火棘	95	良好	良好	前期保持水土能力差
石楠（模式 1）	90	良好		
石楠（模式 2）	70	一般	一般	保持水土能力强
香根草	98	良好		

（刘国华，2004）

4）坡度小于 25°采矿废弃地

该类型矿区废弃地的植被恢复效果较好，见表 9-17。通过覆土，树种配置采用块状混交，栾树、枫香是混交在其他树种之间，从效果来看所选树种洒金柏、雪松生长不良；桂花、女贞、金叶女贞生长一般，其他树种在生长和景观上都表现良好。因此，洒金柏、雪松不适宜D型矿区废弃地的植被恢复，石楠、红花继木、桂花、架树、火棘、紫叶李、桃树、金丝桃、枫香、金丝柳等树种表现比较理想。

表 9-17　南京幕府山 D 类型采矿废弃地的植被恢复效果

Table 9-17　The result of revegetation in D type of mine spoils of Mufu mountain in Nanjing

植物名称	成活率/%	生长势	景观效果	其他
石楠	96	良好	良好	未套种
红花继木	87	良好	良好	套种红花草
桂花	93	良好	一般	套种红花草
意杨	84	一般	一般	未套种
雪松	91	不良	不良	套种红花草
栾树	86	良好	一般	零星混交
火棘	86	良好	良好	未套种
女贞	96	一般	一般	未套种
金叶女贞	89	一般	一般	未套种
紫叶李		良好	良好	套种红花草
桃树		良好	良好	套种红花草
金丝桃		良好	良好	套种红花草
枫香		良好	良好	零星混交
金丝柳		良好	良好	未套种
洒金柏		不良	不良	套种红花草

（刘国华，2004）

第四节　重金属矿区废弃地植被恢复的生态效应

通过对重金属矿区废弃地的植被恢复，可以改善重金属矿区的生态环境，带来明显生态效益及经济效益，主要体现在废弃地的土壤理化性质、土壤微生态系统改善，重金属矿区植物群落优化，重金属矿区水土流失的有效控制等。

一、重金属矿区土壤植被恢复对土壤理化性质的影响

植被可以通过根系的生长改变土壤结构，通过根系分泌物、植物残体和枯枝落叶为土壤系统输入更多的有机物质，改善土壤质量。因为研究植被恢复过程中土壤性质的改变可以更好地认识植被恢复的生态效应（Paniagua et al.，1999），因此，近年来针对植被恢复对土壤性质的影响进行了越来越多的研究（Fu et al.，2011；Stolte et al.，2003；An et al.，2009）。在植被恢复过程中，可使土壤有机质、全氮、速效氮、速效钾、速效磷含量增加，土壤 pH 和容重降低，氮的矿化能力增强，土壤微生物生物量明显提高，酶活性增加，水稳性团聚体的数量和质量得到提高，土壤结构得到改善，土壤肥力得到提高，促进了土壤腐殖化和黏化过程，土壤抗冲性和土壤抗剪强度得到强化，土地生产力得到提高，土壤水分状况得到改善（赵新泉和马艳娥，1999）。

不同的植被类型由于其生长方式不同，对土壤性质也存在不同的影响。梦莉（2010）分析了南京幕府山废弃矿山人工恢复5年以上的阔叶林、针叶林、阔叶混交林、乔灌混交林和灌木林5种模式土壤的物理性质，不同的植被恢复模式与荒草对照地相比，表现出土壤容重降低，孔隙度增加，土壤结构得到了较好的改善，有利于水分的保持和渗透；土壤速效氮、速效钾、有机质等都有所增加，土壤肥力明显提高。孟广涛等（2011）研究了云南晋宁磷矿矿区废弃地不同恢复措施下的林地土壤养分及物种多样性，表明植被恢复措施对矿区废弃地土壤肥力改良有良好效果，但不同措施间效果有差异，在9种植被恢复措施中，以营造旱冬瓜林、旱冬瓜+圣诞树林、栓皮栎林及圣诞树林等措施对土壤肥力改良效果较好，营造藏柏林、蓝桉林、直干桉林等措施对土壤肥力改良效果较差，荒坡地和废弃地的土壤肥力最差。植树造林对提高矿区废弃地的群落物种多样性有利，其中以旱冬瓜林、旱冬瓜+圣诞树林及圣诞树林的物种多样性较高，以直干桉林、藏柏林、蓝桉林的物种多样性较低，废弃地物种多样性最低。群落中土壤肥力越好，物种多样性越高（表9-18）。

表 9-18　不同植被恢复措施下的土壤养分含量

Table 9-18　Content of nutrients in the soils under different restoration measures

样地	林分类型	水分/%	pH	有机质/（$g·kg^{-1}$）	水解氮/（$mg·kg^{-1}$）	速效磷/（$mg·kg^{-1}$）	速效钾/（$mg·kg^{-1}$）	全N/（$g·kg^{-1}$）	全P/（$g·kg^{-1}$）	全K/（$g·kg^{-1}$）
1	蓝桉林	3.85	7.04	55.20	307.96	49.45	150.60	2.28	3.83	5.00
2	直干桉林	3.23	6.67	35.53	144.44	473.97	84.36	1.69	5.76	4.90
3	圣诞树林	2.63	7.51	41.97	348.28	494.72	130.39	5.50	5.74	5.37
4	藏柏林	3.05	8.01	15.98	66.49	61.71	231.61	2.62	2.16	6.23
5	栓皮栎林	3.95	7.52	62.66	414.99	628.00	204.81	2.75	2.16	6.28
6	旱冬瓜林	5.42	5.96	113.78	767.66	650.56	89.89	8.25	5.88	6.06
7	旱冬瓜+圣诞树林	5.28	6.52	131.10	694.87	199.11	242.51	6.41	2.85	6.32
8	荒坡地	2.06	8.65	8.37	8.88	431.69	47.68	0.37	2.08	5.94
9	废弃地	1.99	6.17	2.36	27.07	152.04	68.72	0.38	2.10	6.46

（孟广涛等，2011）

王岩等（2012）研究了不同植被恢复模式对铁尾矿土壤理化性质的影响，发现与裸尾矿相比，沙棘–桑树乔木混交林模式、紫穗槐林模式及沙地柏灌木纯林模式下的土壤容重分别减少了6%，15%，14%；总孔隙度分别增加了16%，1%，8%；毛管孔隙度分别减少了19%，16%，4%；非毛管孔隙度分别增加了118%，46%，22%；沙棘–桑树乔木混交林模式、紫穗槐林模式下的土壤毛管持水量分别减少了18%，7%，而沙地柏灌木纯林恢复模式下的土壤毛管持水量增加了21%。

二、重金属污染土壤植被恢复对微生物区系的影响

土壤微生物在生态系统多样性和功能的恢复过程中扮演着重要角色，由于微生物对外界的胁迫反应比植物和动物敏感，土壤微生物指标常被用来评价退化生态系统中生物群系与恢复功能之间的联系并能为退化土地恢复提供有用的信息（Harris et al.，2003）。植被对微生物的影响主要通过两个途径，一是通过改变土壤结构和性质来改变微生物的

生长环境，二是通过根系分泌物对微生物区系特别是根系的微生物群落产生影响。土地利用改变和植被的恢复对土壤微生物的影响主要在于不同的植被类型和不同的恢复年限的影响两大方面。

不同的植被恢复方式、植物群落、不同植被类型对土壤微生物在土壤中的分布、数量、种类及微生物的生理活性会产生很大的影响。武丽花等（2008）比较分析了湖南湘潭锰矿矿渣废弃地两种不同植被恢复方式下土壤微生物的数量分布特征，表明同一土层的细菌数量差异极显著，基本为人工植被恢复地＞自然植被恢复地，真菌数量的差异不显著，各层土壤真菌数量季节变化明显，同一土层中的放线菌数量差异显著（图 9-4～图 9-6）。对海州露天矿排土场人工林地、工程复垦地、天然草地三种修复地和荒裸地的土壤微生物数量特征进行研究发现，在细菌、放线菌和真菌数量上修复地显著高于荒裸地，修复地表现为人工林地＞天然草地＞工程复垦地，其中三种人工林地间为榆树和刺槐强于紫穗槐；微生物数量在垂直分布方面，表现为根际土壤＞0～10 cm 土层＞10～20 cm 土层；并且细

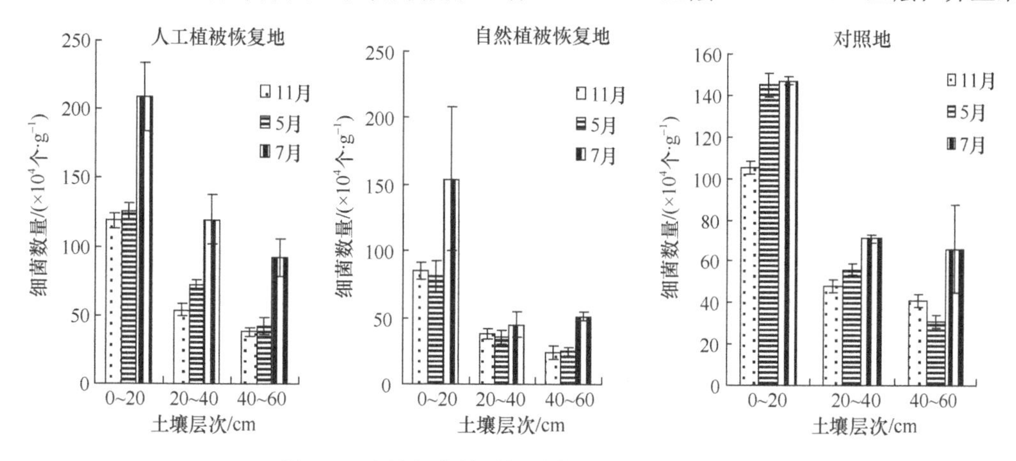

图 9-4 土壤细菌数量的垂直分布和季节变化
Figure 9-4 Vertical distribution and seasonal change of soil bacteria quantity

（武丽花等，2008）

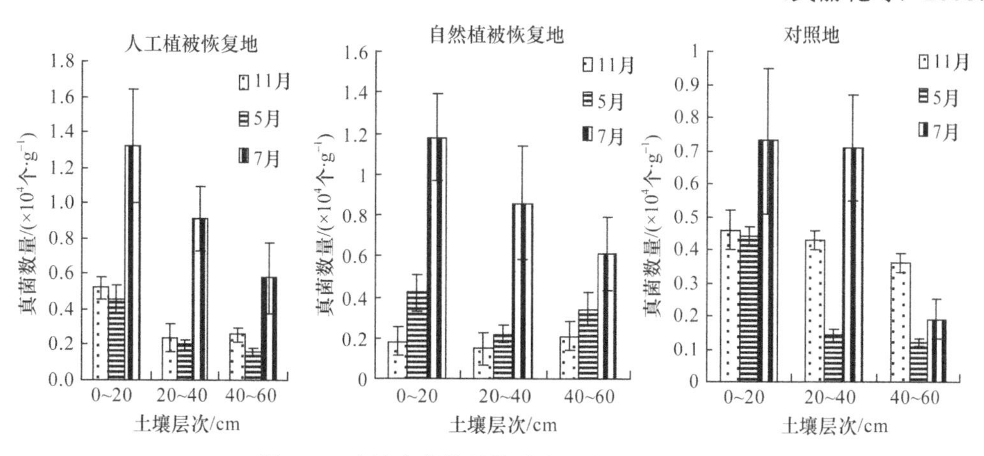

图 9-5 土壤真菌数量的垂直分布和季节变化
Figure 9-5 Vertical distribution and seasonal change of soil fungi quantity

（武丽花等，2008）

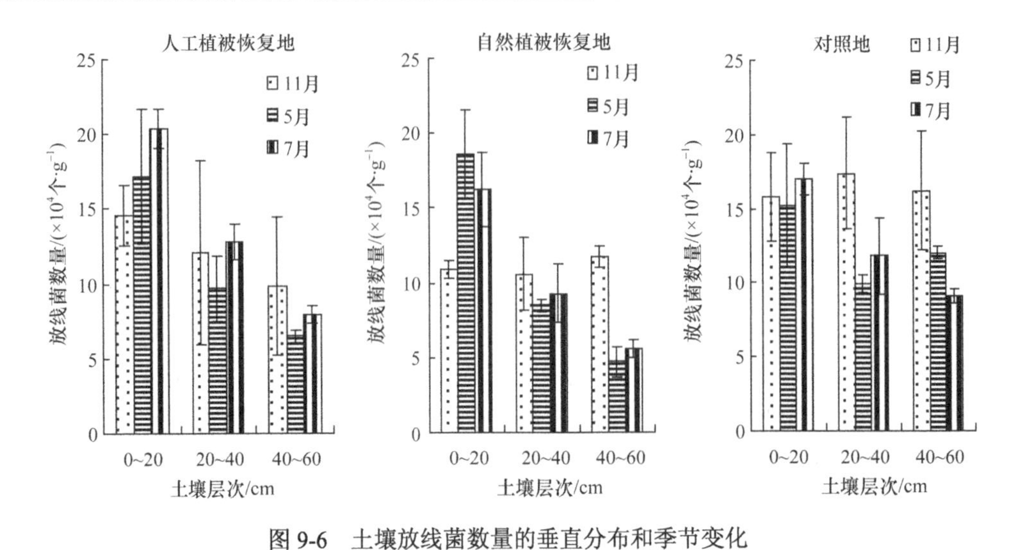

图 9-6　土壤放线菌数量的垂直分布和季节变化
Figure 9-6　Vertical distribution and seasonal change of soil actinomycetes quantity

（武丽花等，2008）

菌、放线菌和真菌的数量与土壤全 N、全 P、全 K 呈显著或极显著的正相关关系，而与 pH 则呈现负相关关系。说明生态恢复措施有助于提高土壤微生物的数量（闫晗等，2011）。

滕应等（2003）通过盆栽试验研究了浙江省诸暨铜矿区复垦红壤牧草根际微生物生物量及群落功能多样性的变化。结果表明：种植不同牧草使矿区土壤根际微生物生物量发生了显著的变化，种植不同牧草的矿区土壤根际微生物群落结构和功能多样性也发生了相应改变，根际土壤微生物群落代谢剖面（AWCD）均显著高于未种植牧草土壤。

植被恢复的不同阶段，微生物的数量和种类都存在明显差异，植被恢复年限的长短是植被恢复影响土壤微生物的另一个主要因素。植被恢复过程中植物多样性的增加能够对土壤微生物的多样性产生影响，微生物生物量、呼吸及真菌的丰富度随着植物多样性的增加均呈增加趋势（Zak et al.，2003）。

植被恢复过程中土壤、植被及地下土壤生物均发生了显著的变化，植被恢复过程中土壤的物理化学性质得到了改善，凋落物及根系分泌物也为地下生物提供了更多的营养物质和能源物质，使得微生物的生物量和多样性都得以提高，同时，植被恢复对于地上植物物种的恢复和多样性的保护也起到了重要作用（胡婵娟和郭雷，2012）。

三、重金属矿区植被恢复过程中的植物群落特征变化

由于重金属矿区废弃地在经历了长期严重的采矿作业后，遭受采矿活动的强烈干扰，植物几乎毁灭殆尽，矿区废弃地生境条件比较差，物种多样性低。但各立地类型因采矿过程中所受干扰程度、废弃时间的长短及本身立地条件的不同，其植被恢复的情况又各有特点。

矿区废弃地的植被恢复可采取自然恢复和人工恢复两种措施。从生态恢复的角度看，退化生态系统一旦停止干扰，便发生群落演替，原群落的结构、功能的相似度逐渐从低

向高发展。自然恢复过程中的植被，通过长时期的自然演替过程，物种的多样性会发生改变，最终会形成稳定的植物群落结构，而对于一些破坏比较严重的生态系统，通过自然恢复的过程不能够使植被得以良好恢复或需要的演替时间特别漫长，应根据植物的演替规律，引入演替后期阶段的物种进行及时补播，或者通过引进一些外来物种可以缩短演替时间，加速植被恢复进程。通常认为随着演替时间的推移，群落的多样性指数逐渐上升，其在群落演替的中后期最大（高贤明等，1997）。

由于矿区废弃地生境条件普遍很差，同时具有重金属重度污染的特征，植被恢复仅依靠自然恢复将是一个特别漫长的过程，通常采用人工恢复。因此，植被恢复过程初期由于原初植被也是人工栽种，而且人为地将立地条件、土壤条件均匀分布，为物种的入侵、定居和生长发育提供了条件，群落中植物水平分布较为均匀。与植被自然恢复相比，通过人为干扰（人工栽种、人为选择植物等行为），在保留土壤中原有野生种子生活力的基础上，人工种植不同密度、不同配置模式的植物能够促进植物群落的演替，较快成林。常采用高大乔木+低矮乔木+矮灌木+高草本的配植方式，为草本层群落的恢复与更新提供了较好的条件。

孟广涛等（2011）研究了磷矿区植被恢复措施下，9 种不同植物群落的物种多样性（表 9-19）。Shannon-Wiener 指数（H）以栓皮栎林为最大，其次为旱冬瓜林，废弃地由于生境条件较差，很多植物难以在这里生长，H 值最小；而 Simpson 指数（D）以废弃地的 D 值最大，栓皮栎林的 D 值最小。废弃地的 D 值最大，进一步反映了该生境条件恶劣，一些植物即使能够在此成活，其生存能力亦不强，优势度仅集中在极少数植物种类上。与此相反，栓皮栎林等群落则由于具备较充裕的群落环境空间，林下多数植物都能得到较好的生长，因而其优势度较分散，D 值较小；均匀度指数（J）是反映群落均匀度的指标，它可以表明群落中物种定量指标的差异程度，在 9 种不同植物群落中，废弃地的生态优势度高度集中在少数几种植物上，群落中植物个体数很不均匀，因而 J 值最低。旱冬瓜林 J 值达到 0.896，表明，旱冬瓜林下植物比较均匀，而废弃地可能呈斑块状。

表 9-19　不同植物群落的物种多样性指数

Table 9-19　Indices of species diversities of different plant communities

样地号	植被类型	丰富度指数（S）	样地个体数	Simpson 指数（D）	Shannon-Wiener 指数（H）	均匀度指数（J）
1	蓝桉林	7	58	0.261	0.676	0.800
2	直干桉林	9	25	0.143	0.844	0.885
3	圣诞树林	11	62	0.181	0.882	0.769
4	藏柏林	10	35	0.187	0.812	0.812
5	栓皮栎林	23	77	0.074	1.196	0.878
6	旱冬瓜林	19	68	0.079	1.115	0.896
7	旱冬瓜+圣诞树林	19	71	0.115	1.085	0.819
8	荒坡地	17	98	0.122	1.018	0.852
9	废弃地	8	23	0.300	0.647	0.716

（孟广涛等，2011）

梦莉（2010）以南京幕府山废弃矿山为对象，对人工恢复5年以上的阔叶林、针叶林、阔叶混交林、乔灌混交林和灌木林5种模式进行调查，分析了不同恢复模式下的物种多样性指数、均匀度指数和物种丰富度指数，以及各模式下群落结构和多样性特征。结果表明：5种植被恢复模式的群落物种多样性由大到小顺序为：阔叶混交林＞乔灌混交林＞阔叶林＞针叶林＞灌木林；乔木层、灌木层和草本层的物种多样性差异明显，草本层的多样性指数最高；5种植被恢复模式Simpson指数和Shannon-Wiener指数变化趋势基本一致，其中变幅最大的是阔叶混交林，乔灌混交林次之；均匀度指数变化幅度最大的是阔叶林，阔叶混交林次之，再次是乔灌混交林，针叶林和灌木林为最低。

刘秀珍（2012）提出了植被恢复模式，采取乔、灌、草相结合的生态系统，在这个模式中选取的先锋物种有狗尾草，铁杆蒿、博落回、刺槐和臭椿，主要是木本植物和草本植物。由于生态位竞争交叉分离，空间可利用环境较大，光照和水分条件较为充足，从而人工种植群落的多样性与丰富度增加。人工恢复群落发展更快，多样性更高，比自然更新效果好。人工植被恢复有利于维持较高的物种多样性，以多种配置方式造林能够保持恢复群落相对更高的物种丰富度与多样性。

人工植物群落的恢复过程中，在植物群落恢复初期，草本群落植物由于种类丰富、适应性强、繁殖速度快等特点，能较快选择适应不同生境特征，在维持群落多样性、均匀度、丰富度及群落更新等方面占有重要地位，可促进植物群落的成层表现（汤举红等，2011）。同时，植被恢复不仅要考虑到不同的恢复模式，还应考虑恢复区域具体的环境特征，选择适合的植物种类进行恢复，才能更好地维持群落较高的物种多样性和稳定性。

四、重金属矿区废弃地植被恢复的水土保持效果

矿区植被恢复与生态重建是退化生态系统与恢复生态学及工矿区水土保持研究的重要内容之一。在矿区进行植被建设能够实现涵养水源、改良土壤和蓄水保土的水土保持功能。植被不同层次（如乔木、灌木、草本，地上、地下部分等）的水文效应不同。在矿山废弃地的植被恢复过程中选择不同的种类搭配其水文效应亦有差异。

赵方莹和蒋延玲（2010）在北京市首云铁矿选择灌草覆盖的弃渣坡面，通过野外人工模拟降雨的方法，分析了在雨强0.5 mm·min^{-1}，连续30 min的人工降雨条件下，植被不同层次（灌木层地上和地下部分、草本层地上和地下部分）的水土保持效应，揭示了植被不同层次的水土保持功能。试验结果见表9-20，表明植被具有明显的保水作用。原始灌草层、去除草本地上部分、去除草本根系、去除灌木地上部分和去除灌木根系后样方在30 min降雨过程中的总径流量分别为：1296 mL，1369 mL，1505 mL，2097 mL和2468 mL；对照裸地的总径流量为3060 mL。植被可以使该地区土壤地表径流减少1764 mL，总的蓄水效应可达 57.65%。其中灌木地上/ 地下、草本地上/地下各组分的蓄水效应分别为31.47%/19.35%和4.44%/2.39%。灌木层在减少径流的过程中发挥着最大的作用，其贡献率达88.15%，这与灌木在植被中所占的比例大有关。

赵方莹和蒋延玲（2010）还研究了植被不同层次对土壤的减蚀效应。植被的存在可以明显地减少径流中的泥沙含量，但不同植被处理条件下的径流泥沙含量有着明显的差异。裸土的径流泥沙含量为12.73 g·L^{-1}，而有灌木和草本覆盖条件下径流的泥沙含量仅

表 9-20　首云铁矿矿区植被不同层次的水文效应
Table 9-20　The hydrological effects of different levels of vegetation in Shouyun mine lot

植被组分	生物量/g	径流减少量/mL	贡献率/%	蓄水效应/%	单位生物量蓄水效应/%
裸土	0	0	0	0	0
灌木地上	273.3	963	54.59	31.47	0.12
灌木根系	307. 7	592	33.56	19.35	0.06
灌木合计	581.0	1555	88.15	50.82	0.09
草本地上	41.7	136	7.71	4.44	0.11
草本根系	48.0	73	4.14	2.39	0.05
草本合计	89.7	209	11.85	6.83	0.08
地上部分合计	315.0	1099	58.73	35.91	0.11
地下部分合计	355.7	665	41.27	21.74	0.06
灌木+草本合计	670.7	1764	100	57.65	0.09

（赵方莹和蒋延玲，2010）

为 0.63 $g·L^{-1}$，减蚀效应达到 93.55%，说明植被在防止土壤侵蚀方面发挥着巨大的作用。灌木地上/地下和草本地上/地下的减蚀效应分别为 36.34%/54.28%和 0.79%/2.14%（表 9-21）。

表 9-21　首云铁矿矿区植被不同层次的减蚀效应
Table 9-21　The decreasing erosion effects of different levels of vegetation in Shouyun mine lot

植被组分	生物量/g	减蚀量/g	贡献率/%	减蚀效应/%	单位生物量减蚀效应/%
裸土	0	0	0	0	0
灌木地上	273.3	4.63	38.84	36.34	0.13
灌木根系	307.7	6.91	58.02	54.28	0.18
灌木合计	581.0	11.54	96.86	90.62	0.16
草本地上	41.7	0.10	0.85	0.79	0.02
草本根系	48.0	0.27	2.29	2.14	0.05
草本合计	89.7	0.37	3.14	2.93	0.03
地上部分合计	315.0	4.73	39.69	37.13	0.12
地下部分合计	355.7	7.18	60.31	56.42	0.16
灌木+草本合计	670.7	11.91	100	93.55	0.14

（赵方莹等，2010）

刘国华（2004）研究了植被恢复对水土流失的影响，在南京幕府山矿山废弃地，通过人工恢复植被种植火棘、石楠，以鱼鳞坑方式整地，经过两年多，覆盖率已达 50%，土壤侵蚀模数和沟面比均明显减少，水土流失状况已基本得到控制（表 9-22）。

同时，在金属矿区开展水土保持坡面工程对治理矿区水土流失也具有重要作用，它具有截短地面流线，分段拦蓄径流，增加土壤入渗，保持土壤水分，减少水土流失的功效。坡面工程措施主要包括：截流分流工程（截水沟、排水沟、竹节沟、谷坊等）、径流聚集工程（梯田、水平沟、反坡台地、鱼鳞坑等）等。如在矿区的荒芜坡地上修筑反坡

表 9-22 幕府山矿区植被恢复对水土流失的影响

Table 9-22 The impacts of revegetation on the loss of water and soil in mine lot of Mufu mountain

土地类型	调查面积/m^2	侵蚀沟数/条	侵蚀模数/（$t·km^{-2}·a^{-1}$）	沟面比/%
废弃物堆场	2 400	18	86 193	30.03
废弃物堆场	4 800	25	47 560.3	21.67
废弃物堆场	3 200	24	61 083.1	30.62
恢复植被的堆场	4 800	26	31 068	16.23

（刘国华，2004）

台地可以切断坡面径流流线，降水在坡面的再分配过程被缓解，有效减少径流泥沙含量，对坡面地表径流的平均调控率达到 65.3%，产沙的平均调控率可达 80.7%（表 9-23，图 9-7，图 9-8）（王萍等，2011）；坡耕地改修梯田后，坡面微地形被改变，截断较长的坡长，使坡度变缓，减少了集流面积，使土壤含水量和土层储水量显著提高，大大降低泥沙流失总量及单位面积冲刷量，能有效提高土壤的保土效果（表 9-24）（黄泽河等，2014）；聚流坑可以有效地拦蓄径流泥沙（吴淑芳和吴普特，2010）。当然，仅有工程措施对于矿区水土保持只能是治标不治本，必须采取工程措施与生物措施相结合的方法，才能取得明显的综合效益（刘艳改，2012）。

表 9-23 原状坡面和反坡水平阶处理下降雨径流和泥沙量

Table 9-23 Precipitation, runoff and sediment yield of the undisturbed contrast sloping farmland and the reverse-slope level terrace treatment

处理	年降雨量/mm	雨季降雨量/mm	产流次数	径流深/mm	径流系数	地表径流量/（$m^3·km^{-2}$）	土壤流失量/（$t·km^{-2}$）
原状坡面	887.3	739.8	35	298.2	0.50	298 200	3 157.2
反坡水平阶	923.3	731.7	17	113.6	0.25	113 640	714.7
变化率/%	4.1	–1.1	–51.4	–61.9	–50.4	–61.9	–77.4

（王萍等，2011）

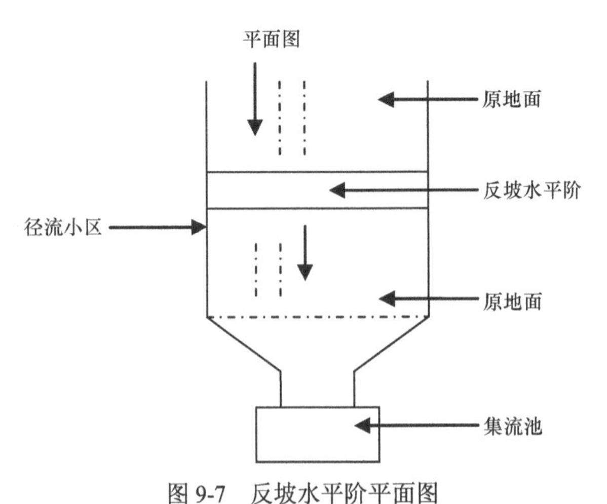

图 9-7 反坡水平阶平面图

Figure 9-7 Planar view of the reverse-slope level terrace

（王萍等，2011）

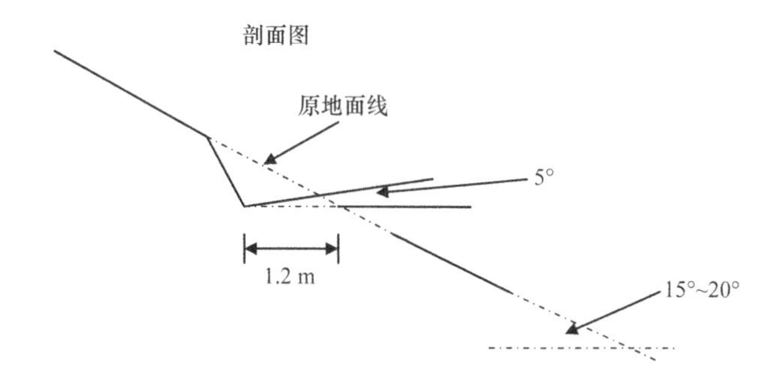

图 9-8　反坡水平阶示意图
Figure 9-8　Schematic diagram of the reverse-slope level terrace

（王萍等，2011）

表 9-24　2008～2012 年坡耕地改修梯田后各小区保土效果
Table 9-24　Soil conservation effects after slope switch to terrace in 2008～2012

年份	小区编号	泥沙总量/g	单位面积冲刷量/（$t \cdot km^{-2}$）	泥沙容重/（$g \cdot cm^{-3}$）	冲刷深/mm
2008	9	421.02	3.83	1.30	0.0029
	18	659.68	6.20	1.30	0.0046
	19	550.64	5.17	1.30	0.0040
	22	638.94	5.84	1.30	0.0045
	23	630.96	4.86	1.30	0.0041
2009	9	280.08	1.42	1.50	0.0006
	18	1370.08	12.93	1.50	0.0086
	19	1605.58	15.07	1.50	0.0100
	22	334.58	1.56	1.50	0.0010
	23	349.26	1.64	1.50	0.0011
2010	9	93.41	0.79	1.50	0.0005
	18	681.23	6.43	1.50	0.0043
	19	571.34	5.36	1.50	0.0036
	22	793.41	7.25	1.50	0.0048
	23	222.58	2.02	1.50	0.0013
2011	9	31.18	0.26	1.50	0.0002
	18	3573.70	33.74	1.50	0.0225
	19	4455.23	41.80	1.50	0.0279
	22	2437.77	22.26	1.50	0.0148
	23	1860.24	16.92	1.50	0.0113
2012	9	39.12	0.33	1.50	0.0002
	18	2507.97	23.68	1.50	0.0158
	19	3692.99	34.65	1.50	0.0231
	22	937.11	8.56	1.50	0.0057
	23	1358.78	12.36	1.50	0.0082

（黄泽河等，2014）

展　望

目前，针对重金属矿区的生态环境问题、土壤环境特征、植物组成、植物群落特征、植被多样性、植被生态系统特征等开展了调查，并对重金属矿区的土壤改良措施、植被恢复措施和水土流失控制措施进行了初步的研究。但这些都还处于单一恢复措施阶段，而没有形成综合的技术体系，还很难达到理想的恢复效果。并且对重金属矿区重金属流失所带来的危害关注度不够。因此，下一步的研究重点主要包括以下两个方向。

第一，重金属矿区生态恢复技术体系的研究。重金属矿区生态恢复的目的是既要实现废弃土地资源的最优利用，又要同时降低污染土壤中重金属生物有效性和淋溶到地下水中的风险性。但目前任何一种单一的恢复措施都存在着一定的弊端和不良影响，还需要将多种恢复措施加以综合利用和集成，形成综合技术体系，在这方面的研究还需进一步加强。

第二，重金属矿区重金属流失特征研究。目前的重金属矿区生态恢复主要开展了水土流失特征、水土流失控制、矿区植被恢复方面的研究，但水土流失特征中的重金属流失量、流失规律，水土流失控制中重金属控制效果，植被恢复过程中对重金属的稳定作用、消减作用等还未见报道，需要进一步加强研究。

第十章　土壤重金属污染评价及生态风险管理

土壤重金属污染生态风险是土壤生态系统及其组分受重金属污染胁迫，通过多种暴露途径进一步对生态系统及人体健康造成不利影响和风险。重金属可以通过食物链向更高级别的生物体富集，给人类或其他生物带来致癌、致畸，甚至死亡等风险。为防治土壤重金属污染，控制和降低、消减重金属给生态系统和人体的风险，有必要对其进行定量化评价。

本章对国内外土壤环境标准进行了介绍，总结了土壤重金属污染评价的方法；并对土壤重金属污染生态风险的评价方法进行介绍。土壤重金属污染的生态风险评价可分为 5 个步骤：受体与评价终点分析，风险源分析与毒性评估，暴露与危害分析，风险表征与综合评价，土壤重金属生态风险管理。土壤重金属污染的风险管理关键是建立完整的法律体系，对土壤重金属污染风险进行分类和分级管理。对不同土地利用类型，农用地和非农用地采取不同的管理和治理方法；对不同污染程度的土壤进行分级管理，对重金属轻度污染的农田首先是利用，对中度污染的农田要尽量修复，避免重金属进入食物链；对重度污染的农田和区域要尽量防控，降低重金属污染物的迁移能力。

第一节　土壤重金属污染评价

土壤环境质量标准是指土壤元素既不影响农产品的产量和生物学质量，又不会导致地表地下水污染的最大含量。为评价土壤环境质量的好坏，量化土壤重金属污染的严重程度，必须有统一的土壤环境质量标准进行衡量。由于生态系统具有多样性，土壤类别繁多，环境因素复杂多样，土壤环境质量标准的制定存在较大差异，主要表现在世界各国和地区的土壤环境质量标准的参数和限值各不相同。

一、土壤重金属污染评价标准

（一）世界各国土壤评价标准

土壤中的重金属污染物可以通过呼吸、皮肤接触、食用农产品等途径危害到人体健康，需要对农产品土壤、人群居住地等土壤重金属的含量进行控制，因此许多国家或地区对土壤中重金属作了最高允许浓度的规定。美国环境保护总署（U.S. Environmental Protection Agency，US EPA）制定了保护人体健康的土壤筛选导则（Soil Screening Guidance，SSG）、保护生态受体的土壤生态筛选导则（Ecological-soil Screening Guidance，ESG）和污染土壤初始修复目标值；另外美国各州实行的土壤环境标准也不尽相同，有的州执行 US EPA 的统一土壤环境质量标准，有的州单独制定了土壤环境质量标准。英国环保署采用的是不同土地利用方式下人体健康风险的土壤质量指导值；加拿大环保部门在考虑生物物种保护和人体健康风险的基础上，制定了保护生态的土壤质量指导值和保护人体健康的土壤质量指导值，综合考虑二者的最低值为环境标准。荷兰实行的土壤环境质量标准是基于风险的方法，包括三个层次的指标：目标值、干预值及部分污染物造成土壤严重污染的指示值。澳大利亚的土壤环境质量标准分为两个类别，基于人体健康的调研值和基于生态保护的调研值，有的地方也执行区域生态调研值。这些国家的土壤环境质量标准有两个共同点，都基于两个保护目标，一个是基于生态毒理学数据制定，保护的受体主要是动植物、微生物、土壤脊椎动物、野生动物等，保护土壤的生态功能，维护生态系统安全，避免或降低生态风险；另一个是基于人体暴露风险，旨在保护人体健康，降低人体健康风险。许多国家在颁布土壤环境质量标准时考虑到土地利用方式的影响；US EPA 制定的土壤筛选导则将土地利用方式定位为居住用地，考虑到居住条件下人体暴露途径和暴露参数；表 10-1 是部分国家居住用地有关重金属的质量标准值。

表 10-1　部分国家居住用地重金属标准值（$mg \cdot kg^{-1}$）

Table 10-1　Soil environmental standards of residential land in some countries（$mg \cdot kg^{-1}$）

国家或地区	As	Cd	Pb	Cr（Ⅲ）	Cr（Ⅵ）	Hg	Ni	Cu
美国	0.39	70	400	120 000	0.29	10	3 700	3 100
英国	20	2	450	130	—	8	50	—
加拿大	1	10	140	64	0.4	—	50	63
新西兰	17	0.8	160	—	290	200	—	—
荷兰	55	12	530	380	—	10	210	190
挪威	2	3	60	25	—	—	50	100
法国	37	20	400	130	—	7	140	190
德国	50	20	1 000	400	—	20	140	—
丹麦	20	0.5	40	500	20	1	30	500
瑞士	NA	0.8	50	50	—	—	50	40
瑞典	15	0.4	80	120	5	1	35	—
奥地利	20	2	100	50	—	2	70	100
芬兰	50	10	200	200	—	—	100	150
意大利	20	2	100	150	2	1	120	120
中国香港	14	72.8	262	109 000	218	21.8	1 460	2 700

注：—表示该导则中无此污染物

（徐猛等，2001）

（二）我国土壤环境质量标准

我国目前关于土壤的环境标准主要有三个：《土壤环境质量标准》（GB15618—1995）、《食用农产品产地环境质量评价标准》（HJ332—2006）和《温室蔬菜产地环境质量评价标准》（HJ333—2006），这三个标准的出台与实施为我国的土壤环境保护、农产品安全及人体健康保护构建了基础防御体系。对全国土壤环境质量标准进行统一设置，有利于土壤环境污染研究、土壤环境质量评价、预测等工作，促进了土壤资源的保护、管理与监督。

1. 土壤环境质量标准

我国《土壤环境质量标准》（GB15618—1995）按照土壤应用功能、保护目标和土壤主要性质，规定了土壤中污染物的最高允许浓度指标值及相应的监测方法。适用范围：农田、蔬菜地、茶园、果园、牧场、林地、自然保护区等地的土壤。根据土壤应用功能和保护目标，划分为以下三类。

Ⅰ类主要适用于国家规定的自然保护区（原有背景重金属含量高的除外）、集中式生活饮用水源地、茶园、牧场和其他保护地区的土壤，土壤质量基本保持自然背景水平。

Ⅱ类主要适用于一般农田、蔬菜地、茶园、果园、牧场等土壤，土壤质量基本上对植物和环境不造成危害和污染。

Ⅲ类主要适用于林地土壤及污染物容量较大的高背景值土壤和矿产附近等地的农田土壤（蔬菜地除外）。土壤质量基本上对植物和环境不造成危害和污染。

土壤环境质量标准分为三个等级：一级标准为保护区域自然生态，维持自然背景的土壤环境质量的限制值；二级标准为保障农业生产，维护人体健康的土壤限制值；三级标准为保障农林业生产和植物正常生长的土壤临界值。各类土壤环境质量执行标准的级别规定如下：Ⅰ类土壤环境质量执行一级标准；Ⅱ类土壤环境质量执行二级标准；Ⅲ类土壤环境质量执行三级标准。

土壤环境质量标准规定了土壤中污染物的最高容许含量（附录1）；防止污染物在土壤中的残留积累，以不致造成作物的生育障碍、在籽粒或可食部分中的过量积累（不超过食品卫生标准）或影响土壤、水体等环境质量为界限。

2. 食用农产品产地环境质量评价标准

农产品质量安全标准直接关系到人体健康。从农业生产角度看，保护生态安全，就是确保农业生态和资源合理开发利用；保障人体健康，就是要为生产者提供清洁的农业生产场所，为消费者提供安全的农产品。

《食用农产品产地环境质量评价标准》（HJ/T332—2006）的目标是保护生态环境，防治环境污染，保障人体健康，建立和完善食用农产品产地环境质量标准。该标准规定了食用农产品产地土壤环境质量、灌溉水质量和环境空气质量的各个项目及其浓度（含量）限值和监测、评价方法；该标准适用于食用农产品产地。

3. 温室蔬菜产地环境质量评价标准

《温室蔬菜产地环境质量评价标准》（HJ/T333—2006）规定了以土壤为基质种植的温室蔬菜产地温室内土壤环境质量、灌溉水质量和环境空气质量的各个控制项目及其浓度限值和监测、评价方法。该标准的实施主要是保护生态环境，防治环境污染，保障与促进温室蔬菜安全生产，维护人体健康。

4. 农业地土壤环境质量标准（征求意见稿 GB15618—201X）

土壤环境质量标准（GB15618—1995）于1996年实施后，为我国土地污染的防治和农产品保护提供了标准，具有重要意义，但随着时代的发展，出现了一些问题和争议。与国外发达国家的土壤环境标准不同，我国主要以土壤元素的临界含量为制定土壤环境质量标准的基础。土壤元素临界值不仅决定于元素的性质，也决定于其存在的自然条件，而我国由于国土面积大，地形地貌复杂多样，土壤类型及其性质差异大，用一个统一的国家标准也有不足之处。同一元素在不同区域、不同类型土壤中的含量差异大。不同农作物或同一作物的不同品种对土壤环境质量要求也不尽相同。土壤环境质量与农产品质量的相关性存在偏差，有时候土壤环境质量标准满足要求，但是农产品却不合格；土壤环境质量标准超标，但农产品却符合相关国家标准。另外，现行标准内容所制定的污染物项目偏少，缺少一些新型污染物，如持久性有机污染物等。铅、镉等重金属限制标准与农业生产的实际需求也需要进行调整。

国内相关学者对土壤环境质量标准的修订进行了探讨和研究，认为土壤环境质量标准应与国际接轨，引入风险管理目标（聂静茹等，2013；王国庆等，2005）；保护土壤的生态功能，维护生态系统安全，保护人体健康，避免或降低生态风险；结合土地利用的不同方式，进行综合考虑。

在此背景下，2015年环保部组织相关科研部门对现行的土壤环境质量标准进行修订，制定出符合国情的新土壤质量标准值，发布了农业地土壤环境质量标准（征求意见稿GB15618—201X），目前正在公示阶段。如果该标准得到实施，《土壤环境质量标准》（GB15618—1995）将废止，不再执行《食用农产品产地环境质量评价标准》（HJ/T332—2006）和《温室蔬菜产地环境质量评价标准》（HJ/T333—2006）中与本标准重叠的内容。该标准中的农用地主要指《土地利用现状分类》（GB/T21010—2007）规定的水田（011）、水浇地（012）、旱地（013）、果园（021）、茶园（022）、天然牧草地（041）、人工牧草地（042）等。该标准对农用地土壤重金属的规定，包括基本项目和选测项目的限值（附录2）。

二、土壤重金属污染评价方法

土壤重金属污染评价方法主要有单因子污染指数法、综合污染指数法、富集因子法、地积累指数法和潜在生态危害指数法等。

1. 单因子污染指数法

评价研究区域的重金属污染，可采用单因子污染指数法，公式如下：

$$P_{ip}=\frac{C_i}{S_{ip}}$$

式中，P_{ip} 为土壤中污染物 i 的单项污染指数；

C_i 为调查点位土壤中污染物 i 的实测浓度；

S_{ip} 为污染物 i 的评价标准参考值。

根据 P_{ip} 的大小将该污染物的土壤污染程度（表10-2）划分为5级。

表 10-2　土壤环境质量评价分级

Table 10-2　Criteria for classification of soil environment quality

等级	P_{ip}值大小	污染评价
I	$P_{ip} \leq 1$	无污染
II	$1 < P_{ip} \leq 2$	轻微污染
III	$2 < P_{ip} \leq 3$	轻度污染
IV	$3 < P_{ip} \leq 5$	中度污染
V	$P_{ip} > 5$	重度污染

2. 综合污染指数法

综合污染指数法是一种通过单因子污染指数得出综合污染指数的方法，它能够较全面地评判重金属的污染程度。其中，内梅罗指数法（Nemerow index）是评价土壤重金属污染时运用最为广泛的综合指数法，其计算公式为（Nemerow，1974）

$$P_i = \frac{C_i}{S_i}$$

$$P_{综合} = \sqrt{\frac{(\overline{P_i})^2 + (P_{i\max})^2}{2}}$$

式中，P_i为单项污染指数；

C_i为污染物实测值；

S_i为根据需要选取的评价标准，为第i种金属的土壤环境质量指标；

$\overline{P_i}$为单项污染指数平均值；

$P_{i\max}$为最大单项污染指数。

根据内梅罗综合污染指数法可将土壤重金属污染划分为 5 个等级（表 10-3）。

表 10-3　土壤重金属污染等级标准

Table 10-3　Criteria for classification of soil heavy metal pollution

等级划分	综合污染指数	污染等级	污染水平
1	$P_n \leq 0.7$	安全	清洁
2	$0.7 < P_n \leq 1.0$	警戒限	尚清洁
3	$1.0 < P_n \leq 2.0$	轻污染	土壤开始受到污染
4	$2.0 < P_n \leq 3.0$	中污染	土壤受到中度污染
5	$P_n > 3.0$	重污染	土壤受到重度污染

（师荣光等，2006）

内梅罗指数法可以全面反映各重金属对土壤的不同作用，突出高浓度重金属对环境质量的影响，可以避免由于平均作用削弱污染金属权值现象的发生。然而，随着该方法的应用，人们发现由于其过分突出污染指数最大的污染物对环境质量的影响和作用，在评价时可能会人为夸大浓度高的因子或缩小浓度低的因子的影响作用（师荣光等，2006），使其对环境质量评价的灵敏性不够高，在某些情况下，内梅罗污染指数的计算结果难以区分土壤环境质量污染程度的差别。

3. 富集因子法

富集因子是分析表生环境中污染物来源和污染程度的有效手段，富集因子是 Zoller 等（1974）为了研究南极上空大气颗粒物中的化学元素是源于地壳还是海洋而首次提出来的。它选择满足一定条件的元素作为参比元素（一般选择表生过程中地球化学性质稳定的元素），然后将样品中元素的浓度与基线中元素的浓度进行对比，以此来判断表生环境介质中元素的人为污染状况。富集因子的计算公式为（Buat-Menard and Chesselet，1979）

$$\mathrm{EF}=\frac{\left(C_n / C_{ref}\right)_{\text{sample}}}{\left(B_n / B_{ref}\right)_{\text{background}}}$$

式中，C_n 为待测元素在所测环境中的浓度；

C_{ref} 为参比元素在所测环境中的浓度；

B_n 为待测元素在背景环境中的浓度；

B_{ref} 为参比元素在背景环境中的浓度。

由公式可以看出，富集因子法是建立在对待测元素与参比元素的浓度进行标准化基础之上的。参比元素要具有不易变异的特性（Reimann and Caritat，2000）。随着富集因子研究方法的日渐成熟，国内外许多学者开始把它应用到土壤重金属污染的评价中（滕彦国等，2002；Gowd et al.，2010）。但富集因子在应用过程中也存在一些问题，由于在不同地质作用和地质环境下，重金属元素与参比元素地壳平均质量分数的比例会发生变化（Reimann and Caritat，2005），如果在大范围的区域内进行土壤质量评价，富集因子就会存在偏差。由于参比元素的选择具有不规范性，微量元素与参比元素比例的稳定性难以保证及背景值的不确定性，富集因子尚不能应用于区域规模的环境地球化学调查中（张秀芝等，2006）。在具体的研究区域内，不同背景值对富集程度的判断会产生较大的差异（Hernandez et al.，2003），使得有些富集因子的判断结果不能真实地反映自然情况。

4. 地积累指数法

地积累指数法是德国海德堡大学沉积物研究所的科学家 Muller 在 1969 年提出的，用于定量评价沉积物中的重金属污染程度（Muller，1969）。评价重金属的污染，除必须考虑到人为污染因素、环境地球化学背景值外，还应考虑到由于自然成岩作用可能会引起背景值变动的因素。地积累指数法考虑了此因素，弥补了其他评价方法的不足（姚志刚等，2006；宁建凤等，2009）。其计算公式为

$$I_{\text{geo}}=\log_2\left(\frac{C_i}{1.5BN_i}\right)$$

式中，I_{geo} 为地质累积指数；

C_i 为元素 i 在灰尘及土壤中的实测含量值，$\mathrm{mg \cdot kg^{-1}}$；

BN_i 为沉积岩中的地球化学背景值，$\mathrm{mg \cdot kg^{-1}}$；

1.5 为修正指数，是考虑到由于成岩作用可能会引起背景值的变动，通常用来表征沉积特征、岩石地质等其他影响。

按受污染程度强弱，Forstner 等（1989）将地质累积指数分为 7 个级别（表 10-4），表示污染程度由无到极重污染，最高一级（7 级）的元素含量可能达背景值的几百倍。

表 10-4 地质累积污染指数分级标准（无量纲）

Table 10-4 Criteria for classification of geoaccumulation pollution index

I_{geo}	级别	污染程度
<0	0	无污染
0～1	1	轻度污染
1～2	2	中度污染
2～3	3	较重污染
3～4	4	重污染
4～5	5	重污染–极重污染
>5	6	极重污染

（Forstner et al.，1989）

该方法考虑到地质背景所带来的影响，越来越多地被用来评价土壤重金属污染（Loska et al.，2004；柴世伟等，2006）。在评价土壤重金属污染时，公式中 C_i 表示测定土壤中某一给定元素的含量，而 BN_i 表示地壳中元素的含量（Taylor and McLennan，1995）。运用该方法进行评价时，通过地积累指数的变化可以反映出采样点土壤特性及污染来源的变化（Wei and Yang，2010）。但是该方法只能给出各采样点某种重金属的污染指数，无法对元素间或区域间环境质量进行比较分析。因此可以采用地积累指数与聚类分析相结合的方法进行评价（柴世伟等，2006）。

5. 潜在生态危害指数法

潜在生态危害指数法（the potential ecological risk index，RI）在评价土壤重金属污染时也经常用到。潜在生态危害指数法是瑞典科学家 Hakanson 提出的，也称为 Hakanson 指数。该法是 Hakanson 根据重金属的性质和环境特点，从沉积学角度提出来的对土壤或沉积物中重金属污染进行评价的方法。该指数考虑了土壤重金属含量，将重金属的生态、毒理、环境效应有机地结合起来，采用量化指标、等价属性指数评价重金属的风险性。计算土壤重金属污染的潜在生态危害指数，首先要分析土壤中重金属的含量，计算与土壤中重金属元素背景值的比值，从而得到单项污染系数，然后引入重金属毒性响应系数，得到潜在生态危害单项系数，最后通过加权处理得到此区域土壤中重金属的潜在生态危害指数，计算公式如下：

$$\mathrm{RI}=\sum_{i=1}^{m}E_r^i=\sum_{i=1}^{m}T_r^i\frac{C^i}{C_s^i}$$

式中，RI 为多种重金属元素污染的潜在生态风险指数；

E_r^i 为单一重金属潜在生态风险因子；

T_r^i为某一重金属的毒性响应系数，反映了重金属在水相、固相和生物相之间的响应关系，是根据 Hakanson 制定的标准化重金属毒性系数获得的，重金属毒性水平次序为Cd、Pb、Cu、Cr、Zn，其毒性响应参数分别为20、5、5、2、1；

C^i为样品实测浓度；

C_s^i为沉积物和土壤背景参考值或土壤环境质量标准的评价参考值，采用全球工业化前沉积物中重金属的最高背景值（As、Cd、Cr、Cu、Hg、Ni、Pb、Zn依次为15 $mg·kg^{-1}$、0.5 $mg·kg^{-1}$、60 $mg·kg^{-1}$、30 $mg·kg^{-1}$、0.25 $mg·kg^{-1}$、40 $mg·kg^{-1}$、25 $mg·kg^{-1}$、80 $mg·kg^{-1}$）。

潜在生态风险指数可以定量评价单一元素的风险等级，也可以评价多个元素的综合风险等级。土壤重金属污染生态危害可以分为5个级别（表10-5）。

表 10-5 潜在生态风险指数的分级

Table 10-5 Classification of potential ecological risk index

潜在生态风险 E_j^i	单一金属元素生态风险程度	潜在生态风险指数RI	多金属元素的综合生态风险程度
＜40	轻微	＜150	轻微
40～80	中等	150～300	中等
80～160	强	300～600	强
160～320	很强	＞600	很强
＞320	极强		

（陈锋等，2008）

潜在生态风险指数体现了生物有效性和相对贡献比例及地理空间差异等特点，能综合反映土壤中重金属的影响潜力。潜在生态风险指数适用于各类土壤重金属污染的评价，如在林地重金属污染评价（楚春晖等，2014）、湖泊沉积物重金属污染风险评价（申秋实等，2014）、煤矿复垦区重金属污染风险评价（张琛等，2014）、垃圾填埋场重金属污染评价（赵小健，2013）等得到广泛应用。

郭笑笑等（2011）对土壤重金属污染评价的几种方法的优缺点进行简要概括（表10-6），在进行土壤重金属污染评价时，可以根据需要选用适合的方法。

表 10-6 几种常见指数法及其优缺点

Table 10-6 Advantages and disadvantages of several commonly used index methods

评价方法	公式	优点	缺点
内梅罗指数法	$P_{综合}=\sqrt{\frac{(\overline{P_i})^2+(P_{i\max})^2}{2}}$	避免由于平均作用削弱污染金属的权值	可能会人为夸大或缩小某些因子的影响
富集因子法	$EF=\frac{(C_n/C_{ref})_{sample}}{(B_n/B_{ref})_{background}}$	能够比较准确地判断人为污染状况	参比元素的选择有待规范
地积累指数法	$I_{geo}=\log_2\frac{C_i}{1.5BE_n}$	考虑了成岩作用对土壤背景值的影响	元素间和区域间可比性差
潜在生态危害指数法	$RI=\sum_{i=1}^{m}E_r^i=\sum_{i=1}^{m}T_r^i\frac{C^i}{C_s^i}$	将环境生态效应与毒理学联系起来	注意重金属间毒性加权或拮抗作用

（郭笑笑等，2011）

第二节　土壤重金属污染生态风险评价

土壤重金属污染生态风险的承受者可能是土壤生态系统本身，或通过食物链、呼吸、接触等其他暴露途径对生物或人体产生健康风险。土壤重金属污染的生态风险评价（ecological risk assessment，ERA），是定量化研究一个物种、种群、生态系统或整个景观的正常功能受土壤重金属污染的胁迫，评价在目前和将来减少该系统内部某些要素或其生态系统服务功能的可能性，从而危及生态系统及其组分的安全和健康。本节简述了土壤重金属污染的生态风险，提出了土壤重金属污染生态风险评价的一般程序。

一、土壤重金属污染的生态风险

土壤受到重金属污染后，面临严重的风险。含重金属浓度较高的表层土容易在风力和水力的作用下，进入到大气和水体中，导致大气重金属污染、地表水污染、地下水污染、沿海沉积物重金属污染、城市土壤重金属污染和生态系统退化等其他次生生态环境问题。重金属污染土壤后，土壤环境组成、结构和功能都将受到危害；群落多样性指数随土壤重金属污染程度的加重而降低（孙艳芳等，2014）。土壤重金属污染导致作物减产，农产品质量下降，产出的粮食存在较大风险；重金属污染物通过土壤、地表水、地下水、蔬菜及粮食作物途径，经食入、皮肤接触等暴露途径对人体造成非致癌风险和致癌风险，土壤重金属污染愈重地区，人体健康风险愈高（徐友宁等，2014）。在城市生活的人群，由于暴露在大气、表层土等重金属污染环境中，受到的健康风险更大（Yuan et al.，2014）。土壤重金属污染对儿童的风险要大于成人，重金属可通过吞食、吸入和皮肤吸收等途径进入体内，直接对儿童的健康造成危害（马茂忠，2010）。

二、土壤重金属生态风险评价的技术方法

土壤重金属生态风险评价的基本方法主要基于风险的概率。

1. 土壤重金属污染风险的概率

土壤重金属生态风险评价的方法基于风险度量的基本公式：

$$R=PD$$

式中，R 为土壤重金属污染的风险，在土壤重金属污染的风险中，主要是指致畸、致癌和致死等；

P 为灾难或事故发生的概率，是指致畸、致癌和致死发生的概率；

D 为灾难或事故可能造成的损失。

对于一个特定的土壤重金属污染 X，它的风险可以表示为

$$R(x)=P(x)D(x)$$

对于一组土壤重金属污染，风险可以表示为

$$R=\sum P(x)\ D(x)$$

2. 3S 技术在土壤重金属生态风险评价中的应用

土壤是一个不均匀、具有高度空间变异性的混合系统，简单地利用采样数据进行整体评价，其结果难以准确反映该地区的土壤质量。3S 技术将遥感技术（romote sensing，RS）、地理信息系统（geography information system，GIS）和全球定位系统（global positioning systems，GPS）三种技术集成起来，可实现对各种空间信息和环境信息的快速、准确的处理。3S 技术可以利用遥感影像获取大面积土壤的信息，利用 GPS 进行精确定位，进行采样，利用 GIS 的空间分析功能，可以有效解决区域土壤环境质量评价中的空间表达问题。

GIS 的地统计功能已被证明是分析土壤重金属空间分布特征及其变异规律最有效的方法之一。GIS 的地统计功能的克里格法插值（Kriging）是利用原始数据和理论半变异函数作为特征参数，对采样区域的变量进行无偏最优的一种插值方法，比起其他方法，其优点在于最大限度地利用空间取样所提供的各种信息；可以将空间变异性和土壤特性的变化很好地表现出来（Nie et al.，2012）；GIS 获取数据信息量大、分析快速，结果进行可视化表达，能直观显示区域污染情况的变化（张元旭等，2013）。张直等（2013）利用 GIS 软件绘制了九龙江河口区土壤重金属质量比的空间分布图，并用潜在生态危害指数法对土壤重金属质量比进行生态风险评价。应用 GIS 对浙江省慈溪市农业土壤中重金属污染的生态风险进行评价，结果显示，慈溪市表层土壤重金属 As 的致癌风险指数在 10^{-6}～10^{-5} 水平，部分地区的风险指数已经超出 US EPA 的土壤治理基准（10^{-6}），Cd 的致癌风险指数在 10^{-7} 水平，属于安全的范围。叠加后的致癌总风险值指数仍处于 10^{-6} 水平，非致癌总风险指数值在 10^{-2}～10^{-1} 水平，不会对当地居民的身体健康产生较大危害（刘庆等，2008）。通过 Kriging 法对重金属含量空间局部插值后，对迁安市农田土壤表层重金属含量进行污染指数评价和分级；结果显示 Cu 和 Ni 单项污染指数在北部山区分别有 0.18%和 0.10%面积超标，综合污染指数有 11.80 km^2 表层土壤污染达到警戒限，所占总面积百分比为 0.98%（王波等，2006）。刘庆等（2009）利用地统计学和 GIS 技术对鲁西北阳谷县十五里园镇农田耕层土壤重金属含量空间变异性进行了研究，发现 Cu、Cd、Ni 三种元素的空间自相关作用较强，元素的空间变异性受人为因素的影响较小，Zn、Pb、Cr 三种元素具有中等程度的相关性，其空间变异性受自然因素和人为因素的综合影响。

三、土壤重金属污染的生态风险评价程序

美国是世界上最早提出并开展生态风险评估的国家之一，拥有较为完善的环境健康风险评估技术工具体系，包括技术指导文件、数据库和模型软件等。20 世纪 80 年代以来，美国国家科学院出版了《联邦政府的风险评价：管理程序》，US EPA 陆续发布了《致癌风险评价指南》、《致畸风险评价》、《化学混合物健康风险评价》、《发育毒物健康风险评价》、《暴露评价导则》、《暴露参数手册》和《超级基金污染场地健康风险评价指南》等一系列技术文件，涵盖了不同毒性效应、不同污染物的风险评价指南及其他相关方法等方面的内容。1986 年 US EPA 颁布了一系列有关健康风险评价的技术性文件、准则和指南；包括《健康风险评价导则》，该导则包括致癌性、致突变性、化学混合物、可疑发

育毒物及估算接触量等5个方面的内容（徐猛等，2013）。此外，美国还建立了化学物质毒理信息的数据库，如综合风险信息系统和风险评估信息系统、生理信息数据库、生物标志物数据库等，为健康风险评估提供基础信息和支撑。

参考美国、荷兰等国家的相关导则和标准，结合我国土地利用的实际情况、重金属污染风险防范与环境管理的要求，初步构建了我国土壤重金属污染的生态风险评价框架，包括以下步骤：受体与评价终点分析、风险源分析与毒性评估、暴露与危害分析、风险表征与综合评价、土壤重金属生态风险管理等。

1. 受体与评价终点分析

受体是指暴露于压力之下的生态实体；受体在风险评价中指生态系统中可能受到来自风险源的不利作用的组成部分，它可能是生物体，也可能是非生物体。生态系统可以分为不同的层次和等级，在进行生态风险评价时，通常经过判断和分析，选取那些对风险因子的作用较为敏感或在生态系统中具有重要地位的关键物种、种群、群落乃至生态系统类型作为风险受体，用受体的风险来推断、分析或代替整个区域的生态风险，选择恰当的风险受体，可以最大程度地反映区域生态风险状况。重金属污染的生态风险评价不仅关注人体健康风险，还关注生态系统中的要素。进行生态风险评价的时候，首先要考虑确定生态风险评价的受体和终点，可能的受体是土壤环境本身、植物、土壤微生物、人体健康等生态系统的组分。可能的评价终点包括：植物根系的反应、植物根的病原体变化、土壤动物的变化、土壤节肢动物群落结构变化、土壤微生物群落结构、土壤微生物生物量、营养物的循环、土壤酶变化、人体健康等。

2. 风险源分析与毒性评估

风险源分析是指对区域中可能对生态系统或其组分产生不利作用的干扰进行识别、分析和度量（US EPA，1998）。这一过程又可分为风险识别和风险源描述两部分。根据评价目的找出具有风险的因素，即进行风险识别。土壤重金属污染的风险源分析，主要是收集现有的场地相关信息和污染物监测数据，从而确定场地土壤中的关注污染物及其浓度、关注污染物的迁移途径、是否有受体受到威胁。初步建立概念性场地暴露模型，描述污染源分布位置、场地周边水文地理环境状况，判断关注污染物可能会影响到的受体（人群或其他）。污染源可以分为两类：一类是产生重金属污染物的地点；另一类是当前已经受重金属污染的土壤或地区。通过研究污染物在土壤环境中的时间和空间分布，分析污染源的污染途径及二次污染的形成和分布来确定重金属的污染源。重金属污染物在土壤环境中的分布与其在不同介质中的分配有关，污染物的物理学分布与其颗粒大小有关，对于污染物的生物学效应，其存活及繁殖等因素也需要考虑。

毒性评估在很大程度上依赖于某种重金属污染物已有的毒性信息。国内目前尚无对化合物理化性质和毒性效应进行较为全面的研究，因此毒性参数推荐值主要参照美国RAIS（Risk Assessment Information System）数据库确定。RAIS是美国能源部（U.S. Department of Energy，DOE）环境管理办公室委托Bechtel Jacobs公司开发的人体健康毒性数据库。剂量–反应评估健康风险评价中，化学物剂量–反应关系是在各种调查和实验数据的基础上估算出的，故人类的流行病学资料为首选。

估算土壤重金属污染物暴露水平与受体之间的关系，主要包括非致癌物的剂量–健康危害分析、致癌物的剂量–健康危害分析、突变物的剂量–健康危害分析等。对非致癌物的剂量–健康危害分析，一般采用不确定系数法推导出可接受的安全水平（acceptable safety level，ASL），ASL在不同的管理部门被称为参考剂量（reference dose，RfD）、实际的安全剂量（virtually safe dose，VSD）、可接受的日摄入量（acceptable daily intake，ADI）、最大容许浓度（maximum allowable concentration，MAC）或人群健康效应阈值（estimated population threshold for human，EPT-H）等。致癌物的剂量–健康危害分析是在无阈效应情况下，利用高剂量外推模式评价人群暴露水平上所致毒的危险概率。一般认为，致癌物在低剂量范围内的剂量–危害反应关系曲线可能有三种类型，线形、超线形和次线形。

3. 暴露与危害分析

暴露分析是研究各风险源在评价区域中的分布、流动及其与风险受体之间的接触暴露关系。土壤重金属污染的生态风险评价中，暴露分析就是研究重金属污染物进入生态系统后的迁移、转化过程，一般采用数学模型。暴露分析描述了胁迫因子与生态受体的接触和共存。暴露分析有三大目标：源和释放的描述，胁迫因子在环境中的分布，接触和共存的范围和方式。对于土壤重金属污染物，要确定接触定量，通过重金属的取食摄入、呼吸吸入或皮肤直接接触的量，分析有害物质与受体接触和进入受体的途径，如土壤、地下水和食物等；分析暴露方式，如呼吸吸入、皮肤接触、经口摄入等；确定暴露量计算方法，计算暴露量。重金属从土壤进入人体的途径主要有：土壤–植物–人，土壤–人，土壤–植物–动物–人，土壤–动物–人，土壤–地表水–人，土壤–地下水–人，土壤–空气–人等途径（表10-7）。

表10-7　土壤及地下水中污染物暴露途径汇总

Table 10-7　Exposure pathways of soil and groundwater contamination

载体类型	暴露途径
土壤	吸入被重金属污染的土壤颗粒
	直接食入被重金属污染的土壤颗粒
	皮肤接触被重金属污染的土壤颗粒
空气	吸入挥发在空气中的污染物
水	饮用被重金属污染的地表水和地下水
	利用被污染的水洗澡时皮肤接触
	利用被污染的水洗澡时蒸汽吸入
作物	食用被重金属污染的作物

（武晓峰等，2012）

不同土地利用方式（农业用地、住宅用地、商业用地和工业用地等）下人群暴露于土壤污染物的途径和特点是不一样的，要考虑到暴露途径、暴露参数的确定和暴露量的计算模型。暴露评价是确定或者估算暴露量的大小、暴露频率、暴露的持续时间和暴露途径。关于暴露情况的收集主要分为直接法和间接法。直接法包括个体监测和生物监测，近年来，发达国家在暴露评价模型方面发展较快，国外许多国家和研究机构开发了多种评价模型，如美国的RBCA（risk-based corrective action）模型、英国的CLEA（contaminated land exposure assessment model）模型和荷兰的CSOIL（contaminated soil）模型等。

危害分析是土壤重金属污染生态风险评价的重要部分，其目的是确定风险源对生态系统及其风险受体的损害程度。重金属污染物的危害分析主要通过收集和评估该重金属的毒理学和流行病学资料，确定其是否对人群健康造成损害。目前，有两种分类方法：国际癌症研究中心化学物质致癌性分类和US EPA综合风险信息系统化学物质致癌分类等。在进行暴露和危害分析时要尽可能地利用一切有关的信息和数据资料，弄清各种风险源对风险受体的作用机理，提高评价的准确性，降低不确定性。

暴露与危害分析的具体内容包括：分析重金属污染物在土壤环境介质之间分配的机制，在土壤中迁移的路线与方式，伴随迁移发生的转化作用，了解重金属污染物在土壤环境中的迁移、转化和归宿的主要过程和机制；选择建立模拟土壤污染物环境转归过程的数学模型或其他物理模型；估算参数，即确定模型参数的种类，确定参数估算方法，包括经验公式法、野外现场试验法、实验室实验法和系统分析法等，进行估算；确定计算方法，即根据所确定的数学模型，研究模型方程的计算方法；对模型进行调试，选择独立于模型参数，估算使用过的资料和其他实例资料对模型进行验证，如计算结果与实测值相差甚远，则对模型进行修正，或对模型参数进行调整；回归分析，数学模型分析土壤污染物的环境转归过程和时空分布结果。

4. 风险表征与综合评价

风险表征除量化风险外，也包括对风险评价的不确定性分析。量化风险采用各国的通用做法，即认为同一种污染物不同途径的致癌暴露风险可累加，同一种污染物不同暴露途径的非致癌危害商可累加；同时存在的不同污染物的致癌风险可累加，不同污染物的非致癌危害商也可累加。

风险评价即评估危害作用的大小及发生概率的过程。风险评价是前述各评价部分的综合阶段，它将暴露分析和危害分析的结果结合起来，并考虑综合效应，将区域生态风险评价的其他组分有机地结合起来，得出区域范围内的综合生态风险值。另外，风险评价还应包括对风险表征方法、评价中的不确定性因素等方面的说明。

5. 土壤重金属生态风险管理

土壤重金属生态风险管理（ecological risk management）是指根据生态风险评价的结果，根据相应的法规条例，选用有效的控制技术，进行削减土壤重金属污染的生态风险的费用和效益分析，确定可接受风险度和可接受的损害水平，并进行政策分析，同时考虑社会经济和政治因素，决定适当的管理措施并付诸实施，以降低或消除风险，维护人群健康和生态系统安全。土壤重金属污染生态风险评价的目的就是对生态风险进行管理，所以往往在进行生态风险评价之后，对风险管理者提出建议。

可接受风险水平是综合考虑社会、经济、技术等诸多因素得到的评判环境污染所致人体健康风险是否可接受的标准。国际上一些国家、地区和机构规定了健康风险评价中的最大可接受风险水平，但其可接受暴露限值各有差异。我国尚未制定此类限值，大多参考国外限值，主要为瑞典环保局、荷兰建设环保部和英国皇家协会推荐的可接受健康风险水平 $1\times10^{-6}\,a^{-1}$，US EPA 推荐的健康风险水平 $1\times10^{-4}\,a^{-1}$。如果经过评价后知道污染风险不可接受，需要修复，则基于可接受的致癌风险、基于可接受的非致癌风险、基于地下水标准值分别推算允许的土壤重金属污染物浓度，三者中取最小值，作为修复目标值参考值。

第三节　土壤重金属污染管理

土壤一旦受到重金属污染，在没有人为干预的条件下，几乎不可能恢复，仅靠切断污染源的方法很难修复。治理土壤重金属污染的成本高、周期长、难度大；因此土壤重金属污染的管理，首先要构建重金属污染防治的法律体系、标准和技术规范等，防范重金属污染的风险。土壤重金属污染的管理可以分为两部分，一是预防土壤重金属污染，二是治理和修复已经被重金属污染的土壤。

一、土壤重金属污染管理的法律体系

美国、日本、英国、加拿大等发达国家非常重视土壤环境质量保护，注重土壤重金属污染的防治、农田土壤肥力的保护，主要是通过政府的立法，通过政策的实施来保护农田土壤。英国环境、食品及农村事务部于 2004 年发布了第一个《土壤行动计划（2004～2006)》，实施 4 年后，2008 年 3 月 31 日又发布了新的土壤战略计划草图——《英国土壤战略草案征询意见稿》，旨在通过改善相关的土壤管理措施，维系土壤的可持续性。该战略计划是“保护环境，以维持碳储存（减缓气候变化）和土壤质量”；建立有机肥料投入土壤的风险度评估，以及评估其对人类、动物、植物健康及环境产生的影响。在美国，政府提供种田补贴，减免税租，给予贷款经济措施，鼓励农场主积极进行土壤保护，2007 年实施《农场安全和农村投资行动计划》用于土地退耕或休耕。《2002～2007 环境质量激励计划》投入资金高达 58 亿美元，增加了保护安全项目和农场耕地保护项目。

20 世纪五六十年代末期日本陷入土壤重金属污染公害的困境，后经过环境法制发展与完善，日本的土壤重金属污染得到很好的治理。日本先后通过《环境基本法》、《农业用地土壤污染防治法》、《农药取缔法》、《土壤污染对策法》、《水污染防治法》、《废弃物处理及清扫的法律》等一系列土壤环境保护立法，构建了以农业用地土壤污染防治法、城市土壤污染防治法、与土壤污染相关的环境标准和放射性物质污染土壤防治法为主要内容的日本土壤环境保护立法体系。2003 年日本实施了《土壤污染对策法》，该法详细规定了工业用地被污染后的治理方法，对日本的土壤保护和土壤污染治理工作具有重要意义，并于 2009 年进行了修订（宋德君和武晓峰，2014）。该法的基本思想在于对危及公众健康的环境风险进行管理，对公众直接接触受污染的土壤或饮用受污染的地下水对健康造成损害或者存在损害的风险进行控制或管理。根据公众健康危害风险存在与否将污染区分为两类：需治理污染区和改变土地利用形态时需报告的污染区。《土壤污染对策法》的颁布实施，对日本社会产生了重大影响，促进了公众对土壤污染及其风险的认识；对促进土壤污染的调查及污染场地的治理，发挥了巨大的影响。

我国目前执行的土壤环境标准主要有《土壤环境质量标准》(GB15618—1995)、《食用农产品产地环境质量评价标准》(HJ332—2006)和《温室蔬菜产地环境质量评价标准》(HJ333—2006)等。为保护生态环境、保障人体健康、加强污染场地环境保护监督管理，还发布了一系列污染场地环境保护标准:《场地环境调查技术导则》(HJ25.1—2014)、《场地环境监测技术导则》(HJ25.2—2014)、《污染场地土壤修复技术导则》(HJ25.4—2014)、《污染场地风险评估技术导则》(HJ25.3—2014)等。

2015年环保部组织相关部门对现行的土壤环境质量标准进行修订，以期制定出符合国情的新土壤质量标准值，发布了《农业地土壤环境质量标准》(征求意见稿GB15618—201X)，目前正在公示阶段。为保护人群健康，降低风险，发布了《建设用地土壤污染风险筛选指导值》(征求意见稿HJ25.5—201X)，该标准适用于筛查建设用地土壤污染风险，建设用地土壤污染风险评估。该标准规定了住宅类敏感用地和工业类非敏感用地土壤污染风险筛选指导值。土壤中污染物含量超过该指导值的，表明土壤污染可能会对人体健康产生危害，需要启动土壤污染的风险评估，根据评估结果决定是否需要采取针对性风险管控或土壤修复等措施。

以上法律法规、技术规范的颁布和实施对防治我国土壤重金属污染具有重要意义，《农业地土壤环境质量标准》的实施将有助于防控耕地土壤重金属污染和降低土壤重金属污染的生态风险;《建设用地土壤污染风险筛选指导值》对污染场地的修复，保障人群居住地环境安全，具有积极作用，随着更多相关技术标准的出台，将构建和完善起我国的土壤重金属污染防治法律体系。

二、重金属污染管理的规划

防治土壤重金属污染，降低风险，首先应以预防为主，控制和消除土壤的污染源，对已经污染的土壤要消除污染物、控制污染物迁移转化。中国2011年出台了《重金属污染综合防治“十二五”规划》，在国家层面上为重金属的防治确定了基础。对重点行业进行整治，淘汰铜、铅和锌冶炼，淘汰制革、铅蓄电池等过剩的产能。该规划列出了湖北等全国14个重金属污染综合防治重点省区和138个重点防治区域。计划5年内投入750亿元，开展重金属污染综合防治，重点防治区域将得到国家项目资金的重点支持。建立重金属污染防治体系、事故应急体系和环境与健康风险评估体系。

《重金属污染综合防治“十二五”规划》重点防控的重金属污染物是Pb、Hg、Cd、Cr和As等重金属污染物。依据重金属污染物的产生量和排放量，确定重金属污染防控的重点行业是：重有色金属矿(含伴生矿)采选业、重有色金属冶炼业、铅蓄电池制造业、皮革及其制品业、化学原料及化学制品制造业等。通过立法加大落后产能淘汰力度，减少重金属污染物产生，严格依法淘汰落后产能。对未经环保部门审批及治理无望、实施停产治理后仍不能达标排放的企业，地方政府应依法予以关停。禁止将落后产能向农村和不发达地区转移。支持优势企业兼并、重组，淘汰落后产能。提高行业准入门槛，严格限制排放重金属相关项目准入条件，优化产业布局。

2011年国务院批准《湘江流域重金属污染治理实施方案》，这是全国第一个获国务院批准的重金属污染治理试点方案。该方案涉及湖南湘江流域长沙、株洲、湘潭、衡阳、郴州、娄底、岳阳、永州 8 个市，明确了株洲清水塘、湘潭竹埠港、衡阳水口山、长沙七宝山、郴州三十六湾、娄底锡矿山、岳阳原桃林铅锌矿等 7 大重点区域，提出了民生应急保障、工业污染源控制、历史遗留污染治理三大重点任务，规划项目 927 个，总投资 595 亿元，规划期限为 2011～2020 年。工程目标是到 2015 年，湘江流域涉重金属企业数量比 2008 年减少 50%，2015 年 Pb、Hg、Cd、As 等重金属排放量比 2008 年减少 50%，环境质量得到改善，重金属污染的环境风险降低，重金属污染事故得到有效遏制。计划通过 5～10 年的时间基本解决湘江流域重金属污染问题。

三、重金属污染的分类分级管理

重金属污染的管理要考虑到不同土地利用类型和重金属的污染水平；针对不同区域（如矿区、工业区、农田）、不同污染类型、不同污染程度（轻、中、重），采取相应的对策，进行分类和分级管理。

（一）农用地的分级管理

农用地的重金属污染风险关系到食品安全，影响到人类的生存和繁衍。在我国建立农产品产地土壤分级管理利用制度，按照现行《土壤环境质量标准》（GB15618—1995）进行土地筛选，如修订草案《农用地土壤环境质量标准》与《建设用地土壤污染风险筛选指导值》正式实施后，按照新的环境标准进行筛选，同时参考 US EPA 的土壤重金属污染分类概念框架，对土壤重金属污染进行筛选和分级管理。

基于风险的土壤质量指导值是土壤中污染物浓度的指示值或警告值，是初步判断和识别受污染场地健康风险的依据。US EPA 在土壤筛选导则中将土壤污染物浓度从低到高分为三个区间（图 10-1）：污染物浓度处于背景浓度值到筛选浓度值之间，污染风险可以忽略，无需进一步场地调研；从筛选浓度值到反应水平，土壤污染物含量水平可能会对生态或人体健康产生风险，但这并非意味着必须采取修复措施，需根据特定场地的风险评估结果来决定；当污染物浓度处于响应浓度值与极高浓度值之间时，则必须采取相应措施。

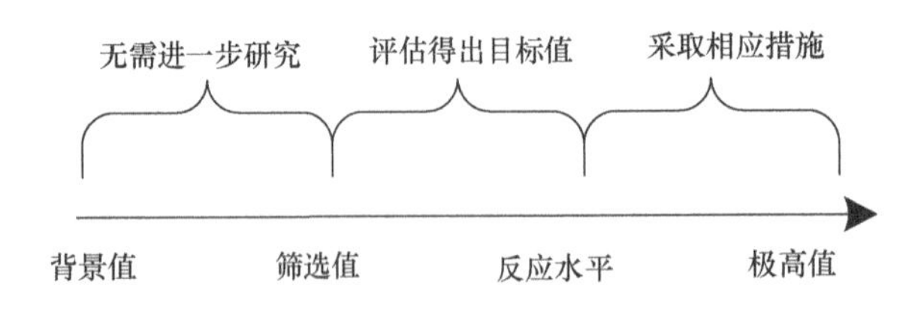

图 10-1　美国土壤污染的风险管理框架
Figure 10-1　Conceptual risk management spectrum for contaminated soil

（US EPA，1996）

如土壤重金属污染达到反应水平，应采取进一步的措施。根据筛选结果，将土壤分为四大类别：未污染、轻度污染、中度污染和重度污染，对未污染的土壤要加强环境监测，预防污染发生，对于已经污染的土壤，根据不同重金属污染水平（图 10-2），采用相应的手段或措施，进行妥善处置。

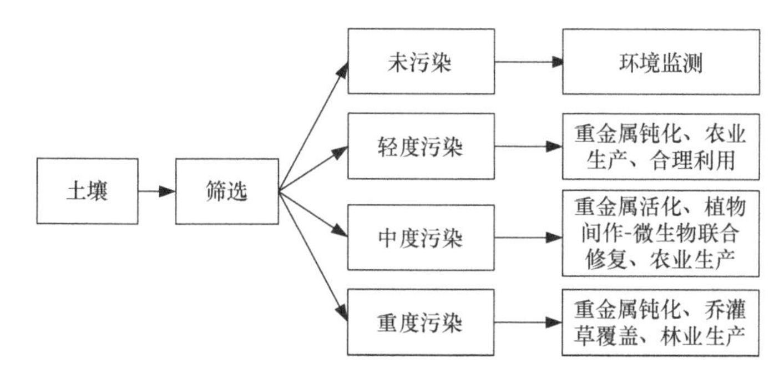

图 10-2 土壤重金属污染的分级管理
Figure 10-2 The classification management for heavy metal contaminated soil

1. 轻度重金属污染土壤

对轻度重金属污染土壤，关键是合理利用。

通过施加化学改良剂、实行配方施肥、改变耕作制度等调控措施，增加土壤对重金属元素的吸附、固定能力，降低土壤中重金属的活性，选育重金属低富集作物品种，降低农作物对重金属的吸收和富集，引导土壤中的重金属污染物向非食用植物迁移，减少或控制重金属向食物链进行迁移；在轻度重金属污染土壤上进行农业生产，提高了土地的利用效率，保证食品安全，减少重金属污染物对生态系统和人类健康的风险和危害。

2. 中度重金属污染土壤

对中度重金属污染土壤，采用超富集植物与农作物间作，植物–微生物联合修复。

超富集植物为中度重金属污染修复提供了一种很好的手段。超富集植物和低富集的农作物间作，联合修复重金属污染的土壤，当超富集植物成熟收割后可带走土壤中的大量重金属，再进一步将重金属提纯为工业原料，达到了修复土壤及变废为宝的双重目的，同时间作的低富集农作物可以正常生产，边生产边修复，这种修复模式具有广阔的应用前景。

为提高植物修复的效率，还可以添加土壤微生物，其在改良污染环境、改变重金属活性、促进植物生长等方面具有重要作用。利用植物–微生物的协作关系，综合植物与微生物修复技术优势，强化植物修复效率的植物–微生物联合修复技术，通过发挥植物和微生物各自的优点，弥补各自在重金属污染修复中的不足，提高植物修复的效果。

3. 重度重金属污染土壤

矿产资源开发利用过程中破坏了原有的自然景观和地貌，采矿后留下的尾矿、废渣、废弃地等都带来了严重的生态环境问题，如景观破坏、矿区周边农田土壤重金属污染、水土流失等。对这类重金属污染土壤，重点是采用工业场地修复技术与生态修复的方式进行修复，增加植被覆盖。重金属污染矿区生态恢复的目的是既要实现废弃土地资源的最优利用，又要降低污染土壤中重金属生物有效性和淋溶到地下水中的风险性。在重金属污染严重的农田区域，施用土壤添加剂，降低重金属活性，使重金属固化在土壤中，人工种植乔灌草或油料植物，防治水土流失，防止或降低重金属随土壤颗粒的迁移，减少重金属污染物进入农田生态系统中。在这类农田，原则上不种植食用作物，防止重金属污染物进入食物链，减少重金属的生态风险。

（二）其他类型用地的分级管理

除农用地外，建设用地（居住用地）和工矿用地的重金属污染也可以参照图 10-2 的分级筛选模式，根据土壤环境质量标准进行分级。

对轻度污染的拟建设用地，重点是对居住用地的重金属污染水平进行检测，建立预警机制；对城市周边区域的中度和重度污染的拟建设用地，要进行土壤修复和治理，由于处理时间和成本的要求，治理的手段优先采用客土法，将受到污染的土壤挖出来，送到专门的危险物处理机构，进行妥善处置；根据需要，用符合环境标准的土壤进行回填。

对边远山区的工矿企业的土壤（非农用地）重金属污染治理，主要结合水土保持工程，进行植树造林，治理水土流失，防止重金属污染物随土壤颗粒进行扩散，对矿区的重金属污染要对尾矿库、堆场等污染源进行加固，采取重金属螯合剂使其钝化，失去活性，进行土壤覆盖、植物覆盖，对地下水进行监控，在地下水的下游建立监测井，必要时要建造重金属污染治理的反应墙，将这类工矿企业的重金属污染控制在最小范围。根据管理目标，可以种植耐重金属的草本和树木，或重金属富集植物，进行深入修复。对于边远地区的工矿企业土壤污染，主要是控制重金属污染的范围和危害程度，防止重金属进入食物链，对生物和人类造成不良影响。

展　望

土壤重金属污染的风险涉及多个重金属元素和生态因子，暴露途径多，对不同风险受体产生的危害也不相同。今后土壤重金属污染生态风险的一个研究重点是复合生态风险问题，生态系统和人体健康面临着多重风险，风险源的复杂性、多样化，不同重金属元素和其他有机污染物等的协调作用和拮抗作用机制；风险暴露途径多样化，直接接触和间接摄入污染物等，重金属污染生态风险的归结点在人体健康风险上。另外一个研究重点是生态风险评价的方法，需要开发更多的模型。土壤中的重金属通过食物链和其他暴露途径对生态系统和人体健康造成影响，最终危害是不确定的，需要结合统计学和流行病调查等方法来系统研究。在土壤重金属污染的风险评价中，暴露和危害分析是整个评价工作的重点和难点，需要结合数学模型和计算机等知识进行研究，也是未来研究的重点。

土壤重金属污染的风险管理，核心是避免和减少风险的产生，关键是提高重金属污染的管控水平，根据发达国家的经验和教训，重金属污染生态风险的控制，首先是立法，形成完整的法律体系，提高政府的执法能力和监管能力，加强重金属污染的治理工作，减缓重金属风险的危害。

本章附录

附录 1　土壤环境质量标准参数值（mg·kg^-1^）

Appendix 1　Parameter values of soil environmental quality standards（mg·kg^-1^）

项目 \ 指标			一级	二级			三级
			自然背景	pH＜6.5	6.5≤pH≤7.5	pH＞7.5	pH＞6.5
镉		≤	0.20	0.30	0.30	0.60	1.0
汞		≤	0.15	0.30	0.50	1.0	1.5
砷	水田	≤	15	30	25	20	30
	旱地	≤	15	40	30	25	40
铜	农田等	≤	35	50	100	100	400
	果园	≤	—	150	200	200	400
铅		≤	35	250	300	350	500
铬	水田	≤	90	250	300	350	400
	旱地	≤	90	150	200	250	300
锌		≤	100	200	250	300	500
镍		≤	40	40	50	60	200

资料来源：土壤环境质量标准（GB15618—1995）

注：重金属（铬主要是三价）和砷均按元素量计，适用于阳离子交换量＞5 cmol（+）·kg^{-1}的土壤，若≤5 cmol（+）·kg^{-1}，其标准值为表内数值的半数；水旱轮作地的土壤环境质量标准，砷采用水田值，铬采用旱地值

附录 2　农用地土壤重金属污染物基本项目含量限值（mg·kg^{-1}）

Appendix 2　Parameter values of soil environmental quality standards（mg·kg^{-1}）

污染物项目		土壤 pH 分级			
		pH≤5.5	5.5＜pH≤6.5	6.5＜pH≤7.5	pH＞7.5
总镉		0.30	0.40	0.50	0.60
总汞		0.30	0.30	0.50	1.0
总砷	水田	30	30	25	20
	其他	40	40	30	25
总铅		80	80	80	80
总铬	水田	200	200	250	300
	其他	150	150	200	250
总铜	果园	150	150	200	200
	其他	50	50	100	100
总镍		40	40	50	60
总锌		200	200	250	300

资料来源：http://www.mep.gov.cn/gkml/hbb/bgth/201501/t20150115_294188.htm

参 考 文 献

安志装, 王校常, 施卫明, 严蔚东, 曹志洪. 2002. 重金属与营养元素交互作用的植物生理效应. 土壤与环境, 11(4): 392-396.

白雪, 陈亚慧, 耿凯, 刘建国, 王明新. 2014. Cd 在三色堇中的积累及亚细胞与化学形态分布. 环境科学学报, 34(6): 1600-1605.

白中科, 王文英, 李晋川. 2000. 中国山西平朔安太堡露天煤矿退化土地生态重建研究. 中国土地科学, 14(4): 1-4.

包志毅, 陈波. 2004. 工业废弃地生态恢复中的植被重建技术. 水土保持学报, 18(3): 160-164.

卞正富, 张国良. 1996. 采煤沉陷地疏排法复垦技术原理与实践. 中国矿业大学学报, 25(4): 84-88.

蔡保松. 2004. 蜈蚣草富集砷能力的基因型差异及其对环境因子的反应. 杭州: 浙江大学博士学位论文.

蔡立梅, 马瑾. 2008. 东莞市农业土壤重金属的空间分布特征及来源解析. 环境科学, 29(12): 3496-3502.

曹仁林, 霍文瑞, 何宗兰. 1993. 钙镁磷肥对土壤中的 Cd 形态的转化与水稻吸收 Cd 影响. 重庆环境科学, 15(16): 6-9.

曹晓玲, 黄道友, 朱奇宏, 刘守龙, 朱光旭. 2014. 苎麻对镉胁迫的响应及其对其它重金属吸收能力的研究. 中国麻业科学, 34, (4): 190-195.

曹心德, 陈莹, 王晓蓉. 2000. 环境条件变化对土壤中稀土元素溶解释放的影响. 中国环境科学, 20(6): 486-490.

曹心德, 魏晓欣, 代革联, 杨永亮. 2011. 土壤重金属复合污染及其化学钝化修复技术研究进展. 环境工程学报, 5(7): 1441-1453.

曹莹, 黄瑞冬. 2005. 铅胁迫对玉米生理生化特性的影响. 玉米科学, 13(3): 61-64.

曹莹, 黄瑞冬, 蒋文春, 曹志强. 2005. 重金属铅和镉对玉米品质的影响. 沈阳农业大学学报, 36(2): 218-220.

柴世伟, 温琰茂, 张亚雷, 赵建夫. 2006. 地积累指数法在土壤重金属污染评价中的应用. 同济大学学报(自然科学版), 34 (12): 1657-1661.

常思敏, 马新明. 2007. 砷对烤烟氮代谢的影响. 作物学报, 33(1): 132.

常学秀, 王焕校, 文传浩. 1999. Cd^{2+}、Al^{3+}对蚕豆胚根根尖细胞遗传学毒性效应研究. 农业环境保护, 18(1): 1-3.

陈春, 周启星. 2009. 金属硫蛋白作为重金属污染生物标志物的研究进展. 农业环境科学学报, 28(3): 425-432.

陈春乐, 丁枫华, 王果. 2012. 土壤 Cd 对蔬菜的毒害临界值. 福建农林大学学报(自然科学版), 41(1): 89-93.

陈峰, 胡振琪, 柏玉, 纪晶晶. 2008. 矸石山周围土壤重金属污染的生态风险评价. 农业环境科学学报, 25 (S2): 575-578.

陈桂珠. 1990. 重金属对黄瓜籽苗发育影响的研究. 植物学通报, 7(1): 240-243.

陈宏, 陈玉成, 杨学春. 2003. 石灰对土壤中 Hg、Cd、Pb 的植物可利用性的调控研究. 农业环境科学学报, 22(5): 541-545.

陈虹, 沈市委. 2014. 不同重金属对山桃花粉萌发和花粉管伸长的影响. 黑龙江农业科学, 3: 16-18.

陈怀满. 1996. 土壤-植物系统中重金属污染. 北京: 科学出版社.

陈怀满. 2002. 土壤中化学物质的行为与环境质量. 北京: 科学出版社: 54-73.

陈怀满. 2005. 环境土壤学. 北京: 科学出版社.

陈家栋. 2012. 大宝山矿区土壤重金属污染及废弃地生态修复技术. 南京: 南京林业大学硕士学位论文.

陈建斌. 2002. 有机物料对土壤的外源铜和镉形态变化的不同影响. 农业环境保护, 21(5): 450-452.

陈建军, 于蔚, 祖艳群, 李元. 2014. 玉米(*Zea mays*)对镉积累与转运的品种差异研究. 生态环境学报, 23(10): 1671-1676.

陈景明. 2006. 植物抗重金属逆性的研究概况. 江西农业学报, 17 (4): 117-121.

陈灵芝. 1993. 中国的生物多样性. 北京:科学出版社.

陈美标, 郭建华, 姚青, 段锦梅, 冯广达, 蔡卓平, 朱红惠. 2012. 大宝山矿区耐 Cd^{2+}细菌的分离鉴定及其生物学特性. 微生物学通报, 39(12): 1720-1733.

陈青云, 胡承孝, 谭启玲, 孙学成. 2011. 不同磷源对土壤镉有效性的影响环境科学学报, 31(10): 2254-2259.

陈生涛, 何琳燕, 李娅, 袁彤彤, 盛下放, 黄智. 2014. *Rhizobium* sp. W33 对不同植物吸收铜和根际分泌物的影响. 环境科学学报, 34(8): 2077-2084.

陈世宝, 华珞, 白铃玉, 韦东普. 2003. 小麦籽粒中镉对锌的拮抗作用与有机肥的调控. 生态环境, 12(1): 15-18.

陈同斌，宋波，郑袁明，黄泽春，雷梅，廖晓勇. 2006. 北京市菜地土壤和蔬菜 Pb 含量及其健康风险评估. 中国农业科学, 39 (8): 1589-1597.

陈同斌，韦朝阳，黄泽春，黄启飞，鲁全国，范稚莲. 2002. 砷超累积植物蜈蚣草及其对砷的富集特征. 科学通报, 47(3): 207-210, 36.

陈同斌，阎秀兰，廖晓勇，肖细元，黄泽春，谢华，翟丽梅. 2005. 蜈蚣草中砷的亚细胞分布与区隔化作用. 科学通报, 24: 2739-2744.

陈雯莉，黄巧云，郭学军. 2003. 根瘤菌对土壤铜、锌和镉形态分配的影响. 应用生态学报, 14(8): 1278-1282.

陈晓婷，王果，梁志超，华村章，方玲. 2002. 钙镁磷肥和硅肥对 Cd、Pb、Zn 污染土壤上小白菜生长和元素吸收的影响. 福建农林大学学报(自然科学版), 31(1): 109-112.

陈新红，叶玉秀，潘国庆，赵步洪，杨建昌. 2014. 杂交水稻不同器官重金属 Pb 浓度与累积量. 中国水稻科学, 28 (1): 57-64.

陈兴. 2015. 续断菊与蚕豆间作体系 Cd、Pb 累积特征及净化效率研究. 昆明: 云南农业大学硕士学位论文.

陈学萍，朱永官，洪米娜，王新军, Gault A G, Charmock J M, Polya D A. 2008. 不同肥处理对水稻根表铁和砷形态的影响. 环境化学, 27(2) : 231-234.

陈亚慧，刘晓宇，王明新，王静，严新美. 2014. 蓖麻对 Cd 的耐性，积累及与 Cd 亚细胞分布的关系. 环境科学学报, 34 (9): 2440-2446.

陈亚琼，肖调江，周浙昆. 2006. 热激蛋白与生物环境适应及进化的关系. 自然科学进展, 16(9): 1066-1073.

陈英旭. 2008. 土壤重金属的植物污染化学. 北京: 科学出版社.

陈英旭，骆永明，朱永官. 1994. 土壤中铬的化学行为研究. 土壤学报, 31(1): 77-85.

陈瑛，李廷强，杨肖娥，金叶飞. 2009. 不同品种小白菜对镉的吸收积累差异. 应用生态学报, 20(3): 736-740.

陈愚，任久长，蔡晓明. 1998. 镉对沉水植物硝酸还原酶和超氧化物歧化酶活性的影响. 环境科学学报, 18(3): 313-317.

陈玉成. 2003. 污染环境生物修复工程. 北京: 化学工业出版社.

陈玉真. 2011. 土壤锌对植物的毒害效应及临界值研究. 福州: 福建农林大学硕士学位论文.

陈玉真，王果. 2013. 土壤锌对黄瓜幼苗的毒害效应及临界值研究. 热带作物学报, 33(11): 1960-1965.

陈玉真，张娟，黄玉芬，郭成士，陈春乐，王果. 2011. 福建省 16 种蔬菜对锌毒害敏感性的研究. 农业环境科学学报, 30(11): 2185-2191.

陈志，邹情雅，潘晓鸿，林璋，关雄. 2014. 铅锌矿尾矿坝分离节杆菌 12-1 对 Pb^{2+}的耐受和吸附性能研究. 农业生物技术学报, 22(11): 1394-1401.

成杰民，俞协治，黄铭洪. 2005. 蚯蚓-菌根在植物修复镉污染土壤中的作用. 生态学报, 25(6): 1256-1263.

成杰民，俞协治，黄铭洪. 2007. 蚯蚓-菌根相互作用对土壤-植物系统中 Cd 迁移转化的影响. 环境科学学报, 27(2): 228-234.

程旺大. 2001. 水稻籽粒有毒重金属含量的基因型和环境效应的研究. 杭州: 浙江大学博士学位论文.

程旺大，姚海根，张国平，汤美玲, Peter D. 2005. 镉胁迫对水稻生长和营养代谢的影响. 中国农业科学, 38(3): 528-537.

程文伟，夏会龙. 2008. 甘蔗对铅递进胁迫的生理响应. 作物杂志, 4: 30-33.

楚春晖，佘宇晨，佘济云，陆禹，孟伟. 2014. 亚热带不同森林类型的土壤重金属空间分布特征及其潜在生态风险. 水土保持学报, 28(5): 258-263.

崔海燕，介晓磊，刘世亮，刘芳，化党领，陈娇君，刘忠珍. 2010. 磷对褐土中锌镉次级吸附和解吸影响. 生态环境学报, 19(8): 1969-1973.

崔丽丽，杨波，李志辉. 2006. 宝山矿区废弃地植物配置技术初探. 湖南林业科技, 33(2): 42-44.

代全林. 2005. 玉米对 Cd、Pb 胁迫响应的品种间差异及机理研究. 广州: 中山大学博士学位论文.

代全林，袁剑刚，方炜，杨中艺. 2005. 玉米各器官积累 Pb 能力的品种间差异. 植物生态学报, 29(6): 992-999.

代允超，吕家珑，刁展，刘金，安伟强，陈曦. 2015. 改良剂对不同性质镉污染土壤中有效镉和小白菜镉吸收的影响. 农业环境科学学报, 34(1): 80-86.

戴亨林，徐卫红，熊治庭，刘吉振. 2006. 锌胁迫对大白菜养分含量及锌积累的影响. 西南农业大学学报, 28(3): 410-413.

戴树桂. 2010. 环境化学(第 2 版). 北京: 高等教育出版社.

邓金群. 2013. 锌或镉胁迫对东南景天(*Sedum alfredii*)光合作用及内源激素水平的影响. 南宁: 广西大学硕士学位论文.

邓明净，卢伟红，包岩，谭忠亮，于海燕，吕燕杰，建德锋，刘希财. 2013. Hg^{2+}对草莓组培苗生长的影响. 江苏农业科学, 5: 42-43.

丁枫华. 2010. 土壤中砷、镉对作物的毒害效应及其临界值研究. 福州:福建农林大学硕士学位论文.

丁枫华, 刘术新, 罗丹, 王果. 2011. 23 种常见作物对镉毒害的敏感性差异. 环境科学, 32(1): 277-283.

丁枫华, 刘术新, 罗丹, 王果, 张娟. 2010. 基于水培毒性测试的砷对 19 种常见蔬菜的毒性. 环境化学, 29(3): 439-443.

董彬. 2012. 中国土壤重金属污染修复研究展望. 生态科学, 31 (6): 683-687.

董慧. 1999. Influence of heavy metals on the activity of *Spirodela polyrrhiza* catalase(CAT). 云南环境科学, 18(2): 13-15.

董萌, 赵运林, 库文珍, 周小梅, 李燕子. 2013. 蒌蒿对 Cd 的富集特征及亚细胞分布特点. 植物学报, 48(4): 381-388.

杜爱雪, 曹理想, 张仁铎. 2008. 高抗铜青霉菌的筛选及其对重金属的吸附. 应用与环境生物学报, 14(5): 650-653.

杜彩艳, 祖艳群, 李元. 2007. 施用石灰对 Pb, Cd, Zn 在土壤中的形态及大白菜中累积的影响. 生态环境, 16(6): 1710-1713.

杜彩艳, 祖艳群, 李元. 2008. 石灰配施猪粪对 Cd, Pb 和 Zn 污染土壤中重金属形态和植物有效性的影响. 植物科学学报, 26 (2): 170-174.

杜应琼, 何江华, 陈俊坚, 魏秀国, 杨秀琴, 王少毅, 何文彪. 2003. 铅、镉和铬在叶类蔬菜中的累积及对其生长的影响. 园艺学报, 30(1): 51-55.

段文芳, 石贵玉, 秦丽凤, 康浩. 2008. 镉胁迫对桐花树光合、蒸腾作用及保护酶活性的影响. 安徽农业科学, 36(4): 1355-1356, 1370.

鄂志国, 张玉屏, 王磊. 2013. 水稻镉胁迫应答分子机制研究进展. 中国水稻科学, 27(5): 539-544.

范拴喜. 2011. 土壤重金属污染与控制. 北京: 中国环境科学出版社.

方婧, 温蓓, 单孝全, 裴志国. 2007. 蚯蚓活动对重金属在土柱中淋溶行为的影响. 环境化学, 26(6): 768-773

方其仙, 李元, 祖艳群, 湛方栋. 2012. 圆叶无心菜对 Pb 的吸收累积特征研究. 环境科学与技术, 35(5): 121-126.

方其仙, 祖艳群, 湛方栋. 2009. 小花南芥对 Pb 和 Zn 的吸收累积特征研究. 农业环境科学学报, 28(3): 433-437

方一丰, 郑余阳, 唐娜, 蔡兰坤. 2008. EDTA 强化电动修复土壤铅污染. 农业环境科学学报, 21(2): 612-616.

房辉, 曹敏. 2009. 云南会泽废弃铅锌矿重金属污染评价. 生态学杂志, 28(7): 1277-1283.

房世波, 潘剑君, 成杰民, 陈巍. 2002. 南京市郊蔬菜地土壤中重金属含量的时空变化规律. 土坡与环境, 11(4): 339-342.

冯凤玲, 成杰民, 王德霞. 2006. 蚯蚓在植物修复重金属污染土壤中的应用前景. 土壤通报, 37(4): 809-814.

冯恭衍, 张炬, 吴建平. 1993. 宝山区蔬菜重金属污染研究. 上海农学院学报, 11(1): 43-60.

冯建鹏, 史庆华, 王秀峰, 洪艳艳. 2009. 镉对黄瓜幼苗光合作用、抗氧化酶和氮代谢的影响. 植物营养与肥料学报, 15(4): 970-974.

冯江, 黄鹏, 周建民. 2001. 100 种中药材中有害元素铅镉砷的测定和意义. 微量元素与健康研究, 18(2): 43-44.

冯倩, 台培东, 付莎莎, 张银秋, 陈扬. 2010. 巯基化合物在万寿菊镉解毒中的作用. 环境工程学报, 4(1): 214-218.

付宝荣, 宋丽. 2000. 锌营养条件下镉污染对小麦生理特性的影响. 辽宁大学学报(自然科学版), 27(4): 366-370.

付佳佳, 韩玉林, 赵九洲, 许敏. 2013. 铅、锌及其复合胁迫对花菖蒲幼苗生长及生理抗性的影响. 湿地科学, 2: 199-203.

付瑾, 谢学辉, 钱林, 柳建设. 2011. 皮氏罗尔斯通氏菌株 DXT3-01 的耐镉性能及镉富集机理. 应用与环境生物学报, 17(5): 717-721.

付世景, 宗良纲, 张丽娜, 孙静克. 2007. 镉、铅对板蓝根种子发芽及抗氧化系统的影响. 种子, 26(3): 14-17.

付婷婷, 伍钧, 漆辉, 郑超. 2012. 氮肥形态对日本毛连菜生长及 Pb 累积特性的影响. 水土保持学报, 25(4): 257-260.

付骁, 蒋代华, 崔俊峰, 王晶. 2010. 矿区重金属污染土壤中铅镉抗性细菌的筛选及其活化作用研究. 广西农业科学, 41(2): 153-155.

傅家瑞. 1985. 种子生理. 北京: 科学出版社.

傅友强, 于智卫, 蔡昆争, 沈宏. 2010. 水稻根表铁膜形成机制及其生态环境效应. 植物营养与肥料学报, 16(6): 1527-1534.

高超, 李军, 韩颖, 黄元财, 孟博. 2015. 不同磷肥对水稻铅积累的影响及其机理. 环境科学学报, 35(1): 288-293.

高德武, 蔡体久, 王晓辉. 2005. 露天金矿剥离物植被演替规律及植被恢复对策-以公别拉河流域为例. 水土保持研究, 12(6): 33-35.

高芳, 林英杰, 张佳蕾, 杨传婷, 张凤, 杨晓康, 赵华建, 李向东. 2011. 镉胁迫对花生生理特性、产量和品质的影响. 作物学报, 37(12): 2269-2276.

高慧, 刘海军, 黄亚群, 陈景堂, 祝丽英, 赵永锋, 张祖新. 2011. 玉米寡肽转运蛋白基因(ZmOPT0212)的克隆及其生物信息学分析. 华北农学报, 26(1): 99-104.

高静. 2012. 甘肃金昌市镍铜矿区重金属污染的生态风险评价研究. 衡阳: 南华大学硕士学位论文.

高明, 孙海, 张丽娜, 张亚玉. 2012. 铁、锰胁迫对人参叶片某些生理特征的影响. 吉林农业大学学报, 34(2): 130-137.

高圣义，王焕校，吴玉树. 1992. 锌污染对蚕豆部分生理生化指标的影响. 中国环境科学, 12 (4) : 281-284.

高贤明，黄建辉，万师强，陈灵芝. 1997. 秦岭太白山弃耕地植物群落演替的生态学研究Ⅱ演替系列的群落 α 多样性特征. 生态学报, 17(6): 619-625.

高小朋，张欠欠，许平，冯进辉. 2008. 微生物还原 Cr(VI)的研究进展. 微生物学通报, 35(5): 820-824.

高晓云，陈萍. 2012. 浅议采煤塌陷区复垦技术研究. 甘肃农业, 337(7): 57-58.

高扬. 2010. 崇明岛冲积土重金属污染毒理效应及生物修复技术研究. 上海：上海交通大学硕士学位论文.

高质，林葆，周卫. 2001. 锌素营养对春玉米内源激素与氧自由基代谢的影响. 植物营养与肥料学报, 7(4): 424-428.

郜红建，蒋新，魏俊岭. 2006. 蚯蚓对污染物的生物富集与环境指示作用. 农业资源与环境科学, 22(11): 360-363.

戈峰，高林. 2001. 蚯蚓在德兴铜矿废弃地生态恢复中的作用. 生态学报, 21(11): 1790-1795.

戈峰，刘向辉，江炳缜. 2002. 蚯蚓对金属元素的富集作用分析. 农业环境保护, 21(1): 16-18.

葛才林，刘向农. 2002. 重金属对水稻和小麦 DNA 甲基化水平的影响. 植物生理与分子生物学学报, 28(5): 363-368.

龚红梅，沈野. 2010. 植物对重金属锌耐性机理的研究进展. 西北植物学报, 30(3): 633-644.

关伟，张金珠，王占全，刘明，闫君君，王有年，仝宝生，师光禄. 2010. 镉胁迫对桃树根尖细胞超微结构的影响. 北京农学院学报, 25(3): 18-20.

郭成士. 2011. 土壤铅对作物的毒害效应及临界值研究. 福州：福建农林大学硕士学位论文.

郭锋，樊文华. 2008. Hg、Cr 和 Pb 污染对绿豆种子萌发及幼苗生长发育的影响. 种子, 9(27): 34-37.

郭晓方，黄细花，卫泽斌，周建利，吴启堂. 2008. 低累积作物与化学固定联合利用中度重金属污染土壤. 农业环境科学学报, 27(5): 2122-2132.

郭晓方，卫泽斌，丘锦荣，吴启堂，周建利. 2010. 玉米对重金属累积与转运的品种间差异. 生态与农村环境学报, 26(4): 367-371.

郭晓方，卫泽斌，许田芬. 2011. 不同 pH 值混合螯合剂对土壤重金属淋洗及植物提取的影响. 农业工程学报, 27(7): 96-100.

郭晓敏，周桂香，张文元，涂淑萍，牛德奎. 2013. 赣南按树种植对稀土矿植被恢复的效果研究. 中国环境科学学会学术年会论文集.

郭晓燕，袁玲. 2006. 重金属 Pb、Cd 在石灰性褐土上对小白菜生长及产量的影响. 山东农业科学, (1): 42-44.

郭笑笑，刘丛强，朱兆洲，王中良，李军. 2011. 土壤重金属污染评价方法. 生态学杂志, 30 (5): 889-896.

郭学军，黄巧云，赵振华，陈雯莉. 2002. 微生物对土壤环境中重金属活性的影响. 应用与环境生物学报, 8(1): 105-110.

郭智，原海燕，奥岩松. 2009. 镉胁迫对龙葵幼苗光合特性和营养元素吸收的影响. 生态环境学报, 18(3): 824-829.

郭智，原海燕，陈留根，奥岩松. 2010. 镉胁迫对龙葵幼苗氮代谢及其相关酶活性的影响. 生态环境学报, 19(5): 1087-1091.

韩宝贺，朱宏. 2014. 镉胁迫对白三叶的富集能力、叶片显微结构及其生理特性的影响. 草业学报, 23(6): 167-175.

韩小丽. 2008. 土壤重金属污染及其化学修复对中药材生长及质量的影响. 郑州：河南大学硕士学位论文.

韩晓姝，曹成有，姚金冬，高菲菲. 2009. 铜、镉对三种豆科植物生长及氮磷钾含量的影响. 生态学杂志, 28(11): 2250-2256.

韩阳，李雪梅，朱延姝. 2005. 环境污染与植物功能, 北京：化学工业出版社.

郝秀珍，周东美，钱海燕. 2003. 改良剂对铜矿尾矿砂与菜园土混合土壤性质及黑麦草生长的影响. 农村生态环境, 19(2): 38-42.

何冰，叶海波，杨肖娥. 2003. Pb 胁迫下不同生态型东南景天叶片抗氢化酶活性及叶绿素含量比较. 农业环境科学学报, 22 (3): 274-278.

何飞飞，曾建兵，吴爱平，李巧云，杨君. 2012. 改良剂修复利用镉污染菜地土壤的田间效应研究. 中国农学通报, 28(31): 247-251.

何冠华. 2012. 不同基因型小麦对土壤重金属污染响应及抗性筛选研究. 郑州：河南农业大学硕士学位论文.

何佳丽. 2014. 杨树对重金属 Cd 胁迫的分子生理相应机制研究. 杨凌：西北农林科技大学博士学位论文.

何洁，高钰婷，贺鑫，刘长发，周一兵. 2013. 重金属 Zn 和 Cd 对翅碱蓬生长及抗氧化酶系统的影响. 环境科学学报, 33(1) : 312-320.

何俊瑜，任艳芳. 2011. 不同耐性水稻幼苗根系对镉胁迫的形态及生理响应. 生态学报, 31(2) : 522-528.

何永美，刘鲁峰，谢春琼，祖艳群，湛方栋，揭学远. 2014. 镉对铅锌矿区小花南芥根际真菌氢离子分泌的影响. 云南农业大学学报(自然科学), 29(3): 404-408.

何永美，秦丽，李成学，杨志新，祖艳群，湛方栋. 2015. 土壤灭菌和杀真菌剂对紫花苜蓿生长和重金属累积的影响. 农业环境科学学报, 34 (4): 646-652.

贺永华，沈东升，朱荫湄. 2006. 根系分泌物及其根际效应. 科技通报, 22(6): 761-766.

黑亮, 吴启堂, 龙新宪, 胡月明. 2007. 东南景天和玉米套种对 Zn 污染污泥的处理效应. 环境科学, 28(4): 852-858.
洪法水, 王玲, 吴康, 王雪峰, 陶冶. 2003. Pb^{2+}对核糖核酸酶活性及其结构的影响. 化学学报, 61(1): 117-121.
胡斌, 段昌群, 刘醒华. 1999. 云南寻定几种农作物籽粒中重金属的比较研究. 重庆环境科学, 6(16): 46-49.
胡婵娟, 郭雷. 2012. 植被恢复的生态效应研究进展. 生态环境学报, 21(9): 1640-1646.
胡海辉, 徐苏宁. 2013. 哈尔滨市不同绿地植物群落重金属分析与种植对策. 水土保持学报, 27(4): 166-170.
胡宏韬. 2009. 铜污染土壤的电动修复. 环境工程学报, 3(11): 2091-2094.
胡坤, 喻华, 冯文强, 秦鱼生, 蓝兰, 廖鸣兰, 王昌全, 涂仕华. 2010. 不同水分管理方式下 3 种中微量元素肥料对水稻生长和吸收镉的影响. 西南农业学报, 23(3): 772-776.
胡文友, 祖艳群, 李元. 2005. 无公害蔬菜生产中重金属含量的控制技术. 农业环境科学学报, 24(z1): 353-357.
胡振琪, 贺日兴, 魏忠义, 龚乃勤, 闫传召, 李太启, 罗翔. 2001. 一种新型沉陷地复垦技术. 煤炭科学技术, 29(1): 17-19.
胡正义, 夏旭, 吴丛杨慧, 樊建凌. 2009. 硫在稻根微域中化学行为及其对水稻吸收重金属的影响机理. 土壤, 41 (1) : 27 -31.
胡忠俊. 2010. 大环江沿岸土壤重金属污染对当地植被及植物多样性的影响研究. 桂林: 广西师范大学硕士学位论文.
华珞, 白玉玲. 2002. 镉锌复合污染对小麦籽粒镉累积的影响和有机肥调控作用. 农业环境保护, 21(5): 393-398.
黄白飞, 辛俊亮. 2013. 植物积累重金属的机理研究进展. 草业学报, 22(1): 300-307.
黄冬芬, 王志琴, 刘立军, 杨建昌. 2010. 镉对水稻产量和品质的影响. 热带作物学报, 31(1):19-24.
黄闺, 孟桂元, 陈跃进. 2013. 苎麻对重金属铅耐受性及其修复铅污染土壤潜力研究. 中国农学通报, 29(20): 148-152.
黄化刚, 李廷轩, 杨肖娥, 张锡州, 吴德勇. 2009. 植物对铅胁迫的耐性及其解毒机制研究进展. 应用生态学报, 20(3): 696-704.
黄丽华. 2006. 铜浸种对玉米幼苗生长和抗氧化酶的影响. 种子, 25(11): 63-65.
黄伟. 2011. 环境化学. 北京: 机械工业出版社.
黄晓东, 卢林纲. 2002. 植物促生菌及其促生机理(续). 现代化农业, (7): 13-15.
黄艺, 陈有键, 陶澍. 2000. 菌根植物根际环境对污染土壤中 Cu、Zn、Pb、Cd 形态的影响. 应用生态学报, 11(3): 431-434.
黄艺, 李婷, 姜学艳. 2004. 锌对外生菌根植物苏格兰松幼苗锌积累和光合作用的影响. 环境科学学报, 24(3): 508-514.
黄艺, 陶澍. 2002. 污染条件下 VAM 玉米元素积累和分布与根际重金属形态变化的关系. 应用生态学报, 13(7): 859-862.
黄益宗. 2004. 镉与磷、锌、铁、钙等元素的交互作用及其生态学效应. 生态学杂志, 23(2): 92-97.
黄益宗, 郝晓伟. 2013. 赤泥、骨炭和石灰对玉米吸收积累 As、Pb 和 Zn 的影响. 农业环境科学学报, 32(3): 456-462.
黄益宗, 郝晓伟, 雷鸣, 铁柏清. 2013. 重金属污染土壤修复技术及其修复实践. 农业环境科学学报, 32(3): 409-417.
黄益宗, 胡莹, 刘云霞, 朱永官. 2006. 重金属污染土壤添加骨炭对水稻吸收积累重金属的影响. 农业环境科学学报, 25(6): 1481-1486.
黄益宗, 朱永官, 胡莹, 刘云霞. 2006. 玉米和羽扇豆、鹰嘴豆间作对作物吸收积累 Pb, Cd 的影响. 生态学报, 26(5): 1478-1485.
黄玉芬. 2011. 土壤汞对作物的毒害及临界值研究. 福州: 福建农林大学硕士学位论文.
黄泽河, 刘藜, 吴长辉, 杨明. 2014. 贵州黄壤地区坡改梯水土保持效果研究——以贵州松桃牛郎监测点为例. 中国水土保持 SWCC, (8): 55-57.
计汪栋, 施国新, 杨海燕, 徐勤松, 许晔, 张慧. 2007. 铜胁迫对竹叶眼子菜叶片生理指标和超微结构的影响. 应用生态学报, 18(12): 2727-2732.
纪楠楠. 2012. 重金属胁迫对几种植物叶片解剖构造的影响. 哈尔滨: 东北林业大学硕士学位论文.
纪雄辉, 梁永超, 鲁艳红, 廖育林, 聂军, 郑圣先, 李兆军. 2007. 污染稻田水分管理对水稻吸收积累锅的影响及其作用机理. 生态学报, 27(9): 3930-3939.
冀伟, 刘瑞, 常亮, 于源华. 2014. 一株抗铅细菌的筛选及鉴定. 长春理工大学学报, 37(6): 147-150, 141.
贾光林, 黄林芳, 索风梅, 宋经元, 谢彩香, 孙娟. 2012. 人参药材中人参皂苷与生态因子的相关性及人参生态区划. 植物生态学报, 36(4) : 302-312.
江春玉, 盛下放, 何琳燕, 马海艳, 孙乐妮, 张艳峰. 2008. 一株铅镉抗性菌株 WS34 的生物学特性及其对植物修复铅镉污染土壤的强化作用. 环境科学学报, 28(10): 1961-1968.
江海东, 周琴, 李娜, 孙小芳. 2006. Cd 对油菜幼苗生长发育及生理特性的影响. 中国油料作物学报, 28(1): 39-43.
江行玉, 赵可夫. 2001. 植物重金属伤害及其抗性机理. 应用与环境生物学报, 7(1): 92-99.
姜慧敏, 杨俊诚, 张建峰. 2006. 应用 $^{109}Cd^{2+}$、Zn^{2+}示踪技术研究玉米 P、Cd、Zn 间的交互作用. 农业环境科学学报,

25(3): 560-565.

姜琳琳, 韩立思, 韩晓日, 战秀梅, 左仁辉, 吴正超, 袁程. 2011. 氮素对玉米幼苗生长、根系形态及氮素吸收利用效率的影响. 植物营养与肥料学报, 17(1): 247-253.

姜敏, 曹理想, 张仁铎. 2007. 重金属抗性内生真菌与其宿主植物重金属抗性关系初探. 农业环境科学学报, 26(6): 2038-2042.

蒋成爱, 吴启堂, 陈杖榴. 2004. 土壤中砷污染研究进展. 土壤, 36(3): 264-270.

蒋成爱, 吴启堂, 吴顺辉, 龙新宪. 2009. 东南景天与不同植物混作对土壤重金属吸收的影响. 中国环境科学, 29(9): 985-990.

焦鹏, 高建培, 王宏镔, 熊国焕, 易锋. 2011. N、P、K 肥对玉米幼苗吸收和积累重金属的影响. 农业环境科学学报, 30(6): 1094-1102.

金崇伟, 俞雪辉, 郑绍建. 2005. 微生物在植物铁营养中的潜在作用. 植物营养与肥料学报, 11(5): 688-695.

金美玉, 李博文, 谢建治, 杨华, 王树涛. 2007. 不同磷浓度对膨润土处理土壤吸附 Cd^{2+}特性的影响. 河北农业大学学报, 30(2): 70-73.

金文芬, 方晰, 唐志娟. 2009. 3 种园林植物对土壤重金属的吸收富集特征. 中南林业科技大学学报, 29(3): 21-25.

金羽, 曲娟娟, 李影, 顾海东, 闫立龙, 孙兴滨. 2013. 一株耐铅细菌的分离鉴定及其吸附特性研究. 环境科学学报, 33(8): 2248-2255.

金忠民, 沙伟, 刘丽杰, 潘林, 莫继先, 郝宇. 2014. 铅镉抗性菌株 JB11 强化植物对污染土壤中铅镉的吸收. 生态学报, 34(11): 2900-2906.

靳萍, 马剑敏, 杨柯金,张改娜, 王琳. 2002. Hg 对小麦种子萌发及幼苗生长的影响研究. 河南师范大学学报(自然科学版), 30(4): 81-84.

柯文山, 陈建军, 黄邦全, 戴灵鹏, 王万贤. 2004. 十字花科芸薹属 5 种植物对 Pb 的吸收和富集. 湖北大学学报(自然科学版), 26(3): 236-238.

柯文山, 熊治廷, 柯世省, 金则新. 2007. 铜毒对海州香薷(*Elsholtzia splendens*)不同种群光合作用和蒸腾作用的影响. 生态学报, 27(4): 1368-1375.

孔凡美, 史衍玺, 冯固, 李晓林, 许鹏亮. 2007. AM 菌对三叶草吸收、累积重金属的影响. 中国生态农业学报, 15(3): 92-96.

孔令芳, 朱红琼, 杨晓霞. 2011. 重金属铅和汞对蚕豆根尖细胞的微核效应. 大理学院学报, 10(4): 51-53.

孔祥生, 张妙霞, 郭秀璞. 1999. Cd^{2+}毒害对玉米幼苗细胞膜透性及保护酶活性的影响. 农业环境保护, 18(3): 133-134.

寇永纲, 伏小勇, 侯培强, 展宗城, 白炜, 姚毅. 2008. 蚯蚓对重金属污染土壤中铅的富集研究. 环境科学与管理, 33(1): 62-64.

匡少平, 徐仲, 张书圣. 2002. 玉米对土壤中重金属铅的吸收特性及污染防治. 安全环境科学学报, 2(1): 28-31.

邝荣禧, 胡文友, 何跃, 黄标, 祖艳群, 李元, 湛房栋, 邹小冷, 王豹. 2015. 便携式 X 射线荧光光谱法(PXRF)在矿区农田土壤重金属快速检测中的应用研究. 土壤, 47(3): 589-595.

蓝崇钰, 束文圣. 1996. 矿业废弃地植被恢复中的基质改良. 生态学杂志, 15(2): 55-59.

雷冬梅, 徐晓勇, 胡斌, 张星梓. 2010. 矿区废弃地生态环境及复合生态系统特征分析. 中目山区土地资派开发利用与人地协调发展研究: 338-342.

雷鸣, 廖柏寒, 秦普丰. 2007b. 土壤重金属化学形态的生物可利用性评价. 生态环境, 16 (5): 1551-1556.

雷鸣, 廖柏寒, 秦普丰, 周细红. 2007a. 矿区污染土壤 Pb, Cd, Cu 和 Zn 的形态分布及其生物活性的研究. 生态环境, 16(3): 807-811.

雷泞菲, 彭书明, 李凛, 陶向, 冯宗徽. 2008. 6 种常见中草药中重金属元素铅与镉的测定. 时珍国医国药, 19(3): 565-566.

雷强, 谢春琼, 刘鲁峰, 湛方栋, 祖艳群, 何永美. 2013. 镉对铅锌矿区中华山蓼根际真菌氢离子分泌的影响. 中国农学通报, 29(17): 177-181.

李斌, 童方平, 陈月华, 李贵. 2010. 冷水江锑矿区植物群落现状及特征. 中国农学通报, 26(8): 284-289.

李波, 青长乐, 周正宾, 杨青敏. 2000. 肥料中氮磷和有机质对土壤重金属的影响及治污中的应用. 重庆环境科学, 22(6): 37-40, 67.

李博雅. 2015. 续断菊与蚕豆间作体系的 Cd 累积特征及根系空间分布机理研究. 昆明: 云南农业大学硕士学位论文.

李春烨. 2014. 重金属 Pb 胁迫对中华水韭细胞结构及核内 DNA 的影响. 哈尔滨: 哈尔滨师范大学硕士学位论文.

李大辉, 施国新. 1999. Cd^{2+}或 Hg^{2+}水污染对菱体细胞的细胞核及叶绿体超微结构的影响. 植物资源与环境, 8(2): 43-48.

李丹丹, 郝秀珍, 周东美. 2013. 柠檬酸土柱淋洗法去除污染土壤中 Cr 的研究. 农业环境科学学报, 32(10): 1999-2004.

李凡，张义贤．2011．单一及复合污染下铅铜在玉米幼苗体内积累与迁移的动态变化．农业环境科学学报，29(1): 19-24.

李凤鸣．2012．辽西铁矿废弃地水土流失特征与生态修复模式研究．北京：中国农业科学院硕士学位论文．

李贵，童方平，刘振华，陈瑞，覃雯霞．2014．衡阳水口山铅锌矿区植被调查及物种多样性分析．中国农学通报，30(13): 66-70.

李国庆，王孝安，郭华，朱志红．2008．陕西子午岭生态因素对植物群落的影响．生态学报，28(6): 2463-2471.

李海生，陈桂珠．2002．生物多样性保护与可持续发展．广东教育学院学报，22(2): 59-62.

李贺．2013．不同农艺措施对黑麦草、地肤、遏蓝菜修复Cd污染土壤的影响．乌鲁木齐：新疆农业大学硕士学位论文．

李花粉，张福锁，李春俭，毛达如．1998．Fe对不同品种水稻吸收Cd的影响．应用生态学报，9(1): 110-112.

李辉，李登煜，陈强，许宗林，黄耀蓉，段莎丽．2005．一株耐铅细菌B27的分离鉴定及其吸附铅能力研究．西南农业学报，18: 213-216.

李继光，朱恩，李廷强，柳丹，杨肖娥，林国林，韩晓日，张玉龙．2007．氮对镉胁迫下东南景天根系形态及镉积累的影响．环境污染与防治，29(4): 271-275.

李剑睿，徐应明，林大松，梁学峰，孙国红，孙约兵．2014．水分调控和钝化剂处理对水稻土镉的钝化效应及其机理．农业环境科学学报，33(7): 1316-1321.

李金金，刘昂，王平，陈丽梅，年洪娟．2014．铝胁迫下丹波黑大豆根尖细胞线粒体参与细胞凋亡的研究．农业生物技术学报，22(6): 712-719.

李婧菲，方晰，曾敏，廖柏寒，周航，钟倩云．2013．2种含铁材料对水稻土中砷和重金属生物有效性的影响．水土保持学报，27(1): 136-140.

李静，依艳丽，李亮亮，张大庚，栗杰，焦颖．2006．几种重金属（Cd, Pb, Cu, Zn）在玉米植株不同器官中的分布特征．中国农学通报，22 (4): 244-247.

李坤权，刘建国．2003．水稻不同品种对镉吸收及分配的差异．农业环境科学学报，22(5): 552-555.

李莲芳，耿志席，苏世鸣，王亚男，段然，吴翠霞，刘小诗．2013．氮肥形态及用量对土壤砷生物有效性的影响研究．农业环境科学学报，32(7): 1341-1347.

李亮亮，依艳丽，网廷松，张大庚．2006．葫芦岛市连山区、龙港区土壤重金属空间分布及污染评价．土壤通报，37(3): 495-499.

李明顺，唐绍清，张杏辉，阮敏，吴玉鸣．2005．金属矿山废弃地的生态恢复实践与对策．矿业安全与环保，32(4): 16-18.

李铭心．2005．重金属镉对莲藕生长发育的影响．武汉：华中农业大学硕士学位论文．

李娜，张旸，解莉楠，李玉花．2013．植物DNA甲基化研究进展．植物生理学报，48(11): 1027-1036.

李凝玉，李志安，丁永祯，邹碧，庄萍．2008．不同作物与玉米间作对玉米吸收积累镉的影响．应用生态学报，19(6): 1369-1373.

李培军，孙铁珩，巩宗强，李海波，台培东．2006．污染土壤生态修复理论内涵的初步探讨．应用生态学报，17(4): 747-750.

李萍，郭喜丰，徐莉莉，玉林，赵秀兰．2011．细胞分裂素类物质对玉米幼苗镉吸收和转运的影响．水土保持学报，25(2): 119-122.

李仁英，周文鳞，张慧，鞠英芹，谢晓金，朱红霞．2010．南京城郊菜地土壤Pb在小白菜体内的分布及富集作用研究．土壤通报，41(1): 212-215.

李荣春．2000．Cd、Pb及其合污染对烤烟叶片生理生化及细胞亚显微结构的影响．植物生态学报，22(4): 238-242.

李熙萌，石莎，马木木，冯金朝．2014．土壤重金属污染物植物修复概述．中央民族大学学报(自然科学版)，23(2): 16-21.

李晓科，张义贤．2012．外源脱落酸对大麦幼苗镉胁迫伤害的影响．山西农业科学，40(1): 18-20.

李新博，谢建治，李博文，王伟．2009．印度芥菜-苜蓿间作对镉胁迫的生态响应．应用生态学报，20(7): 1711-1715.

李信申，户华博，高慧萍，饶建辉，车慧燕，华菊玲．2015．5种植物对Pb胁迫的生物响应及累积特征．江西农业学报，27(10): 1-5.

李铉，郝守进．2001．金属硫蛋白的α, β结构域与铅结合形式及稳定性的研究．卫生研究，30(4): 198-200.

李燕，路艳艳．2010．重金属对超富集植物生态毒理和氮代谢影响机制研究进展．吉林农业，248(10): 45, 48.

李燕，朱琳，刘硕．2009．铅、汞单一及联合胁迫对栅藻的生长、GSH含量及相关酶活性的影响．环境科学，30(1): 248-253.

李影，王友保，刘登义．2003．安徽铜陵狮子山铜矿区废弃地场植被调查．应用生态学报，14 (11): 1981-1984.

李勇勇，赵楠，李善策，邵明飞，郁章玉，秦松．2013．重金属铅离子(Pb^{2+})对两株螺旋藻生长影响的研究．生物学杂志，30(4): 37-41.

李元, 方其仙, 祖艳群. 2008. 2 种生态型续断菊对 Cd 的累积特征研究. 西北植物学报, 28 (6): 1150-1154.

李元, 王焕校, 吴玉树. 1992. Cd, Fe 及其复合污染对烟草叶片几项生理指标的影响. 生态学报, 12 (2): 147-153.

李元, 魏巧, 祖艳群. 2013. 氮肥对小花南芥生理和 Pb, Zn 累积特征的影响. 农业环境科学学报, 32 (8): 1507-1513.

李月芳, 刘领, 陈欣, 胡亮亮, 唐建军. 2010. 模拟 Pb 胁迫下玉米不同基因型生长与 Pb 积累及各器官间分配规律. 农业环境科学学报, 29(12): 2260-2267.

李中明. 1994. 论生物多样性发展史研究的现状及意义. 生物多样性, 2(3): 169-172.

李子芳, 刘惠芬, 熊肖霞, 刘卉生. 2005. 镉胁迫对小麦种子萌发幼苗生长及生理生化特性的影响. 农业环境科学学报, 24(S1) : 17-20.

李祖然, 闵强, 孙晶晶, 祖艳群. 2015. As 胁迫对二年生三七根各部位 As 含量和根系分泌物的影响. 北京农学院学报, 30(3): 86-91.

梁文斌, 薛生国, 沈吉红, 王萍, 王钧. 2011. 锰胁迫对垂序商陆叶片形态结构及叶绿体超微结构的影响. 生态学报, 31(13): 3677-3683.

梁尧, 姜晓莉, 杨粉团, 曹庆军, 李刚. 2014. 重金属铅胁迫对人参光合特征与皂苷含量的影响. 中国中药杂志, 39(16): 3053-3059.

梁英, 王帅, 冯力霞, 田传远. 2008. 重金属胁迫对纤细角毛藻生长及叶绿素荧光特性的影响. 中国海洋大学学报(自然科学版), 38(1): 59-67.

梁英, 王帅, 冯力霞, 田传远. 2009. 重金属胁迫对三角褐指藻生长及叶绿素荧光特性的影响. 海洋环境科学, 28(4): 374-382.

廖敏, 黄昌勇. 2002. 黑麦草生长过程中有机酸对镉毒性的影响. 应用生态学报, 13(1): 109-112.

廖敏, 黄昌勇, 谢正苗. 1999. pH 对镉在土水系统中的迁移和形态的影响. 环境科学学报, 19(1): 81-86.

廖敏, 谢正苗, 黄昌勇. 1998. 重金属在土水系统中的迁移特征. 土壤学报, 35(2): 179-184.

廖晓勇, 陈同斌, 谢华, 肖细元. 2004. 磷肥对砷污染土壤的植物修复效率的影响: 田间实例研究. 环境科学学报, 24(3): 455-462.

廖晓勇, 陈同斌, 阎秀兰, 聂灿军. 2007. 提高植物修复效率的技术途径与强化措施. 环境科学学报, 27(6): 881-893.

林大松, 刘尧, 徐应明, 周启星, 孙国红. 2010. 海泡石对污染土壤镉、锌有效态的影响极其机制. 北京大学学报(自然科学版), 46(3): 346-350.

林大仪, 王志亚, 金志南, 冯金生, 范俊娥. 1993. 加速阳泉露天矿区复垦地成土速度的研究初报. 土壤通报, 24(5): 200-201.

林伟, 周娜娜, 王刚, 萧浪涛, 张燕, 李珍. 2007. 铅胁迫下黄瓜幼苗期叶片内源激素的变化. 生态环境, 16(5): 1446-1448.

林晓燕, 王慧, 王浩, 陈诚, 吴启堂, 卫泽斌, 罗赢鹏, 陈晓红. 2015. 利用皇竹草处理城市污泥生产植物产品. 生态学报, 35(12): 1-10.

凌桂芝, 黎晓峰, 左方华, 玉永雄. 2006. 在铝胁迫下离子通道抑制剂和钙螯合剂对黑麦根系分泌有机酸的影响. 广西农业科学, 25(3): 248-251.

刘爱民, 黄为一. 2006. 耐镉菌株的分离及其对 Cd^{2+}的吸附富集. 中国环境科学, 26(1): 91-95.

刘宝秀, 袁连玉, 王晶, 张美. 2012. 水稻金属耐受蛋白基因 OsMTP2 生物信息学及表达分析. 热带亚热带植物学报, 20(1): 8-12.

刘大林, 杨俊俏, 刘兆明, 王奎, 孙启鑫. 2015. 镉、铅胁迫对草地早熟禾幼苗生理的影响. 草业科学, 32(2): 224-230.

刘东华, 蒋悟生, 李懋学. 1992. 镉对洋葱根生长和细胞分裂的影响. 环境科学学报, 12(4) : 439-446.

刘芳, 介晓磊, 刘世亮, 化党领, 杨素勤. 2007a. 褐土中磷镉交互作用对磷镉有效性影响. 生态环境, 16(5): 1429-1432.

刘芳, 介晓磊, 孙巍峰, 化党龄, 刘世亮, 王代长. 2007b. 磷、镉交互作用对烟草生长及吸收积累磷、镉的影响. 土壤通报, 38(1): 116-120.

刘国华. 2004. 南京幕府山构树种群生态学及矿区废弃地植被恢复技术研究. 南京: 南京林业大学博士学位论文.

刘国华, 舒洪岚, 张金池, 张秀春. 2005. 南京幕府山矿区废弃地植被恢复模式研究. 水土保持研究, 12 (1): 141-144.

刘海军, 陈源泉, 隋鹏, 高旺盛, 姜莉, 汪洪焦, 张敏. 2009. 马唐与玉米间作对镉的富集效果研究初探. 中国农学通报, 25(15): 206-210.

刘洪莲, 李恋卿, 潘根兴. 2006. 苏南某些水稻土中 Cu、Pb、Hg、As 的剖面分布及其影响因素. 农业环境科学学报, 25(5): 1221-1227.

刘侯俊, 张俊伶, 韩晓日. 2009. 根表铁膜对元素吸收的效应及其影响因素. 土壤, 41(3): 335-343.

刘家女, 周启星, 孙挺. 2006. Cd-Pb 复合污染条件下 3 种花卉植物的生长反应及超积累特性研究. 环境科学学报, 26(12): 2039-2044.

刘家女，周启星，孙挺，王晓飞. 2007. 花卉植物应用于污染土壤修复的可行性研究. 应用生态学报，18(7): 1617-1623.

刘军，李先恩，王涛，沈忠耀. 2002. 药用植物中铅的形态和分布研究. 农业环境保护, 21(2): 143-145.

刘军，刘春生，纪洋，刘玉升，阴启莲. 2009. 土壤动物修复技术作用的机理及展望. 山东农业大学学报(自然科学版), 40(2): 313-316.

刘俊祥，孙振元，韩蕾，巨关升，钱永强. 2009. 草坪草对重金属胁迫响应的研究现状. 中国农学通报，25(13): 142-145.

刘莉华，刘淑杰，陈福明，杨小龙，杨春平，吴秉奇，张淼，赵晶晶. 2013. 接种内生细菌对龙葵吸收积累镉的影响. 环境科学学报, 33(12): 3368-3375.

刘亮，王桂萍，沈振国，陈亚华. 2008. 镉胁迫下磷供应对芥菜生长和镉吸收的影响. 土壤通报, 39(6): 1429-1435.

刘庆，王静，史衍玺，张衍毓，汪庆华. 2008. 基于GIS的县域土壤重金属健康风险评价——以浙江省慈溪市为例. 土壤通报, 39 (3): 634-640.

刘庆，臧宏伟，史衍玺. 2009. 小尺度农田土壤重金属污染评价与空间分布——以鲁西北阳谷县为例. 土壤通报，40(3): 673-678.

刘瑞伟，皇宣华，刘海军，李玉春，韩永兰. 2004. 有机肥料对土壤重金属净化及叶菜生长的影响. 农业与技术, 24(6): 80-82.

刘素纯，萧浪涛，廖柏寒，匡逢春，黄运湘. 2006. 铅胁迫与黄瓜幼苗生长及内源激素关系的研究. 农业环境科学学报, 25(3): 592-596.

刘素纯，萧浪涛，廖柏寒，鲁旭东，匡逢春，黄运湘. 2005a. 铅胁迫下黄瓜幼苗内源多胺变化动态的初步研究. 生态环境, 14(6): 860-864.

刘素纯，萧浪涛，廖柏寒，鲁旭东，匡逢春，黄运湘. 2005b. 铅胁迫对黄瓜幼苗内源激素积累动态的影响. 湖南农业大学学报(自然科学版), 31(6): 510-513.

刘威，束文圣，蓝崇钰. 2003. 宝山堇菜(*Viola baoshanensis*): 一种新的镉超富集植物. 科学通报, 45(19): 2046-2049.

刘维涛，周启星. 2010a. 不同土壤改良剂及其组合对降低大白菜镉和铅含量的作用. 环境科学学报, 30(9): 1846-1853.

刘维涛，周启星. 2010b. 重金属污染预防品种的筛选与培育. 生态环境学报, 19(6): 1452-1458.

刘维涛，张银龙，陈喆敏，周启星，罗红敏. 2008. 矿区绿化树木对镉和锌的吸收与分布. 应用生态学报, 19: 752-756.

刘维涛，周启星，孙约兵，刘睿. 2009. 大白菜对铅积累与转运的品种差异研究. 中国环境科学, 29 (1): 63-67.

刘文菊，张西科，张福锁. 1999. 根表铁氧化物和缺铁根分泌物对水稻吸收镉的影响. 土壤学报, 36(4): 463-469.

刘文胜，齐丹卉，李世友，朱明远，苏焕珍. 2013. 兰坪铅锌矿区植被恢复初期土壤种子库的研究. 云南大学学报(自然科学版), 35(6): 849-856.

刘相甫. 2009. 不同方式施用砷汞对蔬菜吸收累积特性的影响. 北京：中国农业科学院硕士学位论文.

刘秀梅，聂俊华，王庆仁. 2002. 六种植物对Pb的吸收与耐性研究. 植物生态学报, 26 (5): 533-537.

刘秀珍. 2012. 山西中条山铜矿废弃地植被生态研究. 太原：山西大学博士学位论文.

刘雪华，邱志，姜炎彬，邵小明. 2012. 开矿对四川马边白家湾河流域植物多样性格局的影响. 生态经济，256(8): 168-172.

刘艳改. 2012. 几种水土保持工程措施对花岗岩红壤植被恢复的影响. 武汉：华中农业大学硕士学位论文.

刘茵，孔凡美，冯固，李晓林. 2004. 丛枝菌根真菌对紫羊茅镉吸收与分配的影响. 环境科学学报, 24(6): 1122-1127.

刘月莉. 2008. 四川甘洛铅锌矿区植被生态调查及重金属超富集植物的筛选. 雅安：四川农业大学硕士学位论文.

刘芸君，钟道旭，李柱，李思亮，郭凤根，吴龙华. 2013. 锌镉交互作用对伴矿景天锌镉吸收性的影响. 土壤，45(4): 700-706.

刘昭兵，纪雄辉，彭华，石丽红，李洪顺. 2010. 水分管理模式对水稻吸收累积镉的影响及其作用机理. 应用生态学报, 21(4): 908-914.

刘昭兵，纪雄辉，彭华，田发祥，吴家梅，石丽红. 2012. 磷肥对土壤中镉的植物有效性影响及其机理. 应用生态学报, 23(6): 1585-1590.

刘昭兵，纪雄辉，田发祥，彭华，吴家梅，石丽红. 2011. 碱性废弃物及添加锌肥对污染土壤镉生物有效性的影响及机制. 环境科学, 32(4): 1164-1170.

刘周莉，何兴元，陈玮. 2013. 忍冬——一种新发现的镉超富集植物. 生态环境学报, 22(4): 666-670.

龙新宪，王艳红，刘洪彦. 2008. 不同生态型东南景天对土壤中Cd的生长反应及吸收积累的差异性. 植物生态学报, 32 (1): 168-175.

娄来清，沈振国. 2001. 金属硫蛋白和植物螯合肽在植物重金属耐性中的作用. 生物学杂志, 18(3): 1-4.

楼玉兰，章永松，林咸永. 2005. 氮肥形态对污泥农用土壤中重金属活性及玉米对其吸收的影响. 浙江大学学报(农业与生命科学版), 31(4): 392-398.

卢静，朱琨等. 2009. 络合剂对铬污染土壤电动修复作用的影响. 环境科学与技术, 32(2): 16-19.
鲁家米，刘延盛，周晓阳. 2007. 植物重金属转运蛋白及其在植物修复中的应用. 中国生态农业学报, 15(1): 194-200.
陆珊，胡源，苏波，刘鑫，李佳，刘克武. 2007. 几种金属离子对麦芽酸性磷酸酶活性及构象的影响. 化学研究与应用, 19(4): 386-389.
陆晓怡，何池全. 2006. 蓖麻对重金属锌的耐性与吸收积累研究. 环境污染与防治, 27(6): 414-415.
陆引罡，黄建国，滕应，罗永水. 2004. 重金属富集植物车前草对镍的响应. 水土保持学报, 18 (1): 108-110.
路畅，王英辉，杨进文. 2010. 广西铅锌矿区土壤重金属污染及优势植物筛选. 土壤通报, 41(6): 1471-1475.
罗昌文，葛继稳. 1994. 生物多样性保护——全球关注的热点问题. 湖北林业科技, (3): 32-38.
罗春玲，沈振国. 2003. 植物对重金属的吸收和分布. 植物学通报, 20 (1): 59-66.
罗丹，胡欣欣，郑海锋，王果. 2010. 钴对蔬菜毒害的临界值. 生态学杂志, (6): 1114-1120.
罗胜联，刘承斌，罗旭彪. 2012. 植物内生菌修复重金属污染理论与方法. 北京：科学出版社.
罗雅，蒋代华，夏颖，雷冬莉，张福权. 2011. 一株耐铅细菌 J3 的筛选分离及其生物学特性. 南方农业学报, 42(9): 1041-1044.
罗于洋，王树森，闫洁，田盼. 2010. 土壤铅污染对密毛白莲蒿茎叶解剖结构影响的研究. 水土保持通报, 6(3): 183-185.
吕本儒，杨湘智. 2012. 采用换土法进行污染土壤异位修复的探讨. 环境与可持续发展, 37(3): 108-109.
吕波，朱旭东，张静，孙彩丽，徐朗莱. 2013. 镉对油菜幼苗硫吸收、转运和分布的影响. 环境化学, 32(1): 139-143.
马成仓，洪法水. 1998. 汞对小麦种子萌发和幼苗生长作用机制初探. 植物生态学报, 22(4): 373-378.
马成仓，李清芳. 1999. 汞对大豆幼苗生长发育和营养代谢的影响. 农业环境保护, 18(1): 22-24.
马克平. 1993. 试论生物多样性的概念. 生物多样性, 1(1): 20-22.
马克平. 1994. 生物群落多样性的测度方法 Iα-多样性的测度方法(上). 生物多样性, 2(3): 162-168.
马克平，黄建辉，于顺利，陈灵芝. 1995. 北京东灵山地区植物群落多样性的研究Ⅱ. 丰富度，均匀度和物种多样性指数. 生态学报, 15(3): 268-277.
马克平，刘灿然，刘玉明. 1994. 生物群落多样性的测度方法Ⅱβ-多样性的测度方法. 生物多样性, 2(4): 231-239.
马克平，钱迎倩，王晨. 1995. 生物多样性研究的现状与发展趋势. 基础科学, 15(1): 27-30.
马茂忠. 2010. 天水市农村铅污染地区儿童血铅水平对儿童行为影响的研究. 地方病通报, 25 (3): 22-23.
马往校，段敏，李岚. 2000. 西安市郊区蔬菜中重金属污染分析与评价. 农业环境保护, 19 (2): 96-98.
马莹，骆永明，滕应，李秀华. 2013. 内生细菌强化重金属污染土壤植物修复研究进展. 土壤学报, 50(1): 195-202.
马智宏，王纪华，陆安祥，潘瑜春，王北洪，闵顺耕. 2007. 京郊不同剖面土壤重金属的分布与迁移. 河北农业大学学报, 30(6): 11-15.
孟广涛，方向京，柴勇，苏建荣，和丽萍，李贵祥. 2011. 矿区植被恢复措施对土壤养分及物种多样性的影响. 西北林学院学报, 26(3): 12-16.
孟丽，李德生，茹丽叶，王璠，吴强. 2013. Cd^{2+}、Hg^{2+}污染对香椿叶绿素含量和光合特性的影响. 水土保持学报, 5(27): 240-243.
孟玲，王焕校. 1998. 重金属铅，镉，锌对小麦 DNA 构象的影响. 云南环境科学, 17(4): 9-10.
孟佑婷，袁兴中，曾光明，时进钢. 2005. 生物表面活性剂修复重金属污染研究进展. 生态学杂志, 24(6): 677-680.
孟紫强. 2010. 环境毒理学. 2 版. 北京：中国环境科学出版社.
梦莉. 2010. 废弃矿区植被恢复对物种多样性及土壤性状影响. 南京：南京林业大学硕士学位论文.
苗小芒，李龙龙. 2014. 运用遥感技术对矿区植被覆盖变化进行分析. 地矿测绘, 30(1): 23-25.
闵焕. 2010. 圆叶无心菜对铅胁迫的响应及累积机理. 昆明：云南农业大学硕士学位论文.
莫测辉，蔡全英，王江海，吴启堂. 2001. 城市污泥在矿山废弃地复垦的应用探讨. 生态学杂志, 20(2): 44-47.
莫福孝. 2007. 三峡库区消落带土壤重金属污染特征及植物修复研究. 重庆：重庆交通大学硕士学位论文.
莫良玉，范稚莲，陈海凤. 2013. 不同铵盐去除农田土壤重金属研究. 西南农业学报, 26(6): 2407-2411.
莫良玉，吴良欢，陶勤南. 2002. 高等植物对有机氮吸收与利用研究进展. 生态学报, 22(1): 118-124.
莫文红，李懋学. 1992. 镉离子对蚕豆根尖细胞分裂的影响. 植物学通报, 9(3): 30-34.
聂发辉. 2005. 关于超富集植物的新理解. 生态环境, 14(1): 136-138.
聂静茹，马友华，徐露露，付欢欢，马铁铮. 2013. 我国《土壤环境质量标准》中重金属污染相关问题探讨. 农业资源与环境学报, 30(6): 44-49.
聂胜委，黄绍敏，张水清，郭斗斗，张巧萍. 2012. 不同种类重金属胁迫对两种小麦产量及构成因素的影响. 农业环境科学学报, 31(3): 455-463.
宁建凤，邹献中，杨少海，陈勇，巫金龙，孙丽丽. 2009. 广东大中型水库底泥重金属含量特征及潜在生态风险评价. 生态学报, 29(11): 6059-6067.

牛常青. 2009. 重金属镉离子对花生幼苗的影响. 晋中学院学报, 26(3): 63-67.

牛明芬, 崔玉珍. 1997. 蚯蚓对垃圾与底泥中镉的富集现象. 农村生态环境, 13(3): 53-54.

潘秀, 石福臣, 刘立民, 柴民伟, 刘福春. 2012. Cd、Zn 及其交互作用对互花米草中重金属的积累、亚细胞分布及化学形态的影响. 植物研究, 32(6): 717-723.

裴昕, 郭智, 奥岩松. 2008. 镉锌复合污染对龙葵苗期生长和镉锌累积特性的影响. 西北植物学报, 28(7): 1377-1383.

彭桂群, 田光明. 2010. 采用电动修复增强技术去除电镀污泥中重金属. 中国环境科学, 30(3): 349-356.

彭建, 蒋一军, 吴健生, 刘松. 2005. 我国矿山开采的生态环境效应及土地复垦典型技术. 地理科学进展, 24(2): 38-48.

彭鸣, 王焕校, 吴玉树. 1989. 铅镉在玉米幼苗中的积累和迁移. 环境科学学报, 9 (1): 61-67.

彭少麟. 1996. 恢复生态学与植被重建. 生态科学, 15(2): 26-31.

彭少麟, 杜卫兵, 李志安. 2004. 不同生态型植物对重金属的积累及耐性研究进展. 吉首大学学报(自然科学版), 25(4): 19-27.

彭玉魁, 赵锁劳, 王波. 2002. 陕西省大中城市郊区蔬菜矿物质元素及重金属元素含量研究. 西北农业学报, 11(1): 97-100.

钱海燕, 王兴祥, 蒋佩兰, 刘隆旺, 黄国勤, 张桃林. 2004. 黑麦草连茬对铜, 锌污染土壤的耐性及其修复作用. 江西农业大学学报, 26 (5): 801-804.

乔冬梅, 庞鸿宾, 齐学斌, 樊涛, 赵志娟, 樊向阳, 朱东海. 2010. pH 值对重金属 Pb^{2+}吸附特性的影响. 灌溉排水学报, 29(6): 23-28.

秦欢, 何忠俊, 熊俊芬, 陈丽娟, 毕云. 2012. 间作对不同品种玉米和大叶井口边草吸收积累重金属的影响. 农业环境科学学报, 31(7): 1281-1288.

秦建桥, 夏北成, 胡萌, 赵鹏, 赵华荣, 林小方. 2009. 广东大宝山矿区尾矿库植被演替分析. 农业环境科学学报, 28(10): 2085-2091.

秦丽. 2009. 续断菊对 Cd 的吸收累积特征和机理研究. 昆明:云南农业大学硕士学位论文.

秦丽, 李元, 祖艳群, 何永美, 王吉秀, 陈建军. 2012a. 镉胁迫对续断菊 *Sonchus asper* L. Hill. 根系分泌物的影响. 生态环境学报, 21(3): 540-544.

秦丽, 李元, 祖艳群, 孙会仙. 2012b. Cd 在续断菊 (*Sonchus asper* L. Hill) 中的亚细胞分布和化学形态研究. 云南农业科技, (S1): 197-200.

秦丽, 李元, 祖艳群, 王吉秀, 陈建军. 2011. 氮对超累积植物续断菊生长和镉积累的影响. 第四届全国农业环境科学学术研讨会论文集: 55-60.

秦丽, 祖艳群, 李元. 2010. Cd 对超累积植物续断菊生长生理的影响. 农业环境科学学报, 29(增刊): 48-52.

秦丽, 祖艳群, 李元, 王吉秀, 李博, 李建国, 金显存. 2013a. 会泽铅锌矿渣堆周边 7 种野生植物重金属含量及累积特征研究. 农业环境科学学报, 32 (8): 1558-1563.

秦丽, 祖艳群, 湛方栋, 李元, 王吉秀, 唐艳芬, 李鹏程. 2013b. 续断菊与玉米间作对作物吸收积累镉的影响. 农业环境科学学报, 32(3): 471-477.

秦天才, 吴玉树, 黄巧云, 胡红青. 1997. 镉、铅单一及复合污染对小白菜抗坏血酸含量的影响. 生态学杂志, 16(3): 31-34.

秦天才, 吴玉树, 王焕校. 1994. 镉、铅及其相互作用对小白菜生理生化特征的影响. 生态学报, 14(1): 46-50.

秦天才, 吴玉树, 王焕校, 李启任. 1998. 镉、铅及其相互作用对小白菜根系生理生态效应的研究. 生态学报, 3: 320-325.

丘英华, 吴林芳, 廖凌娟, 曹洪麟. 2010. 广东大宝山矿区周边植被现状及矿区植被恢复重建, 广东林业科技, 26(5): 22-27.

屈应明. 2014. 田间条件下镉对两种蔬菜的毒害临界值研究. 福州: 福建农林大学硕士学位论文.

瞿爱权, 东惠如, 李俊国. 1980. 汞对水稻、油菜影响的研究初报. 环境科学, 1(6): 50-52.

全先庆, 张洪涛, 单雷, 毕玉平. 2006. 植物金属硫蛋白及其重金属解毒机制研究进展. 遗传, 28(3): 375-382.

任安芝, 高玉葆. 2000. 铅、镉、铬单一和复合污染对青菜种子萌发的生物学效应. 生态学杂志, 19(1): 19-22.

任继平, 李德发, 张丽英. 2003. 镉毒性研究进展. 动物营养学报, 15(1): 1-6.

任军, 袁震林, 张淑芬. 1990. 锌、锰和铜对番茄产量及品质影响的研究. 吉林农业科学, 3: 59-60.

邵国胜, 谢志奎, 张国平. 2006. 杂草稻和栽培稻氮代谢对镉胁迫反应的差异. 中国水稻科学, 20(2): 189-193.

邵玉芳, 樊明寿, 乌恩, 郑红丽, 邵金旺. 2007. 植物根际解磷细菌与植物生长发育. 中国农学通报, 23(4): 241-244.

邵云, 姜丽娜, 李向力, 鲁旭阳, 李春喜. 2005. 五种重金属在小麦植株不同器官中的分布特征. 生态环境, 14 (2): 204-207.

佘玮, 揭雨成, 邢虎成, 鲁雁伟, 康万利, 王栋. 2011. 湖南石门、冷水江、浏阳 3 个矿区的苎麻重金属含量及累积特征. 生态学报, 31(3) : 874-881.
申秋实, 邵世光, 保琦蓓, 张雷, 范成新. 2014. 典型城郊湖泊沉积物重金属生态风险评价. 环境工程, 32(10): 75, 137-141.
沈红. 2010. 土壤铬对蔬菜的毒害效应及临界值研究. 福州: 福建农林大学硕士学位论文.
盛下放, 白玉, 夏娟娟, 江春玉. 2003. 镉抗性菌株的筛选及对番茄吸收镉的影响. 中国环境科学, 23(5): 467-469.
师荣光, 高怀友, 赵玉杰, 刘凤枝, 王跃华, 郑向群, 姚秀荣, 王斌. 2006. 基于GIS的混合加权模式在天津城郊土壤重金属污染评价中的应用. 农业环境科学学报, 25(S1): 17-20.
施积炎, 陈英旭, 田光明, 林琦, 王远鹏. 2004. 铁和ATP酶抑制剂对鸭跖草(*Commelina communis*)铜吸收的影响. 土壤学报, 41(4): 553-557.
施晓东, 常学秀. 2003. 重金属污染土壤的微生物响应. 生态环境, 12(4): 498-499.
石德杨, 李艳红, 董树亭. 2013. 铅胁迫对夏玉米淀粉粒度分布特性及子粒产量、品质的影响. 玉米科学, 21(4): 72-76.
石贵玉. 2004. 重金属 Cr^{6+} 对水稻幼苗的毒害效应. 广西科学, 11(2): 154-156.
石润, 吴晓芙, 李芸, 冯冲凌, 李韵诗. 2015. 应用于重金属污染土壤植物修复中的植物种类. 中国林业科技大学学报, 35(4): 139-146.
石爽, 魏晓晴, 胡晓静, 姜华. 2009. Pb^{2+}、As^{3+}污染对黄瓜种苗生长发育及防御酶的影响. 辽宁农业科学, (2): 1-5.
石元值, 方丽, 吕闰强. 2014. 树冠微域环境对茶树碳氮代谢的影响. 植物营养与肥料学报, 20 (5): 1251-1262.
史刚荣. 2004. 植物根系分泌物的生态效应. 生态学杂志, 23(1): 97-101.
史建君. 2005. 客土覆盖对降低放射性铈在大豆中积累的效应. 中国环境科学, 25(3): 293-296.
史静, 潘根兴, 李恋卿. 2008. 外加Cd对两水稻品种细胞超微结构的影响研究. 生态毒理学报, 3(4): 403-409.
束文圣, 蓝崇钰, 黄铭洪, 张志权. 2003. 采石场废弃地的早期植被与土壤种子库. 生态学报, 23(7): 1305-1312.
束文圣, 蓝崇钰, 张志权. 1997. 凡口铅锌尾矿影响植物定居的主要因素分析. 应用生态学报, 8(3): 314-318.
束文圣, 杨开颜, 张志权, 杨兵, 蓝崇钰. 2001. 湖北铜绿山古铜矿冶炼渣植被与优势植物的重金属含量研究. 应用与环境生物学报, 7 (1): 7-12.
束文圣, 张志权. 2000. 双穗雀稗重金属耐性种群在Pb锌尾矿生长的野外实验研究. 中山大学学报, 39 (4): 94-98.
宋德君, 武晓峰. 2014. 日本《土壤污染对策法》的修订及其启示. 污染防治技术, 27 (4): 82-88.
宋勤飞, 樊卫国. 2004. 铅胁迫对番茄生长及叶片生理指标的影响. 山地农业生物科学, 2 (23): 134-138.
宋书巧, 吴欢, 张建勇, 周永章. 2004. 大厂矿区锡矿尾砂对银合欢生长的影响研究. 环境科学与技术, 27(5): 90-92.
宋书巧, 周永章. 2001. 矿业废弃地及其生态恢复与重建. 矿产保护与利用, (5): 48-49.
宋永昌. 2001. 植被生态学. 上海: 华东师范大学出版社.
宋玉芳, 许华夏, 任丽萍, 龚平, 周启星. 2002. 土壤重金属对白菜种子发芽与根伸长抑制的生态毒性效应. 环境科学, 23(1): 103-107.
宋正国, 唐世荣, 丁永祯, 冯人伟, 张长波. 2011. 田间条件下不同钝化材料对玉米吸收镉的影响研究. 农业环境科学学报, 30(11): 2152-2159.
苏德纯, 黄焕忠. 2002. 油菜作为超累积植物修复Cd污染土壤的潜力. 中国环境科学, 22(1): 48-51.
苏小丽. 2006. 海泡石为载体的无机抗菌剂的研究. 地质找矿丛论, 21(1): 32-34.
孙光闻, 陈日远, 刘厚诚, 陈玉娣. 2005. 镉对植物光合作用及氮代谢影响研究进展. 中国农学通报, 21(9): 234-236.
孙惠莉, 吕金印, 贾少磊. 2013. 硫对镉胁迫下小白菜叶片AsA—GSH循环和植物络合素含量的影响. 农业环境科学学报, 32(7): 1294-1301.
孙慧锋, 朱顺达. 2010. 氮素形态对海州香薷(*Elsholtzia splendens*)铜吸收和积累的影响. 中国农学通报, 26(5): 272-275.
孙建云, 王桂萍, 沈振国. 2005. 不同基因型甘蓝对镉胁迫的响应. 南京农业大学学报, 28(4): 40-44.
孙健, 铁柏清. 2007. 不同改良剂对铅锌尾矿污染土壤中灯心草生长及重金属积累特性的影响. 农业环境科学学报, 25(3): 637-643.
孙龙, 纪楠楠, 穆立蔷, 徐文远. 2012d. 重金属胁迫对小叶丁香叶片解剖结构的影响. 东北林业大学学报, 40(4): 1-5, 10.
孙庆业, 蓝崇钰, 黄铭洪, 杨林章. 2001. 铅锌尾矿上自然定居植物. 生态学报, 21(9): 1457-1463.
孙赛初, 王焕校, 李启任. 1985. 水生维管束植物受镉污染后的生理变化及受害机制初探. 植物生理学报, 11(2): 113-121.
孙涛, 陆扣萍, 王海龙. 2015. 不同淋洗剂和淋洗条件下重金属污染土壤淋洗修复研究进展. 浙江农林大学学报, 32(1): 140-149.
孙涛, 张玉秀, 柴团耀. 2011. 印度芥菜(*Brassica juncea* L.)重金属耐性机理研究进展. 中国生态农业学报, 19(1): 226-234.

孙贤斌，李玉成，王宁. 2005. 铅在小麦和玉米中活性形态和分布的比较研究. 农业环境科学学报, 24(4): 666-669.
孙新，杨志敏，徐朗莱. 2003. 缺硫条件下油菜对镉毒害的敏感性. 南京农业大学学报, 26(4): 56-59.
孙雪梅，杨志敏. 2006. 植物的硫同化及其相关酶活性在镉胁迫下的调节. 植物生理与分子生物学学报, 32(1): 9-16.
孙艳芳，王国利，刘长仲. 2014. 重金属污染对农田土壤无脊椎动物群落结构的影响. 土壤通报, 45(1): 210-215.
孙约兵，徐应明，史新，王林，林大松，梁学峰. 2012a. 污灌区镉污染土壤钝化修复及其生态效应研究. 中国环境科学, 32(8): 1467-1473.
孙约兵，徐应明，史新，王林，梁学峰. 2012b. 海泡石对镉污染红壤的钝化修复效应研究. 环境科学学报, 32(6): 1465-1472.
孙约兵，周启星，王林，刘维涛，刘睿. 2009. 三叶鬼针草幼苗对镉污染的耐性及其吸收积累特征研究. 环境科学, 30(10): 3028-3035.
谭建波，陈兴，郭先华，李元，祖艳群. 2015. 续断菊与玉米间作系统不同植物部位 Cd、Pb 分配特征. 生态环境学报, 24(4): 700-707.
谭林，庞德庆，丁静. 2007. 废弃矿山植被恢复模式初探. 中国林业, 21(2): 51.
谭小琪，李取生，何宝燕，梅秀芹，李慧. 2014. 番茄对镉吸收累积的品种差异. 暨南大学学报(自然科学与医学版), 35(3): 215-220.
汤举红，周曦，王丽霞. 2011. 次生裸地植被-恢复过程的植物群落特征. 安徽农业科学, 39(22): 13683-13685, 13687.
汤莉莉，牛生杰，徐建强，晏培，杨雪贞，谢学俭. 2008. 铅对不同土壤中青菜生长的影响. 南京气象学院学报, 31(1): 104-108.
唐发静. 2008. 滇池湖滨区蔬菜土壤重金属含量空间分布及其调控途径研究. 昆明：云南农业大学博士学位论文.
唐浩，朱江，黄沈发，邱江平. 2013. 蚯蚓在土壤重金属污染及其修复中的应用研究进展. 土壤, 45(1): 17-25.
唐剑峰，林咸永，章永松，李刚，郑绍建. 2005. 小麦根系对铝毒的反应及其与根细胞壁组分和细胞壁对铝的吸附-解吸性能的关系. 生态学报, 25(8): 1890-1897.
唐罗忠，生原喜久雄，户田浩人，黄宝龙. 2005. 湿地林土壤的 Fe^{2+}、Eh 及 pH 值的变化. 生态学报, 25(1): 103-107.
唐世荣. 2001. 超积累植物在时空、科属内的分布特点及寻找方法. 农村生态环境, 17 (4): 56-60.
唐世荣. 2006. 污染环境植物修复的原理与方法. 北京：科学出版社.
唐探，姜永雷，张瑛，程小毛. 2015. 铅、镉胁迫对云南樟幼苗叶绿素荧光特性的影响. 湖北农业科学, 11(54): 2655-2658.
唐秀梅，龚春风，周主贵，刘鹏徐，根娣蔡，妙珍，吴琼鸯. 2008. 镉对龙葵(*Solanum nigrum* L.)根系形态及部分生理指标的影响. 生态环境, 17(4): 1462-1465.
唐咏. 2001. 铅污染对辣椒幼苗生长及 SOD 和 POD 活性的影响. 沈阳农业大学学报, 32(1): 26-28.
唐咏，王萍萍，张宁. 2006. 植物重金属毒害作用机理研究现状. 沈阳农业大学学报, 37(4): 551-555.
陶毅明，陈燕珍，梁士楚，梁杨琳. 2008. 镉胁迫下红树植物木榄幼苗的生理生化特性. 生态学杂志, 27(5): 762-766.
滕彦国，庹先国，倪师军，张成江. 2002. 攀枝花工矿区土壤重金属人为污染的富集因子分析. 土壤与环境, 11(1): 13-16.
滕应，黄昌勇. 2002. 重金属污染土壤的微生物生态效应及其修复研究进展. 土壤与环境, 11(1): 85-89.
滕应，黄昌勇，龙健，姚槐应. 2003. 复垦红壤中牧草根际微生物群落功能多样性. 中国环境科学, 23(3): 295-299.
田生科. 2010. 超积累东南景天(*Sedum alfredii* Hance)对重金属(Zn/Cd/Pb)的解毒机制. 杭州：浙江大学博士学位论文.
田相伟. 2008. 磷肥和有机肥调控丘北辣椒及土壤砷污染的研究. 昆明：云南农业大学硕士学位论文.
田园，王晓蓉，林仁漳，于红霞. 2008. 土壤中镉铅锌单一和复合老化效应的研究. 农业环境科学学报, 27(1): 156-159.
涂从，青长乐. 1990. 紫色土中铜对莴苣生长的影响及其临界值指标的研究. 农业环境保护, 9(4): 13-17.
万敏，周卫，林葆. 2003. 不同镉积累类型小麦根际土壤低分子量有机酸与镉的生物积累的研究. 植物营养与肥料学报, 9(3): 331-336.
汪洪，周卫，林葆. 2001. 钙对镉胁迫下玉米生长及生理特性的影响. 植物营养与肥料学报, 7(1): 78-87.
汪行玉，赵可夫. 2001. 植物重金属伤害及其抗性机理. 应用与环境生物学报, 7(1): 92-99.
汪雅谷，张四荣. 2001. 无污染蔬菜生产的理论与实践. 北京：中国农业出版社: 164-175.
汪永华，陈北光，苏志尧. 2000. 物种多样性研究的进展. 生态科学, 19(3): 50-54.
王波，毛任钊，杨苹果，侯美亭，胡春胜. 2006. 基于 Kriging 法和 GIS 技术的迁安市农田重金属污染评价. 农业环境科学学报, 25 (S2): 561-564.
王丹，魏威，王松山，梁东丽. 2011. 铜，铬单一及复合污染对小白菜种子萌发及根长的生态毒性. 西北农林科技大学学报(自然科学版), 38(12): 63-68.
王丹丹. 2015. 重金属胁迫下小花南芥与作物间作对植物根系分泌物特征的影响. 昆明：云南农业大学硕士学位论文.
王定勇，牟树森，青长乐. 1998. 大气汞对土壤-植物系统汞累积的影响研究. 环境科学学报, 18 (2): 194-198.

王发园, 林先贵. 2006. 丛枝菌根-植物修复重金属污染土壤研究中的热点. 生态环境, 15(5): 1086-1090.

王发园, 林先贵. 2007. 丛枝菌根在植物修复重金属污染土壤中的作用. 生态学报, 27(2): 793-801.

王发园, 林先贵, 尹睿. 2006. 丛枝菌根真菌对海州香薷生长及其 Cu 吸收的影响. 环境科学, 26(5): 174-180.

王芳, 郑瑞伦, 何刃, 李花粉. 2006. 氯离子和乙二胺四乙酸对镉的植物有效性的影响. 应用生态学报, 17(10): 1953-1957.

王贵军. 2007. 浙江富阳环山乡二次金属回收冶金污染区植物多样性及土壤重金属对植被影响的研究. 芜湖: 安徽师范大学硕士学位论文.

王国庆, 骆永明, 宋静, 夏家淇. 2005. 土壤环境质量指导值与标准研究 I·国际动态及中国的修订考虑. 土壤学报, 42(4): 666-673.

王红新. 2010. 丛枝菌根真菌在植物修复重金属污染土壤中的作用. 中国土壤与肥料, (5): 1-5.

王宏镔, 王焕校, 文传浩, 常学秀, 段昌群. 2002. 镉处理下不同小麦品种几种解毒机制探讨. 环境科学学报, 22(4): 523-528.

王焕校. 2000. 污染生态学. 北京: 高等教育出版社.

王焕校. 2012. 污染生态学. 3 版. 北京: 高等教育出版社.

王焕校, 刘醒华, 周建刚, 段沛生, 周鸿, 杨树华. 1983. Pb 在生态系统中的迁移积累规律初步研究. 云南大学学报, 1 (2): 213-222.

王慧忠, 何翠屏, 赵楠. 2003. 镉对草坪植物生长特性及生物量的影响. 江苏农业科学, 20(5): 32-34.

王激清, 茹淑华, 苏德纯. 2003. 用于修复土壤超累积镉的油菜品种筛选. 中国农业大学学报, 8(1): 67-70.

王激清, 茹淑华, 苏德纯. 2004. 印度芥菜和油菜互作对各自吸收土壤中难溶态镉的影响. 环境科学学报, 24(5): 890-894.

王吉秀, 祖艳群, 陈海燕, 李元, 陈建军. 2010b. 表面活性剂对小花南芥(*Arabis alpina* L. var. *parviflora* France)累积铅锌的促进作用. 生态环境学报, 19(8): 1923-1929.

王吉秀, 祖艳群, 李元. 2010a. 镉锌交互作用及生态学效应研究进展. 农业环境科学学报, 29(B03): 256-260.

王洁, 周跃. 2005. 矿区废弃地的恢复生态学研究. 安全与环境工程, 12(1): 5-8.

王俊丽, 王忠, 任建国. 2010. 耐铅微生物的筛选及其吸附能力的初步研究. 污染防治技术, 23(1): 15-17.

王凯荣, 郭炎. 1993. 重金属污染对稻米品质影响的研究. 农业环境保护, 12(6): 254-257.

王丽平, 郑顺安, 章明奎. 2008. 土壤颗粒态有机质中铜和铅的结合特征. 浙江大学学报(农业与生命科学版), 33(6): 667-670

王丽香, 陈虎, 郭峰, 张欣, 范仲学, 万书波. 2013. 镉胁迫对花生生长和矿质元素吸收的影响. 农业环境科学学报, 32(6): 1106-1110.

王亮, 陈桂秋, 曾光明, 张文娟, 陈云. 2010. 真菌胞外聚合物及其与重金属作用机制研究进展. 环境污染与防治, 32(6): 74-80.

王林, 徐应明, 梁学峰, 孙扬, 秦旭. 2011. 新型杂化材料钝化修复镉铅复合污染土壤的效应与机制研究. 环境科学, 32(2): 581-588.

王林, 周启星, 孙约兵. 2008. 氮肥和钾肥强化龙葵修复镉污染土壤. 中国环境科学, 28(10): 915-920.

王美, 李书田, 马义兵, 黄绍敏, 王伯仁, 朱平. 2014. 长期不同施肥措施对土壤铜、锌、镉形态及生物有效性的影响. 农业环境科学学报, 33(8): 1500-1510.

王萍, 王克勤, 李太兴, 李云蛟. 2011. 反坡水平阶对坡耕地径流和泥沙的调控作用. 应用生态学报, 22(5): 1261-1267.

王珊珊, 王颜红, 张红. 2007. 镉胁迫对花生籽实品质的影响及响应机制. 生态学杂志, 26(11): 1761-1765.

王树会. 2007. 重金属汞对烟草种子发芽和幼苗中丙二醛的影响. 农业网络信息, (7): 44-146.

王帅, 梁英, 冯力霞, 田传远. 2010. 重金属胁迫对杜氏盐藻生长及叶绿素荧光特性的影响. 海洋科学, 34(10): 38-48.

王帅, 梁英, 田传远. 2009. Cd^{2+}胁迫对 6 株微藻生长及叶绿素荧光特性的影响. 海洋湖沼通报, (3): 155-166.

王帅, 梁英. 2011. 重金属胁迫对塔胞藻细胞密度及叶绿素荧光特性的影响. 海洋湖沼通报, (3): 8-20.

王松华, 张华, 崔元戎, 何庆元, 张强. 2008. 镉对灵芝菌丝抗氧化系统的影响. 应用生态学报, 19(6): 1355-1361.

王松华, 张华, 傅曼琴, 陈庆榆, 周正义, 陆晓民. 2007. 柱状田头菇菌丝对镉胁迫的抗氧化响应. 应用生态学报, 18(8): 1813-1818.

王松华, 周正义, 沈厚琴, 陈庆榆, 陆晓民, 吴萍. 2006. 镉对平菇菌丝生长及同工酶表达的影响. 生态学报, 26(5): 1616-1623.

王小平, 华春, 李朝晖, 贲爱玲, 周泉澄. 2007. Hg^{2+}、Cr^{3+}共同胁迫对苦草抗氧化酶活性的影响. 安徽农业科学, 35(33) : 10605-10606, 10627

王晓波, 宋凤斌, 张磊, 王波, 韩希英. 2005. 施锌量对吉林省中部地区水稻生育的影响. 吉林农业大学学报, 26(6): 591-595.

王晓飞. 2005. 花卉植物在污染土壤修复中的资源潜力分析. 沈阳: 中国科学院研究生院硕士学位论文.
王欣, 刘云国, 艾比布·努扎艾提, 张东海, 徐卫华, 周鸣才, 柴立元. 2007. 苎麻对镉毒害的生理耐性机制及外源精胺的缓解效应. 农业环境科学学报, 26 (2): 487-493.
王新. 周启星. 2003. 外源镉铅铜锌在土壤中形态分布特性及改性剂的影响. 农业环境科学学报, 22(5): 541-545.
王学锋, 师东阳, 刘淑萍, 崔倩. 2006. 烟草对土壤中环境激素铅的吸收及其相互影响的研究. 农业环境科学学报, 25(4): 890-893.
王岩, 李玉灵, 石娟华, 郭江, 杜建云. 2012. 不同植被恢复模式对铁尾矿物种多样性及土壤理化性质的影响. 水土保持学报, 26(3): 112-117.
王艳红, 艾绍英, 李盟军, 杨少海, 姚建武, 唐明灯, 曾招兵. 2010. 氮肥对镉在土壤-芥菜系统中迁移转化的影响. 中国生态农业学报, 18(3): 649-653.
王耀晶, 刘鸣达, 陆晓辉, 代凤芝. 2003. 不同磷含量水平对两种旱地土壤供锌能力的影响. 沈阳农业大学学报, 34(3): 185-187.
王逸群, 郑金贵, 陈文列, 陈莲云. 2005. Hg^{2+}、Cd^{2+}污染对水稻叶肉细胞伤害的超微观察. 福建农林大学学报(自然科学版), 33(4): 409-413.
王英辉, 陈学军, 祁士华. 2007. 铅污染土壤的植物修复治理技术. 土壤通报, 38(4): 790-794.
王友保, 刘登义. 2001. 铜砷及其复合污染对黄豆(*Glycine max*)影响的初步研究. 应用生态学报, 12(1): 117-120.
王友保, 张莉, 刘登义, 谢建春, 储玲, 李影. 2004. 铜陵铜尾矿库植被状况分析, 生态学杂志, 23(1): 135-139.
王友林, 竺朝娜, 王建军, 张礼霞, 金庆生, 石春海. 2012. 水稻镉、铅、砷低含量基因型的筛选. 浙江农业学报, 24(1): 133-138.
王玉, 苏年华, 张金彪. 1996. 福建耕地土壤重金属的环境化学特征. 福建农业大学学报, 25(1): 66-71.
王云, 贺建群. 1986. 长江三峡库区部分元素土壤环境背景值研究. 环境科学, 7(5):70-76.
王云, 汪雅谷. 1992. 上海市土壤环境背景值. 北京: 中国环境科学出版社.
王振中, 张友梅, 邓继福, 李忠武. 2006. 重金属在土壤生态系统中的富集及毒性效应. 应用生态学报, 17(10): 1948-1952.
王正秋, 江行玉, 王长海. 2002. 铅、镉和锌污染对芦苇幼苗氧化胁迫和抗氧化能力的影响. 过程工程学报, 2(6): 558-563.
王志勇, 廖丽, 袁学军. 2010. 重金属铅对草坪植物的毒害研究进展. 草原与草坪, 30(2): 8-14.
韦朝阳, 陈同斌, 黄泽春, 张学青. 2002. 大叶井口边草——一种新发现的富集砷的植物. 生态学报, 22(5): 777-778.
韦朝阳, 陈同斌. 2001. 重金属超富集植物及植物修复技术研究进展. 生态学报, 21(7): 1196-1203.
韦朝阳, 陈同斌. 2002. 高砷区植物的生态与化学特征. 植物生态学报, 26 (6) : 695-700.
韦朝阳, 郑欢, 孙歆, 王成. 2008. 不同来源蜈蚣草吸收富集砷的特征及植物修复效率的探讨. 土壤, 40(3): 474-478.
韦革宏, 马占强. 2010. 根瘤菌-豆科植物共生体系在重金属污染环境修复中的地位, 应用及潜力. 微生物学报, 50(11): 1421-1430.
卫泽斌, 郭晓方, 丘锦荣, 陈娴, 吴启堂. 2010. 间套作体系在污染土壤修复中的应用研究进展. 农业环境科学学报, 29(1): 67-272.
卫泽斌, 吴启堂, 龙新宪, 陈诚, 陈晓红. 2014. 可生物降解螯合剂 GLDA 和磷素活化剂促进东南景天提取土壤重金属的潜力. 农业环境科学学报, 33(7): 402-1404.
魏复盛, 陈静生, 吴燕玉, 郑春江. 1991. 中国土壤背景值研究. 环境科学, 12(4): 12-19.
魏俊峰, 吴大清, 彭金莲, 刁桂仪. 1999. 广州城市水体沉积物中重金属形态分布研究. 土壤与环境, 8(1): 10-14.
魏巧, 李元, 祖艳群. 2008. 修复重金属污染土壤的超富集植物栽培措施研究进展. 云南农业大学学报, 23(1): 103-107.
魏巧. 2008. 氮肥和有机肥对小花南芥生物量和 Pb、Zn 累积特征的影响. 昆明: 云南农业大学硕士学位论文.
魏树和, 周启星. 2004. 重金属污染土壤植物修复基本原理及强化措施探讨. 生态学杂志. 23(1): 65-72.
魏树和, 周启星, 王新. 2003. 18 种杂草对重金属的超积累特性研究. 应用基础与工程科学学报, 11 (2): 152-159.
魏树和, 周启星, 王新. 2005. 超积累植物龙葵及其对 Cd 的富集特征. 环境科学, 26(3): 167-171.
魏树和, 周启星, 王新, 曹伟. 2004a. 农田杂草的重金属超积累特性研究. 中国环境科学, 24(1): 105-109.
魏树和, 周启星, 王新, 张凯松, 郭观林. 2004b. 一种新发现的镉超积累植物龙葵(*Solanum nigrum* L.). 科学通报, 49(24): 2568-2573.
温琰茂. 1999. 施用城市污泥的土壤重金属生物有效性控制及环境容量. 第六届海峡两岸环境保护研讨会: 1116-1121.
翁兆霞. 2011. 镉胁迫下秋茄(*Kandelia candel*)根系蛋白质组变化及差异表达蛋白功能研究. 福州: 福建农林大学硕士学位论文.
吴彩, 方兴汉. 1993. 茶树接触休眠前后体内激素等物质的变化及锌的积极影响. 作物学报, 19(2): 179-183.

吴传星，伍钧，杨刚，李艳，张倩. 2009. 重金属低积累玉米品种的筛选. 第三届全国农业环境科学学术研讨会论文集.
吴丰昌，孟伟，曹宇静，李会仙，张瑞卿，冯承莲，闫振广. 2011. 镉的淡水水生生物水质基准研究. 环境科学研究, 24(2): 172-184.
吴国英，贾秀英，郭丹，来凯凯，姜洪芳. 2009. 蚯蚓对猪粪重金属 Cu、Zn 的吸收及影响因素研究. 农业环境科学学报, 28(6): 1293-1297.
吴惠芳，龚春风，刘鹏. 2010. 锰胁迫下龙葵和小飞蓬根叶中植物螯合肽和类金属硫蛋白的变化. 环境科学学报, 30(10) : 2058-2064.
吴佳，谢明吉，杨倩，涂书新. 2011. 砷污染微生物修复的进展研究. 环境科学, 32(3): 817-824.
吴凯，周晓阳. 2007. 环境胁迫对植物超微结构的影响. 山东林业科技, 170(3): 80-83, 71.
吴龙华，骆永明，黄焕忠. 2000. 铜污染土壤修复的有机调控研究 I. 可溶性有机物和 EDTA 对污染土壤的释放作用. 土壤, 32(2): 62-70.
吴启堂，陈卢，王广寿. 1999. 水稻不同品种对镉吸收累积的差异和机理研究. 生态学报, 19(1): 104-107.
吴淑芳，吴普特. 2010. 水土保持及土壤侵蚀动态机制研究现状及存在问题. 水土保持研究, 17(2): 37-40.
吴双桃，吴晓芙，胡日利，陈少瑾，胡劲召，陈宜菲，谢凝子. 2004. 铅锌冶炼厂土壤污染及重金属富集植物的研究. 生态环境, 13(2), 156-157.
吴文勇，尹世洋. 2012. 污灌区土壤重金属空间结构与分布特征. 农业工程学报, 29(4): 173-181.
吴燕玉，王新，梁仁禄，陈怀满，谢玉英. 1998. Cd、Pb、Cu、Zn、As 复合污染在农田生态系统的迁移动态研究. 环境科学学报, 18(4): 407-414.
吴玉树，王涣，鲍奕佳. 1983. 水生维管束植物对水体 Pb 污染的反应、抗性和净化作用. 生态学报, 3(3): 185-195.
吴玉树，张文驹，李元. 1989. 滇中地区地带性植被优势种及云南松元素背景值的研究. 云南大学学报, 11(3): 255-262.
伍钧，孟晓霞，李昆. 2005. Pb 污染土壤的植物修复研究进展. 土壤, 37(3): 258-264.
伍钧，吴传星，孟晓霞，杨刚，沈飞，李艳，张倩. 2011. 重金属低积累玉米品种的稳定性和环境适应性分析. 农业环境科学学报, 30(11): 2160-2167.
武斌，李宗芸，杨素春，张迪. 2011. 几种热激蛋白在细胞凋亡信号通路中的调控作用. 中国生物化学与分子生物学报, 27(1): 22-31.
武丽花，方晰，田大伦，徐桂林. 2008. 锰矿废弃地不同植被恢复方式下土壤微生物数量特征. 中南林业科技大学学报, 28(1): 14-20.
武晓峰，谢磊，赵洪阳. 2012. 土壤及地下水污染点不同暴露途径的健康风险比较. 中国环境科学, 32(2): 345-350.
武征，郭巧生，王庆亚，周黎君，张志远，张利霞，黄涛. 2010. 夏枯草内在品质及生长特性对铅、铜、镉胁迫的响应. 中国中药杂志, 35(3): 263-267.
夏汉平，蔡锡安. 2002. 采矿地的生态恢复技术. 应用生态学报, 13(11): 1471-1477.
夏汉平，束文圣. 2001. 香根草和百喜草对铅锌尾矿重金属的抗性与吸收差异研究. 生态学报, 21(7): 1121-1129.
夏星辉，陈静生. 1997. 土壤重金属污染治理方法研究进展. 环境科学, 18(3): 72-76.
夏运生，王凯荣. 2002. 土壤镉生物毒性的影响因素研究进展. 农业环境保护, 21(3): 272-275.
夏增禄，李森照，李廷芳. 1987. 土壤元素背景值及其研究方法. 北京：气象出版社.
夏增禄，李森照，穆从如，孟维奇，何瑞珍，沈瑞珍. 1985. 北京地区重金属在土壤中的纵向分布和迁移. 环境科学学报, 5(1): 105-112.
肖思思，李恋卿，潘根兴，焦少俊，龚伟群. 2006. 持续淹水和干湿交替预培养对 2 种水稻土中 Cd 形态分配及高丹草 Cd 吸收的影响. 环境科学, 27(2): 351-355.
肖昕. 2009. 重金属复合污染对小麦的毒理效应及其微观机制. 北京：中国矿业大学博士学位论文.
谢鸿志，胡友彪. 2009. 不同 pH 条件对城市污泥中重金属生物有效性的影响. 安徽农业科学, 37(5): 2163-2164, 2207.
谢惠玲，刘杰，陈珊，王经源，傅伟，肖清铁，郑新宇，黄锦文，林瑞余，林文雄. 2014. 紫苏叶片响应镉胁迫的蛋白质差异表达分析. 中国生态农业学报, 22(10): 1207-1213.
谢建治，李博文，刘树庆. 2005. Cd、Zn 污染对小白菜营养品质的影响. 华南农业大学学报, 26(1): 43-44.
谢建治，刘树庆，刘玉柱，高如泰. 2002. 保定市郊土壤重金属污染对蔬菜营养品质的影响. 农业环境保护, 21(4): 325-327.
谢建治，张书廷，刘树庆，李博文，赵新华. 2004. 潮褐土重金属污染对小白菜营养品质指标的影响. 农业环境科学学报, 23(4): 678-682.
谢越，杨高文，周翰舒，张英俊. 2012. 丛枝菌根真菌研究中土壤灭菌方法综述. 草业科学, 29(5): 724-732.
谢运河，纪雄辉，黄涓，彭华，田发祥，刘昭兵. 2014. 赤泥、石灰对 Cd 污染稻田改制玉米吸收积累 Cd 的影响. 农业环境科学学报, 33(11): 2104-2110.

解凯彬, 施国新, 杜开和, 丁小余, 常福辰, 陈国祥, 陈庆翔. 2000. Hg^{2+}胁迫下芡实叶超微结构的变化. 南京师大学报(自然科学版), 23 (3): 100-108.
解文艳, 樊贵盛. 2004. 土壤质地对土壤入渗能力的影响. 太原理工大学学报, 35(5): 537-540.
邢艳帅, 乔冬梅, 朱桂芬, 齐学斌. 2014. 土壤重金属污染及植物修复技术研究进展. 中国农学通报, 30(17): 208-214.
熊国焕, 高建培, 王宏镔, 潘义宏, 焦鹏. 2011. 间作条件下螯合剂对龙葵和大叶井口边草吸收重金属的影响. 农业环境科学学报, 30(4): 666-676.
熊礼明. 1993. 施肥与植物的重金属吸收. 农业环境保护, 12(5): 217-222.
熊礼明. 1994. 石灰对土壤吸附态镉行为及有效性的研究. 环境科学研究, 7(1): 35-38.
熊愈辉, 杨肖娥, 叶正钱, 何冰. 2004. 东南景天对镉、铅的生长反应与积累特性比较. 西北农林科技大学学报(自然科学版), 32(6): 101-106.
徐峰, 黄益宗, 蔡立群, 孙晓铧, 刘崇敏, 王斐. 2013. 不同改良剂处理对玉米生长和重金属累积的影响. 农业环境科学学报, 32(3): 463-470.
徐加宽, 王志强, 杨连新, 董桂春, 吴越, 黄建晔, 王余龙. 2005. 土壤铬含量对水稻生长发育和产量形成的影响. 扬州大学学报(农业与生命科学版), 26(4): 61-66.
徐建明, 李才生, 毛善国, 汪鑫, 樊趁英, 黄鹏飞, 李耀文. 2008. 锌对水稻幼苗生长及体内 SOD、POD 活性的影响. 安徽农业科学, 36(3): 877-878.
徐劼, 胡博华, 戈涛, 陈沁. 2014. 镉胁迫对生菜种子萌发及幼苗生理特性的影响. 湖北农业科学, 53(20): 4894-4896.
徐劼, 于明革, 陈英旭, 傅晓萍, 段德超. 2011. 铅在茶树体内的分布及化学形态特征. 应用生态学报, 22(4): 891-896.
徐磊, 周静, 梁家妮, 崔红标, 陶美娟, 陶志慧, 祝振球, 黄林. 2014. 巨菌草对 Cu、Cd 污染土壤的修复潜力. 生态学报, 34(18) : 5342-5348.
徐莉莉, 李萍, 王玉林, 郭喜丰, 赵秀兰. 2010. 细胞分裂素类物质对镉胁迫下玉米幼苗生长和抗氧化酶活性及脯氨酸含量的影响. 环境科学学报, 30(11): 2256-2263.
徐猛, 颜增光, 贺萌萌, 张超艳, 侯红, 李发生. 2013. 不同国家基于健康风险的土壤环境基准比较研究与启示. 环境科学, 34 (5): 1667-1678.
徐勤松, 施国新, 杜开和. 2001. 镉胁迫对水车前叶片抗氧化酶系统和亚显微结构的影响. 农村生态环境, 17(2): 30-34.
徐勤松, 施国新, 王红霞, 杨海燕, 赵娟, 许晔. 2008. 外源亚精胺对槐叶苹耐镉胁迫的增强效应. 应用生态学报, 19(11): 2521-2526.
徐勤松, 施国新, 周红卫. 2003. Cd、Zn 复合污染对水车前叶绿素含量和活性氧清除系统的影响. 生态学杂志, 22(1): 5-8.
徐勤松, 施国新, 周耀明, 吴国荣, 王学. 2005. 镉在黑藻叶细胞中的亚显微定位分布及毒害效应分析. 实验生物学报, 37(6): 461-468.
徐婷婷, 秦丽, 王吉秀, 祖艳群, 高雪, 刘金军. 2014. 人工镉增补对续断菊抗氧化酶活性及可溶性蛋白和丙二醛含量的影响. 云南农业大学学报(自然科学), 29(3): 409-414.
徐卫红, 黄河, 王爱华, 熊治廷, 王正银. 2006. 根系分泌物对土壤重金属活化及其机理研究进展. 生态环境, 15(1): 184-189.
徐稳定. 2014. 超甜 38 玉米对镉的耐受机理及强化富集研究. 广州: 华南理工大学博士学位论文.
徐义昆, 徐小颖, 池源, 金银根. 2015. 香蒲对不同浓度 Pb^{2+}胁迫的生理应答及其细胞超微结构变化. 西北植物学报, 35(10): 2018-2025.
徐应明, 梁学峰, 孙国红, 孙扬, 秦旭, 王林. 2009. 海泡石表面化学特性及其对重金属 Pb^{2+}、Cd^{2+}、Cu^{2+}吸附机理研究. 农业环境科学学报, 28(10): 2057-2063.
徐友宁, 张江华, 柯海玲, 陈华清, 乔冈, 刘瑞平, 史宇飞. 2014. 某金矿区农田土壤重金属污染的人体健康风险. 地质通报, 33(8): 1239-1252.
许嘉琳, 鲍子平, 杨居荣, 刘虹, 宋文昌. 1991. 农作物体内铅, 镉, 铜的化学形态研究. 应用生态学报, 2(3): 244-248.
许嘉琳, 杨居荣. 1995. 陆地生态系统中的重金属. 北京: 中国环境科学出版社.
许嘉琳, 杨居荣, 荆红卫. 1996. 砷污染土壤的作物效应及其影响因素. 土壤, 28(2): 85-89.
许毅涛, 方其仙, 王吉秀, 李明锐, 湛方栋, 杨枭. 2014. 三种植物对铅锌尾矿土壤 Pb、Zn 和 Cd 的吸收特性. 环境科学与技术, 37(S1): 189-193, 273.
许佐民, 毛敬国, 高岩. 2004. 试论铁岭地区矿区生态恢复途径. 水土保持科技情报, (6): 35-36.
薛亮, 刘建锋, 史胜青, 魏远, 常二梅, 高暝, 江泽平. 2013. 植物响应重金属胁迫的蛋白质组学研究进展. 草业学报, 22(4): 300-311.
闫晗, 吴祥云, 黄静, 刘政. 2011. 生态恢复措施对土壤微生物数量特征的影响——以阜新海州露天矿排土场为例.

土壤通报, 42(6): 1359-1363.
严重玲, 洪业汤, 付舜珍. 1997. Cd、Pb 胁迫对烟草叶片中活性氧消除系统的影响. 生态学报, 17(5): 488-491.
阳含熙, 卢泽愚. 1981. 植物生态学数量分类方法. 北京: 科学出版社.
杨刚, 伍钧, 唐亚, 李昆. 2007. 不同形态氮肥施用对鱼腥草吸收转运 Pb 的影响. 农业环境科学学报, 26(4): 1380-1385.
杨国远, 万凌琳, 雷学青, 汪亚俊, 李爱芬, 张成武. 2014. 重金属铅、铬胁迫对斜生栅藻的生长、光合性能及抗氧化系统的影响. 环境科学学报, 34(6): 1606-1614.
杨华. 2011. 我国矿山开采的生态环境效应及土地复垦典型技术. 北方环境, 23(8): 61-62.
杨建立, 何云峰, 郑绍建. 2005. 植物耐铝机理研究进展. 植物营养与肥料学报, 11(6): 836-845.
杨居荣, 鲍子平. 1993. Cd, Pb 在植物细胞内的分布及其可溶性结合形态. 中国环境科学, 13 (4): 263-268.
杨居荣, 贺建群, 张国祥, 毛显强. 1995b. 农作物对 Cd 毒害的耐性机理探讨. 应用生态学报, 6(1): 87-91.
杨居荣, 贺建新, 蒋婉如. 1995a. 镉污染对植物生理生化的影响. 农业环境保护, 14(5): 193-197.
杨居荣, 薛纪渝. 1999. 日本公害病发源地的今天. 农业环境保护, 18(6): 268-271, 286.
杨丽娟, 顾地周, 栾志慧, 郭志欣, 高微, 王晓伟, 吴培, 张峰. 2014. 钙、铅处理对大豆根尖细胞有丝分裂的影响. 大豆科学, 2(33): 293-295.
杨亮, 郝瑞霞, 吴沣, 肖育雄. 2013. 耐铅微生物筛选及其铅去除能力的初步研究. 北京大学学报(自然科学版), 48(6): 965-970.
杨明杰, 林咸永, 杨肖娥. 1998. Cd 对不同种类植物生长和养分积累的影响. 应用生态学报, 9(1): 89-94.
杨仁斌, 曾清如, 周细红, 铁柏青, 刘声扬. 2000. 植物根系分泌物对铅锌尾矿污染土壤中重金属的活化效应. 农业环境保护, 19(3): 152-155.
杨瑞恒, 姚青, 郭俊, 龙良鲲, 黄永恒, 朱红惠. 2010. 磷和镉对根内球囊霉 *Glomus intraradices* 孢子萌发、菌丝生长和外生菌丝内聚磷酸累积的影响. 菌物学报, 29(3): 421-428.
杨世勇, 谢建春, 刘登义. 2004. 铜陵铜尾矿复垦现状及植物在铜尾矿上的定居. 长江流域资源与环境, 13(5): 488-493.
杨素勤, 程海宽, 张彪, 景鑫鑫, 孙晓雪, 赵鹏. 2014. 不同品种小麦 Pb 积累差异性研究. 生态与农村环境学报, 30 (5): 646 -651.
杨维, 沈爱莲, 李璇, 封金利. 2011. 大孤山矿区土壤重金属形态分布特征及影响因素. 沈阳建筑大学学报(自然科学版), 27(1): 130-134.
杨文玲, 刘莹莹, 慕琦, 王继雯, 陈国参. 2013. 铅铬胁迫对小麦苗中叶绿素含量的影响. 河南科学, 32(10): 2004-2007.
杨肖娥, 傅承新. 2002. 东南景天 (*Sedum alfreii* H)——一种新的锌超积累植物. 科学通报, 47 (13): 1003-1006.
杨肖娥, 龙新宪, 倪吾钟. 2002. 超积累植物吸收重金属的生理及分子机制. 植物营养与肥料学报, 8(1): 8-15.
杨肖娥, 龙新宪, 倪吾钟, 倪士峰. 2001. 古老 Pb 锌矿山生态型东南景天对锌耐性及超积累特性的研究. 植物生态学报, 25 (6): 665-672.
杨延杰, 李天来, 范文丽, 韩凌. 2004. 温室弱光对番茄茎叶 Mn 含量的影响. 辽宁农业科学, (4): 49-50.
杨一艳. 2013. DSE 对玉米生长和镉累积的影响及硫营养机理. 昆明: 云南农业大学硕士学位论文.
杨志敏, 郑绍建, 胡霭堂. 1999. 植物体内磷与重金属元素锌、镉交互作用的研究进展. 植物营养与肥料学报, 5(4): 366-376.
杨忠芳, 陈岳龙, 钱鑣, 郭莉, 诸惠燕. 2005. 土壤 pH 对镉存在形态影响的模拟实验研究. 地学前缘, 12(1): 252-260.
杨卓, 陈婧, 李博文. 2011. 印度芥菜生理生化特性及其根区土壤中微生物对 Cd 胁迫的响应. 农业环境科学学报, 30(12): 2428-2433.
姚海兴, 叶志鸿. 2009. 湿地植物根表铁膜研究进展. 生态学杂志, 28(11): 2374-2380.
姚志刚, 鲍征宇, 高璞. 2006. 洞庭湖沉积物重金属环境地球化学. 地球化学, 35(6): 629-638.
叶春和. 2002. 紫花苜蓿对 Pb 污染土壤修复能力及其机理的研究. 土壤与环境, 11(4): 331-334.
叶林春, 朱雪梅, 邵继荣. 2008. 矿山开采水土流失现状与治理措施, 中国水土保持科学, 6(S1): 88-89, 94.
叶文玲, 樊霆, 鲁洪娟, 陈海燕, 潘丹丹, 刘翔麟, 章晶晶, 徐晓燕. 2014. 蜈蚣草的植物修复作用对土壤中砷总量及形态分布的影响研究. 土壤通报, 45(4): 1003-1007.
叶新新, 周艳丽, 孙波. 2012. 适于轻度 Cd、As 污染土壤种植的水稻品种筛选. 农业环境科学学报, 31(6): 1082-1088.
尹晋, 马小东, 孙红文. 2008. 电动修复不同形态铬污染土壤的研究. 环境工程学报, 2(5): 684-689.
尤文鹏, 施国新, 常福辰, 杨顶田, 解凯彬. 1999. Hg^{2+}对金银莲花根和叶片的伤害. 植物资源与环境, 8(1): 57-59.
尤文鹏, 施国新, 丁小余, 杨顶田, 解凯彬, 常福辰, 宋东杰, 赵春. 2000. Hg^{2+}对菹藻鳞茎生长的毒害效应. 南京师大学报(自然科学版), 23(2): 76-80.

于法钦. 2005. 云南兰坪铅锌矿区植被及优势植物重金属含量研究, 广州: 中山大学硕士学位论文.
于方明, 仇荣亮, 汤叶涛, 应蓉蓉, 周小勇, 赵璇, 胡鹏杰, 曾晓雯. 2008. Cd 对小白菜生长及氮素代谢的影响研究. 环境科学, 29(2): 2506-2511.
于明革. 2010. 茶多酚对茶树 Pb 生物有效性的调控作用机制. 杭州: 浙江大学博士学位论文.
于蔚. 2014. Pb、Cd 低累积玉米品种的筛选研究. 昆明: 云南农业大学硕士学位论文.
于蔚, 李元, 陈建军, 李敬伟, 陈树. 2014. Pb 低累积玉米品种的筛选研究. 环境科学导刊, 33 (5): 4-9, 104.
于小娣, 师玥, 周斌, 王其翔, 张鑫鑫, 唐学玺, 王悠. 2012. 重金属离子胁迫对赤潮微藻的急性毒性. 环境科学研究, 25(9): 1047-1053.
于云江, 林庆功, 石庆辉, 刘家琼. 2002. 包兰铁路沙坡头段人工植被区生境与植被变化研究. 生态学报, 22(3): 433-439.
宇克莉, 孟庆敏, 邹金华. 2010. 镉对玉米幼苗生长、叶绿素含量及细胞超微结构的影响. 华北农学报, 5(3): 118-123.
郁有健, 沈秀萍, 曹家树. 2014. 植物细胞壁同聚半乳糖醛酸的代谢与功能. 中国细胞生物学学报, 36(1): 93-98.
袁祖丽, 马新明, 韩锦峰, 李春明, 吴葆存. 2005. 镉污染对烟草叶片超微结构及部分元素含量的影响. 生态学报, 25(11): 2919-2927.
袁祖丽, 孙晓楠, 刘秀敏. 2008. 植物耐受和解除重金属毒性研究进展. 生态环境, 17(6): 2494-2502.
岳振华, 张富国, 胡瑞芝. 1992. 菜园土中重金属和氟的迁移累积及蔬菜对重金属的富集作用. 湖南农业大学学报, 4(9): 114-117.
恽烨, 李威, 张银龙, 钱婧, 王月. 2014. 5-氟尿嘧啶与镉单一及复合污染对三种作物种子萌发的影响. 农业环境科学学报, 33(6): 1075-1081.
曾鸿超, 张文斌, 冯光泉, 周家明, 高明菊, 赵爱. 2011. 土壤砷污染对三七皂苷含量的影响. 特产研究, 4: 25-27.
曾宗梁. 2007. 铅对鱼腥草根系生理的影响与鱼腥草对铅的抗性机理研究. 雅安: 四川农业大学硕士学位论文.
翟中和. 2000. 细胞生物学. 北京: 高等教育出版社.
詹杰, 黄毅斌, 郑向丽, 徐国忠. 2008. 砷元素对水花生生长影响. 江西农业学报, 20(6): 95-97.
湛方栋. 2012. 嗜鱼外瓶霉(*Exophiala pisciphila* ACCC32496)镉耐性机制研究. 昆明: 云南大学博士学位论文.
湛方栋, 何永美, 陈建军, 李元, 祖艳群. 2010a. 云南会泽废弃铅锌矿区和非矿区中华山蓼根际真菌镉耐性研究. 农业环境科学学报, 29(5): 930-935.
湛方栋, 何永美, 李元, 祖艳群. 2010b. 废弃铅锌矿区和非矿区小花南芥根际真菌的分离及其铅耐性研究. 生态环境学报, 19(3): 599-604.
湛方栋, 何永美, 李元, 祖艳群. 2010c. 云南会泽废弃铅锌矿区和非矿区小花南芥根际真菌的耐镉性. 应用与环境生物学报, 16 (4): 572-576.
湛方栋, 何永美, 祖艳群, 李涛, 赵之伟. 2013. 丝状真菌耐受重金属的细胞机制研究. 云南农业大学学报(自然科学版), 28(3): 424-432.
张超兰, 陈文慧, 韦必帽, 刘小珍, 吕沛峰. 2008. 几种湿地植物对重金属镉胁迫的生理生化响应. 生态环境, 17(4): 1458-1461.
张琛, 师学义, 马桦薇, 张美荣, 王晶. 2014. 煤炭基地复垦村庄土壤重金属污染生态风险评价. 水土保持研究, 5: 277-284.
张传林. 1997. 锌对棚栽香椿内源激素及休眠解除的影响. 山东农业科学, 5: 21-22.
张峰, 马烈, 张芝兰, 桂时乔, 郭玉林. 2012. 化学还原法在污染土壤修复中的应用. 化工环保, 32(5): 419-423.
张福锁. 1995. 根分泌物与禾本科植物对缺铁胁迫的适应机理. 植物营养与肥料学报, 1(1): 17-23.
张广鑫, 王鑫, 陈刚. 2013. 解析间套作体系在污染土壤中的应用研究进展. 环境科学, 3: 157.
张宏彦, 刘全清, 张福锁. 2009. 养分管理与农作物品质. 北京: 中国农业大学出版社.
张慧, 施国新, 计汪栋, 徐勤松, 袁秋红, 许晔. 2007. 外源脱落酸(ABA)增强菹草抗镉(Cd^{2+})胁迫能力. 生态与农村环境学报, 23(3): 77-81.
张江生, 周康根, 姜科, 董舒宇, 岳楠. 2014. 新型 TMT-硫酸铁固定剂对重金属污染土壤的修复研究. 有色金属与工程, 5(2): 10-14.
张金彪. 2001. 镉对草莓的毒害及机理和调控研究. 福州: 福建农林大学博士学位论文: 66-67.
张金屯, 陈廷贵. 2002. 关帝山植物群落物种多样性研究: 统一多样性和 β-多样性. 山西大学学报(自然科学版), 25(2): 173-175.
张俊清, 刘明生, 符乃光, 熊雪欧, 邢福桑. 2002. 中药材微量元素及重金属研究的意义与方法. 中国野生植物资源, 21(3): 48-49.
张磊, 宋凤斌. 2005. 土壤吸附重金属的影响因素研究现状及展望. 土壤通报, 36(4): 628-631.
张磊, 张磊, 孟湘萍. 2008. 不同水分条件下镉在土壤中形态转化的动态过程. 安徽农业科学, 36(17) : 7332-7334.

张丽娜，宗良纲，付世景，沈振国. 2006. 水分管理方式对水稻在 Cd 污染土壤上生长及其吸收 Cd 的影响. 安全与环境学报, 6(5): 49-52.

张良运，李恋卿，潘根兴，崔立强，胡忠良. 2009. 磷、锌肥处理对降低污染稻田水稻籽粒 Cd 含量的影响. 生态环境学报, 18(3): 909-913.

张玲，王焕校. 2002. 镉胁迫下小麦根系分泌物的变化. 生态学报, 22(4): 496-502.

张民，龚子同. 1996. 我国菜园土壤中某些重金属元素的含量与分布. 土壤学报, 33(1): 85-93.

张敏，钱天鸣. 2000. 运河(杭州段)底质有机质与重金属元素相关性的探讨. 环境污染与防治, 22(2): 32-44.

张茜. 2007. 磷酸盐和石灰对污染土壤中铜锌的固定作用及其影响因素. 北京：中国农业科学院硕士学位论文.

张庆利，史学正，黄标，于东升，王洪杰, Karin B, Ingrid O. 2005. 南京城郊蔬菜基地土壤有效态铅、锌、铜和镉的空间分异及其驱动因子研究. 土壤, 37(1): 41-47.

张树清，张夫道，刘秀梅，王玉军，张建峰. 2006. 重金属元素 Cu、Zn 对大白菜幼苗的毒性效应. 农业环境科学学报, 24 (5): 8-12.

张素芹，杨居荣. 1992. 农作物对镉铅砷的吸收与运输——伤流及根系外渗分析. 农业环境保护, 11(4): 171-175, 193.

张太平，段昌群，胡斌，王焕校，彭少麟. 1999. 玉米在重金属污染条件下的生态分化与品种退化. 应用生态学报, 10(6): 743-747.

张廷婷，闫彩霞，李春娟，单世华，万书波，杨志艺. 2013. 花生对镉胁迫的生理响应. 山东农业科学, 45(12): 48-51, 56.

张杏辉，曹铭寻. 2004. Hg^{2+}、Pb^{2+}对小白菜种子萌发的影响研究. 广西园艺, 15(4): 2-3.

张秀，郭再华，杜爽爽，王阳，石乐毅，张丽梅，贺立源. 2013. 砷胁迫下水磷耦合对不同磷效率水稻农艺性状及精米砷含量的影响. 作物学报, 39(10): 1909-1915.

张秀芝，鲍征宇，唐俊红. 2006. 富集因子在环境地球化学重金属污染评价中的应用. 地质科技情报, 25 (1): 65-72.

张秀芝，李强，彭畅，高洪军，魏雯雯，赵福刚，朱平. 2015. 不同添加量重金属对水稻产量及籽粒重金属富集的影响. 吉林农业科学, 40(4): 13-16.

张旭红，高艳玲，林爱军，崔玉静，朱永官. 2008a. 植物根系细胞壁在提高植物抵抗金属离子毒性中的作用. 生态毒理学报, 1: 9-14.

张旭红，高艳玲，林爱军，黄益宗. 2008b. 重金属污染土壤接种丛枝菌根真菌对蚕豆毒性的影响. 环境工程学报, 2(2): 274-278.

张旭红，林爱军，张莘，郭兰萍. 2012. 丛枝菌根真菌对旱稻根际 Pb 形态分布的影响. 中国农学通报, 28(6): 24-29.

张璇，华珞，王学东，马义兵，韦东普. 2008. 不同 pH 值条件下镍对大麦的急性毒性. 中国环境科学, 28(7): 640-645.

张学洪，刘杰，黄海涛，朱义年. 2006a. 广西荔浦锰矿废弃地植被及优势植物重金属生物蓄积特征. 地球与环境, 34(1): 13-18.

张学洪，罗亚平，黄海涛，刘杰，朱义年，曾全方. 2006b. 一种新发现的湿生铬超积累植物——李氏禾. 生态学报, 26(3): 264-267.

张学颖，李爱芬，刘振乾，段舜山，李丹. 2003. Cr^{3+}对盐藻(*Dunaliella salina*)生长及营养品质的影响. 生态科学, 22(2): 138-141.

张雪霞，张晓霞，郑煜基，王荣萍，陈能场，卢普相. 2013. 水分管理对硫铁镉在水稻根区变化规律及其在水稻中积累的影响. 环境科学, 34(7): 2837-2846.

张亚丽，沈其荣，姜洋. 2001. 有机肥料对镉污染土壤的改良效应. 土壤学报, 38(2): 212-218.

张义贤. 1997. 三价铬和六价铬对大麦毒害效应的比较. 中国环境科学, 17(6): 86-89.

张义贤. 2004. 汞、镉、铅胁迫对油菜的毒害效应. 山西大学学报(自然科学版), 4(27): 410-413.

张永志，郑纪慈，徐明飞，王钢军. 2009. 重金属低积累蔬菜品种筛选的探讨. 浙江农业科学, 5: 872-875.

张玉先，张瑞朋，郑殿峰，冯乃杰. 2005. 锌锰铜对大豆产量和品质的影响. 中国农学通报, 21(9): 158-169.

张玉秀，宋小庆，黄琳，胡振琪，柴团耀. 2010. 煤矿区耐镉细菌的筛选鉴定和重金属耐性研究. 煤炭学报, 35(10): 1735-1741.

张元旭，王吉秀，郭先华，秦丽. 2013. 云南省螳螂川沿线土壤-作物系统重金属的空间分布及其迁移规律. 北京农学院学报, 28 (1): 8-11.

张云孙，王焕校. 1986. 种子中镉的积累对蚕豆(*Vicia faba*)质量的影响. 环境科学学报, 2: 199-206.

张直，曹英兰，蔡超，黄志勇. 2013. 基于 GIS 的菜园土壤重金属空间分布及其风险评价. 安全与环境学报, 13 (1): 129-133.

张志权，束文圣，蓝崇钰，黄铭洪. 2000. 引入土壤种子库对铅锌尾矿废弃地植被恢复的作用. 植物生态学报, 24(5): 601-607.

张志权，束文圣，蓝崇钰，黄铭洪. 2001. 土壤种子库与矿业废弃地植被恢复研究：定居植物对重金属的吸收和再分配. 植物生态学报, 25(3): 306-311.
张志权, 束文圣, 廖文波, 蓝崇钰. 2002. 豆科植物与矿业废弃地植被恢复. 生态学杂志, 21(2): 47-52.
章明奎. 2006. 砂质土壤不同粒径颗粒中有机碳、养分和重金属状况. 土壤学报, 43(4): 584-591.
章明奎, 方利平, 周翠. 2005. 污染土壤中有机质结合态重金属的研究. 生态环境, 14(5): 650-653.
赵博生. 1996. 镉对蒜根尖细胞分裂的影响. 曲阜师范大学学报, 22(4): 93-97.
赵博生, 莫华. 1997. 镉对蒜根生长的毒害及抗坏血酸、铁盐的解毒效应. 武汉植物学研究, 15(2): 167-172.
赵方莹, 蒋延玲. 2010. 矿山废弃地灌草植被不同层次的水土保持效应. 水土保持通报, 30(4): 56-59.
赵风云. 1999. 铅锌对蒜根尖的毒害作用. 河南科学, 17(A06): 116-117, 120.
赵晶, 冯文强, 秦鱼生, 喻华, 廖明兰, 甲卡拉铁. 2010. 不同氮肥对小麦生长和吸收镉的影响. 应用与环境生物学报, 16(1): 58-62.
赵丽红, 杨宝玉, 吴礼树, 陈士云. 2004. 重金属污染的转基因植物修复-原理与应用. 中国生物工程杂志, 24(6): 68-73.
赵明, 蔡葵, 孙永红, 赵征宇, 王文娇, 陈建美. 2010. 不同施肥处理对番茄产量品质及土壤有效态重金属含量的影响. 农业环境科学学报, 29(6): 1072-1078.
赵娜, 崔岩山, 付彧. 2011. 乙二胺四乙酸(EDTA)和乙二胺二琥珀酸 (EDDS)对污染土壤中 Cd、Pb 的浸提效果及其风险评估. 环境化学, 30(5): 958-963.
赵娜, 李元, 祖艳群. 2008. 金属矿区先锋植物与废弃地的植被恢复. 云南农业大学学报(自然科学版), 23(3): 392-395.
赵士诚, 孙静文, 王秀斌, 汪洪, 梁国庆, 周卫. 2008. 镉对玉米苗中钙调蛋白含量和 Ca^{2+}-ATPase 活性的影响. 植物营养与肥料学报, 14(2): 264-271.
赵首萍, 张永志, 于国光, 王钢军, 叶雪珠. 2011. Cd 胁迫对 2 种基因型番茄幼苗活性氧清除系统的影响. 中国农学通报, 27(19): 166-171.
赵述华, 陈志良, 张太平, 彭晓春, 张越男, 丁琮, 雷国建. 2013. 重金属污染土壤的固化/稳定化技术研究进展, 44(6): 1532-1536.
赵素贞, 洪华龙, 严重玲. 2014. 钙对镉胁迫下秋茄叶片光合作用及超微结构的影响. 厦门大学学报(自然科学版), 6(53): 875-882.
赵天宏, 裴超, 赵艺欣, 曹莹, 郭俊, 马殿荣. 2012. 砷胁迫对超级稻根系保护酶活性和渗透调节物质的影响. 华北农学报, 27(2) : 152-156.
赵小健. 2013. 基于 Hakanson 潜在生态风险指数的某垃圾填埋场土壤重金属污染评价. 环境监控与预警, 5 (4): 43-44.
赵新泉, 马艳娥. 1999. 退耕还林的生态作用及实施措施. 林业资源管理, (3): 36-39.
郑春荣, 陈怀满. 1989. 复合污染对水稻生长的影响. 土壤, 21(1): 10-14.
郑进, 康薇. 2009. 利用超积累植物修复铜绿山古铜矿重金属污染土壤的潜力分析. 安徽农业科学, 37(4): 1758-1759.
郑九华, 冯永军, 于开芹. 2010. 用固体废弃物构造土地复垦基质的理论与实践. 北京: 中国水利水电出版社: 45.
郑绍建, 胡霭堂. 1995. 淹水对污染土壤福形态转化的影响. 环境科学学报, 15(2): 142-147.
郑世英, 王丽燕, 商学芳, 李妍. 2007a. Cd^{2+}胁迫对玉米抗氧化酶活性及丙二醛含量的影响. 江苏农业科学, 1: 36-38.
郑世英, 王丽燕, 张海英. 2007b. 镉胁迫对两个大豆品种抗氧化酶活性及丙二醛含量的影响. 江苏农业科学, 5: 53-55.
郑世英, 张秀玲, 王丽燕, 商学芳. 2007c. Pb^{2+}, Cd^{2+}胁迫对棉花保护酶及丙二醛含量的影响. 河南农业科学, 8: 42-45, 63.
郑顺安, 郑向群, 刘书田, 姚秀荣. 2012. 再生水灌溉下紫色水稻土颗粒态有机质中重金属的富集特征. 水土保持学报, 26(2): 246-250.
郑文娟, 邓波儿. 1993. 铬和镉对作物品质的影响. 土壤, 6: 324-326.
郑喜坤, 鲁安怀, 高翔, 赵瑾, 郑德盛. 2002. 土壤中重金属污染现状与防治方法. 土壤与环境, 11(1): 79-84.
郑小林, 朱照宇, 黄伟雄, 梁志伟, 黄妃本. 2007c. N、P、K 肥对香根草修复土壤镉、锌污染效率的影响. 西北植物学报, 27(3): 0560-0564.
中国环境监测总站. 1990. 中国土壤元素背景值. 北京: 中国环境科学出版社: 330-382.
钟晓兰, 周生路, 黄明丽, 赵其国. 2009. 土壤重金属的形态分布特征及其影响因素. 生态环境学报, 18(4): 1266-1273.
钟哲科. 2000. 大气污染对欧洲森林的影响. 世界林业研究, 13 (4): 57-64.
周长芳, 吴国荣, 施国新, 陆长梅, 顾龚平, 宰学明, 魏锦城. 2001. 水花生抗氧化系统在抵御 Cu^{2+}胁迫中的作用. 植物学报, 3(4): 389-394.
周东美, 仓龙, 邓昌芬. 2005. 络合剂和酸度控制对土壤铬电动过程的影响. 中国环境科学, 25(1): 10-14.
周东美, 郑春荣, 陈怀满. 2002. 镉与柠檬酸、EDTA 在几种典型土壤中交互作用的研究. 土壤学报, 39(1): 29-36.

周红卫. 2003. 重金属污染对水花生的毒害及6-BA对其缓解作用机制研究. 南京: 南京师范大学硕士学位论文.
周宏, 项斯端. 1998. 重金属铜、锌、铅、镉对小形月牙藻生长及亚显微结构的影响. 杭州大学学报(自然科学版), 25(2): 85-92.
周建华, 王永锐. 1999. 硅营养缓解水稻幼苗Cd、Cr毒害的生理研究. 应用与环境生物学报, 5(1): 11-15.
周建利, 吴启堂, 卫泽斌, 郭晓方, 丘锦荣, 黄柱坚. 2011. 套种条件下混合螯合剂对污染土壤Cd淋滤行为的影响. 环境科学, (11): 3440-3447.
周丽英, 叶仁杰, 林淑婷, 刘杰, 肖清铁, 林素兰, 李艺, 林文雄, 林瑞余. 2012. 水稻根际耐镉细菌的筛选与鉴定. 中国生态农业学报, 20(5): 597-603.
周启星. 1995. 复合污染生态学. 北京: 中国环境科学出版社.
周启星, 宋玉芳. 2004. 污染土壤修复原理与方法. 北京: 科学出版社.
周青, 黄晓华, 屠昆岗, 黄纲业, 张剑华, 曹玉华. 1998. La对Cd伤害大豆幼苗的生态生理作用. 中国环境科学, 15(5): 442-445.
周世伟, 徐明岗. 2007. 磷酸盐修复重金属污染土壤的研究进展. 生态学报, 27(7): 3043-3050.
周守标, 徐礼生, 吴龙华, 骆永明, 李娜, 崔立强. 2008. 镉和锌在皖景天细胞内的分布及化学形态. 应用生态学报, 19 (11): 2515-2520.
周希琴, 吉前华. 2005. 铬胁迫下不同品种玉米种子和幼苗的反应及其与铬积累的关系. 生态学杂志, 24(9): 1048-1052.
周霞, 林庆昶, 李拥军, 颜敏, 周岳平. 2012. 花卉植物对重金属污染土壤修复能力的研究. 安徽农业科学, 40(14): 8133-8135.
周小勇, 仇荣亮, 胡鹏杰, 李清飞, 张涛, 应蓉蓉. 2009. 表面活性剂对长柔毛委陵菜(*Potentilla griffithii* var. *velutina*)修复重金属污染的促进作用. 生态学报, 29(1): 283-290.
周小勇, 仇荣亮, 应蓉蓉, 邹晓锦, 胡鹏杰, 李清飞, 于方明, 赵璇. 2008. 锌对长柔毛委陵菜体内Cd的亚细胞分布和化学形态的影响. 农业环境科学学报, 27 (3): 1066-1071.
周毅, 李应雪, 戴碧琼, 杜道灯. 1986. 土壤中铅对作物的影响. 农业环境保护, 6(2): 9-12.
周永章, 付善明, 张澄博, 杨志军, 杨小强, 党志, 陈炳辉, 李文, 赵宇鴳, 龙云凤. 2008. 华南地区含硫化物金属矿山生态环境中的重金属元素地球化学迁移模型-重点对粤北大宝山铁铜多金属矿山的观察. 地学前缘, 15(5): 248-255.
周泽义. 1999. 中国蔬菜重金属污染及控制. 资源生态环境网络研究动态, 10(3): 346-351.
朱波, 汪涛, 王艳强, 高美荣, 青长乐. 2006. 锌、镉在紫色土中的竞争吸附. 中国环境科学, 26(7): 73-77.
朱俊艳, 于玲玲, 黄青青, 江荣风, 李花粉, 苏德纯. 2013. 油菜－海州香薷轮作修复铜镉复合污染土壤: 大田试验. 农业环境科学学报, 32(6) : 1166-1171.
朱丽霞, 章家恩, 刘文高. 2003. 根系分泌物与根际微生物相互作用研究综述. 生态环境, 12(1): 102-105.
朱鸣鹤, 方飚雄, 庞艳华, 陈捷, 黄绍堂, 严小军, 丁德文. 2010. 海三棱藨草(*Scirpus mariqueter*)根系低分子量有机酸对根际沉积物重金属生物有效性的影响. 海洋与湖沼, 21(4): 583-589.
朱奇宏, 黄道友, 刘国胜, 朱光旭, 朱捍华, 刘胜平. 2009. 石灰和海泡石对镉污染土壤的修复效应与机理研究. 水土保持学报, 23 (1): 111-116.
朱生翠, 曾晓希, 汤建新, 魏本杰, 徐亮, 刘凯, 王秀云. 2014. 毛霉QS1对贵州油菜修复镉污染土壤的强化作用. 湖北农业科学, 53(18): 4282-4285.
朱有勇, 李元. 2012. 农业生态环境多样性与作物响应. 北京: 科学出版社.
朱志勇, 郝玉芬, 李友军, 刘英杰, 段有强, 李强, 郭甲. 2011. 镉对小麦旗叶叶绿素含量及籽粒产量的影响. 核农学报, 25(5): 1010 -1016.
祝沛平, 杨在娟, 李凤玉. 2000. 钙盐和铜盐对离体黄瓜子叶花芽分化的时间效应. 浙江农业学报, 12(3): 59-60.
祝鹏飞, 宁平, 曾向东, 王海娟, 赵睿, 贺林, 刘晓海. 2006. 矿区土壤Pb的分布特征及植物修复应用性研究. 工业安全与环保, 32(5): 4-6.
宗良纲, 孙静克, 沈倩宇, 张晓萍. 2007. Cd, Pb 污染对几种叶类蔬菜生长的影响及其毒害症状. 生态毒理学报, 2(1): 63-68.
邹小冷, 祖艳群, 李元, 湛方栋. 2014. 云南某铅锌矿区周边农田土壤 Cd、Pb分布特征及风险评价. 农业环境科学学报, 33(11): 2143-2148 .
邹晓锦, 仇荣亮, 黄穗虹, 田甜, Senthilkumar R. 2008. 广东大宝山复合污染土壤的改良及植物复垦. 中国环境科学, 8(9): 775-780.
祖艳群, 高红武, 范家友, 唐发静, 杨炜林, 李元. 2010. 云南省呈贡县蔬菜地表层土壤 Pb Cu 和 Zn 的小尺度空间分布特征. 农业环境科学学报, 29(2): 299-307.

祖艳群, 李元. 2003. 土壤重金属污染的植物修复技术. 云南环境科学, 22 (B03): 58-61.
祖艳群, 李元, Bock L, Schvartz C, Colinet G, 胡文友. 2008. 重金属与植物N素营养之间的交互作用及生态学效应. 农业环境科学学报, 27(1): 7-14.
祖艳群, 李元, 陈海燕, 陈建军. 2003a. 昆明市蔬菜及其土壤中铅、镉、铜和锌含量水平及污染评价. 云南环境科学, 22 (B03): 55-57.
祖艳群, 李元, 陈海燕, 陈建军. 2003b. 蔬菜中铅镉铜锌含量的影响因素研究. 农业环境科学学报, 22(3): 289-292.
祖艳群, 林克惠. 2000. 氮钾营养的交互作用及其对作物产量和品质的影响. 土壤肥料, 2(2): 3-7.
祖艳群, 卢鑫, 湛方栋, 胡文友, 李元. 2015. 丛枝菌根真菌在土壤重金属污染植物修复中的作用及机理研究进展. 植物生理学报, 51(10): 1538-1548.
祖艳群, 孙晶晶, 郭先华, 闵强, 冯光泉, 吴炯, 杨留勇, 李元. 2014a. 文山三七(*Panax notoginseng*)种植区土壤As空间分布特征及理化性质对三七As含量的影响. 生态环境学报, 23(6): 1034-1041.
祖艳群, 孙晶晶, 闵强, 李祖然, 冯光泉, 李元. 2014b. 二年生三七中黄酮含量对砷胁迫的响应及其酶学机理. 应用与环境生物学报, 20(6): 1005-1010.
祖艳群, 田相伟, 吴伯志, 李元. 2009. 磷肥对辣椒砷含量及有效性的影响. 湖北农业科学, 48(11): 2702-2705.
Achiba W B, Gabteni N, Lakhdar A, Laing G D, Verloo M, Jedidi N, Gallalli T. 2009. Effects of 5-year application of municipal solid waste compost on the distribution and mobility of heavy metals in a Tunisian calcareous soil. Agriculture, Ecosystems & Environment, 130(3): 156-163.
Adle D J, Sinani D, Kim H, Lee J. 2007. A cadmium-transporting P1B-type ATPase in yeast *Saccharomyces cerevisiae*. Journal of Biological Chemistry, 282(2): 947-955.
Adriano D C. 2001. Trace elements in terrestrial environments: in Biogeochemistry, Bioavailability and Risks of Metals. 2nd ed. New York: Springer.
Agely A A, Sylvia D M, Ma L Q. 2005. Mycorrhizae increase arsenic uptake by the hyperaccumulator Chinese brake fern (*Pteris vittata* L.). Journal of Environmental Quality, 34(6): 2181-2186.
Ahsan N, Lee D G, Alam I, Kim P J, Lee J J, Ahn Y O, Kwak S S, Lee I J, Bahk J D, Kang K Y, Renaut J, Komatsu S, Lee B H. 2008. Comparative proteomic study of arsenic induced differentially expressed proteins in rice roots reveals glutathione plays a central role during As stress. Proteomics, 8(17): 3561-3576.
Aina R, Labra M, Fumagalli P. 2007. Thiol-peptide level and proteomic changes in response to cadmium toxicity in *Oryza sativa* L. roots. Environmental and Experimental Botany, 59(3): 381-392.
Alva A K, Huang B, Prakash O, Paramasivam S. 1999. Effects of copper rates and soil pH on growth and nutrient uptake by citrus seedlings. Plant Nutrition, 22(11): 1687-1699.
An S S, Huang Y M, Zheng F L. 2009. Evaluation of soil microbialindices along a revegetation chronosequence in grassland soils on the Loess Plateau, Northwest China. Applied Soil Ecology, 41(3): 286-292.
Anderberg R J, Walker-Simmons M K. 1992. Isolation of a wheat cDNA clone for an abscisic acid-inducible transcript with homology to protein kinases. Proceedings of the National Academy of Sciences, 89(21): 10183-10187.
Arazi T, Sunkar R, Kaplan B, Formm H. 1999. A tobacco plasma membrane calmodulin-binding transporter confers Ni^{2+} tolerance and Pb^{2+} hypersensitivity in transgenic plants. The Plant Journal, 20(2): 171-182.
Armitage A M, Gross P M. 1996. Copper-treated plug flats influence root growth and flowering of bedding plants. Horticulture Science, 31(6): 941-943.
Arnold M A, Airhart D L, Davis W E. 1993. Cupric hydroxide-treated containers affect growth and flowering of annual and perennial bedding plants. Environmental Horticulture, 11(3): 106-110.
Arthur B, Crew S H, Morgan C. 2000. Optimizing plant genetic strategies for minimizing environmental contamination in the food chain. International Journal of Phytoremediation, 2(1): 1-21.
Assuncao A G L, Decostamar S P, Defolter S. 2001. Elevated expression of metal transporter genes in three accessions of the metal hyperacumulator *Thlaspi caerulescens*. Plant Cell Environment, 24(2): 217-226.
Bagni N, Tassoni A. 2001. Biosynthesis, oxidation and conjugation of aliphatic polyamines in higher plants. Amino Acids, 20(3): 301-317.
Bais H P, Weir T L, Perry L G, Gilroy S, Vivanco J M. 2006. The role of root exudates in rhizosphere interactions with plants and other organisms. Annual Review of Plant Biology, 57: 233-266.
Baker A J M. 1981. Accumulators and excluders-strategies in the response of plants to heavy metals. Journal of Plant Nutrition, 3(1-4): 643-654.
Baker A J M, Reeves R D, Hajas A S M. 1994. Heavy metal accumulation and tolerance in British population of the metallophyte *Thlaspi caerulescens* J & C Presl (Brassicaceae). New Phytologist, 127(1): 61-68.
Banach K, Banach A M, Lamers L P M, Kroon H D, Bennicelli R P, Smits A J M, Visser E J W. 2009. Differences in flooding tolerance between species from twowetland habitats with contrasting hydrology: implications for vegetationdevelopment in future floodwater retention areas. Annals of Botany, 103(2): 341-351.
Bandyopadhayay P, Das D K, Chattopadhayay T K. 1994. The effect of micronutrients on flower character and yield of

marigold (*Tagetes erecta*) seeds cv. African Giant (lemon). Crop Research (Hisar), 7(1): 13-16.

Barth R C. 1998. Revegetation techniques for toxic tailing//Keammerer WR, Brown LF. Proceeding: High Altitude Revegetation Workshop(No. 8). Fort Collins. Co. 3~4 March 1988 Fort Collins: Colorado State University: 55-68.

Barto E K, Cipollini D. 2005. Testing the optimal defense theory and the growth-differentiation balance hypothesis in *Arabidopsis thaliana*. Oecologia, 146(2) 169-178.

Barzanti R, Ozino F, Bazzicalupo M, Gabbrielli R, Galardi F, Gonnelli C, Mengoni A. 2007. Isolation and characterization of endophytic bacteria from the nickel hyperaccumulator plant *Alyssum bertolonii*. Microbial Ecology, 53(2): 306-316.

Baxter I, Hosmani P S, Rus A, Lahner B, Borevitz J O, Muthukumar B, Michelbart M V, Schreiber L, Franke R B, Salt D E. 2009. Root suberin forms an extracellular barrier that affects water relations and mineral nutrition in Arabidopsis. PLoS Genetics, 5(5): e1000492.

Bech J, Roca N, Barceló J, Duran P, Tume P, Poschenrieder C. 2012. Soil and plant contamination by lead mining in Bellmunt (Western Mediterranean Area). Journal of Geochemical Exploration, 113(2): 94-99.

Bell L C. 2001. Establishment of native ecosystems after mining Australian experience across diverse biogeographic zones. Ecological Engineering, 17(2): 179-186.

Belouchi A, Kwan T, Gros P. 1997. Cloning and characterization of the OsNramp family from *Oryza sativa*, a new family of membrane protein possibly implicated in transport metal ions. Plant Molecular Biology, 33(6): 1085-1092.

Belozerskaya T A, Gessler N N. 2007. Reactive oxygen species and the strategy of antioxidant defense in fungi: a review. Applied Biochemistry and Microbiology, 43(5): 506-515.

Bertin C, Yang X H, Weston L A. 2003. The role of root exudates and allelochemicals in the rhizosphere. Plant and Soil, 256(1): 67-83.

Bessonova V R. 1993. Effect of environmental pollution with heavy metals on hormonal and trophic factors in buds of shrub plants. Russian Journal of Ecology, 24(2): 91-95.

Bhanoori M, Venkateswerlu G. 2000. In vivo chitin-cadmium complexation in cell wall of *Neurospora crassa*. Biochimica et Biophysica Acta, 1523(1): 21-28.

Birbaum K, Brogioli R, Schellenberg M, Martinoia E, Stark W J, Günther D, Limbach L K. 2010. No evidence for cerium dioxide nanoparticle translocation in maize plants. Environmental Science & Technology, 44(22): 8718-8723.

Bizily S P, Rugh C L, Summers A O, Meagher R B. 1999. Phytoremediation of methylmercury pollution: merB expression *Arabidopsis thaliana* confers resistance to organomercurials. Proceedings of the National Academy of Sciences, 96(12): 6808-6813.

Blaylock M J, Salt D E, Dushenkov S, Zakharova O, Gussman C, Kapulnik Y, Ensley B, Raskin I. 1997. Enhanced accumulation of Pb in Indian mustard by soil-applied chelating agents. Environmental Science & Technology, 31(3): 860-865.

Bohdan K , Martin M, Ondra S. 2011. The extent of Arsenic and of metal uptake by aboveground tissues of *Pteris vittata* and *Cyperus involucratus* growing in copperand Cobalt-rich tailings of the Zambian Copperbelt. Archives of Environmental Contamination and Toxicology, 61(2): 228-242.

Bonten L T C, Groenenberg J E, Weng L, Riemsdijk W H V. 2008. Use of speciation and complexation models to estimate heavy metal sorption in soils. Geoderma, 146(1): 303-310.

Bonting S L, de Pont J. 1981. Membrane transport. Amsterdam, The Netherlands: Elsevier/North Holland Biomedical Press.

Boussama N, Ouariti O, Suzuki A, Ghorbal M H. 1999. Cd-stress on nitrogen assimilation. Journal of Plant Physiology, 155(3): 310-317.

Bouzon Z L, Ferreira E C, Santos R D, Scherner F, Horta P A, Maraschin M, Schmidt É C. 2012. Influences of cadmium on fine structure and metabolism of *Hypnea musciformis* (Rhodophyta, Gigartinales) cultivated in vitro. Protoplasma, 249(3): 637-650.

Braha B, Tintemann H, Krauss G, Ehrman J, Brlocher F, Krauss G J. 2007. Stress response in two strains of the aquatic hyphomycete *Heliscus lugdunensis* after exposure to cadmium and copper ions. BioMetals, 20(1): 93-105.

Braud A, Jezequel K, Bazot S, Lebeau T. 2009. Enhanced phytoextraction of an agricultural Cr-and Pb-contaminated soil by bioaugmentation with siderophore-producing bacteria. Chemosphere, 74(2): 280-286.

Braud A, Jezequel K, Vieille E, Tritter A, Lebeau T. 2006. Changes in extractability of Cr and Pb in a polycontaminated soil after bioaugmentation with microbial producers of biosurfactants, organic acids and siderophores. Water, Air, & Soil Pollution, 6(3-4): 261-279.

Breierova E, Gregor T, Jursikova P, Stratilova E, Fisera M. 2004. The role of pullulan and pectin in the uptake of Cd^{2+} and Ni^{2+} ions by *Aureobasidium pullulans*. Annals of Microbiology, 54(3): 247-255.

Brooks R R, Show S, Marfil A A. 1981. The chemical form and physiological function of nickel in some *Iberian alyssum* species. Plant Physiology, 51(2): 167-170.

Brune A, Urbach W, Dietz K J. 1994. Compartmentation and transport of zinc in barley primary leaves as basic mechanisms involved in zinc tolerance. Plant, Cell and Environment, 17(2): 153-162.

Brunet J, Varrault G, Zuily-Fodil Y, Repellin A. 2009. Accumulation of lead in the roots of grass pea (*Lathyrus sativus* L.) plants triggers systemic variation in gene expression in the shoots. Chemosphere, 77 (8): 1113-1120.

Buat-Menard P, Chesselet R. 1979. Variable influence of the atmospheric flux on the trace metal chemistry of oceanic suspended matter. Earth and Planetary Science Letters, 42(3): 399-411.

Buchireddy P R, Bricka R M, Gent D B. 2009. Electrokinetic remediation of wood preservative contamination soil contamining copper, chromium, and arsenic. Journal of Hazardous Materials, 162(1): 490-497.

Burzynski M. 1987. The influence of lead and cadmium on the absorption and distribution of potassium, calcium, magnesium and iron in cucumber seedlings. Acta Physiologiae Plantarum, 9(4): 229-238.

Caille N, Swanwick S, Zhao F J. 2004. Arsenic hyperaccumulation by Pteris vittata from arsenic contaminated soils and the effect of liming and phosphate fertilisation. Environmental Pollution , 132(1): 113-120.

Cakmak I, Horst W J. 1991. Effect of aluminum on lipid peroxidation, super oxide dismutase, catalase and peroxidase activities in root tip of soybean. Physiol Plantarum, 83(3): 463-468.

Calace N, Campisi T, Iacondini A, Leoni M, Petronio B M, Pietroletti M. 2005. Metal contaminated soil remediation by means of paper mill sludges addition: chemical and ecotoxicological evaluation. Environmental Pollution, 136(3): 485-492.

Caldelas C, Bort J, Febrero A. 2012. Ultrastructure and subcellular distribution of Cr in *Iris pseudacorus* L. using TEM and X-ray microanalysis. Cell Biology and Toxicology, 28(1): 57-68.

Cambrell R P. 1994. Trace and toxic metals in wetland: a review. Journal of Environment Quality, 23: 883-891.

Cao L, Jiang M, Zeng Z R, Du A, Tan H M, Liu Y H. 2008. *Trichoderma atroviride* F6 improves phytoextraction efficiency of mustard (*Brassica juncea* (L.) Coss. var. *foliosa* Bailey) in Cd, Ni contaminated soils. Chemosphere, 71(9): 1769-1773.

Castaldi P, Santona L, Enzo S, Melis P. 2008. Sorption processes and XRD analysisof a natural zeolite exchanged with Pb^{2+}, Cd^{2+} and Zn^{2+} cations. Journal of Hazardous Materials, 156(1): 428-434.

Castaldi P, Santona L, Melis P. 2005. Heavy metal immobilization by chemical amendments in a polluted soil and influence on white lupin growth. Chemosphere, 60(3): 365-371.

Casterlin I L, Barnett N M. 1977. Isolation and characterization of cadmium binding components in soybean plant. Plant Physiology, 59 (6): 124.

Certik M, Breierova E, Jursikova P. 2005. Effect of cadmium on lipid composition of *Aureobasidium pullulans* grown with added extracellular polysaccharides. International Biodeterioration & Biodegradation, 55(3): 195-202.

Chardonnens A N, Ten Bookum W M, Kuijper L D J, Verkleij J A, Ernst W H. 1998. Distribution of cadmium in leaves of cadmium tolerant and sensitive ecotypes of Silene vulgaris. Physiologia Plantarum, 104 (1): 75-80.

Chaudhuri D, Tripathy S, Veeresh H, Powell M A , Hart B R. 2003. Mobility and bioavailability of selected heavy metals in coal ash and sewage sludge amended acid soil. Environmental Geology, 44(4): 419-432.

Chen B, Christie P, Li X L. 2001. A modified glass bead compartment cultivation system for studies on nutrient and trace metal uptake by arbuscular mycorrhiza. Chemosphere, 42(2): 185-192.

Chen B D, Zhu Y G, Duan J, Xiao X Y, Smith S E. 2007a. Effects of the arbuscular mycorrhizal fungus *Glomus mosseae* on growth and metal uptake by four plant species in copper mine tailings. Environmental Pollution, 147(2): 374-380.

Chen F, Dong J, Wang F, Wu F, Zhang G, Li G, Chen Z, Chen J, Wei K. 2007b. Identification of barley genotypes with low grain Cd accumulation and its interaction with four microelements. Chemosphere, 67(10): 2082-2088.

Chen J S, Wei F S, Zheng C. 1991. Background concentrations of ele-ments in soils of China. Water, Air and Soil Pollution, 57-58: 699-712.

Chen L H, Hu X W, Yang W Q, Xu Z F, Zhang D J, Gao S. 2015. The effects of arbuscular mycorrhizal fungi on sex-specific responses to Pb pollution in *Populus cathayana*. Ecotoxicology and Environmental Safety, 113: 460-468.

Chen M, Ma L Q, Hoogeweg C G. 2001. Arsenic background concentrations in Florida, USA, surface soils: determination and interpretation. Environmental Forensics, 2(2): 117-126.

Chen R F, Shen R F, Gu P, Dong X Y, Du C W, Ma J F. 2006a. Response of rice (*Oryza sativa*) with root surface iron plaque under aluminium stress. Aquatic Botany, 98(2) : 389-395.

Chen S B, Zhu Y G, Ma Y B, Mckay G. 2006b. Effect of bone char application on Pb bioavailability in a Pb-contaminated soil. Environmental Pollution, 139(3): 433-439.

Chen T B, Wei C Y, Huang Z C. 2002. Arsenic hyperaccumulator *Pteris vittata* L. and its arsenic accumulation. Chinese Science Bulletin, 47(11): 902-905.

Chen W M, Wu C H, James E K, Chang J S. 2008. Metal biosorption capability of *Cupriavidus taiwanensis* and its effects on heavy metal removal by nodulated *Mimosa pudica*. Journal of Hazardous Materials, 151(2): 364-371.

Chen X, Wu C H, Tang J J, Hu S J. 2005. Arbuscular mycorrhizae enhance metal lead uptake and growth of host plants under a sand culture experiment. Chemosphere, 60(5): 665-671.

Chen Y X, Lin Q, He Y F. 2003. The role of citric acid on the phytoremeditin of heavy metal contaminated soil. Chemosphere, 50(6): 807-811.

Chen Z H, Setagawa M K, Kang Y M. 2009. Zinc and cadmium uptake from a metalliferous soil by a mixed culture of *Athyrium yokoscense* and *Arabis flagellosa*. Soil Science and Plant Nutrition, 55(2): 315-324.

Chern E C, Tsai D W, Ogunseitan O A. 2007. Deposition of glomalin-related soil protein and sequestered toxic metals into watersheds. Environmental Science & Technology, 41(10): 3566-3572.

Chrysochoou M, Dermatas D, Grubb D G. 2007. Phosphate application to firingrange soils for Pb immobilization: The unclear role of phosphate. Journal of Hazardous Materials, 144(1): 1-14.

Chugh L K, Gupta V K, Sawhney S K. 1992. Effect of cadmium on enzymes of nitrogen metabolism in pea seedlings. Phytochemistry, 31(2): 395-400.

Clark G T, Dunlop J, Phung H T. 2000. Phosphate absorption by *Arabidopsis thaliana*: interactions between phosphorus status and inhibition by arsenate. Functional Plant Biology, 27(10): 959-965.

Clausen C A, Green F. 2003. Oxalic acid overproduction by copper-tolerant brown-rot basidiomycetes on southern yellow pine treated with copper-based preservatives. International Biodeterioration & Biodegradation, 51(2): 139-144.

Clausen C A, Green F, Woodward B M, Evans J W, Degroot R C, Aaltonen R. 2000. Correlation between oxalic acid production and copper tolerance in *Wolfiporia cocos*. International Biodeterioration & Biodegradation, 46(1): 69-76.

Clemens S, Kim E J, Neumann D, Schroeder J I. 1999. Tolerance to toxic metals by a gene family of phytochelatin synthase from plants and yeast. The EMBO Journal, 18(12): 3325-3333.

Cobbett C, Goldsbrough P. 2002. Phytochelatins and metallothioneins: roles in heavy metal detoxification and homeostasis. Annual Review of Plant Biology, 53(1): 159-182.

Coles K E, David J C, Fisher P J, Lappin S H M, Macnair M R. 1999. Solubilisation of zinc compounds by fungi associated with the hyperaccumulator *Thlaspi caerulescens*. Transactions and Proceedings of the Botanical Society of Edinburgh and Botanical Society of Edinburgh Transaction, 51(2): 237-247.

Comu J Y, Deinlein U, Höreth S, Braun, M, Schmidt H, Weber M, Daniel P P, Husted S, Schjoerring J K, Clemens S. 2015. Contrasting effects of nicotianamine synthase knockdown on zinc and nickel tolerance and accumulation in the zinc/cadmium hyperaccumulator *Arabidopsis halleri*. New Phytologist, 206 (2): 738-750.

Conte S S, Walker E L. 2011. Transporters contributing to iron trafficking in plants. Molecular Plant, 4(3): 464-476.

Coombes A J, Leep N W, Phipps D A. 1976. Effect of copper on IAA-oxidase activity in root tissue of barley. Zeitschrift für Pflanzenphysiologie, 80(3): 236-242.

Cornejo P, Meier S, Borie G, Rillig M C, Borie F. 2008. Glomalin-related soil protein in a Mediterranean ecosystem affected by a copper smelter and its contribution to Cu and Zn sequestration. Science of the Total Environment, 406(1): 154-160.

Cornejo P, Perez-Tienda J, Meier S, Valderas A, Borie F, Azcón A C, Ferrol N. 2013. Copper compartmentalization in spores as a survival strategy of arbuscular mycorrhizal fungi in Cu-polluted environments. Soil Biology and Biochemistry, 57(3): 925-928.

Cotter-Howells D J, Champness P E, Charnock J M. 1999. Mineralogy of Pb-P grains in the roots of *Agrostis capillaris* L. by ATEM and EXAFS. Mineralogical Magazine, 63(6): 777-789.

Crist R H, Martin J R, Crist D R. 2002. Heavy metal uptake by lignin: Comparison of biotic ligand models with an ion-exchange process. Environmental Science &Technology, 36(7): 1485-1490

Dary M, Chamber P M A, Palomares A J, Pajuelo E. 2010. "*In situ*" phytostabilisation of heavy metal polluted soils using *Lupinus luteus* inoculated with metal resistant plant-growth promoting rhizobacteria. Journal of Hazardous Materials, 177(1): 323-330.

Davies J F T, Puryear J D, Newton R J, Egilla J N, Saraiva G J A. 2001. Mycorrhizal fungi enhance accumulation and tolerance of chromium in sunflower (*Helianthus annuus*). Journal of Plant Physiology, 158(6): 777-786.

Davies K L, Davies M S, Francis D. 1991. Zinc-induced vacuolation in root meristematic cells of *Festuca rubra* L. Plant, Cell and Environment, 14(4): 399-406.

de Andrade S A L, da Silveira A P D, Jorge R A, de Abreu M F. 2008. Cadmium accumulation in sunflower plants influenced by arbuscular mycorrhiza. International Journal of Phytoremediation, 10(1): 1-13.

de Boulois H D, Delvaux B, Declerck S. 2005. Effects of arbuscular mycorrhizal fungi on the root uptake and translocation of radiocaesium. Environmental Pollution, 134(3): 515-524.

de Temmerman L, Hoenig M. 2004. Vegetable crops for biomonitoring lead and cadmium deposition. Journal of Atmospheric Chemistry, 49 (1-3): 121-135.

Declerck S, de Boulois H D, Bivort C, Delvaux B. 2003. Extraradical mycelium of the arbuscular mycorrhizal fungus *Glomus lamellosum* can take up, accumulate and translocate radiocaesium under root-organ culture conditions. Environmental Microbiology, 5(6): 510-516.

Dimkpa C O, Merten D, Svatos A, Büchel G, Kothe E. 2009. Siderophores mediate reduced and increased uptake of cadmium by *Streptomyces tendae* F4 and sunflower (*Helianthus annuus*), respectively. Journal of Applied Microbiology, 107(5): 1687-1696.

Dirginciut V V, Peciulyt D. 2011. Increased soil heavy metal concentrations affect the structure of soil fungus community. Agriculturae Conspectus Scientificus (ACS), 76(1): 27-33.

Djebali W, Zarrouk M, Brouquisse R, Kahoui S E, Limam F, Ghorbel M H, Chaibi W. 2005. Ultrastructure and lipid alterations induced by cadmium in tomato (*Lycopersicon esculentum*) chloroplast membranes. Plant Biology, 7(4): 358-368.

Dominguez S J R, Gutierrez A G, Vega J M, Romero L C, Gotor C. 2001. The cytosolic O-acetylserine (thiol) lyase gene is regulated by heavy metals and can function in cadmium tolerance. Journal of Biological Chemistry, 276(12): 9297-9302.

Dresler S, Hanaka A, Bednarek W, Krishnamurti, G S R, Huang P M. 2014. Accumulation of low-molecular-weight organic acids in roots and leaf segments of *Zea mays* plants treated with cadmium and copper. Acta Physiologiae Plantarum, 36(6): 1565-1575.

Du A X, Cao L X, Zhang R D, Pan R. 2009. Effects of a copper-resistant fungus on copper adsorption and chemical forms in soils. Water, Air, & Soil Pollution, 201(1-4): 99-107.

Eriksson J E. 1990. Effects of nitrogen-containing fertilizers on solubility andplant uptake of cadmium. Water, Air, & Soil Pollution, 49(3-4): 355-368.

Ernst W H O, Krauss G J, Verkleij J A C, Wesenberg D. 2008. Interaction of heavy metals with the sulphur metabolism in angiosperms from an ecological point of view. Plant, Cell & Environment, 31(1): 123-143.

Ezzouhri L, Castro E, Moya M, Espinola F, Lairini K. 2009. Heavy metal tolerance of filamentous fungi isolated from polluted sites in Tangier, Morocco. African Journal of Microbiology Research, 3(2): 35-48.

Fan L, Ma Z Q, Liang J Q, Li H F, Wang E T, Wei G H. 2011. Characterization of a copper-resistant symbiotic bacterium isolated from *Medicago lupulina* growing in mine tailings. Bioresource Technology, 102(2): 703-709.

Figueroa J A L, Wrobel K, Afton S, Caruso J A, Corona J F G, Wrobel K. 2008. Effect of some heavy metals and soil humic substances on the phytochelatin production in wild plants from silver mine areas of Guanajuato, Mexico. Chemosphere, 70(11): 2084-2091.

Finkemeier I, Kluge C, Metwally A. 2003. Alterations in Cd-induced gene deficiency in *Hordeum vulgare* Plant. Cell and Environment, 26: 821-833.

Florence T M, Lumsden B G, Fardy J J. 1983. Evaluation of some physico-chemical techniques for the determination of the fraction of dissolved copper toxic to the marine diatom *Nitzschia closterium*. Analytica Chimica Acta, 151: 281-295.

Fomina M, Gadd G M. 2003. Metal sorption by biomass of melanin-producing fungi grown in clay-containing medium. Journal of Chemical Technology & Biotechnology, 78(1): 23-34.

Forstner U. 1989. Lecture notes in earth sciences (contaminated sediments). Berlin: SpringerVerlag.

Franco A A, D-Faria S M. 1997. The contributionof N_2-fixing tree legumes to land reclamation and sustain ability in the tropics. Soil Biology and Biochemistry, 29(5-6): 897-903.

Franco L O, Maia R C C, Porto A L F, Messias A S, Fukushima K, Campos T G M. 2004. Heavy metal biosorption by chitin and chitosan isolated from *Cunninghamella elegans* (IFM 46109). Brazilian Journal of Microbiology, 35(3): 243-247.

Friesl W, Lombi E, Horak O, Wenzel W W. 2003. Immobilization of heavy metals in soils using inorganic amendments in a greenhouse study. Journal of Plant Nutrition and Soil Science, 166(2): 191-196.

Fu X, Dou C, Chen Y, Chen X, Shi J, Yu M, Xu J. 2011. Subcellular distribution and chemical forms of cadmium in *Phytolacca americana* L. Journal of Hazardous Materials, 186 (1): 103-107.

Fujii H, Hara K, Komine K, Ozaki T, Ohnuki T, Yamamoto Y. 2005. Accumulation of Cu and its oxidation state in *Tremolecia atrata* (rusty-rock lichen) mycobiont. Journal of Nuclear and Radiochemical Sciences, 6(1): 115-118.

Gajewska E, Skłodowska M. 2009. Nickel-induced changes in nitrogen metabolism in wheat shoots. Journal of Plant Physiology, 166 (10): 1034-1044.

Gallego S M, Benavides M P, Tomaro M L. 1996. Effect of heavy metal ion excess on sunflower leaves: evidence for in volvement of oxidative stress. Plant Science, 121(2): 151-159.

Gambrell R P. 1994. Trace and toxic metals in wet lands: a review. Journal of Environment Quality, 23(5): 883-891.

Garrido F, Helmhart M. 2012. Lead and soil properties distributions in a roadside soil: Effect of preferential flow paths. Geoderma, 170: 305-313.

Gaur A, Adholeya A. 2004. Prospects of arbuscular mycorrhizal fungi in phytoremediation of heavy metal contaminated soils. Current Science, 86(4): 528-534.

Ge W, Jiao Y Q, Sun B L, Qin R, Jiang W S, Liu D H. 2012. Cadmium-mediated oxidative stress and ultrastructural changes in root cells of poplar cultivars. South African Journal of Botany, 83: 98-108.

Geebelen W, Vangronsveld J, Adriano D C, van Poucke L C, Clijsters H. 2002. Effects of Pb-EDTA and EDTA on oxidative stress reactions and mineral uptake in *Phaseolus vulgaris*. Physiologia Plantarum, 115(3): 377-384.

Glass D J. 2000. Economic potential of phytoremediation//Raskin I, Ensley B D. Phytoremediation of toxic metals using plants to clean up the environment. New York: John Wiley & Sons Inc: 15-31.

Godbold D L. 1991. Mercury-induced root damage in spruce seedlings. Water Air & Soil Pollution, 56(1): 823-831.

Gonzalez C C, Dhaen Jan, Vangronsveld J, Dodd J C. 2002. Copper sorption and accumulation by the extraradical mycelium of different *Glomus* spp. (arbuscular mycorrhizal fungi) isolated from the same polluted soil. Plant and Soil, 240(2): 287-297.

González-Miqueo L, Elustondo D, Lasheras E, Lasheras E, Santamaría J M. 2010. Use of native mosses as biomonitors of heavy metals and nitrogen deposition in the surroundings of two steel works. Chemosphere, 78 (8): 965-971.

Gouia H, Habib G M, Meyer C. 2000. Effects of cadmium on activity of nitrate reductase and on other enzymes of the nitrate assimilation pathway in bean. Plant physiology and Biochemistry, 38(7): 629-638.

Gove B, Hutchinson J J, Young S D. 2002. Uptake of metals by plants sharing a rhizosphere with the hyperaccumulator *Thlaspi caerulescens*. International Journal of Phytoremediation, 4(4): 267-281.

Gowd S S, Reddy M R, Govil P K. 2010. Assessment of heavy metal contamination in soils at Jajmau (Kanpur) and Unnao industrial areas of the Ganga Plain, Uttar Pradesh, India. Journal of Hazardous Materials, 174(1): 113-121.

Grant C A, Clarke J M, Duguid S, Chanev R L. 2008. Selection and breeding of plant cultivars to minimize cadmium accumulation. Science of the Total Environment, 390(2): 301-310.

Graz M, Jarosz-Wilkołazka A, Pawlikowska-Pawl B. 2009. *Abortiporus biennis* tolerance to insoluble metal oxides: oxalate secretion, oxalate oxidase activity, and mycelial morphology. Bio Metals, 22(3): 401-410.

Green F, Clausen C A. 2003. Copper tolerance of brown-rot fungi: time course of oxalic acid production. International Biodeterioration & Biodegradation, 51(2): 145-149.

Grill E, Winnacker E L, Zenk M H. 1985. Phytochelatins: The principal heavy-metal complexing peptides of higher plants. Science, 230(4726): 674-676.

Grill E, Winnacker E L, Zenk M H. 1986. Synthesis of seven different homologous phytochelation in metal-exposed *Sohizosaccharomyces pombe* cells. Federation of European Biochemical Societies, 197(1-2): 115-120.

Groppa M D, Tomaro M L, Benavides M P. 2007. Polyamines and heavy metal stress: the antioxidant behavior of spermine in cadmium-and copper-treated wheat leaves. BioMetals, 20(2): 185-195.

Guerinot M L. 2000. The ZIP family of metal transporters. Biochimica et Biophysica Acta, 1465(1): 190-198.

Guimaraes M A, Gustin J L, Salt D E. 2009. Reciprocal grafting separates the roles of the root and shoot in zinc hyperaccumulation in *Thlaspi caerulescens*. New Phytologist, 184(2): 323-329.

Guimaraes S L, Felicia H, Joao B M, Cassio F. 2006. Metal-binding proteins and peptides in the aquatic fungi *Fontanospora fusiramosa* and *Flagellospora curta* exposed to severe metal stress. Science of the Total Environment, 372(1): 148-156.

Gupta D K, Huang H G, Yang X E, Razafindrabe B H N, Inouhe M. 2010. The detoxification of lead in *Sedum alfredii* H. is not related to phytochelatins but the glutathione. Journal of Hazardous Materials, 177(1): 437-444.

Gupta D K, Nicoloso F T, Schetinger M R C, Rossato L V, Pereira L B, Castro G Y, Srivastava S, Tripathi R D. 2009. Antioxidant defense mechanism in hydroponically grown *Zea mays* seedlings under moderate lead stress. Journal of Hazardous Materials, 172 (1): 479-484.

Gur N, Topdemir A. 2005. Effects of heavy metals (Cd, Cu, Pb, Hg) on pollen germination and tube growth of quince (*Cydonia oblonga* M.) and plum (*Prunus domestica* L.). Fresenius Environmental Bulletin, 14(1): 36-39.

Hall J L. 2002. Cellular mechanisms for heavy metal detoxification and tolerance. Journal of Experimental Botany, 53 (366): 1-11.

Haritonidis S, Malea P. 1999. Bioaccumulation of metals by the green alga Ulva rigida from Thermaikos Gulf, Greece. Environmental Pollution, 104(3): 365-372.

Harris J A. 2003. Measurements of the soil microbial community for estimating the success of restoration. European Journal of Soil Science, 54(4): 801-808.

Haynes R J. 1990. Active ion uptake and maintenance of cation-anion balance: A critical examination of their role in regulating rhizosphere pH. Plant Soil, 126(2): 247-264.

He P P, Lv X Z, Wang G Y. 2004. Effects of Se and Zn supplementation on the antagonism against Pb and Cd in vegetables. Environment International, 30(2): 167-172.

Hendriks A J, Ma W C. 1995. Modelling and monitoring organochlorine and heavy metal accumulation in soils, earthworms and shrews in Rhine-delta floodplains. Archives of Environmental Contamination and Toxicology, 29(1): 115-117.

Hernandez L E, Garate A, Carpena-Ruiz R. 1997. Effects of cadmium on the uptake, distribution and assimilat ion of nitrate in *Pisum sativum*. Plant and Soil, 189(1): 97-106.

Hernandez L, Probst A, Probst J L, Ulrich E. 2003. Heavy metal distribution in some French forest soils: Evidence for atmospheric contamination. Science of the Total Environment, 312(1): 195-219.

Hirschi K D, Korenkov V D, Wilganowski N L, Wagner G J. 2000. Expression of *Arabidopsis* CAX2 in tobacco. Altered metal accumulation and increased manganese tolerance. Plant Physiology, 124(1): 125-134.

Holmes P M. 2001. Shrubland restoration following woody alien in vasion and mining: Effects of topsoil depth, seed source, and fertilizer addition. Restoration Ecology, 9(1): 71-84.

Holmes P M, Richardson D M. 1999. Protocols for restoration based on recruitment dynamics, community structure and ecosystem function: Perspectives from South African fynbos. Restoration Ecology, 7(3): 215-230.

Holmgren G G S, Meyer M W, Chaney R L. 1993. Cadmium, Pb, Zn, Cu and Ni in agricultural soils of the United States of America. Journal of Environmental Quality, 22(2): 335-348.

Hong L, Liu Y, Simon J D. 2004. Binding of metal ions to melanin and their effects on the aerobic reactivity. Photochemistry and Photobiology, 80(3): 477-481.

Hossain M, Jahiruddin M, Loeppert R, Panaullah G, Islam M, Duxbury J. 2009. The effects of iron plaque and phosphorus on yield and arsenic accumulation in rice. Plant and Soil, 317(1-2): 167-176.

Hou M, Hu C, Xiong L, Lu C. 2013. Tissue accumulation and subcellular distribution of vanadium in *Brassica juncea* and *Brassica chinensis*. Microchemical Journal, 110: 575-578.

Hovsepyan A, Greipsson S. 2004. Effect of arbuscular mycorrhizal fungi on phytoextraction by corn (*Zea mays*) of lead-contaminated soil. International Journal of Phytoremediation, 6(4): 305-321

Hu J Z, Shi G X, Xu Q S, Wang X, Yuan Q H, Du K H. 2007. Effect of Pb^{2+} on the active oxygen-scavenging enzyme activities and ultrastructure in *Potamogeton crispus* leaves. Russian Journal of Plant Physiology, 54(3): 414-419.

Hu X, Zhang Y, Luo J, Xie M, Wang T, Lian H. 2011. Accumulation and quantitative estimates of airborne lead for a wild plant (*Aster subulatus*). Chemosphere, 82(10): 1351-1357.

Huang J W, Chen J J, Berti N R. 1998. U uptake in *B. chinensis* in relation to exduation of citric acid. Environmental Science and Technology, 32: 2004-2008.

Huang J W, Cunningham S D. 1996. Lead phytoextraction: species variation in lead uptake and translocation. New Phytologist, 134(1): 75-84.

Huang Q Y, Wu J M, Chen W L, Li X Y. 2000. Ad-sorption of cadmium by soil colloids and minerals in presence of rhizobia. Pedosphere, 10(4): 299-307.

Hughes D W, Galau G A. 1989. Temporally modular gene expression during cotyledon development. Genes and Development, 3(3): 358-369.

Hussein H S, Ruizon, Terry N, Daniell H. 2007. Phytoremediation of mercury and organomercurials in chloroplast transgenic plants: enhanced root uptake, translocation to shoots, and volatilization. Environmental Science and Technology, 41(24): 8439-8446.

Idris R, Trifonova R, Puschenreiter M, Wenzel W W, Sessitsch A. 2004. Bacterial communities associated with flowering plants of the Ni hyperaccumulator *Thlaspi goesingense*. Applied and Environmental Microbiology, 70(5): 2667-2677.

Iqbal M Z, Saeeda S, Shafiq M. 2001. Effects of chromium on an important arid tree (*Caesalpinia pulcherrima*) of Karachi city, Pakistan. Ekologia (Slovak Republic), 20(4): 419-422.

Iram S, Ahmad I, Stuben D. 2009. Analysis of mines and contaminated agricultural soil samples for fungal diversity and tolerance to heavy metals. Pakistan Journal of Botany, 41(2): 885-895.

Jacobs J, Hardison R L, Rouse J V. 2001. In-site remediation of heavy metals using sulfur-based treatment technologies. Hydrovisions, 10(2): 1-4.

Jaeckel P, Krauss G, Menge S, Schierhorn A, Rucknagel P, Krauss G J. 2005. Cadmium induces a novel metallothionein and phytochelatin 2 in an aquatic fungus. Biochemical and Biophysical Research Communications, 333(1): 150-155.

Jalali M, Khanlari Z V. 2008. Effect of aging process on the fractionation of heavy metals in some calcareous soils of Iran. Geoderma, 143(1): 26-40.

Janouskova M, Pavlikova D, Macek T, Vosatka M. 2005a. Arbuscular mycorrhiza decreases cadmium phytoextraction by transgenic tobacco with inserted metallothionein. Plant and Soil, 272(1-2): 29-40.

Janouskova M, Pavlikova D, Macek T, Vosatka M. 2005b. Influence of arbuscular mycorrhiza on the growth and cadmium uptake of tobacco with inserted metallothionein gene. Applied Soil Ecology, 29(3): 209-214.

Jaroslaw G, Roman P S, Edward A G. 2009. Ultrastructure analysis of cadmium-tolerant and ensitive celllines of cucumber (*Cucumis sativus* L.). Plant Cell Tissue Organ Culture, 99(2): 227-232.

Jarosz W A, Gadd G M. 2003. Oxalate production by wood-rotting fungi growing in toxic metal-amended medium. Chemosphere, 52(3): 541-547.

Jelusic M, Lestan D. 2014. Effect of EDTA washing of metal polluted garden soils. Part I: Toxicity hazards and impact on soil properties. Science of The Total Environment, 475: 132-141.

Jentschke G, Winter S, Godbold D L. 1999. Ectomycorrhizas and cadmium toxicity in Norway spruce seedlings. Tree Physiology, 19 (1): 23-30.

Jiang W, Liu D. 2010. Pb-induced cellular defense system in the root meristematic cells of *Allium sativum* L. BMC Plant Biology, 10 (1): 40.

Jiang W S, Liu D H, Xu R. 2009. Cd-induced system of defence in the garlic root meristematic cells. Biologia Plantarum, 53(2): 369-372.

Johansson E M, Fransson P, Finlay R D, Van Hees PAW. 2008. Quantitative analysis of exudates from soil-living basidiomycetes in pure culture as a response to lead, cadmium and arsenic stress. Soil Biology and Biochemistry, 40(9): 2225-2236.

Joshi P M, Juwarkar A A. 2009. In vivo studies to elucidate the role of extracellular polymeric substances from Azotobacter in immobilization of heavy metals. Environmental Science & Technology, 43(15): 5884-5889.

Juwarkar A A, Nair A, Dubey K V, Singh S K, Devotta S. 2007. Biosurfactant technology for remediation of cadmium and lead contaminated soils. Chemosphere, 68(10): 1996-2002.

Kachenko A G, Bhatia N P, Singh B, Siegele R. 2007. Arsenic hyperaccumulation and localization in the pinnule and stipe tissues of the gold-dust fern (*Pityrogramma calomelanos* (L.) Link var. *austroamericana* (Domin) Farw.) using quantitative micro-PIXE spectroscopy. Plant and Soil, 300(1-2): 207-219.

Kashem M A, Singh B R. 2001. Metal availability in contaminated soils: Ⅱ uptake of Cd, Ni and Zn in rice plants grown under flooded culture with organic matter addition. Nutrient Cycling in Agroeeosystems, 61(3): 257-266.

Kaur G, Singh H P, Batish D R, Kohli R K. 2013. Lead (Pb)-induced biochemical and ultrastructural changes in wheat (*Triticum aestivum*) roots. Protoplasma, 250(1): 53-62.

Kaushik R D, Gupta V K, Singh J P. 1993. Distribution of Zn, Cd and Cu forms in soils as influenced by phosphorus application. Arid Land Research and Management, 7(2): 163-171.

Kennedy C D, Gonsalves F A N. 1987. The action of divalent Zn, Cd, Hg, Cu, Pb on the transroot potential and H^+ efflux of excised roots. Experimental Botany, 38(5): 800-817.

Kerin E J, Gilmour C C, Roden E, Suzuki M T, Coates J D, Mason R P. 2006. Mercury methylation by dissimilatory iron-reducing bacteria. Applied and Environmental Microbiology, 72(12): 7919-7921.

Kim D Y, Bovet L, Maeshima M, Martinoia E, Lee Y. 2007. The ABC transporter AtPDR8 is a cadmium extrusion pump conferring heavy metal resistance. The Plant Journal, 50(2): 207-218.

King J K, Kostka J E, Frischer M E, Saunders F. 2000. Michael. Sulfate-reducing bacteria methylate mercury at variable rates in pure culture and in marine sediments. Applied and Environmental Microbiology, 66(6): 2430-2437.

Klaassen C D, Liu J, Diwan B A. 2009. Metallothionein protection of cadmium toxicity. Toxicology and Applied Pharmacology, 238(3): 215-220.

Kneer R, Zenk M H. 1992. Phytochelatins protect plant enzymes from heavy metal poisoning. Phytochemistry, 31(8): 2663-2667.

Kochian L V. 1995. Cellular mechanisms of aluminum toxicity andresistance in plants. Annual Review of Plant Physiology and Plant Molecular Biology, 46(1): 237-260.

Koeppe D E. 1981. Lead: Understanding the minimal toxic of lead in plants. Pollution Monitoring Series, 55-76.

Koleli N, Eker S, Cakmak I. 2004. Effect of zinc fertilization on cadmium toxicity in durum and bread wheat grown in Zinc-deficient soil. Environmental Pollution, 131(3): 453-459.

Kollmeier M, Dietrich P, Bauerc S. 2001. Aluminum activates a citrate-permeable anion channel in the aluminum-sensitive zone of the maize root apex. A comparision between an aluminum-sensitive and an aluminum-resistant cultivar. Plant Physiology, 126: 397-410.

Kopittke P M, Asher C J, Blamey F P C, Menzies N W. 2007. Toxic effects of Pb^{2+} on the growth and mineral nutrition of signal grass (*Brachiaria decumbens*) and Rhodes grass (*Chloris gayana*). Plant and Soil, 300(1-2): 127-136.

Kramer U, Cotter-Howells J D, Chamock J M, Baker A J M, Smith J A C. 1996. Free histidine as a metal chelator in plants that accumalte nickel. Nature, 379: 635-638.

Krzeslowska M. 2011. The cell wall in plant cell response to trace metals: polysaccharide remodeling and its role in defense strategy. Acta Physiologiae Plantarum, 33(1): 35-51.

Krzesłowska M, Lenartowska M, Samardakiewicz S, Bilski H, Woźny A. 2010. Lead deposited in the cell wall of *Funaria hygrometrica* protonemata is not stable–a remobilization can occur. Environmental Pollution, 158 (1): 325-338.

Kumar P B A N, Dushenkov V, Motto H, Raskin I. 1995. Phytoextraction: the use of plants to remove heavy metals from soils. Environmental Science & Technology, 29 (5): 1232-1238.

Kumar S P, Varrman P A M, Kumari B D R. 2011. Identification of differentially expressed proteins in response to Pb stress in *Catharauthus roseus*. African Journal of Environmental Science and Technology, 5(9): 689-699.

Kunkel A M, Seibert J J, Elliott L J. 2006. Remediation of elemental mercury using in situ thermal desorption (ISTD). Environmental Science & Technology, 40(7): 2384-2389.

Kupper H, Lomhi E, Zhao F J, McGrath S. 2000. Cellular compartmentation of cadmium and zinc in relation to other elements in the hyperaceumulator *Arabidopsis halleri*. Planta, 212(1): 75-84.

Küpper H, Parameswaran A, Leitenmaier B, Trtílek M, Setlík I. 2007. Cadmium-induced inhibition of photosynthesis and long-term acclimation to cadmium stress in the hyperaccumulator *Thlaspi caerulescens*. New Phytologist, 175(4): 655-674.

Kurek E, Bollag J M. 2004. Microbial immobilization of cadmium released from CdO in the soil. Biogeochemistry, 69(2): 227-239.

Lan Y Q, Deng B L, Kim C S, Thornton E C, Xu H F. 2005. Catalysis of elemental sulfur nanoparticles on chromium (VI) reduction by sulfide under anaerobic conditions. Environmental Science & Technology, 39(7): 2087-2094.

Landberg T, Greger M. 1996. Differences in uptake and tolerance to heavy metals in Satix from unpolluted and polluted Areas. Applied Geochemistry, 11(1): 175-180.

Lasat M M. 2002. Phytoextraction of toxic metals: a review of biological mechanism. Journal of Environmental Quality, 31: 109-120.

Lasat M M, Baker A J M, Kochian L V. 1996. Physiological characterization of root Zn^{2+} absorption to shoots in Zn hyperaccumulator and nonaccumulator species of *Thlaspi*. Plant Physiology, 112(4): 1715-1722.

Lee M, Lee K, Lee J, Noh E W, Lee Y. 2005. AtPDR12 contributes to lead resistance in *Arabidopsis*. Plant Physiology, 138: 827-836.

Leung H M, Ye Z H, Wong M H. 2006. Interactions of mycorrhizal fungi with *Pteris vittata* (As hyperaccumulator) in As-contaminated soils. Environmental Pollution, 139(1): 1-8.

Li L, Chen O S, Ward D M V, Kaplan J. 2001. CCC1 is a transporter that mediates vacuolar iron storage in yeast. Journal of Biological Chemistry, 276(31): 29515-29519.

Li T, Di Z, Yang X, Sparks D L. 2011. Effects of dissolved organic matter from the rhizosphere of thehyperaccumulator *Sedum alfredii* on sorption of zinc and cadmium by different soils. Journal of Hazardous Materials, 192(3): 1616-1622.

Li W C, Ye Z H, Wong M H. 2010. Metal mobilization and production of short-chain organic acids by rhizosphere bacteria associated with a Cd/Zn hyperaccumulating plant, *Sedum alfredii*. Plant and Soil, 326(1-2): 453-467.

Li X F, Matsumo H, Ma J F. 2000. Pattern of aluminum-induced secretion of organic acids differs between rye and wheat. Plant Physiology, 123(4): 1537-1544.

Li X L, Christie P. 2001. Changes in soil solution Zn and pH and up-take of Zn by arbuseular mycorrhizal red clover in Zn contaminated soil. Chemosphere, 42(2): 201-207.

Li Y, Zu Y, Fang Q X, Chen H Y, Schvartz C. 2013. Characteristics of heavy-metal tolerance and growth in two ecotypes of *Oxyria sinensis* Hemsl. grown on Huize lead–zinc mining area in Yunnan Province, China. Communications in Soil Science and Plant Analysis, 44 (16): 2428-2442.

Li Y, Zu Y Q, Fang Q X , Gao Z H, Schvartz C. 2009. The relationship of heavy metals between herbaceous and soils of four sites of Pb-Zn mining area in Yunnan, China. Frontiers of Environmental Science and Engineering in China, 3(3): 325-333.

Li Y M, Channey L R, Schneiter A A. 1995. Genotypic variation in kernel cadmium concentration in sunflower germplasm under varying soil condition. Crop Science, 35(1): 137-141.

Li Z, Shuman L M. 1997. Mobility of Zn, Cd and Pb in soils as affected by poultry litter extract—I. Leaching in soil columns. Environmental Pollution, 95 (2): 219-226.

Liao Y C, Chien S W, Wang M C, Shen Y, Hung P L, Das B. 2006. Effect of transpiration on Pb uptake by lettuce and on water soluble low molecular weight organic acids in rhizosphere. Chemosphere, 65(2): 343-351.

Liu D H, Kottke I. 2003. Subcellular localization of Cd in the root cell of *Allium sativum* by electron energy loss spectroscopy. Bioscience Reports, 28(4): 471-478.

Liu J G, Qian M, Cai G L, Yang J C, Zhu Q S. 2007. Uptake and translocation of Cd in different rice cultivars and the relation with Cd accumulation in rice grain. Journal of Hazardous Materials, 143(1): 443-447.

Liu W T, Zhou Q X, An J, Liu R, Sun Y B. 2010. Variations in cadmium accumulation among Chinese cabbage cultivars and screening for Cd-safe cultivars. Journal of Hazardous Materials, 173(1): 737-743.

Liu Y, Zhu Y G, Chen B D, Christie P, Li X L. 2005. Influence of the arbuscular mycorrhizal fungus *Glomus mosseae* on uptake of arsenate by the As hyperaccumulator fern *Pteris vittata* L. Mycorrhiza, 15(3): 187-192.

Liu Y G, Ye F, Zeng G M. 2007. Effects of added Cd on Cd uptake by oilseed rape and pai-tsai co-cropping. Transactions of Nonferrous Metals Society of China, 17(4): 846-852.

Lock K, Karathanasis A D, Pils J R V. 2009. Solid-phase chemical fractionation of selected trace Janssen C R. Ecotoxicity of zinc in spiked artificial soils versusadsorption on iron oxides during carbonate rock weathering process. Progress in Natural Science, 19(9): 1133-1139.

Lombi E, Hamon R E, Mcgrath S P, Mclaughlin M J. 2003. Lability of Cd, Cu and Zn inpolluted soils treated with lime, beringite, and red mud and identificationof a non-labile colloidal fraction of metals using isotopic techniques. Environmental Science & Technology, 37(5): 979-984.

Lombi E, Tearall K L, Howarth J R, Zhao F J, Hawkesford M J, McGrath S P. 2002. Influence of iron status on cadmium and zinc uptake by difference ecotypes of the hyperaccumulator *Thlaspi caerulescens*. Plant Physiology, 128(4): 1359-1367.

Lombi E, Zhao F J, Mcgrath S P, Young S D, Sacchi G A. 2001. Physiological evidence for a high Affinity cadmium transporter in a *Thlaspi caerulescens* Ecotype. New Phytologist, 149(1): 53-60.

Loska K, Wiechua D, Korus I. 2004. Metal contamination of farming soils affected by industry. Environment International, 30(2): 159-165.

Lovely D R. 1995. Microbial reduction of iron, manganese, and other metals. Advances in Agronomy, 54: 175-231.

Luo G Z, Wang H W, Huang J, Tian A G, Wang Y J , Zhang J S, Chen S Y. 2005. A putative plasma membrane cation/proton antiporter from soybean confers salt tolerance in *Arabidopsis*. Plant Molecular Biology, 59(5): 809-820.

Luo S L, Chen L, Chen J L, Xiao X, Xu T Y, Wan Y, Rao C, Liu C B, Liu Y T, Lai C. 2011. Analysis and characterization of cultivable heavy metal-resistant bacterial endophytes isolated from Cd-hyperaccumulator *Solanum nigrum* L. and their potential use for phytoremediation. Chemosphere, 85(7): 1130-1138.

Ma J F, Ryan P R, Delhaize E. 2001. Aluminium tolerance in plants and the complexing role of organic acids. Plant Science, 6 (6): 273-278.

Ma J F, Taketa S, Yang Z M. 1998. High aluminum resistance in buckwheat I. Al-induced specific secretion of oxalic acid from root tips. Plant Physiology, 117(3): 745-751.

Ma J F, Taketa S, Yang Z M. 2000. Aluminum tolerance genes on the short arm of chromosome 3R are linked to organic acid release in triticale. Plant Physiology, 122(3): 687-694.

Ma L Q, Komar K M, Tu C, Zhang W, Cai Y, Kennelley E D. 2001. A fern that hyperaccumulates arsenic. Nature, 409

(6820): 579-579.

Ma L Q, Rao G N. 1997. Chemical fractionation of cadmium, copper, nickel, and zincin contaminated soils. Journal of Environmental Quality, 26(1): 259-264.

Mabberley D J. 1997. The Plant-Book: A Portable Dictionary of theVascular Plants (second edition). Cambridge: Cambridge University Press: 396-399.

Macdiarmid C W, Gaither L A, Eide D. 2000. Zinc transporters that regulate vacuolar zinc storage in *Saccharomyces cerevisiae*. The EMBO Journal, 19(12): 2845-2855.

MacDonald C A, Singh B K, Peck J A, van Schaik A P, Hunter L C, Horswell J, Campbell C D, Speir T W. 2007. Long-term exposure to Zn-spiked sewage sludge alters soil community structure. Soil Biology and Biochemistry, 39(10): 2576-2586.

Maciaszczyk D E, Migdal I, Migocka M, Bocer T, Wysocki R. 2010. The yeast aquaglyceroporin Fps1p is a bidirectional arsenite channel. FEBS Letters, 584(4): 726-732.

Maity J P, Huang Y M, Hsu C M. 2013. Removal of Cu, Pb and Zn by foam fractionation and a soil washing process from contaminated industrial soils using soapberry-derived saponin: a comparative effectiveness assessment. Chemosphere, 92(10): 1286-1293.

Małecka A, Piechalak A, Morkunas I, Tomaszewska B. 2008. Accumulation of lead in root cells of *Pisum sativum*. Acta Physiologiae Plantarum, 30(5): 629-637.

Mangabeira P A, Ferreira A S, Almeida de A A F. 2011. Compartmentalization and ultrastructural alterations induced by chromium in aquatic macrophytes. Biometals, 24(6): 1017-1026.

Margoshes M, Vallee B L. 1957. A cadmium protein from equine kidney corter. Journal of American Chemical Society, 79: 4813-4814.

Massimo Z, Elvira R, Monica T, Marina de A. 2003. Increased antioxidative capacity in maize calliduring and after oxidative stress induced by a long lead treatment. Plant Physiology and Biochemistry, 41(1): 49-54.

Mathys W. 1973. Vergleichende untersuchugen der zinkaufnahme von die sistenten und sensitiven popualtion von agrostis tenuis sibth. Flora, 162: 492-499.

Matsumoto H. 2000. Cell biology of aluminum toxicity and tolerance in higher plants. International Review of Cytology, 200: 41-46.

McBride M B, Martinez C E, Topp E, Evans L. 2000. Trace metal solubility and speciation in a calcareous soil 18 years after no-till sludge application. Soil Science, 165(8): 646-656.

McGrath S P, Zhao F J, Lombi E. 2001. Plant and rhizosphere processes involved in phytoremediation of metal-contaminated soils. Plant and Soil, 232(1-2): 207-214.

Memon A R, Yatazawa M. 1984. Nature of manganese complexes in manganese accumulator plant-*Acanthopanax sciadophylloides*. Journal of Plant Nutrition, 7(6): 961-974.

Mendoza C D, Loza T H, Hernández N A, Moreno S R. 2005. Sulfur assimilation and glutathione metabolism under cadmium stress in yeast, protists and plants. FEMS Microbiology Reviews, 29(4): 653-671.

Metha S K, Gaur J P. 1999. Heavy metal induced proline accumulation and its role in ameliorating metal toxicity in *Chlorella vulgaris*. New Phytologist, 143(2): 253-259.

Miao S, DeLaune R D, Jugsujinda A. 2006. Influence of sediment redox conditions on release/solubility of metals and nutrients in a Louisiana Mississippi River deltaic plain freshwater lake. Science of the Total Environment, 371(1): 334-343.

Miersch J, Neumann D, Menge S, Barlocher F, Baumbach R, Lichtenberger O. 2005. Heavy metals and thiol pool in three strains of *Tetracladium marchalianum*. Mycological Progress, 4(3): 185-194.

Migocka M, Klobus G. 2007. The properties of the Mn, Ni and Pb transport operating at plasma membranes of cucumber roots. Physiologia Plantarum, 129(3): 578-587.

Mittler R. 2002. Oxidative stress, antioxidants and stress tolerance. Trends in Plant Science, 7(9): 405-410.

Miyadate H, Adachi S, Hiraizumi A, Tezuka K, Nakazawa N, Kawamoto T, Katou K, Kodama I, Sakurai K, Takahashi H, Satoh-Nagasawa N, Watanabe A, Fujimura T, Akagi H. 2011. OsHMA3, a P_{IB}-type of ATPase affects root to shoot cadmium translocation in rice by mediating efflux into vacules. New Phytologist, 189(1): 190-199.

Montanini B, Blaudez D, Jeandroz S, Sanders D, Chalot M. 2007. Phylogenetic and functional analysis of the Cation Diffusion Facilitator (CDF) family: improved signature and prediction of substrate specificity. BMC Genomics, 8(1): 1471-2164.

Moral R, Gomez I, Pedreno J N. 1994. Effect of cadmium on nutrient distribution, yield and growth of tomato grown in soilless culture. Plant Nutrition, 17(6): 953-962.

Morel M, Crouzet J, Gravot A, Auroy P, Leonhardt N, Vanvasseur A, Richaud P. 2009. AtHMA3, a PIB-ATPase allowing Cd/Zn/Co/Pb vacuolar storage in *Arabidopsis*. Plant Physiology, 149(2): 894-904.

Muller G. 1969. Index of geoaccumulation in sediment of the Rhine River. Geojournal, 2: 108-118.

Mulligan C N , Raymond N Y, Bernard F G. 2001. Heavy metal removal from sediments by biosurfactants. Journal of Hazardous Materials, 85(1): 111-125.

Munzuroglu O, Gur N. 2000. The effects of heavy metals on the pollen germination and pollen Journal tube growth of apples (*Malus sylvestris* Miller cv. Gloden). Turkish of Biology, 24(3): 677-684.

Murphy A, Taiz L. 1995. Comparison of metallothionein gene expression and nonprotein Thiols in 10 *Arabidopsis* Ecotypes. Plant Physiology, 109(3): 945-954.

Myers C R, Carstens B P, Antholine W E, Myers J M. 2000. Chromium (VI) reductase activity is associated with the cytoplasmic membrane of anaerobically grown *Shewanella putrefaciens* MR-1. Journal of Applied Microbiology, 88(1): 98-106.

Nagy Z, Montigny C, Leverrier P, Yeh S, Goffeau A, Garrigos M, Falson P. 2006. Role of the yeast ABC transporter Yor1p in cadmium detoxification. Biochimie, 88(11): 1665-1671.

Naidu R, Kookana R S, Sumner M E. 1997. Cadmium sorption and transport in variable charge soils: a review. Journal of Environmental Quality, 26(3): 602-617.

Nan Z, Li J J, Zhang J M, Cheng G D. 2002. Cadmium and zinc interactions and their transfer in soil-crop system under actual field conditions. Science of the Total Environment, 285(1): 187-195.

Neelam V C. Effect of some heavy metals on invitro pollen germination in balsam (*Impatiens balsamina*). Journal of Palynology, 1997, 33(1/2): 173-176.

Nemerow N L. 1974. Scientific Stream Pollution Analysis. Washington: Scripta Book Co.

Neumann D, Lichtenberger O, Gunther D, Tschiersch K, Nover L. 1994. Heat-shock proteins induce heavy-metal tolerance in higher plants. Planta, 194(3): 360-367.

Neumann D, Nieden U Z, Lichenberger O. 1995. How does *Armeria maritima* tolerate high heavy metal concentrations. Journal of Plant Physiology, 146(5): 704-717.

Ni S, Ju Y, Hou Q, Wang S J, Liu Q, Wu Y D, Xiao L L. 2001. Enrichment of heavy metal elements and their58 contaminated field soils. Environmental Science & Technology, 35(21): 4295-4300.

Nie Y, Luo Y, Qian Y H, Chen F, Liu M X, Yu J. 2012. Degradation risk evaluation of cultivated land in Jianghan Plain based on ecological risk analysis and GIS. Journal of Food Agriculture & Environment, 10(2): 1231-1236.

Nishizono H, Ichikawa H, Suziki S. 1987. The role of the root cell wall in the heavy metal tolerance of *Athyrium yokoscense*. Plant and Soil, 101(1): 15-20.

Nocito F F, Lancilli C, Crema B, Fourcroy P, Davidian J C, Sacchi G A. 2006. Heavy metal stress and sulfate uptake in maize roots. Plant Physiology, 141(3): 1138-1148.

Nocito F F, Pirovano L, Cocucci M, Sacchi G A. 2002. Cadmium-induced sulfate uptake in maize roots. Plant Physiology, 129(4): 1872-1879.

Orłowska E, Przybyłowicz W, Orlowski D, Turnau K, Mesjasz P J. 2011. The effect of mycorrhiza on the growth and elemental composition of Ni-hyperaccumulating plant *Berkheya coddii* Roessler. Environmental Pollution, 159(12): 3730-3738.

Ott T, Fritz E, Polle A, Schutzendubel A. 2002. Characterisation of antioxidative systems in the ectomycorrhiza-building basidiomycete *Paxillus involutus* (Bartsch) Fr. and its reaction to cadmium. FEMS Microbiology Ecology, 42(3): 359-366.

Otte M, Kearns C, Doyle M. 1995. Accumulation of arsenic and zinc in the rhizosphere of wetland plants. Bulletin Environmental Contamination Toxicity, 55(1): 154-161.

Ouziad F, Hildebrandt U, Schmelzer E, Bothe H. 2005. Differential gene expressions in arbuscular mycorrhizal-colonized tomato grown under heavy metal stress. Journal of Plant Physiology, 162(6): 634-649.

Pajuelo E, Dary M, Palomares A J, Rodriguez L I D, Carrasco J A, Chamber M A. 2008. Biorhizoremediation of heavy metals toxicity using rhizobium-legume symbioses. Springer: 101-104.

Palmgren M G, Axelsen K B. 1998. Evolution of P-type ATPases. Biochimica et Biophysica Acta, 1365(1): 37-45.

Paniagua A, Kammerbayuer J, Avedillo M, Andrews A M. 1999. Relationship of soil characteristics to vegetation successions on a sequence of degraded and rehabilitated soils in Honduras. Agriculture, Ecosystems and Environment, 72(3): 215-255.

Paraszkiewicz K, Frycie A, Staba M, Dlugonski J. 2007. Enhancement of emulsifier production by *Curvularia lunata* in cadmium, zinc and lead presence. BioMetals, 20(5): 797-805.

Park J H, Bolan N, Megharaj M, Naidu R. 2011. Isolation of phosphate solubilizing bacteria and their potential for lead immobilization in soil. Journal of Hazardous Materials, 185(2): 829-836.

Paulsmen I T, Saier M H. 1997. A novel family of ubiquitous heavy metal ion transport proteins. Journal of Membrane Biology, 156(2): 99-103.

Peiter E, Montanini B, Gobert A, Pedas P, Husted S, Maathuis F J, Blaudez D, Chalot M, Sanders D. 2007. A secretory pathway-localized cation diffusion facilitator confers plant manganese tolerance. Plant Biology, 104 (20): 8532-8537.

Penner G A , Clarke J, Bezte L J, Leisle D. 1995. Identification of PAPD markers linked to a gene governing cadmium uptake in durum wheat. Genome, 38(3): 543-547.

Pichtel J, Kuroiwa K, Sawyerr H T. 2000. Distribution of Pb, Cd and Ba in soils and plants of two contaminated sites. Environmental Pollution, 110(1): 171-178.

Piha M I, Vallack H W, Reeler B M, Michael N. 1995a. Alow input approach to vegetation establishment on mine and coal ash wastes in semi-arid regions. I. Tinmine tailings in Zimbabwe. Journal of Applied Ecology, 32: 372-381.

Piha M I, Vallack H W, Reeler B M, Michael N. 1995b. Alow input approach to vegetation establishment on mine and coal ash wastes in semi-arid regions. II. Lagoonedpulverized fuel has in Zimbabwe. Journal of Applied Ecology, 32: 382-390.

Pilon-Smits E A H, Freeman J L. 2006. Environmental cleanup using plants: biotechnological advances and ecological considerations. Front Ecology and the Environment, 4(4): 203-210.

Pinson B, Sagot I, Daignan F B. 2000. Identification of genes affecting selenite toxicity and resistance in *Saccharomyces cerevisiae*. Molecular Microbiology, 36(3): 679-687.

Pociecha M, Lestan D. 2010. Using electrocoagulation for metal and chelant separation from washing solution after EDTA leaching of Pb, Zn and Cd contaminated soil. Journal of Hazardous Materials, 174(1): 670-678.

Pourrut B, Perchet G, Silvestre J, Cecchi M, Guiresse M, Pinelli E. 2008. Potential role of NADPH-oxidase in early steps of lead-induced oxidative burst in *Vicia faba* roots. Journal of Plant Physiology, 165 (6): 571-579.

Preveral S, Gayet L, Moldes C, Hoffmann J, Mounicou S, Gruet A, Reynaud F, Lobinski R, Verbavatz J M, Vavasseur A. 2009. A common highly conserved cadmium detoxification mechanism from bacteria to humans: heavy metal tolerance conferred by the ATP-binding cassette (ABC) transporter SpHMT1 requires GSH but not metal-chelating phytochelatin peptides. Journal of Biological Chemistry, 284(8): 4936-4943.

Punamiya P, Datta R, Sarkar D, Barber S, Patel M, Das P. 2010. Symbiotic role of Glomus mosseae in phytoextraction of lead in vetiver grass [*Chrysopogon zizanioides* (L.)]. Journal of Hazardous Materials, 177 (1): 465-474.

Puzon G J, Roberts A G, Kramer D M, Xun L. 2005. Formation of soluble organo-chromium (III) complexes after chromate reduction in the presence of cellular organics. Environmental Science & Technology, 39(8): 2811-2817.

Qadir S, Qureshi M I, Javed S, Abdin M Z. 2004. Genotypic variation in phytoremediation potential of *Brassica juncea* cultivars exposed to Cdstress. Plant Science, 167(5): 1171-1181.

Qin J, Rosen B P, Zhang Y, Wang G J, Franke S, Rensing C. 2006. Arsenic detoxification and evolution of trimethylarsine gas by a microbial arsenite S-adenosylmethionine methyltransferase. Proceedings of the National Academy of Sciences, 103(7): 2075-2080.

Qiu R L, Thangavel P, Hu P J, Senthilkumar P, Ying R R, Tang Y T. 2011. Interaction of cadmium and zinc on accumulation and sub-cellular distribution in leaves of hyperaccumulator *Potentilla griffithii*. Journal of Hazardous Materials, 186 (2): 1425-1430.

Quartacci M F, Cosi E, Navari-Izzo F. 2001. Lipids and NADPH - dependent superoxide production in plasma membrane vesicles from roots of wheat grown under copper deficiency or excess. Journal of Experimental Botany, 52 (354): 77-84.

Rajkumar M, Ae N, Prasad M N V, Freitas H. 2010. Potential of siderophore-producing bacteria for improving heavy metal phytoextraction. Trends in Biotechnology, 28(3): 142-149.

Rajkumar M, Sandhya S, Prasad M N V, Freitas H. 2012. Perspectives of plant-associated microbes in heavy metal phytoremediation. Biotechnology Advances, 30(6): 1562-1574.

Ramaskeviciene A, Sliesaravicius A, Pilipavicius V. 2004. Effect of different anthropogenic factors on pollen germination. Sodininkyste ir Darzininkyste Lietuvos Sodininkystes ir Darzininkystes Institutas (Lithuanian Institute of Horticulture),23(2): 291-301.

Raspanti E, Cacciola S O, Gotor C, Romero L C, Garcia I. 2009. Implications of cysteine metabolism in the heavy metal response in *Trichoderma harzianum* and in three *Fusarium* species. Chemosphere, 76(1): 48-54.

Rauser W E. 1995. Phytochelatins and related peptides structure, biosynthesis and function. Plant Physiology, 109(4): 1141-1149.

Rdodriguez L, Ruiz E, Alonso-Azcarate J, Rincón J. 2009. Heavy metal disitrbuiton and chemical spceiation in tailings and soils around a Pb-Zn mine in Spain. Jounal of Environmental Management, 90(2): 111-116.

Reddy C N , Patrick W H. 1977. The effect of redox potential and pH on the uptake of cadmium and lead by rice Plants. Environmental Quality, 6(3): 259-262.

Redente E F, Mclendon T, Agnew W. 1997. Influence of topsoil depth on plant community dynamics of a seeded site in northwest Colorado. Arid Land Research and Management, 11(2): 139-149.

Regvar M, Vogel K, Irgel N, Wraber T, Hildebrandt U, Wilde P, Bothe H. 2003. Colonization of pennycresses (*Thlaspi* spp.) of the Brassicaceae by arbuscular mycorrhizal fungi. Journal of Plant Physiology, 160(6): 615-626.

Reimann C, Caritat P. 2000. Intrinsic flaws of element enrichment factors (EFs) in environmental geochemistry. Environmental Science and Technology, 34(24): 5084-5091.

Reimann C, Caritat P. 2005. Distinguishing between natural and anthropogenic sources for elements in the environment: Regional geochemical surveys versus enrichment factors. Science of the Total Environment, 337(1): 91-107.

Richard J B, Robert H S. 1996. Cadmium is an inducer of oxidative stress in yeast. Mutation Research, 356(2): 171-178.

Rigola D, Fiers M, Vurro E, Mark G M A. 2006. The heavy metal hyperaccumulator *Thlaspi caerulescens* expresses many species-specific genes, as identified by comparative expressed sequence tag analysis. New Phytologist, 170(4): 753-766.

Roane T M, Josephson K L, Pepper I L. 2001. Dual-bioaugmentation strategy to enhance remediation of cocontaminated soil. Applied and Environmental Microbiology, 67(7): 3208-3215.

Rodrigo W S, Eder C S, Zenida L B. 2013. Changes in ultrastructure and cytochemistry of the agarophyte *Gracilana domingensis* (Rhodophyta, racilariales) treated cadmium. Protoplasma, 250(1): 297-305.

Rodríguez L, Ruiz E, Alonso-Azcárate J, Rincón J. 2009. Heavy metal disitrbuiton and chemical speciation in tailings and soils around a Pb-Zn mine in Spian. Jounal of Enviornmental Management, 90(2): 1106-1116.

Rodriguez -Serrano M, Romero-Puertas M C, Zabalza A, Corpas F J, Gomez M, Del Rio L A, Sandalio L M. 2006. Cadmium effect on oxidative metabolism of pea (*Pisum sativum*) roots. Imaging of reactive oxygen species and nitricoxide accumulati on *in vivo*. Plant Cell and Environment, 29(8): 1532-1544.

Romeu-Moreno A, Mas A. 1999. Effects of copper exposure in tissue cultured *Vitis vinifera*. Agricultural and Food Chemistry, 47(7): 2519-2522.

Ruhling A, Tyler G. 1968. An ecological approach to lead problem. Botaniska Notiser, 121(3): 321-324.

Ruley A T, Nilesh S C, Sahi S V. 2004. Antioxidant defense in a lead accumulating plant, *Sesbania drummondii*. Plant Physiology and Biochemistry, 42(11): 899-906.

Sahi S V, Bryant N L, Sharma N C, Singh S R. 2002. Characterization of a lead hyperaccumulator shrub, *Sesbania drummondi*. Environmental Science & Technology, 36 (21): 4676-4680.

Salgare S A. 2001. Sanchita pathak effect of cadmium chloride on pollen germination and tube growth of successive flowers of pink-flowered cultivar of *Catharanthus roseus*. Bionotes. A Biologists Confreris, Aligarh, India, 3(2): 46.

Salt D E, Prince R C, Pickering I J, Raskin I. 1995. Mechanisms of cadmium mobility and accumulation in Indian mustard. Plant Physiology, 109(4): 1427-1433.

Salt D E, Wagner G J. 1993. Cadmium transport across tonoplast of vesicles from oat roots. Evidence for a Cd^{2+}/H^{+} antiport activity. Journal of Biological Chemistry, 268(17): 12297-12302.

Samardakiewicz S, Woźny A. 2000. The distribution of lead in duckweed (*Lemna minor* L.) root tip. Plant and Soil, 226 (1): 107-111.

Sancenon V, Puig S, Mateu-Andres I, Dorcey E, Thiele D J, Penarrubia L. 2004. The arabidopsis copper transporter COPT1 function in root elongation and pollen development. Journal of Biological Chemistry, 279(15): 15348-15355.

Santona L, Castaldi P, Melis P. 2006. Evaluation of the interaction mechanisms between red muds and heavy metals. Journal of Hazardous Materials, 136(2): 324-329.

Saravanan V S, Madhaiyan M, Thangaraju M. 2007. Solubilization of zinc compounds by the diazotrophic, plant growth promoting bacterium *Gluconacetobacter diazotrophicus*. Chemosphere, 66(9): 1794-1798.

Sarret G, Vangronsveld J, Manceau A, Musso M, Haen J D, Menthonnex J J, Hazemann J L. 2001. Accumulation forms of Zn and Pb in *Phaseolus vulgaris* in the presence and absence of EDTA. Environmental Science Technology, 35(13): 2854-2859.

Sasaki K, Haga T, Hirajima T. 2002. Distribution and transition of heavymetals in mine tailing dumps. Materials Transactions, 43(11): 2778-2783.

Sawidis T. 1997. Accumulation and effects of heavy metals in lilium pollen. Acta Horticulturae, 43(7): 153-158.

Sayer J A, CotterH J D, Watson C, Hillier S, Gadd G M. 1999. Lead mineral transformation by fungi. Current Biology, 9(13): 691-694.

Schalk I J, Hannauer M, Braud A. 2011. New roles for bacterial siderophores in metal transport and tolerance. Environmental Microbiology, 13(11): 2844-2854.

Schat H, Sharma S S, Vooijs R. 1997a. Heavy metal induced accumulation of free proline in a metal-tolerant and a nontolerant ecotype of *Silene vulgaris*. Physiologic Plant, 101(3): 477-482.

Schat H, Voous R. 1997b. Multiple tolerance and co-tolerance to heavy metals in *Silene vulgaris*: a co-segregation analysis. New Phytologist, 136(3): 489-496.

SchmÊger M E V, Oven M, Grill E. 2000. Detoxification of arsenic by phytochelatins in plants. Plant Physiology, 122(3): 793-802.

Schreck E, Foucault Y, Sarret G, Sobanska S, Cécillon L, Castrec-Rouelle M, Uzu G, Dumat C. 2012. Metal and metalloid foliar uptake by various plant species exposed to atmospheric industrial fallout: mechanisms involved for lead. Science of the Total Environment, 427: 253-262.

Schutzendubel A, Nikolova P, Rudolf C, Polle A. 2002. Cadmium and H_2O_2 induced oxidative stress in *Populus canescens* roots. Plant Physiology and Biochemistry, 40(6): 577-584.

Sela M, Tel-Or E, Fritz E, Huttermann A. 1988. Localization and toxic effects of cadmium, copper, and uranium in Azolla. Plant Physiology, 88(1): 30-36.

Seregin I V, Kozhevnikova A D. 2008. Roles of root and shoot tissues in transport and accumulation of cadmium, lead, nickel, and strontium. Russian Journal of Plant Physiology, 55(1): 1-22.

Seregin I V, Shpigun L K, Ivanov V B. 2004. Distribution and toxic effects of cadmium and lead on maize roots. Russian

Journal of Plant Physiology, 51(4): 525-533.

Shahid M, Pinelli E, Pourrut B, Silvestre J, Dumat C. 2011. Lead-induced genotoxicity to *Vicia faba* L. roots in relation with metal cell uptake and initial speciation. Ecotoxicology and Environmental Safety, 74(1): 78-84.

Shao G S, Chen M X, Wang W X, Mou R X, Zhang G P. 2007. Iron nutrition affects cadmium accumulation and toxicity in rice plants. Plant Growth Rregulation, 53(1): 33-42.

Shao Z, Sun F. 2007. Intracellular sequestration of manganese and phosphorus in a metal-resistant fungus *Cladosporium cladosporioides* from deep-sea sediment. Extremophiles, 11(3): 435-443.

Sharma K G, Mason D L, Liu G, Rea P A, Bachhawat A K, Michaelis S. 2002. Localization, regulation, and substrate transport properties of Bpt1p, a *Saccharomyces cerevisiae* MRP-type ABC transporter. Eukaryotic Cell, 1(3): 391-400.

Shaw A J. 1990. Heavy Metal Tolerance in Plants: Evolutionary Aspects. Florida: CRC Press: 179-194.

Shelmerdine P A, Black C R, McGrath S P. 2009. Modelling phytoremediation by the hyperaccumulating fern, *Pteris vittata*, of soils historically contaminated with arsenic. Environmental Pollution, 157(5): 1589-1596.

Sheng X F, He L Y, Wang Q Y, Ye H S, Jiang C Y. 2008. Effects of inoculation of biosurfactant-producing *Bacillus* sp. J119 on plant growth and cadmium uptake in a cadmium-amended soil. Journal of Hazardous Materials, 155(1): 17-22.

Sheng X F, Xia J J, Jiang C Y, He L Y, Qian M. 2008. Characterization of heavy metal-resistant endophytic bacteria from rape (*Brassica napus*) roots and their potential in promoting the growth and lead accumulation of rape. Environmental Pollution, 156(3): 1164-1170.

Sheoran A, Sheoran V. 2006. Heavy metal removal mechanism of acid mine drainage in wetlands: A critical review. Mineral Engineering, 19(2): 105-116.

Sheoran I S, Singal H R, Singh R. 1990. Effect of cadmium and nickel on photosynthesis and the enzymes of the photosynthetic carbon reduction cycle in piger pea (*Cajanus cajan* L). Photosynthesis Reseach, 23(3): 345-351.

Shi G R, Cai S S, Liu C F, Wu L. 2010. Silicon alleviates cadmium toxicity in peanut plants in relation to cadmium distribution and stimulation of antioxidative enzymes. Plant Growth Regulation, 61(1): 45-52.

Shi Y W, Lou K, Li C. 2009. Promotion of plant growth by phytohormone-producing endophytic microbes of sugar beet. Biology and Fertility of Soils, 45(6): 645-653.

Shu W S, Ye Z H, Lan C Y, Zhang Z Q, Wong M H. 2002. Lead, zinc and copper accumulation and tolerance in populations of *Paspalum distichum* and *Cynodon dactylon*. Environmental Pollution, 120(2): 445-453.

Shuman L M. 1985. Fractionation method for soil microelements. Soil Science, 140(1): 11-22.

Simm C, Lahner B, Salt D, LeFurgey A, Ingram P, Yandell B, Eide D J. 2007. *Saccharomyces cerevisiae* vacuole in zinc storage and intracellular zinc distribution. Eukaryotic Cell, 6(7): 1166-1177.

Singh A N , Raghubansih A S , Singh J S. 2004. Impact of niatve tree Plantations on mine spoil in a dry tropical environment. Forest Ecology and Management, 187(1): 49-60.

Singh Z, Singh L, Arora C L, Dhillon B S. 1994. Effect of cobalt, cadmium, and nickel as inhibitors of ethylene biosynthesis on floral malformation, yield, and fruit quality of mango. Journal of Plant Nutrition, 17(10): 1659-1670.

Sinha S, Mukherjee S K. 2008. Cadmium–induced siderophore production by a high Cd-resistant bacterial strain relieved Cd toxicity in plants through root colonization. Current Microbiology, 56(1): 55-60.

Sirpornadulsil S, Traina S, Verma D P S. 2002. Molecular mechanisms of proline-mediated tolerance to toxic heavy metals in transgenic microalgae. The Plant Cell, 14(11): 2837-2847.

Sousa N R, Ramos M A, Marques A P G C, Castro P M. 2012. The effect of ectomycorrhizal fungi forming symbiosis with *Pinus pinaster* seedlings exposed to cadmium. Science of the Total Environment, 414: 63-67.

Stobrawa K, Lorenc P G. 2008. Thresholds of heavy-metal toxicity in cuttings of European black poplar (*Populus nigra* L.) determined according to antioxidant status of fine roots and morphometrical disorders. Science of the Total Environment, 390(1): 86-96.

Stolte J, Hessel R, Zhang B H, Venrooij B V, Ritsema C J, Liu G B, Trouwborst K O. 2003. Landuse induced spatial heterogeneity of soil hydraulic properties on the Loess Plateau in China. Catena, 54(1): 59-75.

Straczek A, Hinsinger P. 2004. Zinc mobilisation from a contaminated soil by three genotypes of tobacco as affected by soil and rhizosphere pH. Plant and Soil, 260(1-2): 19-32.

Sudhskar C, Syamalabai L, Veeranjaneyulu K. 1992. Leadtolerance of certain legume species grownon ledore tailing. Agriculture Ecosystems & Environment, 41(3): 253-261.

Sugiyama A, Shitan N, Sato S, Nakamura Y, Tabata S, Yazaki K. 2006. Genome-wide analysis of ATP-binding cassette (ABC) proteins in a model legume plant, *Lotus japonicus*: comparison with *Arabidopsis* ABC protein family. DNA Research, 13(5): 205-228.

Sun L N, Zhang Y F, He LY, Chen Z J, Wang Q Y, Qian M, Sheng X F. 2010. Genetic diversity and characterization of heavy metal-resistant-endophytic bacteria from two copper-tolerant plant species on copper mine wasteland. Bioresource Technology, 101(2): 501-509.

Sunkar R, Kapoor A, Zhu J K. 2006. Posttranscriptional induction of two Cu/Zn superoxide dismutase genes in Arabidopsis is mediated by downregulation of miR398 and important for oxidative stress tolerance. Plant Cell, 18(8): 2051-2065.

Sydnor R S, Redente E F. 2000. Long-term plant community development on topsoil treatments overlying a phytotoxlc growth medium. Journal of Environmental Quality, 29(6): 1778-1786.

Takahashi R, Ishimaru Y, Shimo H. 2012. Mutations in rice (*Oryza sativa*) heavy metal ATP ase. Plant, Cell and Environment, 35(11): 1948-1957.

Takaki H, Arita S. 1986. Tryptamine in zinc-deficient barley. Soil Science Plant Nutrition, 32(3): 433-442.

Tanaka O, Horhawa W, Nishimura H, Nasu Y. 1986. Flower induction by suppression of nitrate assimilation in Lemna paucicostate 6746. Plant and Cell Physiology, 27(1): 127-133.

Tang Y T, Qiu R L, Zeng X W, Ying R R, Yu F M, Zhou X Y. 2009. Lead, zinc, cadmium hyperaccumulation and growth stimulation in *Arabis paniculata* Franch. Environmental and Experimental Botany, 66(1): 126-134.

Tank N, Saraf M. 2009. Enhancement of plant growth and decontamination of nickel - spiked soil using PGPR. Journal of Basic Microbiology, 49(2): 195-204.

Taylor S R, McLennan S M. 1995. The geochemical evolution of the continental crust. Reviews of Geophysics, 33(2): 241-265.

Tessier A. 1979. Sequential extraction procedure for the speciation of particulate, trace metals. Anal Chem, 51(7): 844-851.

Theodoulou F L. 2000. Plant ABC transporters. Biochimica et Biophysica Acta, 1465(1): 79-103.

Tomašević M, Vukmirović Z, Rajšić S,Tasić M, Stevanović B. 2005. Characterization of trace metal particles deposited on some deciduous tree leaves in an urban area. Chemosphere, 61(6): 753-760.

Torres L G, Lopea R B, Beltran M. 2012. Removal of As, Cd, Cu, Ni, Pb and Zn from a highly contaminated industrial soil using surfactant enhanced soil washing. Phys Chem Earth, Part A/B/C, 37: 30-36.

Trampczynska A, Bottcher C, Clemens S. 2006. The transition metal chelator nicotianamine is synthesized by filamentous fungi. FEBS Letters, 580(13): 3173-3178.

Trotta A, Falaschi P, Cornara L, Minganti V, Fusconi A, Drava G, Berta G. 2006. Arbuscular mycorrhizae increase the arsenic translocation factor in the As hyperaccumulating fern *Pteris vittata* L. Chemosphere, 65(1): 74-81.

Tschuschke S, Schmitt-Wrede H P, Greven H, Wunderlich F. 2002. Cadmium resistance conferred to yeast by a nonmetallothionein-encoding gene of the earthworm *Enchytraeus*. Biological Chemistry, 277(7): 5120-5125.

Tu C, Ma L Q, Bondada B. 2002. Arsenic accumulation in the hyperaccumulator Chinese brake and its utilization potential for phytoremediation. Journal of Environmental Quality, 31(5): 1671-1675.

Tu C, Zheng C R, Chen H M. 2000. Effect of applying chemical fertilizers onforms of lead and cadmiumin red soil. Chemosphere, 41(1): 133-138.

Tuna A L, Burun B, Yokas I, Coban E. 2002. The effects of heavy metals on pollen germination and pollen tube length in the tobacco plant. Turkish Journal of Biology, 26(2): 109-113.

Turnau K, Mesjasz P J. 2003. Arbuscular mycorrhiza of *Berkheya coddii* and other Ni-hyperaccumulating members of Asteraceae from ultramafic soils in South Africa. Mycorrhiza, 13(4): 185-190.

Udovic M, Lestan D. 2010. Fractionation and bioavailability of Cu in soil remediated by EDTA Leaching and processed by earthworms (*Lumbricus lerrestris* L.). Environmental Science and Pollution Research, 17(3): 561-570.

US EPA. 1996. Soil screening guidance: Technical background document. Washington: Office of Solid Waste and Emergence Response.

US EPA. 1998. Guidelines for Ecological Risk Assessment. Federal Register.

Uzu G, Sobanska S, Sarret G, Munoz M, Dumat C. 2010. Foliar lead uptake by lettuce exposed to atmospheric fallouts. Environmental Science & Technology, 44 (3): 1036-1042.

Van Hoof N A L M, Hassinen V H, Hakvo H W, Balintijn K F, Schat H, Verkleij J A, Ernst W H, Karenlampi S O, Tervahauta A I. 2001. Enhanced copper tolerance in *Silene vulgaris* (Moench) Garcke populations from copper mines is associated with increased transcript levels and a tandem repeat of a 2b-Type metallothionein gene. Plant Physiology, 126(4): 1519-1526.

Van-Assche F, Clijsters H. 1990. Effects of metal on enzyme activity in plants. Plant Cell Environment, 13(3): 195-206.

Vatamaniuk O K, Mari S, Lu Y P, Rea P A. 1999. AtPCS1, a phytochelatin synthase from arabidopsis: isolation and *in vitro* reconstitution. Proceeding of National Academy of Science, USA, 96(12): 7110-7115.

Vazquez S, Fernandez-Pascual M, Sanchez-Pardo B, Carpena R O, Zornoza P. 2007. Subcellular compartmentalisation of cadmium in white lupins determined by energy-dispersive X-ray microanalysis. Journal of Plant Physiology, 164(9): 1235-1238.

Venkatesh N M, Vedaraman N. 2012. Remediation of soil contaminated with copper using Rhamnolipids produced from *Pseudomonas aeruginosa* MTCC 2297 using waste frying rice bran oil. Annals of Microbiology, 62(1): 85-91.

Verkleij J A C, Koevoets P L M, Blake-Kalff M M A. 1998. Evidence for an important role of the tonoplast in the mechanism of naturally selected zinc tolerance in *Silene vulgaris*. Journal of Plant Physiology, 153(1): 188-191.

Vesentini D, Dickinson D J, Murphy R J. 2006. Fungicides affect the production of extracellular mucilaginous material (ECMM) and the peripheral growth unit (PGU) in two wood-rotting basidiomycetes. Mycological Research, 110(10): 1207-1213.

Vesentini D, Dickinson D J, Murphy R J. 2007. The protective role of the extracellular mucilaginous material (ECMM) from two wood-rotting basidiomycetes against copper toxicity. International Biodeterioration & Biodegradation, 60(1): 1-7.

Vijayaraghavan K, Yun Y S. 2008. Bacterial biosorbents and biosorption. Biotechnology Advances, 26(3): 266-291.

Vindo-Kumar S, Sharma M L, Rajam M V. 2006. Polyamine biosynthetic pathway as a novel target for potential applications in plan biotechnology. Physiology and Molecular Biology of Plants, 12(1): 13-28.

Visoottiviseth F K, Sridokchan W. 2002. The potential of Thai indigenous Plant species for the phytoremediation of arsenic contaminated land. Environmental Pollution, 118(3): 453-461.

Vodnik D, Grcman H, Macek I, Van Elteren J T, Kovacevic M. 2008. The contribution of glomalin-related soil protein to Pb and Zn sequestration in polluted soil. Science of the Total Environment, 392(1): 130-136.

Vogel-Mikus K, Drobne D, Regvar M. 2005. Zn, Cd and Pb accumulation and arbuscular mycorrhizal colonisation of pennycress *Thlaspi praecox* Wulf. (Brassicaceae) from the vicinity of a lead mine and smelter in Slovenia. Environmental Pollution, 133(2): 233-242.

Vogel-Mikus K, Pongrac P, Kump P, Necemer M, Regvar M. 2006. Colonisation of a Zn, Cd and Pb hyperaccumulator *Thlaspi praecox* Wulfen with indigenous arbuscular mycorrhizal fungal mixture induces changes in heavy metal and nutrient uptake. Environmental Pollution, 139(2): 362-371.

Vullo D L, Ceretti H M, Daniel M A, Ramirez S A M, Zalts A. 2008. Cadmium, zinc and copper biosorption mediated by *Pseudomonas veronii* 2E. Bioresource Technology, 99(13): 5574-5581.

Wang B, Xie Z M, Chen J J, Jiang J T, Su Q. 2008. Effects of field application of phosphate fertilizers on the availability and uptake of lead, zinc and cadmium by cabbage (*Brassica chinensis* L.) in a mining tailing contaminated soil. Journal of Environmental Sciences, 20(9): 1109-1117.

Wang H, Shan X, Wen B, Owens G, Fang J, Zhang S Z. 2007. Effect of indole-3-acetic acid on lead accumulation in maize (Zea mays L.) seedlings and the relevant antioxidant response. Environmental and Experimental Botany, 61(3): 246-253.

Wang J, Qiu Y, Chen L D, Fu B J. 2003. The effects of land use on soilmoisture variation in the Danangou catchment of the Loess Plateau, China. Catena, 54 (1): 197-213.

Wang X, Gong Z. 1998. Assessment and analysis of soil quality changes after eleven years of reclamation in subtropical China. Geoderma, 81(3): 339-355.

Wang Y P, Huang J, Gao Y Z. 2012. Arbuscular mycorrhizal colonization alters subcellular distribution and chemical forms of cadmium in *Medicago sativa* L. and resists cadmium toxicity. PloS One, 7(11): e48669.

Wangeline A L, Burkhead J L, Hale K L, Lindblom S D, Terry N, Pilon M, Pilon S, Elizabeth A H. 2004. Overexpression of ATP sulfurylase in indian mustard: effects on tolerance and accumulation of twelve metals. Journal of Environmental Quality, 33(1): 54-60.

Wǎngstrand H, Eriksson J, Öborn I. 2007. Cadmium concentration in winter wheat as afected by nitrogen fertilization. European Journal Agronomy, 26(3): 209-214.

Watanabe M, Shinmachi F, Noguchi A, Hasegawa I. 2005. Induction of yeast metallothionein gene (CUPI) into plant and evaluation of heavy metal tolerance transgenic plant at the callus stage. Soil Science and Plant Nutrition, 51(1): 129-133.

Wei B G, Yang L S. 2010. A review of heavy metal contaminations in urban soils, urban road dusts and agricultural soils from China. Microchemical Journal, 94(2): 99-107.

Wei S, Anders I, Feller U. 2014. Selective uptake, distribution, and redistribution of ^{109}Cd, ^{57}Co, ^{65}Zn, ^{63}Ni, and ^{134}Cs via xylem and phloem in the heavy metal hyperaccumulator *Solanum nigrum* L. Environmental Science and Pollution Research, 21 (12): 7624-7630.

Weng Z X, Wang L X, Tan F L, Huang L, Xing J H, Chen S P, Cheng C L, Chen W. 2013. Proteomic and physiological analyses reveal detoxification and antioxidation induced by Cd stress in *Kandelia candel* roots. Trees, 27(3): 583-595.

White P J , Bowen H C , Demidchik V, Nichols C, Davies J M. 2002. Genes for calcium-permeable channels in the plasma membrane of plant root cells. Biochimica et Biophysica Acta, 1564(2): 299-309.

Whitelaw C A, Le Huquet J A, Thurman D A, Tomsett A B. 1997. The isolation and characterisation of type II metallothionein-like genes from tomato (*Lycopersicon esculentum* L.). Plant Molecular Biology, 33(3): 503-511.

Whiting S N, de Souza Mark P, Terry N. 2001. Rhizosphere bacteria mobilize Zn for hyperaccumulation by *Thlaspi caerulescens*. Environmental Science & Technology, 35(15): 3144-3150.

Whiting S N, Leake J R, McGrath S P, Baker A J. 2000. Positive responses to Zn and Cd by roots of the Zn and Cd hyperaccumulator *Thlaspi caerulescens*. New Phytologist, 145 (2): 199-210.

Whittaker R J, Wills K J, Field R. 2001. Scale and species richness: towards ageneral, hierarchical theory of species diversity. Journal of Biogeography, 28(4): 453-470.

Wierzbicka M, Obidzinska J. 1998. The effect of lead on seed imbibition and germination in different plant species. Plant Science, 137(2): 155-171.

Wieshammer G, Unterbrunner R, Bañares García T. 2007. Phytoextraction of Cd and Zn from agricultural soils by *Salix* ssp. and intercropping of *Salix caprea* and *Arabidopsis halleri*. Plant and Soil, 298(1-2): 255-264.

Williams L E, Pittman J K, Hall J L. 2000. Emerging mechanisms for heavy metal transport in plants. Biochimica et Biophysica Acta, 1465(1): 104-126.

Williamson M, Fitter A. 1996. The varying success of invaders. Ecology, 77(60): 1661-1666.

Wojas S, Hennig J, Plaza S, Geisler M, Siemianowski O, Sklodowska A, Ruszczynska A, Bulska E, Antosiewicz D M. 2009. Ectopic expression of *Arabidopsis* ABC transporter MRP7 modifies cadmium root to shoot transport and accumulation. Environmental Pollution, 157(10): 2781-2789.

Wojas S, Ruszczynska A, Bulska E, Wojciechowshi M, Antosiewicz D M. 2007. Ca^{2+}-dependent plant response to Pb^{2+} is regulated by LCT1. Environmental Pollution, 147(3): 584-592.

Wu F B, Dong J, Qian Q Q, Zhang G P. 2005. Subcellular distribution and chemical form of Cd and Cd–Zn interaction in different barley genotypes. Chemosphere, 60(10): 1437-1446.

Wu F B, Zhang G P, Dominy P. 2003. Four barley genotypes respond differently to cadmium: lipid peroxidation and activities of antioxidant capacity. Environmental and Experimental Botany, 50(1): 67-78.

Wu H L, Chen C L, Du J, Liu H, Cui Y, Zhang Y, He Y, Wang Y, Chu C, Feng Z, Li J, Ling H Q. 2012. Co-overexpression FIT with AtbHLH38 or AtbHLH39 in *Arabidopsis*-enhanced cadmium tolerance via increased cadmium sequestration in roots and improved iron homeostasis of shoots. Plant Physiology, 158(2): 790-800.

Wu S C, Cheung K C , Luo Y M, Wong M H. 2006. Effects of inoculation of plant growth-promoting rhizobacteria on metal uptake by *Brassica juncea*. Environmental Pollution, 140(1): 124-135.

Wu S C, Luo Y M, Cheung K C, Wong M H. 2006. Influence of bacteria on Pb and Zn speciation, mobility and bioavailability in soil: a laboratory study. Environmental Pollution, 144(3): 765-773.

Wu Z, McGrouther K, Huang J, Wu P, Wu W, Wang H. 2014. Decomposition and the contribution of glomalin-related soil protein (GRSP) in heavy metal sequestration: field experiment. Soil Biology and Biochemistry, 68: 283-290.

Xiang C, Werner B L, Christensen E M, Oliver D J. 2001. The biological functions of glutathione revisited in *Arabidopsis* transgenic plants with altered glutathione level. Plant Physiology, 126(2): 564-574.

Xiong Z T, Peng Y H. 2001. Response of pollen germination and tube growth to cadmium with special reference to low concentration exposure. Ecotoxicology and Environmental Safety, Environmental. Research, Section B, 48(1): 51-155.

Xue M S, Bo L, Si Q, Huang S K M, Lai L X U. 2007. Coordinated expression of sulfate transporters and its relation with sulfur metabolites in *Brassica napus* exposed to cadmium. Botanical Studies, 48(1): 43-54.

Yan X, Yu D, Wang H Y, Wang H, Wang J. 2006. Response of submerged plant (*Vallisneria spinulosa*) clones to lead stress in the heterogenous soil. Chemosphere, 63(9): 1459-1465.

Yan Z Z, Ke L, Tam N F Y. 2010. Lead stress in seedlings of *Avicennia marina*, a common mangrove species in South China, with and without cotyledons. Aquatic Botany, 92(2): 112-118.

Yang B, Shu W S, Ye Z H, Lan C Y, Wong M H. 2003. Growth and metal accumulation in vetiver and two *Sesbania* species on lead/zinc mine tailings. Chemosphere, 52(9): 1593-1600.

Yang H, Wong J W C, Yang Z M. 2001. Ability of *Agrogyron elongatum* to accumulate the single metal of cadmium, copper, nickel and lead root exudation of organic acids. Journal of Environmental Science, 13(3): 368-375.

Yang L, Luo C , Liu Y. 2011. Residual effects of EDDS leachates on plants on during EDDS-assisted phytoremediation of copper contaminated soil. Trans Chin Soc Agric Eng, 27(7): 96-100.

Yang R X, Luo C L, Zhang G. 2012. Extraction of heavy metals from e-waste contaminated soils using EDDS. Journal of Environmental Sciences, 24(11): 1985-1994.

Yang X E, Long X X, Ye H B, He Z L, Calvert D V, Stoffella P J. 2004. Cadmium tolerance and hyperaccumulation in a new Zn-hyperaccumulating plant species (*Sedum alfredii* Hance). Plant and Soil, 259(1-2): 181-189.

Yang Z H, Zhang S J, Liao Y P. 2012. Remediation of heavy metal contamination in calcareons soil by washing with reagents: a column washing. Procedia Environmental Sciences, 16: 778-785.

Ye W L, Khan M A, McGrath S P. 2011. Phytoremediation of arsenic contaminated paddy soils with *Pteris vittata* markedly reduces arsenic uptake by rice. Environmental Pollution, 159 (12): 3739-3743.

Ye Z H, Yang Z Y, Chan G Y, Wong M H. 2001. Growth response of *Sesbania rostrata* and *S. cannabina* to sludge-amended lead/zinc mine tailings: A greenhouse study. Environment International, 26(5): 449-455.

Youngner V B, Shropshire F M, Taylor O C, Flagler R B. 1981. Air pollution effects on yield, quality and ecology of range and forage grasses. Final Report, 81: 28-29.

Younis M. 2007. Responses of *Lablab purpureus-Rhizobium* symbiosis to heavy metals in pot and field experiments. World Journal of Agricultural Sciences, 3(1): 111-122.

Yu H, Wang J L, Fang W, Yuan J G, Yang Z Y. 2006. Cadmium accumulation in different rice cultivars and screening for pollution-safe cultivars of rice. Science of the Total Environment, 370(2): 302-309.

Yu S V, Kalyagina I P. 2004. Carbon-carbon composite material. Inorganic Materials, 40(1): 33-49.

Yuan G L, Sun T H, Han P, Li J, Lang X X. 2014. Source identification and ecological risk assessment of heavy metals in topsoil using environmental geochemical mapping: Typical urban renewal area in Beijing, China. Journal of Geochemical Exploration, 136: 40-47.

Yuan H L, Li Z J, Ying J Y, Wang E T. 2007. Cadmium (II) removal by a hyperaccumulator fungus *Phoma* sp. F2 isolated from blende soil. Current Microbiology, 55(3): 223-227.

Yuerekli F, Uenyayar A, Porgali Z B, Mazmanci M A. 2004. Effects of cadmium exposure on phytochelatin and the synthesis of abscisic acid in *Funalia trogii*. Engineering in Life Sciences, 4(4): 378-380.

Zafar S, Aqil F, Ahmad I. 2007. Metal tolerance and biosorption potential of filamentous fungi isolated from metal contaminated agricultural soil. Bioresource Technology, 98(13): 2557-2561.

Zak D R, Holmes W E, White D C, Peacock A D, Tilman D. 2003. Plant diversity, soil microbial communities, and ecosystem function: are there any links. Ecology, 84(8): 2042-2050.

Zhan F D, He Y M, Li T, Yang Y Y, Toor G S, Zhao Z W. 2015a. Tolerance and antioxidant response of a dark septate endophyte (DSE), *Exophiala pisciphila*, to cadmium stress. Bulletin of Environmental Contamination and Toxicology, 94(1): 96-102.

Zhan F D, He Y M, Li Y, Li T, Yang Y Y, Toor G S, Zhao Z W. 2015b. Subcellular distribution and chemical forms of cadmium in a dark septate endophyte (DSE), *Exophiala pisciphila*. Environmental Science and Pollution Research, 22(22): 17897-17905.

Zhan F D, He Y M, Zu Y Q, Li T, Zhao Z W. 2011. Characterization of melanin isolated from a dark septate endophyte (DSE), *Exophiala pisciphila*. World Journal of Microbiology and Biotechnology, 27(10): 2483-2489.

Zhang G P, Fukami M, Sekimoto H. 2000. Genotypic differences in effects of cadmium on growth and nutrient compositions in wheat. Journal of Plant Nutrition, 23(9): 1337-1350.

Zhang G P, Fukami M, Sekomoto H. 2002. Influence of cadmium on mineral concentrations and yield components in wheat genotypes differing in Cd tolerance at seedling stage. Field Crops Research, 77(2): 93-98.

Zhang M K, Ke Z X. 2004. Copper and zinc enrichment in different size fractions of organic matter from polluted soils. Pedosphere, 14(1): 27-36.

Zhang X X, Li C J, Nan Z B. 2010. Effects of cadmium stress on growth and anti-oxidative systems in Achnatherum inebrians symbiotic with *Neotyphodium gansuense*. Journal of Hazardous Materials, 175(1): 703-709.

Zhang Y F, He L Y, Chen Z J, Wang Q Y, Qian M, Sheng X F. 2011. Characterization of ACC deaminase-producing endophytic bacteria isolated from copper-tolerant plants and their potential in promoting the growth and copper accumulation of *Brassica napus*. Chemosphere, 83(1): 57-62.

Zhang Y J, Zhang Y, Liu M J, Shi X D, Zhao Z W. 2008. Dark septate endophyte (DSE) fungi isolated from metal polluted soils: Their taxonomic position, tolerance, and accumulation of heavy metals *In Vitro*. The Journal of Microbiology, 46(6): 624-632.

Zhang Y X, Xiao H. 1998. Antagonistic effect of calcium, zinc and selenium against cadmium induced chromosomal aberrations and micronuclei in root cells of *Hordeum vulgare*. Mutation Research/Genetic Toxicology and Environmental Mutagenesis, 420(1): 1-6.

Zhang Z Q, Lan C Y , Shu W S, Ye Z H. 2001. Acidification of lead/zine mine tailings and its effect on heavy metal mobility. Enviornmental International, 26(5): 389-394.

Zhao F J, Hamon R E, Lombi E, Mc Laughlin M J, Mc Grath S P. 2002. Characteristics of cadmium uptake in two contrasting ecotypes of the hyperaccumulator *Thlaspi caerulescens*. Journal of Experimental Botany, 53(368): 535-543.

Zheng S J, Ma J F, Matsumoto H. 1998. High aluminum resistance inbuckwheat I. Al-induced specific secretion of oxalic acid from root tips. Plant Physiology, 117(3): 745-751.

Zhou Q F, Lu S N, Long G X, Pan M Q, Zhang J C. 1996. Sterility of rice plants with relations to copper dificiency under field conditions. Pedosphere, 4(3): 285-288.

Zhu B, Alva A K. 1993. Differential adsorption of trace metals by soils as influencedby exchangeable cation and ionic strength. Soil Science, 155(1): 61-66.

Zhu X F, Zheng C, Hu Y T, Jiang T, Liu Y, Dong N Y, Yang J L, Zheng S J. 2011. Cadmium - induced oxalate secretion from root apex is associated with cadmium exclusion and resistance in *Lycopersicon esulentum*. Plant, Cell & Environment, 34 (7): 1055-1064.

Zhu Y, Yu H, Wang J L, Fang W, Yuan J, Yang Z. 2007. Heavy metal accumulations of 24 asparagus bean cultivars grown in soil contaminated with Cd alone and with multiple metals (Cd, Pb, and Zn). Journal of Agricultural and Food Chemistry, 55(3): 1045-1052.

Zhu Y L, Pilon-Smits E A , Tarun A S, Weber S U, Jouanin L, Terry N. 1999. Cadmium tolerance and accumulation in Indian mustard is enhanced by overexpression γ-glutamylcysteine synthetase. Plant Physiology, 121(4): 1169-1177.

Zoller W H, Gladney E S, Duce R A. 1974. Atmospheric concentrations and sources of trace metals at the South Pole. Science, 183(4121): 198-200.

Zu Y Q, Bock L, Schvartz C, Colinet G, Li Yuan. 2011. Availability of trace elements for chinese cabbage amended with lime in a periurban market garden in Yunnan Province, China. Communications in Soil Science and Plant Analysis, 42(14): 1706-1718.

Zu Y Q, Li Y, Chen J J, Chen H Y, Qin L, Schvartz C. 2005. Hyperaccumulation of Pb, Zn and Cd in herbaceous grown on lead-zinc mining area in Yunnan, China. Environment International, 31(5): 755-762.

Zu Y Q , Li Y, Christian S, Liu F. 2008. Accumulation of Pb, Cd , Cu and Zn in plants and hyperaccumulator choice in Lanping lead-zinc mine area, China. Environment International, 30(4): 567-576.

Zu Y Q, Li Y, Min H, Zhang F D, Qin L, Wang J X. 2015. Subcellular distribution and chemical form of Pb in hyperaccumulator *Arenaria orbiculata* and response of root exudates to Pb addition. Frontiers of Environmental Science and Engineering, 9(2): 250-258.

Zu Y Q, Li Y, Schvartz C, Laurent L, Liu F. 2004. Accumulation of Pb, Cd, Cu and Zn in plants and hyperaccumulator choice in Lanping lead-zinc mine area, China. Environment International, 30(4): 567-576.